U0917068

淮南矿区特殊凿井技术与工程实践

袁　亮　程　桦　唐永志　编著

煤 炭 工 业 出 版 社

· 北　京 ·

图书在版编目（CIP）数据

淮南矿区特殊凿井技术与工程实践/袁亮，程桦，唐永志编著. --北京：煤炭工业出版社，2018

ISBN 978-7-5020-6430-3

Ⅰ.①淮… Ⅱ.①袁… ②程… ③唐… Ⅲ.①煤矿—特殊凿井法—研究—淮南 Ⅳ.①TD265

中国版本图书馆 CIP 数据核字（2017）第 319373 号

淮南矿区特殊凿井技术与工程实践

编　　著　袁　亮　程　桦　唐永志
责任编辑　罗秀全　郭玉娟
责任校对　孔青青
封面设计　王　滨

出版发行　煤炭工业出版社（北京市朝阳区芍药居 35 号　100029）
电　　话　010-84657898（总编室）
　　　　　　010-64018321（发行部）　010-84657880（读者服务部）
电子信箱　cciph612@126.com
网　　址　www.cciph.com.cn
印　　刷　北京玥实印刷有限公司
经　　销　全国新华书店

开　　本　787mm×1092mm 1/16　**印张**　24　**字数**　563 千字
版　　次　2018 年 3 月第 1 版　2018 年 3 月第 1 次印刷
社内编号　9310　　　　**定价**　140.00 元

编著人员名单

编著 袁　亮　程　桦　唐永志

参编 荣传新　雷成祥　姚直书　彭跃成　徐华生

蔡海兵　吴浩仁　童良保　王晓健　黎明镜

孙仕元　朱先龙　许光泉　宋海清　汤江明

张纯如　郑腾龙　姜玉松　王传兵　刘明凯

沈景钊　李万峰　谢士文　张士环　芮存山

王　成　钱立云　李满泽　李　明　曹海山

李　伦　邵　维　丁同福

前　言

淮南矿区位于华东经济发达区腹地，安徽省中北部，横跨淮南和阜阳两市，地理位置优越，交通运输便捷，铁路、公路、水路四通八达。矿区东西走向长约 100 km，南北倾斜宽约 30 km，面积约 3000 km^2，煤炭总储量占安徽省的 74%、华东地区的 50%，煤质优良，所采煤炭被誉为绿色能源、环保煤。该矿区是中国东部和南部地区资源条件最好、资源储量最大、最具开发潜力的一块整装煤田。

淮南矿区始建于 1910 年，至今已有 100 多年的开采历史。负责开发建设该矿区的淮南矿业（集团）有限责任公司是中国著名煤炭企业，在国家煤炭工业发展历史进程中有着重要地位和作用。该企业早在 20 世纪 50—60 年代就已成为全国五大煤炭基地之一；70—80 年代被列为国家重点煤炭生产建设基地；90 年代进入中国煤炭行业十强企业的行列；21 世纪初被列为国家规划建设的 14 个大型煤炭基地和 6 个煤电基地、首批国家循环经济试点单位之一，连续多年入围全国 500 家最大工业企业。

新中国成立以来，淮南矿区矿井建设技术发展经历了以下 3 个阶段：1949—1978 年，在淮南舜耕山脉与淮河南岸之间的老矿区先后开发建设了谢一矿、李一矿、李二矿、谢二矿、谢三矿、孔集矿等 7 对矿井，由于上述矿井穿越的冲积层薄（多在 10~30 m），且很少有流砂层，除淮南孔集矿风井采用了冻结法凿井外，其余立井或斜井井筒施工均采用普通凿井法。1978—1998 年，先后在淮河以北潘谢新矿区建成投产潘一矿、潘二矿、潘三矿、谢桥矿、张集矿 5 对矿井，立井井筒穿越的冲积层深度增至 300 m 左右，采用冻结法或钻井法施工，且以冻结法为主。1998 年至今，淮南矿区先后开工建设了张集矿北区、顾桥矿、丁集矿、顾北矿、潘北矿、朱集矿、潘一东矿、谢一矿望峰岗大井 8 对矿井，期间冻结井筒穿越的最大冲积层厚度和冻结深度分别增至 526. 25 m、565. 0 m（丁集矿副井），钻井法最大钻井深度和钻径为 464. 0 m、10. 8 m（张集矿北区风井）。

1978—1998 年，由于当时我国 200~300 m 厚冲积层特殊凿井法技术与装备落后，淮南矿区出现了“打井马拉松，投资无底洞”的现象。如潘一矿于1973年开工建设到1983年投产，历时10年；谢桥矿于1983年开工到1997年投产历时14年建成。鉴于此，1998年以来，淮南矿业（集团）有限责任公司针对深厚冲积层凿井技术存在的重大技术难题，组织有关设计与施工、高校等单位开展联合攻关，取得了系列研究成果和成功经验，并在淮南矿区张集矿北区、顾桥矿等8对矿井建设中得到成功应用与推广，将建井周期缩短至3~4年，大幅减少了建设成本和安全事故，一举扭转了长期困扰矿区新井建设的被动局面。

本书旨在通过对淮南矿区1998年以来特殊法凿井的科研成果和建井经验进行全面总结，展示取得的成绩，吸取有益经验，为今后我国煤矿建设尤其是深厚冲积层特殊法凿井提供借鉴与参考。全书共分7章，以淮南矿区新井建设为工程背景，重点介绍了冻结法、钻井法、地面预注浆等特殊凿井法取得的关键技术、施工工艺等研究成果以及工程应用范例。具体包括：冻结温度场及分布规律、新型井壁结构与设计理论、深冻结孔造孔设备与技术、凿井成套装备、快速凿井施工工艺、深大钻井井壁结构、井筒漂浮下沉与壁后充填工艺、新型大钻机和钻具、“注浆—冻结—凿井”三（四）同时地面预注浆井筒基岩段防治水技术。另外，针对揭煤层数多、煤层松软、瓦斯含量大且压力高、渗透率低等特点，研究形成了深井安全快速揭煤成套技术等。

本书汇聚了参与淮南矿区新井建设的各相关单位工程技术、科研等同仁的智慧和心血，我们在编著过程中得到了他们的热情帮助和大力支持，安徽理工大学地下工程结构研究所为本书的技术资料搜集与整理做了大量工作，在此谨向他们表示衷心感谢！

由于作者水平有限，书中难免存在不妥之处，敬请有关专家和读者不吝赐教，提出宝贵意见。

编著者

2017年8月

目　次

1 绪　　论

1.1 矿区历史沿革

淮南矿区始建于1910年，至今已有100多年的开采历史。历史上曾是中国五大煤矿之一，素有“华东煤都”“动力之乡”的美誉。

淮南煤田是中国东南部地区资源条件最好、资源储量最大、最具开发潜力的一块整装煤田，国家批准总资源量285×10^8 t。负责开发建设该矿区的淮南矿业（集团）有限责任公司（简称淮南矿业集团）被列为国家14个大型煤炭基地和6个煤电基地、首批国家循环经济试点单位之一，安徽省高新技术企业。

淮南矿业集团的前身为淮南矿务局，成立于1930年，当时称淮南煤矿局，隶属国民政府中央建设委员会。新中国成立前几易其名，先后称“淮南矿路股份有限公司”“淮南煤矿股份有限公司”等，总部设在上海。新中国成立后，由于管理体制的变化，几经上下，先后归省市政府和行业部门管理，1985—1998年划为中央企业，隶属煤炭工业部（中国统配煤矿总公司），1998年7月煤炭工业部撤销，下放安徽省政府管辖至今。

1.1.1 新中国成立前

淮南矿区开采历史虽可上溯到13世纪初的南宋和元代，但淮南煤炭较成规模的开采始于清朝末年。1910—1949年淮南共建有大通、九龙岗和新庄孜三座煤矿。

1.1.1.1 大通煤矿

淮南矿区成规模的开采始于1910年（清宣统二年）大通煤矿建设。当时，段书云等人来大通筹建“大通煤矿公司”，先后开小煤窑20个，包括8个立井、2个斜井。1912年产煤1.4万余吨，开采深度为-100～-180 m。1931年1月，“华商大通煤矿股份有限公司”成立；1939年6月，大通煤矿被日本人占据，由“三菱炭矿会社”经营，日本投降后由国民政府接管。日军侵占7年期间，产煤275×10^4 t；国民政府接管后，开采深度达到-240 m水平，至新中国成立时产煤156×10^4 t。

大通煤矿于1978年底报废，成建制地接替淮河以北的新建矿井——潘一矿。从清宣统三年到1978年底，大通煤矿共出煤2746.5×10^4 t。

1.1.1.2 九龙岗煤矿

九龙岗煤矿位于大通煤矿以东，与大通煤矿毗邻，东西长4.3 km，南北宽0.8 km，面积3.44 km^2。1929年，国民政府中央建设委员会筹建九龙岗煤矿，次年出煤。从1930年到1937年，7年间产煤182.7×10^4 t，1934年最高日产煤达到800多吨。1939年，日本占领后，开采深度为-240 m。从1930年到1948年，共出煤437.18×10^4 t。1945年，日本投降后由国民政府接管。

1949年1月，淮南解放，此时矿山已初具规模，东有一分矿，西有二分矿，中有九龙岗煤矿（称九本矿，老三、四号井）。到 1956 年，矿井开采深度已达到−530 m 水平。

九龙岗煤矿从 1930 年到 1982 年共出煤 2020.6×10^4 t，于 1982 年报废，成建制调往淮北朱仙庄煤矿。

1.1.1.3 新庄孜煤矿

新庄孜煤矿位于八公山东麓，淮河南岸。井田南北走向长 5.6 km，东西倾斜宽 3.2 km，面积 17.92 km^2。

矿井建于 1947 年 5 月，原称八公山矿场，新中国成立前由淮南矿路股份有限公司经营。同年 12 月投产，生产技术比较落后，次年仅产煤 15×10^4 t。1949 年 1 月，淮南解放，矿井收归公有，属统配煤矿，1952 年更名为新庄孜煤矿。

1953 年生产能力达 60×10^4 t，经 1954 年、1958 年两次延深改造后，设计生产能力达到 150×10^4 t。1960 年实际产煤 285×10^4 t，称为华东第一大矿。“文革”期间曾一度停顿。1984 年毕家岗矿并入新庄孜煤矿，核定生产能力达 180×10^4 t。随着矿井五水平的扩建完成，1990 年生产能力达 240×10^4 t，目前仍在开采中。

新中国成立前建成的大通、九龙岗和新庄孜 3 对小井，平均年产不过 30×10^4 t。这些矿井，从明至晚清再至民国初年，均采用土法开采，虽在 1911 年进入较成规模化的开采，但因战争频繁、人才缺乏、技术薄弱、投资不足等原因，致使产量低下、事故频发。

1.1.2 新中国成立后

该时期又可分为以下 4 个阶段。

1.1.2.1 1949—1978 年

新中国成立后，国家经济建设得到快速发展。在此期间，国家组织、调集了全国的建设与开发力量，在淮南舜耕山脉与淮河南岸之间的老矿区先后开发建设了谢一矿、李一矿、李二矿、谢二矿、谢三矿、孔集矿、毕家岗矿、李嘴孜矿等矿井，见表 1-1。在此期间，淮南矿区开采技术水平和产量均得到极大提高，年产煤 11 Mt 左右，最高达到 14.06 Mt/a（1959 年）。

表 1-1 淮南矿区 1949—1978 年建成的煤矿

序号	矿井名称	设计年产量/Mt	开工时间	投产时间	第一水平标高/m	备注
1	谢一矿	0.3	1949 年 6 月	1952 年 11 月	−62	1980 年核定为 1.2 Mt/a
2	谢二矿	0.9	1954 年 3 月	1956 年 7 月		已关闭
3	谢三矿	0.9	1954 年 7 月	1956 年 7 月	−127	1989 年报废，接替潘二矿
4	李一矿	0.9	1954 年 11 月	1957 年 3 月	−112	2011 年 5 月关闭
5	李二矿	0.3	1955 年 10 月	1957 年 8 月	−60	2011 年 5 月关闭
6	孔集矿	0.9	1959 年 7 月	1964 年 12 月	−250	核定为 0.5 Mt/a
7	毕家岗矿	0.45	1958 年 5 月	1958 年 10 月		水采，曾与新庄孜矿合并
8	李嘴孜矿	0.3	1958 年 12 月	1960 年 9 月	−200	2002 年与孔集矿合并

1.1.2.2 1978—1998 年

1978 年以后，随着我国经济与社会的快速发展，煤炭供给年年告急，特别是当时尚未摆脱“文革”影响，煤炭产量没能恢复至正常水平；加之淮南老矿区矿井密集，开采强度过大，资源已呈逐渐枯竭之势，淮南老矿区的九龙岗煤矿、大通煤矿当时已无煤可采，严重制约了我国华东地区的经济与社会发展。为此，1977 年安徽省革命委员会和煤炭工业部联合向国务院呈报了《关于加快两淮煤炭基地建设的报告》，提出了要在 20 世纪末达到产煤 1×10^8 t 的奋斗目标。国务院很快批准了这个报告，把两淮（淮南、淮北）煤炭基地建设列为国家重点建设项目，并决定成立两淮煤炭基地，会战总指挥部设在淮南，由此拉开了新中国成立后淮南矿区煤炭开发建设第二轮高潮的序幕。在此期间，先后在淮河北岸的潘谢新矿区建成投产潘一矿、潘二矿、潘三矿、谢桥矿、张集矿 5 对矿井，见表 1-2。淮南矿区煤炭产量由 1979 年的 958×10^4 t 提高到 1999 年的 1325×10^4 t。

表 1-2 淮南矿区 1978—1998 年开发的煤矿

序号	矿井名称	设计年产量/Mt	开工时间	投产时间	第一水平标高/m	备 注
1	潘一矿	3.0	1973 年 11 月	1983 年 12 月	−530	2004 年技改为 6.0 Mt/a
2	潘二矿	2.4	1976 年 2 月	1989 年 12 月	−530	2013 年达到 3.6 Mt
3	潘三矿	3.0	1979 年 6 月	1992 年 11 月	−650	技改后为 5.0 Mt/a
4	谢桥矿	4.0	1983 年 12 月	1997 年 5 月	−610	实际产量 10.0 Mt/a
5	张集矿	4.0	1996 年 7 月	2001 年 11 月	−600	实际产量 7.6 Mt/a

1.1.2.3 1998—2010 年

进入 21 世纪后，随着我国经济与社会的快速发展，全国煤炭又频频告急。为此，又在全国范围内掀起了有史以来最大规模的煤矿建设新高潮。淮南矿业集团确立并全面实施了“建大矿、办大电、做资本”的发展战略，坚持“高投入、高素质、严管理”的安全工作原则，煤炭产量大幅度上升。因此，矿区以张集矿北区开工建设为标志，先后在潘谢矿区开工建设了张集矿北区、丁集矿、潘北矿、顾桥矿、顾北矿、朱集矿、望峰岗矿等矿井，见表 1-3。该轮建设完成后，2005 年煤炭产量达到 3095×10^4 t，2010 年煤炭产量已达 6715×10^4 t，居全国第六位，被国家列为 13 个亿吨级煤炭基地和 6 个大型煤电基地之一。

表 1-3 淮南矿区 2000—2010 年开发的煤矿

序号	矿井名称	设计年产量/Mt	开工时间	投产时间	第一水平标高/m	备 注
1	张集矿北区	3.0	2003 年 6 月	2006 年 9 月		实际产量 4.8 Mt/a
2	顾桥矿	5.0	2003 年 11 月	2007 年 4 月	−780	实际产量 10 Mt/a
3	潘北矿	2.4	2004 年 12 月	2008 年 12 月	−650	实际产量 1.8 Mt/a
4	丁集矿	5.0	2004 年 6 月	2007 年 12 月	−826	实际产量 6 Mt/a
5	顾北矿	3.0	2005 年 1 月	2008 年 8 月	−648	
6	朱集矿	4.0	2007 年 6 月	2011 年 10 月	−980	2011 年 7 月试运转
7	望峰岗矿	3.0	1994 年 6 月	2008 年 12 月	−660	中途停建多年，2000 年后恢复建设
8	潘一东矿	5.0	2008 年 7 月	2012 年 12 月	−850	改扩建、在建

1.1.2.4 2010年至今

随着我国西部大开发战略的实施，在陕西、甘肃、山西、内蒙古、宁夏、新疆等地开发建设了一大批煤矿，全国煤炭产量已由2010年的32.4×10^4 t猛增至2013年的37×10^4 t。在世界金融新危机、国家对发展模式与产业调整政策的落实、能源结构的战略调整以及环境保护系列措施等多重压力下，全国煤炭产量出现过剩现象。在此大环境下，加之淮南矿区整装煤田已开发殆尽，矿区已由以开发新井为主的外延式模式转为以现有生产矿井实施技术改造和改扩建为主的可持续内涵发展模式。目前，淮南矿业集团集煤电路等于一体的蒙西能源基地初具规模，通过参股控股方式，投资100亿元开发了泊江海子矿、唐家会矿、色连二矿等4座矿井，拥有煤炭资源31×10^8 t，形成年产40 Mt的生产能力。在淮南本埠矿区，正在进行技术改造和改扩建的矿井有潘一矿、谢桥矿、潘三矿等，新建井筒10多个。

1.2 矿区资源开发与设计优化

1.2.1 矿区资源

淮南矿区位于华东腹地，安徽省中北部的淮河两岸，横跨淮南和阜阳两市。矿区东西走向长约100 km，南北倾斜宽约30 km，面积约3000 km^2（图1-1）。矿区位于江淮丘陵与淮北平原的交界面上，矿区内地形平坦；淮河以南呈不连续的丘陵地形，中部为一片广阔的淮河冲积平原，地貌类型兼有平原和丘陵的特点。淮河以北为黄淮海平原的一部分，地面标高+20～+26 m。淮河为本区主要河流，自西向东穿过矿区中部；矿区北部有西淝河、架河、泥河等支流。

矿区地理位置优越，交通运输便捷，铁路东接京沪线，西连京九线，水路通江达海，公路四通八达。矿区气候适宜，水资源充沛，淮河从西向东流经矿区。水文地质条件属中等~复杂类型。

淮南矿区由淮河南岸的老区和淮河北岸的潘谢顾矿区组成。

淮南煤田含煤地层为石炭二叠系，其中二叠系山西组、石盒子组为主要含煤地层，一般含有煤层约40层，可采煤层8～18层，可采煤层总厚度25～34 m。煤岩宏观成分以亮煤和半亮煤为主，煤种以1/3焦煤为主，约占总储量的55%，垂直分带比较明显，浅部多为气煤，中部为1/3焦煤，深部已探明有肥煤、焦煤、瘦煤，煤质优良，具有特低硫（<0.5%）、低磷（<0.05%）、中高发热量、结焦性好、黏结性强等特点。

据2002年资料，淮南矿区埋藏深度1000 m以浅的可供开发的煤炭储量约15×10^8 t，埋藏深度2000 m以浅的煤炭资源量约50×10^8 t。

淮南煤田东段与中段的煤层甲烷含量较高，埋藏深度800 m处煤层甲烷含量为8～10 m^3/t；西段的煤层甲烷含量比较低，约4 m^3/t。在一个地质构造单元内，煤层甲烷含量随煤层埋藏深度增加而增加的规律明显，每百米垂深煤层甲烷含量增加1.4～2.8 m^3/t。埋藏深度2000 m以浅的煤层甲烷资源量约590×10^8 m^3，1500 m以浅的资源量约350×10^8 m^3。

淮南各煤矿都建有井下瓦斯抽放设施，有条件的煤矿还采用地面垂直井抽取采空区的瓦斯。2004年的瓦斯抽放量达1500×10^4 m^3。抽出的瓦斯除用于民用燃料外，还用于发电。中国石油地质和煤田地质部门以及美国安然公司在淮南煤田已施工12口煤层气参数井。

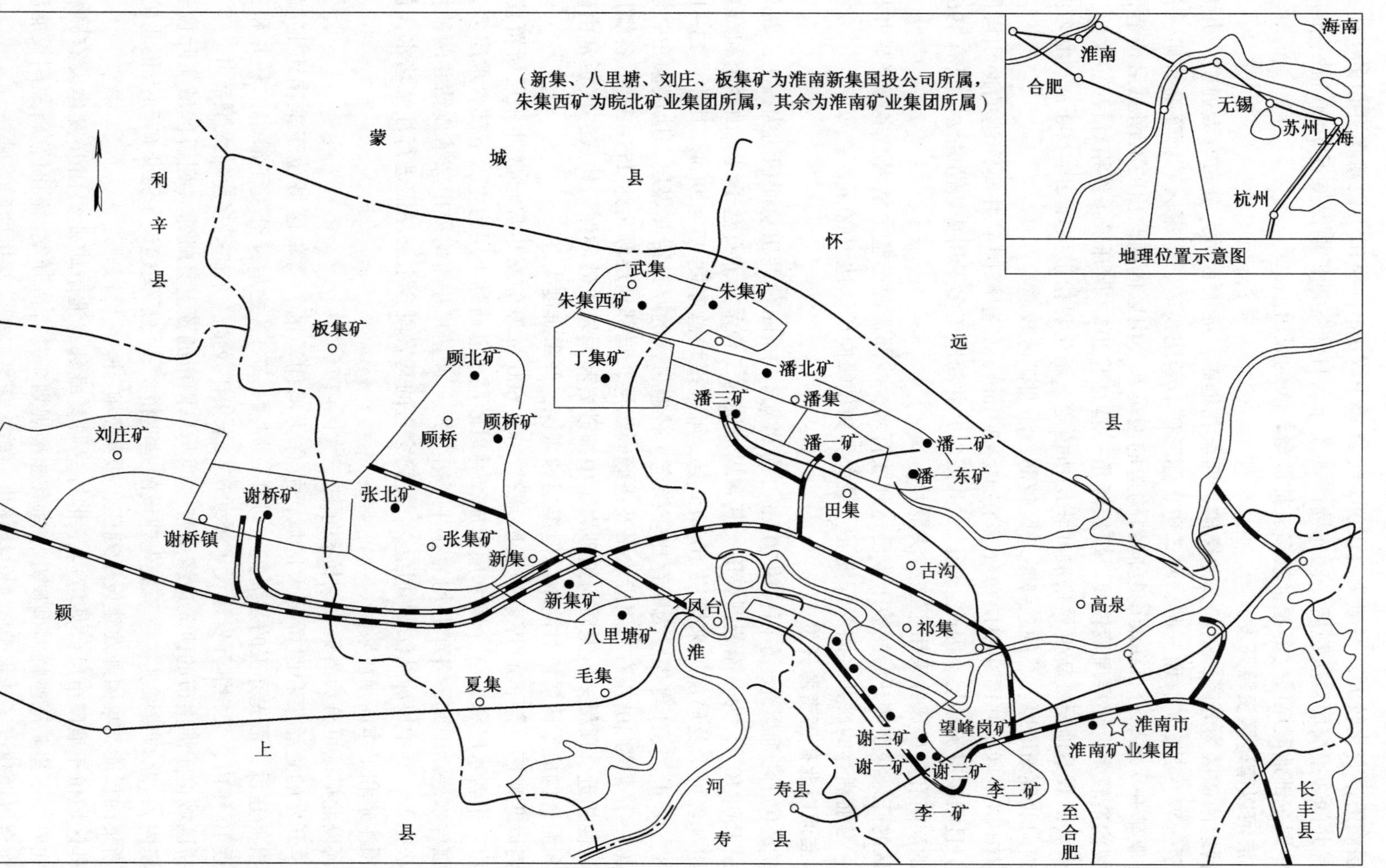

图1-1 淮南矿区矿井分布图

实测煤层渗透率变化较大，一般为（0.08～0.21）$\times 10^{-3}$ μm^2。煤田中段新集井田的CQ-3号煤层气井的3层煤层被压裂后，已连续产气4年，日产气量长期保持近1000 m^3。淮南煤田是中国东部地区煤层气资源量较多、抽放量较大的煤田。

1.2.2 淮河以南矿区资源开发

淮河以南矿区为老区，东起九龙岗矿，西至孔集矿，绵绵百里，分布有大通矿、九龙岗矿、李一矿、李二矿、谢一矿、谢二矿、谢三矿、新庄孜矿、毕家岗矿、李嘴孜矿、孔集矿11座矿井。各矿分布在淮南复向斜构造的南翼八公山区向南凸出的淮南弧形构造带内，断裂构造较多，煤层埋藏较浅，煤层倾角一般大于20°，但开采条件相对较差。

淮南煤田煤系地层被新生界松散冲积层所覆盖。新生界松散层厚20～600 m，由东向西、由南向北逐渐增厚，总的趋势是老区较薄、潘谢矿区较厚。

淮南矿区老区矿井因冲积层薄（多在10～30 m），如望峰岗矿井筒穿越的冲积层厚15.5 m，且很少有流砂层。因此，老区立井或斜井井筒施工多采用普通凿井法，只有1960年施工的淮南孔集矿风井采用了冻结法凿井。

老区的开采深度从开始的数十米已达到数百米，浅部资源已基本枯竭，多座老矿井相继报废，目前尚存的矿井多向深部发展，最深者为望峰岗矿，达1000 m。

1.2.3 淮河以北矿区资源开发

该矿区位于淮河以北，东西长约70 km，南北宽4～18 km，井田总面积约为532.5 km^2，煤炭储量150×10^8 t，为全掩蔽型煤田。其含煤地层为二叠系上下石盒子组、山西组和石炭系太原组，含可采及局部可采煤层10～15层，可采平均总厚度25～29 m。其中，13-1、11-2、8、7、4、3、1等煤层为赋存比较稳定、普遍可采的厚及特厚煤层。地层倾角一般为5°～20°，平均为10°左右，属近水平及缓倾斜煤层，局部地层倾角达25°～30°。各煤层顶底板岩性相近，顶板多由泥质粉细砂岩、中细砂岩和泥岩、砂质泥岩构成，底板常由砂质泥岩和泥岩构成。构造相对简单，但煤层埋藏深，开采难度大。

淮河以北矿区（新区）煤系地层因均被200～600 m厚的新生界松散冲积层所覆盖，且一般由3个含水层和2～3个隔水层组成，并以砂层、砂质黏土层为主，下部含水层多为中等偏强含水层。因此，各矿井均为立井开拓方式，且立井井筒均采用冻结或钻井两种特殊凿井法施工，其中以冻结法凿井居多。井筒穿过的基岩段含水层均需进行注浆堵水，包括地面预注浆和工作面预注浆。

淮河以北矿区可分为潘集、谢桥和顾桂三大区域。

最早开发的是潘集和谢桥两大区域，故称为潘谢矿区。潘集区域位于淮南市北端，1973年开始建设，最先开工的是潘集一号井（即潘一矿），之后又开发了潘集二号井和三号井。近10年内，又相继开发建设了潘北矿、朱集矿及潘一东矿等多座特大型矿井。

谢桥区域位于淮南市的西北边缘地带，西与阜阳市的颍上县毗邻（谢桥区域实际位于颍上县境内），北与蒙城县接壤。最先建设的是谢桥矿，之后又建设了张集矿和张集北矿。同时，新集国投能源集团开发建设了刘庄、板集等矿井。

顾桂区域位于淮南市凤台县境内，北与蒙城县毗邻。淮南矿业集团开发建设有顾桥矿、顾北矿、丁集矿三座特大型矿井，尚有桂集规划矿井有待开发。同时，新集国投能源集团在凤台以西建设了新集矿区，包括新集一矿、新集二矿、八里塘矿等矿井。

1.2.4 矿井设计优化

20 世纪八九十年代建成的潘一、潘二、潘三及谢桥等矿井，设计均采用立井、主要石门和大巷开拓方式，全矿井采用一个区集中开拓、一个水平集中生产和准备。这种开拓布局的主要弊端在于矿井开拓及通风系统复杂、生产安全性差、达产工程量大（井巷工程长度在 6×10^4 m 以上）、建井工期长（9~14 年）、达产慢（除谢桥矿外均在 10 年以上）、投资大（20 亿~30 亿元）。

自张集矿开始，在矿井设计中打破条条框框的制约，针对淮南矿区高瓦斯特别复杂地质条件，优化井筒布置，在工业广场内集中布置井筒，增加井筒数目，井筒服务的安全半径小于 4 km。采用“分区开拓、分区建设、分区通风”方式。如张集矿分中央区、北区和西区三个分区，顾桥矿分中央区、南区，潘北矿分东区、西区，望峰岗矿分中央区、南区和北区等，每个分区各自建立了相对独立的安全生产系统。

有条件时增设中间水平，如望峰岗矿为淮南矿区的第一座千米矿井，煤层埋藏深、瓦斯高、地压大、地温较高，开采条件复杂，在形成中央区、南区、北区三个分区的同时，中央区工业场地内布置 3 进 2 回 5 个井筒，其中 3 个井筒至-960 m 水平，2 个井筒至-820 m 水平，形成-820 m 生产水平和-960 m 接替水平的独立安全生产系统，从而使矿井安全生产系统更加可靠，为有效解决深部瓦斯和地温问题，实现深井安全开采奠定了良好基础。

设计中采用了合理的分区开拓，不仅使矿井安全生产系统得到大大简化、加大了矿井进风量、降低了通风阻力、改善了矿井安全生产状况、提高了矿井生产的安全性，而且实现了矿井工程量少、投资省、工期短、达产快的目的。设计 4 Mt 规模的张集矿仅用 44 个月建成投产，实现当年投产、当年达产；设计 3 Mt 规模的张集矿北区 24 个月建成出煤；设计 5 Mt 规模的顾桥矿 35 个月建成出煤。顾北、潘北及望峰岗矿设计井巷工程量 17200~39300 m、投资 14 亿~20 亿元、建井工期控制在 2~3 年，较先期投产的潘一、潘二、潘三及谢桥矿井巷工程量减少近半，投资降低 1/3~1/2，工期缩短 8~10 年，取得了显著的经济和社会效益。

1.3 矿区特殊法凿井关键技术

1.3.1 冻结法

1.3.1.1 冻结法应用情况

自 1883 年德国工程师 P. H. Poetsch 提出人工地层冻结原理并成功应用以来，随着人工制冷技术的发展以及冻土热力学、力学研究的不断深入，冻结施工工艺日趋完善，人工冻结法已成为一种适用于软土及不稳定含水地层中土层加固、隔水的有效施工方法。人工冻结壁因其隔水性好、适应性强、对环境影响小、支护结构灵活、易于控制等优点，越来越受到国内外土木工程界的关注，其应用也逐步推广。1955 年我国与波兰合作，首次在开滦林西矿风井采用冻结法。此后，在双鸭山、铁法、开滦、兖州、邯郸、大屯、徐沛、淮北、淮南、平顶山、永夏等主要煤炭基地建设中，都广泛应用了冻结法凿井。

冻结法凿井在煤矿建设实践中显示了明显的优势，已成为我国在冲积地层开凿立井井筒使用最为广泛的特殊施工方法。据统计，至 2010 年底，我国采用冻结法施工的立井井筒共 968 个，累计冻结长度约 22.7×10^4 m，20 世纪最大冻结深度不超过 500 m。进入 21

世纪头 11 年里，冻结深度在 500~800 m 的井筒施工了 100 个，其中 600 m 以上的 29 个，700 m 以上的 11 个，800 m 以上的 4 个；2011 年开工的甘肃省核桃峪矿副立井，净直径 9.0 m，冻结深度 950 m，超过英国冻结深度 930 m 的世界纪录。

淮南矿区冻结法凿井技术的发展与我国冻结法凿井技术的发展轨迹相一致。按施工井筒穿越冲积层厚度所对应的技术要求可分为两个阶段。

1）第 1 阶段：1972—1997 年

该阶段以 1972 年开工建设潘一矿为起点，张集矿立井井筒竣工为终点。在此期间，采用冻结法在淮南矿区共完成了 5 对矿井 19 个立井井筒的施工，设计总能力为 1.7 Mt/a，累计施工完成冻结立井总长度 6181 m，其中潘三矿东风井冻结深度达 415 m，为当时全国冻结深度之最。

该阶段采用冻结法施工的立井井筒见表 1-4。

表 1-4　淮南潘谢矿区第 1 阶段采用冻结法施工的立井井筒

序号	井筒名称		净直径/m	井筒深度/m	冻结深度/m	开工时间	竣工时间
1	潘一矿	主井	7.5	645.06	200	1973 年	1976 年 11 月
		副井	8.0	588.1	200	1973 年	1976 年 12 月
		中央风井	6.5	420.7	200	1974 年	1977 年 3 月
		东风井	6.5	382.95	320	1975 年 12 月	1977 年 4 月
		南风井	6.6~7.0	361.4	320		1980 年
2	潘二矿	主井	6.6	642.2	320	1977 年 4 月	
		副井	8.0	586.4	325		
		南风井	7.0		320		
		西风井	6.0	416.0	320		1980 年 7 月
3	潘三矿	主井	7.0	758.8	260	1979 年 6 月	1983 年 2 月
		副井	8.0	712.2	260	1979 年 12 月	1982 年 12 月
		矸石井	6.6	683.2	300	1980 年 8 月	1983 年 1 月
		东风井	6.5	428.13	415	1981 年 9 月	1983 年 8 月
4	谢桥矿	主井	7.2	724.6	364	1985 年 3 月	1989 年 8 月
		副井	8.0	770.0	365	1984 年 8 月	1991 年 8 月
		矸石井	6.6	675.0	321	1983 年 12 月	1986 年 1 月
5	张集矿	主井	6.0	629.2	374	1996 年 8 月	1997 年 1 月
		副井	8.0	663.5	371	1996 年 12 月	1997 年 12 月
		中央风井	7.0	631.6	376	1996 年 7 月	1997 年 10 月

该阶段的特点是：

（1）我国对 200~300 m 厚冲积层冻结法凿井设计理论与关键施工技术储备不足。当时，仍沿用 20 世纪 50 年代制定的冻结法凿井设计与施工规范，对冻土物理力学性质、冻结方案、冻结温度场及分布规律、冻结壁稳定性、井壁结构形式与设计理论等缺乏深入研究。

（2）深冻结孔造孔设备与技术、凿井成套装备等不能适应快速凿井的需要。

（3）冻结法凿井施工单位的体制不顺，管理机制僵化，施工管理水平较低。

由于上述原因，出现了“打井马拉松，投资无底洞”现象。以潘一矿、谢桥矿为例，潘一矿于1973年开工建设到1983年投产，历时10年；谢桥矿1983年开工到1997年投产花费14年建成。当然，造成上述现象的原因与当时煤矿设计理念落后，井筒到底后，巷道施工工程量巨大有一定关系。但是，井筒凿井速度慢，施工技术与装备落后，严重滞迟矿井建设时间是其主要原因之一。

2）第2阶段：1998年至今

该阶段以张集矿北区和顾桥矿开工建设为主要标志。当时在经历过1990年至1998年煤炭市场萧条后，随着我国经济建设的快速发展，煤炭市场再次兴起，供求矛盾日益突出，在我国中东部地区再次掀起了有史以来最大的煤矿建设高潮。在此期间，淮南矿区先后开工建设了张集北、顾桥、丁集、顾北、潘北、朱集、潘一东、望峰岗8对矿井，设计产量2.8 Mt/a。

该阶段采用冻结法施工的立井井筒见表1-5。

表1-5　淮南潘谢矿区第2阶段采用冻结法施工的立井井筒

序号	井筒名称		净直径/m	井筒深度/m	冻结深度/m	开工时间	竣工时间
1	张集矿北区	主井	5.5	518.5	363	2003年8月	2004年7月
		副井	7.0	552.5	353	2003年10月	2005年1月
		风井	6.0	525.0	479	2003年6月	2005年1月
2	顾桥矿	主井	7.5	807.0	325	2003年12月	2004年10月
		副井	8.4	835.5	319	2003年12月	2004年10月
		中央风井	7.5	812.6	370	2003年11月	2004年12月
		南区进风井	8.6	924.2	345	2007年10月	2008年9月
		南区回风井	7.2	837.1	350	2007年7月	2008年3月
3	丁集矿	主井	7.5	852.3	570	2004年8月	2006年5月
		副井	8.0	881.0	564	2004年6月	2005年10月
		风井	7.5	861	570	2004年6月	2005年11月
4	顾北矿	主井	7.6	680.6	500	2005年1月	2007年5月
		副井	8.1	705.6	500	2005年3月	2006年2月
		中央风井	7.0	681.3	470	2005年2月	2005年11月
5	潘北矿	主井	6.0	703.2	398	2005年1月	
		副井	8.1	700.2	393	2004年12月	2006年12月
		中央风井	7.0	684.2	395	2004年12月	2006年2月
6	朱集矿	主井	7.6	1019.3	399	2007年6月	2008年10月
		副井	8.2	958.0	375	2007年7月	2008年10月
		矸石井	8.3	1045.0	375	2007年7月	2008年7月
		风井	7.5	948.0	375	2007年6月	2008年7月

表 1-5（续）

序号	井筒名称		净直径/m	井筒深度/m	冻结深度/m	开工时间	竣工时间
7	潘一东矿	主井	7.6	871.4	278	2008 年 10 月	2009 年 11 月
		一副井	8.6	899.3	288	2008 年 10 月	2009 年 9 月
		二副井	8.6	1097.9	276	2009 年 4 月	
		风井	8.0	872.2	275	2008 年 7 月	2009 年 5 月
8	潘一矿	二副井	7.0	851.5	330	2005 年 6 月	2008 年 10 月
9	张集矿	二副井	8.8	878.25	406	2012 年	2013 年 12 月
		东进风井	7.0	1027.5	374	2013 年	2015 年 3 月
		东回风井	7.2	1003.5	374	2013 年	2014 年 12 月
10	潘三矿	新西风井	7.0	647.48	508	2011 年 5 月	2012 年 2 月
		深部进风井	8.6	848.0	380	2011 年 9 月	2012 年 11 月
11	谢桥矿	箕斗井	7.6	986.2	395	2009 年	2010 年 5 月
		中央风井	7.5	986.2	335	2008 年 7 月	2009 年 8 月
		二副井	8.2	1011.2	355	2008 年 9 月	2009 年 10 月

该阶段的特点是：

（1）与黄淮地区其他矿区一样，浅部资源枯竭，井筒穿越冲积层深厚，穿越 450 m 以深冲积层冻结凿井设计理论与关键技术严重滞后工程需求，急待攻关解决。

（2）设计单位转变了矿山设计理念，建设单位自觉遵循市场经济规律，建大井、快建井、安全高效建井是追求的目标。

（3）随着改革的深入，煤炭企业经过整合、改制，打破了僵化的体制与机制，企业内在活力得到释放，管理水平极大提高。

（4）淮南矿业集团高度重视科技创新的驱动作用，组织高校与科研单位围绕深井建设存在的设计理论与关键技术问题联合攻关，攻克了系列关键技术难题。

（5）凿井装备得到升级换代，大量新技术在冻结法凿井施工中得到应用。

在淮南矿业集团、建井施工单位、高校和科研单位的共同努力下，在该轮新井建设中，尽管井型大、井筒深、表土层厚，还是在国内率先突破了 530 m（丁集矿）深厚冲积层冻结法施工关键技术难题，实现了建大井、快建井、安全高效建井的既定目标。

1.3.1.2 冻结法施工的关键技术

淮南矿区历经 40 余年的冻结凿井实践，取得了一系列的技术成果和先进经验。

1）冻结壁设计

冻结壁是冻结工程的核心，必须有足够的强度和稳定性。20 世纪 90 年代多采用无限长弹塑性厚壁圆筒（多姆克公式）等公式计算冻结壁厚度。在确定冻结壁厚度时，多验算其强度条件，而忽视了其稳定性验算（变形条件）。进入 21 世纪后，国内对冲积层厚度大于 400 m 的深井冻结壁设计多以深部黏土层为控制层位，采用多种有限段高公式计算、工程类比和数值计算综合分析的方法确定冻结壁厚度。验算强度条件时，可同时采用苏联的扎列茨基公式和维亚洛夫公式、波兰的里别尔曼公式、我国《煤矿冻结法凿井技术规程》

中的强度公式以及国内经验公式等，而对深井冻结壁的稳定性分析则多采用数值分析方法。

在建设早期，1972 年淮南潘谢矿区的潘一矿主井冻结深度较浅（150 m 以浅），冻结壁设计采用 50 年代规范（无限长弹性厚壁圆筒计算公式）基本满足要求。此后为安全起见，改用多姆克公式计算，考虑了冻土流变特性，进行长期抗压强度的计算。1978 年 4 月潘一矿东风井发生溃井事故后，业主、施工单位、科研单位等从冻结壁设计、井壁结构设计和施工质量等方面对事故原因进行了总结和分析。其后，在谢桥矿建设中吸取了潘一矿东风井的经验，该矿副井采用双圈孔冻结，并在吸取该矿发生矸石井断管 33 根、副井断管（5 根）淹井事故的基础上，对主井单圈孔增补了 13 个冻结孔，以增加冻结壁的强度和厚度。此后，我国建井界对冻结壁设计出现了“冻实”和“溏心”两种不同观点。2003 年以后在矿区新井建设中，通过大量的理论和实测研究，在冻结壁设计中充分考虑了不同地层的变形特性，通过科学设计冻结壁厚度，取定平均温度，优化冻结孔布孔方式，较好地解决了上述问题。

2）冻结工艺

在淮南潘谢矿区矿井建设第 1 阶段（1972—1997 年），因井筒穿越的冲积层除潘三矿东风井和张集矿 3 个井筒以外均在 300 m 以浅，故以单圈孔布孔方式为主，其中除潘一矿主、副井采用一次冻全深以外，多采用差异冻结。如潘一矿中央风井和东风井分别采用 178/244 m、300/320 m 长短腿差异冻结方式。因潘三矿东风井、谢桥矿副井和张集矿主、副、风等井筒穿越的冲积层厚度较大，故这 4 个井筒采用了双圈孔布孔方式。另外，在修复潘一矿东风井时采用了局部冻结方案。

在淮南潘谢矿区矿井建设进入第 2 阶段以后，因井筒穿越冲积层多在 300 m 以深，加之吸取前期经验后，多采用主孔+防片孔布孔方式，如张集、顾桥、张集北等矿井。丁集矿因冲积层厚达 530 m，则采用了外圈孔+中圈孔+内圈孔的冻结布孔方式。

3）冻结孔施工技术

我国在采用冻结法早期，因设备性能差，冻结孔成孔率不高、偏斜率大，如首次冻结的林西矿西风井，采用 3 台 S_uS_m505 型冲击钻机打冻结孔，钻 44 个孔，总长 4725 m，历时 7.5 个月，平均台月效率 210 m；第二个井——唐家庄风井，改用地质勘探用的 KAM-50 型立轴旋转式钻机，与冲击钻机相比，大幅提高了台月效率。当时，孔深小于 150 m 时采用红旗 500 型或油压 650 型立轴旋转钻机，孔深大于 150 m 时采用 TX-1000 型立轴旋转钻机。之后改装红旗千米转盘石油钻机打冻结孔，台月效率达 1800 m，钻孔偏斜率为 0.35%。

1982 年，北京建井所、石家庄煤机厂等合作研制了 DZJ500-1000 型冻结注浆专用钻机。该钻机转盘扭矩 11.76 kN · m，冻结孔钻深 500 m，注浆孔 1000 m，适用于多种钻具组合；使用的粗钻杆不仅对改善孔斜有良好的作用，而且可与 DJT-3 型陀螺仪配合，实现不提钻测斜；泥浆泵流量大，可与地下动力钻具配合，采用定向钻孔技术实现靶域钻进工艺，已成为目前深井冻结孔的主力钻机。

钻孔测斜初期采用经纬仪灯光，只能用于浅孔。1966 年研制的 JDT-I 型陀螺仪由高速陀螺马达定向，不受磁性矿区和钢管的影响，把钻孔偏斜的顶角和方位转变成电信号，通过电缆传到地面测量仪器接收放大显示测量结果；1973 年改进后，批量生产亚型。1978 年研制成功不提钻 JDT-1 型陀螺仪，其外径 60 mm，可下入钻杆内，以 80 m/h 的升降速度在钻进过程中连续测斜，配有微型电子计算机自动计算偏斜，显示和打印偏斜结果。继 JDT-1 型陀螺仪后又研制成 JDT-3A 型电脑陀螺仪，实际测量精度达 0.3%。1987 年为配合定向钻进研究成功的 JDT-5 型陀螺仪、1993 年为解决陀螺仪的方位漂移研究成功的采用“全捷联”结构的 JDT-6 型陀螺仪，均可连续测量、自动记录、计算打印，具有较高的技术水平。

淮南潘谢矿区在开发建设早期，潘三矿东风井冻结深度 415 m，采用日本 AD-IA 型钻机、美国单点测斜仪和戴纳钻具配套设备。使用中发现日本钻机和泥浆泵性能较差，满足不了打钻的要求；其后多采用 DZJ500-1000 型冻结注浆专用钻机造孔，美国戴纳钻具及改进型的国产 YL-100 型液动螺杆钻用于松散地层冻结孔纠偏，取得了较好的效果。

4）冻结井筒支护

淮南潘谢矿区新井建设中冻结井筒支护经历了以下演变：

1975—1979 年是我国冻结井筒支护改革的转折点。在此期间，我国兴建了 59 个冻结井，最大表土层厚 358.8 m，最大冻结深度 415 m（潘三矿东风井）。潘一矿东风井是当时两淮第一个含水表土层厚 300 m 的井筒。该井于 1975 年 12 月开工，1977 年 4 月竣工，1978 年 4 月 9 日发生溃井事故。与此同时，淮南、淮北其他在建井筒也因漏水而告急。对此，引起了国内建井界的关注和广泛讨论，并认为造成上述事故的原因，主要是对黏土层的冻胀性、双层井壁受力机理认识不足，井壁结构形式和设计原则有待改进，井壁施工质量急待提高等。其后，在潘二矿、潘三矿、谢桥矿的 7 个井筒采用了料石+混凝土+塑料板夹层双层复合井壁结构，在潘三矿、谢桥矿的 3 个井筒采用了预制块+混凝土+塑料板夹层双层复合井壁结构，在张集矿井筒采用了双层钢筋混凝土+塑料板夹层双层复合井壁结构。再其后，顾桥矿、张集矿北区、顾北矿井筒中使用了高强高性能混凝土筑壁材料，进一步提高了冻结井壁的强度和耐久性，特别是在丁集矿深厚冲积层立井井筒的设计与施工中采用了 C70 高强高性能竖向可缩性双层钢筋混凝土井壁结构，取代了原先设计的内钢板高强混凝土复合井壁，创新了井壁结构设计理论，在国内率先解决了 500 m 以上深厚冲积层井壁结构理论设计与施工问题。丁集矿于 2007 年 12 月建成，投产后井筒运行良好。

1.3.2 井筒掘砌施工技术

1.3.2.1 冻结段快速掘砌技术

为了达到快速建井的目的，井筒凿砌施工必须要有先进的施工方法、配套的机械化装备（大抓、大绞车、大吊桶、双套提升系统）、合理的劳动组织、科学全面的管理手段，正确把握冻结与凿井的关系，只有这样才能确保井筒安全、快速施工。在淮南潘谢矿区建设早期，由于缺乏配套的机械化装备和科学的管理方法，加之没有采用井筒基岩段地面预注浆技术，井筒施工质量不高，掘砌速度慢。1972—1997 年，淮南矿区共施工冻结井筒 19 个，月成井大多为 20~30 m，最高月成井 43.5 m。

井筒凿砌装备配备水平是保证井筒快速施工的关键技术之一。随着我国煤矿建井技术的进步，企业管理体制、机制的改革，配套立井机械化施工装备的采用，冻结井掘砌质量和速度得到大幅提高。根据井筒断面大小，选用 1~2 台抓岩机配合人工刷帮，选用 3~6 m^3

吊桶出土；选用整体下放式金属大模板砌筑外层井壁，配底卸式吊桶下混凝土，加上合理的“滚班式”循环作业方式；内层井壁施工选用液压滑升模板和激光导向技术，采用从下向上一次性套壁施工方案，尽可能避免分段套壁。采用此套施工技术方案，施工速度快、质量好、劳动强度低、安全性好、工序简单。

1998—2012 年，淮南矿区共施工冻结井筒 32 个。根据 22 个井筒的统计，表土段平均月成井达到 89.4 m、最高月成井 119.3 m，顾桥矿主井表土段最高月成井达到 150.8 m。可见，近 15 年来冻结段的施工速度大大加快。

1.3.2.2 冻结段深厚黏土层施工技术

黏土层含有高岭土及钙、铝等矿物成分，土中结合水含量高，具有可冻性差、冻胀力大等特点，是冻结管断管、外层井壁破损等事故的易发地段。如谢桥矿矸石井断管 33 根、副井断管（5 根）淹井事故均发生在 200~240 m 下部黏土层部位；张集矿风井 3 根冻结管断管发生在 270 m 钙质黏土与砂层交界处；顾北矿副井连续发生 43 根冻结管断管事故，发生层位主要在井筒下部黏土层或钙质黏土层。对此，淮南矿区业主和建井施工单位在总结分析冻结管断管和井壁破损机理与原因的基础上，在其后的潘谢矿区深冻结立井施工过程中，采取加强冻结、确保冻结壁强度和厚度满足施工安全要求、加强冻结运行系统管理等措施，并通过减小施工段高、提高混凝土强度等级、铺设适当厚度的泡沫塑料板、在泡沫板外再敷设一层塑料薄膜等手段，有效预防和减少了断管事故的发生。

张集矿北区风井、顾桥矿主井、丁集矿风井等深厚黏土层施工中，通过采取多种措施都顺利通过，未发生冻结管断裂事故。

1.3.2.3 井筒基岩段快速施工及装备

淮南淮河以北新区，煤层埋藏深，井筒深度多在 600 m 以上，20 多个井筒深度超过 800 m，最深的接近 1100 m。因此，加快立井基岩段的施工速度对于缩短建井工期具有重要意义。

在深井施工中，广泛采用了混合作业和以“大吊桶、大抓岩机、大绞车、大模板、深孔爆破”（简称“四大一深”）为代表的机械化作业线，施工速度大大加快，平均速度由过去的 20~30 m 提高到 50 m 以上。吊桶容积多为 4~5 m^3，抓岩机斗容多为 0.6 m^3，且大直径井筒中同时使用 2 台抓岩机作业；深孔爆破深度在 4 m 以上，配以 3~5 m 高 MYJ 系列整体下移式金属模板；广泛推广使用商品混凝土以及 2~3 m^3 底卸式吊桶下料，大大提高了基岩的掘砌速度。10 多年来，有 10 多个井筒基岩段都创出过 100 m 的纪录，有的连续 3~4 个月成井超过 100 m，最高者达到 180 m。尤其朱集矿和潘一东矿，月平均速度均在 60~80 m 之间，达到淮南矿区历史最高水平。

1.3.3 地面预注浆法

我国地面预注浆技术自 1958 年诞生以来，为实现井筒基岩段打干井起到了较大作用。其间，我国地面预注浆技术不断发展，注浆孔由原来的 10 多个甚至 20 多个减少到 6 个；注浆深度从 50~200 m 增加到 750 m；各种专用注浆设备不断配套完善；定向深井注浆技术取得重大成果，这些都使我国注浆技术上了新台阶，实现了上部掘进与下部注浆的平行作业，扩大了注浆技术的应用范围。1995 年之前，我国地面预注浆技术一直是以水泥为注浆材料，采用分段下行式注浆工艺，存在工期长（钻机台月钻注效率仅为 100 m/月）、成本高两大问题。自20世纪70年代起，收集并整理了大量国外注浆技术资料，认为苏联发明的综合注浆技术是我国地面预注浆技术的研究方向；“六五”期间，研制成功了KMS型卡瓦式止浆塞，使地面预注浆中的止浆技术达到了新水平；“七五”期间，完成了止浆塞系列化的攻关任务，并与兄弟单位合作研制成功了SE型黏土水泥浆，在注浆材料研究方面迈出了一大步；进入20世纪90年代后，研制成功了成本低廉、性能优良的CLC型黏土水泥浆，并在我国第一对采用综合注浆法堵水的井筒——付村西风井和高庄混合井得到成功应用。

兖州矿区早在1975年就将地面预注浆技术应用于鲍店主井基岩段治水。至1980年底，该矿区完成了8个冻结井筒基岩段的地面预注浆工程，为其他矿区的应用积累了经验。

淮南矿区矿井建设中冻结井施工应用基岩段地面预注浆治水技术较晚。在潘一、潘二、潘三、谢桥矿冻结井时，通过基岩含水层主要采取强排和工作面注浆的方法，施工速度慢、井壁混凝土浇筑质量差。淮南矿区谢一矿望峰岗大井是淮南矿区最早采用综合注浆法进行井筒地面预注浆的矿井，其后先后在张集、顾桥、顾北、潘北、朱集等数十个冻结井筒施工中均采用了地面预注浆井筒基岩段防治水技术，取得了预期效果。

1989—1991年开滦东欢坨二号井的建设，由于成功应用了上部（420 m以上）工作面预注浆与凿井施工和420~750 m的下部进行定向钻孔地面预注浆同时施工的作业方式，使建井工期缩短了1年。1997年，邢东煤矿主副井井筒在冻结孔已下入套管等待冻结后，由于新增加了地面预注浆工程，在当时的客观条件下被动采用了注浆—冻结—凿井平行施工的尝试，并取得了初步成功，与传统作业法相比缩短建井工期8个月。2002年国投新集刘庄煤矿大胆创新，首次主动组织在该矿主、副、风3个井筒施工中采用“注浆—冻结—凿井”三同时作业方式，即在表土段采用冻结法，基岩段采用地面预注浆法封水开凿的立井井筒，通过特殊的技术手段将冻结、地面预注浆及井筒掘砌工作在一段时间内同时进行。

淮南矿业集团在顾桥矿推广采用了上冻下注“三同时”（注浆、冻结、凿井）特殊施工方法，采用上段直孔、下段S孔混合布孔工艺，使用戴纳钻头、陀螺测斜仪定向设备、黏土水泥浆液注浆，取得了较好的注浆效果，争取了4个月的井筒施工期。引入大功率螺杆机，高负压、大流量制冷系统，冻结壁交圈时间控制在60天以内，较常规冻结法井筒提前1.5个月开工。

1.3.4 钻井法

钻井法是用于不稳定表土段施工的一门真正的特殊凿井技术，实现了全机械化和部分工艺的自动化凿井。它于1854年首先由德国应用成功，其后在美国、苏联、法国、英国、比利时等国家得到推广应用。我国第一口应用该技术的井筒是淮北朔里南风井，直径4.3 m，钻深90 m。到1984年，全国煤矿钻成井筒33个，钻井直径4.3~9.0 m，累计深度6461 m。到2010年，全国钻深300 m以上的煤矿井筒有29个，其中最大深度656 m（淮南板集矿主井）。淮南矿区的潘三矿西风井，不论钻井直径或钻井深度在当时都达到国内之最（表1-6），标志着我国钻井技术在机具、泥浆和井壁施工三个关键技术方面均达到了一定的水平。淮南谢桥矿东一风井和东二风井是我国首次采用“眼镜井”形式用两个小直径井筒代替一个大直径井筒，从而解决了当时大直径井筒无大直径钻机的难题。此法在2004年完成的龙固矿2号主井中得到了推广应用。谢桥矿西风井采用井壁节间注浆、散装水泥充填，实现了机械化作业。淮南张集矿北区进风井钻井直径10.8 m、成井直径8.3 m，再次荣膺世界上最大的钻井直径和成井直径之称。皖北矿业集团在淮南矿区开发的朱集西矿矸石井，是我国首次成功采用ϕ7.7 m钻机全断面一次钻井的井筒。据统计，钻深300 m以上井筒淮南地区占了1/3，而且全部超过了400 m。可见钻井法在淮南矿区应用后取得了十分显著的成果，通过的冲积层最厚、钻井深度和直径最大、百米平均偏斜率最小、全断面一次钻进、眼镜井等多项应用成果居全国之首。

表1-6 淮南地区钻井法施工的立井一览表

序号	井筒名称	净直径/m	冲积层厚/m	钻井深度/m	最大钻径/m	完成时间
1	潘三矿西风井	6.0	440.8	508.2	9.0	1984年11月
2	谢桥矿东一风井	4.0	421.9	474.5	5.7	1985年12月
3	谢桥矿东二风井	5.5	421.9	478.2	8.0	1989年8月
4	谢桥矿西风井	7.0	405.0	469.2	9.3	1989年4月
5	张集矿北区回风井	7.2	402.1	440.0	9.6	2007年9月
6	张集矿北区进风井	8.3	401.2	462.0	10.8	2008年5月
7	板集矿主井#	6.2	584.1	656.2	9.5	2007年11月
8	板集矿副井#	7.3	580.9	633.2	10.8	2007年11月
9	板集矿回风井#	6.5	583.8	653.6	9.3	2007年8月
10	朱集西矿矸石井##	5.2	470.0	545.0	7.7	2010年2月

注：#淮南国投新集能源股份有限公司所属；##皖北矿业集团所属，矿井位于淮南地区。

过去由于钻井法的偏斜率较大、钻井动力不够、钻具不过关，因此钻井法一直用于无提升设备的风井、松散土层以及小直径浅井。现在，随着钻井技术的提高，偏斜率均能达到规定要求。潘三矿西风井的偏斜率仅为0.22‰，到1990年前后，国内成井的偏斜率一般均在0.3‰左右。2003年淮南地区新集集团开发建设的板集矿主、副、风3个井筒全使用了钻井法，不仅深度大，而且偏斜率降到了0.171‰。钻井法不仅可用于风井、小直径井、浅井以及表土，而且可用于主副井、深井、大直径井以及基岩段施工。钻井直径已由4.3 m发展到目前的10.8 m（张集矿北区进风井），成井直径已由3.5 m发展到8.3 m（张集矿北区进风井）。

1.3.5 井筒施工揭煤技术

淮南矿区现有的13座生产矿井基本都为煤与瓦斯突出矿井。进入21世纪以来，淮南矿区新建和改扩建多座矿井，井筒揭煤数量大幅增加。随着矿区采深的不断增大，煤层更为松软，煤的普氏系数为0.2~0.6；主采煤层瓦斯含量一般为12~36 m^3/t；煤层渗透率仅为0.9869×10^{-12} m^2，属难以抽采煤层；煤层瓦斯压力为2~6 MPa。由此可见，该矿区煤层瓦斯含量大，突出危险性严重，煤层赋存的地质条件极为复杂。因此，在井筒揭煤过程中为了提高瓦斯抽采效果，需要采取强化卸压增透措施。由于未揭开的煤层没有任何卸压，煤层透气性更低，致使在只采取瓦斯抽采措施的情况下，通常需要6个月以上的时间进行煤层瓦斯抽采，煤层瓦斯抽采率才能达到规定要求。因此 1997 年以来，矿区为实现井筒安全快速施工，围绕深井安全快速揭煤开展理论与技术研究，形成了适应该矿区煤层特点的深井安全快速揭煤成套技术，通过科学组织、精心安排取得了较好的效果，确保了矿井建设工期目标的顺利实现。

立井揭煤施工的主要关键技术与措施是：

（1）实施深孔预裂爆破，增大煤体的透气性，提高瓦斯抽采效果。

（2）在对煤层测压之前对井筒进行壁后注浆，确保测压孔及措施孔在“干井”里施工，改善了打钻作业环境，保证了钻孔施工质量和施工效率，使压力能测得准、瓦斯能抽得出。

（3）深井揭煤前建立抽采系统，选择高负压抽采泵，强化抽采措施，严把封孔质量，提高抽采效果。

（4）近距离煤层采用联合防突揭煤方法施工。

1.3.6 多工序同时作业

在深厚表土与基岩段凿井，为达到快速安全掘进的目的，需要合理安排注浆、冻结、凿井和井架安装之间的时间关系和空间关系，充分利用有限的空间和时间，不要造成相互干扰或影响。因此，多工程、多单位、多工种交叉平行作业便显得十分重要。

1.3.6.1 “三同时”施工工艺

在我国早期的井筒建设中，地面预注浆、冻结、凿井都是分阶段独立进行的。20 世纪 80 年代初，由于定向钻进技术的进一步发展，出现了 S 孔，进而促进了平行作业的出现。1984 年，在河北省开滦矿务局东欢坨煤矿 2 号井首次利用 S 孔地面预注浆，实现了地面预注浆与凿井的平行作业，使建井工期缩短了 1 年；1999 年，河北省邢台矿务局邢东煤矿主、副井利用 S 孔和垂直孔配合，实现了地面预注浆与冻结、凿井的部分平行作业，将建井工期缩短了 8 个月；2001 年，山东省临沂矿务局新驿煤矿主、副井利用 S 孔和垂直孔配合，实现了地面预注浆与冻结造孔的部分平行作业，节省了一批注浆孔的施工时间。2002—2003 年，利用 S 孔与垂直孔配合进行地面预注浆与冻结造孔部分平行作业的施工模式在淮南地区的矿井建设中得到了广泛应用。

所谓“三同时”是指：表土段需采用冻结法、基岩段需采用地面预注浆的立井井筒，通过特殊的技术手段，将冻结、地面预注浆及井筒掘砌三项工作在一段时间内同时进行，即在进行地面预注浆工程的同时，进行表土段冻结和井筒掘砌施工。其创新在于节省了地面预注浆单独占用井口的时间。传统的立井施工程序是：注浆—积极冻结—井筒掘砌，或者冻结—表土段掘砌—基岩工作面注浆—基岩段掘砌，如图 1-2 所示。随着井筒开凿

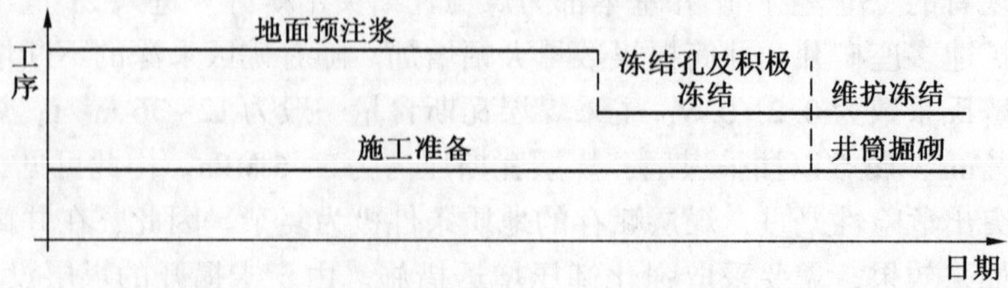

图 1-2 传统建井注浆、冻结、井筒掘砌工序安排

深度的不断加大，尤其对于深度超过 700 m 的井筒，采用传统程序建井工期长、投资效率低。

“三同时”与传统程序的最大区别就在于改变了地面预注浆的施工时间和方法以及采用了特殊的钻孔技术手段。它对冻结、注浆和凿井三大工艺在时间关系和空间关系上进行了合理安排，充分利用了有限的空间和时间。

地面预注浆中采取的特殊技术是定向钻进，即在井筒外围钻凿 S 孔（钻孔在纵向轴线上呈“S”形），在井筒上部冻结和凿井的同时进行基岩段注浆。采用“三同时”工艺后，施工准备期和井筒施工期都可大大缩短。“三同时”的时间安排如图 1-3 所示。

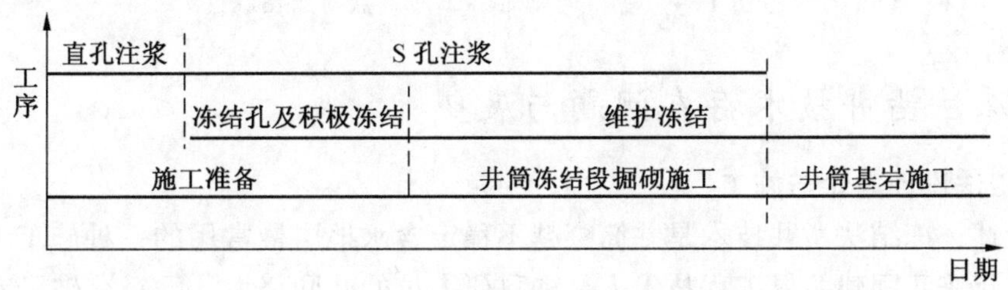

图 1-3 “三同时”建井注浆、冻结、井筒掘砌工序安排

近两年，淮南矿区采用了注浆、冻结、凿井“三同时”施工工艺，如顾桥矿副井等，取得了很好的技术经济效益。一般深 500 m 的井筒，工期可提前 30～60 天。顾桥矿采用了“三同时”工艺，采用上段直孔、下段 S 孔混合布孔工艺，使用戴纳钻头、陀螺测斜仪定向设备、黏土水泥浆液注浆，取得了较好的注浆效果，争取了 4 个月的井筒施工期。

“三同时”作业作为一项系统工程，安排平行作业中各工种的时空关系是取得成功的关键，而每个单项施工技术的发展是实现“三同时”作业的技术依托。

“三同时”施工组织需要注意的问题有：

（1）要合理优化井口布置，提前做好总体组织设计，掘砌、注浆单位相互协调，防止相互干扰。

（2）提前统筹井筒注浆和冻结段外壁掘砌施工的时间安排，确保在井筒基岩段掘砌开始前结束 S 孔注浆工程。

（3）冻结段与基岩注浆段的衔接问题。二者之间有一段交叉部分，需进行注浆加固，作为下部注浆的岩帽，以解决注浆段与冻结段的有效衔接，确保衔接部位的井筒安全施工。

（4）冻结孔与注浆孔的相互串通问题。钻孔施工时需加大测斜密度，及时掌握两孔之间的相互关系，在保证偏距、孔距的要求下采用定向技术避开已有钻孔。

1.3.6.2 “四同时”施工工艺

为了进一步加快施工速度，缩短工期，淮南矿区在“三同时”的基础上又实行了“四同时”施工工艺，即注浆、冻结、永久井架安装、凿井四大工艺同时展开的“四同时”新工艺，各工序的节点对照如图 1-4 所示。该新工艺在顾桥矿主井得到了成功实施。

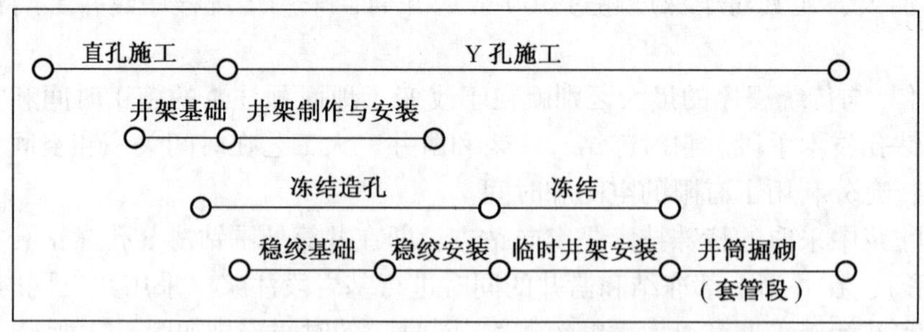

图 1-4 “四同时”各工序节点对照图

1.4 特殊法凿井技术存在问题与展望

1.4.1 冻结法设计理论与施工

如前所述，冻结法凿井技术是井筒穿越不稳定含水地层最常用的一种施工方法，特别是通过近十年来我国建井界工程技术人员和科研人员的共同努力，已经突破了 400～600 m 深厚冲积层（丁集、郭屯、口孜东等矿）和 950 m（甘肃核桃峪矿）基岩冻结关键技术，达到了国际领先水平。但大量工程实践表明，仍存在以下主要问题有待进一步研究解决。

1.4.1.1 冻结法设计理论需进一步研究完善

1）深埋人工冻土物理力学特性

人工冻土基本物理特性主要包括其热物理和力学特性等，是人工冻结法设计的重要参数。我国从 20 世纪 70 年代就开展了该方面的研究工作，取得的研究成果对指导 300 m 以浅冻结壁设计起到了重要作用。但是，厚冲积层冻结深井有别于浅井的特征是其在高地压作用下，深部冻土的本构关系、力学行为、破坏准则和强度理论均发生了明显变化。因此，对冻结深井设计而言，不能简单引用浅部土的冻土成果，而应通过对符合深土力学中的荷载过程条件的强度和蠕变的研究，揭示其变形和力学特性（如本构关系、破坏准则等），并应用于工程设计中。

2）多圈孔温度场分析与设计

目前，国内对冻结深井多圈孔温度场分析主要以计算机数值模拟（ANSYS、ADINA、MAKE 等）和工程经验分析为主。对于冻结深井而言，多圈孔温度场分析除要考虑土层热物理特性外，还应考虑水分迁移和地压作用对温度场的影响。水分迁移是土体冻结的一个自然现象，关于未冻水迁移理论，从 19 世纪就已开始研究。但由于所研究问题的复杂性，目前在理论计算上广为应用的仍是薄膜理论，鉴于计算参数获取的困难性，在人工冻结工程应用中仍存在较大的难度。从国内外研究现状来看，主要在一维水分迁移研究方面取得了较多成果，对二维和三维水分迁移的理论研究尚处于起步阶段。要全面分析人工冻结多圈孔温度场，必须考虑土体水分场、温度场、力场的复杂动态变化及多场耦合问题。虽然我国近年来对天然冻土多场耦合问题已进行了较全面的研究，但针对人工冻结深井多圈孔冻结地层的多场耦合问题的研究较少。目前，国内常用的人工冻结温度场数值模拟分析软件没有考虑水分迁移、有未冻水和地压作用的影响，因此分析结果与工程实际存在一定偏差。鉴于此，对于深井冻结而言，如何基于多圈孔温度场分析结果更加科学合理地确定布孔方式、各圈孔深度等是今后应深入研究的问题。

3）冻结壁强度与稳定性

冻结壁是冻结工程的核心，必须有足够的强度和稳定性。近几年，国内冻结深井虽在冻土物理力学试验中一般都给出了单轴蠕变或三轴剪切蠕变方程，但在冻结壁强度和稳定性计算中应用得很少。也就是说，在确定冻结壁厚度时多验算其强度条件，而忽视了其稳定性验算（变形条件）。出现上述现象的原因，一是稳定性验算计算程序复杂；二是三轴剪切蠕变试验无论从试验设备到试验方法均存在一定问题。

4）深冻结井井壁结构

近十几年来，为解决两淮地区深冻结井（450 m 以深）井壁结构形式与设计理论问题，我们开展了大量研究工作，先后提出了包括高强高性能混凝土双层钢筋混凝土复合井壁、内钢板高强混凝土复合井壁、钢纤维高强混凝土等系列新型井壁结构形式，提出了引入混凝土强度提高系数的井壁结构设计计算方法，并在工程中得到大量成功应用。但由于对深冻结井冻结压力显现规律的理论与工程实践认识不足，在工程中仍有少量井筒在穿越深部厚黏土层时外层和内层井壁分别出现破损和环竖向裂缝现象，再者内层井壁设计偏厚，特别是深冻结井下部冻结基岩段井壁结构设计问题仍是有待解决的课题。

1.4.1.2 深冻结井施工关键技术有待进一步提高

1）冻结成孔质量与温度场控制技术

冻结成孔质量包括冻结孔偏斜与冻结管接头焊接质量等。近年来，虽然冻结孔施工设备性能得到大幅提高，在钻进过程中广泛采取“以防为主，以纠为辅，防纠结合”的原则，加强了施工过程控制和后期成孔质量的检验，但由于种种原因，冻结孔偏斜率过大的现象还时有发生，从而对其后冻结壁温度场的形成与控制增加了难度。

目前，虽然各冻结施工单位均采取信息手段对冷冻站以及冻结管的盐水温度、流量等进行实时监控，但因施工管理、冻结管施工质量以及与掘砌单位协调等原因，对深冻结井冻结壁温度场控制时有不尽如人意之处。特别在两淮地区冻结井筒下部黏土层部位，因对冻结壁温度控制不当、冻结管偏斜、冻结管接头质量、开挖段高等综合原因，导致断管、盐水泄漏事故时有发生，严重影响了井筒施工的安全性。

2）井筒快速掘砌技术

近年来，井筒施工单位通过合理配备大绞车、大吊桶、大伞钻、大模板，采用深孔爆破，形成“四大一深”工艺系统，以及合理组织劳动施工，大幅提高了立井月平均施工速度，基本满足了施工需求。目前，存在的主要问题是：①冻结与掘砌的协调。开挖时间早了，易发生片帮、超挖、断管等事故；冻结壁温度过低，会造成冻土过多进入井筒，开挖困难影响掘砌速度。②高性能混凝土浇筑质量保证。由于高性能混凝土对施工过程质量控制要求高，现场施工时如对水泥、砂、石渣、配合比、搅拌过程等控制不严，极易影响混凝土施工质量。特别是冬季施工，因入模温度控制不当，造成炸模事故偶有发生。

3）冻结井筒壁间注浆

冻结井筒壁间注浆是井筒工程必须实施的一项工程。通过壁间注浆旨在封堵冻结井筒漏水通道，确保井筒运行安全。以往对 300 m 以浅的冻结井筒多以按 2~3 倍冻化时间比或壁间温度在 3 ℃左右为判断依据，确定壁间注浆时间。但对深冻结井筒而言，因采用了多圈孔冻结方式，冻结壁冻融时间严重滞后，往往按上述条件实施壁间注浆效果差，有时不得不进行 2~3 次注浆才能达到预期效果。个别井筒因冲积层含水层埋深大、水压大而没有把握好壁间注浆时间，造成井筒突然涌水，对矿井安全造成严重威胁。因此，应加强对多圈孔冻结壁冻融规律的研究，科学确定深冻结井壁间注浆时间。

1.4.2　钻井法凿井存在的技术瓶颈与解决途径

我国深厚冲积层钻井法凿井技术经过 50 多年的发展，形成了自己独特的技术，在最大钻井直径、成井直径和穿越深厚冲积层钻井深度方面均为世界纪录保持者。但是，随着我国冻结法凿井技术的快速发展，钻井法凿井技术和经济优势相对弱化，要使该方法相对优势更具竞争力，必须依靠技术创新解决以下几方面的技术瓶颈问题。

1.4.2.1　创新深厚冲积层和基岩段高效钻头与排渣关键技术

我国钻井法凿井技术经过了以下 4 个阶段的发展：1963—1973 年采用为石油设备配套的钻井机；1974—1982 年使用专用钻井机；1983—2006 年钻井设备国产化，且工艺逐步完善和提高；2007 年以后，我国自主研发了 AD130/1000 型和 AD12/800 型液压缸提升、动力头回转新型钻井机。特别是在第四发展阶段，由于大幅提高了钻机的提升、转盘扭矩能力，通过对冲积层和基岩段钻头与排渣吸收口进行研究，将原先的多级扩孔成井工艺创新为“一扩成井”和“一钻成井”，使类似条件下的成井速度由 20~30 m/月提高到 31~39 m/月，有力推动了钻井法凿井技术的进步。但与冻结法凿井技术相比，成井速度低仍是制约该方法广泛应用的关键因素。究其原因，尽管有冲积层泥包钻头、基岩钻井速度仍较低、掉钻头打捞、深井漂浮下沉、下部基岩段凿井工艺转换等多种不利因素，但冲积层和基岩段高效钻头与排渣仍是影响钻井速度的主要因素之一，有待于在钻头布局与吸收口排渣机理以及钻头结构、材料等方面开展深入研究。

1.4.2.2　深度开发钻井泥浆无害化绿色处理技术

在钻井法凿井过程中泥浆主要起洗井介质、临时护壁、冷却滚刀等重要作用，其主要由黏土、膨润土、水和井液添加剂等构成，含有高浓度的盐、可交换的钠、重金属、有机物、高 pH 值处理剂等成分，且排放量大［一般在 $(1.0\sim3.0)\times10^4$ m^3/井］，直接排放不但会占用大量耕地，更会对环境造成较大污染，已成为制约钻井法凿井发展的重要因素之一。早在 20 世纪 80 年代，我国煤炭科学研究总院建井研究分院、安徽理工大学和中煤特殊凿井（集团）有限责任公司合作，采用泥浆分离技术开展钻井法凿井泥浆无害化处理研究，并在谢桥矿西风井进行了工业性试验。但因絮凝剂加量难以控制，且造粒机的处理能力（15 m^3/h）有限，加之处理成本高等问题，废弃泥浆未能真正实现合理处理及综合利用，大部分泥浆仍是直接排放。其后，随着国家对环境保护的要求越发严格，2009 年中煤特殊凿井（集团）有限责任公司与国内相关单位合作，以皖北朱集西矿矸石井为工程背景，系统开展了废弃泥浆固化、强化固液分离以及废弃泥浆转化为黏土水泥浆等实验研究，研发了日处理 500 m^3 污泥破稳一体化和固液分离成套装置，创新了泥浆脱稳、固液分离等技术，并处理泥浆 20000 m^3，基本满足了钻井泥浆达标排放的要求。

工程实践表明，上述研发的最新无害化绿色泥浆处理技术存在的工序较复杂、成本较高等问题有待进一步研究解决。如本着治标先治本的原则，开发新的环保型泥浆和泥浆处理剂，通过改进钻进工艺，加强固控和控制地层造浆量，减少后期废弃泥浆处理量；开展废弃泥浆再利用技术研究，将废弃泥浆转化为壁后充填材料、建筑材料等，从而实现环境效益和经济效益的高度统一，解决钻井法凿井可持续发展中的环保问题。

1.4.2.3 完善钻井井壁结构设计理论和施工关键技术

经过多年的研究与实践，已形成了具有我国特色的深厚冲积层高强钢筋混凝土、(单)双层钢板混凝土钻井井壁结构设计理论，基本满足了 600 m 以浅大直径钻井法凿井工程的要求。但是，现行煤矿井壁设计规范中钻井井壁结构设计主要考虑水平侧压力作用，对其竖向抗拉没有提出设计要求，以致井筒在下部岩层发生移动出现竖向拉应力时，井壁极易在竖向井壁节间连接处发生拉裂，对井筒安全构成严重威胁。再者，对于深厚冲积层钻井井壁而言，采用传统的水泥浆进行壁后充填，往往难以充分置换井筒下部泥浆，滞留在充填层中的泥浆包常形成漏水通道，以致在破井筒锅底施工时易发生出浆涌水事故。鉴于此，2011 年安徽理工大学与淮北矿业（集团）有限责任公司、中煤特殊凿井（集团）有限责任公司等单位合作，在兴湖煤矿风井开展了钻井井壁节间竖向抗拉等强新型结构、水泥砂浆新型壁后充填材料及充填工艺研究，取得了预期效果。但是，在钻井井壁竖向等强井壁结构设计、水泥砂浆壁后充填工艺方面还需进一步开展系统研究。

1.4.3 深立井地面预注浆技术的不足与改进

深立井基岩段地面预注浆治水效果除与科学合理的设计相关外，更取决于注浆孔的成孔质量、浆液的选择、注浆参数与工艺、岩性等因素。淮南矿区自 20 世纪 90 年代引入该工法以来，已成功施工 20 多个井筒，且大部分实现了基岩段打干井，达到了预期效果。从已施工的立井井筒工程来看，尚存在以下几方面问题有待研究解决：一是对以竖向裂隙发育为主的岩层因浆液扩散半径小，注浆封堵效果不理想；二是上部风化基岩段岩帽的层位选择与厚度设计，如处理不当，在采用“三同时”方式注浆时会由下而上窜浆至上部冻结段处，影响上部冻结孔施工或正常冻结；三是 S 孔或 Y 孔造孔定位技术有待进一步提高。

2 淮南矿区松散层及基岩特征

2.1 淮南矿区地质概况

2.1.1 地层

淮南煤田位于华北煤田南缘，呈东西向的复向斜构造。东起郯庐断裂，西临周口坳陷，北接蚌埠隆起，南邻合肥坳陷。淮南矿区是淮南煤田的主体部分，东起长丰断层，西到口子集断层，南到寿县老人仓断层，北到明龙山—刘府断层，自下而上地层为元古界（凤阳群、霍邱群）、新元古界（青白口系、震旦系）、古生界（寒武系、奥陶系、石炭系、二叠系）、中生界（三叠系、侏罗系、白垩系）、新生界（古近系、新近系、第四系）等，具体见表2-1。

表2-1 淮南矿区地层简表

界	系		统	组	厚度/m	主要岩性
新生界	第四系		全新统		40~130	浅黄、灰黄色黏土夹砂层
			更新统			
	第三系	上	上新统		0~1528	灰绿色、浅棕黄色，固结黏土夹砂层
			中新统			
		下	渐新统		0~2057	浅灰色、棕褐色砂泥岩及其互层，夹砂砾岩
			始新统			
中生界	白垩系		上统		>647	紫红色粉、细砂岩，砂砾岩
			下统		1844	棕红色泥岩、粉砂岩，细~中粒砂岩
	侏罗系		上统		>637	凝灰质砂砾岩，凝灰岩和安山岩
	三叠系		下统		316~446	紫红色细粒砂岩、粉砂岩互层，夹泥岩
古生界	二叠系		上统	石千峰组	114~400	杂色泥岩、红色长石砂岩
			中统	上石盒子组	376~506	深灰色泥岩，灰绿色、浅灰色砂岩，底含石英砂岩，含煤层
				下石盒子组	191~265	灰色砂泥岩及其互层，底含粗砂岩，含煤层
			下统	山西组	52~87	上部细至粗砂岩，下部深灰色泥岩，含煤层
	石炭系		上统	太原组	120~160	灰岩为主，夹泥岩和砂岩，局部含薄层煤
				本溪组	0~40	杂色铁铝质泥岩、铁锰质砂岩夹黄色泥灰岩
	奥陶系		中下统		>400	钙质页岩、中厚层白云岩、角砾状灰岩

表 2-1（续）

界	系	统	组	厚度/m	主要岩性
古生界	寒武系	上统	土坝组	48~172	白云岩、硅质白云岩
			崮山组	49~88	中薄层鲕状灰岩、竹叶状灰岩、微晶灰岩薄层黄绿色页岩
		中统	张夏组	146~358	鲕状灰岩、核形石灰岩和细晶白云岩
			徐庄组	121~186	上、下部灰岩，中部棕黄色砂岩夹页岩，含海绿石和三叶虫、腕足类、腹足类化石
			毛庄组	18~86	灰岩和页岩互层
		下统	馒头组	204~395	上、下部紫红色页岩，中部灰岩
			猴家山组	79~136	灰质白云岩与白云质泥灰岩互层，含磷块岩和三叶虫化石
			凤台组	10~97	灰黄、灰红色砾岩，白云岩砾岩
新元古界	震旦系	淮南群	四顶山组	102~346	中厚层白云岩、含燧石结核白云岩
			九里桥组	26	泥灰岩、粉砂质灰岩，产蠕形动物、带状藻类、微古植物及叠层石
			四十里长山组	35~45	石英砂岩、粉砂岩和泥岩，含海绿石
	青白口系	八公山群	刘老碑组	685~837	下段灰绿、灰紫色泥灰岩夹钙质页岩；上段黄绿色页岩、粉砂岩，含微古植物及疑源类化石
			伍山组	19~192	灰白色石英砂岩、砾岩，含海绿石
			曹店组	18~21	紫色铁质砂砾岩
古元古界			凤阳群	640~1171	区域浅变质沉积岩系
新太古界			霍邱群	＞718	角闪斜长片麻岩，含石英片岩和大理岩，富集石英磁铁矿

2.1.1.1 太古界

太古界分为新太古界和古元古界，主要为区域变质岩，其中霍邱群为一套改造后的火山-沉积变质岩系，在不同的层位其岩性不同，在其下部为中性火山岩及凝灰岩、杂砂岩，中上部为沉积岩，如泥岩、杂砂岩、泥灰岩等。凤阳群自下而上为石英砂岩、粉砂岩及泥岩等。

2.1.1.2 新元古界

新元古界分为曹店组、伍山组、刘老碑组、四十里长山组、九里桥组、四顶山组、凤台组等。

（1）曹店组：下部为石英砾岩、含铁质石英砾岩，上部为含铁质、含砾砂岩及含铁质粉砂岩。

（2）伍山组：上部为中厚层状的含海绿石的细砂岩，底部为中厚层的硅质胶结的石英砾岩。

（3）刘老碑组：上部为页岩与薄层细粒石英砂岩及泥岩互层，下部为薄层泥灰岩与钙质页岩、白云质灰岩及粉砂岩互层。

（4）四十里长山组：由细粒石英砂岩、粉砂岩及粉砂质泥岩组成。

（5）九里桥组：由灰岩、泥灰岩及白云岩组成，含叠层石。

（6）四顶山组：该段为白云岩，产叠层石，分为三段。下段为肉红色的厚层状白云岩；中段为灰色白云岩，含燧石结核；上段为浅灰色白云岩。

（7）凤台组：主要为浅灰色或肉红色砾岩、白云质砾岩，厚度为 10~97 m。

2.1.1.3 寒武系

寒武系由猴家山组、馒头组、毛庄组、徐庄组、张夏组、崮山组、土坝组等组成。

（1）猴家山组：由薄层、中厚层白云质灰岩及灰质白云岩组成，底部含磷灰岩和磷页岩，呈块状。

（2）馒头组：从下而上主要由含海绿石灰岩、紫红色页岩、豹皮灰岩、鲕粒灰岩与紫红色页岩互层等组成。

（3）毛庄组：主要为厚层状的灰岩，夹薄层粉砂质页岩。

（4）徐庄组：主要为细粒砂岩、粉砂岩及豆粒灰岩。

（5）张夏组：主要为鲕粒含白云质灰岩、灰岩，含海绿石。

（6）崮山组：主要由薄层至中厚层含泥质灰岩组成，厚度为 49~88 m。

（7）土坝组：主要由结晶白云岩组成，顶部含硅质白云岩，呈蜂窝状。

2.1.1.4 奥陶系

奥陶系主要由贾汪组、萧县组和马家沟组等组成。

（1）贾汪组：由紫红色和黄绿色泥岩及泥质白云岩组成，厚度为 4~34 m。

（2）萧县组：由中厚层的白云质灰岩、灰质白云岩组成，底部含角砾状白云岩，厚度为 157~250 m。

（3）马家沟组：主要以白云岩为主、白云质灰岩为辅，下段为白云质灰岩，含燧石结核；上段为厚层状白云岩、灰质白云岩，厚度为 66~162 m。

2.1.1.5 石炭系

本区发育上统，自上而下分为太原组和本溪组。

（1）太原组：由灰岩、砂质泥岩、铝质泥岩、砂岩及薄煤层组成，其中灰岩由 12~13 层薄层灰岩组成，第三、四层对煤矿开采有影响。

（2）本溪组：主要由灰色、紫色的铝质泥岩、砂质泥岩组成，厚度为 0~40 m，与奥陶系不整合接触。

2.1.1.6 二叠系

从上而下由石千峰组、上石盒子组、下石盒子组和山西组等组成。

（1）石千峰组：下部为紫红色粗粒长石石英砂岩，夹粉砂岩、泥岩；上部为紫红色泥岩，夹粉砂岩、砂岩，富含钙质结核。

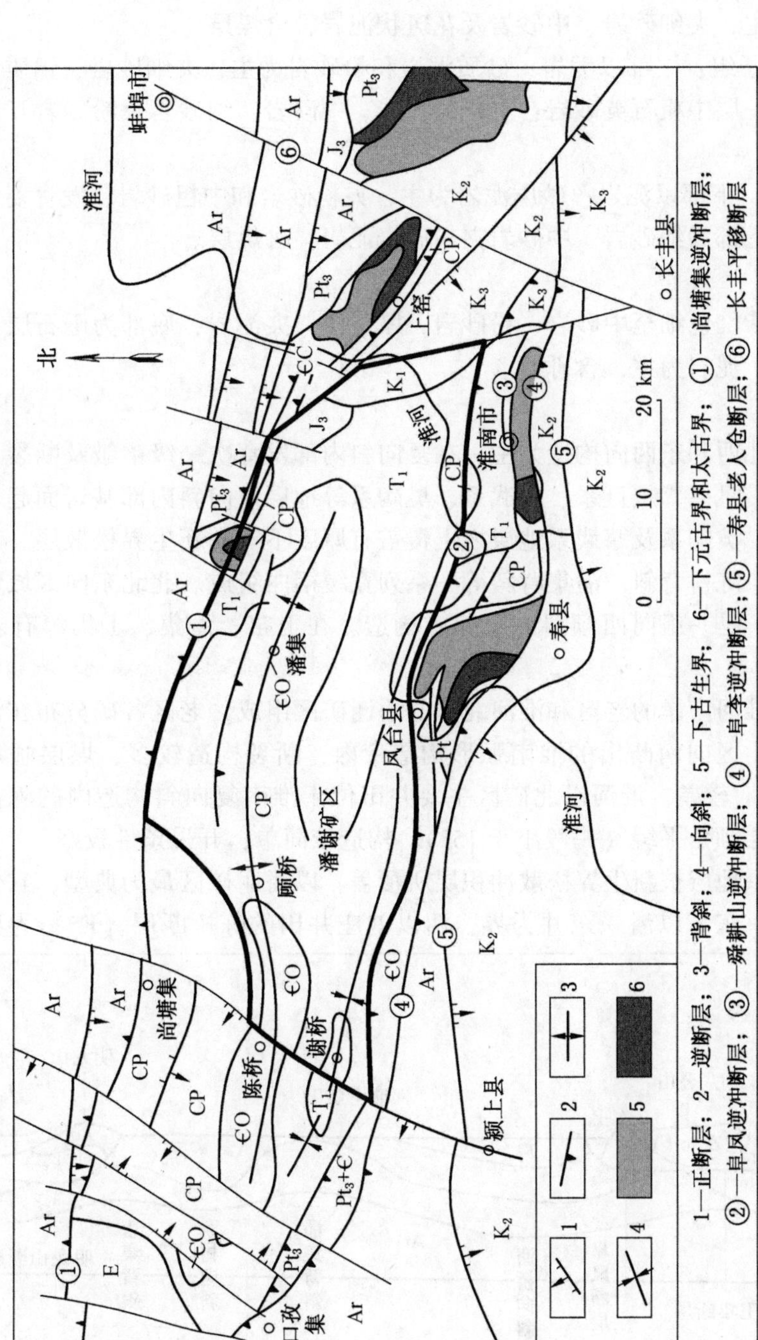

1—正断层；2—逆断层；3—背斜；4—向斜；5—下古生界；6—下元古界和太古界；①—尚塘集逆冲断层；②—阜凤逆冲断层；③—舜耕山逆冲断层；④—阜李逆冲断层；⑤—寿县老人仓断层；⑥—长丰平移断层

图2-1 淮南煤田地质构造图

（2）上石盒子组：下部为灰色泥岩夹薄层粉砂岩和中砂岩，局部含菱铁质结核；中部以细砂岩和粉砂岩为主，夹泥岩和砂质泥岩，局部夹花斑状泥岩、铝质泥岩；上部以泥岩、砂质泥岩为主，夹细砂岩、中砂岩及花斑状泥岩，含煤层。

（3）下石盒子组：下部以泥岩、砂质泥岩和粉砂岩为主，夹细砂岩、铝质泥岩和花斑状泥岩，底部为一层中粗石英砂岩；上部为泥岩、中砂岩、细砂岩及粉砂岩互层，含菱铁矿层。

（4）山西组：下部以泥岩、砂质泥岩为主，夹粉砂岩和中粗砂岩，发育菱铁结核，底部为中粗砂岩；上部为细砂岩、中砂岩夹粉砂岩泥岩，含煤层。

2.1.1.7　三叠系

刘家沟组为紫红色细至中砂岩、粉砂岩，厚层状，夹泥岩，底部为砾石层；和尚沟组以紫红色细砂岩、泥岩为主，含砾石。

2.1.2　构造

淮南矿区以北西和东西向构造为主，在复向斜内部发育次一级褶皱及断裂，在其两翼低山残丘出露前震旦系、震旦系、寒武系、奥陶系等地层。向斜内部基岩面起伏不平，在二叠系、石炭系、奥陶系及寒武系地层之上覆盖有厚度不等的新生界松散层。其中复向斜由谢桥古沟向斜、陈桥背斜、潘集背斜等一系列宽缓褶曲组成。北北东向区域性断层大致平行于郯庐断裂，是一组向西倾斜的阶梯式构造。在上窑、潘集、丁集等有岩浆岩零星侵入。

淮南矿区由淮河南岸的老区和淮河北岸的潘谢矿区组成。老区各矿分布在淮南复向斜构造的南翼八公山区向南凸出的淮南弧形构造带内，断裂构造较多，煤层倾角一般大于20°，开采条件相对较差。淮河以北矿区主要井田位于淮南复向斜构造内的陈桥背斜、潘集背斜南翼，煤层倾角平缓（一般小于15°），构造较简单，开采条件较好。

淮河以北煤系地层被新生界松散冲积层所覆盖，以潘谢矿区最为典型，它位于淮南煤田的中部和北部，东部以潘一东井为界，西以刘庄井田的陈桥断层（F5）为界，南以谢

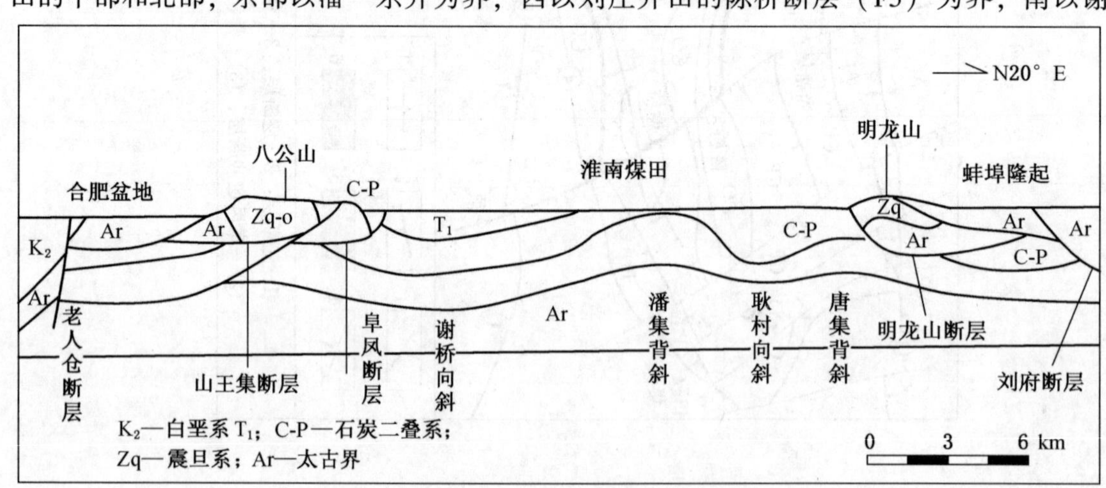

图2-2　淮南煤田构造作用形成后的地层剖面图

桥向斜—古沟向斜为界，北以明龙山—刘府断裂为界。矿井主采煤层上方往往覆盖有106.25~725 m的巨厚松散层，其底部发育了10~60 m厚的弱至中等富水性松散层，并直接覆盖于煤系露头之上，对薄基岩下的煤层安全开采产生了直接威胁。

淮南矿区煤系地层形成后，印支运动产生近南北方向的挤压作用，发生褶曲变形，形成了向斜和背斜的起伏变化，期间也发育了挤压逆断层。后期燕山运动和新构造运动产生近南北方向拉长和水平挤压错动，破坏了先前褶曲的完整性，形成了近东西方向断层（图2-1和图2-2），这种构造作用奠定了古地形的骨架。

2.2 松散层特征

潘谢矿区水文地质条件属中等~复杂类型，区内地表水体主要为淮河及其支流，其余为农用灌溉沟渠和地表下沉积水区。地下水体主要是松散砂砾孔隙含水层、煤系砂岩裂隙含水层和石灰岩溶裂隙含水层。新生界松散层厚20~450 m，由东向西、由南向北逐渐增厚，总的趋势是老区较薄、淮河以北矿区较厚，除个别古地形隆起处外，一般都在200 m以上。

2.2.1 松散含、隔水层赋存条件与岩性

本区内新生界松散层全厚为140~730 m，矿区东部较薄，西部较厚，松散层一般由3个含水层和2~3个隔水层组成。上、中、下部含水层（组）之间有厚度较大的黏性土隔水层阻隔，一般没有直接的水力联系。下部含水层多为中等偏强含水层，且在许多地段与煤系露头直接接触，对浅部煤层开采及矿井充水有直接影响。由上至下松散含、隔水层赋存条件与岩性分述如下。

1）上部潜水含水层

松散层上部含水层全厚43.9~133.6 m，东薄西厚。按岩性和水文地质特征分为上、下两个含水段。上段一般厚30~50 m，由砂质黏土、黏质砂土夹粉细砂和黏土质砂组成；下段一般厚30~40 m，由中、细砂层组成。

2）中部承压含水层

全厚40~263.5 m，东薄西厚，主要由中细砂、粗砂和半固结状黏土、砂质黏土组成。

3）下部承压含水层

厚度为0~94.4 m，平均50 m左右，分三段：上段平均厚20 m，由含泥细、中、粗砂组成，单位涌水量为0.06~0.15 L/(s·m)；中段平均厚约20 m，主要为中粗砂，下部为含泥砂砾层，局部呈半固结状；下段平均厚约7.59 m，主要由半固结状含泥砂砾组成。张集矿、谢桥矿松散层下部含水层由固结、半固结状黏土和中细砂互层组成。

4）上部隔水层

位于上部含水层之下，主要由砂质黏土及黏土组成，厚1.3~45 m，全区分布比较稳定，具有阻隔水作用，使上部含水层与中部含水层一般不发生垂直水力联系。黏土矿物成分的伊利石、蒙脱石占43%~73%。

5）中部隔水层

中部隔水层由东向西变薄，在东部潘集地区比较发育，厚14.8~110.7 m，为半固结状黏土，隔水性好，黏土矿物成分的蒙脱石占24%~86.7%。在西部的张集、谢桥等矿厚度薄，分布不稳定，不能有效阻隔中部与下部含水层之间的水力联系。

6）下部隔水层

松散层下部隔水层在潘集地区全面缺失，使下部含水层直接覆盖在煤系地层之上，对煤层安全开采构成直接威胁。而在顾桥、张集、谢桥等矿，松散层下部隔水层为平均厚约 40 m 的固结状黏土，分布广泛，其膨胀性较强，是凿井期间最难冻结和施工段，见表 2-2。

表 2-2　潘谢矿区新生界松散层、砂层、黏土层比例

矿井名称	新生界松散层厚度/m	总层数	中粗以上砂			细、粉砂			黏性土		
			层段	厚度/m	比例/%	层段	厚度/m	比例/%	层段	厚度/m	比例/%
张集矿	327.2	43	14	74.4	23.2	14	76.87	24	15	169.43	52.8
张集矿北区	324.05	62	19	101.6	31.5	13	51.2	15.9	30	169.9	52.6
顾桥矿	325.4	53	15	108.05	34.2	12	43.25	13.7	26	164.35	52.1
丁集矿	521.6	108	39	277	52.8	10	19.4	3.7	59	218.2	41.6

7）砾石层

砾石层主要分布在顾桥矿以西，潘集地区基本缺失，如张集矿底部砾石层埋深为 270.25～467.00 m，由灰白色、紫红色中、细、粗砂岩和砾石组成，夹固结黏土薄层，片状分布，连续性差；顾桥矿砾石层底界埋深为 243.00～561.10 m，砂层厚度为 2～8 m，以中粗粒石英砂岩为主，致密坚硬。

2.2.2　底部松散层赋存特征及分布规律

潘谢矿区基岩面起伏较大，其标高变化范围为-80.25～-577.57 m，基岩面起伏变化特征总体上呈南高北低、东高西低的趋势，如图 2-3 所示。

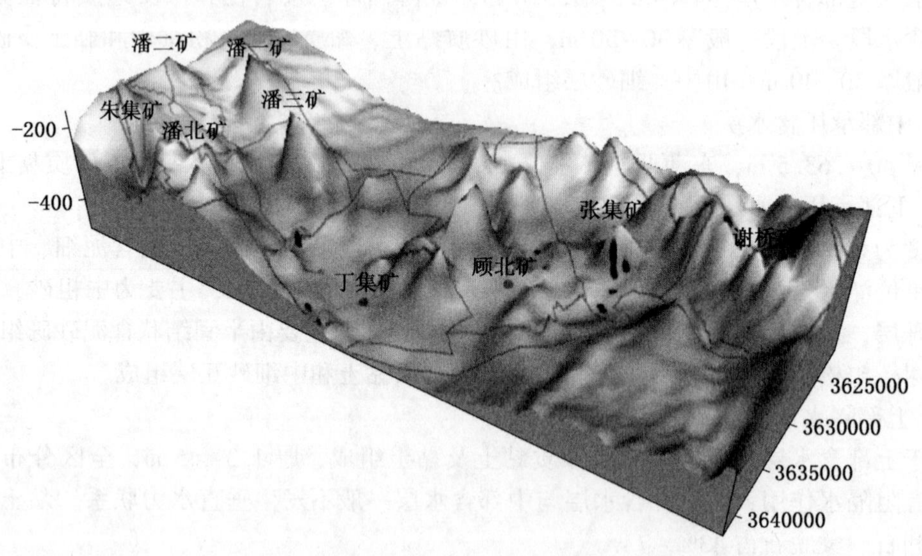

图 2-3　淮南煤田潘谢矿区基岩面起伏示意图

潘一、潘二、潘三、潘北及朱集矿地势相对较高，标高在-125.5～-463 m 之间，平均-304.44 m。在潘一、潘三矿与潘二、潘北矿之间发育有一条带状古冲沟，地势由南东

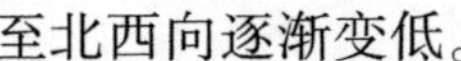

至北西向逐渐变低。

谢桥、张集、顾桥、顾北和丁集等矿的基岩面标高由南西至北东向地势逐渐变低，标高在-80.25~-577.57 m之间，平均-395.02 m。谢桥矿至张集矿段坡度较大，从张集矿经顾北矿至丁集矿的古地形相对较缓。丁集矿古基岩面标高相对最低，为-301.37~-577.57 m，平均-470.92 m。

2.2.2.1 新生界底部沉积物特征

潘谢矿区松散层厚度为106.25~725 m，平均359.43 m，沉积厚度受基岩面地形起伏特征控制。松散层的底部为砾石层、砂层和“红层”组合。受古地形的影响，厚度差异较大，一般在基岩面低洼处沉积厚度较大（图2-4）。

潘集矿区与谢桥矿区新生界底部沉积物的岩性组成和特征存在明显差异。潘集矿区底部沉积物以土黄、棕红色中细砂、砾石为主，局部夹有火成岩屑。砾石多为细砾和粗砾，偶见直径大于100 mm的巨砾，磨圆度和球度变化大，分选程度较差，为山前季节性冲积相特征。

张谢矿区新生界底部沉积物（“红层”）主要由紫红色砂岩、砾石和固结黏土组成，局部因风化呈灰白略带土黄色。其中砂岩的主要成分为石英，含量为80%，次为长石，钙质胶结，无层理。砾石成分以长石石英砂岩岩块为主，偶见石灰岩碎块，致密，坚硬，局部破碎。砂岩、砾石的分选性较差，磨圆度差，大小悬殊，最大达50 cm，最小为2~3 mm，岩屑的表面多具风化晕和蜂窝状侵蚀坑，说明曾较长时间裸露，接受风化侵蚀，属于古潜山的产物。此外，“红层”与该矿区南部的石千峰组岩石特征较为相似。

潘谢矿区新生界底部沉积物完全受古地形特征和母源区岩性的控制，据此判断潘集、张谢矿区底部沉积物的来源，即潘集矿区新生界底部沉积物主要来源于蚌埠古隆、就地的煤系地层；张谢矿区的“红层”主要来源于南部古潜山石千峰组，部分来源于石炭系或奥陶系地层。

2.2.2.2 新生界底部沉积物剖面特征

由于古地形、沉积物物质来源以及水动力条件等因素的综合影响，底部砂砾层、“红层”的发育及沉积厚度呈现非均匀性。

从下部沉积物典型剖面发现，潘集矿区内古冲沟一带砂砾层发育较好，冲沟两侧黏土层比例增大。矿区底部主要以松散~半固结的砾石层、砂砾层为主，局部夹透镜状黏土、砂质黏土层，其中砾石呈次棱角~半浑圆~浑圆状，分选性差，向上则以黏土层、砂质黏土层为主，如图2-5所示。

张谢矿区内新生界下部沉积物由下至上松散层总体发育特征为：“红层”—黏土层—砂（砾）、黏土互层。“红层”主要发育在矿区北西向的基岩面低洼处，之上发育一层稳定的厚度约30 m的黏土层，如图2-6所示。

2.2.3 新生界底部沉积物的沉积相划分

根据对沉积物厚度、颜色、沉积物颗粒大小、分选性、磨圆度和沉积剖面特征等的综合分析可知，潘谢矿区新生界底部沉积物为冲积相、坡积相、河流相等多相交互沉积产物。

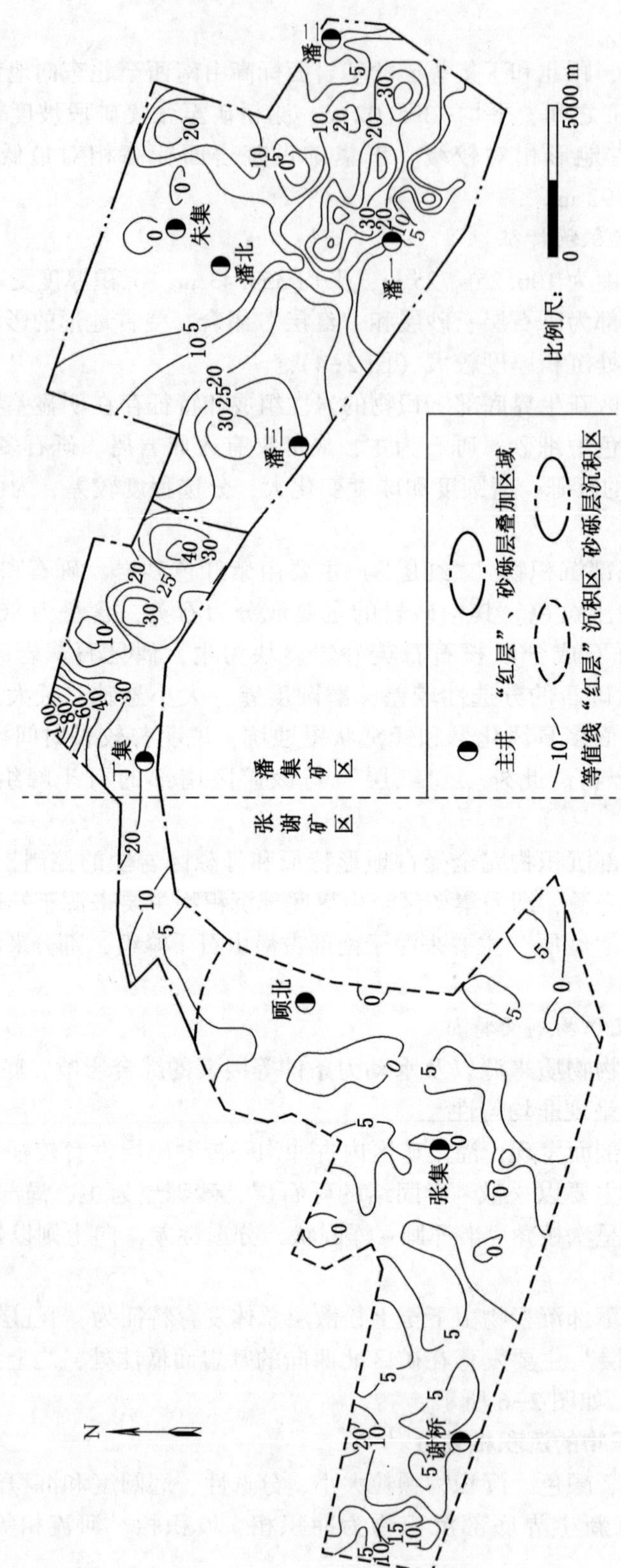

图2-4 潘谢矿区新生界底部松散层厚度分布图

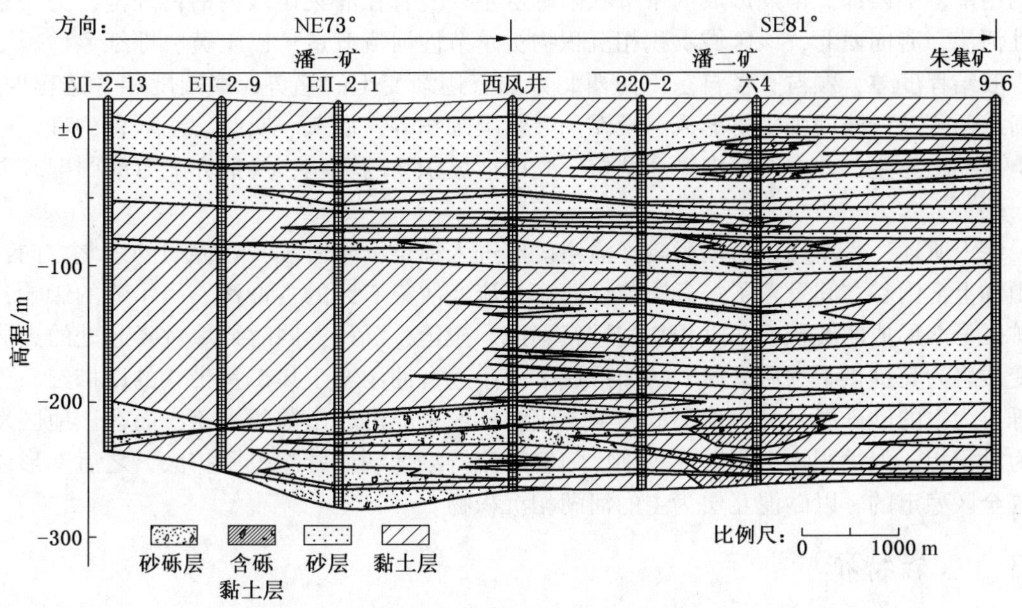

图 2-5　潘集矿区新生界底部沉积物岩性剖面

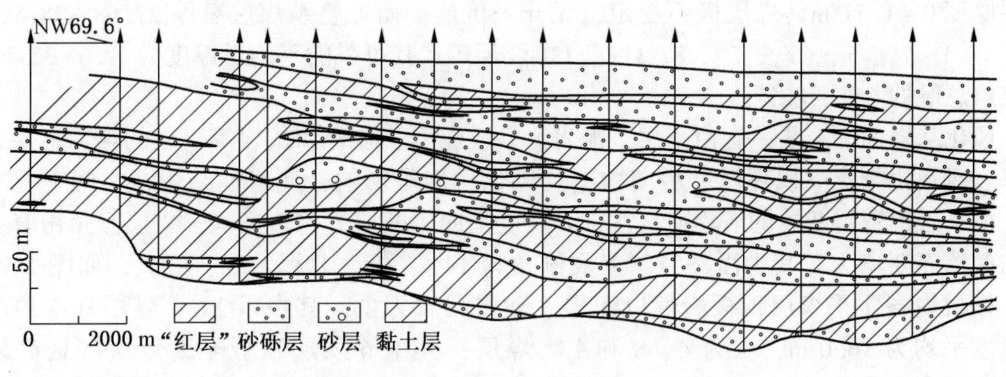

图 2-6　张谢矿区新生界底部沉积物岩性剖面

1）冲积相

主要发育于潘谢矿区北东、南西和中北部基岩面地势落差较大的低洼处，其发育范围及方向受古地形控制。洪积扇岩性以棕红、土黄色砾石为主，其间充填砂、粉砂和黏土级的碎屑。砾石成分和结构成熟度均较低。

2）坡积相

坡积物以红褐色碎石为主，分选性及磨圆度均较差，砾径差别较大，多为 0.2~15 cm，偶夹固结黏土薄层。坡积物与下伏地层呈不整合接触，在张谢矿区、丁集矿区井田所形成的“红层”为坡积产物。

3）河流相

地形是山区河流发育规模与河流演化过程的控制因素，主要发育于潘集矿区，次为矿区的中南、中西部。早期形成的条带状砂砾层主要发育在潘集矿区内的古冲沟，为一条季节性河流，流向西北，该区域洪积相沉积物被季节性河流改造，以土黄、棕红色砂砾层为主，胶结程度差，颗粒直径自东南向西北方向有逐渐变小的趋势，磨圆度和分选程度差。古河床两侧及低洼处则主要形成河漫滩、天然堤沉积等，以灰、灰绿、土黄色的砂、砂质黏土及黏土为主，其中局部夹钙质结核，受山前坡积物的影响，局部亦夹有磨圆度较差的砾石层。

综上所述，受新构造运动影响，潘谢矿区进入稳定沉降阶段，在煤田的东北方向，明龙山和上窑山谷之间发育了一条季节性河流，流经潘集矿区的古冲沟。受水流的影响，潘集矿区早期形成的坡积物和洪积物被重新剥蚀、搬运、沉积，同时蚌埠古隆起处的火成岩和变质岩为其提供了物质来源，从而形成了一条经古冲沟至丁集矿呈带状的以棕红、土黄色砾石为主的砂砾层。受古地形的影响，张谢矿区未能形成山前的河流，而在该地区发育成为洪积相，但洪积物沉积厚度较小。随着河流持续摆动，影响范围扩大，之后又形成了一套全区稳定的、以砂泥互层为主的河湖相沉积物。

2.3 基岩特征

2.3.1 基岩结构特征

潘谢矿区含煤地层为石炭系和二叠系，其中石炭系含煤 6~9 层，总厚度 2.66~5.17 m，分层厚度 0~1.71 m，煤层极不稳定，无开采价值；而二叠系煤层总厚 27.68~38.80 m，包括 1、3、4_{-1}、5_{-1}、6_{-1}、7_{-1}、8、11_{-2}、13_{-1}煤层等，其可采的平均总厚度为 19.6~32.74 m，占煤层总厚的 66%~82%。

风化基岩面以下是一套由煤层、泥岩、砂质泥岩、砂岩和灰岩等组成的煤系地层，浅部基岩风氧化带受沉积环境、后期构造及风化作用等影响，使岩性结构在空间上存在差异。位于潘集背斜两翼的潘集矿区浅部岩层受褶曲、断层等构造影响，岩层倾角由背斜轴部向两翼逐渐增大，其中潘集背斜南翼倾角为 14°~30°，北翼为 15°~20°，如图 2-7 所示。该区内各主采煤层顶板岩性以泥岩、砂质泥岩为主，其中以 1、3 煤层基本顶的砂岩厚度平均为 16.0 m，次为 4、8 和 13_{-1}煤层；其中 6 煤层顶板至 8 煤层底板砂岩不发育。

谢桥矿区井田内煤系地层以单斜构造为主，受阜-凤断层影响，古地貌南高北低，地层近南倾。其中北部的地层倾角平均为 8.4°，南部为 12°。受次生褶曲构造影响，张集、顾北矿的地层产状在剖面上呈现出向斜与背斜特点，倾角为 26°~41°，如图 2-8 所示。张谢矿区二叠系各主采煤层顶底板岩性存在明显差异，其中 1 煤顶底板岩层以砂岩为主，厚度大，总体分布稳定；4 煤层顶底板岩层以泥岩、砂质泥岩为主；8、11_{-2}和 13_{-1}煤层底板以泥岩、砂质泥岩及砂泥岩互层为主，顶板岩石类型在不同区段存在一定差异。

2.3.2 基岩风化带特征

被厚松散层覆盖的潘谢矿区，在浅部因受岩性、地质构造以及风化剥蚀作用等影响，其风化带分布与厚度存在较大差异，从而也决定了基岩风化带的水文地质与工程地质的性质存在差异。

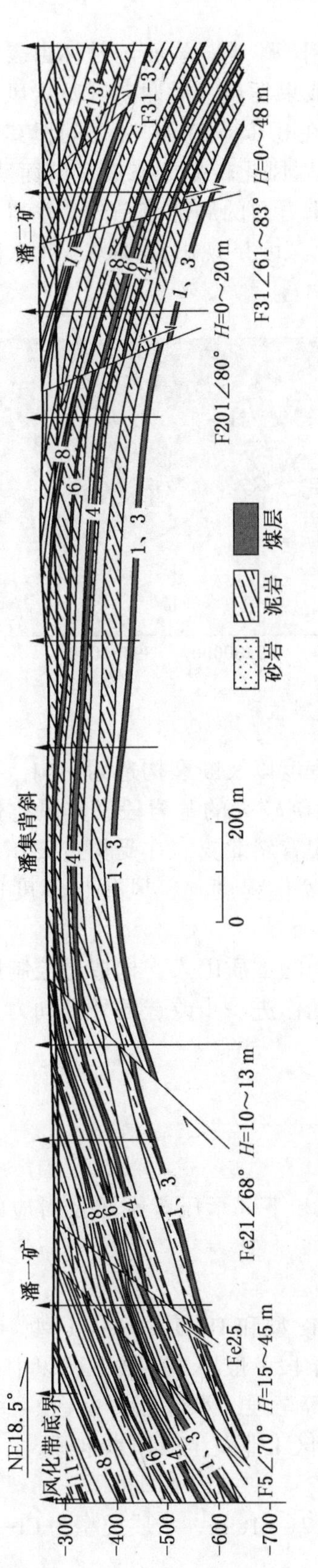

图2-7 潘集矿区基岩结构地质剖面图

图2-8 谢桥矿区基岩结构地质剖面图

受岩石物理性质、岩层结构、温度、水流及生化作用等影响，岩石的破坏由表及里划分为不同强度的风化带。利用钻孔岩芯及物探资料解译成果发现，潘谢矿区基岩风化带普遍分布，但垂向深度上存在较大差异，基岩风化带厚度在0.84~60.15 m之间，其中多数在20~40 m之间。如在潘一、潘二、潘三和潘北矿，基岩风化带呈北东厚、南西薄特征，并大致以潘集背斜轴为分界线。潘三矿西北及丁集矿东南方向的局部范围内，基岩风化带厚度具有明显增厚的特点。在顾北矿井田内，基岩风化深度呈现出南西厚、北东薄的特征，其中最薄为0.84 m，如图2-9所示。

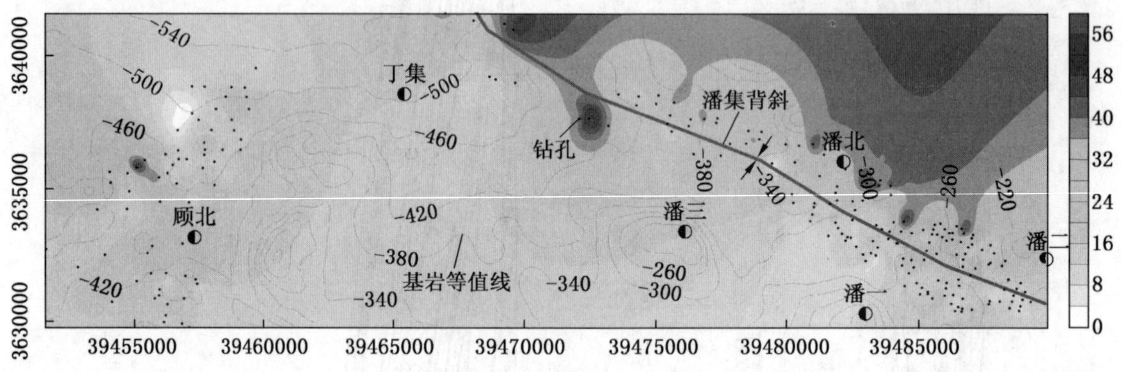

图2-9 潘谢矿区基岩风化带厚度等值线

由于不同矿区岩石组合特征上的差异，再加上风化程度以及断裂构造的影响，导致区内风化带厚度具有不均匀性。研究发现在泥岩类所占比例较大的基岩段，其风化带厚度大，如潘集矿区古冲沟地段基岩风化带厚度明显大于潘集背斜北翼。在受构造破坏的基岩段内，因岩石比较破碎，导致接受风化表面积增加，风化程度强，风化带厚度也相对较大。

在基岩风化过程中，岩性差异是影响原岩抗风化能力的本质因素，构造是控制原岩破碎及裂隙发育程度的外界条件，古水流作用是对岩体后期作进一步改造的外部动力，而古地形则是间接影响风化带发育的外部关键因素之一。

2.4 水文地质特征

2.4.1 松散层水文地质特征

新生界松散层自上而下分为上部潜水含水层、中部和下部承压含水层及对应的隔水层，具体如下：

1）上部潜水含水层

属潜水~半承压的孔隙含水层，水质为HCO_3-Na-Mg型和HCO_3-Na-Ca型，矿化度为0.288~1.0g/L，总硬度为12.74~18.99（德国度），下段一般厚30~40 m，以中、细砂为主，单位涌水量为0.978~6.18 L/(s·m)，富水性中等至强，水位标高为+17~+20 m，水质类型为Na-HCO_3型，接受上段垂直越流补给，是矿区工业及生活用水水源。

2）中部承压含水层

单位涌水量为0.88~1.01 L/(s·m)，水位标高为+17~+18 m，水质类型为Cl-Na型，

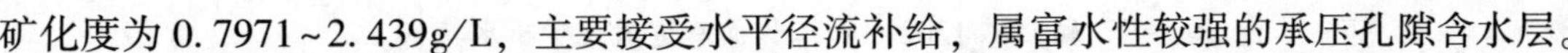

矿化度为0.7971～2.439g/L，主要接受水平径流补给，属富水性较强的承压孔隙含水层。

3）下部承压含水层

一般单位涌水量为0.0016～2.94 L/(s·m)，在淮河古河床区单位涌水量为1.19～2.13 L/(s·m)，水质类型为Na-Cl型，矿化度为2.098～2.69g/L，以水平径流补给，富水性为中等至强的孔隙承压含水层。该含水层可分为3段，上段单位涌水量为0.06～0.15 L/(s·m)；中段单位涌水量为0.49～2.4 L/(s·m)；下段单位涌水量为0.02～0.22 L/(s·m)，富水性弱。在谢桥-张集矿区为弱富水性，而潘集矿区为中等至强的富水含水层。

4）砾石层

砾石层主要分布在顾桥矿以西，潘集地区基本缺失，张集、谢桥、顾桥等矿区均有分布，由灰白色、紫红色中、细、巨粒砂岩和碎石组成，偶夹固结黏土薄层，呈固结-半固结状态。

2.4.2 基岩水文地质特征

潘谢矿区浅部煤系地层以泥岩、花斑泥岩、砂质泥岩及粉砂岩为主，新生界松散层沉积之前，矿区煤系地层长期遭受风化作用。根据上述分析结果，除潘集矿区古冲沟东部地段外，区内大部分基岩面未曾发生强烈的流水冲刷与剥蚀作用，风化残积物和风化壳得以相对保留完整，逐渐变成风化泥岩、风化砂质泥岩等软弱岩层，往往形成了隔水层，阻止了上覆松散含水层与基岩之间的水力联系。

在潘一矿井田内的大部分地段，基岩风化带岩性主要由褐红色、土黄色和浅绿色泥岩、砂质泥岩及粉砂岩组成，风化带厚度为10～21.3 m，平均厚约15 m，其中强风化带厚4.54～12.60 m。风化带岩性多为泥质化，不含水也不导水，成为良好隔水层。在张集矿，风化泥岩和砂质泥岩发育较稳定，以铁质、泥质胶结为主，可塑性强，遇水易崩解泥化，也成为良好的隔水地层。潘北矿浅部风化带岩性由风化的砂质泥岩、泥岩、细砂岩等组成，岩芯破碎，但富水性较差。

风化砂岩裂隙发育地段常被细颗粒松散物充填，使得风化砂岩的渗透性、富水性变差。如潘一矿钻孔施工过程中的泥浆消耗量仅为0～0.16 m^3/h。张集矿钻孔岩芯反映出砂岩破碎松软，并有水蚀现象，垂向上裂隙发育，其渗透系数为0.0121～0.098 m/d，表明砂岩裂隙风化带渗透性差，但在张集矿另外地段，基岩风化裂隙与煤系砂岩裂隙发生水力联系，导致钻孔泥浆消耗量增大，为0.8～2.4 m^3/h。

在顾北矿1202(3)工作面上部存在砂质泥岩、泥岩、粉细砂岩及薄煤线等，风化带厚度为23.23～25.2 m，局部含水，受开采影响，导致风化裂隙水渗入工作面巷道，见表2-3。

谢桥矿煤系顶板砂岩受构造拉张挤压作用，裂隙较发育，但由于受新生界底部隔水层阻隔，不与上覆松散含水层发生水力联系，煤系砂岩裂隙水以静储量形式存在，在开采8、13_{-1}煤层过程中，充水水源为顶板砂岩裂隙水，且随时间水量呈现衰减特征。

张集矿13_{-1}煤层直接顶板以砂质泥岩、泥岩为主，基本顶为中厚层中细砂岩，砂岩裂隙发育不均，出水过程均具有开始大，但随后逐渐衰减的特征。13_{-1}煤层在开采过程中多以滴水、淋水为主，顶板砂岩最大出水量为30.9 m^3/h，并逐渐疏干。8煤层顶板砂岩含水层富水性弱，在工作面回采过程中顶板多以淋水、滴水形式出现，水量为0～10 m^3/h。

表 2-3　顾北矿 1202(3) 工作面巷道风化带出水特征

出水位置	水量变化特征	水源	性质特征	形成机理
工作面开切眼上出口	由小增至 10 m^3/h，然后衰减（滴水、淋水）	风化带裂隙水	水色较混浊，呈乳白色	风化带破碎、强度较低，富含一定的水量沿裂隙带波及此处
1202(3) 上风巷	由小增至 9 m^3/h，最大到 55 m^3/h，衰减到 4~5 m^3/h	风化带裂隙水	水色泛黄，含泥状杂质	裂隙带波及风化带，风化带富水
上风巷 8 号钻场	由 6.5 m^3/h 稳定在 7~8 m^3/h	风化带裂隙、砂岩裂隙水		裂隙带波及风化带砂岩裂隙水

潘一矿 13_{-1} 煤层顶板为炭质泥岩，局部直接顶为泥岩或砂质泥岩，基本顶为中砂岩、中细砂岩或细砂岩，且裂隙发育。砂岩裂隙水以静储量为主，其出水量表现出衰减性特征。

潘二矿各煤层基本顶以砂岩为主，直接顶为泥岩、砂质泥岩及薄煤层。各煤层间部分砂岩裂隙含水，单位涌水量为 0.000632~0.049 L/(s·m)，渗透系数为 0.002~0.1745 m/d，因此表现出顶板砂岩渗透性差、富水性弱的特征。

潘北矿基本顶以粉细砂岩为主，局部中砂岩，直接顶、伪顶为砂泥岩互层，其中基本顶砂岩裂隙发育不均匀，富水性差，也以静储量为主。

2.5　工程地质特征

2.5.1　松散层土的物理力学性质

由前述知，潘谢矿区内新生界松散层全厚为 140~730 m，呈东薄西厚分布，松散层一般由 3 个含水层和 2~3 个隔水层组成，含水层（组）之间有厚度较大的黏性土隔水层。松散层一般以砂层、砂质黏土层为主，下部主要为固结状黏土，分布广泛。

隔水层主要由砂质黏土及黏土组成，伊利石、蒙脱石占 30%~80%。顾桥、张集、谢桥等矿，新生界松散层厚度都在 300 m 以上，其中黏土层占 50% 左右；松散层下部隔水层为平均厚约 40 m 的固结状黏土，分布广泛，其膨胀性较强，是凿井期间最难冻结和施工段。

新生界松散层土的物理力学性质见表 2-4~表 2-7。

表 2-4　张集矿北区土工试验成果

土样名称	取样深度/m	天然含水量/%	视密度/($g\cdot cm^{-3}$)	土颗粒比重	液限/%	塑限/%	塑性指数	颗粒组成/% 粒径/mm 2~0.5	0.5~0.25	0.25~0.1	0.1~0.05	0.05~0.005	< 0.005	自由膨胀率/%	无荷膨胀量/%	膨胀势
轻黏土	169~179	20.9	2.1	2.73	53	16	37	2.9	10.1	12.4	18.6	15.6	40.4	85	21.2	强
细砂	179~188	22.2	2.0	2.68				7.3	21.6	49.2	21.9					
轻黏土	188~195	28.1	1.9	2.71	60	24	35		1.8	6.0	21	20.8	50.4	110	5.5	强
粉质砂	195~203	19.0	2.1	2.65				30.4	26	19.5	20.4					

表2-4（续）

土样名称	取样深度/m	天然含水量/%	视密度/(g·cm^{-3})	土颗粒比重	液限/%	塑限/%	塑性指数	颗粒组成/% 粒径/mm 2~0.5	0.5~0.25	0.25~0.1	0.1~0.05	0.05~0.005	< 0.005	自由膨胀率/%	无荷膨胀量/%	膨胀势
重黏土	203~208	32.7	1.9	2.83	58	26	32		8.8	3.8	14.6	13.6	60.0	145	18.7	强
轻黏土	208~212	23.7	2.0	2.75	54	22	31		10.7	7.2	21.3	21.6	39.2	80	2.7	中
黏质细砂	212~225	17.5	2.0	2.69				4.1	37.7	36.4	21.8					
砂黏土	225~227	21.4	2.0	2.72	39	20	19		8.8	42.5	15	12.4	21.3	60		弱
中砂	227~233	18.4	2.1	2.67				19.8	31.5	33.2	15.5					
重黏土	233~247	28.6	1.9	2.72	81	25	55		4.3	5.3	15.5	12.8	62.0	190	45.4	强
中砂	247~269	19.7	2.0	2.65	38	16	22	12.9	39.8	25.0	22.3			75		中
黏土	269~273	15.1	2.3	2.64	48	15	33		7.8	7.7	28.5	23.2	32.8	52	0.7	弱
细砂	273~279	16.8	2.0	2.67				0.4	27.4	59.7	12.5					
黏土	279~321	16.2	2.1	2.63	39	23	16		25.5	19.2	14.1	12.4	28.8	70		中
黏土	176~180	22.3	2.0	2.75	80	24	55		1.8	6	21	20.8	50.4	185	11	强
黏质细砂	180~186	19.8	2.1	2.7				2.8	14.8	62.7	19.7					
砂质黏土	186~196	21.2	2.0	2.71	40	22	26		20.1	18.8	13.1	12.0	36.0	60	2.2	强
粗砂	196~209	16.1	2.1	2.65				27.0	15.7	15.4	15.9					
重黏土	209~212	36.0		2.75	102	29	72		15.5	1.6	4.5	16.0	62.4	150		强
中砂	212~237	20.0	2.07	2.66				8.7	41.4	34	15.1					
黏土	237~243	19.6	2.09	2.66	60	21	31		17.5	9	15.9	15.2	42.4	90	2.1	强
黏质中砂	243~251	23.4	2.0	2.69	43	19	24	24.4	31	24.2	18.7			47		弱
粗砂	251~268	17.5	2.1	2.08				6.4	49.1	24.1	11.5	7.1				
砂质黏土	268~272	19.2	2.1	2.68	49	10	31		20.9	13.9	6.0	27.6	31.6	40	0.2	弱
黏质细砂	272~280	20.4	2.1	2.69				0.7	20.1	50.9	20.3					
黏土	280~314	20.2	2.0	2.69	47	22	25		7.8	10.8	19.5	19.2	42.7	55	0.4	弱

表2-5 顾桥矿土工试验成果

层号	土样名称	取样深度/m	含水率/%	湿密度/(g·cm^{-3})	干密度/(g·cm^{-3})	孔隙比	饱和度/%	比重	液限/%	塑限/%	塑性指数	液性指数
风1	黏土	30	27.63	1.93	1.51	0.80	0.94	2.72	43	24	18	0.169
风2	细砂	38	21.42	1.90	1.56	0.71	0.81	2.68				
风3	黏土质砂	66	27.39	1.97	1.55	0.74	1.00	2.69				
风4	中砂	97	18.12	2.09	1.77	0.51	0.95	2.67				
风5	黏土	110	29.31	1.90	1.47	0.84	0.94	2.71	50	25	25	0.172
风6	黏质中粗砂	142	17.24	2.03	1.73	0.52	0.87	2.64				

表2-5（续）

层号	土样名称	取样深度/m	含水率/%	湿密度/(g·cm^{-3})	干密度/(g·cm^{-3})	孔隙比	饱和度/%	比重	液限/%	塑限/%	塑性指数	液性指数
风7	砂质黏土	147	26.42	2.06	1.63	0.65	1.09	2.69				
风8	中砂	187	15.6	2.07	1.79	0.49	0.85	2.67				
风9	细砂	208	21.47	1.99	1.64	0.64	0.90	2.68				
风10	黏质砂土	212	22.7	2.05	1.67	0.60	1.01	2.68				
风11	中粗砂	230	22.76	1.99	1.62	0.64	0.94	2.66				
风12	黏土	263	18.6	2.15	1.81	0.51	1.00	2.73	35	23	12	-0.366
主1	粉细砂	19	20.9	1.98	1.64	0.64	0.88	2.68				
主2	中粗砂	66	17.62	1.99	1.69	0.57	0.82	2.65				
主3	黏土	74	24.77	2.00	1.6	0.69	0.97	2.71	33	23	10	0.177
主4	黏土质砂	102	24.22	2.01	1.62	0.67	0.98	2.70				
主5	含砾粗砂	104	20.91	1.90	1.57	0.69	0.81	2.65				
主6	砂质黏土	110	25.97	1.93	1.53	0.76	0.92	2.69	48	26	22	0.001
主7	黏土	154	23.59	2.05	1.66	0.65	1.00	2.73	32	26	6	-0.371
主8	细砂	158	14.74	2.12	1.85	0.46	0.86	2.70				
主9	中粗砂	185	17.51	2.03	1.73	0.56	0.85	2.69				

层号	土样名称	取样深度/m	黏聚力/kPa	内摩擦角/(°)	抗压强度/kPa	自由膨胀率/%	无荷膨胀率/%	颗粒组成/% 粒径/mm					
								5~2	2~1	1~0.5	0.5~0.25	0.25~0.074	<0.074
风1	黏土	30	15.2	22.5	117.9	37	1.5						
风2	细砂	38	24.6	37.5					0.3	1.3	11.0	76.6	10.7
风3	黏土质砂	66	4.0	24.0						4.3	5.9	76.8	12.8
风4	中砂	97	44.3	32.0						16.9	48.6	22.4	11.7
风5	黏土	110	91.8	19.0	349.4	65	12.4						
风6	黏质中粗砂	142	29.6	33.5					0.5	20.3	40.0	28.3	10.9
风7	砂质黏土	147	28.0	31.5	394.8*				1.8	17.6	37.0	34.2	9.3
风8	中砂	187	23.3	36.5				7.2	10.2	39.5	22.3	19.5	1.1
风9	细砂	208	45.3	32.0	191.2*				3.5	16.7	21.6	48.0	10.0
风10	黏质砂土	212	93.5	17.5									

表 2-5（续）

层号	土样名称	取样深度/m	黏聚力/kPa	内摩擦角/(°)	抗压强度/kPa	自由膨胀率/%	无荷膨胀率/%	颗粒组成/% 粒径/mm					
								5~2	2~1	1~0.5	0.5~0.25	0.25~0.074	<0.074
风 11	中粗砂	230	3.95	37.0				1.0	1.1	6.9	46.1	38.1	6.5
风 12	黏土	263	112.4	25.5	345.2	29	11.6						
主 1	粉细砂	19						0.1	1.3	3.2	4.4	71.8	19.1
主 2	中粗砂	66	45.3	30.0				0.5	1.5	4.5	4.6	65.6	23.1
主 3	黏土	74	73.0	18.0	202.7	6.5	1						
主 4	黏土质砂	102	10.2	23.0									
主 5	含砾粗砂	104	8	28.5				4.8	2.0	17.7	34.5	33.5	7.7
主 6	砂质黏土	110	90.8	12.5	501.5	79	17.2						
主 7	黏土	154	34.6	13.0	193.1	25	6.3						
主 8	细砂	159	36.5	31.5				1.72	2.0	7.3	24.9	50.4	13.5
主 9	中粗砂	185	12.2	43.0				2.62	4.1	28.7	32.8	21.8	9.8

表 2-6 潘一东矿土工试验成果

层号	土样名称	取样深度/m	含水率/%	湿密度/($g \cdot cm^{-3}$)	干密度/($g \cdot cm^{-3}$)	比重	液限/%	塑限/%	塑性指数	液性指数	孔隙比	黏聚力/kPa	内摩擦角/(°)
1	黏质粉砂	20	26.8	1.95	1.54	2.68					0.75	13.5	18.0
2	细粉砂	45	18.7	1.98	1.67	2.67					0.60	31.7	31.2
3	细砂	68	13	2.04	1.81	2.67					0.48	22.5	18.3
4	黏土	79	22.1	2.07	1.70	2.73	43	22	21.5	0.005	0.61	112	16.8
5	砾砂质黏土	114	14.1	2.14	1.88	2.70					0.44	58.0	17.2
6	砂质黏土	137	19.8	2.06	1.72	2.73	42	20	21.5	-0.033	0.59	167.5	18.3
7	黏质中细砂	141	14.8	2.07	1.80	2.67					0.48	57.0	22.7
8	粗砂	169	13.6	2	1.76	2.66					0.51	49.5	27.0
9	中细砂	171	12.8	2.07	1.84	2.66					0.45	72.0	29.4
10	含砾砂质黏土	178	16.1	2.12	1.83	2.69					0.47	149.5	12.4
11	粉砂	184	13.8	2.11	1.85	2.68					0.45	43.0	31.8
12	砂质黏土	200	22.4	2.06	1.68	2.72	43	21	22	0.064	0.62	121	16.1

表2-7 丁集矿土工试验成果

层号	土样名称	取样深度/m	含水率/%	湿密度/(g·cm^{-3})	干密度/(g·cm^{-3})	饱和度/%	比重	液限/%	塑限/%	塑性指数	液性指数	孔隙比	黏聚力/kPa	内摩擦角/(°)
1	黏土	158~161	20.1	1.93	1.06	79	2.7	37.5	21	16	-0.05	0.69	57	26.8
2	粗中砂	205~211	20.9	1.97	1.63	89	2.6					0.62		33.7
3	粗中砂	251~258	23.1	1.93	1.57	87	2.7					0.71		35.3
4	砂质黏土	274~278	19.0	2.04	1.71	87	2.7	47		21	-0.39	0.60	93	30
5	砂质黏土	311~316	23.8	1.98	1.60	93	2.7	37.5		18	0.24	0.69	45	12.2
6	含钙黏土	335~350	21.1	2.10	1.73	99	2.7	33		10	-0.98	0.58	184	8.1
7	砂质黏土	350~358	16.8	2.14	1.83	93	2.7	37.5	21	16	-0.29	0.49	162	24.6
8	含钙黏土	358~373	28.0	1.98	1.54	100	2.7	53	26	27	0.11	0.76	93	11.2
9	钙砂质黏土	391~402	19.6	2.10	1.76	97	2.7	34.5	22	12	-0.74	0.55	30	27.3
10	含钙黏土	408~416	20.0	2.13	1.77	100	2.7	48	29	19	-0.47	0.53	84	29.1
11	砂质黏土	416~411	17.6	2.07	1.76	88	2.7	35	27	11	-0.58	0.54	169	17.7
12	细中砂	450~472	15.4	2.06	1.79	84	2.6					0.48		27.5
13	泥质砾砂	501~507	16.6	2.01	1.72	86	2.7					0.49		37.8
14	泥质砾砂	509~521	14.2	2.06	1.81	82	2.6					0.46		37.6
15	砾砂层	521~523	14.3	2.01	1.76	83	2.6					0.50		39.5

2.5.1.1 松散层土的含水量

土的含水量定义为土中水的质量（m_w）与土粒质量（m_s）之比，用W表示，以百分数计，即

$$W = \frac{m_w}{m_s} \times 100\% \tag{2-1}$$

含水量W是标志土的湿度的一个重要物理指标。天然土层的含水量变化范围很大，它与土的种类、埋藏条件及其所处的自然地理环境等有关。一般来说，对同类土，当其含水量增大时，其强度会降低。

淮南矿区松散层土的含水量普遍较小，特别是黏性土。而且土层的含水量存在垂直分带规律，从上至下逐渐递减。

2.5.1.2 密度和孔隙比

淮南矿区松散土层一般均处于固结状态，这个特点是长期地质作用的结果。从总体上看，土层的干密度随埋深的增加而增大，但两者并没有明确的单调关系。与土层含水量沿

垂直空间分布一样，也具有明显的分布规律，与含水量分带相对应，上部欠固结带，中部固结带，下部超固结带。

含水层的存在对其固结程度影响很大，因为含水层影响了土层的排水固结，几乎所有与含水层相接的黏性土层都具有含水量大、密度低的特点。土层的成分对固结程度也有较大影响，对于黏性土，干密度一般随其塑性指数增加而减小。

孔隙比代表黏土的密度变化，从总体趋势上来看，对应的黏土孔隙比随埋深减小，局部则呈无规律地振荡变化。其中，深部黏土的孔隙比在0.4~0.9之间。

2.5.1.3 液性指数

天然含水量与界限含水量之间相对关系的指标，其表达式为

$$I_1 = \frac{W - W_p}{W_1 - W_p} \tag{2-2}$$

式中 W——土的天然含水量；

W_p——塑性界限含水量，即黏性土处于塑性状态与半固体状态之间的界限含水量；

W_1——黏性土处于液态与塑性状态之间的界限含水量。

液性指数≤0，坚硬；0<液性指数≤0.25，硬塑；0.25<液性指数≤0.75，可塑；0.75<液性指数≤1，软塑；液性指数>1，流塑。液性指数与土的类别及含水量有关，同一种土，含水量越大则液性指数越大，土质越软。黏性土有缩限、塑限和液限等几个分界线。当含水量小于缩限时土体处于固态，且体积不再发生变化；当处于缩限和塑限之间时土体体积随含水量减小体积变化，仍处于固态；当土体含水量处于塑限和液限之间时，土体具有可塑性，即可以塑造出各种形状；当土体含水量大于液限时，土体处于流动状态，即土体具有可流动性，分别对应上面的坚硬、硬塑、可塑、软塑和流塑，见表2-8。

表2-8 黏土的状态

液性指数	状态	抗剪强度	固结量
$I_1 \leq 0$	半固态	高	无
$0 < I_1 \leq 0.25$	硬塑态	较高	很小
$0.25 < I_1 \leq 0.75$	可塑态	中等	中等
$0.75 < I_1 \leq 1$	软塑态	很小	较大
$I_1 > 1$	流塑态	几乎无	大

液性指数随着埋深的增大均有下降趋势，到达一定的深度一般则基本小于0。它随埋深的变化没有明显的界限，是逐渐递减的。其中，影响液性指数的因素有：

（1）埋深。在一般情况下，随着埋深的增加黏土易呈现半固态或坚硬状态。因为土层越深，黏土所承受的自重荷载就越大，其固结程度就越高。

（2）沉积年代。淮南矿区的深厚松散层主要由上第三系地层和第四系地层构成。鲁西南地区的第三系硬黏土埋深一般大于169 m，是典型的超固结裂隙性和膨胀性硬黏土。

一般而言，土的沉降年代越久远，固结程度就越高，则越容易形成半固态或坚硬状态。但从土工试验结果看，在液性指数随沉积年代长而下降的大趋势下，第三、四系地层的分界面与黏土的半固态或坚硬状态的分界面并不一致，说明黏土的状态还受其他因素的影响。

2.5.1.4　塑性指数

土能吸收的弱结合水质量与土粒质量之比，是黏土最基本、最重要的物理指标之一，在一定程度上，它综合反映了土的颗粒大小和矿物成分。塑性指数愈大，表明土的颗粒愈细，比表面积愈大，土的黏粒或亲水矿物（如蒙脱石）含量愈高，土处在可塑状态的含水量变化范围就愈大。也就是说塑性指数能综合反映土的矿物成分和颗粒大小的影响。其表达式为

$$I_p = W_l - W_p \tag{2-3}$$

式中　W_p——塑性界限含水量，即黏性土处于塑性状态与半固体状态之间的界限含水量；

W_l——黏性土处于液态与塑性状态之间的界限含水量。

2.5.2　基岩物理力学性质

煤层顶底板岩石性质和类型是巷道支护密度、支护形式、液压支架选型和顶板控制的重要依据，对不同主采煤层顶、底板岩石物理力学性质的测试分析尤为重要。

依张集矿对浅部煤系地层工程地质补充勘探结果，一般而言，风化泥岩类抗压强度最小，一般为 0.80 MPa，最大为 16.0 MPa；风化粉砂岩类抗压强度的变化范围在 3.60～67.90 MPa 之间；风化砂岩类抗压强度相对较高，为 8.20～110.70 MPa。未受风化的泥岩、粉砂岩以及砂岩的抗压强度分别为 1.10～44.00 MPa、6.70～77.10 MPa 和 19.70～131.20 MPa。因此，泥岩、粉砂岩的强度相对较低，砂岩的强度相对较高，而风化带岩性强度相对较低，非风化带岩性强度相对较高。根据抗拉强度、抗剪强度以及弹性模量参数测试结果，表现出风化泥岩力学强度最低、粉砂岩其次、砂岩类相对较高特征，见表 2-9。

另外，岩石变形参数测试结果表明，风化的软岩特别是风化泥岩，弹性变形减弱，塑性变形增强，横向变形与纵向变形比值增大，易产生塑性形变，遇水易发生膨胀。

上述差异性的原因，除了受后期构造地质作用和风化作用外，主要与岩石矿物成分、颗粒的结构以及颗粒之间的胶结物质有关，如铁质和硅质胶结的岩石其强度大于钙质和泥质胶结的岩石。

2.5.3　煤层顶、底板岩石物理力学性质

潘谢矿区主采煤层的伪顶、直接顶岩性主要为泥岩和砂质泥岩，基本顶主要由不同粒径的砂岩组成。测试结果表明，岩石的抗压强度主要与岩石的矿物组成及其胶结物有关。泥岩、砂质泥岩及其互层均为软弱岩类，其抗压强度低，稳定性为差～中等；粉砂岩属中等坚硬岩类，抗压强度相对较大；细～中粗砂岩多以硅质或部分钙质胶结，石英含量高，岩石坚硬致密，该岩类煤层顶板如基本顶稳定性好，抗压强度高，工程地质条件良好。潘谢矿区岩石抗压强度见表 2-9、表 2-10。

表 2-9 基岩风化带岩石物理力学性质

煤层	岩石类型	岩石力学参数						取芯钻孔名称
		抗拉强度/MPa	抗压强度/MPa	抗剪强度		变形参数		
				黏聚力/MPa	内摩擦角/(°)	弹性模量/GPa	泊松比	
13_{-1}	风化泥岩	0.54~0.87	1.20~6.30	2.62~3.05	31.85~33.54	0.34~0.51	0.34~0.47	补1东3、七东-七补4、七东补4孔
	风化细砂岩	1.56~3.12	30.40~63.00	5.05~7.70	32.14~37.11	1.03~2.70	0.19~0.22	
11_{-2}	风化泥岩类	0.16~1.11	0.80~16.00	2.27~3.81	31.85~35.01	0.40~0.64	0.27~0.49	七东-七补3、七东补3、补RⅠ1、六西西补1、六西补1、六西 C_3 Ⅰ、六-六西补1、补RⅡ2孔
	风化粉砂岩类	0.89~1.26	8.10~18.50	2.51~4.21	32.18~34.81	0.53~0.79	0.21~0.31	
	风化砂岩类	1.08~3.71	16.90~108.10	3.90~11.59	34.48~43.48	0.68~10.25	0.16~0.26	
8	风化泥岩类	0.66~1.01	1.30~12.40	2.59~3.56	32.17~33.98	0.35~0.61	0.28~0.48	补Ⅰ东2、七东-七补2、七东补2、三补3孔
	风化粉砂岩类	1.24	20.40	4.11	34.23	0.79	0.26	
	风化砂岩类	1.56~2.95	29.80~79.60	5.00~9.18	35.13~39.59	1.02~4.42	0.15~0.32	
6	风化泥岩类	0.68~0.92	0.90~11.60	2.57~3.41	32.18~33.48	0.31~0.59	0.29~0.47	三补2、补RⅢ2、C线补1孔
	风化粉砂岩类	0.86~1.52	7.40~29.70	3.12~4.97	33.45~36.10	0.48~1.01	0.23~0.37	
	风化砂岩类	1.92~2.14	44.00~51.20	6.19~6.80	37.08~37.78	1.54~1.90	0.20	
1	风化砂岩类	1.79~2.89	37.50~79.50	5.65~9.15	35.49~40.23	1.28~4.38	0.18~0.22	补Ⅰ东1、七东-七补1、七东补1孔

表 2-10 潘谢矿区岩石抗压强度测试 MPa

岩性	潘一矿	潘三矿	顾北矿	张集矿
泥岩	20~25	26.6~61.6	6.5~62.2	14.3~85.6
砂质泥岩	6~50	20~78.5	18.6~99.1	13.3~47.6
粉砂岩	13~76	34.8~54.8	25.3~88.5	52.7~73.3
细砂岩	59~105	46.9~82.9	51.5~178.4	99.6~175.9
中砂岩	60~110		64.4~178.6	99.4~239.0
粗砂岩			64.0~65.6	

区内主采煤层伪顶主要由炭质泥岩、泥岩等软岩组成，强度低，抗压强度平均小于5.0 MPa。直接顶与基本顶抗压强度较大，分别为5.0~129.6 MPa和5.4~138.5 MPa，其力学强度增大的主要原因，一是岩层厚度大、发育稳定，二是砂岩类顶板较发育；煤层底

板的抗压强度在5.7~122.4 MPa。

岩性差异性和岩石裂隙发育程度差异，是导致不同矿区不同煤层顶、底板岩石力学强度存在差异的主要原因，各井田主采煤层顶、底板岩石物理力学强度见表2-11。

表2-11 井田内部分主采煤层顶、底板岩石物理抗压、抗拉强度统计 MPa

煤层	顶底板	矿名						
		潘一		潘二		潘北	顾北	
		抗压强度	抗拉强度	抗压强度	抗拉强度	抗压强度	抗压强度	
13	伪顶	<5.0	<1.0					
	直接顶	20.0~50.0	1.0~2.5	9.6~38.4（少量为63.8~110.2）	1.8~2.2（少量为2.5~5.1）	29.2~80.4		
	基本顶	27.0~66.0	1.0~2.1					
	底板			3.5~34.60				
11	伪顶	<5.0	<1.0	11.8~50.3	2.4~13.5		13_{-1}、11_{-2}、8、6_{-2}、1煤层：顶板	一般：36.4~51.3 砂岩：87.4~112.8
	直接顶	28.0~37.0	<1.0			潘北		
	基本顶	29.0~73.0	1.7~6.8					
	底板	28.0~37.0	<1.0	63.3				
8	伪顶	<5.0	<1.0					
	直接顶	6.0~30.0	1.0~3.0	6.2~75.4	0.5~3.4	31.8~129.6		
	基本顶	60.0~110.0	3.0~5.0	78.4~138.5	2.6~9.0			
	底板	16.0	1.3	66.1~97.0				
4	伪顶	<5.0	<1.0					
	直接顶	13.0~76.0	1.3~1.4	15.1~81.0	0.4~3.1			
	基本顶	>20.0	2.8~4.5	5.4~41.8	1.8~4.2			
	底板	20.0~25.0	1.3~2.6					
3	伪顶	<5.0	<1.0				13_{-1}、11_{-2}、8、6_{-2}、1煤层：底板	粉砂岩：34.2~46.2 砂岩：57.1~122.4
	直接顶	5.0~12.0	0.4~3.5	34.6~42.9	3.0			
	基本顶	84.0~105.0	22.0~34.0	43.8~122.2	2.2~5.2			
	底板			58.6~68.7	5.45			
1	伪顶	<5.0	<1.0					
	直接顶	6.0~15.0	0.6~3.0			17.0~94.0		
	基本顶							
	底板			5.7~96.0				

3　冻结法凿井理论与技术

3.1　淮南矿区新生界松散层土的冻结特性

通过对淮南矿区新生界松散层土的物理、热学、力学参数进行分析，了解淮南矿区地层的冻结特性。

3.1.1　冻土基本特性

3.1.1.1　冻土基本概念

冻结法凿井中的冻土泛指被冻结了的土或岩石，即在含水的表土层或基岩，当温度降至结冰温度或更低时，使大部分水冻结，并胶结了固体颗粒，或充填岩层的裂隙，从而形成的冻土（岩）。

冻土的基本成分是：固体矿物颗粒、黏塑性冰包裹体、液相水（未冻水和强结合水）和气态包裹体（水汽和空气）。

（1）冻土的固体矿物颗粒对冻土性质表现出极为重要的影响，冻土性质不仅决定于矿物颗粒的尺寸和形状，而且决定于矿物颗粒表面的物理化学性质，土体的矿物颗粒的分散度对冻土强度也有影响。

（2）冻土中存在的冰包裹体以其非常独特的性质在很大程度上制约着冻土的力学性质。由于冰不仅具有强烈的各向异性，而且冰在荷载作用下，甚至在极小应力下，都会出现黏塑性变形。在天然条件下由于热动力条件（温度、压力等）经常发生改变，冰的性质（组构和黏滞性等）可能发生显著变化。当自然条件稍有变化时，这种变化就既决定了冰性质的不稳定性，也决定了冻土性质的不稳定性。

（3）冻土和未冻土中的液相水——未冻水在负温（至少可达-70 ℃）下总有一定数量存在，冻土中的未冻水以强结合状态和弱结合状态存在。冻土和永久冻土中未冻水的数量随土的负温下降而减小，同时每一种土都有十分固定的未冻水含量。

（4）冻土中的水汽从弹性较高处（主要决定于温度）向弹性较低处转移。在非饱和水土中水汽可能是土温变化和冻结过程中水分重分布的主要原因。

冻土中的固体矿物颗粒、冰、未冻水、强结合水、水汽和空气都各有其特性。在冻土中它们之间发生相互作用，首先取决于矿物颗粒和冻土表面与各种状态水之间的力场，其强度既与土的固体成分的比表面积和物理化学性质及其交换阳离子成分有关，也与外部作用（温度和压力等）的影响有关。

3.1.1.2　冻土的形成过程

冻土的形成过程，实质上是土中水冻结并将固体颗粒胶结成整体的物理力学性质发生质变的过程，也是消耗冷量最多的过程。如图 3-1 所示，土中水的冻结过程可以划分为五段：

冷却段：向土层供冷初期，土体逐渐降温以达到冰点；

过冷段：土体降温至0 ℃以下时，自由水尚不结冰，出现过冷现象；

突变段：水过冷后，一旦结晶就立即放出结冰潜热，出现升温现象；

冻结段：温度上升至接近0 ℃时稳定下来，土体中的水便产生结冰过程，将矿物颗粒胶结成整体形成冻土；

冻土继续冷却段：随着温度降低，冻土的强度逐渐增大。

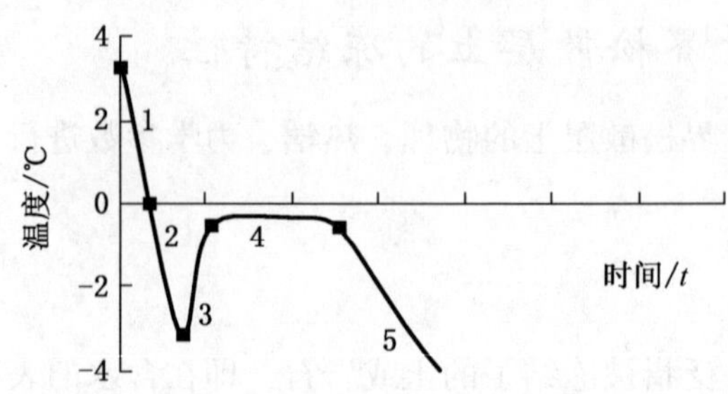

1—冷却段；2—过冷段；3—突变段；4—冻结段；5—冻土继续冷却段

图3-1 土中水冻结过程曲线

在整个冻土形成过程中，水变成冰的冻结段是最重要的过程，它是使土的物理力学性质发生质变的过程，也是消耗冷量最多的过程。

在冻土形成过程中，除过冷或潜热释放外，还有水分迁移现象。所谓水分迁移是指融土中的水分向冻土峰面转移，使峰面上的水分增多。事实证明，由于水分迁移，可使岩土体积增大达百分之几十甚至百分之几百，当这种体积膨胀足以引起颗粒间的相对位移时，就形成了冻土的冻胀力。

3.1.1.3 冻土的热物理指标

冻土是由矿物颗粒、冰、未冻水和气体所组成的四相物体，冻土和未冻土的热物理性质有很大差别，这是由于土中水处在不同相态时或者正在发生相变时的特性所决定的。由于冰的导热系数约为水的4倍，而冰的热容量约为水的1/2，因此冻土中的含冰量愈大，其物理性能的差异也愈显著。

描述冻土热物理性质的主要指标有比热、导热系数、导温系数、热容量和冻结温度。

1）比热

1 kg冻土温度改变1 ℃所需要吸收（或放出）的热量称为比热（C）。试验表明，冻土的比热可按其各物质成分的比热加权平均值计算：

$$C = \frac{C_t + (W - W_u)C_b + W_u C_s}{1 + W} \tag{3-1}$$

式中 C——冻土的比热，kJ/(kg · ℃)；

W——含水量,%；

W_u——未冻水含量,%；

C_t、C_s、C_b——土颗粒、水和冰的比热，kJ/(kg · ℃)。

土、水和冰以及它们所组成的冻土的比热都是随温度而变化的，工程计算时一般采用

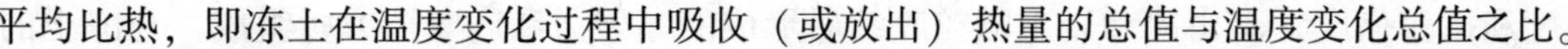

平均比热，即冻土在温度变化过程中吸收（或放出）热量的总值与温度变化总值之比。

2）导热系数

当温度梯度为1(1 m长度上温度降低1 ℃）时，单位时间内通过单位面积的热量称为导热系数（λ），其单位为W/(m·K)，它是反映冻土传热难易的指标。

冻土的导热系数受土层性质、含水量和温度变化的影响。当土性相同时，含水量愈大，λ 值也愈大。

3）导温系数

导温系数是传热过程中的热惯性指标，反映在不稳定传热过程中温度变化速度的参数称为导温系数 a，其值由下式求得

$$a=\frac{\lambda}{C\gamma} \tag{3-2}$$

式中 a——冻土的导温系数，m^2/h；

C——冻土的比热，kJ/(kg·℃)；

γ——冻土的容重，kg/m^3。

冻土的导温系数随含水量增大而增大，但达到一定含水量以后趋于平稳。

4）热容量

在冻结过程中，土体从初始温度降到所需要的冻结温度时，每1 m^3 土所放出的总热量（或吸收的总冷量）称为土的热容量。冻土的热容量 Q 可用下式计算：

$$Q=Q_1+Q_2+Q_3+Q_4 \tag{3-3}$$

$$Q_1=WC_s(t_0-t_b)\gamma_s \tag{3-4}$$

$$Q_2=W\gamma_s q_q \tag{3-5}$$

$$Q_3=WC_b\gamma_b(t_b-t) \tag{3-6}$$

$$Q_4=(1-W)C_t\gamma_t(t_0-t) \tag{3-7}$$

式中 Q_1——1 m^3 的土体中水由原始温度 t_0 降到结冰温度 t_b 时所放出的总热量；

W——含水量,%；

C_s——水的比热，kJ/(kg·℃)；

γ_s——水的比重，kg/m^3；

Q_2——土中水结冻时放出的潜热量；

q_q——1 kg水结冰时放出的潜热量，一般为336 kJ/kg；

Q_3——冻土中的冰由结冰温度降到所需的冻结温度时所放出的热量；

C_b——冰的比热，kJ/(kg·℃)；

γ_b——冰的比重，kg/m^3；

t——所需的冻土平均温度,℃；

Q_4——土颗粒由原始温度降到设计的平均温度时所放出的热量；

C_t——土颗粒的比热，kJ/(kg·℃)；

γ_t——土颗粒的比重，kg/m^3。

3.1.1.4 冻土的力学指标

冻土的力学指标包括冻土的强度、流变性、蠕变性及其强度松弛。冻土强度（包括抗

压强度和抗剪强度）是由冰和岩土颗粒胶结后形成的黏聚力和内摩擦力所组成，与冻土的生成环境和过程、外载大小和特征、温度、岩土的含水量、含盐量、岩土性质和岩土颗粒组成等因素有关。其中，温度、岩土性质、生成环境和荷载过程是影响冻土强度的主要因素。

1）冻土的抗压强度

（1）温度对冻土抗压强度的影响。试验表明：冻土抗压强度随冻土温度的降低而增大。随着温度降低，岩土中水的结冰量增大，冰的强度和岩土胶结能力增强。国内外学者认为，在一定温度范围内冻土抗压强度与负温绝对值呈线性关系。冻结凿井工程中的冻土抗压强度一般采用下式计算：

$$\sigma_b = 0.8|\theta| + 2 \tag{3-8}$$

式中 σ_b——冻土的极限抗压强度，MPa；

θ——冻土的温度，℃。

（2）含水量对冻土抗压强度的影响。试验表明：岩土中的含水量是影响冻土强度的主要因素之一。当岩土中含水量未达饱和之前，冻土抗压强度随含水量增大而提高；当含水量达到饱和后，冻土抗压强度随含水量增大而降低。

（3）岩土的颗粒组成对冻土抗压强度的影响。岩土颗粒成分和大小是影响冻土强度的重要因素。在其他条件相同时，粗颗粒愈多，冻土抗压强度愈高，反之就低。这是由于岩土中所含结合水的差异造成的。

2）冻土的抗剪强度

试验表明：当正应力小于 10 MPa 时，冻土的抗剪强度可用库仑表达式描述，即

$$\tau_b = C_0 + \sigma \cdot \tan\varphi \tag{3-9}$$

式中 τ_b——冻土的抗剪强度，MPa；

C_0——冻土的黏聚力，MPa；

σ——正应力，MPa；

φ——冻土的内摩擦角，(°)。

影响冻土抗剪强度的因素与冻土抗压强度的影响因素相同，仅在程度上有所区别。

3）冻土的流变性

冻土属于流变体。由于冻土中冰和未冻水的存在，冻土具有明显的流变特征。流变性是在恒载作用下，其变形随时间而增大，且没有明显的破坏特征。

在试验的基础上，国内外学者公认的冻土应力-应变关系即本构关系为

$$\sigma = A(\theta, t)\varepsilon^m \tag{3-10}$$

式中 σ——应力，MPa；

ε——应变，无量纲；

m——强化系数，无量纲，一般 $m<1$；

$A(\theta, t)$——随时间变化的变形模量，MPa。

$A(\theta, t)$ 是时间和冻土温度的函数，在温度一定时可表示为

$$A(\theta, t) = c_1 t^{-c_2} \tag{3-11}$$

式中 t——时间，min；

c_1、c_2——试验系数。

4）冻土的蠕变性

冻土的蠕变性是在应力不变时，应变随时间变化的特性。由于冻土具有明显的流变性，其应力-应变关系不只受荷载值的影响，还是时间的函数。单向受压状态下冻土的蠕变变形规律如图 3-2 所示。

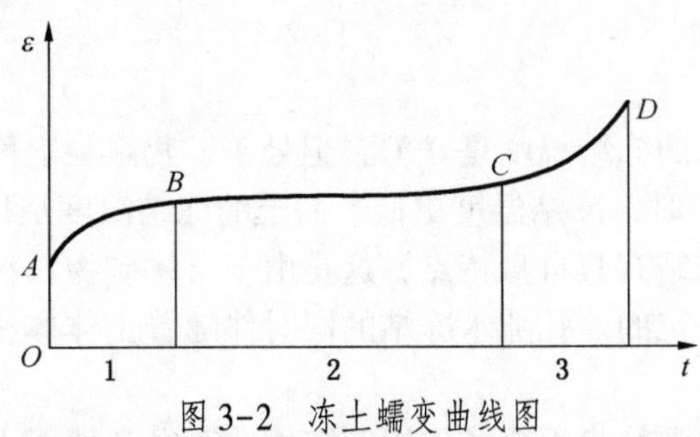

图 3-2 冻土蠕变曲线图

冻土受力后，首先发生瞬时的弹性和塑性变形（*OA* 段），之后进入蠕变阶段。

第 1 段为不稳定蠕变阶段（*AB* 段），其变形速率 $\overline{\varepsilon}=\mathrm{d}\varepsilon/\mathrm{d}t$ 逐渐衰减；

第 2 段为稳定蠕变阶段（*BC* 段），其变形速率 $\overline{\varepsilon}=\mathrm{d}\varepsilon/\mathrm{d}t$ 为常数；

第 3 段为蠕变强化段（*CD* 段），其变形速率 $\overline{\varepsilon}=\mathrm{d}\varepsilon/\mathrm{d}t$ 逐渐增大，直到最后产生破坏。

在实际应用中，冻结黏土的蠕变过程主要表现为塑性蠕变类型，基本上不出现第三蠕变阶段。对于此类蠕变如果只考虑其过程的前两个阶段，则可用统一的蠕变方程描述：

$$\varepsilon = A(\theta)\sigma^{B}t^{C} \tag{3-12}$$

式中 ε——冻土的蠕变应变；

σ——冻土的蠕变应力，MPa；

t——时间，min；

$A(\theta)$、B、C——试验系数。

5）冻土的强度松弛

冻土属于弹性—黏滞体，其力学特性表现在外荷载作用下产生塑性变形引起应力松弛，即冻土强度（破坏应力）随外荷载作用时间的延长而降低，这个特性称为冻土的强度松弛，如图 3-3 所示。在试验条件下，荷载作用时间少于 1 h 的冻土强度称为瞬时强度，大于 1 h 的强度称为长时强度。两个强度值相差很大，在冻结法凿井的设计中，冻土强度应取长时强度。

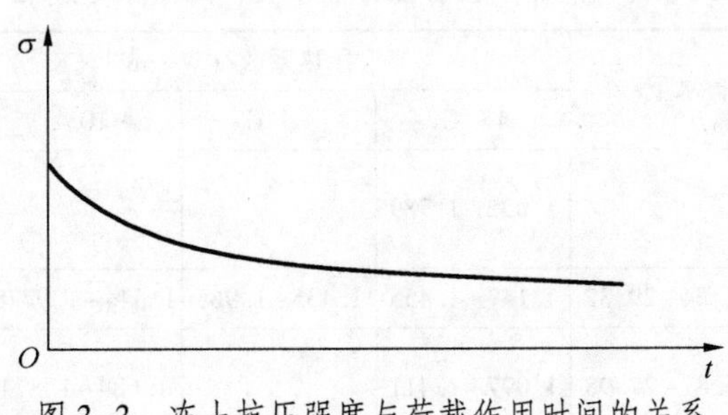

图 3-3 冻土抗压强度与荷载作用时间的关系

冻土强度随时间变化的关系可以用强度松弛方程表示：

$$\sigma_f = \frac{\sigma_{f0}}{\left(\frac{t}{t_0}\right)^{\xi}} \tag{3-13}$$

式中 σ_{f0}——对应某一较短时间τ_0 的破坏应力；

ξ——试验系数。

3.1.1.5 土的冻结温度

标准大气压下自由水的冻结温度是 0 ℃，但处于矿物颗粒表面力场中的孔隙水，特别是当其呈薄层（薄膜水）时，冻结温度更低，而土的冻结温度是指土体中孔隙水稳定冻结的温度。土体孔隙水的冻结有其自身特点，这是由于土体矿物颗粒表面的相互作用和水中具有某种数量的盐分所决定的。孔隙水冻结的同时伴随着土体体积增大、析冰作用、土颗粒冻结。

土体中的水由于受土颗粒表面能的作用及溶质的存在和地压力的影响，其冻结温度均低于 0 ℃，因而土体的冻结温度应由试验测定。

在给定含水量及无外载条件下土体的冻结温度为

$$\theta_f = -\exp\left(\frac{\ln a - \ln W_0}{b}\right) \tag{3-14}$$

式中 θ_f——土体的冻结温度,℃；

W_0——土体的含水量,%；

a、b——由土质决定的常数，由试验确定。

在相同初始含水量的情况下，土颗粒细的，其冻结温度低；土颗粒粗的冻结温度高。

土的含盐量的大小也影响着它的冻结温度的高低，含盐量大，其冻结温度低，而含盐量又与水分有关，土的含水量大，土中盐稀释，冻结温度高；土的含水量小，盐的浓度增大，冻结温度就低。试验表明，当土的含水量不同时，冻结温度也不同，其规律是土的冻结温度随含水量的增加而升高。

3.1.2 淮南矿区新生界松散层土的热学性质

冻土的热学性质的主要参数为土的导热系数及比热。表 3-1~表 3-4 列出了几个矿井黏土导热系数、比热值的大小。土的导热系数是干密度、含水量和温度的函数，并与土的矿物成分和结构有关。比热是指单位质量的土温度改变 1 ℃所需的热量。

表 3-1 潘谢矿区黏土导热系数、比热测定成果

矿井	岩土名称	含水量/%	导热系数/(W·m^{-1}·K^{-1})				土的比热/(J·g^{-1}·K^{-1})
			13 ℃	−5 ℃	−10 ℃	−15 ℃	
张集矿北区	黏土、砂质黏土		1.022~1.789				
顾桥矿	黏土、钙质黏土	21.54~29.32	1.147~1.455	1.435~1.965	1.344~1.9778	1.435~2.161	1.3773~1.5544
丁集矿	黏土、钙质黏土、砂质黏土	16.87~27.98	1.097~1.411		1.684~1.874		1.121~1.394

表 3-2 张集矿北区井筒黏土层导热系数测定成果

试样名称	岩土名称	环境温度/℃	导热系数/($W \cdot m^{-1} \cdot K^{-1}$)
回 24	黏质砂土	15	1.022
回 26	固结黏土	15	1.789
回 33	固结黏土	15	1.349
进 35	砂质黏土	15	1.303
进 47	固结黏土	15	2.22
进 50	固结黏土	15	1.344

表 3-3 顾桥矿井筒黏土层导热系数、比热测定成果

土层编号	岩土名称	取样深度/m	含水量/%	密度/($g \cdot cm^{-3}$)	导热系数/($W \cdot m^{-1} \cdot K^{-1}$)				土的比热/($J \cdot g^{-1} \cdot K^{-1}$)
					14 ℃	-5 ℃	-10 ℃	-15 ℃	
风井冻 1	黏土	31~35	25.45	1.978	1.344	1.708	1.504	1.688	1.462
风井冻 2	黏土	45~49	24.5	1.977	1.320	1.708	1.962	2.070	1.442
风井冻 3	黏土	55~59	29.32	1.945	1.272	1.965	1.566	1.785	1.554
风井冻 4	黏土	73~77	22.11	2.007	1.272	1.738	1.566	1.785	1.388
风井冻 5	钙质黏土	295~300	26.22	1.977	1.455	1.738	1.821	2.161	1.520
风井冻 6	钙质黏土	306~310	22.14	2.084	1.455	1.460	1.821	2.161	1.431
主井冻 1	钙质黏土	112~115	24.92	2.041	1.455	1.904	1.750	1.815	1.453
主井冻 2	黏土	163~166	22.95	1.998	1.455	1.435	1.750	1.815	1.410
主井冻 3	黏土	232~236	21.54	2.01	1.357	1.435	1.978	2.170	1.377
主井冻 4	黏土	253~256	22.63	2.06	1.147	1.630	1.344	1.425	1.434
主井冻 5	黏土	263~267	21.84	2.05	1.147	1.630	1.344	1.435	1.416

表 3-4 潘一东矿井筒黏土层导热系数、比热测定成果

土层编号	岩土名称	取样深度/m	融土		冻土		比热/($J \cdot g^{-1} \cdot K^{-1}$)
			试样表面温度/℃	导热系数/($W \cdot m^{-1} \cdot K^{-1}$)	试样表面温度/℃	导热系数/($W \cdot m^{-1} \cdot K^{-1}$)	
1	钙质黏土	79.40~103.70	16	1.192	-10	1.559	1.339
2	钙质粉砂	114.30~131.30	15	1.213	-9	1.736	1.350
3	含钙砂质黏土	146.55~156.85	16	1.227	-10	1.726	1.351
4	砂质黏土	183.80~189.20	14	1.368	-9	1.848	1.326

通过比较表 3-1~表 3-4 的测定数据可知：

(1) 土的导热系数均随干密度增大而增大。这是因为干密度增大，使单位体积中矿物骨架数量增多，孔隙减小，这样矿物骨架的导热系数远远大于气相充填物的导热系数，所以导热系数随干密度而增大。

(2) 当土的骨架干密度相同时，土的导热系数随含水量增加而增大。由于淮南矿区的松散土层多属于高液限黏性土，而且含水量较小，就是砂，其中含细粒土也较多，故该地区的土的导热系数一般比其他地区同类土稍小。

(3) 土的导热系数随冻土温度的降低而增大，常温下的导热系数小于冻结状态下的导

热系数。

（4）土的比热与土的含水量有关，含水量越大，其比热值也越大。不同矿同类土的测定值略有不同，这主要是由于矿物质成分的差异造成的。

（5）随埋藏深度的增大，矿化度增大，冰点降低。

3.1.3 淮南矿区冻土的力学性质

新生界松散层黏土中含有较多的蒙脱石、伊利石、高岭土，由于它们的比表面积大、吸水性强，具有不同程度的膨胀性（表3-5）。

表3-5 黏土膨胀性概况

矿井	岩土名称	膨胀量/%	膨胀力/kPa	自由膨胀率/%	膨胀性类别	无荷膨胀率/%
张集矿	钙质黏土	1.0~46.7	5.3~103	32~129	中等~强	
张集矿北区	钙质黏土、黏土、砂质黏土	1.3~40.6	5.0~174	68~190	中等~强	21.1~45.4
顾桥矿	钙质黏土、砂质黏土			6.5~79	中等	0.7~17.2
丁集矿	含钙黏土、含钙砂质黏土			25~62	弱~中等	3.5~15.1

表3-6列出了张集矿北区、顾桥矿不同土层的冻胀力和冻胀率；表3-7~表3-10列出了潘谢矿区张集矿北区、顾桥矿、丁集矿和潘一东矿冻土的单轴抗压强度、弹性模量和泊松比。

表3-6 张集矿北区、顾桥矿土层冻胀力与冻胀率

矿井	编号	岩土名称	埋深/m	冻胀力/MPa	冻胀率/%
张集矿北区	风井24	黏质砂土	186.24~196.74		0.96
	风井28	固结黏土	237.29~243.59		2.04
	风井33	固结黏土	280.64~314.72		7.20
	风井35	砂质黏土	169.51~178.96		0.87
	风井47	固结黏土	268.79~272.99		2.18
	风井50	固结黏土	279.14~321.12		3.0
顾桥矿	风井冻1	黏土	31.0~35.0	0.9	2.0
	风井冻2	黏土	45.2~49.2	0.86	2.2
	风井冻3	黏土	55.1~59.0	1.03	6.9
	风井冻4	黏土	73~77.1	0.83	5.2
	风井冻5	钙质黏土	295.5~300	0.54	2.4
	风井冻6	钙质黏土	306.0~310.1	0.5	2.2
	主井冻1	钙质黏土	112.0~115.5	0.47	2.4
	主井冻2	黏土	163.0~166.6	0.67	2.5
	主井冻3	黏土	232.0~236.0	0.54	3.7
	主井冻4	黏土	253.2~256.8	0.76	2.3
	主井冻5	黏土	263.5~267.2	0.29	1.9

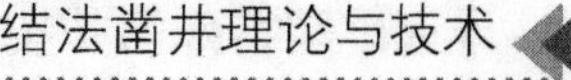

表 3-7 潘谢矿区冻土单轴抗压强度、弹性模量、泊松比

矿井	岩土名称	单轴抗压强度/MPa			弹性模量/MPa			泊松比		
		-5 ℃	-10 ℃	-15 ℃	-5 ℃	-10 ℃	-15 ℃	-5 ℃	-10 ℃	-15 ℃
张北矿	黏土		2.34~3.03							
顾桥	黏土、钙质黏土	1.9~3.5	2.8~4.6	3.6~6.6	33.8~66.7	63.2~137	129.2~192.6	0.19~0.3	0.19~0.24	0.11~0.23
丁集矿	黏土、砂质黏土	2.1~2.4	2.5~3.76	3.36~4.65	68~86	87~129	129~240	0.23~0.24	0.2~0.25	0.18~0.23

表 3-8 张集矿北区冻土单轴抗压强度

编号	岩土名称	取样深度/m	温度/℃	抗压强度/MPa
回风井 1	黏土	61.6~65.16	-10	2.344
回风井 2	黏土	78.1~80.9	-10	3.035

表 3-9 顾桥矿冻土单轴抗压强度、弹性模量、泊松比

试件编号	岩土名称	埋深/m	单轴抗压强度/MPa			弹性模量/MPa			泊松比		
			-5 ℃	-10 ℃	-15 ℃	-5 ℃	-10 ℃	-15 ℃	-5 ℃	-10 ℃	-15 ℃
风 1	黏土	31~35	2.6	4.0	4.5	33.8	85.6	140	0.3	0.21	0.17
风 2	黏土	45~49	2.8	3.0	5.6	42.1	101.1	160.2	0.28	0.23	0.2
风 3	黏土	55~59	3.2	3.3	4.7	66.7	81.4	180	0.24	0.21	0.11
风 4	黏土	73~77	2.5	3.1	5.4	62.7	110.4	192.6	0.23	0.2	0.18
风 5	钙质黏土	295~300	1.9	3.4	5.3	64.2	65.6	133.0	0.21	0.19	0.18
风 6	钙质黏土	306~310	2.0	3.4	5.5	58.4	63.2	129.2	0.19	0.2	0.17
主 1	钙质黏土	112~115	2.3	2.8	4.9	40.4	87.2	147.8	0.22	0.21	0.19
主 2	黏土	163~166	3.0	3.1	5.1	44.4	93	158	0.25	0.23	0.22
主 3	黏土	232~236	2.0	2.8	3.6	48.3	97.9	156.5	0.25	0.21	0.20
主 4	黏土	253~256	3.5	4.6	5.4	63.2	119	184.5	0.22	0.24	0.23
主 5	黏土	263~267	3.1	4.4	6.6	53.9	137	183.4	0.25	0.2	0.2

表 3-10 潘一东矿冻土单轴抗压强度、弹性模量、泊松比

试件编号	岩土名称	埋深/m	单轴抗压强度/MPa			弹性模量/MPa			泊松比		
			-5 ℃	-10 ℃	-15 ℃	-5 ℃	-10 ℃	-15 ℃	-5 ℃	-10 ℃	-15 ℃
1	钙质黏土	71~103	2.15	3.41	5.28	89.73	137.43	192.43	0.29	0.26	0.20
2	钙质黏土	114~131	2.19	3.81	5.00	90.07	133.4	193.8	0.28	0.25	0.21
3	含钙砂质黏土	146~157	1.82	3.37	5.11	72.57	113.33	174.13	0.31	0.26	0.20
4	砂质黏土	184~189	2.14	3.91	5.95	91.53	152.70	219.10	0.29	0.25	0.19

对表 3-7~表 3-10 中的数据进行分析后，认为冻土的力学性质具有以下几个特征：

（1）坚硬状态下的冻结黏土一般近似呈脆性破坏。

（2）冻土抗压强度随温度下降明显增大，尤其在温度由-10 ℃下降到-15 ℃过程中，冻土强度的增长速率明显大于温度由-5 ℃降到-10 ℃的过程中。由-5 ℃下降到-15 ℃时，单轴抗压强度可提高 1.5~2.0 倍。

（3）冻土弹性模量随温度的降低而增大，每降 1 ℃，弹性模量增大 4~10 MPa。

（4）温度每降 1 ℃，冻土的泊松比下降 0.001~0.05。

（5）黏土黏聚力在 15.2~112.4 MPa，土样在冻结后，黏聚力有很大的提高。在-5 ℃时为 0.74~1.18 MPa，在-15 ℃时达 1.42~1.72 MPa。

3.1.4 典型深部矿井冻土物理力学性能试验结果

丁集矿位于安徽省淮南市凤台县西北约 25 km 处，紧靠凤蒙公路，交通便利。矿井设计生产能力 5.0 Mt/a，立井开拓方式，主井、副井、风井井筒均位于中央区工业场地内，井深 861.82 m。井筒表土段采用冻结法施工，冻结深度 558 m。人工冻土具有典型的力学特征，见表 3-11~表 3-18。

表 3-11 丁集矿副井黏土导热系数测定成果（常温）

编号	岩土名称	取样深度/m	含水量/%	密度/($g \cdot cm^{-3}$)	表面温度/℃	导热系数/($W \cdot m^{-1} \cdot K^{-1}$)
副 1	黏土	151~169	20.14	1.928	14	0.914
副 4	砂质黏土	275~279	19.01	2.037	14	1.495
副 6	砂质黏土	314~319	23.82	2.986	12	1.001
副 7	含钙黏土	326~347	21.16	2.103	12	0.996
副 8	砂质黏土	347~368	16.87	2.137	13	1.211
副 9	含钙黏土	368~389	27.98	1.978	13	0.988
副 10	黏土	399~403	19.65	2.103	12	0.900
副 11	含钙黏土	403~420	20.05	2.131	12	1.176
副 12	黏土	420~436	17.63	2.074	12	1.113

表 3-12 丁集矿副井黏土导热系数测定成果（负温）

编号	岩土名称	取样深度/m	含水量/%	密度/($g \cdot cm^{-3}$)	表面温度/℃	导热系数/($W \cdot m^{-1} \cdot K^{-1}$)
副 1	黏土	151~169	20.14	1.928	-10	1.384
副 4	砂质黏土	275~279	19.01	2.037	-10	1.752
副 6	砂质黏土	314~319	23.82	2.986	-10	1.274
副 7	含钙黏土	326~347	21.16	2.103	-10	1.385
副 8	砂质黏土	347~368	16.87	2.137	-10	1.654
副 9	含钙黏土	368~389	27.98	1.978	-10	1.231
副 10	黏土	399~403	19.65	2.103	-10	1.301
副 11	含钙黏土	403~420	20.05	2.131	-10	1.452
副 12	黏土	420~436	17.63	2.074	-10	1.563

表 3-13 丁集矿土的比热测定成果

编号	岩土名称	取样深度/m	含水量/%	干土		水		湿土的比热/(J·g^{-1}·K^{-1})
				质量百分比/%	比热/(J·g^{-1}·K^{-1})	质量百分比/%	比热/(J·g^{-1}·K^{-1})	
副 1	黏土	151~169	20.14	83.33	0.7685	16.67	4.19	1.4626
副 4	黏土	275~279	19.01	84.03	0.7685	15.96		1.4418
副 6	黏土	314~319	23.82	80.76	0.7685	19.24		1.5544
副 7	黏土	326~347	21.16	82.54	0.7685	17.46		1.3880
副 8	黏土	347~368	16.87	85.57	0.8203	14.43		1.5203
副 9	黏土	368~389	27.98	78.13	0.8203	21.87		1.4311
副 10	钙质黏土	399~403	19.65	83.33	0.7715	16.67		1.4534
副 11	钙质黏土	403~420	20.05	83.33	0.7715	16.67		1.4096
副 12	钙质黏土	420~436	17.63	85.03	0.7715	14.97		1.3773

表 3-14 冻土冻胀力、冻胀率试验结果

岩土名称	取样深度/m	试样编号	冻胀力/MPa	平均冻胀力/MPa	试样编号	冻胀率/%	平均冻胀率/%
砂质黏土	149~161	6	0.81	0.76	6	4.2	4
		8	0.71		4	3.8	
黏土	274~302	28	0.52	0.48	27	5.9	5.7
		29	0.44		29	5.5	
砂质黏土	311~316	41	0.41	0.38	46	1.5	1.46
		47	0.37		45	1.42	
黏土	326~344	50	0.38	0.34	50	3.4	3.28
		55	0.30		56	3.16	
黏土	350~358	61	0.33	0.31	61	3.3	3.08
		65	0.29		64	2.86	
黏土	368~373	66	0.31	0.30	67	2.74	2.52
		73	0.29		71	2.3	
黏土	408~420	85	0.45	0.42	83	3.9	3.75
		92	0.39		92	3.6	
钙质黏土	420~436	97	0.80	0.74	99	4.12	4
		103	0.68		106	3.88	
黏土	509~513	134	0.46	0.43	137	3.84	4.04
		140	0.40		140	4.24	

表3-15 冻土单轴抗压强度

土层编号	岩土名称	取样深度/m	冻土单轴瞬时抗压强度/MPa			
			-5 ℃	-10 ℃	-15 ℃	-20 ℃
1	砂质黏土	158~161	2.4	3.53	4.46	
2	中砂	205~211	2.52	3.63	5.13	
3	中粗砂	251~258	2.74	3.58	5.88	
4	黏土	274~278	2.11	3.14	4.64	
5	含砾粗砂	305~311	1.76	3.64	5.51	
6	砂质黏土	311~316		3.25	4.65	
7	黏土	335~350		3.30	4.85	5.13
8	黏土	350~358		2.81	3.84	6.10
9	黏土	358~373		2.50	3.36	5.23
10	中粗砂	391~402		2.98	4.56	6.44
11	黏土	408~416		2.92	4.48	5.52
12	黏土	416~441		2.97	4.93	5.53
13	含砾粗砂	450~472		3.76	5.88	6.35
14	中砂	501~507		3.15	4.53	6.65
15	含砾砂质黏土	509~521		2.95	4.26	5.79
16	砂砾层	521~523		3.15	4.65	6.32

表3-16 弹性模量与温度的关系

土层编号	岩土名称	取样深度/m	冻土弹性模量/MPa			
			-5 ℃	-10 ℃	-15 ℃	-20 ℃
1	砂质黏土	158~161	86	108	235	
2	中砂	205~211	90	121	249	
3	中粗砂	251~258	94	132	290	
4	黏土	274~278	68	94	185	
5	含砾粗砂	305~311	105	147	320	
6	砂质黏土	311~316		125	240	
7	黏土	335~350		95	187	269
8	黏土	350~358		87	167	255
9	黏土	358~373		96	129	175
10	中粗砂	391~402		187	270	340
11	黏土	408~416		114	179	253
12	黏土	416~441		112	196	275
13	含砾粗砂	450~472		162	256	321
14	中砂	501~507		140	232	318
15	含砾砂质黏土	509~521		129	215	298
16	砂砾层	521~523		188	298	387

表3-17 泊松比与温度的关系

土层编号	岩土名称	取样深度/m	冻土泊松比			
			-5 ℃	-10 ℃	-15 ℃	-20 ℃
1	砂质黏土	158~161	0.23	0.21	0.19	
2	中砂	205~211	0.24	0.23	0.22	
3	中粗砂	251~258	0.23	0.22	0.21	
4	黏土	274~278	0.24	0.23	0.20	
5	含砾粗砂	305~311	0.23	0.21	0.19	
6	砂质黏土	311~316		0.20	0.18	
7	黏土	335~350		0.23	0.21	0.17
8	黏土	350~358		0.21	0.20	0.18
9	黏土	358~373		0.22	0.21	0.20
10	中粗砂	391~402		0.23	0.22	0.19
11	黏土	408~416		0.21	0.19	0.17
12	黏土	416~441		0.24	0.22	0.18
13	含砾粗砂	450~472		0.22	0.20	0.19
14	中砂	501~507		0.22	0.21	0.20
15	含砾砂质黏土	509~521		0.25	0.23	0.19
16	砂砾层	521~523		0.24	0.22	0.20

表3-18 冻土单轴蠕变应变与应力、时间、温度的关系式

土样名称	温度/℃	应力/MPa	应变与时间（h）的关系式	应变与应力、时间（h）的关系式
1层土样	-5	0.645	$\varepsilon=1.83092t^{0.22548}$	$\varepsilon=2.19873\sigma^{0.7392}t^{0.29611}$
		1.075	$\varepsilon=2.33224t^{0.22977}$	
		1.505	$\varepsilon=4.01471t^{0.31047}$	
	-10	1.2	$\varepsilon=4.73214t^{0.22642}$	$\varepsilon=3.647857\sigma^{1.53954}t^{0.40052}$
		2.0	$\varepsilon=9.61476t^{0.24262}$	
		2.8	$\varepsilon=17.40413t^{0.36846}$	
	-15	1.38	$\varepsilon=2.60286t^{0.04065}$	$\varepsilon=2.062709\sigma^{0.60809}t^{0.09147}$
		2.3	$\varepsilon=3.19029t^{0.13339}$	
		3.22	$\varepsilon=4.84164t^{0.15174}$	
4层土样	-5	1.08	$\varepsilon=0.047875t^{0.14448}$	$\varepsilon=0.04223\sigma^{1.28395}t^{0.1728}$
		1.8	$\varepsilon=0.08358t^{0.18954}$	
		2.52	$\varepsilon=0.16128t^{0.18980}$	
	-10	1.35	$\varepsilon=1.41222t^{0.23244}$	$\varepsilon=0.73219\sigma^{1.54772}t^{0.3589}$
		2.25	$\varepsilon=3.1387t^{0.24682}$	
		3.15	$\varepsilon=5.68192t^{0.38447}$	
	-15	1.26	$\varepsilon=0.13635t^{0.44926}$	$\varepsilon=0.088437\sigma^{3.14273}t^{0.33709}$
		2.1	$\varepsilon=1.63704t^{0.18556}$	
		2.94	$\varepsilon=2.09438t^{0.33505}$	

表 3-18（续）

土样名称	温度/℃	应力/MPa	应变与时间（h）的关系式	应变与应力、时间（h）的关系式
6 层土样	-10	1.65	$\varepsilon=0.05249t^{0.14058}$	$\varepsilon=0.00672\sigma^{1.2393}t^{0.1417}$
		2.75	$\varepsilon=0.07081t^{0.14867}$	
		3.85	$\varepsilon=0.17099t^{0.13605}$	
	-15	1.4	$\varepsilon=1.89611t^{0.10839}$	$\varepsilon=0.944282\sigma^{1.94649}t^{0.13516}$
		2.3	$\varepsilon=4.96817t^{0.09238}$	
		3.3	$\varepsilon=9.49335t^{0.30789}$	
7 层土样	-10	1.57	$\varepsilon=1.62859t^{0.42783}$	$\varepsilon=1.620298\sigma^{0.81452}t^{0.34179}$
		2.62	$\varepsilon=4.34655t^{0.21722}$	
		3.66	$\varepsilon=4.99462t^{0.13094}$	
	-15	0.9	$\varepsilon=0.45941t^{0.26077}$	$\varepsilon=0.458117\sigma^{2.16096}t^{0.38943}$
		1.5	$\varepsilon=1.13337t^{0.37784}$	
		2.1	$\varepsilon=2.13772t^{0.43558}$	
	-20	2.49	$\varepsilon=0.02566t^{0.15937}$	$\varepsilon=0.00526\sigma^{1.3899}t^{0.1217}$
		4.15	$\varepsilon=0.04129t^{0.18193}$	
		5.81	$\varepsilon=0.09244t^{0..16773}$	
8 层土样	-10	0.84	$\varepsilon=0.014001t^{0.190067}$	$\varepsilon=0.0129\sigma^{1.14901}t^{0.299911}$
		1.41	$\varepsilon=0.02430t^{0.44903}$	
		1.97	$\varepsilon=0.036905t^{0.28885}$	
	-15	1.15	$\varepsilon=0.01619t^{0.5599}$	$\varepsilon=0.008799\sigma^{1.649}t^{0.429}$
		1.92	$\varepsilon=0.02759t^{0.4312}$	
		2.69	$\varepsilon=0.05996t^{0.2839}$	
	-20	1.83	$\varepsilon=0.01099t^{0.33001}$	$\varepsilon=0.004794\sigma^{1.025}t^{0.3197}$
		3.05	$\varepsilon=0.01991t^{0.33181}$	
		4.27	$\varepsilon=0.024789t^{0.33008}$	
9 层土样	-10	0.75	$\varepsilon=0.010094603t^{0.52003}$	$\varepsilon=0.00927\sigma^{2.4001}t^{0.5001}$
		1.25	$\varepsilon=0.0173t^{0.5708}$	
		1.75	$\varepsilon=0.0873t^{0.4248}$	
	-15	1.0	$\varepsilon=0.00406t^{0.33699}$	$\varepsilon=0.002649\sigma^{2.412}t^{0.378}$
		1.68	$\varepsilon=0.0118315t^{0.40302}$	
		2.35	$\varepsilon=0.046t^{0.474}$	
	-20	1.57	$\varepsilon=0.0063001t^{0.2599}$	$\varepsilon=0.0017007\sigma^{1.994071}t^{0.32986}$
		2.6	$\varepsilon=0.016004t^{0.34006}$	
		3.7	$\varepsilon=0.044076t^{0.3700537}$	

表 3-18（续）

土样名称	温度/℃	应力/MPa	应变与时间（h）的关系式	应变与应力、时间（h）的关系式
11 层土样	-10	0.876	$\varepsilon=0.0094t^{0.518}$	$\varepsilon=0.00785078\sigma^{2.53259}t^{0.5310}$
		1.46	$\varepsilon=0.0214t^{0.6233}$	
		2.044	$\varepsilon=0.0855t^{0.442}$	
	-15	1.344	$\varepsilon=0.0081085t^{0.2406}$	$\varepsilon=0.0041378\sigma^{2.05116}t^{0.28018}$
		2.24	$\varepsilon=0.022659t^{0.2564}$	
		3.136	$\varepsilon=0.053419t^{0.36355}$	
	-20	1.656	$\varepsilon=0.00356t^{0.488}$	$\varepsilon=0.000293\sigma^{3.608}t^{0.4097}$
		2.76	$\varepsilon=0.02097t^{0.383}$	
		3.86	$\varepsilon=0.05267t^{0.266}$	
12 层土样	-10	0.89	$\varepsilon=0.0092014t^{0.12814}$	$\varepsilon=0.012062\sigma^{1.32}t^{0.266}$
		1.48	$\varepsilon=0.0194079t^{0.30237}$	
		2.08	$\varepsilon=0.03573t^{0.40069}$	
	-15	1.48	$\varepsilon=0.0069524t^{0.34577}$	$\varepsilon=0.002079\sigma^{2.914}t^{0.38099}$
		2.46	$\varepsilon=0.0213328t^{0.46516}$	
		3.45	$\varepsilon=0.0880568t^{0.337}$	
	-20	1.66	$\varepsilon=0.0063t^{0.266}$	$\varepsilon=0.00178\sigma^{2.041}t^{0.313}$
		2.76	$\varepsilon=0.01638t^{0.342}$	
		3.87	$\varepsilon=0.04407t^{0.375}$	
15 层土样	-15	1.28	$\varepsilon=0.016258t^{0.56321}$	$\varepsilon=0.0088\sigma^{1.6551}t^{0.42133}$
		2.13	$\varepsilon=0.0276t^{0.42836}$	
		2.98	$\varepsilon=0.060633t^{0.28406}$	
	-20	1.74	$\varepsilon=0.00388098t^{0.28203}$	$\varepsilon=0.001052791\sigma^{1.19974}t^{0.31563}$
		2.89	$\varepsilon=0.00807906t^{0.32478}$	
		4.05	$\varepsilon=0.0118847t^{0.35598}$	

根据丁集矿检查孔冻土物理、力学性能试验，获得如下结果：

（1）冻土单轴抗压强度与温度的关系呈线性规律，随温度的降低单轴抗压强度增大。

（2）冻土弹性模量总体上随温度的降低而增大。试验数据表明，温度每下降 1 ℃冻土弹性模量平均增大 5~9 MPa，其中黏土弹性模量的变化率为 8~9 MPa/℃，砂质黏土弹性模量的变化率为 7~10 MPa/℃，钙质黏土由于仅有两层，故很难由试验结果得出其冻土弹性模量的变化规律。冻土的泊松比随温度的降低而减小。试验数据表明，温度变化对冻土泊松比值的影响较小，温度每下降 1 ℃冻土的泊松比值平均减小 0.007~0.016。

（3）从冻土应力-应变关系曲线可以看出：冻土应力-应变关系（即本构关系）曲线符合岩土材料的加工硬化型模式，可用方程 $\sigma=a(1-e^{-b\varepsilon})$ 拟合，且回归的相关系数在 0.97 以上。试验结果表明，冻土的破坏形态大多呈塑性破坏。冻结温度越高，破坏应变越大。坚硬状态的冻结黏性土及砂质黏土一般近似呈脆性破坏。

（4）黏土地层的冻结温度在-0.6~-2.9 ℃之间，工程上在计算冻结壁的实际厚度时应考虑冻结温度的因素。

（5）冻土的冻胀力在0.279~0.821 MPa之间，冻胀率在1.16%~3.32%之间。按照《冻土地区建筑地基基础设计规范》（JGJ 118—2011）中冻土冻胀性分类方法，试验样品均属于弱冻胀土。但在冻结和凿井过程中仍要注意冻土的冻胀特性，防止冻结管断裂和冻结压力对井壁的破坏作用。

（6）试验表明，在应力水平较低条件下（$0.3\sigma_s$ 和 $0.5\sigma_s$），冻土蠕变基本上属于稳定性蠕变；当应力水平较高时（$0.7\sigma_s$），试验结果属于非稳定性蠕变。影响冻土蠕变变形的因素很多，温度、应力与时间是工程上的关键因素。在实际工程中除了加强积极冻结以外，还应重点控制时间因素。尽量缩短冻结壁的暴露时间，控制冻结壁的总变形量，保证冻结壁安全，防止冻结管断裂。

3.2 冻结工程设计与施工

3.2.1 冻结壁设计

3.2.1.1 概述

淮南潘谢矿区位于淮河以北，上覆新生界松散层厚度为140~730 m，松散层一般由3个含水层和2~3个隔水层组成。据矿区大量钻探资料，松散层地层岩性一般以砂层、砂质黏土层为主，下部主要为固结状黏土，平均厚约40 m，分布广泛，其膨胀性较强，下部含水层多为中等偏强含水层，潘谢矿区的第四纪冲积层属于极不稳定地层，在这些地层中建井，必须采用特殊施工方法。根据淮南矿区地质条件的特点，淮南矿业集团新井建设中主要采用的特殊施工方法是冻结法。

冻结法的基本原理是：在井筒开挖前，利用人工制冷技术对地层进行冻结，使地层中的水结成冰、天然土变成冻结土，在井筒周围形成一个封闭的不透水的帷幕——冻结壁，用以抵抗地压、水压，隔绝地下水与井筒之间的联系，然后在其保护下进行掘砌施工。可见，形成冻结壁是冻结法的中心环节，冻结壁的设计和形成状况如何是关系到冻结施工成败的关键问题。

冻结壁是保护井筒安全掘进的结构物，其强度与厚度是保证安全施工的基本条件。冻结开始前必须进行详细的地质调查，编制详尽的施工组织设计，确定明确的冻结方案和冻结壁设计厚度。

冻结壁设计的总体原则是：

（1）结合冲积层的水文地质特点和力学特性试验结果，设计的低温冻结壁的强度和变形必须满足井筒开挖要求，保证井筒开挖的安全。

（2）结合制冷设备和施工技术水平，冻结壁设计要保证技术上形成的可能性。

（3）结合技术经济一体化要求，设计方法合理，技术理念先进，总体经济效益最佳。

冻结壁设计的内容包括：冻结壁厚度的计算、冻结平均温度的确定、冻结时间的确定等。一定意义上，冻结壁也是一个“黑箱”，其形成与制冷能量、地层埋深、地下水、地质条件、钻孔的垂直度等因素有关。

冻结壁的理论计算方法较多，计算结果相差较大，工程中多用理论计算作为参考，结合实际经验予以确定。数值分析、计算科学的发展以及大型计算机分析软件的研发，给冻结壁研究带来了极大的便利，故在冻结壁研究中多采用理论分析、试验研究、数值模拟等多项手段开展。

淮南矿业集团与安徽理工大学合作，开发了冻结施工信息化管理软件，能够对冻结壁进行设计，对温度场的分布、冻结壁厚度进行预测，对淮南矿区井筒的安全施工起到了很好的作用。

通过多年的工程实践和科学研究，冻结壁的设计取得了显著进步，因冻结壁设计原因发生的冻结管断裂、井壁破坏等事故已极为少见。

3.2.1.2 冻结壁厚度设计理论

冻结壁厚度是指能满足井筒掘砌施工时的冻结壁强度与变形要求的厚度，称为有效厚度。冻结壁厚度计算主要是依据表土地压、冻土热学与力学性质、井筒掘进荒径、掘进段高与空帮时间、井壁结构与施工工艺等，实际上是冻土热学和力学的耦合计算，影响因素很多，故一般采取冻土热学与力学分别计算和互相校验的方法。

冻结壁厚度计算经历了由弹性、弹塑性到流变体假设过程，相应地，经历了无限长厚壁圆筒静态理论、动态理论和有限长厚壁圆筒准动态理论。事实证明，无限长厚壁圆筒静、动态理论（包括弹性体、弹塑性体和流变体）不符合实际情况，是深冻结井中事故发生的重要原因之一。有限长厚壁圆筒准动态理论虽然比较符合实际情况，但冻土蠕变参数对计算结果影响较大，由于获取这些参数的方法与手段尚不完善，因此该理论也存在优化的迫切需要。目前，对于超深厚表土多采用理论计算（解析计算）、工程类比（多元统计回归）及数值分析（有限元数值模拟）三者相结合的办法综合确定冻结壁厚度。

3.2.1.3 冻结壁力学介质模型的选取

从力学性能与变形特点上来看，冻结壁是一种力学性质十分复杂的介质，它可能表现出弹性、塑性的变形特征，也可能表现出流变的变形特征。这些变形特征与冻结壁的赋存状态、开挖过程密切相关。

冻结壁的性态通过极限深度区域界定，随着深度的增加冻结壁的变形依次呈现出弹性、弹塑性、黏弹性、黏塑性等力学特征。

在均匀外压作用下，冻结壁出现以半径 $r=\rho$ 为界面的塑性带（$a\leqslant r\leqslant\rho$）和弹性带（$\rho\leqslant r\leqslant b$）两个带，如图 3-4 所示。

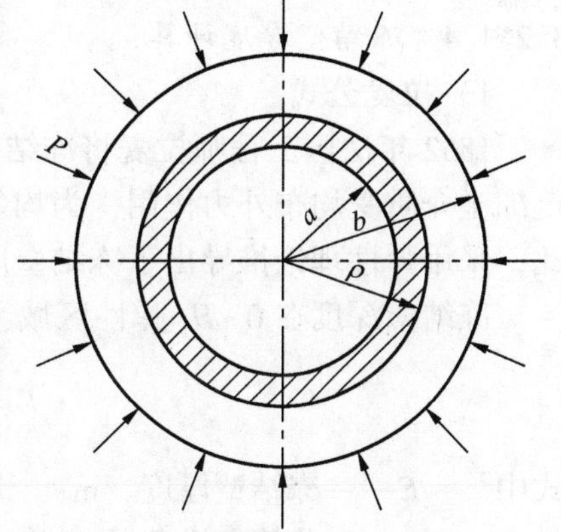

图 3-4 冻结壁受力示意图

设 P_1 为冻结壁内缘（$r=a$）刚过渡到塑性状态时（第一临界状态）的极限荷载，P_2 为冻结壁外缘（$r=b$）已过渡到塑性状态时（第一临界状态）的极限荷载，由弹性力学平衡方程得

$$\frac{P}{\sigma}=\ln\frac{\rho}{a}+\frac{1}{2}\left(1-\frac{\rho^2}{b^2}\right) \tag{3-15}$$

从而可得第一临界地压值 P_1、第二临界地压值 P_2 分别为

$$P_1 = \frac{\sigma}{2}\left(1 - \frac{a^2}{b^2}\right) \tag{3-16}$$

$$P_2 = \sigma \ln \frac{b}{a} \tag{3-17}$$

式中 a——冻结壁圆筒内半径；

b——冻结壁圆筒外半径；

σ——冻土的长时强度。

冻土长时强度按冻土单轴抗压强度除以安全系数选取，冻结壁圆筒的外半径一般按照 100 m 或 200 m 处的冻结壁厚度进行估算。

结合地压重液公式，给出第一、第二极限深度 H_1 和 H_2：

$$H_1 = \frac{P_1}{0.013} \tag{3-18}$$

$$H_2 = \frac{P_2}{0.013} \tag{3-19}$$

根据极限深度，将井筒地层分为 3 个区域：$0 \sim H_1$ 范围内为弹性区域，根据冻土弹性力学介质模型，得出无限长弹性厚壁圆筒的拉麦公式；$H_1 \sim H_2$ 范围内为弹塑性区域，根据冻土弹塑性力学介质模型，得出无限长弹塑性厚壁圆筒的多姆克公式；H_2 ~ 表土层底部为黏弹塑性区域，根据冻土黏弹塑性力学介质模型，得出根据有限段高按变形条件计算冻结壁厚度的公式，亦可根据长时冻土强度由里别尔曼公式或维亚洛夫-扎列茨基公式计算冻结壁厚度。在弹性区域及弹塑性区域，选择深部含水砂层作为控制层计算冻结壁厚度，同时选择深部黏土层对冻结壁厚度进行校核。在黏弹塑性区域，尤其是表土层厚度大于 400 m 时，应以深部较厚的且含水量低的膨胀性钙质黏土层作为控制层，并根据其稳定性来计算冻结壁厚度。

3.2.1.4 冻结壁厚度计算

1）拉麦公式

1852 年法国工程师拉麦将冻结壁视为无限长的厚壁圆筒，并简化为平面问题处理。假定冻土介质受均布外力作用，为均匀弹性体小变形；冻土屈服准则符合第三强度理论。据此，采用弹性理论推导出了冻结壁厚度计算公式。

冻结壁深度在 $0 \sim H_1$ 弹性区域，冻结壁厚度按无限长弹性厚壁圆筒计算：

$$E = a\left(\sqrt{\frac{[\sigma]}{[\sigma] - 2P}} - 1\right) \tag{3-20}$$

式中 E——冻结壁厚度，m；

a——井筒掘进荒径，m；

$[\sigma]$——冻土许用应力，取单轴抗压强度除以 2.5~4 的安全系数，MPa；

P——地压，MPa。

拉麦公式一般适用深度小于 100 m 的立井冻结壁厚度计算。

2）多姆克公式

德国多姆克教授将冻结壁视为均质的连续介质，并将其简化成外侧受均匀地压作用的无限长厚壁圆筒，按轴对称平面问题来处理。冻结壁深度在 $H_1 \sim H_2$ 弹塑性区域，冻结壁厚度按多姆克的无限长弹塑性厚壁圆筒公式计算：

$$E = R\left[0.29\left(\frac{P_0}{\sigma_s}\right) + 2.3\left(\frac{P_0}{\sigma_s}\right)^2\right] \tag{3-21}$$

式中 E——按强度条件计算的冻结壁厚度，m；

R——井筒最大掘进半径，m；

P_0——计算深度 H 的地压，按重液公式计算，MPa；

σ_s——砂性土的冻土计算强度，根据不同试验方法求得的冻土无侧限瞬时抗压强度 σ 除以相应的安全系数 m 求得，MPa。

多姆克公式适用于 200 m 左右的立井冻结深度。

冻结壁深度在 H_2 ~ 表土层底部，冻结壁厚度按里别尔曼公式、维亚洛夫-扎列茨基公式或者有限段高变形条件计算公式等推算。

3）里别尔曼公式

1960 年，苏联学者里别尔曼提出用极限平衡原理计算立井冻结壁的厚度，假设冻结壁外侧面的地压力为 γH；掘进空帮的上下端固定，冻土为理想塑性体，公式如下：

$$E = \frac{\gamma H}{\sigma_\tau} hK \tag{3-22}$$

式中 E——冻结壁厚度，m；

γ——土层平均容重，kN/m^3；

H——计算处土层底板深度，m；

h——安全掘进段高，m；

K——安全系数，取 1.1~1.2；

σ_τ——冻土长时强度，可取瞬时强度除以 2~2.5 的安全系数，MPa。

4）维亚洛夫-扎列茨基公式

$$E = \sqrt{3}\,\eta \frac{Ph}{\sigma_\tau} K \tag{3-23}$$

式中 E——冻结壁厚度，m；

η——固端条件系数，$0.5 \leqslant \eta \leqslant 1$；

P——地压，MPa；

h——安全掘进段高，m；

K——安全系数，取 1.5~2.0；

σ_τ——冻土长时强度，可取瞬时强度除以 2~2.5 的安全系数，MPa。

5）有限段高变形条件公式

$$\frac{b}{a} = \left[1 + \bar{K}\frac{\left(1 + \frac{1}{B}\right)P}{\left(\frac{u_a}{a}\right)^{\frac{1}{B}}}(At^C)^{\frac{1}{3}}\left(\frac{h}{a}\right)^{1+\frac{1}{B}}\right]^{\frac{B}{B-1}} \tag{3-24}$$

$$\bar{K}=\frac{(1-\xi)}{2^{\frac{1}{B}}} \quad 或 \quad \bar{K}=\frac{1}{2}\left(1+\frac{1}{B}\right) \tag{3-25}$$

式中　E——冻结壁厚度，$E=b-a$，m；

a——井筒掘进半径，m；

b——冻结壁外半径，m；

ξ——段高两端固定系数，$0 \leqslant \xi \leqslant 0.5$；

P——地压，MPa；

h——安全掘进段高，m；

u_a——暴露段冻结壁内缘的允许位移值，一般取 0.05 m；

t——冻结壁暴露时间，h；

A、B、C——-15 ℃冻土三轴蠕变试验参数。

6）深冻结壁时空设计公式

$$\frac{b}{a}=\left[\frac{\left(1-\frac{1}{B}\right)(1-\xi)P}{(T+1)^{\frac{K}{B}}}\left(\frac{h}{u_a}\right)^{\frac{1}{B}}\frac{h}{a}A_0^{\frac{1}{B}}t^{\frac{C}{B}}+1\right]^{\frac{B}{B-1}} \tag{3-26}$$

式中　E——冻结壁厚度，$E=b-a$，m；

a——井筒掘进半径，m；

b——冻结壁外半径，m；

ξ——段高两端固定系数，$0 \leqslant \xi \leqslant 0.5$；

P——地压，MPa；

h——安全掘进段高，m；

u_a——暴露段冻结壁内缘的允许位移值，一般取 0.05 m；

t——冻结壁暴露时间，h；

T——冻土温度绝对值，℃；

A、B、C——-15 ℃冻土三轴蠕变试验参数。

3.2.1.5　安全段高计算

安全段高公式推荐使用维亚洛夫-扎列茨基公式：

$$h=\frac{E\sigma}{\eta P} \tag{3-27}$$

式中　h——按变形条件计算的安全段高，m；

σ——黏性土层的冻土持久抗压强度或计算强度，MPa；

η——工作面冻结状态系数，0.865~1.732。

3.2.1.6　冻结的温度设计

冻结所依赖的人工制冷，靠温度的降低来形成冻结壁，故冻结壁形成的本质问题还是温度问题，施工中最为关注的是盐水温度、井帮的温度和冻结壁的温度。

1）盐水温度设计

盐水温度指冻结站盐水箱内的温度，它的温度高低直接影响蒸发器的工作效率，从而影响制冷效果。根据冻土温度需求及多年施工经验统计，不同表土层厚及不同井径的盐水温度见表3-19。

表3-19 不同表土层厚及不同井径的盐水温度 ℃

表土层厚/m		<100	100~250	250~400	>400
井筒净直径/m	≤6.0	-20	-20~-25	-25~-30	-30~-36
	>6.0	-22	-22~-27	-27~-32	-32~-36

2）井帮温度设计

井帮温度是判断井壁稳定性的直接信息，一般在井底开挖后立即测试。井帮温度越低，表明冻结壁内的温度越低，井帮越稳定。根据冻土温度需求及多年施工经验统计，不同井深及不同土质的井帮温度见表3-20。

表3-20 不同井深及不同土质的井帮温度 ℃

井深/m		50	100	150	200	250	300	350	>400
土质	砂土	-2	-2~-3	-3~-5	-5~-7	-7~-9	-9~-11	-11~-13	<-13
	黏土	4~0	0~-2	-2~-4	-4~-6	-6~-8	-8~-10	-10~-12	<-12

3）冻结壁平均温度

冻结壁平均温度是指冻结壁内部的土层温度。冻结壁内的温度在不同部位是不同的，离冻结器越远，冻结壁温度越高。冻结壁的平均温度需通过计算而得。平均温度越低，冻结壁强度越高。根据冻土温度需求及多年施工经验统计，不同表土层厚的冻结壁平均温度见表3-21。

表3-21 不同表土层厚的冻结壁平均温度

表土层厚/m	<150	150~250	250~400	>400
冻结壁平均温度/℃	-5~-7	-7~-10	-10~-14	-14~-16

3.2.1.7 淮南矿区立井冻结壁厚度及平均温度

淮南矿区部分立井冻结壁厚度及平均温度见表3-22。

表3-22 淮南矿区部分立井冻结壁厚度及平均温度

井筒名称	净直径/m	冻结深度/m	冻结管圈数	冻结壁平均温度/℃	冻结壁厚度/m
潘一矿主井	7.5	200	1	-7.5	4.5
潘一矿副井	8.0	200	1	-7.5	4.41
潘一矿中风井	6.5	221	1	-7.5	4.0
潘一矿东风井	6.5	320	1	-7.5	5.36
潘二矿主井	6.6	325	1	-7.5	5.1(断管5根)
潘二矿副井	8.0	325	1	-7.5	5.1(断管7根)
潘二矿西风井	6.5	327	1	-7.5	4.84(断管8根)

表 3-22（续）

井筒名称	净直径/m	冻结深度/m	冻结管圈数	冻结壁平均温度/℃	冻结壁厚度/m
潘二矿南风井	7.0	320	1	−7.5	5.14(断管 14 根)
潘三矿主井	7.5	280	1	−10	2.67(断管 7 根)
潘三矿副井	8.0	280	1	−10	2.83(断管 4 根)
潘三矿中风井	6.5	310	1	−10	2.35(断管 7 根)
潘三矿东风井	6.5	415	2	−7.5	6.5(断管 22 根)
潘三矿新西风井	7.0	508	4	−17	8.6
谢桥矿主井	7.2	362	1	−10	4.76
谢桥矿副井	8.0	360	2	−12	5.31
谢桥矿矸石井	6.6	330	1	−10	3.43(断管 33 根)
丁集矿主井	7.5	552	3	−17	11.0
丁集矿副井	8.0	550	3	−16.5	11.5
顾桥矿主井	7.5	325	2	−15	5.6
顾桥矿风井	7.5	370	2	−15	5.9
顾北矿主井	7.6	500	4	−12/−15	7.2/9.6(井深 464 m)
顾北矿副井		500	3+防片 1		7.6(外圈至帮)
潘北矿风井	7.0	395		−15	6.3
潘一矿二副井	7.0	330			3.9
顾桥矿南区进风井	8.6	345	2	−15	6.4
潘一东矿二副井	8.6	276	2	−12	4.1

3.2.1.8 朱集矿回风井、矸石井冻结壁设计

1）工程概况

朱集矿位于淮南市潘集区境内，井筒位于矿井工业广场内，场地内地势平坦，多为农田，无障碍物。矿井设计生产能力为 4 Mt/a。主、副、风、矸石井 4 个井筒均在同一工业广场内。其井筒主要技术特征见表 3-23。

表 3-23 朱集矿井筒技术特征

m

序号	项 目 名 称	回风井	矸石井
1	井筒净直径	7.5	8.3
2	最大掘进荒直径	10.7	11.9
3	冲积层厚度	330.90	327.66
4	风化带厚度	31.47	24.93
5	冻结深度	375	375
6	井壁最大厚度	1.55	1.75

朱集矿煤系地层为二叠系山西组和上、下石盒子组，第四系松散层厚 161.65~538.00 m，

平均厚 382.18 m，厚度变化规律随古地形由东向西北逐渐增厚，基本沿古地形向西北倾斜，局部地段稍有起伏。本井田内含水层（组）由新生界松散层砂层孔隙水、煤系地层砂岩裂隙水、石炭系太原组及奥陶系石灰岩岩溶裂隙水三部分组成。根据岩性组合特征和含水层的富水性，可划分为 4 个含水层（组）和 3 个隔水层（组）。含水层（组）以中、粗砂为主，夹有数层中细砂；隔水层（段）以固结黏土为主，局部夹数层中细砂。

2）设计条件及要求

冻结盐水温度：$t_v=-30\sim-32$ ℃。

控制层位冻土平均温度：$t_0=-15$ ℃。

控制层位：下部砂质黏土层。

冻土抗压强度：按冻土试验参数选取，$\sigma=6.26$ MPa。

安全系数：$m_{风}=2.1$，$m_{矸石}=2.3$。

冻结井帮温度：180 m 以上保证不片帮，180 m 以下 $-3\sim-14$ ℃。

主排冻结孔冲积层最大孔间距：≤2.2 m。

3）冻结壁厚度计算

（1）按里别尔曼公式计算：

取 $h=2.3$ m，$K_1=1.2$，$\gamma=20$ kN/m^3，$H_{风}=330.05$ m；$H_{矸石}=325.5$ m；按式（3-22）计算得冻结壁厚度分别为：回风井为 $E_{风}=6.1$ m，矸石井为 $E_{矸石}=6.6$ m。

（2）按维亚洛夫-扎列茨基公式计算：

当上端固定、下端固定不好时，段高 h 取 2.3 m 时，冻结壁厚度按

$$E=\sqrt{3}\frac{Ph}{\sigma} \tag{3-28}$$

计算，回风井的冻结壁厚度为 5.7 m，矸石井为 6.2 m。

（3）按《煤矿冻结法凿井技术规程》中强度公式计算：

$$E=\frac{k\sqrt{3}(1-\xi)Ph}{\sigma_t^1} \tag{3-29}$$

式中，$k=1.3$，掘进段高 $h=2.3$ m，$\xi=0.2$，冻结壁厚度分别为：$E_{风}=5.9$ m，$E_{矸石}=6.4$ m。

综合以上各种方法的计算结果，并考虑井筒掘进荒径的大小，结合淮南地区多年施工经验，综合确定回风井、矸石井冻结壁厚度分别为：$E_{风}=6.1$ m，$E_{矸石}=6.6$ m。

3.2.1.9 潘一矿东区主井冻结壁设计

1）工程概况

潘一矿东区位于淮南市潘集区夹沟乡境内，井田地形平坦，自然标高为+21.6 m 左右，采用立井开拓，在同一工业广场内布置主、副、风 3 个井筒，表土段均采用冻结法施工。其中主井井筒主要技术特征见表 3-24。

表 3-24 潘一矿主井井筒技术特征

项目	基岩面深/m	开始注浆深度/m	井筒净径/m	井筒深度/m	井筒最大荒径/m
参数	205.8	233	7.6	1033	9.65

潘一矿东区井筒穿过地层为新生界冲积层和二叠系石盒子组含煤地层，主井新生界地层厚度为205.8 m，岩性主要为黏土和砂，基岩段地层为24煤层~5-2煤层段的煤系地层，地层走向NE45°左右，倾向东南，倾角5°~10°，风化带厚度约为30 m。

主井表土层主要由黏土层、砂质黏土层、钙质黏土层及砂层组成，其层厚与所占比例分别为24.2 m与12%、52.35 m与25%、50.25 m与24%、77.45 m与38%。

2）设计条件与要求

冻结盐水温度：-28~-30 ℃。

冻土平均温度：$t_0=-10$ ℃。

控制层位：下部砂质黏土层。

冻土抗压强度：按冻土试验参数选取，$\sigma=3.91$ MPa，$K_{主}=1.3$。

冻结井帮温度：-100 m以下低于-2 ℃。

主排冻结孔冲积层最大孔间距：≤1.8 m。

3）冻结壁厚度设计

（1）按里别尔曼公式计算：

取$h=2.5$ m，$K_1=1.2$，$\gamma=20$ kN/m^3，$H=200.55$ m；代入式（3-22）计算得：$E=4.0$ m。

（2）按维亚洛夫-扎列茨基公式计算：

按当上端固定、下端固定不好时，段高h取2.5 m，代入式（3-28）计算得：$E=3.75$ m。

（3）按《煤矿冻结法凿井技术规程》中强度公式计算：

$$E=\frac{k\sqrt{3}(1-\xi)Ph}{\sigma_t^1}$$

式中，$k=1.3$，$h=2.5$ m，$\xi=0.2$，计算后得：$E=3.9$ m。

综合以上各种方法的计算结果，并考虑冻结壁的平均温度低于-10 ℃，且冻土为重塑土、土体含水量等因素影响，结合井径大小，确定冻结壁厚度为：$E=4.1$ m。

3.2.2 冻结方案

3.2.2.1 方案类型

1）一次冻全深方案

一次冻全深方案是集中在一段时间内将冻结孔全深一次冻好，然后掘砌井筒的方法。这种方案应用广泛，适应性强，能通过多层含水层。其不足之处是当浅部冻结壁达到设计值时，深部冻结壁已进入开挖区域，要求制冷能力大。

2）分段（期）冻结方案

当一次冻结深度很大时，如矿山立井冻结，为了避免使用过多的制冷设备，可将全深分为数段，从上而下依次冻结，叫作分段冻结，又叫分期冻结。

分段冻结一般分为上下两段，先冻上段，后冻下段，待上段转入维护冻结时，再冻下段。上段掘砌完毕后下段再转入维护冻结。分段冻结要求在分段处一定要有较厚的隔水层（黏土层）搭接，分段尽量要均匀，使每段供冷均衡。实施分段冻结时，冻结管内需布置长、短两根供液管，冻结上部时关闭长管阀门，由短管输送低温盐水；冻结深部时则相

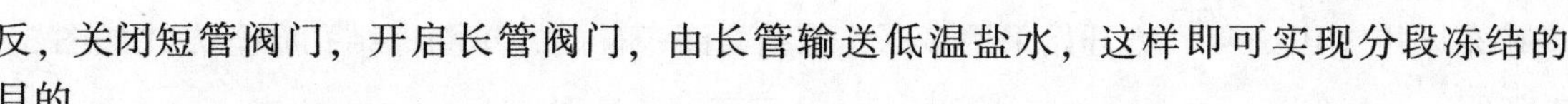

反，关闭短管阀门，开启长管阀门，由长管输送低温盐水，这样即可实现分段冻结的目的。

3）长短管冻结方案

长短管冻结又叫差异冻结，即冻结管分长、短管间隔布置，长管进入不透水层5~10 m，短管则进入风化带或裂隙岩层5 m以上。下部孔距比上部大一倍，因而上部供冷量比下部供冷量大一倍。上部冻结壁形成很快，有利于早日进行上部掘砌工作。待上部掘砌完后，下部恰好冻好，可避免深部冻实，减少冷量消耗，有利于提高掘砌速度，降低成本。

长短管冻结方案适用于表土层很厚（200 m以上）而需要较长时间冻结的情况，或浅部和深部需要冻结的含水层相隔较远，中间有较厚隔水层的情况，如图3-5a所示；或者表土层下部有较厚且含水丰富的风化基岩或裂隙岩层的情况，这样可避免在表土冻结后再用注浆法处理基岩段的涌水问题，如图3-5b所示。

采用长短管冻结方案能缩短冲积层的冻结时间，可以提前开挖，节约钻孔和冻结费用。长短管一般沿地下工程周围在同一圈径上一隔一交替布置。

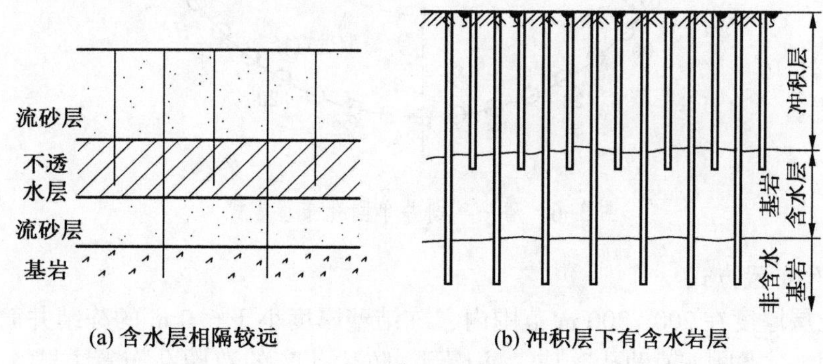

(a) 含水层相隔较远　　(b) 冲积层下有含水岩层

图3-5　长短管冻结示意图

3.2.2.2　冻结孔布置形式

根据淮南矿区的工程实践，冻结孔布置形式分单圈布置和多圈布置（2~4圈）。如果要求冻结壁厚度较大、冻土平均温度低时，单圈孔布置时无法满足冻结需要，应采用多圈孔冻结，根据冻结深度和冻结壁的厚度圈数为2~4圈。多圈布置时，根据地层情况，各圈起着不同的作用。早期的潘一矿、潘二矿和谢桥矿均采用了单圈布置，由于冻结管断裂问题比较突出，从潘三矿开始改为2圈布置，之后又逐步扩大到3圈和4圈。

多圈孔布置时，根据各圈孔的作用不同，通常划分为三类：主圈孔，又叫主冻孔，起主要冻结作用，深度最深；辅助孔，加强冻结壁的强度，深度稍浅；防片孔，加强浅部冻结，防止片帮，深度较浅。

1）单圈孔布置方式

这是过去浅井施工时一直采用的布置方式。对于表土层厚度在200 m范围内的井筒，冻结孔宜采用单圈孔布置，布孔方式、管径大小及孔间距的大小应根据具体的地质状况及施工要求进行设计。

淮南矿区在潘一矿、潘二矿、潘三矿部分井筒施工时，基本上采用单圈孔冻结，从潘三矿东风井（1983 年）方开始采用多圈孔冻结。潘一矿副井单圈冻结孔布置方式如图 3-6 所示。

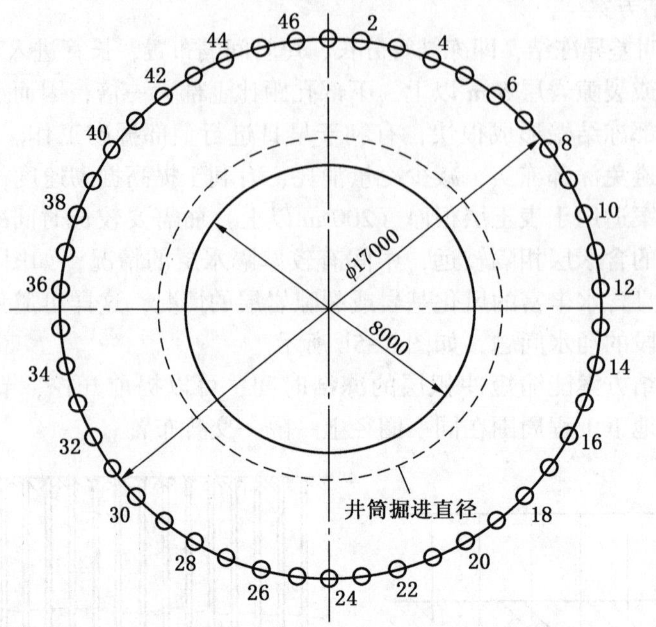

图 3-6 潘一矿副井单圈孔布置方式

2）双圈孔布置方式

对于表土层厚度在 200~300 m 范围内、冻结壁厚度小于 6.0 m 的冻结井筒，其冻结管的布置宜采用“主圈孔+辅助孔”或“主圈孔+防片孔”的双圈孔布置方式。两圈孔的深度不同。

主圈孔的布置应根据地层情况、冻结壁厚度、冻结时间、冻土发展速度和钻孔允许偏斜等情况而定，其开孔间距为 1.2 m 左右，至冻结壁外峰面的距离为 2.0 m 左右。

辅助孔的布置应根据冻结壁厚度、井筒最大掘进荒径、钻孔偏斜等情况而定，其开孔间距为 2.0~2.5 m，离最大掘进荒径的距离为 1.5 m 左右，进入风化带的深度在 5.0 m 左右。主圈孔对冻结壁的形成与维护起主要作用，并且在基岩段起封水的作用。辅助孔的作用是降低冻结的平均温度、降低井帮温度，防止片帮，故兼有防片孔的作用。根据情况，也可设置为“主圈孔+防片孔”形式。

顾桥矿风井冻结法施工采用双圈孔布置方式，冻结孔布置如图 3-7 所示，其中外圈孔为主冻结孔，圈径 18.5 m，采用差异冻结方式，孔深 370/355 m；内圈孔为辅助冻结孔，圈径 15 m，深 322 m。

潘一东矿副井冻结法施工采用“主圈孔+防片孔”布置形式，主圈孔深 288 m，防片孔深 213 m，如图 3-8 所示。

3）三圈孔布置方式

这是大直径深厚表土层中应用最多的一种。根据主冻圈的位置不同，又可分为以下多种形式：

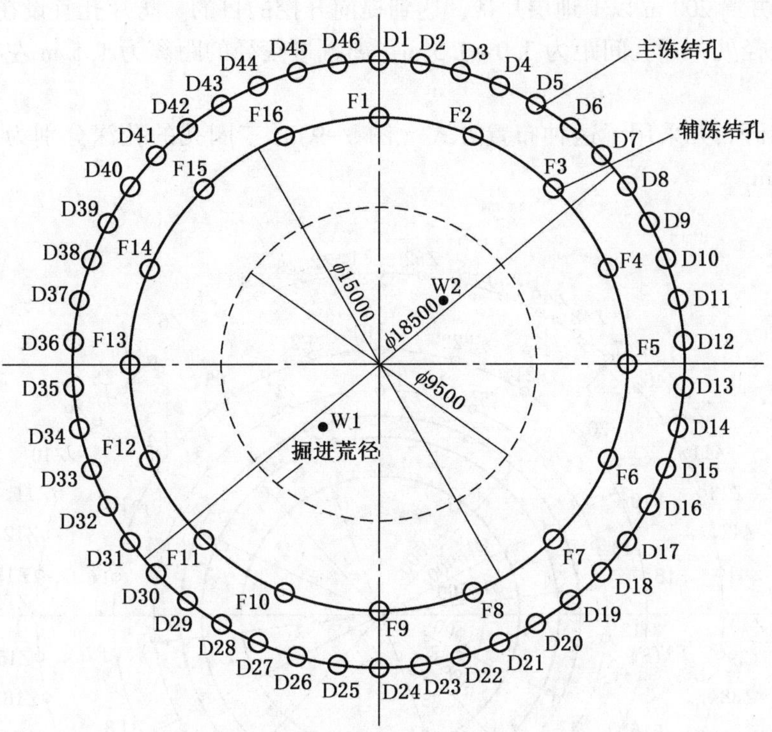

图 3-7 顾桥矿风井“主圈孔+辅助孔”布置方式

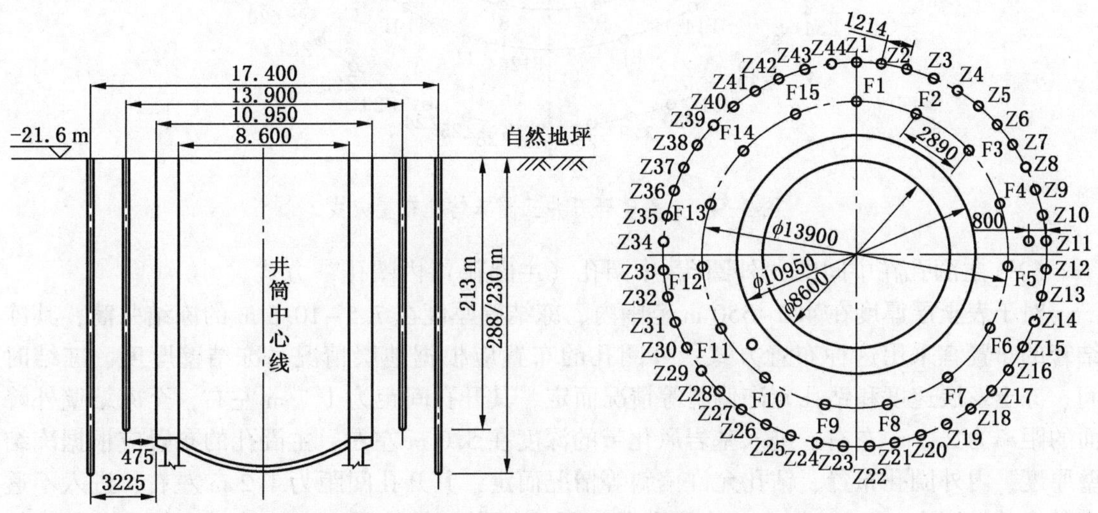

图 3-8 潘一东矿副井“主圈孔+防片孔”布置方式

（1）主圈孔在最外圈的“主圈孔+辅助孔+防片孔”方式。

对于表土层厚度在 300～400 m 范围内、冻结壁厚度在 6.0～7.5 m 的冻结井筒，其冻结管的布置宜采用这种布置方式，其特点是主圈孔布置在最外圈，向内依次布置辅助孔和防片孔，三者孔深呈台阶状。这种布置方式与上一种相比增加了防片孔，增设防片孔的目的是有效防止井筒200 m以上地层片帮，达到提前开挖的目的。防片孔宜设在深度为200 m左右的井壁变径处，开孔间距为3.0~3.5 m，离掘进荒径的距离为1.5 m左右，严格控制内偏。

如朱集矿矸石井采用了这种布置方式（图3-9），三圈孔的孔深分别为：375/340 m、329 m和180 m。

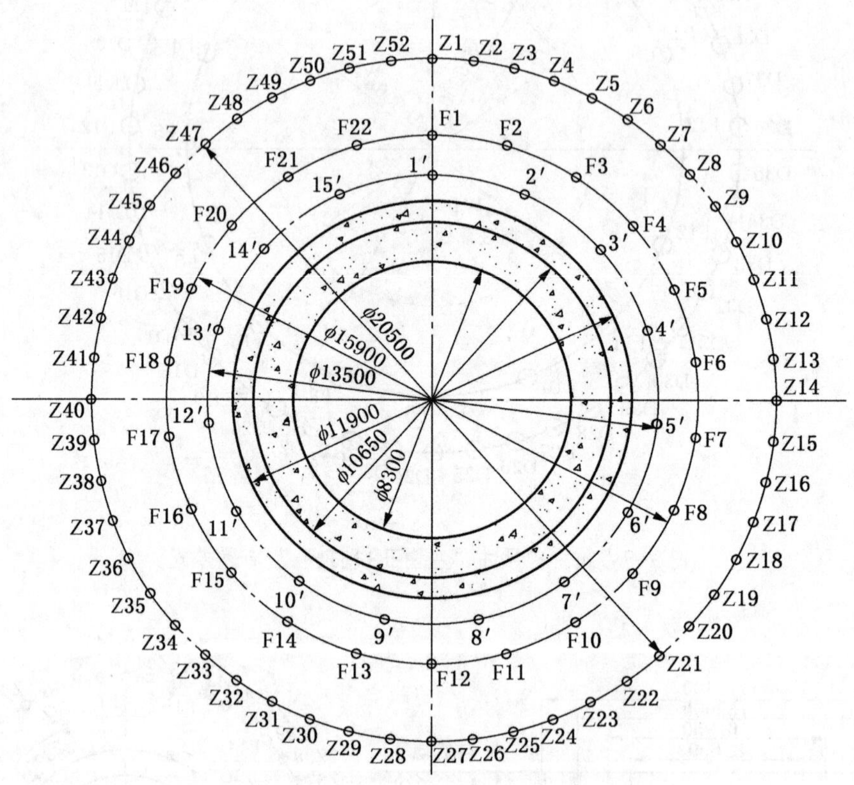

图3-9 朱集矿矸石井三圈冻结孔布置方式

（2）主圈孔在中间的“外圈孔+中圈孔（主圈孔）+内圈孔”方式。

对于表土层厚度在400~550 m范围内、冻结壁厚度在7.5~10.5 m的冻结井筒，其冻结管的布置宜采用这种布置方式。外圈孔的布置应根据地层情况、冻结壁厚度、冻结时间、冻土发展速度和钻孔允许偏斜等情况而定，其开孔间距为1.7 m左右，至冻结壁外峰面的距离为2.5 m左右，进入基岩风化带的深度在5.0 m左右。主圈孔的布置应根据冻结壁厚度、内外圈孔布置、钻孔允许偏斜等情况而定，其开孔间距为1.2 m左右，进入不透水基岩的深度在10.0 m以上。内圈孔的布置应根据冻结壁厚度、井筒最大掘进荒径、钻孔允许偏斜等情况而定，其开孔间距为2.0~2.5 m，离最大掘进荒径的距离为1.5 m左右，进入基岩风化带的深度在5.0 m左右。中圈孔为主冻孔，冻结孔深度达到风化基岩以下，对冻结壁的形成与维护起主要作用，并且在基岩段起封水的作用。外圈孔是冻结壁的保护层，主要在井筒施工进入冻结段深部以后，起增大冻结壁厚度、降低冻结壁平均温度、增加冻结壁整体稳定性等作用。内圈孔为辅助冻结孔，作用是降低冻结的平均温度、降低中上部井帮温度，防止片帮以及使冻结壁提前交圈，从而缩短冻结工期。

例如，顾北矿风井采用冻结法施工，净直径 7.0 m，井深 682.6 m，表土层厚度为 464.35 m。冻结孔从外向内三圈的深度分别为 465 m、505/465 m（差异冻结）、465 m（内圈）；三圈之间的间距为 3.1 m、2.6 m；三圈孔的孔距分别为 1.71 m、1.23 m 和 2.37 m。

又如，丁集矿风井采用冻结法施工，净直径 7.5 m，井深 833 m，表土层厚度为 528.65 m。冻结孔从外向内三圈的深度分别为 534 m、558/540 m（差异冻结）、534/450 m（内圈）；三圈之间的间距为 3.5 m、3.0 m；三圈孔的孔距分别为 1.692 m、1.269 m 和 2.46 m。

（3）主圈孔在外圈的“主圈孔+辅助孔+辅助孔”方式。

这种方式类似于双圈孔布置，但为了加强冻结壁内侧的冻结，将辅助孔设置为相距比较近的两圈，以降低冻结壁的平均温度，提高冻土强度，并加快冻结壁向井心的扩展速度，促使冻土早日到达荒径，从整体上提高冻结壁质量。辅助孔也起防片孔作用。潘北矿主井和风井、顾桥矿副井等冻结法施工中采用的就是这种方式，顾桥矿副井三圈孔布置方式如图 3-10 所示，内外圈辅助孔的深度分别为 255 m 和 175 m，二者的间距为 550 mm。

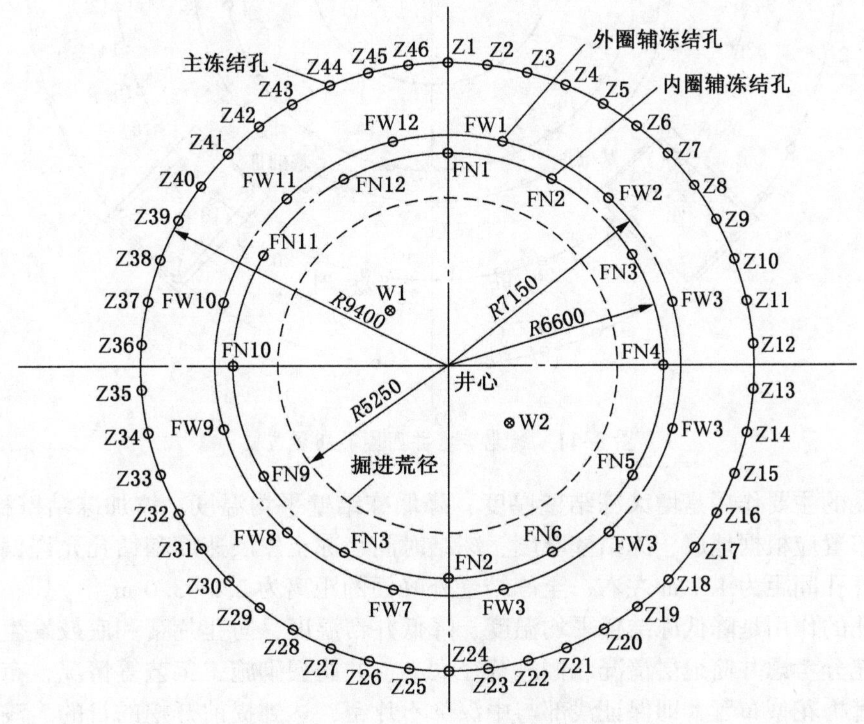

图 3-10 顾桥矿副井三圈孔布置方式

4）四圈孔布置方式

对于表土层厚度大于 550 m、冻结壁厚度大于 10.5 m 的冻结井筒，其冻结管的布置宜采用“外圈孔+中圈孔+内圈孔+防片孔”的四圈孔布置方式。

采用这种方式布孔时主圈孔的布置有两种选择，即布置在中圈或内圈，具体布置应依地质状况与施工经验而定。淮南矿区由于土层性质较差，黏土层膨胀性较大，易发生断管事故，故主圈孔宜布置在中圈。如顾北矿主、副井采用的就是这种方式（主井冻结孔布置见图 3-11），主圈孔布置在中圈。

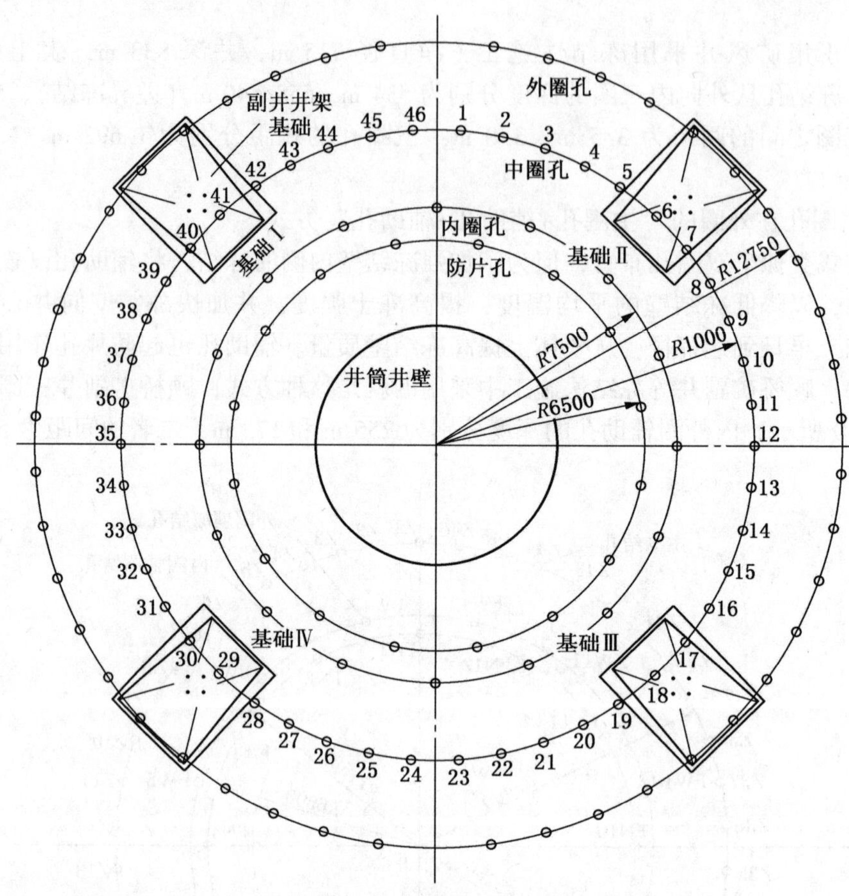

图 3-11　顾北矿主井四圈孔布置方式

外圈孔的主要作用是增大冻结壁厚度、降低冻结壁平均温度、增加冻结壁稳定性等。外圈孔的布置应根据地层、冻结壁厚度、冻结时间、冻土发展速度和钻孔允许偏斜等情况而定，其开孔间距为 1.7 m 左右，至冻结壁外峰面的距离为 2.5~3.0 m。

防片孔的作用是降低冻结壁平均温度、降低井帮温度，防止片帮和底鼓发生。防片孔的布置应充分考虑井筒地层情况、掘进荒径大小、井筒掘砌施工工艺等情况，布孔方式宜采用长短管梅花型布置，即保证浅部与中深部不片帮，达到提前开挖的目的。浅孔宜设在深度为 200 m 左右的井壁变径处，开孔间距为 4.5 m 左右，离掘进荒径的距离为 1.5 m 左右，控制内偏；深孔宜设在深度为 450 m 左右的井壁变径处，开孔间距为 5.5 m 左右，离掘进荒径的距离为 1.5 m 左右，控制内偏。

主圈孔对冻结壁的形成与维护起主要作用，并且在基岩段起封水的作用。主圈孔布置在中圈时，主圈孔的布置应根据冻结壁厚度、内外圈孔布置、钻孔允许偏斜等情况而定，其开孔间距为 1.4 m 左右，深度进入不透水基岩 10.0 m 以上；与此对应的内圈孔布置则应考虑冻结壁厚度、主圈孔布置、井筒最大掘进荒径、钻孔允许偏斜等情况，其开孔间距为 2.0~2.5 m，最大掘进荒径为 2.5~3.0 m，深度进入风化基岩 5.0 m 左右。主圈孔布置在内圈时，应根据冻结壁厚度、中圈孔的布置、井筒最大掘进荒径、钻孔允许偏斜等情况而定，其开孔间距为 1.4 m 左右，最大掘进荒径为 2.5~3.0 m，深度进入不透水基岩 10.0 m 以上；与此对应的中圈孔的布置则应根据冻结壁厚度、内外圈孔布置、钻孔允许偏斜等情况而定，其开孔间距为 1.6 m 左右，深度进入风化基岩 5.0 m 左右。

5）五圈孔布置方式

随着冻结深度的增大，冻结孔的布置圈数也在逐渐加大，尽管淮南矿业集团所属煤矿尚未采用过五圈孔冻结，但在国投新集能源股份有限公司所属的口孜东矿（位于淮南矿区以西的阜阳市境内）施工中，由于其表土层厚、冻结深度大，采用了五圈孔冻结。例如，口孜东矿副井净直径 8 m，冲积层厚 572 m，冻结深度 620 m，布置参数为：

外圈孔：圈径 33.5 m，63 个孔，深度 581 m，局部冻结（井深 362~578 m）。

中圈孔：圈径 26.3 m，59 个孔，深度 620 m，为主冻孔。

内圈孔：圈径 19.0 m，28 个孔，深度 572 m，为辅助孔。

外圈防片孔：圈径 15.6 m，9 个孔，深度 470 m。

内圈防片孔：圈径 13.4 m，9 个孔，深度 220 m，与外圈防片孔插花布置。

3.2.2.3 冻结参数设计

冻结参数包括冻结深度、冻结壁厚度、钻孔布置、冻结孔布置、冻结站制冷能力与装容量、冻结时间等。

1）冻结深度

冻结深度主要依据井筒的水文地质特性确定，井筒冻结深度（主冻结管深度）关系到井筒进入基岩段施工的连续性和井筒冻结段施工的安全性。冻结深度不够，进入基岩风化裂隙带后容易发生安全事故。

根据《煤矿井巷工程施工规范》（GB 50511—2010），立井井筒的冻结深度应根据地层埋藏条件和井筒掘砌深度确定，并应深入稳定的不透水基岩 10 m 以上；单圈冻结孔、多圈冻结孔的主冻孔的深度不应小于井筒冻结深度，且冻结深度为 300~400 m 时深入不透水层 10~12 m，400~500 m 时深入不透水层 12~14 m，超过 500 m 时为 14~18 m；辅助冻结孔的深度应穿过冲积层深入基岩风化带 5 m 以上；防片孔深度应符合井筒连续施工的要求。

淮南矿区井筒冻结深度一般应进入稳定岩层 5 m 以上，当表土层底部基岩风化严重，且两者有水力联系时，冻结深度应穿过基岩风化带，并深入不透水基岩 10 m 以上；当表土层底部基岩下部 30 m 左右仍有含水岩层时，冻结深度应穿过含水基岩到不透水层；当表土层底部为第三系、有水力联系、胶结性差，且含水量大时，冻结深度应穿过第三系到不透水基岩；当表土层厚占井筒总深度的比例达 75% 以上，且基岩又有多层涌水量较大的含水层时，冻结深度应到不透水基岩。

内圈冻结孔及防片孔的设计深度，既要考虑满足井筒的早日开挖，防止掘进过程中的井筒片帮，又要考虑井筒的变径、掘进速度和连续施工等要求。采用“三同时”作业时，须满足基岩段地面预注浆岩帽交错最小长度的要求。

(1) 冲积层下部基岩风化严重，并与冲积层有水力联系，涌水量大，这时应连同风化层一起冻结，且冻结孔还要深入不透水基岩 5 m 以上。

(2) 冲积层底部有较厚的隔水层，而基岩风化不严重，冲积层地下水未连通时，冻结孔深入弱风化层 10 m 以上。

(3) 地下工程深度不大，穿入的基岩层不厚，风化带与冲积层地下水连通，涌水量又比较大时，可选用全深冻结。

2) 冻结壁厚度

冻结壁在掘砌施工中起临时支护作用，其厚度取决于地压大小、冻土强度及冻结壁变形特征。冻结壁厚度在煤矿立井中一般为 2~10 m。淮南矿区部分立井冻结壁厚度见表 3-22。

3) 钻孔布置

冻结施工中的钻孔按用途分为三种：冻结孔、水文观测孔和测温孔。

(1) 冻结孔。

冻结孔方向为竖向且与井筒呈同心圆等距离布置，其圈径大小由井筒直径、冻结深度、钻孔允许偏斜率和冻结壁厚度来确定。冻结孔的布置圈径可按下式计算：

$$D_d = D_j + 2(\eta E + eH) \tag{3-30}$$

式中 D_d——冻结孔单圈布置圈径，m；

D_j——冻结段最大掘进直径，m；

η——冻结壁内侧扩展系数，0.55~0.60；

E——冻结壁厚度，m；

H——冻结深度，m；

e——冻结孔允许偏斜率，一般要求 $e<0.3\%$。

冻结孔布置圈径确定后，就可根据冻结孔间距确定出冻结孔的数目，冻结孔间距通常取 0.9~1.3 m。冻结孔数目按下式计算：

$$N = \frac{\pi D_0}{L} \tag{3-31}$$

式中 N——冻结孔数目，个；

L——冻结孔间距，一般 $L=1.0\sim1.3$ m。

在打孔过程中，若钻孔偏斜过大，应根据冻结孔交圈图分析，超出终孔要求间距应打补充孔加强冻结。

(2) 水文观测孔。

为了掌握冻结壁交圈时间，合理确定开挖时间，需要在冻结区域内布置一定数量的水文观测孔。立井冻结时，水文观测孔一般在距井筒中心 1 m 远的位置，以不影响掘进时井筒测量为宜。孔数为 1~2 个，其深度应穿过所有含水层，但不应大于冻结深度或超出井筒。利用水文观测孔判断冻结壁交圈的原理是：当冻结圆柱交圈后，井筒周围便形成一个封闭的冻结圆筒，由于水结冰后体积膨胀，使水位上升并溢出地面，故水文观测孔溢水是冻结圆柱交圈的重要标志。

对于水文观测孔的设计，《煤矿井巷工程施工规范》（GB 50511—2010）要求：其深度和数量应根据冲积层埋藏条件和冻结段掘砌工艺确定；其位置不应占据提升位置，深部水文观测孔的深度宜进入冲积层底部主要含水层中，但不得进入基岩中，也不得偏入井帮；冲积层中水位相差较大的含水层不宜采用混合报道水位方式，也不宜穿透，以免造成“暗流”影响冻结壁正常交圈，必须穿透时应做好隔离封水工作；一般报道水位的控制层位优选顺序是粉砂、细砂、中砂、粗砂、砾石。

淮南矿区部分井筒水文观测孔的布置见表3-25。

（3）测温孔。

为确定冻结壁的厚度和开挖时间，在冻结壁内必须打一定数量的测温孔，根据测温结果（冻结壁温度与时间的关系）分析判断冻结壁峰面即零度等温线的位置。测温孔的数量应根据冻结壁的厚度和冻结孔圈数确定，目前一般为3~5个。对于测温孔的设计，《煤矿井巷工程施工规范》（GB 50511—2010）要求：应布置在冲积层中终孔（成孔）间距偏大（或较大）的冻结孔界面上；单圈孔、双圈孔、三圈孔冻结时的测温孔数分别不应少于3个、4个、5个；冻结壁外侧宜布置1~2个，内侧1~3个应分别布置于各冻结圈孔间距最大部位；防片帮冻结孔与井帮之间的测温孔深度应大于防片帮冻结孔冻结深度5 m以上，其余部位的测温孔深度应大于冲积层厚度10 m以上。

淮南矿区部分井筒测温孔的布置见表3-25。可见，水文观测孔数量为1~3个，除个别外，绝大部分为2~3个；测温孔数量为2~6个，其中以3~5个为多数。

表3-25　水文观测孔和测温孔布置

序号	井筒名称	净直径/m	冻结深度/m	水文观测孔		测温孔	
				数量/个	深度/m	数量/个	深度/m
1	谢桥矿箕斗井	7.6	395	2		3	
2	谢桥矿中央风井	7.5		2		3	
3	张集矿北区风井	6.0	479	2		4	
4	顾桥矿主井	7.5	325	2		4	
5	顾桥矿副井	8.4	319	2	115/233	3	99/263/314
6	顾桥矿中央风井	7.5	370	2		4	
7	顾桥矿南区进风井	8.6	345	3		4	
8	顾桥矿南区回风井	7.2	350	3		4	
9	丁集矿主井	7.5	570	3		6	
10	丁集矿副井	8.0	564	3		6	
11	丁集矿风井	7.5	570	2		5	
12	潘北矿副井	8.1	393	2		4	
13	顾北矿主井	7.6	500			5	
14	顾北矿中央风井	7.0	470	3		4	

表 3-25（续）

序号	井筒名称	净直径/m	冻结深度/m	水文观测孔		测温孔	
				数量/个	深度/m	数量/个	深度/m
15	朱集矿矸石井	8.3	375	2		2	
16	朱集矿风井	7.5	375	2		2	
17	潘一东矿主井	7.6	278	1		2	
18	潘一东矿二副井	8.6	276	3	48/72/188	4	204/276
19	潘一矿二副井	7.0	330	2		3	

（4）钻孔布置实例。

潘一矿二副井净直径 7.0 m，设计深度 848.5 m，表土层厚 159.65 m，风化基岩厚 47.05 m，表土段与基岩第一、二含水层基本相连，故采用表土段与部分基岩段冻结方式。共布置两圈冻结孔，主圈孔采用差异冻结（长短管间隔布置），布置 40 个孔，深度为 330/212 m；内圈孔 17 个，深度为 178 m。布置有 3 个测温孔，2 个水文观测孔。其钻孔布置如图 3-12 所示。

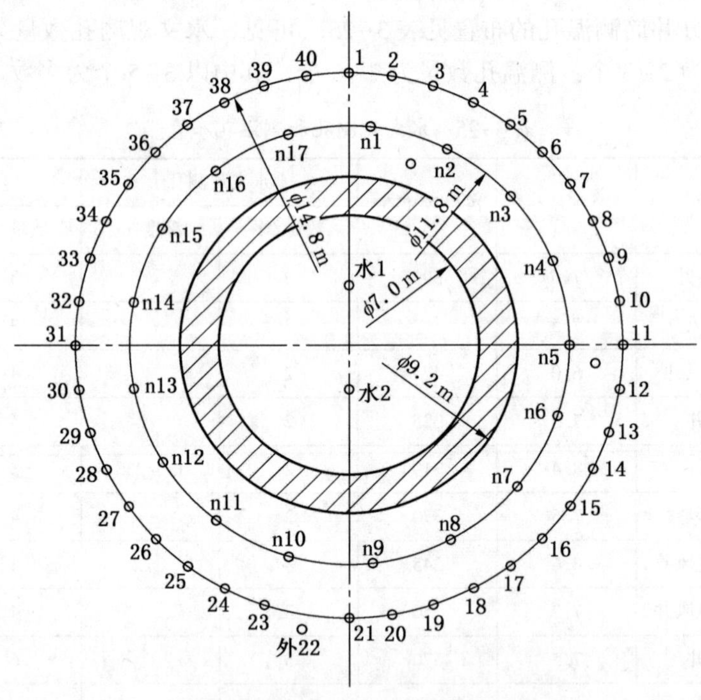

图 3-12　潘一矿二副井钻孔布置

顾桥矿副井净直径 8.4 m，最大荒径 11.5 m，布置冻结孔 75 个，分三圈布置：最外圈为 46 个主冻结孔；辅助孔为两圈，共 24 个，插花长短腿布置；测温孔 3 个，冻结壁内侧、中间、外侧各 1 个；水文观测孔 2 个，位于距井筒中心 2~2.5 m 处。其钻孔布置如图 3-13 所示。

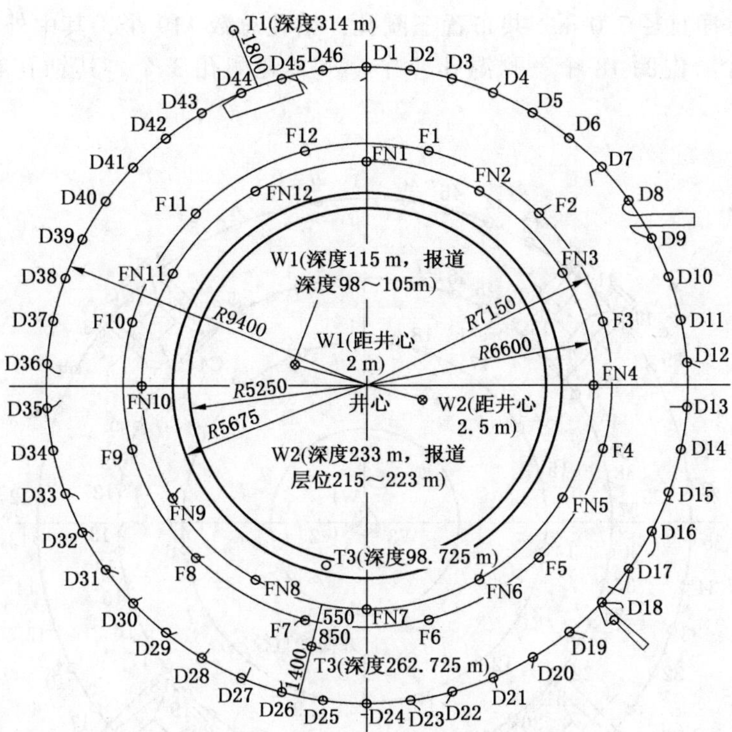

图 3-13 顾桥矿副井钻孔布置（D 为冻结孔，F 为辅助孔，T 为测温孔，W 为水文观测孔）

潘一东矿二副井净直径 8.6 m，冻结深度 276 m，布置两圈共 61 个冻结孔，3 个水文观测孔，4 个测温孔，其钻孔布置如图 3-14 所示。

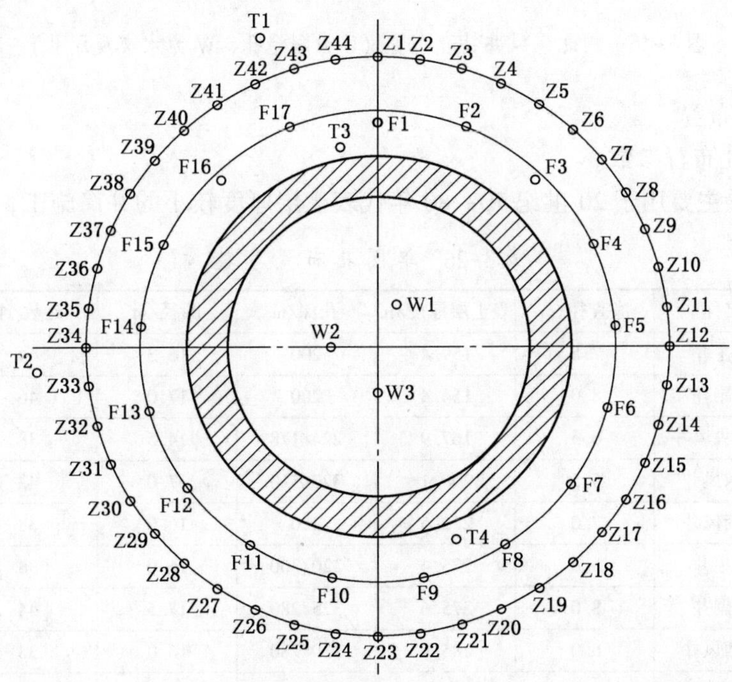

图 3-14 潘一东矿二副井钻孔布置（T 为测温孔，W 为水文观测孔）

顾北矿风井净直径 7.0 m，共布置三圈孔，钻孔总数 119 个，其中外圈 46 个、中圈（主冻孔）48 个、内圈 18 个、测温孔 4 个、水文观测孔 3 个。其钻孔布置如图 3-15 所示。

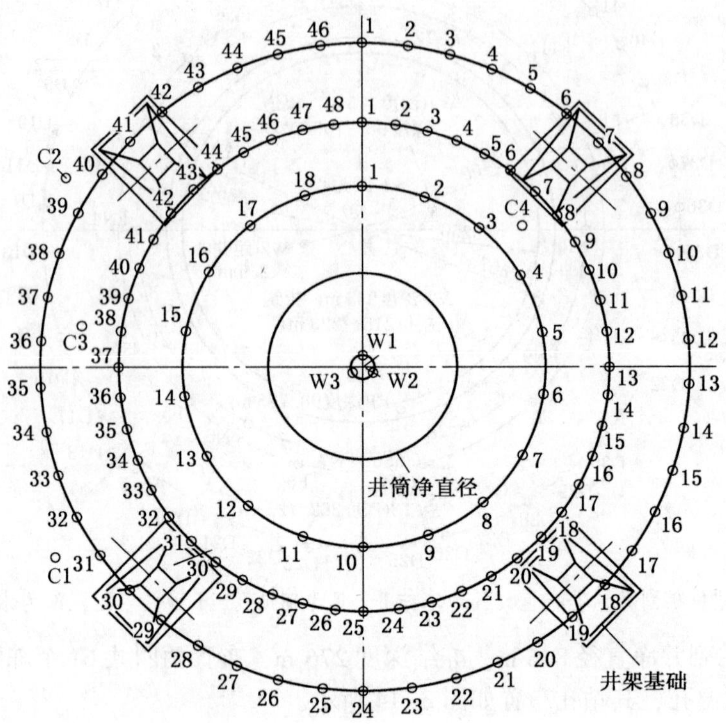

图 3-15 顾北矿风井钻孔布置（C 为测温孔，W 为水文观测孔）

4）冻结孔布置

（1）单圈孔布置参数。

单圈孔布置主要用于 20 世纪 70—80 年代表土层厚度较小的井筒施工，见表 3-26。

表 3-26 单圈孔布置参数

序号	井筒名称	净直径/m	表土层厚度/m	孔深/m	圈径/m	孔数/个	孔距/m
1	潘一矿主井	7.5	159.4	200	16.3	44	1.163
2	潘一矿副井	8.0	154.4	200	17.0	46	1.161
3	潘一矿中央风井	6.5	167.9	224/178	14.5	38	1.198
4	潘一矿东风井	5.5	290.1	320/310	17.0	42	1.127
5	潘一矿南风井	7.0	272.5	320	16.0	38	1.322
6	潘二矿主井	6.6	275.4	320/300	16.0	38	1.32
7	潘二矿副井	8.0	275.6	325/280	17.5	44	1.249
8	潘二矿西风井	6.0	285.8	320/280	16.0	38	1.32
9	潘二矿南风井	7.0	275.0	300/320	16.0	38	1.32

表 3-26（续）

序号	井筒名称	净直径/m	表土层厚度/m	孔深/m	圈径/m	孔数/个	孔距/m
10	潘三矿主井	7.0	201.0	267/280	14.3	39	1.151
11	潘三矿副井	8.0	201.0	260	15.0	43	1.095
12	潘三矿矸石井	6.6	220	300	13.0	35	1.166
13	谢桥矿主井	7.2	299.2	295/362	17.0	42	1.271
14	谢桥矿矸石井	6.6	245.3	321	14.0	37	1.188

（2）双圈孔布置参数。

双圈孔布置一般以外圈孔为主，内圈孔作为辅助孔或防片孔，部分井筒的布置参数见表 3-27。

表 3-27 双圈孔布置参数

井筒名称	净直径/m	内圈				外圈			
		孔深/m	圈径/m	孔数/个	孔距/m	孔深/m	圈径/m	孔数/个	孔距/m
潘一矿二副井	7.0	178	12.2	17	2.25	330/212	15.3	40	1.20
潘三矿东风井	6.5	118	12.0	10	3.27	415	17.0	42	1.27
谢桥矿副井	8.0	360/346	17	32	1.67	336	20.0	20	3.14
张集矿北区风井	6.0	324	13	17	2.40	479/330	17.0	44	1.21
顾桥矿主井	7.5	278	14.5	15	3.04	325/293	17.6	44	1.26
顾桥矿中央风井	7.5	322	15	16	2.94	370/355	18.5	46	1.26
朱集矿主井	7.6		12.5			399	19.1		
朱集矿副井	8.2		13.3			375	20.4		
潘一东矿主井	7.6	211	12.5	13	3.02	278/231	15.4	40	1.21
潘一东矿副井	8.6	213	13.9	15	2.9	288/230	17.4	45	1.214
潘一东矿二副井	8.6	204	13.6	17	2.51	223/276	16.8	44	1.20

（3）三圈孔布置参数。

在淮南深厚表土层中较多地应用了三圈孔布置，其部分井筒的布置参数见表 3-28。主圈孔有的布置在外圈，有的设置在中圈，内圈孔作为辅助孔或防片孔。

表 3-28 三圈孔布置参数

井筒名称	净直径/m	内圈孔或防片孔				中圈孔				外圈孔			
		孔深/m	圈径/m	孔数/个	孔距/m	孔深/m	圈径/m	孔数/个	孔距/m	孔深/m	圈径/m	孔数/个	孔距/m
潘三矿深风井	8.6		13.3				14.8			380	19.3		
谢桥矿中风井	7.5	160	12.1	13	2.89	273	13.4	21	2.0	335	17.4	44	1.24
谢桥矿二副井	8.2	170	13	14	2.89	292	14.4	23	1.96	355	18.8	48	1.23

表 3-28（续）

井筒名称	净直径/m	内圈孔或防片孔				中圈孔				外圈孔			
		孔深/m	圈径/m	孔数/个	孔距/m	孔深/m	圈径/m	孔数/个	孔距/m	孔深/m	圈径/m	孔数/个	孔距/m
顾桥矿副井	8.4	175	13.2	12	3.40	255	14.3	24	1.87	319	18.8	46	1.28
顾桥矿南区进风井	8.6	170	14.1	12	3.69	305	15.7	24	2.05	345	20.6	54	1.198
顾桥矿南区回风井	7.2		12.3	11	3.51		13.6	22	1.94	350	18.4	48	1.204
丁集矿主井	7.5	535	14.8	22	2.11	570	21.2	49	1.358	535	28.2	54	1.64
丁集矿副井	8.0	530	15.4	33	1.47	570	22.5	58	1.22	530	30.2	53	1.79
丁集矿风井	7.5	534	14.1	18	2.46	580	21	52	1.27	534	28.0	52	1.69
潘北矿主井	6.0	353	12.4	15	2.62	352	14	15	2.93	398	19.0	49	1.22
潘北矿中风井	7.0	185	13.4	9	4.675	350	14.6	18	2.547	395	18.4	47	1.229
顾北矿中风井	7.0	465	13.6	18	2.37	502	18.8	48	1.23	465	25.0	46	1.707
朱集矿矸石井	8.3	180	13.5	15	2.83	329	15.9	22	2.269	375	20.5	52	1.238
朱集矿风井	7.5	180	12.5	14	2.80	330	13.5	20	2.308	375	20.5	48	1.242

（4）四圈孔布置参数。

淮南矿区采用四圈孔布置的井筒见表 3-29，冻结孔分为防片孔、内圈孔、中圈孔和外圈孔。从钻孔深度和孔距可以看出，多以中圈孔为主冻孔。

表 3-29　四圈孔布置参数

井筒名称		孔深/m	圈径/m	圈距/m	孔数/个	孔距/m	备注
潘三矿新西风井（ϕ7.0 m）	防片孔	200	12.0	1.1 2.85 2.85	14	2.691	
	内圈孔	442	14.2		17	2.609	
	中圈孔	508	19.9		50	1.25	主冻孔
	外圈孔	443	25.6		54	1.489	
潘北矿副井（ϕ8.1 m）	防片孔	150	12.5	1.5 0.5 2.65	14	2.78	
	内圈孔	350	15.5		17	2.863	
	中圈孔	350	16.5		17	3.48	
	外圈孔	393	21.8		56	1.222	主冻孔
顾北矿主井（ϕ7.6 m）	防片孔	165	13.0	1.0 2.5 2.6	16	2.551	
	内圈孔	465	15.0		16	2.944	
	中圈孔	500	20.0		46	1.35	主冻孔
	外圈孔	465	25.2		46	1.741	
顾北矿副井（ϕ8.1 m）	防片孔	280	14.2	0.9 2.7 3.1	12	3.716	
	内圈孔	467	16.0		12	4.187	
	中圈孔	500	21.4		54	1.244	主冻孔
	外圈孔	467	27.6		52	1.667	

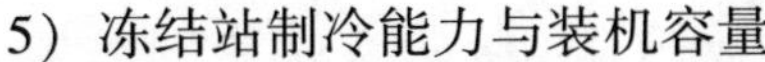

5）冻结站制冷能力与装机容量

冻结站应用于一个井筒时，冻结站的实际制冷能力按下式计算：

$$Q_0 = \lambda \pi d N_d H_d q \tag{3-32}$$

式中 Q_0——冻结一个井筒时的实际制冷能力，kW；

λ——管路冷量损失系数，一般取 1.10~1.25；

d——冻结管内直径，m；

N_d——冻结管数目；

q——冻结管的吸热率，一般 q=0.26~0.29 kW/m²；

H_d——冻结管长度。

一个冻结站服务于两个相近的、需同时冻结的井筒时，一般将两个井筒安排为先后开工，以错开积极冻结期，即第二个井筒在先施工的井筒进入维护冻结期后才开始冻结。一般副井直径比主井大，需要冷量多，这样可先冻副井。此时，总制冷能力按先施工的井筒所需制冷能力的 25%~50% 与后施工工程所需制冷能力之和计算，即

$$Q_0 = Q_{0f} + (0.25 \sim 0.050) Q_{0z} \tag{3-33}$$

式中 Q_0——冻结站实际制冷量，kW；

Q_{0f}——副井积极冻结所需的制冷量，kW；

Q_{0z}——主井积极冻结所需的制冷量，kW。

随着投资方对建井工期的要求，井筒冻结段施工工艺日趋完善，施工速度不断加快。传统的井筒需冷量计算，在选定相关参数时受经验数据的离散性和各参数选定误差的叠加及人为因素（单纯考虑设备投入）的影响，导致冻结需冷量计算结果偏小，冻结站实际装机能力不足。从投资效益的角度分析，将来同一矿井井筒开挖时间基本同时，实际需冷量应按单个井筒需冷量之和计算。

要满足快速冻结、快速施工的要求，冻结站装机容量应按实际需冷量的 3.0 倍以上配备。例如，张集矿北区风井实际装机容量为冻结需冷量的 3.64 倍。较大的装机容量，合理的冻结工艺，促使盐水快速降温，加之大流量高压力的盐水循环，冻结 34 天后，盐水温度即降至-30 ℃，冻结 48 天交圈，61 天试挖，满足了井筒提前开挖和快速施工的要求。反之，顾桥矿主井和风井的冻结，开始装机容量小，虽然也能满足井筒冻结冷量的需要，但盐水降温梯度小，冻结壁发展速度慢，开机送冷 60 天后，又重新增补了 7 台 209×10^4 kJ/h 的螺杆冷冻机（其中风井 4 台），以加快冻结速度。

淮南矿区部分井筒冻结站的总装机容量见表 3-30。

表 3-30 淮南矿区部分井筒冻结站的总装机容量

井筒名称	井筒直径/m	冻结深度/m	设计制冷量/(10^4 kcal·h^{-1})	总装机容量/(10^4 kcal·h^{-1})	总装机容量倍数	备注
谢桥矿二副井/中央风井	8.2/7.5	355/335	566.0			
朱集矿回风井	7.5	375		332.5		
朱集矿矸石井	8.3	375		374.0		
顾桥矿主井/风井	7.5/7.5	325/370	272.1	883.0	3.25	

表 3-30（续）

井 筒 名 称	井筒直径/m	冻结深度/m	设计制冷量/(10^4 kcal · h^{-1})	总装机容量/(10^4 kcal · h^{-1})	总装机容量倍数	备注
丁集矿主井	7.0	565		2450.0		负荷 9840 kW
丁集矿副井	8.0	565		2757.0		负荷 11180 kW
丁集矿风井	7.5	558	1021.8	3490.0	3.42	
潘北矿风井	7.0	395		1498.0		
顾北矿副井	8.1	500	865.0	2956.0	3.42	
顾桥矿南区进风井	8.6	345	301.6	450.0	1.49	
张集矿北区风井	6.0	479	316.7	1149.0	3.63	
潘一东矿二副井	8.6	276	166.13	672.0	4.04	

【例 3-1】朱集矿回风井、矸石井冻结设计

1. 冻结壁设计基本参数

回风井井筒净直径 7.5 m，井壁最大厚度 1.55 m，最大掘进荒直径 10.7 m，冲积层厚度为 330.90 m，风化带厚度为 31.47 m。冻结壁设计厚度 6.1 m。

矸石井井筒净直径 8.3 m，井壁最大厚度 1.75 m，最大掘进荒直径 11.9 m，冲积层厚度为 327.66 m，风化带厚度为 24.93 m。冻结壁设计厚度 6.6 m。

冻结盐水温度：$t_y=-30\sim-32$ ℃。

控制层位（下部砂质黏土层）冻土平均温度：$t_0=-15$ ℃。

冻土抗压强度：按冻土试验参数选取，$t_0=-15$ ℃，$\sigma=6.26$ MPa，安全系数：$m_{风}=2.1$，$m_{矸石}=2.3$。

冻结井帮温度：180 m 以上保证不片帮，180 m 以下−3～−14 ℃。

主排冻结孔冲积层最大孔间距：≤2.2 m。

2. 冻结方案设计

在认真分析地质资料及冻土特征的基础上，总结国内同类工程冻结设计经验后，设计采用“主排孔+辅助孔+防片孔”的冻结方式。主排孔深度为冻结深度，辅助孔深度以通过表土段为原则，防片孔深度与表土段井壁第一次变径位置相一致。

回风井：主排孔采用差异冻结方式，其长腿深度为 375 m（超过基岩风化带 13 m），短腿深度为 342 m；辅助孔采用全深冻结方式，其深度为 330 m；防片孔采用全深冻结方式，其深度为 180 m。

矸石井：主排孔采用差异冻结方式，其长腿深度为 375 m，短腿深度为 340 m；辅助孔采用全深冻结方式，其深度为 329 m；防片孔采用全深冻结方式，其深度为 180 m。

3. 冻结孔布置方式

两井均采用“主排孔+辅助孔+防片孔”冻结方式，以满足冻结壁设计要求。其中，主排孔的作用为使冻结壁厚度及温度达到设计要求；辅助孔的作用为降低冻结壁温度及−180 m 以上降低井帮温度；防片孔的作用为保证−180 m 以上不发生片帮现象。具体布置见表 3-31。

表 3-31 朱集矿回风井、矸石井冻结孔布置

冻结孔名称		回风井	矸石井	备注
主排孔	圈径/m	19.0	20.5	差异冻结
	孔数/个	48	52	
	开孔间距/m	1.243	1.238	
	深度/m	375/342	375/340	
辅助孔	圈径/m	14.7	15.9	全深冻结
	孔数/个	20	22	
	开孔间距/m	2.308	2.269	
	深度/m	330	329	
防片孔	圈径/m	12.5	13.5	全深冻结
	孔数/个	14	15	
	开孔间距/m	2.804	2.826	
	深度/m	180	180	

4. 冻结需冷量计算

两个井筒各设一个冻结站，故其需冷量应分别计算。

回风井 $Q_{风} = \pi dHNK = 357\times10^4\ \text{kcal/h}$

矸石井 $Q_{矸石} = \pi dHNK = 386.6\times10^4\ \text{kcal/h}$

5. 冻结站装机容量及设备选型

为确保冻结正常运转维护和保证井筒冻结最大需冷量要求，两井冻结站最大制冷量分别为

回风井 $Q_{风站} = 1.15Q_{风} = 410.6\times10^4\ \text{kcal/h}$

矸石井 $Q_{矸石站} = 1.15Q_{矸石} = 444.6\times10^4\ \text{kcal/h}$

根据计算结果，回风井选配 8 组制冷机组，其装机标准制冷量为 1392×10^4 kcal/h，与井筒最大需冷量比为 3.90；矸石井选配 9 组制冷机组，其装机标准制冷量为 1566×10^4 kcal/h，与井筒最大需冷量比为 4.05。选用的设备见表 3-32。

表 3-32 朱集矿回风井、矸石井制冷设备及附属设备选型

设备名称	设备型号	数量/台	
		回风井	矸石井
低压冷冻机	JHLG25ⅢTA	7	9
低压冷冻机	8AS-17	3	
高压冷冻机	LG20ⅢDA	7	9
高压冷冻机	8AS-12.5	2	
蒸发器	LZA-160	16	18
蒸发式冷凝器	NFZ-1450	8	9
中间冷却器	ZL-8.0	8	9
贮液器	ZA-3.5B	4	4

【例 3-2】潘一东矿主井冻结设计

1. 冻结壁设计基本参数

主井井筒净直径 7.6 m，井筒深 1033 m，表土层最大掘进直径 9.65 m，新生界表土层厚 205.8 m，主要由黏土层、砂质黏土层、钙质黏土层及砂层组成。

冻结盐水温度：-28~-30 ℃；控制层位冻土平均温度：t_0=-10 ℃。

冻结井帮温度：-100 m 以下低于-2 ℃。

主排冻结孔冲积层最大孔间距：≤1.8 m。

2. 冻结深度确定

在认真分析地质资料及冻土特征的基础上，总结国内同类工程冻结设计经验后，设计采用“主排孔+防片孔”的冻结方式，冻结深度及冻结方式如下：

主排孔：采用差异冻结方式，深、浅孔间隔布置，其中深孔深度为 278 m，浅孔深度以穿过风化带进入基岩 5 m 左右为原则，其深度为 231 m。

防片孔深度根据井筒开挖速度、冻结时间、冻结壁整体强度要求、改善井帮温度及稳定工作面要求等因素确定。防片孔深度以穿过表土层进入强风化带 5.0 m 为原则，其深度为 211 m。

3. 冻结孔布置方式

根据冻结壁设计原则，结合冻结壁厚度、掘进荒径大小及掘进速度要求，并考虑以往冻结施工经验及淮南矿区的地层特点，综合确定冻结孔布置圈直径、孔间距。采用“主排孔+防片孔”冻结方式，以满足冻结壁厚度及平均温度的要求。其中防片孔主要起防止片帮、降低井帮温度、减少井帮位移量的作用；主排孔表土段主要起降低冻结壁平均温度、增大冻结壁稳定性的作用，基岩段起封水的作用。冻结孔布置参数如下：

主排孔：D=15.4 m，N=40 个，L=1.209 m，深度 278/231 m；

防片孔：D=12.5 m，N=13 个，L=3.019 m，深度 211 m。

4. 冻结需冷量计算

$$Q=\pi dHNK=140.62\times10^4\ \text{kcal/h}$$

最大需冷量：$Q_{max}=1.2Q=168.74\times10^4$ kcal/h

5. 冻结站装机容量及设备选型

根据计算制冷量，主井配备 4 组螺杆压缩制冷机组，其装机标准制冷量为 696×10^4 kcal/h，与最大需冷量比为 4.12。冷冻设备及附属设备选型见表 3-33。

表 3-33　潘一东矿主井制冷设备及附属设备选型

设备名称	设备型号	数量/台	设备名称	设备型号	数量/台
低压冷冻机	JHLG25ⅢTA	4	中间冷却器	ZL-10	4
高压冷冻机	LG20ⅢDA	4	热虹吸贮液器	HGZA-3.5B	2
蒸发器	LZ-180	8	盐水泵	300S-32	2
蒸发式冷凝器	EXV-11-340	5	箱式变压器	S_9-1250/10/0.4	2

6）冻结时间

对立井井筒，其冻结时间经验计算公式为

$$t_{\mathrm{d}}=\frac{\eta_{\mathrm{d}}E}{v_{\mathrm{d}}} \tag{3-34}$$

式中 t_d——冻结时间，d；

E——冻结壁设计厚度，mm；

η_d——冻结壁向井筒或隧洞中心扩展系数，0.55~0.60；

v_d——冻结壁向井心扩展速度，根据现场经验，砾石层中，v_d=35~45 mm/d；砂层中，v_d=20~25 mm/d；黏土层中，v_d=10~16 mm/d。

该法简单可靠，施工现场广为采用。

开始冻结后，必须经常观察水文观测孔的水位变化。只有在水文观测孔冒水7天、水量正常，确认冻结壁已交圈后，方可进行试挖。冻结和开凿过程中，要经常检查盐水温度和流量、井帮温度和位移，以及井帮和工作面渗漏盐水等情况。检查时应有详细记录，发现异常，必须及时处理。掘进施工过程中，必须有防止冻结壁变形、片帮、掉石、断管等的安全措施。只有在永久支护施工全部完成后，方可停止冻结。

淮南矿区部分井筒的冻结时间见表3-34。

表3-34 淮南矿区部分井筒的冻结时间

井筒名称	净直径/m	设计冻结壁厚度/m	设计冻结时间/d	实际冻结时间/d				备 注
				交圈冒水	试挖	正式开工	停止运转	
张集矿北区风井	6.0	5.58	57	48	61	80	145	34 d盐水-30 ℃
丁集矿主井	7.5	10.8		122	146		379	
丁集矿副井	8.0	11.4		97	129	143	391	
丁集矿风井	7.5	10.5		106	112	132	365	
朱集矿回风井	7.5	6.1	57					
朱集矿矸石井	8.3	6.6	57					
顾桥矿副井	8.4	6.0		76/108		109	235	深浅水文观测孔各1
顾桥矿风井	7.5	5.9	105	68/76		79		深浅水文观测孔各1
顾桥矿南区进风井	8.6	6.4	70					
顾桥矿主井	7.5	5.6		96	97	109	273	
谢桥矿中央风井	7.5	5.1	70	52		73	198	两井共用冻结站，先冻中央风井
谢桥矿二副井	8.2	5.3	70	81		100	187	
顾北矿风井	7.0	9.2	72			95		

7）冻结井筒地下用管

冻结井筒地下用管主要包括冻结孔、测温孔和水文观测孔用管。冻结孔外管、测温孔和水文观测孔用管均为无缝钢管，供液管（冻结孔内管）为聚乙烯塑料管。冻结管直径大小与盐水吸热能力有关。过去多为ϕ108~139 mm钢管，现在多用ϕ139~189 mm钢管；型号多为ϕ108×3 mm、ϕ127×6 mm、ϕ139×(6~7) mm、ϕ159×(6~8) mm等，最大为ϕ168×6 mm。深井冻结时，浅部用较粗的管子，深部用稍细的管子。水文观测孔用管多为ϕ108×(4~5) mm，测温孔用管多为ϕ127×7 mm。供液管应用最多的是ϕ75×6 mm聚乙烯（PE）塑料管。

3.2.3 冻结站设计与布置

3.2.3.1 冻结站的设置模式

冻结站的设置模式根据一个冻结站服务井筒的个数可分为单井设置模式和多井设置模式两种。只服务于一个井筒时为单井设置模式，多个井筒共用一个冻结站时为多井设置模式。边界风井及矿井改扩建工程中，一般只有一个独立的井筒施工，此时只设一个冻结站即可。矿井工业广场内有多个井筒时，应尽量共用一个冻结站，只有当井筒较多且同期施工、各井筒相距较远时或者多个冻结单位承担不同井筒冻结时，方可考虑设多个冻结站。近十多年来，淮南矿区的井型多为特大型矿井，矿井工业广场内同期施工的井筒多达4个，而且所有井筒并非由一家冻结单位承担冻结任务，故有时一个工业广场内设置两个冻结站，部分矿井的设置情况见表3-35。

表3-35 淮南矿区部分矿井冻结站设置情况

序号	矿井名称	同期施工的井筒数目	冻结站数	冻结站承担的井筒
1	谢桥矿（扩）	3（箕斗井、二副井、风井）	2	二副井与中央风井共用，箕斗井单设
2	张集矿	3（主井、副井、风井）		
3	张集矿北区	3（主井、副井、风井）	2	主井和副井共用，风井单设
4	顾桥矿	主区：3（主井、副井、风井）	2	主井和风井共用，副井单设
		南区：2（进风井、回风井）		
5	顾北矿	3（主井、副井、风井）		
6	丁集矿	3（主井、副井、风井）	2	主井和副井共用，风井单设
7	潘北矿	3（主井、副井、风井）		
8	朱集矿	4（主井、副井、风井、矸石井）	2	风井和矸石井共用
9	潘一东矿	4（主井、二副井、风井）		

确定冻结站设置模式需考虑的因素有：

（1）技术经济因素。多个井筒同时施工时，是设一个还是两个冻结站，应从技术经济角度进行合理分析和可行性比较分析。

（2）需冻结井筒的数目。只有一个井筒的情况下，只能一个井筒设一个独立的冻结站。

（3）井筒需要的冷量。当一个井筒需要的冷量很大时，一个冻结站难以满足要求时则需设多个冻结站。

（4）冻结单位的设备能力。冻结单位的设备能力难以达到多个井筒同时冻结的要求时可设多个冻结站。

（5）井筒开工时间。多个井筒短时间内相继开工，一家冻结单位难以保证足够的制冷能力时，需设多个冻结站。如多个井筒相继开工且几个冻结器能相互错开甚至相继冻结的情况下可设置一个冻结站。

（6）管理因素。很多情况下，井筒掘砌单位与冻结单位不是一家公司，施工中会产生一些工艺与技术上的协调问题。为了便于协调施工管理，当某公司同时具有冻结和掘砌能力时，则在综合平衡优化的基础上可考虑一个井筒的冻结与施工由一家公司负责。如丁集矿有主井、副井和中央风井3个井筒，其中风井井筒的冻结和掘砌均由中煤五建承担，且仅负责风井的冻结工程，主副井冻结则由开滦建设集团制冷工程处承担。

3.2.3.2 冻结站位置的选择

冻结站位置的选择有以下要求：

（1）不应妨碍井筒掘进时提升绞车房及稳车的布置。

（2）避开掘进排矸运输线路及广场运输线路。

（3）盐水干管的弯头少，冷却水排出方便。

（4）服务于多个井筒时，在距离上应尽量兼顾两个井筒。

（5）不能离井口太近，但也不应太远，一般以 50 m 左右为宜。

（6）应布置在地下水流方向的上游。

（7）应服从于矿井的总体部署，尽量不占用或影响永久建筑物的正常开工。

（8）尽可能利用车间、仓库等矿井大型永久建筑物，以减少大临工程。如顾桥矿主井和风井借用了永久支护材料棚作为冻结机房，顾桥矿副井、顾北矿主副井、朱集矿矸石井和风井等借用了永久综合机组库作为冻结站，如图 3-16 所示。

图 3-16 顾北矿利用大型永久设备库作为冻结站

（9）供冷、供电、供水、排水方便。

（10）符合防火、通风等安全规程的要求。

3.2.3.3 冻结主要设备选择

制冷设备包括压缩机、冷凝器、蒸发器、中间冷却器、节流阀、油氨分离器、贮氨器、集油器、调节阀、氨液分离器和除尘器等。

1）压缩机

压缩机是制冷系统中最主要的设备。压缩机就其工作原理可分为活塞式、离心式和螺杆式三种，我国冻结法施工中主要用活塞式和螺杆式压缩机。

（1）活塞式压缩机。

活塞式压缩机按标准制冷能力分为小型机（<60 kW）、中型机（60~600 kW）和大型机（600 kW 以上）三类；按气缸中心线的位置分卧式、立式、斜式，斜式又分 V 型、W 型和扇型（S 型）。我国冻结法施工常用的压缩机有 100、125、170、250 等系列。

（2）螺杆式压缩机。

螺杆式压缩机是一种回转式压缩机，在机体内平衡地配置着一对互相啮合的螺旋形转子，气体的压缩依靠容积的变化来实现，而容积的变化又是借助压缩机的一对转子（主动转子和从动转子）在机壳内作回转运动来达到。其标准制冷能力在 580~2300 kW 之间。

螺杆式压缩机的可靠性高、寿命长、操作维护方便、动力平衡性好（几乎无振动）、体积小、重量轻、占地面积少，适于作移动式制冷设备。

在丁集矿主副井、顾北矿副井冻结中，冻结施工单位开滦建设集团探索了利用双级压缩的螺杆式制冷机组为主机，低压级带经济器的制冷工艺方法（图 3-17）。低压级引入经济器后，制冷循环的方式有所改变，低压级本身的运行就如同一个准双级压缩循环，将其纳入双级制冷系统中，就相当于一个三级压缩系统，故运行效率有很大提高（可提高单位制冷量6%~7%），为其后大规模冻结站制冷设备及工艺设计提供了新方法。

在经济器投入时机的把握上，双级压缩制冷系统中低压机也应选择在蒸发温度-25 ℃左右投入，一则可以减少低压机负荷，二则也可以提高双级压缩的中间压力，提高配组效率。

经济器的使用会提高低压级的压缩负荷，同时由于低压机的压缩变得复杂，所以应适当调节补气量，以避免压缩机的补气湿冲程。

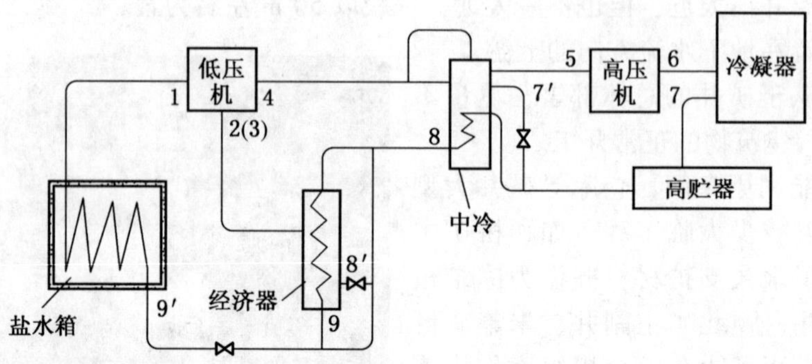

图3-17 丁集矿主副井采用的低压级带经济器的双级压缩制冷系统（图中数字为蒸汽状态）

淮南矿区部分冻结井筒的压缩机使用情况见表3-36。活塞式和螺杆式压缩机均有采用，但绝大多数为螺杆式压缩机。

表3-36 淮南矿区冻结用压缩机型号及数量

冻结站名称	低压机			高压机		
	型号	单机容量/(10^4 kcal·h^{-1})	台数	型号	单机容量/(10^4 kcal·h^{-1})	台数
张集矿北区风井	JZ_3KA25-D（螺杆式）	100	8	JZ_3KA25-G（螺杆式）	100	3
	KA20C（螺杆式）	50	1			
朱集矿回风井	JHLG25ⅢTA（螺杆式）		7	LG20ⅢDA		7
	8AS-17	44	3	8AS-12.5	44	2
朱集矿矸石井	JHLG25ⅢTA（螺杆式）		9	LG20ⅢDA		9
潘一东矿主井	JHLG25ⅢTA		4	LG20ⅢDA		4
丁集矿风井	JZ_3KA25-D（螺杆式）		8	JZ3KA25-G（螺杆）	100	6
	JZ_3KA31.5-D（螺杆式）	50	9	8AS-17	44	2
	KA20C（螺杆式）		1			
	8AS-17		4			
丁集矿主、副井	HJLG31.5	201	8	HJLG25	105	6
				LG20	53	4
顾桥矿主、风井	8AS-25	400	4	8AS-12.5	189	8
	8AS-17	132	3	F1YSLG20F（螺杆）	54	2
	F1YSLG20F（螺杆）	54	1			
顾北矿主井			11			16
潘北矿风井	8AS-125型18台，8AS-25型9台，8AS-17型5台					

2）冷凝器

冷凝器用于冷却氨，将氨由气态变为液态，是制冷系统中的主要热交换设备之一。

冷凝器有立式、淋水式、卧式及组合式几种。冷凝器内安装多支冷却水管，冷却水从冷凝器上端经冷却水管下淌，使管壳内过热蒸气氨液化。

冷凝器按其冷却介质不同，可分为水冷式（图 3-18）、空气冷却式、蒸发式（图 3-19）三大类。水冷式冷凝器以水作为冷却介质带走冷凝热量，升温后的水由水泵送入冷却塔冷却后循环使用。例如，张集矿北区风井用的是 ZL-200 型蒸发式冷凝器，朱集矿回风井用的是 NFZ-1450 型蒸发式冷凝器，潘一东矿主井为 EXV-11-340 型蒸发式冷凝器。

图 3-18 水冷式冷凝器

图 3-19 顾北矿使用的蒸发式冷凝器

3）蒸发器

蒸发器是制冷系统中的热交换设备，被放置在盐水箱内，液氨在其内蒸发变为饱和蒸气，吸收周围盐水的热量，使盐水温度降低。

朱集矿回风井和矸石井用的蒸发器型号为 LZA-160，分别为 16 和 18 台；潘一东矿主井用的蒸发器型号为 LZ-180，8 台。

4）中间冷却器

中间冷却器是两级压缩中不可缺少的热交换设备，其作用是：冷却低压机排出的过热蒸气氨，变成具有中间温度的饱和蒸气氨，再送到高压机吸收；过冷来自冷凝器的液态氨，提高制冷效率；分离液氨和油脂。

朱集矿回风井、矸石井用的中间冷却器型号为 ZL-8.0，分别为 8 台和 9 台；潘一东矿主井用了 4 台 ZL-10 型中间冷却器。

5）节流阀

节流阀主要对高压制冷剂进行节流降压，保证冷凝器和蒸发器之间的压力差，以便使蒸发器中液体制冷剂在要求的低压下蒸发吸热，从而达到制冷降压的目的；同时，使冷凝器中的气态制冷剂在给定的高压下放热、冷凝。另外，调整供入蒸发器的制冷剂的流量，以适应蒸发器热负荷的变化，使制冷装置更加有效的运转。

6）其他辅助设备

辅助设备包括油氨分离器、贮氨器、氨液分离器、盐水泵及盐水循环系统管网等，它们也是保证冻结工程正常运行不可缺少的辅助设备。

淮南矿区部分冻结站主要设备配备见表 3-37。

表 3-37　淮南矿区部分冻结站主要设备配备数量

<table>
<tr><th rowspan="2">井筒名称</th><th colspan="7">设 备 名 称</th></tr>
<tr><th>低压机</th><th>高压机</th><th>中间冷却器</th><th>冷凝器</th><th>蒸发器</th><th>贮氨器</th><th>盐水泵</th></tr>
<tr><td>张集矿北区风井</td><td>9</td><td>3</td><td>3</td><td>14</td><td>14</td><td>1/3</td><td>5</td></tr>
<tr><td>朱集矿回风井</td><td>10</td><td>9</td><td>8</td><td>8</td><td>16</td><td>4</td><td>4(2 台备用)</td></tr>
<tr><td>朱集矿矸石井</td><td>9</td><td>9</td><td>9</td><td>9</td><td>18</td><td>4</td><td>4(2 台备用)</td></tr>
<tr><td>潘一东矿主井</td><td>4(螺杆式)</td><td>4(螺杆式)</td><td>4</td><td>5</td><td>8</td><td>2</td><td>2</td></tr>
<tr><td>丁集矿风井</td><td>22</td><td>8</td><td></td><td></td><td></td><td></td><td></td></tr>
<tr><td>丁集矿主井</td><td colspan="2">18</td><td>14</td><td>12</td><td>15</td><td>2</td><td>6</td></tr>
<tr><td>丁集矿副井</td><td colspan="2">21</td><td>16</td><td>14</td><td>18</td><td>4</td><td>6</td></tr>
</table>

3.2.3.4　冻结站布置

冻结站是安置冻结制冷系统及设备的场所，从总体上分为室内和室外两大部分，除贮氨罐、冷凝器及冷却水循环系统布置在室外外，盐水箱（蒸发器）、盐水泵、低高压压缩机、中间冷却器等其他设备均布置在室内。

压缩机一般布置在冻结站的中心，一个冻结站由若干套制冷单元组成，一个单元形成一个制冷循环，各单元之间由管路连接，并入干管送往井口。

淮南矿区某矿冻结站内设备布置如图 3-20 所示。朱集矿风井与矸石井冻结站制冷系统工艺流程如图 3-21 所示。

图 3-20　淮南矿区某矿冻结站内设备布置

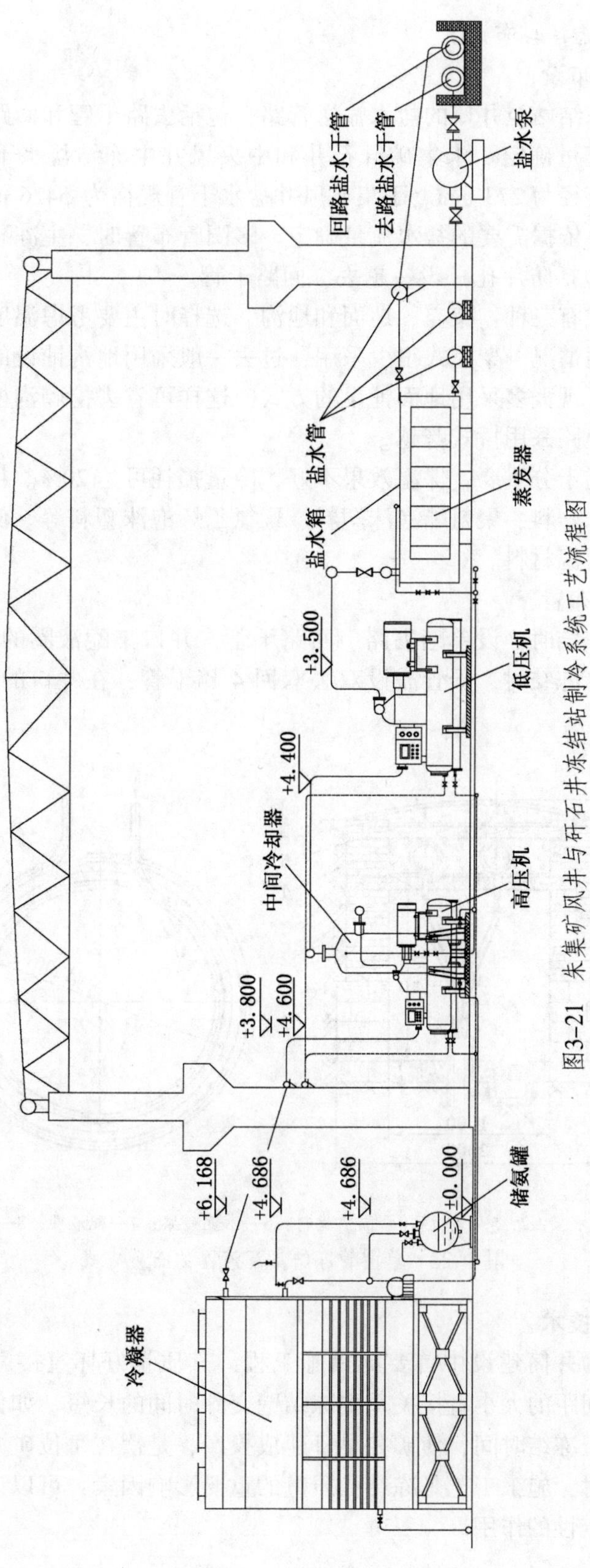

图3-21 朱集矿风井与矸石井冻结站制冷系统工艺流程图

3.2.3.5 盐水干管选择与布设

1）盐水干管的布设

盐水干管指从冻结站至井口的盐水输送管路，包括去路干管和回路干管。干管的直径和数量需根据盐水流量确定。朱集矿矸石井和中央风井主冻结盐水干管直径为 377 mm，辅助冻结盐水干管直径为 273 mm。丁集矿风井盐水干管规格为 ϕ426 mm×10 mm。

干管的趟数主要依据需要的盐水流量确定。多圈管布置时，主冻孔单独设一趟去、回路干管，辅助孔（包括防片孔）设一趟去、回路干管。

干管的布设方式有三种：架空、地面和地沟。选择时主要考虑温度的损耗、冻结站与井筒之间的道路交通情况。架空式很少采用，过去一般采用地沟铺设的方式，随着保温材料技术性能的提高，现大多采用地面铺设的方式，这样可省去挖砌沟槽的费用；当有道路与管路相交时，则道路采用桥式跨越。

盐水干管的保温十分重要，保温效果不好，冷量损耗可达 20%。目前常用的几种隔热材料有聚苯乙烯泡沫塑料、聚氨酯泡沫塑料、聚氯乙烯泡沫塑料等。例如，丁集矿风井采用的是聚氨酯橡塑保温材料。

2）集配液圈的布置

当采用单圈管冻结时，设单趟去路、回路干管，井口集配液圈的布置方式如图 3-22 所示。当采用多圈管冻结时，干管需设双去双回 4 趟干管，在井口的布置方式如图 3-23 所示。

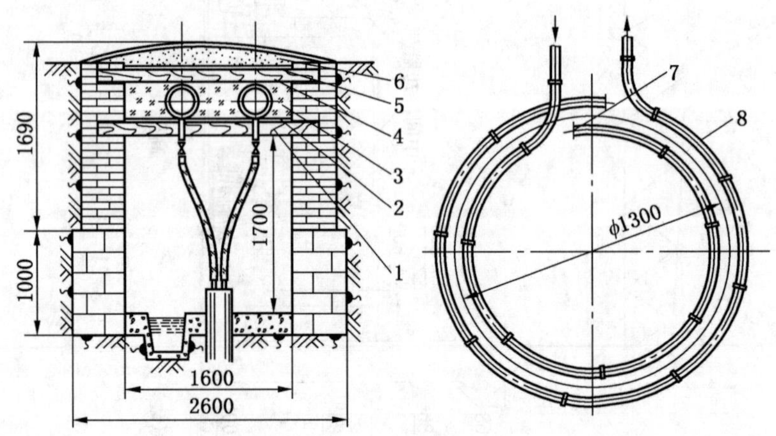

1、4—木梁；2、5—盖板；3—隔热材料；6—水泥砂浆；7—配液圈；8—集液圈

图 3-22 单圈管冻结集配液圈的布置方式

3.2.4 冻结孔施工技术

冻结孔工程作为井筒建设中首要的措施工程，其质量好坏直接影响到矿井建设的周期，钻孔各水平孔间距的大小直接关系到冻结壁交圈时间的长短。如何高质量地完成每一个冻结孔施工，缩短冻结时间，使矿井早日建成投产，是摆在每位矿井建设者面前的一个重要课题。与此同时，施工工艺是冻结孔质量的重要影响因素，可以说一定程度上对冻结施工质量起到了决定性的作用。

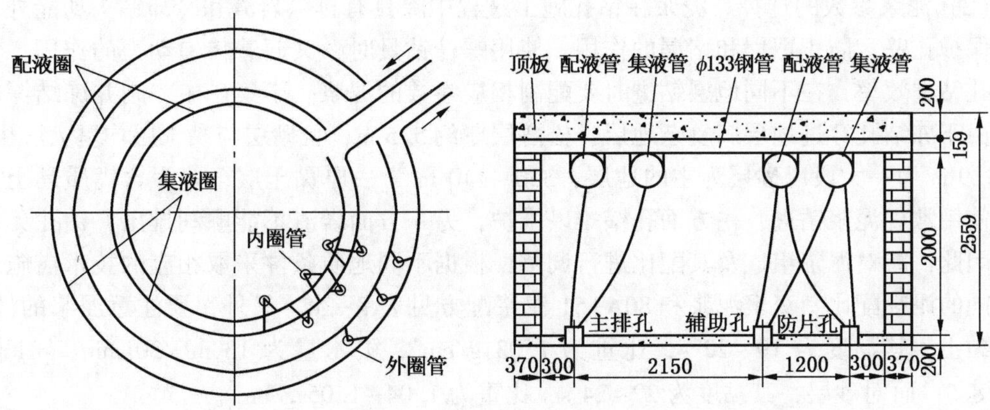

图3-23 朱集矿风井三圈冻结时集配液圈的布置方式

3.2.4.1 冻结器及冻结管

冻结器是安放在冻结孔内，由冻结管、供液管、回液管等组成的，用于循环冷媒剂与地层进行热交换的带有底锥的金属管。

冻结管分为同径冻结管、异径冻结管和双供液冻结管等结构形式。

同径冻结管适用于各类地层，对地质和水文地质条件复杂的含水砂层、淤泥层、破碎带以及基岩含水层等的适应性强，施工安全可靠，为立井最常用的冻结方案。同时，可利用盐水正反循环达到初期加强上部冻结和后期加强下部冻结的效果。该种冻结器形式的缺点是打钻工程量较差异冻结方案多，管材消耗大、冻结站制冷能力要求较高、冻土挖掘量较多。

异径冻结管适用于上部含水砂性土层多、稳定性差的地层，能够加大上部土层的冻土扩展速度，但需要加大一部分冻结管的管径和变径接头，初期需冷量较大，变径部位需要加大强度，否则容易折断。

双供液冻结管在冻结前期增大盐水流量或流速，使冻结器环形空间内盐水由层流状态过渡为紊流状态，以加快上部冻土的扩展速度，实现提前开挖和防止片帮。开挖后可改变冻结管内盐水循环方式，以减少上部盐水循环量，控制冻土扩展速度或变为局部冻结，以减少上部冷量损失；但增设了短供液管，需要加强对盐水流量的控制。

冻结管循环盐水后的冻结效果和钻孔的质量密切相关。钻孔偏斜小，冻结壁交圈时间短，能够较早实现开挖，并且降低不均匀冻结压力的大小；钻孔偏斜大，冻结干管的受力也更加复杂，低温下易发生渗漏盐水现象，严重时会导致冻结工程的失败。

3.2.4.2 钻孔施工工艺

1）施工准备工作

（1）施工区的地质条件。根据井筒检查孔地质报告所提供的资料，施工时必须对井筒地层状况有较清楚的认识。在工程施工初期，通过第一轮钻孔的施工对不同深度的地层做进一步的了解，掌握不同层段的岩层性质，同时考虑岩层倾角造成基岩段在井筒各部位的深度差异。施工过程中根据不同层段的岩性变化，选择合适的钻进技术参数、泥浆参数等。

（2）泥浆参数的选择。泥浆在钻孔施工过程中除具有排除岩渣和冷却钻头功能外，还起着保护孔壁、防止坍塌和堵漏的作用。使用螺杆钻具时，又起着传递动力的作用。为提高钻孔钻进效率，在不同地层钻进时要配制相应参数的泥浆。丁集矿主、副井冻结深度较深，由于冻结孔穿过地层属复杂地层，松散层厚约525 m，且砂层与黏土层均呈大段出现，80~329 m为一大段以砂层为主的地层，330~440 m为一厚黏土层，多为含钙质黏土。如果仍使用常规泥浆钻进，一方面孔壁难以维护，另一方面岩渣不能顺利排出，钻孔无法施工。因此，需对泥浆组成及其配比进行调整，根据不同地质条件采取相应的技术措施，利用不同的泥浆配比。双聚泥浆和80A-51泥浆配方见表3-38。另外，要注意泥浆的性能，比如黏土，其黏度为19~22 s，比重为1.03 g/cm^3，失水量为13 mL/30 min，pH值为7.5~8.5；而对砂层，其黏度为22~24 s，比重为1.04~1.05 g/cm^3。

表3-38　双聚泥浆和80A-51泥浆配方　　kg

<table>
<tr><th rowspan="2">配方</th><th colspan="6">成　分</th><th rowspan="2">备　注</th></tr>
<tr><th>清水</th><th>膨胀土</th><th>纯碱</th><th>腈溶液</th><th>胺溶液</th><th>80A-51溶液</th></tr>
<tr><td>双聚泥浆</td><td>1000</td><td>40</td><td>2~3</td><td>30~40</td><td>30</td><td></td><td rowspan="2">腈粉配制成2%的溶液，胺配制成0.5%溶液，80A-51配成0.5%的溶液</td></tr>
<tr><td>80A-51泥浆</td><td>1000</td><td>40</td><td>2~3</td><td></td><td>30</td><td>30</td></tr>
</table>

2）钻具组合

为了将冻结孔单孔偏斜率控制在设计要求的范围内和提高钻进效率，钻进中必须合理采用不同的钻具组合。

（1）增斜钻具组合。当纠斜钻进5~10 m后，还需顺定向趋势增大钻孔顶角或改变方位时采用增斜钻具。增斜钻具的加重杆长度和定向钻进的新孔段长度基本一致，并随新孔段的延伸逐渐递增加重杆长度，直至调整到正常钻进的钻具组合为止。增斜钻具组合如图3-24a所示。

（2）减斜钻具组合。纠斜钻进后，钻孔顶角超过设计要求或方位角有误时，采用减斜钻具组合钻进，其工作原理是摆锤原理，即使钻具在重力作用下像摆锤一样趋于下垂，以达到减斜的目的。减斜钻具组合如图3-24b所示。

（3）保直钻具组合。在正常钻进施工中，要防止钻孔发生偏斜，需要采用保直钻具组合，其工作原理是钻具在钻孔内保持一定的刚度，并使钻具直径与钻孔直径相近，从而使钻具在孔底工作时没有倾斜的余地。保直钻具组合如图3-24c所示。

张集矿北区风井冻结深度为479 m，使用的钻具组合为ϕ190 mm三牙轮钻头+ϕ159 mm钻铤（80 m）+ϕ89 mm钻杆（390 m）+110 mm（壁厚10 mm）四方主动钻杆，最高月钻进效率可达到2600 m。丁集矿主、副井冻结深度为565 m，使用的钻具组合为ϕ190 mm三牙轮钻头+ϕ159 mm钻铤（80 m）+ϕ127 mm钻杆（100 m）+ϕ89 mm钻杆（390 m）+110 mm（壁厚10 mm）四方主动钻杆，最高月钻进效率达到3008 m。顾桥矿井筒冻结深度为530 m，最高月钻进效率达到4370 m。由此可见，合理的钻具级配与冻结孔的施工效率之间具有明显的影响关系。合理的钻具组合不仅提高了月钻进效率，而且对钻孔偏斜的控制也能起到

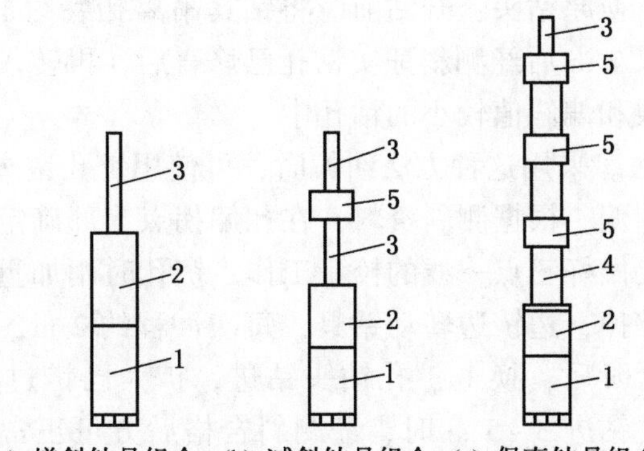

(a) 增斜钻具组合 (b) 减斜钻具组合 (c) 保直钻具组合

1、2—加重杆；3—钻杆；4—钻铤；5—扶正器

图 3-24 钻具组合

非常重要的作用。

3）钻进参数

开孔的好坏是保证钻孔垂直度的关键，除保证“三点一线”外，开孔钻进过程中应以慢转、轻压、大泵量为宜，一般控制在转速 80 r/min、钻压 300 kg、钻速 1 m/h、泵量 800 L/min 左右。在钻进操作过程中，以快转、轻压、大泵量为宜。利用加重管增加钻具重量后的铅垂作用，减压悬吊钻进，必须做到以加重管中和点以下部分的重量作为给进压力，实现孔底给压，使钻杆始终处于受拉状态，避免产生弯曲，同时也减少钻杆与孔壁之间的碰撞与摩擦，使钻头工作平稳，保证钻孔的垂直度。具体的正常钻进参数见表 3-39。

表 3-39 正常钻进参数

土层名称	钻压/kg	泵量/(L·m^{-1})	转速/(r·min^{-1})
砂石	500~600	500~800	75
黏土	600~800	400~600	150
砾石	400~500	500	75
风化石	800~1000	500	75/150
基岩	1000 以上	500	150

4）钻孔常用纠偏措施

在冻结钻孔过程中，尽管采用了性能较好的设备、合理的钻具组合及钻进参数，以确保钻孔的垂直度，但由于种种原因，施工过程中仍会出现超偏现象，这就需要对钻孔进行纠偏。目前常采用以下几种纠偏方法。

（1）扫孔纠偏法。若在黏土层中发生超偏，可利用原有钻具更换三翼或多翼钻头减轻压力，利用重力作用进行扫孔纠偏。这种钻头的特点是从喷嘴出来的冲洗液直接冲刷翼片外刃与孔壁接触的地方，可使钻头的翼片，特别是底外刃不产生泥包现象，始终保持锋利状态，便于与孔壁接触，扫出新的台阶，将孔纠直。

（2）扩孔纠偏法。利用原有钻具换用较大的钻头（一般比正常钻头大 15~30 mm）扩大孔径，钻至原深度时再换原钻头，开钻前应将钻具吊离孔底约 1.0 m，然后轻压慢速钻进开出一个新孔，当进尺 2 m 后经测斜证实钻孔已修直后，再转入正常钻进。此法操作简单易行，适用于较硬地层和偏斜值较小的钻孔中。

(3) 铲、扩孔纠偏法。采用这种方法纠偏时，可使用铲孔钻头和扩孔钻头，并利用原带有加重管的钻具进行纠偏。根据测斜资料，在孔偏拐点上部确定好铲孔起始深度，铲孔前为使铲孔取得成效，要做好三点一线的校正工作。铲孔时用加重管带铲孔钻头，以垂直冲击的力量将偏斜部分铲掉，边铲边转动钻具，每次冲程约 2 m，完成第一次冲程再进行第二次冲程，将孔铲出台阶后，换上扩孔钻头钻进，扩大已铲过的一段造成新孔。这样铲、扩交替进行，当恢复钻进 3~5 m 时，经测斜合格后方可正常钻进。铲、扩孔纠偏法适用于浅孔松软地层中。

(4) 移钻塔纠偏法。

在冻结钻孔过程中，利用移钻塔的方法亦能对钻孔进行纠偏，其原理是通过调整钻具组合，利用钻具的刚性及钻孔偏斜拐点的相互抑制作用控制下部孔斜。

根据钻孔过程测斜资料，以钻孔当时孔深处为起始点顺钻孔偏斜方位移动钻塔到一定距离，使当时钻孔钻进起始点变成支点，产生抑制作用使钻孔反方向钻进，达到纠偏效果；必要时可调整钻具组合，使纠偏效果更加明显。但终孔测斜时，为了保证单孔成孔资料的准确性，终孔之前 3~5 m 逐渐使钻塔恢复到开孔位置再进行成孔测量，从而保证终孔资料的真实性，以利于指导下一步冻结孔施工。

移钻塔纠偏法在张集矿北区主井、风井，丁集矿主井、副井，顾北矿主井、副井、风井等工程施工中均取得了良好效果。实践表明，移钻塔纠偏法在孔深 400 m 以浅进行纠偏，快速省时，成本低，经济效益好。该方法的缺点是推架距离较大后，钻具易变形，再者随着井口移动，每次必须根据新井口位置作交圈图，以指导生产，防止打穿邻近冻结管。

5) 吸卡钻问题

为有效解决吸卡钻的问题，需提前做好预防措施，具体如下：

(1) 当钻孔钻进至基岩段时，钻孔底部的泥浆失水加快，极易造成卡钻，故要求钻具在钻孔底部静止时间不超过半小时。若遇到测斜等特殊情况，需安排专人定期活动钻具。

(2) 钻进中加尺或更换钻头时，适当提钻具扫孔，但不得将钻具停在一个深度长时间冲孔，减少自然偏斜。

6) 深孔冻结管的下放

为确保冻结管安全、顺利下放，风井采取了如下预防措施：

(1) 终孔前准确丈量钻具全长，考虑到岩粉沉淀，钻孔实际深度略大于设计深度。

(2) 为确保除砂及岩粉效果，风井购置使用了振动除砂器。

(3) 冻结管在下放之前，重新进行泥浆调配，保证泥浆黏度在 19 s 左右。

7) 施工管理

(1) 保证钻机水平，使转盘中心、钻孔中心和钻塔提升中心重合，钻机底盘和灰土盘间隙要垫实，确保开孔垂直度。

(2) 根据地层特点合理调节钻压、钻速、泵量和泥浆配比。

（3）严禁使用弯曲和磨损严重的钻具；发现不进尺立即停钻，更换钻头。

（4）勤测斜。正常情况下每钻进 30 m 测斜 1 次，但在地层变化处每 10~20 m 测斜 1 次。

（5）认真做好施工中的各项记录，对钻孔测斜资料以单个钻孔为单元整理成册。

（6）施工管理要紧凑，减少辅助作业台时，增加纯钻进作业时间，提高钻月效率。

（7）创建标准化项目管理部，应全面建立健全项目管理中的生产管理、安全管理、技术管理、财务预算、后勤供给、业务联络等管理制度，一切以工程为中心。

（8）建立完善的质量体系，以质量管理体系为标准对整个冻结钻孔工程进行全过程项目管理。对各具体工序应编制作业指导书。

3.2.4.3 成孔质量控制技术

1）钻孔偏斜率

由于冻结孔偏斜率的控制出现问题，一些采用冻结法施工的矿井出现了冻结管进入井壁内或严重偏离设计位置造成不能正常交圈的事故，给井筒施工带来了很大的困难。淮南矿区深厚表土层均采用冻结法施工，在此条件下控制冻结钻孔的偏斜率就更显得重要。所以必须严格控制钻孔偏斜率和孔间距，尽可能使钻孔落点均匀，并提出高质量钻孔质量控制标准（表 3-40）。

表 3-40 设计钻孔偏斜率与国家规范对比

项目	冻结孔偏斜率/‰		冻结孔终孔间距/m			
	冲积层	基岩	冲积层		基岩	
国家规范	≤3.0	≤5.0	≤3.0（合格）	≤2.8（优秀）	≤5.0（合格）	≤4.5（优秀）
工程设计	300 m 以上小于 2.5%。300 m 以下按靶域施工，靶域半径 0.7 m	300 m 以下按靶域施工，靶域半径 0.7 m	≤2.2		≤2.6	

所设计的冻结孔偏斜率高于国家规范要求，为确保冻结孔工程的进度和质量，通过采用螺杆定向纠偏技术和高精度靶域定向钻进技术控制钻孔偏斜率，使终孔点位于设计的靶域内。

2）螺杆定向纠偏技术

（1）螺杆定向纠偏技术原理。

在施工浅部表土层时，当钻孔偏斜较大时，一般可以采用扩孔、扫孔、垫钻架、移位等方法进行纠斜，而且这些方法在表土层使用效果比较明显。但是在深部地层进入基岩后，上述方法就很难发挥作用，这就需要采用目前普遍使用的螺杆定向纠偏技术。

螺杆钻具是一种以泥浆液为动力，把液体压力能转化为机械能的容积式井下动力钻具。泥浆泵泵出的泥浆流经旁通阀进入马达，在马达的进出口形成一定的压力差，推动转子绕定子的轴线旋转，并将转速和扭矩通过万向轴和传动轴传递给钻头，从而实现钻井作业。

当钻孔偏斜较大，相邻两个钻孔孔间距过小（过小容易打穿已经下放过的冻结管，造成两个冻结孔同时报废）或过大（过大两个相邻的冻结孔孔间距容易超出设计的质量要求），传统的纠偏方法无效时，就要采用螺杆定向纠偏。螺杆定向主要是根据测斜资料提供的钻孔偏斜情况，把握住需要定向的方向和定向的长度，定向的方向一般往偏斜的反方向定向钻进，定向的长度即段高，段高没有一个固定的计算公式，需要根据不同的地层、岩石倾角、钻孔偏斜增加幅度、钻孔需要定向的深度、钻具的扭矩、以往同地层定向施工的经验等因素进行分析确定。

（2）螺杆定向纠偏技术施工流程。

螺杆定向纠偏技术施工流程如图 3-25 所示。

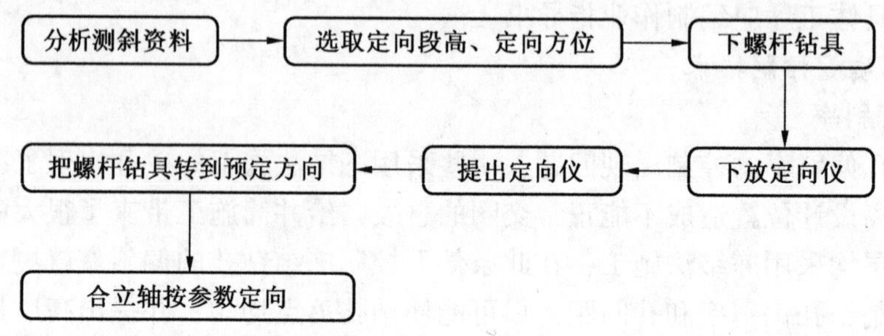

图 3-25　螺杆定向纠偏技术施工流程

（3）定向段高的选取。

当钻孔需要定向纠偏时，首先要确定定向钻进的长度，即定向段高。某矿副立井 2 号钻机施工的第一个钻孔 D32 孔在 640 m 时的偏斜情况见表 3-41。

表 3-41　D32 孔 640 m 处陀螺仪测斜原始记录

测深/m	偏距/mm	偏率/‰	偏斜方向/(°)	偏斜增幅
600	485	0.8	169	
610	612	1.0	167	620~610 m 偏斜增幅为 111 mm/10 m
620	722	1.2	166	630~620 m 偏斜增幅为 146 mm/10 m
630	865	1.4	164	640~630 m 偏斜增幅为 115 mm/10 m
640	978	1.5	162	

D32 孔 640 m 偏值较大，需要定向纠偏，首先确定定向段高：640 m 地层为中粒砂岩，岩石倾角小于 7°，钻孔每 10 m 偏斜增幅约为 120 mm，考虑以前在同类地层施工中积累的定向经验，这种偏斜情况一般选取的定向段高在 4.5~5 m 之间，所以本次定向选取段高为 4.8 m，640 m 偏斜方向为 162°，定向方向反 180°为 342°，加上 15°反扭矩即为 357°。定向前要用螺杆钻具打 0.5 m 复合钻，目的是扩大孔径，为下步定向安装转角度时减少螺杆与孔壁的摩擦力，同时尽量释放孔内钻具的弹性势能，从而降低孔内钻具的反扭矩。定向时给进压力要控制在 800 kg 左右，泥浆泵压力控制在 0.5 MPa 左右。定向钻进 4.8 m 后提出螺杆，换成单根加重管进行稳斜钻进 5 m 左右，稳斜钻进时钻机钻速不宜大于 60 r/min，钻压不宜大于 1000 kg。定向后测斜数据见表 3-42。

表 3-42 D32 孔 650 m 处陀螺仪测斜原始记录

测深/m	偏距/mm	偏率/‰	偏斜方向/(°)	偏 斜 增 幅
600	467	0.8	176	
610	594	1.0	175	620~610 m 偏斜增幅为 137 mm/10 m
620	731	1.2	174	630~620 m 偏斜增幅为 129 mm/10 m
630	857	1.4	172	640~630 m 偏斜增幅为 106 mm/10 m
640	942	1.5	168	650~640 m 偏斜增幅为 65 mm/10 m
650	998	1.5	166	

通过表 3-42 可以看出，630~650 m 偏斜增幅逐步减小，定向起到了一定的效果，钻孔的偏斜顶角减小了，但未能改变偏斜方向，说明定向段高选取不合适，取小了。由于偏值过大，快要超出质量设计要求，必须进行二次定向，因前次定向已经使偏斜顶角减小，二次连续定向不宜定得过多，以免造成反向偏斜过大，无法控制质量。选取定向段高 2 m，按上次定向方向再次定向。通过副立井施工，总结出地层定向段高选取的标准，见表 3-43。

表 3-43 定向段高的选取

层位	增幅/[mm·(10 m)$^{-1}$]	段高/m	反 扭 矩
表土段	一般增幅不是太大	2.0~4.0	
基岩段	50~80	2.0~4.0	每 200 m 加 5°
	80~150	5.0~6.5	
	≥150	≥7.0	

（4）偏斜值过大纠偏处理。

某矿副立井 D33 孔 760 m 处陀螺仪测斜原始记录见表 3-44。通过表 3-44 可以看出，D33 孔 760 m 处偏斜值为 1073 mm，设计要求 600 m 以下靶域半径小于 1200 mm，该孔距离超出设计值为 127 mm，740~760 m 段每 10 m 的偏斜增幅为 60 mm 左右，也就是再钻进 20 m 该孔质量就不合格，所以必须提前定向纠偏。

表 3-44 D33 孔 760 m 处陀螺仪测斜原始记录

测深/m	偏距/mm	偏率/‰	偏斜方向/(°)	偏 斜 增 幅
700	670	0.9	159	
730	890	1.2	170	730~740 m 偏斜增幅为 67 mm/10 m
740	957	1.3	170	740~750 m 偏斜增幅为 66 mm/10 m
750	1023	1.4	170	750~760 m 偏斜增幅为 67 mm/10 m
760	1073	1.5	169	

首先分析测斜数据，然后制定定向方案：本孔定向深度为 760 m，地层为中粒砂岩，每 10 m 增幅为 60 mm，取定向钻进深度为 4.5 m，偏斜方向是 169°，定向方向取偏斜方向

的反方向，即 169°反 180°为 349°。考虑 760 m 钻具应该再加上 19°的反扭矩，即定向方向设定为 8°，反扭矩一般按照每 200 m 加 5°控制。螺杆钻进 4.5 m 后，提出螺杆再用单根加重管顺着定向趋势稳斜 5~6 m 后再钻进 10 m，稳斜时一定要轻压慢进，防止把刚定出的趋势扫掉，稳斜后用陀螺仪进行测斜，D33 孔定向纠偏后的测斜数据见表 3-45。D33 孔定向前和定向后的偏斜轨迹如图 3-26 所示。

表 3-45　D33 孔定向纠偏后测斜记录

测深/m	偏距/mm	偏率/‰	偏斜方向/(°)
700	721	1.0	154
740	896	1.2	157
750	973	1.3	156
760	983	1.3	160
770	895	1.2	168
780	710	0.9	175

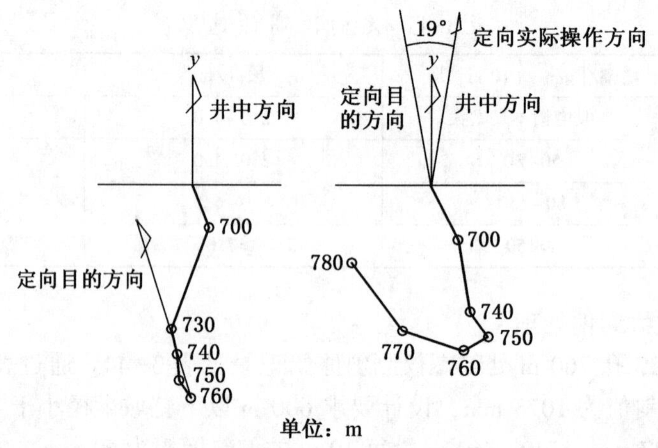

图 3-26　D33 孔定向前后轨迹图

通过定向前后钻孔偏斜数据和轨迹可以看出，此次定向效果比较理想，定向后钻孔趋势就是定向前预定的目的方向，钻孔偏斜值逐步减小，偏斜最大值没有超过设计要求，钻孔质量符合设计要求。

(5) 相邻孔间距过小纠偏原理。

钻孔偏斜值较大即超过设计要求时需要进行定向，还有一种较常见的情况即相邻两个钻孔孔间距比较小，按照这个偏斜趋势相邻的这两个钻孔容易出现碰头现象，正在施工的钻孔就会打穿已经施工完成并下放过钢管的钻孔，造成这两个钻孔同时报废。某矿副井施工 D17 和 D18 两个冻结孔时就出现了此类偏斜情况，D17 和 D18 孔定向前的偏斜轨迹如图 3-27 所示。在 D17 和 D18 孔的 530 m 处两孔的孔间距为 767 mm，D17 孔已经施工结束下放好冻结管，D18 孔偏斜方向正好是朝 D17 孔发展，每 10 m 偏斜增幅约 60 mm，照此幅度再钻进几十米就一定会打穿 D17 孔的冻结管，所以必须进行螺杆定向。

对 D18 孔制定的定向方案是：本孔定向深度为 530 m，地层为中粒砂岩，每 10 m 偏斜增幅为 60 mm，为使 D18 孔尽快改变偏斜方向、远离 D17 孔，定向钻进的段高就要比平时加深一些，取定向钻进深度为 5.5 m，偏斜方向是 240°。考虑 530 m 钻具应该再加上 10°的反扭矩，即定向方向设定为 250°，反扭矩一般按照每 200 m 加 5°控制。螺杆钻进 5.5 m 后，提出螺杆再用单根加重管顺着定向趋势稳斜 5 m 左右，然后测斜验证定向效果，如果效果理想就可以继续正常施工；如果定向效果不理想，在这种孔间距较近的情况下，就要立即按照以上步骤重新定向。D17 和 D18 孔定向后的效果如图 3-28 所示。

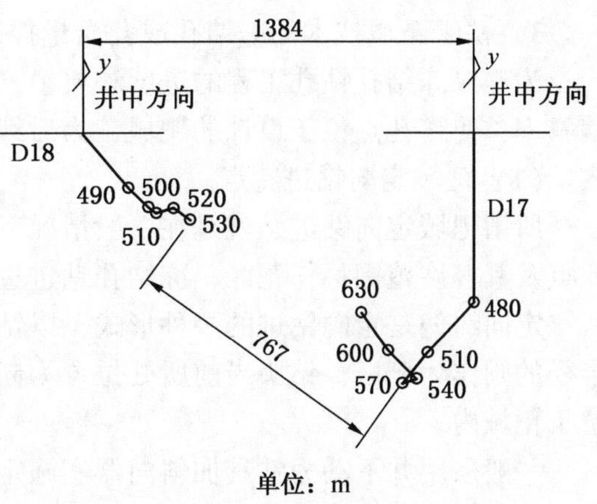

图 3-27 D17 和 D18 孔定向前的偏斜轨迹

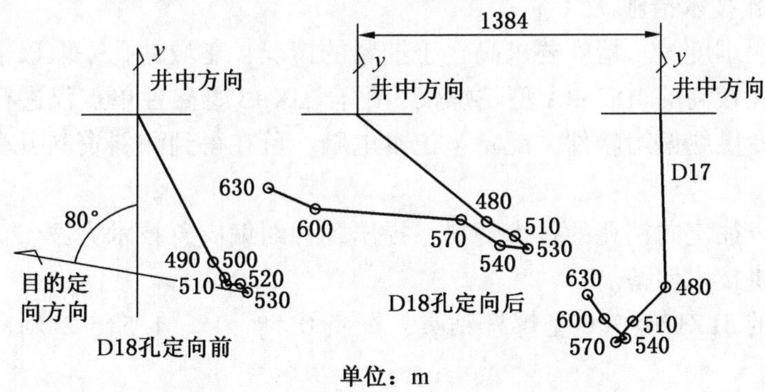

图 3-28 D17 和 D18 孔定向后的偏斜轨迹

由图 3-28 可以看出：D18 孔 530 m 定向后效果明显，偏斜方向已经改变，离 D17 孔的孔间距离越来越远，而且质量全部符合设计要求，达到了定向的目的。

（6）技术小结。

通过螺杆定向纠偏技术的应用，总结出在超深冻结孔凿孔中定向应该遵循以下几点：

①对偏斜顶角增加过快的钻孔应及早定向，预防顶角过大；对偏斜顶角已经很大的应先降顶角，后变方向进行纠偏。

②基岩风化带岩性易破碎，定向很难形成趋势，应减少或尽量避免在风化带的地层中定向。

③钻孔越深，钻具扭矩就越大，定向时合理地增加反扭矩。

④若需要顺倾角方向定向应减少定向段高，逆倾角方向定向应加大定向段高，同时结合地层选取段高。

⑤尽量避免两次连续纠偏，因为连续纠偏容易造成拐点和反向偏斜幅度过大。

⑥定向时一定要严格控制钻压、泵压和定向钻进速度，合理选择稳斜钻进的长度。

3）基于靶域技术的冻结孔成孔质量控制

为确保冻结孔钻孔工程的进度和质量，一般可采用高精度靶域定向钻进技术控制钻孔偏斜率，使终孔点位于设计的靶域，为后续冻结工程实施创造有利条件。

（1）靶域定向钻进特点。

所谓靶域定向钻进，就是在一般情况下，冻结孔的开孔点与终孔点存在水平距离，终孔点及其容许范围称作靶区，冻结孔钻进过程中，使终孔点位于靶域内。

定向纠偏是定向钻进的一种形式，以钻孔垂直方向在孔底水平的投影及允许偏差值为半径的圆作为靶区，钻头当前所处位置为起始位置，采用斜向器造斜和稳斜，确保终孔点位于靶域内。

一般采用井下动力钻具加斜向器实施定向钻进，可较好地满足靶域钻进的要求。其特点是钻进时只有钻头旋转，整个钻具系统不转；钻头动力不是通过转盘-钻杆系统传递，而是由泥浆直接给钻头提供动力进行旋转钻进。这种方式的定向钻进效率高，配合 JDT-3A 型陀螺仪测斜，钻进中可方便地调节钻孔轨迹实施纠偏，以保证钻孔终点位于靶域，且成孔精度高、光滑，有利于钻孔下步作业。

（2）靶域钻孔技术措施。

针对钻孔工程难度大、精度要求高、工期紧的情况，靶域钻孔采取以下技术措施：

①选用准确性较高的 JDT-3A 型陀螺仪，配合 JJX-3 型磁性单点仪进行钻孔测斜。

②开发 1 套专供纠偏用软件，配备笔记本电脑，可在得到测斜资料几分钟后提出最佳纠偏方案。

③分析研究以往定向钻孔的技术资料，提出各种纠偏应急技术方案，为定向钻成高精度的深冻结孔提供技术储备。

④采用先进的 5LZ120×7.0 型螺杆钻具，配备 0.5°、1°、1.5°、2°斜向器及各种特殊接头的配套组件。

（3）靶域钻孔纠偏工艺

采用两套 5LZ120×7.0 型螺杆钻具配合专门的斜向器进行高精度的定向纠偏，其定向纠偏的一般工艺过程如下：

①钻进一定深度后，用 JDT-3A 型陀螺仪测算出顶角值、方位角、水平 X 和 Y 偏值（直角坐标系）、偏率。

②当测值超过允许值时，则需要纠偏。将初始顶角值、原点方位、新点方位、欲选用的斜向器度数、反扭矩值作为参数，并预设几个纠偏长度进行试算比较后选定斜向器型号、反扭矩值和纠偏长度。

③将选出来的合适的纠偏长度、斜向器度数及反扭矩值作为纠偏参数进行纠偏。

④将配以斜向器的钻具送至井下并转到设计方位，井口用专门装置锁定钻杆使其不能转动，泥浆泵用规定压力启动，钻具开始钻进（加杆进尺时，注意防止锁定方位变动）。

⑤钻至设计的纠偏长度停钻，起钻杆，再将 JDT-3A 型陀螺仪送至井下纠偏段测斜，方位、顶角均合格后开始正常钻进；不合格则将此次测得的数据作为参数，再次进行上述纠偏。

（4）靶域控制效果。

丁集矿冻结孔虽然工程量大、技术难度高，但由于采用高精度靶域定向钻进技术、使用井下动力钻具及配套机具和仪器、合理地选用钻进参数、借助计算机纠偏程序运算，快速有效地控制了钻孔顶角和方位角的变化。冻结孔全部到底后，经三方实测数据检验，钻孔全部满足设计要求。

4）冻结孔质量控制措施

（1）基础防偏。采用C30混凝土构筑一个设计合理的灰土盘，设计深度为（400±5）mm。同时科学设计循环沟槽，既要有利于泥浆循环，便于钻机安放，又要不影响灰土盘的整体抗压性能。此外，还要注意施工时要及时对灰土盘进行灌浆维护。只有基础好，才能保证钻孔质量，减少孔内事故。

（2）科学钻进，严把开孔关。开孔时要严格对大车进行找平，使天轮中心、磨盘中心、钻孔中心位于一条垂直线上。开孔后要轻压慢钻，加上加重钻具后方可给压。钻进过程中要深入细致地研究和改进钻孔工艺，要将钻头和加重导向钻具的径差控制在15~20 mm，保证钻具组合合理。整套钻具重心一定要落在加重钻具长度的1/3以下位置，在变层时要控制好给进参数。钻机操作人员要熟悉钻孔柱状，了解钻孔偏斜规律，根据具体地层情况合理掌握钻进压力。

（3）科学测斜。钻孔上部采用电子经纬仪灯光测斜，确保钻孔开孔质量。钻孔下部采用目前国内最先进的JDT系列钻孔测斜仪测斜。测斜过程中为确保仪器性能达到要求，每半个月或20天左右对仪器零位、放大倍数、线性、对称性、漂移等指标进行一次校验，零位要控制在0.15之内，精度指标要小于3′，角度传感器对称性不能大于2′，仪器动漂要小于18°/h。另外要严格按设计规程勤测斜，特殊情况加密测点，及时掌握钻孔偏斜情况。

（4）科学纠偏。采用的钻孔纠斜方法，除传统的铲、扩、扫外，还有改变钻具重心和钻孔中心的关系（如顶钻塔、垫底盘等），或改变钻具组合、长打短纠等。为了保证超深冻结孔质量，钻孔施工过程中应采用陀螺仪测斜。

（5）及时分析。冻结钻进运用一套电子图板软件及时对钻孔轨迹和孔间距进行分析，当钻孔轨迹出现不利情况时，果断采取措施加以纠正。

3.2.4.4　偏斜数据处理方法

冻结孔完成后，需要掌握其偏斜情况。对于各种工程钻孔或定向钻孔，更需要详细了解其准确可靠的偏斜情况和钻进轨迹，以确保达到设计的偏斜要求或进入指定靶域。这不仅要求对钻孔进行高精度测斜，而且还要求对测斜数据进行计算处理，并绘制出钻孔轨迹图。通常煤炭行业的钻探单位都是手工计算测斜数据，并在坐标纸上手工绘制钻孔偏斜平面图。这种方法效率低、错误率高，绘制的图形不规范、误差大。石油行业通常都有专门的测斜数据处理软件，由计算机对测斜数据自动进行处理，并绘制成图。这种方法专业性强、自动化程度很高，完全能满足石油钻井的需要。但其专门软件大都是随测斜仪器一起销售的，价格昂贵，并且大都功能单一。煤炭行业对钻孔偏斜的要求多种多样，对钻孔偏斜参数及钻孔偏斜图的要求也各不相同，因此石油行业的专门测斜数据处理软件在煤炭行业应用并不十分方便。将当前非常流行的大众化软件Excel与AutoCAD相结合，进行钻孔偏斜数据处理和钻孔轨迹图绘制，能够满足各种钻孔的多种需要，取得了良好效果。

1）钻孔轨迹参数

钻孔的实际偏斜情况是用测斜仪器测量出来的，即测斜的结果。测斜通常是逐点进行的（连续测斜也可以看作是测点很密的逐点测斜）。测斜仪器直接测出的参数为钻孔轨迹基本参数，在基本参数基础上计算出来的钻孔轨迹参数为计算参数。

（1）钻孔轨迹基本参数。

钻孔轨迹基本参数包括孔深、顶角和方位角。孔深：从孔口到测点的钻孔长度，即钻孔斜深，用 L 表示。顶角：又称孔斜角或斜度，指测点处钻孔方向线与铅垂线之间的夹角，用 θ 表示。方位角：测点处钻孔方向线在水平面上的投影线称为孔斜方位线；以正北方向线为起始边，顺时针方向旋转到孔斜方位线所转过的角度即为方位角，用 α 表示。

（2）钻孔轨迹计算参数。

钻孔轨迹计算参数包括水平偏距、闭合方位角和垂深。水平偏距：钻孔轨迹上某点在水平面上的投影距钻孔中心的直线距离，用 P 表示。闭合方位角：钻孔轨迹上某点在孔口所在水平面上的投影与孔口中心的连线称为水平位移线；以正北方向线为起始边，顺时针方向旋转到水平位移线所转过的角度即为闭合方位角，用 β 表示。垂深：钻孔轨迹上某点距孔口所在水平面的垂直距离，即钻孔垂直深度，用 H 表示。

钻孔轨迹参数如图 3-29 所示。图中 A' 为钻孔轨迹上 A 点在水平面上的投影，O 为孔口中心。

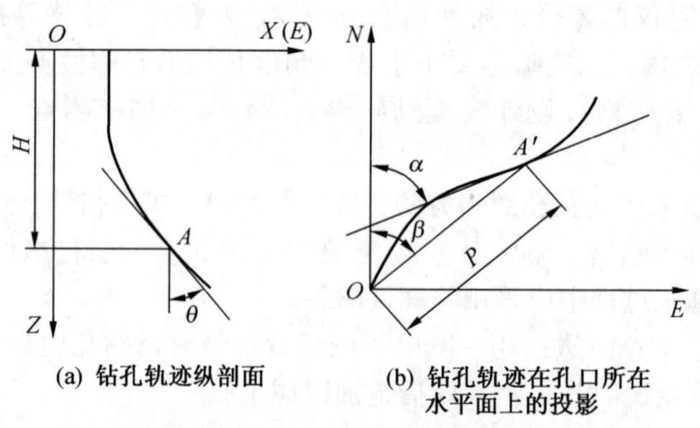

图 3-29　钻孔轨迹参数示意图

2）应用 Excel 进行钻孔偏斜数据处理

钻孔偏斜数据处理就是在钻孔轨迹基本参数的基础上，通过计算求出钻孔轨迹的计算参数。因钻孔测斜是逐点进行的，两个相邻测点之间是没有测斜数据的，因此相邻测点之间的钻孔轨迹形状只能靠推测或假设来判断。假设不同，计算方法也不同。因此，钻孔轨迹参数计算方法有多种，如全角全距法、均角全距法、全角半距法、曲率半径法、最小曲率法等。煤炭行业应用最多的是全角全距法，它也是上述计算方法中最简单的一种。

Excel 是当前非常流行的大众化应用软件，不仅具有电子表格功能，而且具有强大的统计和计算功能。由于钻孔测斜数据都可以用表格的形式来记录保存，且大部分钻孔轨迹参数计算方法都可以用解析公式来表达，因而可以运用 Excel 来计算钻孔轨迹参数。现以最常用的全角全距法为例，介绍钻孔偏斜数据的处理方法。

(1) 钻孔轨迹参数计算方法。

全角全距法是将钻孔相邻两个测点之间的轨迹简化为一段直线，其中下面测点的偏斜数据代表这一测段的偏斜数据。从第 1 个测点开始计算，依次求出各测点的坐标增量；然后将增量代数累加，便可以得出全钻孔各测点的坐标值。有了各测点的坐标值，便可以求出各测点的偏距、闭合方位角和垂深等轨迹参数。为计算方便起见，把孔口作为第 0 个测点，其基本参数值为 0。

以钻孔孔口为原点，以正北方向（N）和正东方向（E）为坐标轴，建立 1 个直角坐标系。假设第 i 个测点的顶角为 θ_i，方位角为 α_i，该测点距上一测点的测段长度（孔斜深增量）为 ΔL_i，则正北方向增量 ΔN_i、正东方向增量 ΔE_i 和垂深增量 ΔH_i 为

$$\Delta N_i = \Delta L_i \cos\alpha_i \qquad \Delta E_i = \Delta L_i \sin\alpha_i \qquad \Delta H_i = \Delta L_i \sin\theta_i$$

该测点在 N 坐标轴、E 坐标轴上的坐标值和垂深为

$$N_i = N_{i-1} + \Delta N_i \qquad E_i = E_{i-1} + \Delta E_i \qquad H_i = H_{i+1} + \Delta H_i$$

该测点的水平偏距和闭合方位角分别为

$$P_i = (N_i^2 + E_i^2)^{\frac{1}{2}} \qquad \beta = \arcsin(E_i/P_i)$$

需要注意的是，利用反正弦函数计算出来的角度范围为−90°～+90°，而方位角的变化范围为 0°～360°，因此需要对角度进行转换。

(2) 利用 Excel 进行轨迹参数计算。

有了以上计算公式，便可以利用 Excel 的计算功能和自动复制粘贴等功能对钻孔测斜数据进行处理，非常方便地计算出钻孔轨迹参数。表 3-46 为用该方法计算出来的淮南矿区张集矿东回风井冻结孔 Z1 孔钻孔轨迹参数计算结果（部分）。

表 3-46　淮南矿区张集矿东回风井冻结孔 Z1 孔钻孔轨迹参数计算结果（部分）

L/m	θ/(°)	α/(°)	ΔP/m	ΔE/m	ΔN/m	E/m	N/m	P/m	β/(°)	ΔH/m	H/m
0	0	0	0.000	0.000	0.000	0.000	0.000	0.000	0	0.000	0.000
20	0.77	164	0.296	0.074	−0.258	0.074	−0.258	0.269	164	19.998	19.998
40	0.44	180	0.154	0.000	−0.154	0.074	−0.412	0.419	170	19.999	39.998
60	0.99	142	0.364	0.213	−0.272	0.287	−0.684	0.742	157	19.997	59.995
80	0.71	137	0.248	0.169	−0.181	0.456	−0.866	0.978	152	19.998	79.993
100	1.33	149	0.464	0.239	−0.398	0.695	−1.263	1.442	151	19.995	99.998
120	1.11	179	0.387	0.007	−0.387	0.702	−1.651	1.794	157	19.996	119.984
140	1.43	149	0.499	0.257	−0.428	0.959	−2.079	2.289	155	19.994	139.978
160	1.04	164	0.363	0.100	−0.349	1.059	−2.784	2.648	156	19.997	159.974
180	1.02	180	0.356	0.000	−0.356	1.059	−2.784	2.978	159	19.997	179.971
200	1.16	151	0.405	0.196	−0.354	1.255	−3.138	3.379	158	19.996	199.967

除要求计算钻孔水平偏距、闭合方位角、垂深等轨迹参数外，还要求计算一些其他参

数。如计算偏斜率，甚至要求计算测点距井筒中心的距离和某一水平切面上各钻孔之间的距离等参数。此时只需要在原数据表格中再加上几列，输入公式后便可进行计算，获得所需结果，计算方便快捷，计算结果准确可靠。

3）利用 AutoCAD 绘制钻孔偏斜平面图

钻孔轨迹参数计算出来以后，还要绘制成图以便直观地反映钻孔轨迹，有利于进一步分析。通常需要绘制的是钻孔偏斜平面图，即根据计算结果绘制出钻孔各测点及测段在水平面上的投影图，并以一定间隔在测点处标上深度值（1 钻孔 1 条轨迹曲线）。以前一般都是在坐标纸上利用铅笔、直尺、圆规、量角器等工具绘制钻孔偏斜平面图，费时费力，且不精确；而利用 AutoCAD 强大的制图功能调用 Excel 计算出来的轨迹参数，便可轻而易举地将钻孔偏斜平面图绘制出来。下面以全角全距法为例，介绍钻孔轨迹参数计算出来后，绘制成平面图的绘制方法。

（1）绘图基本方法。

应用 AutoCAD 绘制钻孔偏斜平面图有两种方法：一种是采用直角坐标系绘图，另一种是采用极坐标系绘图。前者要求将孔口中心作为坐标原点，将大地坐标中的 E 轴作为 X 轴，N 轴作为 Y 轴，即将测斜成果表中的 E 值作为 X 值，N 值作为 Y 值。后者要求将 N 轴作为极轴。需要注意的是，大地坐标中的闭合方位角与极坐标中的角度并不相同。前者是以正北方向为起始边，顺时针方向旋转为正；而后者是以水平向右的方向线为起始边，逆时针方向旋转为正。这就需要进行角度转换，将大地坐标系中的闭合方位角转换成极坐标系中的角度。转换公式为：极坐标角度=90°-闭合方位角角度。

（2）创建坐标值数列。

全角全距法是将钻孔两相邻测点之间的轨迹简化为一条直线段，若用直角坐标系绘图，在 AutoCAD 的命令行应输入直线段的起始坐标和终止坐标，坐标的 X 值和 Y 值用逗号（,）隔开；若用极坐标系绘图，则在命令行应输入直线段的起始极坐标和终止极坐标，极标长度值和角度值之间用符号“<”连接。为便于 AutoCAD 直接调用 Excel 中的数据，需要在 Excel 的测斜数据计算成果表中加入一列坐标值数据。这一列数据单元格中的数据格式要与 AutoCAD 画直线的坐标表达方式一致，如“X，Y”（直角坐标）或“L＜α”(极坐标)。

（3）绘图步骤。

①以钻孔开孔中心为原点，绘出正交的 N 轴和 E 轴。

②将 Excel 表格中用于绘图的坐标值数列复制。

③输入 pline。

④根据提示粘贴坐标值。

⑤回车，自动绘出钻孔偏斜轨迹曲线。

直接应用 AutoCAD 绘图，还可以根据需要将具体工程中的其他内容随意添加上去，如井筒参数、冻结孔布置、群孔偏斜图、冻结孔的偏斜范围等。还可以利用 AutoCAD 中的自动测量功能很方便地测量出同一平面上任意两钻孔落点之间的距离，为冻结温度场计算提供依据。这一优势是一般测斜数据专用处理软件所无法具备的。图 3-30 是应用 AutoCAD 绘制的淮南矿区张集矿东回风井冻结孔偏斜平面总图。

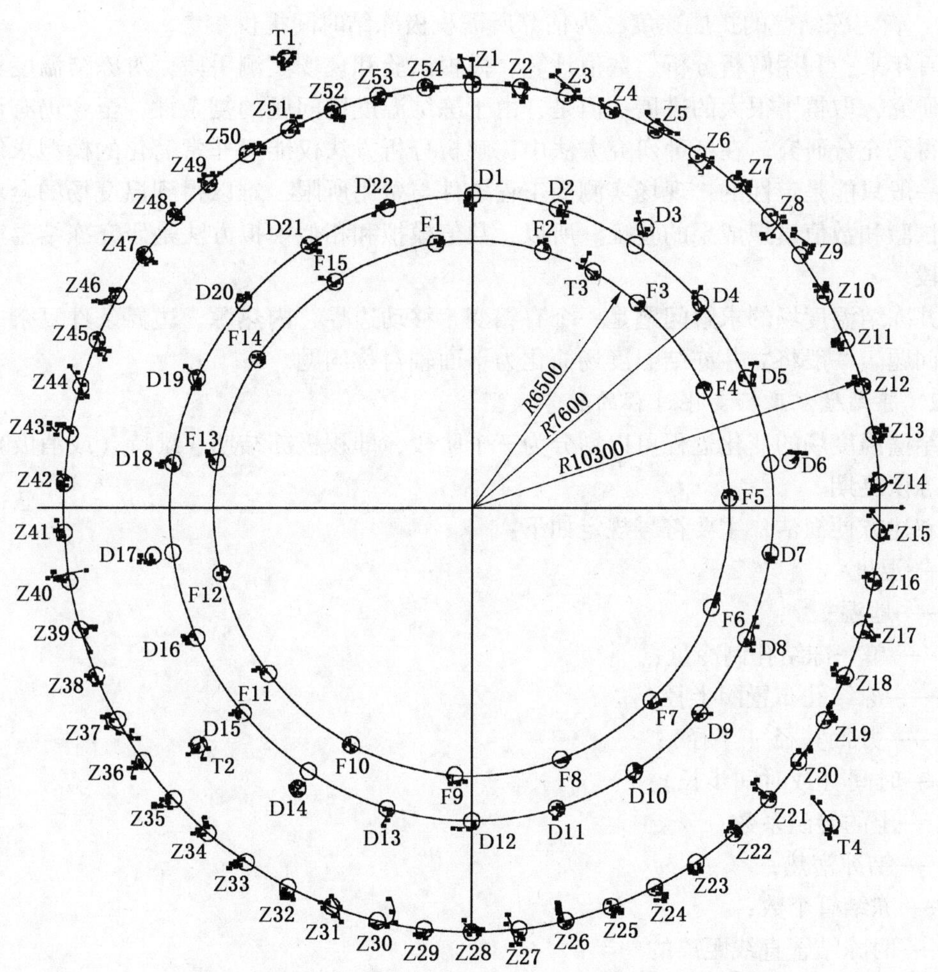

图3-30 淮南矿区张集矿东回风井冻结孔偏斜平面总图

4）小结

应用Excel和AutoCAD进行冻结孔偏斜数据自动处理及绘图，具有方便快捷、准确可靠等特点，较之专用的钻孔轨迹处理软件计算及绘图的内容更为全面、丰富和实用，有更大的拓展空间，而且易学易用。这种冻结孔偏斜数据自动处理及绘图方法为现场测斜数据处理及绘图实现自动化提供了一条有效的途径，将大大提高现场的工作效率及准确性。

3.3 冻结壁温度形成规律与冷量控制技术

3.3.1 冻结壁温度形成规律

3.3.1.1 温度场模拟的热力学理论

研究冻结温度场主要有四个目的：

（1）求冻结壁的平均温度，为确定冻土强度提供依据。

（2）确定冻结峰面的位置，用以计算冻结壁的厚度。

（3）计算热量，为确定冻结站的制冷能力提供依据。

（4）确定冻结壁的扩展速度，为估算所需积极冻结时间提供参考。

近百年来，利用解析分析、数值计算、模拟试验和现场实测手段，对冻结温度场进行了深入研究，取得了很大的进展。但是，由于冻结温度场问题的复杂性，至今仍有许多问题尚未得到充分研究。在各种研究方法中，解析分析方法仅能对非常简化的模型求解，所得结果一般只能是定性的；现场实测受工程条件与费用所限，难以得到温度场的全貌，它可作为试验和数值模拟成果的验证。所以，数值模拟和相似模拟方法是研究冻结温度场的有效手段。

立井冻结温度场的求解问题是一个有相变、移动边界、内热源、边界条件复杂的不稳定导热问题。一般将立井冻结温度场简化为平面轴对称问题。

3.3.1.2　冻结壁温度场变化过程的数学模型

冻结壁温度场的变化过程可以划分为三个阶段，即积极冻结期、维持（或消极）冻结期和解冻恢复期。

为叙述方便简洁，主要符号规定如下：

t——温度；

t_0——地温；

q_0——单一冻结孔制冷量；

R_0——冻结孔布置圈半径；

R_α——井筒荒径（半径）；

τ——时间（或时间步长）；

a——土的导温系数；

Q——结冰潜热；

n——冻结管个数；

d——两冻结管直线距离的一半；

r——平面上极坐标矢径；

r_0——冻结管半径；

λ——土的导热系数；

α——放热系数；

t_1、t_2——内外冻结壁温度；

“+”“-”——“融”“冻”状态。

1）积极冻结期

本阶段可分为交圈前时期和冻结壁整体发展时期。

（1）交圈前时期。

冻结壁在交圈前的发展，是以每一冻结孔的中心为圆心、以 r_0 为内半径、沿径向扩展的，当不考虑各管之间的相互影响时，其数学模型为（A）。

$$\frac{\partial t^-}{\partial \tau} = a^-\left(\frac{\partial^2 t^-}{\partial r^2} + \frac{1}{r}\frac{\partial t^-}{\partial r}\right) \tag{3-35}$$

$$\frac{\partial t^+}{\partial \tau} = a^+\left(\frac{\partial^2 t^+}{\partial r^2} + \frac{1}{r}\frac{\partial t^+}{\partial r}\right) \tag{3-36}$$

$$t^{+}(r,\ 0)=t_0 \tag{3-37}$$

$$t^{+}(\infty,\ \tau)=t_0 \tag{3-38}$$

$$-\lambda^{-}\frac{\partial t^{-}}{\partial r}\bigg|_{r=r_0}=\frac{q_0}{2\pi r_0}=q \tag{3-39}$$

当 $r=\xi$ 时，有

$$t^{-}=t^{+}=t^{*} \tag{3-40}$$

$$-\lambda^{-}\frac{\partial t^{-}}{\partial r}+\lambda^{+}\frac{\partial t^{+}}{\partial r}=Q\frac{\mathrm{d}\xi}{\mathrm{d}\tau}\quad(\tau=0,\ \xi=r_0) \tag{3-41}$$

当考虑有冻结管之间的相互影响时，数学模型为（B）。

$$\frac{\partial^2 t^{+}}{\partial r^2}+\frac{1}{r}\frac{\partial t^{+}}{\partial r}=\frac{\partial^2 t^{-}}{\partial r^2}+\frac{1}{r}\frac{\partial t^{-}}{\partial r}=0 \tag{3-42}$$

$$-\lambda^{-}\frac{\partial t^{-}}{\partial r}\bigg|_{r=0}=\frac{q_0}{2\pi r_0} \tag{3-43}$$

当 $r=\xi$ 时，有

$$t^{-}=t^{+}=t^{*} \tag{3-44}$$

$$\lambda^{-}\frac{\partial t^{-}}{\partial r}-\lambda^{+}\frac{\partial t^{+}}{\partial r}=Q\frac{\mathrm{d}\xi}{\mathrm{d}\tau}\quad(\tau=\tau_\alpha,\ \xi=r_0) \tag{3-45}$$

当 $r=d$ 时，有

$$\frac{\partial t}{\partial r}=0 \tag{3-46}$$

$$t^{+}=t_1 \tag{3-47}$$

实际上冻结壁变化应介于（A）和（B）模型之间，模型（A）描述主面的冻结壁变化，模型（B）描述界面的冻结壁变化。

（2）冻结壁整体发展时期。

将交圈之后的冻结壁等效成一圆环，以井筒中心为圆心，初始厚度为 $2\pi R_0/n$，内外半径分别为 $R_0(1-\pi/n)$ 和 $R_0(1+\pi/n)$。此后，该圆环沿径向两侧不等速发展，并将 n 个冻结管的吸热率的和等效成以 R_0 为半径的圆周的吸热率，即 $nq_0=2\pi R_0 q$，其数学模型为（C）。

$$\frac{\partial t_{1,2}^{-}}{\partial\tau}=a^{-}\left(\frac{\partial^2 t_{1,2}^{-}}{\partial r^2}+\frac{1}{r}\frac{\partial t_{1,2}^{-}}{\partial r}\right) \tag{3-48}$$

$$\frac{\partial t_{1,2}^{+}}{\partial\tau}=a^{+}\left(\frac{\partial^2 t_{1,2}^{+}}{\partial r^2}+\frac{1}{r}\frac{\partial t_{1,2}^{+}}{\partial r}\right) \tag{3-49}$$

式中“1”和“2”分别表示冻结管内、外两区间。

$$t_1^{+}(r,\ 0)=t_2^{+}(r,\ 0)=t_0 \tag{3-50}$$

$$t^{-}(r,\ 0)=t(r) \tag{3-51}$$

当 $r=R_0$ 时，有

$$t_1^{-}=t_2^{-} \tag{3-52}$$

$$t_1^{+}(0,\ \tau)\rightarrow\text{有限} \tag{3-53}$$

$$t_2^+(\infty,\ \tau)=t_0 \tag{3-54}$$

当 $r=\xi_1$ 时，有

$$t_1^-=t_1^+=t^* \tag{3-55}$$

$$\lambda^-\frac{\partial t_1^-}{\partial r}-\lambda^+\frac{\partial t_1^+}{\partial r}=Q\frac{\mathrm{d}\xi_1}{\mathrm{d}\tau}\quad\left[\tau=0,\ \xi_1=R_0\left(1-\frac{\pi}{n}\right)\right] \tag{3-56}$$

当 $r=\xi_2$ 时，有

$$t_2^-=t_2^+=t^* \tag{3-57}$$

$$\lambda^-\frac{\partial t_2^-}{\partial r}-\lambda^+\frac{\partial t_2^+}{\partial r}=Q\frac{\mathrm{d}\xi_2}{\mathrm{d}\tau}\quad\left[\tau=0,\ \xi_2=R_0\left(1+\frac{\pi}{n}\right)\right] \tag{3-58}$$

如果计算时间从冻结开始时计，即交圈前时期也用等效环模型，这时，代替式（3-56）和式（3-58）的初始值为

$$\tau=0\qquad \xi_1=\xi_2=R_0$$

这时的模型为（C′）。

2）维持冻结期

此时期的数学模型（D），可引入井筒放热的补充边界条件，其他条件与积极冻结期相同，这时在井帮（R_α）处的热量平衡方程为

$$\lambda^+\frac{\partial t_1^+}{\partial r}\bigg|_{r=R_\alpha}=\alpha(t_\alpha^+-t_1^+) \tag{3-59}$$

式中，$\alpha=\left(\dfrac{1}{\alpha_0}+\sum\limits_{k=1}^{m}\dfrac{\delta_k}{\lambda_k}\right)^{-1}$，$\alpha_0$ 为空气放热系数。

同时，代替式（3-56）和式（3-58）的初始值为

$$\tau=0\qquad \xi_1=L_1\qquad \xi_2=L_2$$

3）解冻恢复期

本期由于冻结管停止吸热，因此与积极冻结期相比较，冻结区方程可以合并为一个，在（$r=R_\alpha$）处，仍保持式（3-59），计时时间从冻结管吸热停止算起，而初始的冻结壁位置为

$$\tau=0\qquad \xi_1=L_1\qquad \xi_2=L_2 \tag{3-60}$$

这一数学模型为（E）。

3.3.1.3 冻结壁平均温度的计算

冻结壁的平均温度是计算冻结壁厚度的基本参数之一。冻结壁的平均温度主要取决于冻结壁的厚度、盐水温度、冻结孔间距、井帮冻土温度等因素，而受冻结管直径的影响较小。

在实际工程中筒形冻结壁不仅径向各点的温度不同，环向各点的温度也有所差别。加上由于钻孔的偏斜，以及每个冻结管在冻结过程中的差别，实际形成的冻结壁是不均匀的，要精确计算冻结壁的平均温度是困难的。一般近似地按冻结孔最大间距处主、界面冻结壁平均温度之和的一半来计算。

现有的冻结壁平均温度计算公式可分为三类：

第一类是由纯理论推导得出的，如特鲁巴克公式是由单个冻结管传热条件推导出来的，未考虑邻近冻结管的相互影响和井筒的实际冻结状况，计算出来的冻结壁平均温度偏高。

第二类是通过模拟试验得出的半经验公式，如纳索诺夫-苏普利克公式，但模拟试验冻结过程的冻结壁厚度较小，且未考虑井筒的实际冻结状况，计算结果只能在较小的范围内应用。

第三类是通过实测得出经验公式，如斯捷潘诺娃公式，它比较接近实际，但由于利用该公式时需事先掌握冻结管外壁的温度情况，而该温度受冻结管内盐水运动状况、冻结时间和冻结壁厚度等因素的影响，很难精确计算，加上该公式未考虑井帮冻土温度对冻结壁有效厚度的平均温度的影响，适用范围也受到一定的限制。

陈文豹、汤志斌在潘集冻结试验井、潘一矿东风井和潘二矿南风井的冻结壁温度场试验实测和理论基础上，对冻结壁的平均温度特性和内外侧厚度比值等进行了分析研究，提出在冻结管直径为 159 mm 和盐水为层流状态时，冻结壁平均温度的经验公式（成冰公式）为

$$t_{0c} = t_b\left(1.135 - 0.352\sqrt{l} - 0.875\frac{1}{\sqrt[3]{E}} + 0.266\sqrt{\frac{l}{E}}\right) - 0.466 \tag{3-61}$$

$$t_c = t_{0c} + \Delta t_n \tag{3-62}$$

式中 t_{0c}——按 0 ℃边界线计算的冻结壁平均温度，℃；

t_b——盐水温度，℃；

l——冻结孔间距，m；

E——冻结壁厚度，m；

t_c——冻结壁有效厚度的平均温度，℃；

t_n——最大地压水平处的井帮冻土温度，℃；

Δ——井帮冻土温度每升高或降低 1 ℃对冻结壁有效厚度的平均温度的影响系数，一般取 0.25~0.30，当井帮土壤温度为正温时取 0。

3.3.1.4 *冻结壁温度场数值模拟方法*

1）数值模拟方法概述

目前，数值模拟方法有很多种，如有限差分法、有限单元法、边界单元法、离散单元法等。这些方法在不同的应用领域内起着重要作用。数值模拟有着其他研究方法无法比拟的优越性。它可以考虑众多影响因素，进行多方案的快速对比，在参数敏感性分析中具有明显优势。此外，很多数值模拟软件具有强大的前处理和后处理功能，显著提高了输入和输出结果的可视化程度。以上特点决定了数值模拟方法应用的广泛性。

在岩土工程方面，随着工程建设规模和复杂程度的不断加大，岩土工程所面临的荷载、岩土性质、边界条件等也愈加复杂，许多工程问题离开大型数值模拟软件和高速电子计算机是无法进行理论分析的。因此，数值模拟方法已成为研究大型和复杂的岩土工程中形变、应力、强度和稳定性等问题的主要手段之一。

当然，数值模拟也并非完美无缺。因为其求解问题的方法，要么是对基本方程和相应定解条件的直接近似求解；要么是求解原问题的等效积分方程的近似解，或者将连续的无

限自由度问题变成离散的有限自由度问题再求近似解等。因此，数值模拟的解仍是近似解，加之对岩土的本构关系还没有完全研究透彻，岩土基本物理力学参数的确定和选取还存在较大的或然性。数值模拟方法是在不断发展的，其求解结果的准确性、实用性等也会越来越高。

深厚冲积层中冻结壁温度场的研究是一个相当复杂的岩土工程问题，必须运用包括数值模拟在内的现代研究手段，才有可能较为准确和快捷地研究深厚冲积层中冻结壁的特性。本节拟用目前国际上较著名的 ANSYS 有限元计算分析软件，对深厚冲积层冻结壁温度场进行分析和研究。

2）计算程序简介

ANSYS 是融结构、热、流体、电磁、声学于一体的大型通用有限元分析软件，可广泛应用于核工业、铁道、石油化工、航空航天、机械制造、能源、汽车交通、国防军工、电子、土木工程、造船、生物医学、轻工、地矿、水利、日用家电等一般工业及科学研究，被广泛认为是功能最丰富的有限元软件。该软件提供了一个不断改进的功能清单，具体包括：结构高度非线性分析、电磁分析、计算流体动力分析、设计优化、接触分析、自适应网格划分、大应变/有限转动功能以及利用 ANSYS 参数设计语言（APDL）的扩展宏命令功能。

ANSYS 程序是一个功能强大的、灵活的设计分析及优化软件包。该软件可浮动运行于 PC 机、NT 工作站、UNIX 工作站乃至巨型机的各类计算机及操作系统中，数据文件在其所有的产品系列和工作平台上均兼容。其多物理场耦合的功能，允许在同一模型上进行各式各样的耦合计算，如热-结构耦合、磁-结构耦合及电-磁-流体-热耦合。在 PC 机上生成的模型同样可运行于巨型机上，这样就保证了所有的 ANSYS 用户的多领域多变工程问题的求解。

ANSYS 有限元分析软件具有强大的功能，其主要的技术特点有：

（1）唯一能实现多场及多场耦合分析的软件。

（2）唯一能实现前后处理、求解及多场分析统一数据库的一体化大型 FEA 分析软件。

（3）唯一具有多物理场优化功能的 FEA 软件。

（4）唯一具有中文界面的大型通用有限元分析软件。

（5）具有强大的非线性分析功能。

（6）具有使用于不同的问题和硬件配置的多种求解器。

（7）支持异种、异构功能网络浮动，在异种、异构平台上支持界面统一，数据文件通用。

（8）强大的并行计算功能，支持分布式并行和共享内存式并行。

（9）多种用户网格划分技术。

对于本节所讨论的冻结壁的温度场分析计算，ANSYS 软件主要具有以下突出的优点：

（1）可以用单元数据表实现水在不同相态下具有不同导热系数及比热从而可设置未冻土与冻土的导热系数与比热随温度的变化值。

（2）ANSYS 瞬态热分析中最强大的功能之一就是可以分析相变问题。

（3）在后处理中，ANSYS 设定了代表输出数据的变量，可直接在程序中进行加、减、乘、除、积分、微分等数学运算，并可以作出两变量之间的函数关系曲线，所以可以比较方便地作出冻结壁温度场变化曲线，进而可求得冻结壁平均温度值。

3）温度场有限元数值模拟原理

考虑热传导现象，根据能量守恒原理，空间任一微分单元体内，因热传导而聚集的热量与单元体本身产生的热量之和，必等于该单元体温度升高所容纳的热量。其数学表达式，即热传导微分方程为

空间热传导 $$a\left(\frac{\partial^2 t}{\partial x^2}+\frac{\partial^2 t}{\partial y^2}+\frac{\partial^2 t}{\partial z^2}\right)+\frac{Q}{c\rho}-\frac{\partial t}{\partial \tau}=0 \tag{3-63}$$

平面热传导 $$a\left(\frac{\partial^2 t}{\partial x^2}+\frac{\partial^2 t}{\partial y^2}\right)+\frac{Q}{c\rho}-\frac{\partial t}{\partial \tau}=0 \tag{3-64}$$

利用变分法中的欧拉公式，可在相同的初始条件和边界条件下，使热传导微分方程等价于下述泛函数取最小值：

$$\Phi(t)=\iiint_G\left\{\frac{\alpha}{2}\left[\left(\frac{\partial t}{\partial x}\right)^2+\left(\frac{\partial t}{\partial y}\right)^2+\left(\frac{\partial t}{\partial z}\right)^2\right]+\left(\frac{\partial t}{\partial \tau}-\frac{Q}{c\rho}\right)t\right\}\mathrm{d}x\mathrm{d}y\mathrm{d}z \tag{3-65}$$

$$\Phi(t)=\iint_G\left\{\frac{\alpha}{2}\left[\left(\frac{\partial t}{\partial x}\right)^2+\left(\frac{\partial t}{\partial y}\right)^2\right]+\left(\frac{\partial t}{\partial \tau}-\frac{Q}{c\rho}\right)t\right\}\mathrm{d}x\mathrm{d}y \tag{3-66}$$

取最小值的条件式是

$$\frac{\partial \Phi(t)}{\partial t}=0 \tag{3-67}$$

采用有限单元法求解温度 t 的实质是：把区域 G 划分为有限个单元体，以单元体的节点温度为参数，选取简单的代数式表示单元体内的温度场。各单元的温度场拼集起来，便是整个区域的温度场。为了使这种温度场近似于实际温度场，需做到以下三点：

（1）每个节点的温度必须近似于该处的实际温度。

（2）单元体的大小必须与温度梯度相适应，温度变化急剧的部位，单元体应划小。

（3）在单元的界面上温度变化保持连续。

第（2）、（3）点可通过划分单元及选取温度函数来做到，为做到第（1）点，应使温度 t 的泛函 $\Phi(t)$ 满足条件式（3-67），其物理意义是，使区域 G 在热传导的任何瞬时，均处于稳定导热的热平衡状态。

模拟平面热传导，采用三角形单元网格划分较为方便，对单元网格做以下规定：

（1）冻结管所在节点，其温度按已知规律下降，预先给定。

（2）其他各节点在初始时刻，其温度均取地层原始温度。

（3）边界节点不受冻结管影响，其温度保持不变。

（4）结冰区和未结冰区界面的温度，取土体结冰温度，在此界面上放出结冰潜热。

（5）结冰区和未结冰区各有确定的比热、导热系数和导温系数。

ANSYS 热分析基于能量守恒原理的热平衡方程，即热力学第一定律：

$$Q-W=\Delta U+\Delta KE+\Delta PE \tag{3-68}$$

式中 Q——热量；

W——做功；

ΔU——系统内能；

ΔKE——系统动能；

ΔPE——系统势能。

对于多数工程传热问题：$\Delta KE=\Delta PE=0$；通常考虑没有做功：$W=0$，则有 $Q=\Delta U$；对于稳态热分析：$Q=\Delta U=0$，即流入系统的热量等于流出的热量；对于瞬态热分析：$q=\frac{\mathrm{d}U}{\mathrm{d}t}$，即流入或流出的热传递速率 q 等于系统内能的变化。

ANSYS 热分析用有限元法计算各节点的温度，并导出其他热物理参数。本课题研究的冻结温度场是一个瞬态的过程，并在冻结过程中伴随着相变过程的发生，是一个较复杂的过程。在这个过程中系统的温度、热流率、热边界条件以及系统内能随时间都有明显变化。根据能量守恒原理，瞬态热平衡可以表达为

$$[C]\{\dot{T}\}+[K]\{T\}=\{Q\} \tag{3-69}$$

式中 $[K]$——传导矩阵，包含导热系数、对流系数及辐射率和形状系数；

$[C]$——比热矩阵，考虑系统内能的增加；

$\{T\}$——节点温度向量；

$\{\dot{T}\}$——温度对时间的导数；

$\{Q\}$——节点热流率向量，包含热生成。

3.3.1.5 冻结壁温度场数值模拟实例

1）模拟原型基本特征

以张集矿东进风冻结井筒为计算模型，第四系松散层底界 271.25 m；二叠系地层 271.25~1067.80 m，总厚度 796.55 m，基岩风化带底界 317 m，厚 45.75 m，其中强风化带深度为 293.25 m，厚 22 m。存在第四系、第三系中含上段、第三系中含下段 3 个含隔水层组。其井筒技术特征见表 3-47。

表 3-47 东进风井冻结井筒技术特征

参数		单位	数值
井口绝对标高		m	+26.500
井底水平绝对标高		m	-970.000
井筒深度	井底水平以上	m	996.500
	井底水平以下	m	31.000
井筒净直径		m	7.2
井筒净断面		m^2	40.72
表土深度（含回填）		m	277.69
风化带深度（含回填）		m	323.19
冻结深度（含回填）		m	374.0
冻结段井壁生根深度		m	363.00
井壁厚度	冻结段	mm	1100~1575
	基岩段	mm	450~550
井筒总深度		m	1027.500

（1）布孔方式。

设计采用“主排孔+辅助孔+防片孔”方式。主排孔长管 373 m，短管 324 m；辅助孔采用全深冻结方式，以穿过表土层深入风化带 5 m 为原则，其深度为 285 m；防片孔冻结深度为 160 m。

（2）制冷工况。

积极期盐水温度为-34 ℃左右，高温季节冷凝温度为+35 ℃。为了及时掌握与控制盐水系统运转情况与盐水漏失现象，保证冻结壁的均衡发展和安全，从冻结开始至结束，在现场采用了测温装置，计算机自动、定时采集盐水温度数据。现场实测得到的盐水去、回路温度随时间变化如图 3-31 所示。

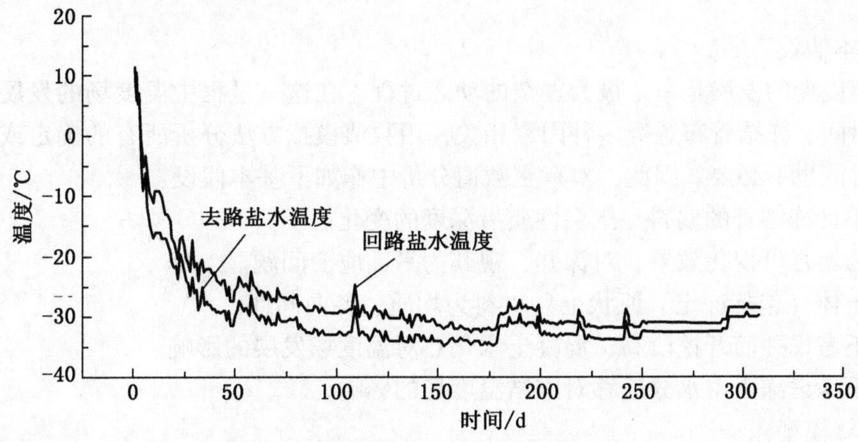

图 3-31　冻结管盐水去、回路温度随时间变化图

由图 3-31 可知，去、回路盐水温差由开冻的第 29 天的 6.3 ℃至第 150 天的 2.0 ℃呈线性减小，以后温差基本保持在 1.4~2.0 ℃，这说明冻结开始时热交换量大，以后逐渐减小；进入维护冻结期时，热交换达到稳定，此时冻结温度场可近似为稳定温度场。

井筒冻结参数见表 3-48。

表 3-48　井筒冻结参数

序号	参数		单位	数值	备注
1	井筒净直径		m	7.2	
2	开挖最大直径		m	9.96	
3	防片孔	圈径	m	12	ϕ140 mm×6 mm 冻结管
		孔数	个	15	
		开孔间距	m	2.513	
		深度	m	160	
4	辅助孔	圈径	m	13.6	ϕ159 mm×6 mm 冻结管
		孔数	个	20	
		开孔间距	m	2.136	
		深度	m	285	

表 3-48（续）

序号	参数		单位	数值	备注
5	主冻结孔	圈径	m	18.5	ϕ159 mm×6 mm 冻结管
		孔数	个	48	
		开孔间距	m	1.21	
		深度	m	373/324	
6	水文观测孔布置（深度/个数）		m/个	55/1；88/1；220/1；250/1	布置在距井心 1.5 m 圆周上
7	测温孔布置（深度/个数）		m/个	373/3；285/1	

2）基本假设

冻结温度场的发展是一个极为复杂的动态过程，在这一过程中温度场的发展与土层性质、冻结时间、冻结管布置等多种因素相关，用数值模拟方法分析所有的确定或不确定性因素既不可能也不必要。因此，本章在数值分析中作如下基本假设：

（1）不计冻结管的偏斜、土层性质沿深度的变化。

（2）为增强可视化效果，对深井，视其为平面应变问题。

（3）土体（包括冻土、原状土）材料为均质、各向同性。

（4）不考虑井筒开挖段高、混凝土水化热对温度场发展的影响。

（5）不考虑冻土中水分迁移对冻结温度场的影响。

3）计算模型

对复杂的实体工程问题进行数值分析时，首先必须建立合理的计算模型，使工程问题适合应用数值方法求解。以张集矿东进风井为模拟计算模型。井筒净直径 7.2 m，开挖荒径 9.96 m，主排孔布置圈径 18.5 m，辅助孔布置圈径 13.6 m，分析区域外径取 160 m。

在 ANSYS 程序中，有限元的网格是由程序自己来完成的，用户所要做的就是通过给出一些参数与命令来对程序实行“宏观调控”，网格划分对模拟结果与模拟速度起关键性作用。为了合理划分单元，使计算结果趋于精确，本计算模型中距冻结管较远的区域单元划分较疏，距冻结管较近的区域单元划分较密，如图 3-32 所示。

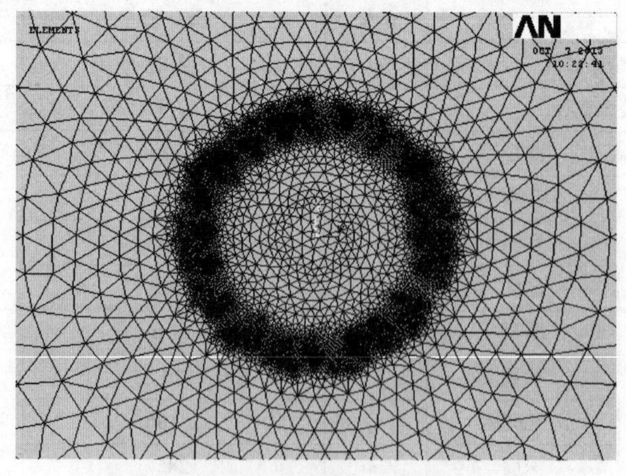

图 3-32 数值计算模型网格划分示意图

由于冻结温度场是一个非线性的瞬态的并伴随相变发生的问题，因此数值模拟中一般选取低阶的热单元，本模型采用三节点三角形的二维实体热单元 PLANE55 来进行网格划分，如图 3-32 所示。

4）荷载及初始条件

（1）荷载条件。数值计算中，将每一根冻结管视为模型中的单一节点来处理，因此施加于分析模型中的恒荷载即为节点的温度荷载，如图 3-33 所示。

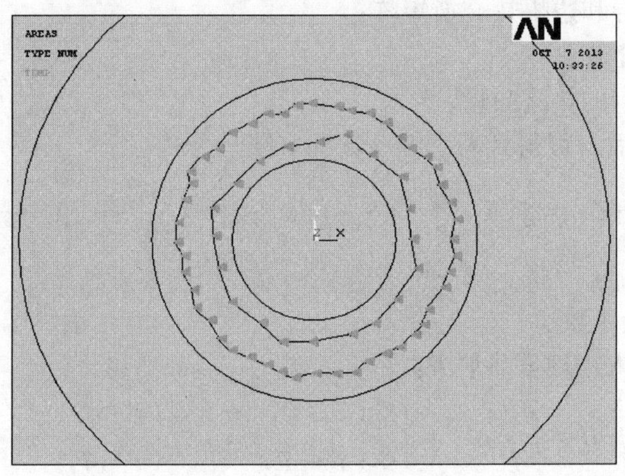

图 3-33　数值计算模型温度荷载示意图

节点的温度荷载（冻结管表面温度）的取值由图 3-33 给出。在 ANSYS 软件中，可运用函数工具（Functions）加载复杂的荷载条件到模型上。通过对图 3-31 中的曲线进行拟合所得到的盐水温度随时间的变化关系式如下：

$$\text{temp} = -5.2023\ln(\text{day}) - 5.8125 \tag{3-70}$$

（2）初始条件。土体初始温度+22 ℃。

5）计算参数的选取

冻结温度场的发展是一个非线性的瞬态问题，其热参数是随温度变化而变化的。冻土和原状土的主要区别在于其中含有冰，这直接导致了两种土性在密度、比热和导热系数等热物理参数上的差异。土层在融解状态及冻结状态下的热性能参数，参考中国科学院兰州冰川冻土研究所对两淮矿区黏土的热性能试验测定结果而选取。本书数值计算模型的参数见表 3-49。

表 3-49　数值计算参数选取表

土体状态	密度/($kg \cdot m^{-3}$)	导热系数/($kcal \cdot m^{-1} \cdot h^{-1} \cdot ℃^{-1}$)	比热/($kcal \cdot kg^{-1} \cdot ℃^{-1}$)
冻土	2020	1.66	0.19
原状土	1700	1.20	0.20

伴有相变的热传导问题的特点是固液两态的相界面位置未知且移动，并在相界面处伴有潜热的释放、吸收，这类问题又称为移动边界问题，数学上称为 Stefan 问题，土壤的冻结过程即为此类问题。此类问题除极少数简单情况能进行分析求解外，主要以数值方法求

解，包括近似积分法、摄动法、焓法和显热容法等。其中显热容法较为简单和实用，并易于进行三维推广，本书即采用此种方法。其思想是把相变潜热折算成在一个小的温度范围内的显热容，显热容大小由相变潜热和相变温度范围所决定，从而将原 Stefan 问题转化为在同一区域内的单相非线性瞬态导热问题。

相变热传导问题的有限元求解离散公式为

$$[C]\{\dot{T}\}+[K]\{T\}=\{R\} \tag{3-71}$$

式中 $[K]$——热传导和边界热交换矩阵；

$[C]$——热容矩阵；

$\{R\}$——各节点的热流向量。

对时间差分离散后，可得到瞬态温度场的有限元公式：

$$\left(\xi[K]+\frac{[C]}{\Delta t}\right)\{T\}_t=\xi\{R\}_t+(1-\xi)\{R\}_{t-\Delta t}+\left\{\frac{[C]}{\Delta t}-(1-\xi)[K]\right\}\{T\}_{t-\Delta t} \tag{3-72}$$

式中 ξ——时间差分系数。

为了处理潜热引入物理量热焓 H：

$$H=\int_{T_f}^{T}C_P\mathrm{d}T=\begin{cases}C_P(T-T_f)+L & (T\geqslant T_f)\\ C_P(T-T_f) & (T<T_f)\end{cases} \tag{3-73}$$

式中 T_f——相变温度；

L——潜热。

对于每个单元有

$$H^e=\sum_1^4 N_i(x,\ y)H_i(t)=[N]\{H\}^T \tag{3-74}$$

单元的热焓值判据为

$$\begin{cases}\text{如果 } 0<H^e<L & (\text{单元发生相变})\\ \text{如果 } H^e\leqslant 0,\ H^e\geqslant L & (\text{则无相变发生})\end{cases}$$

于是，潜热的影响可通过热容的变化表示，相变单元上的等效热容 $\langle C_P\rangle$ 的计算式为

$$\langle C_P\rangle=\frac{\mathrm{d}H}{\mathrm{d}T}=\frac{\partial H/\partial x\cdot\partial T/\partial x}{(\partial T/\partial x)^2}+\frac{\partial H/\partial y\cdot\partial T/\partial y}{(\partial T/\partial y)^2} \tag{3-75}$$

相界面位置在求出每个时间步的温度分布后确定。

在 ANSYS 程序中考虑此类问题时，亦是通过定义材料的焓随温度变化来考虑熔融潜热。焓的单位是 J/m^3，是密度与比热的乘积对温度的积分：

$$H=\int\rho\cdot C(t)\mathrm{d}T \tag{3-76}$$

根据上式，求得土冻结时的焓值变化曲线，如图 3-34 所示。

6）模拟结果及分析

（1）冻结壁温度分布。

在张集矿东进风井冻结施工过程中，为了监测冻结壁在冻结过程中的发展情况，判断

冻结壁的交圈时间、厚度和温度，以便及时采取相应的措施。总共设计了 4 个测温孔，分别为 T1、T2、T3、T4，其布置情况如图 3-35 所示。为了便于将数值模拟与现场实测相对照，以下选取同样的 4 个位置进行研究。

冻结壁的温度分布状况取决于许多因素，而其中重要因素是冻结管的间距和冻结持续时间，当冻结管的间距一定时，冻结持续时间尤为重要。对于现场埋设的 4 个测温孔，其现场实测和数值模拟的温度分布状况如图 3-36~图 3-39 所示。

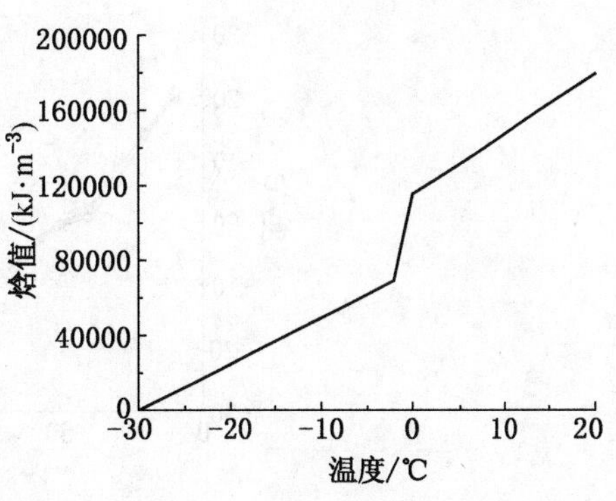

图 3-34　焓值随温度变化曲线

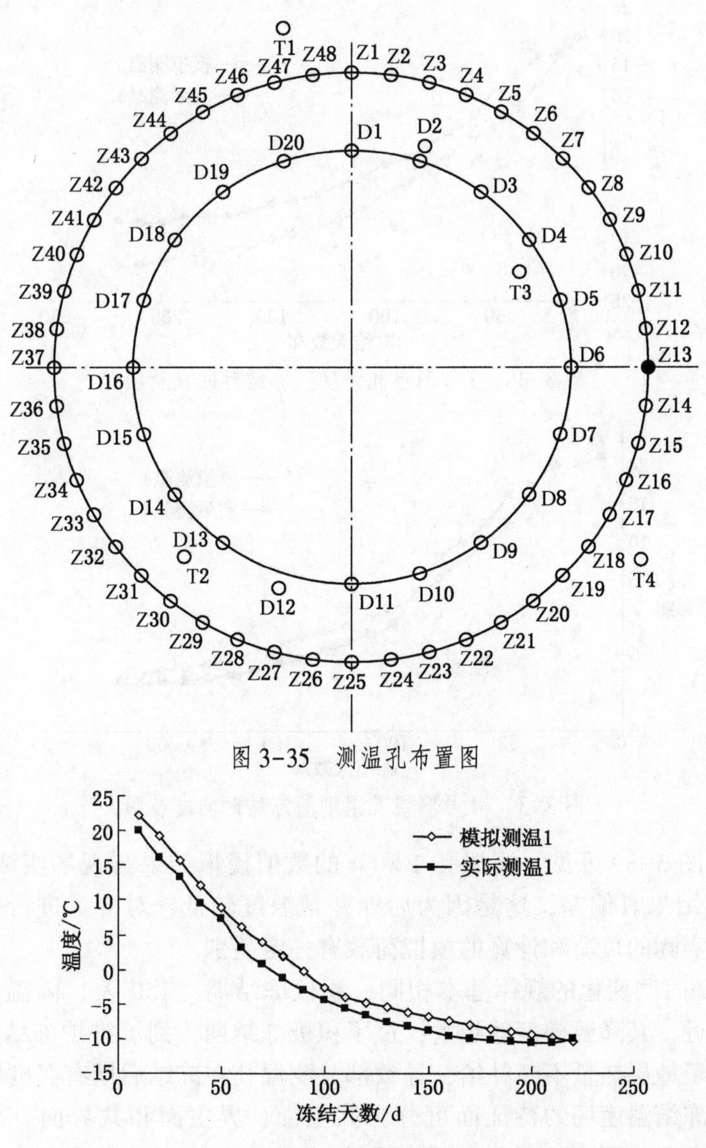

图 3-35　测温孔布置图

图 3-36　1 号测温孔温度随冻结时间发展图

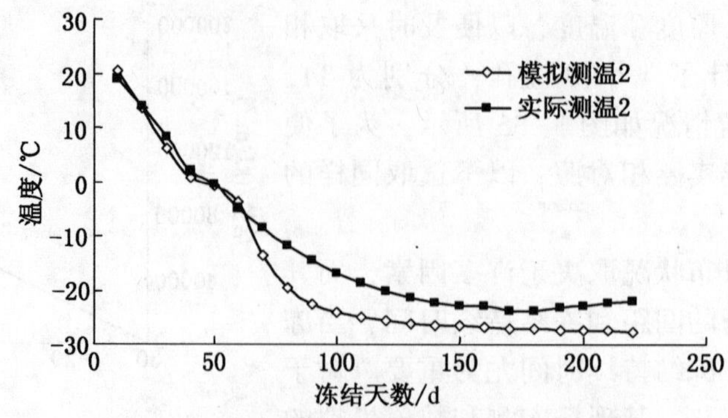

图 3-37　2 号测温孔温度随冻结时间发展图

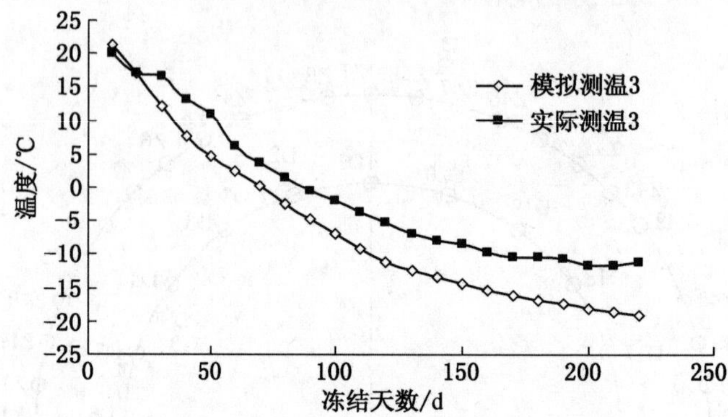

图 3-38　3 号测温孔温度随冻结时间发展图

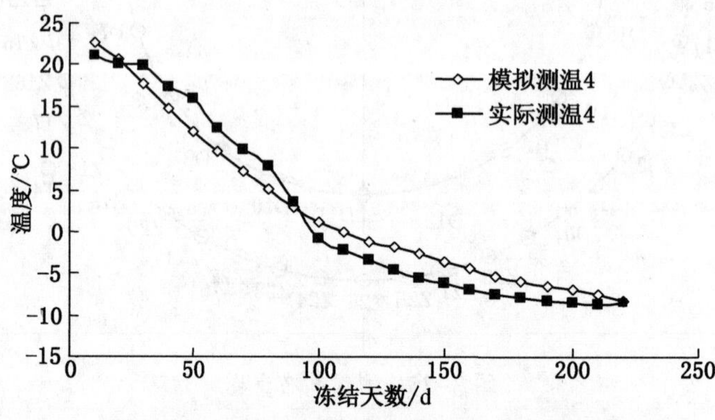

图 3-39　4 号测温孔温度随冻结时间发展图

由图 3-36~图 3-39 可见，测温孔 1 和 4 的数值模拟结果与现场实测结果基本吻合，2、3 号测温孔的结果有偏差，这是因为后期井帮温度较低，对冷量进行控制的结果，而在加载过程中，实际的负荷和计算的模拟荷载有一定差别。

4 个测温孔随时间变化的规律基本相同，积极冻结期（150 天）降温梯度较大，且距离两排冻结管越近，其降温梯度就越大；过了积极冻结期，到了维护冻结期，测温孔的降温较为缓慢，由于地层热量不断补给，导致部分测温孔在冻结后期有温度回升现象。

对于双排管冻结温度场的特征面可分为共主面、界主面和共界面。而对于本计算模型，由于冻结管布置的原因，不会出现共界面这一特征面。共主面和界主面上的温度分布状况如图 3-40 和图 3-41 所示。

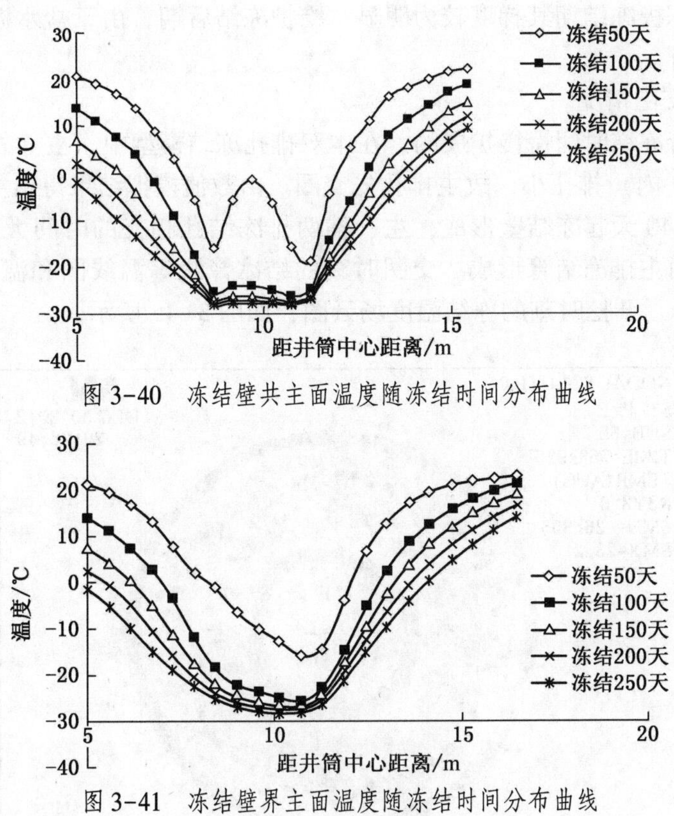

图 3-40 冻结壁共主面温度随冻结时间分布曲线

图 3-41 冻结壁界主面温度随冻结时间分布曲线

（2）冻结壁平均温度。

冻结壁的平均温度也是冻结壁温度场中一个极为重要的参数，由它可以确定冻结壁的强度和稳定性。本计算模型对冻结壁有效厚度内所有的有限元单元进行单元面积与单元平均温度乘积的积分，再将计算出的积分值除以冻结壁有效厚度内所有的单元面积之和，即得出冻结壁有效厚度内的平均温度。其计算结果如图 3-42 所示。

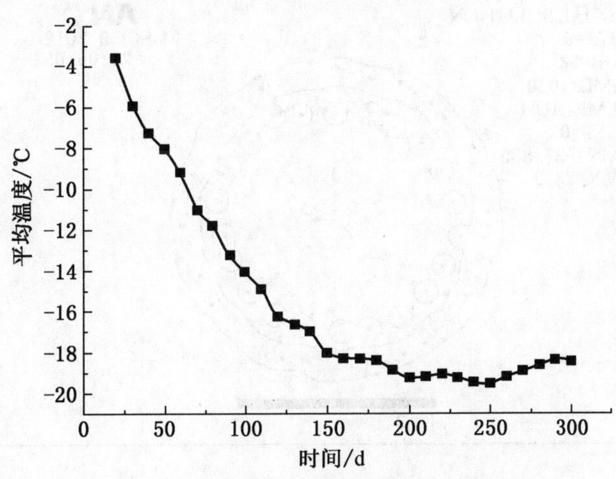

图 3-42 冻结壁平均温度随冻结时间分布曲线

由图 3-42 可见，冻结壁有效厚度内平均温度在积极冻结期和维护冻结期前期呈递减趋势降低，且在积极冻结期其梯度较为明显。维护冻结后期，由于盐水温度升高，冻结壁平均温度略有回升。

（3）冻结壁交圈情况。

冻结壁是随着冻结时间慢慢扩展的，在本双排孔冻结模型中，主（外）孔由于其冻结管布置间距较辅（内）排孔小，故主排孔先交圈。由数值模拟结果得出主排孔的交圈时间大致为 40 天，即 40 天起冻结壁形成，主、辅两排冻结孔相交的时间大致为 40 天，即在此之前冻结壁只由主排冻结管形成。交圈时刻的结冰锋线等温线图和温度场云图如图 3-43 和图 3-44 所示，开挖时刻的冻结温度场云图，如图 3-45 所示。

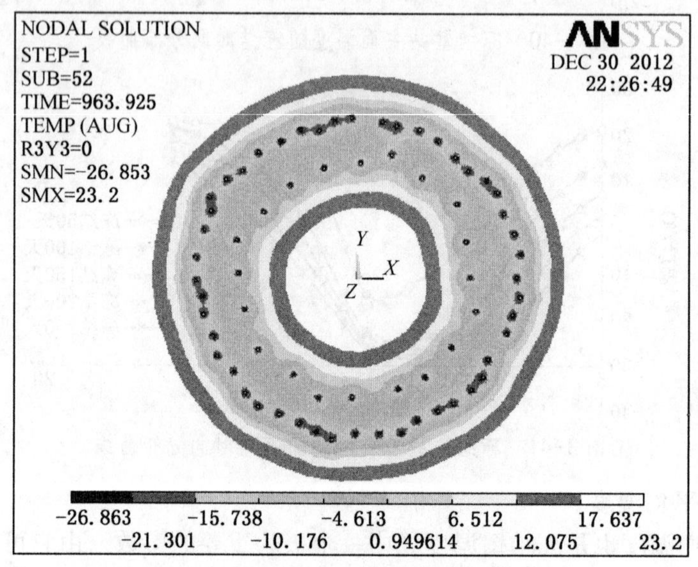

图 3-43　冻结 40 天冻结壁发展云图

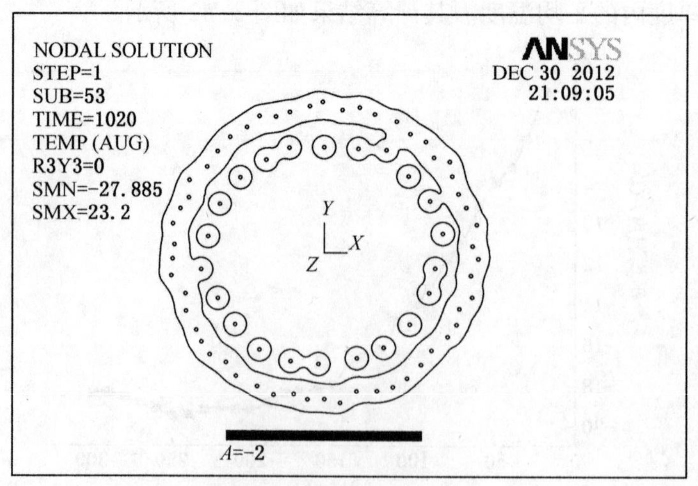

图 3-44　冻结 40 天交圈时刻的结冰锋线等温线图

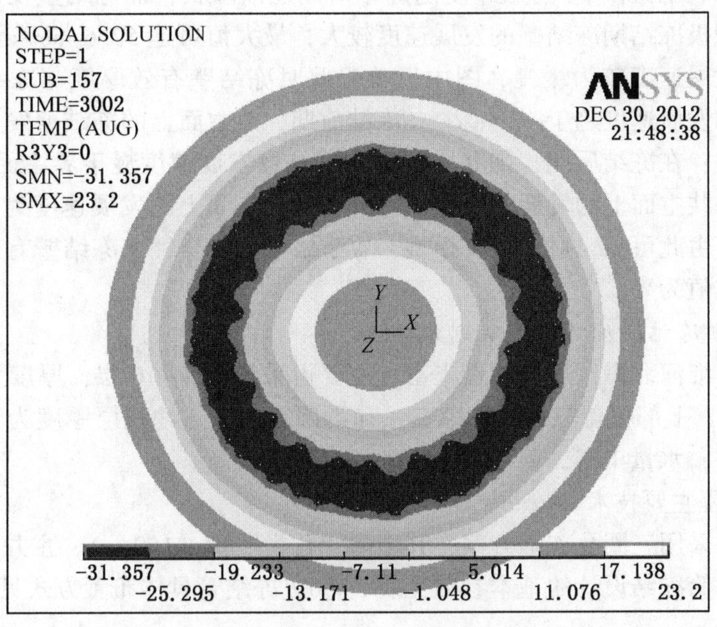

图 3-45　冻结 125 天冻结壁发展云图

（4）冻结壁有效厚度。

在冻结壁有效厚度的计算过程中，对于界主面从 40 天开始计算，对于共主面亦从 40 天开始计算，但在 22~40 天之间共主面上的冻结壁厚度只能考虑主排冻结管所形成的厚度。共主面和界主面上冻结壁有效厚度随冻结时间的变化曲线如图 3-46 所示。

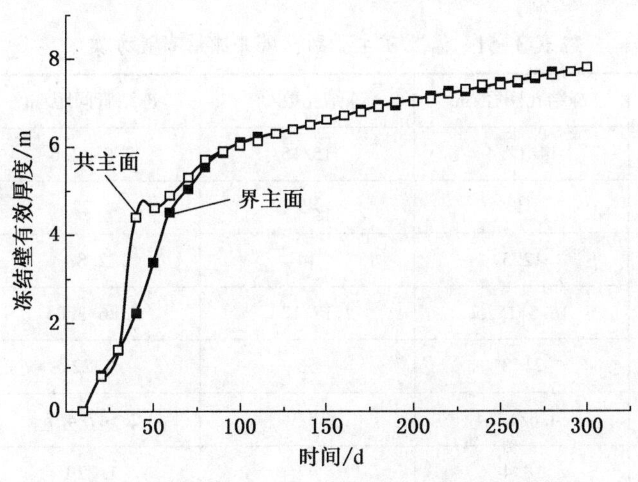

图 3-46　冻结壁有效厚度随时间的变化曲线

张集矿东进风井冻结 250 天，实测冻结壁厚度为 7.6 m。而本次模拟计算在温度场发展 250 天时，冻结壁厚度为 7.5 m，与现场实测基本吻合。

由图 3-46 可见，冻结壁有效厚度随冻结时间逐渐增长，而冻结壁发展速度随冻结时间逐渐减小。积极冻结期冻结壁的发展速度较大，最大值可达 52.6 mm/d。到了维护冻结期，冻结壁的发展速度较为缓慢，图中反映出此时冻结壁有效厚度与冻结时间呈线性分布，即冻结壁的发展速度趋于一定值。在冻结前期，共主面上的冻结壁发展速度较界主面上的发展速度快；在冻结后期，则共主面上的冻结壁发展速度慢于界主面上的发展速度；冻结 110 天后，共主面上的发展速度为 10 mm/d，界主面上的发展速度为 10.5 mm/d，但两者相差不大。由此可见，对于计算模型，鉴于施工的安全性，冻结壁有效厚度的取值应以界主面上的数值为妥。

3.3.1.6 潘北矿冻结温度场温度实测分析

潘北矿位于淮河北岸，煤炭储量丰富。主要可采煤层 4~10 层，厚度为 16~28 m，煤系地层厚 750 m，上部覆盖三叠系、第三系和第四系地层。冲积层厚度为 300~564 m，含 2~3 组含水砂层，水量丰富，稳定性差，地压大，水头高。

1）冻结工程主要技术参数

潘北矿副井采用三圈孔冻结方案，其中防片孔为短管（150 m），主井和风井采用两圈孔冻结方案，井筒冻结设计的基本参数见表 3-50。冻结管具体布置方式见表 3-51。

表 3-50 潘北矿主、副、风井主要技术参数

m

井筒	净直径	井筒深度	表土层厚度	基岩段厚度	冻结深度	冻结壁设计厚度
主井	6	744.6	345.45	347	398	6.3
副井	8.1	744.6	345.29	347	393	7.2
风井	7	744.6	346.5	347	395	6.3

表 3-51 潘北矿主、副、风井冻结布置方案

冻 结 孔		冻结孔圈径/m	冻结孔数/个	冻结管间距/m	冻结深度/m
主井	内圈孔	14/12.4	15/15	2.93/2.6	350
	外圈孔	19	49	1.22	398
副井	防片孔	12.5	14	2.8	150
	中圈孔	16.5/15.5	17/17	2.86/3.04	350
	外圈孔	21.8	56	1.22	393
风井	内圈孔	14.6/13.4	18/9	2.547/4.7	350/185
	外圈孔	18.4	47	1.229	395

2）盐水温度测试结果

施工期间对主井、副井和风井冻结盐水的温度进行了监测，其中风井的实测曲线如图 3-47 所示。

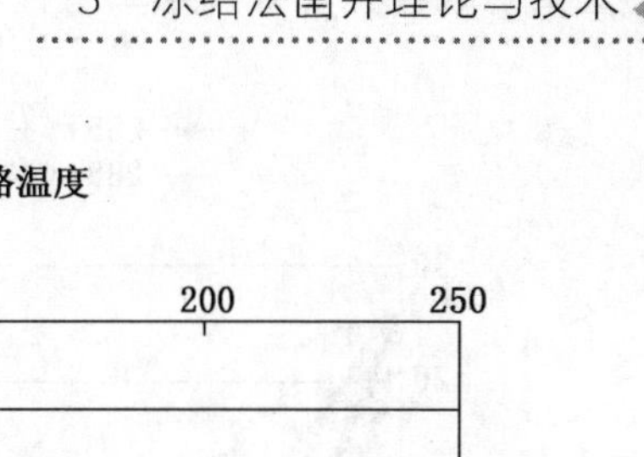

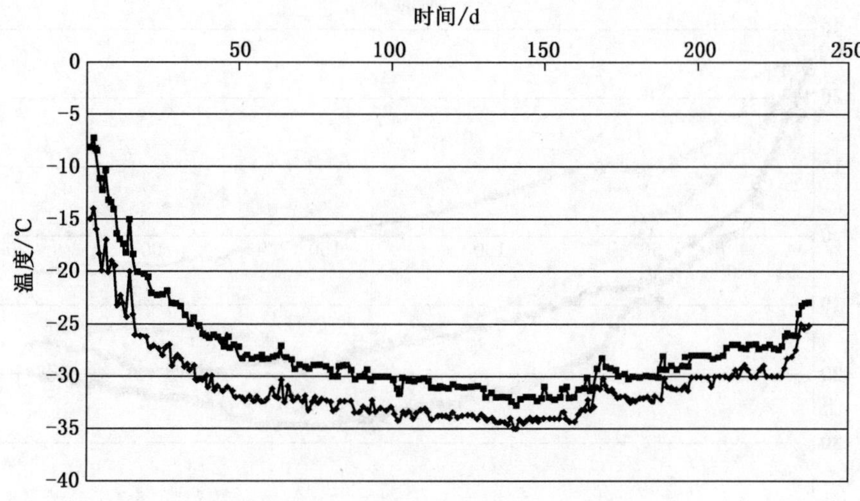

图 3-47 潘北矿风井盐水温度曲线

3）冻结壁温度实测结果

潘北矿表土层很厚，冻结深度大，实际测量效果良好。主、副、风井各设置 4 个测温孔，各井筒的温度分布形态基本一致，其中风井的典型孔的温度实测曲线如图 3-48～图 3-50 所示。

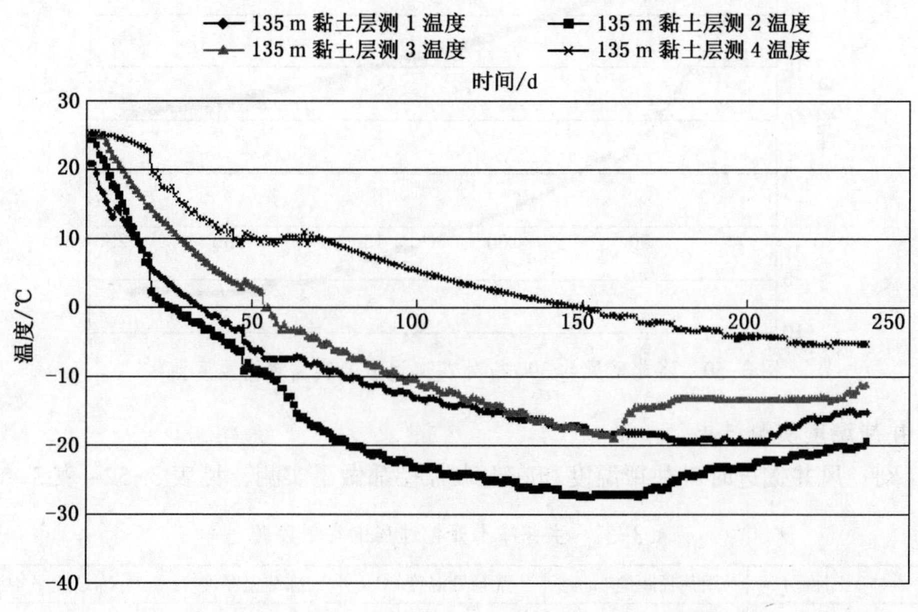

图 3-48 潘北矿风井井深 135 m 处黏土层实测数据温度曲线

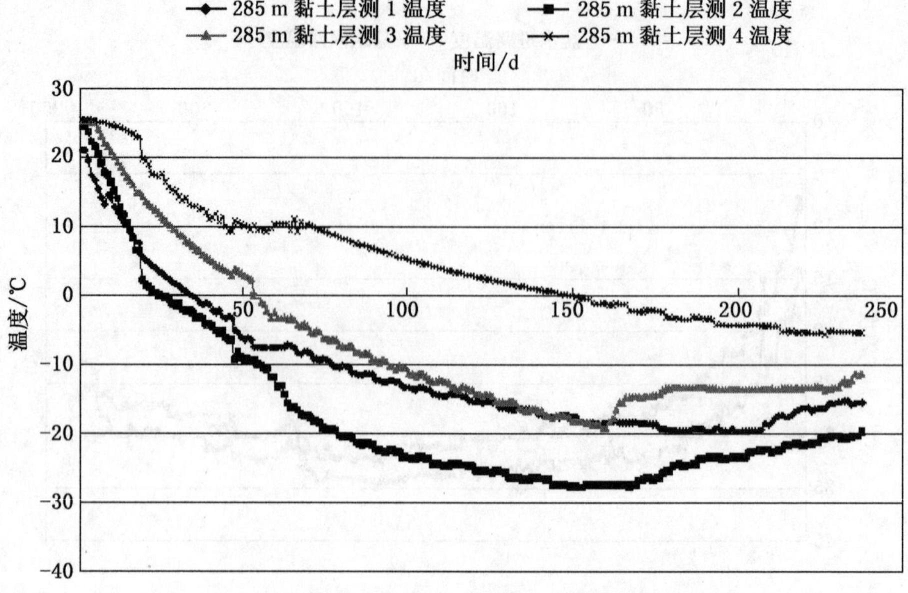

图 3-49 潘北矿风井 285 m 处黏土层实测数据温度曲线

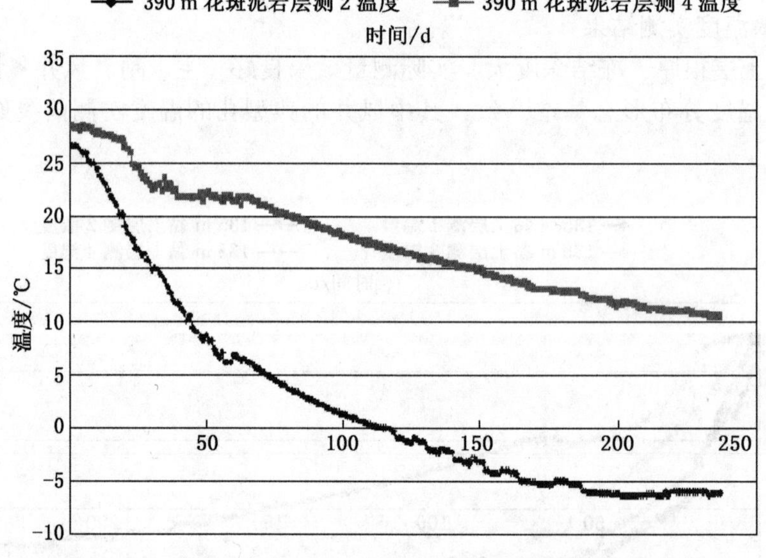

图 3-50 潘北矿风井 390 m 处花斑泥岩层实测数据温度曲线

4）井帮温度实测结果

主、副、风井掘进时对井帮温度和冻土入荒径都做了实测，见表 3-52～表 3-54。

表 3-52 主井冻土开挖过程中实测数据

井深/m	土性	距荒径距离/mm	荒径处温度/℃	冻结壁厚度/m	冻结壁平均温度/℃
50	黏土	0	3.5	6.2	-14.5
95	钙质黏土	50	-1	6.7	-15.5
125	粗砂	100	-3	7.1	-15.5

表3-52（续）

井深/m	土性	距荒径距离/mm	荒径处温度/℃	冻结壁厚度/m	冻结壁平均温度/℃
165	砂质黏土	300	-3.5	7.3	-16.3
205	黏土	500	-4	7.5	-16.6
280	黏土	800	-5.5	7.6	-16.9
340	固结黏土	1000	-7	7.8	-17.1

表3-53 副井冻土开挖过程中实测数据

井深/m	土性	距荒径距离/mm	荒径处温度/℃	冻结壁厚度/m	冻结壁平均温度/℃
40	黏土	400	-5	8.2	-15.6
95	黏土	600	-6	8.6	-16.3
138	粉砂	1100	-7	8.7	-16.7
164	黏土	350	-5	7.8	-15.8
195	细砂	600	-6	8.1	-16.2
226	砂质黏土	900	-6.5	8.4	-16.8
265	黏土	1000	-6.5	8.6	-17.1
310	黏土	1100	-7	8.8	-17.5
340	固结黏土	1250	-8	9	-17.7

表3-54 风井冻土开挖过程中实测数据

井深/m	土性	距荒径距离/mm	荒径处温度/℃	冻结壁厚度/m	冻结壁平均温度/℃
60	黏土	0	1	6.3	-14.5
110	含砾粗砂	0	-0.5	6.5	-14.7
150	粉细砂	100	-2.5	6.7	-15.1
190	粉细砂	330	-3.2	7.2	-15.5
240	粗中砂	500	-3.6	7.4	-15.9
295	钙质黏土	680	-5.1	7.6	-16.2
345	砂质黏土	1000	-6.1	7.8	-16.7

5）测试结果分析

根据主、副、风井的测温孔实测数据和盐水温度实测数据以及实测井帮温度得到如下分析结果：

（1）测温孔降温趋势分析。测温孔温度下降速度（冻结速度）受到土层土质和土层深度的影响。越深的土层初始温度越高，冷量损失也越小，同一种土质，深度越大则降温梯度越大；而不同的土质，热交换速度不同，所以降温梯度也不同。不同土质在同一深度处，冻结速度的大小关系为：粗砾中砂>粗砂>黏质砂土>砂质黏土>固结黏土。

冻结区不同位置冻结情况是不同的，对于井筒荒径内或外圈冻结管外侧的区域，距离冻结管的距离越远，抛物线开口越大，温度下降越缓慢；对于荒径外和外圈冻结管内侧的范围内，距离冻结管相同距离的位置，内排冻结速度高于外排。中圈冻结管和外圈冻结管之间的区域，冻结速度最快。

（2）冻结壁厚度监测结果分析。测温期间，冻结壁厚度随时间发展近似呈抛物线形，前期发展速度较快，后期发展速度较慢并逐渐减小。冻结壁厚度随冻结时间和土层性质不同而发展不一致，在冻结到250天时，固结黏土9 m、砂质黏土8.5 m、细砂8.4 m，冻结壁设计厚度为7.2 m。由此可见，实测冻结壁厚度达到或超过设计冻结壁厚度。

（3）冻结壁温度监测结果分析。冻结期间，冻结壁平均温度随着时间推移一直在下降，直到消极冻结期为止。

冻结壁平均温度从正温降到冰点过程中，降温速度较快，在冻土冰点附近，冻结壁平均温度降低缓慢，降到冰点以下后，降温梯度加大，但到后期降温梯度越来越小。在消极冻结期冻结壁平均实测温度略有减小。冻结300天后，砂土层冻结壁平均实测温度达到-16.5 ℃左右，钙质黏土层冻结壁平均温度达到-16 ℃左右，均达到施工要求，井帮位移很小，说明冻结壁温度和厚度达到了冻结壁稳定性的要求。

（4）井帮温度监测结果分析。井帮温度随着冻结时间推移和掘进深度的增加而不断降低，230 m以上砂层井帮平均温度为-2～-4 ℃，黏土层井帮平均温度在-2 ℃左右。但由于上部地压较小，井帮温度基本满足井筒施工要求。230 m以下砂层井帮平均温度为-4～-6 ℃，固结黏土层井帮平均温度为-6 ℃左右。

6）冻结壁温度场预测分析

根据现场监测测温孔温度数据，考虑井筒掘进变径、盐水冻结温度等因素，利用潘北矿冻结法凿井温度场信息化监测系统分析了主、副、风井掘进速度与冻结壁预测平均温度和平均厚度之间的关系，结果见表3-55～表3-60。

表3-55　主井按掘进速度100 m/月的冻结壁温度场发展状况预测

井深/m	土性	冻结时间/d	距荒径距离/mm	荒径处温度/℃	冻结壁厚度/m	冻结壁平均温度/℃
50	黏土	96	0	3.6	5.9	-14.2
95	钙质黏土	108	44	-0.9	6.3	-15.3
125	粗砂	117	96	-2.7	6.9	-15.3
165	砂质黏土	129	278	-3.4	7.2	-16.1
205	黏土	141	450	-3.5	7.3	-16.2
280	黏土	164	700	-5.0	7.4	-16.5
340	固结黏土	182	980	-6.8	7.5	-16.9

表3-56　主井按掘进速度120 m/月的冻结壁温度场发展状况预测

井深/m	土性	冻结时间/d	距荒径距离/mm	荒径处温度/℃	冻结壁厚度/m	冻结壁平均温度/℃
50	黏土	96	0	3.5	5.8	-14.1
95	钙质黏土	106	38	-0.7	6.2	-15.1
125	粗砂	114	91	-2.6	6.6	-15.2
165	砂质黏土	124	365	-3.2	7.1	-15.9

表 3-56（续）

井深/m	土性	冻结时间/d	距荒径距离/mm	荒径处温度/℃	冻结壁厚度/m	冻结壁平均温度/℃
205	黏土	134	400	-3.3	7.0	-16.0
280	黏土	153	680	-4.8	7.0	-16.1
340	固结黏土	167	960	-7	7.2	-16.8

表 3-57　副井按掘进速度 100 m/月的冻结壁温度场发展状况预测

井深/m	土性	冻结时间/d	距荒径距离/mm	荒径处温度/℃	冻结壁厚度/m	冻结壁平均温度/℃
40	黏土	93	300	-4.5	8.0	-15.4
95	黏土	110	550	-5.9	8.4	-16.1
138	粉砂	123	1000	-6.8	8.5	-16.3
164	黏土	131	320	-4.8	7.2	-15.4
195	细砂	140	560	-5.7	7.7	-15.9
226	砂质黏土	149	820	-6.2	8.1	-16.1
265	黏土	161	930	-6.3	8.4	-16.6
310	黏土	175	1050	-6.7	8.5	-17.0
340	固结黏土	184	1120	-7.2	8.9	-17.4

表 3-58　副井按掘进速度 120 m/月的冻结壁温度场发展状况预测

井深/m	土性	冻结时间/d	距荒径距离/mm	荒径处温度/℃	冻结壁厚度/m	冻结壁平均温度/℃
40	黏土	93	300	-4.5	8.0	-15.4
95	黏土	107	530	-5.7	8.2	-15.9
138	粉砂	118	950	-6.5	8.2	-16.1
164	黏土	125	300	-4.5	7.0	-15.1
195	细砂	133	510	-5.5	7.5	-15.7
226	砂质黏土	141	800	-6.0	7.9	-15.9
265	黏土	151	900	-6.1	8.2	-16.2
310	黏土	162	980	-6.5	8.2	-16.9
340	固结黏土	170	1090	-7.1	8.8	-17.3

表 3-59　风井按掘进速度 100 m/月的冻结壁温度场发展状况预测

井深/m	土性	冻结时间/d	距荒径距离/mm	荒径处温度/℃	冻结壁厚度/m	冻结壁平均温度/℃
60	黏土	100	0	1	6.3	-14.5
110	含砾粗砂	115	0	-0.2	6.2	-14.5
150	粉细砂	127	80	-2.3	6.4	-14.8
190	粉细砂	139	300	-3.0	7.0	-15.1
240	粗中砂	154	470	-3.5	7.3	-15.7
295	钙质黏土	171	640	-5.0	7.4	-15.9
345	砂质黏土	186	950	-5.8	7.5	-16.2

表3-60　风井按掘进速度120 m/月的冻结壁温度场发展状况预测

井深/m	土性	冻结时间/d	距荒径距离/mm	荒径处温度/℃	冻结壁厚度/m	冻结壁平均温度/℃
60	黏土	100	0	1	6.3	-14.5
110	含砾粗砂	113	0	0	6.0	-14.3
150	粉细砂	123	50	-2.1	6.2	-14.6
190	粉细砂	133	280	-2.9	6.9	-14.9
240	粗中砂	146	450	-3.4	7.2	-15.5
295	钙质黏土	160	600	-4.8	7.2	-15.7
345	砂质黏土	173	940	-5.7	7.7	-16.0

根据对主、副、风井的冻结壁冻土入荒径距离、井帮温度、冻结壁平均温度和冻结壁平均厚度的预测分析得到如下结果：

（1）冻土入荒径预测分析。对主、副、风井冻土入荒径的预测和井筒开挖过程中的实测结果基本一致，3个井筒最后的开挖结果说明按照预测的100~120 m/月的成井速度符合实际情况。开挖过程中“吃”冻土控制在1.1 m左右，提高了开挖速度和成井质量。

（2）井帮温度预测分析。根据主、副、风井的测温孔温度变化趋势和对淮南地区多对井筒的经验分析，预测了测温孔的温度变化曲线。根据未来开挖地层的性质和冻结孔位置采用潘北矿冻结法凿井信息化监测系统对井帮温度进行了预测，发现主井和风井井筒垂深在0~150 m时，井帮温度在4~-3.5 ℃；副井井筒垂深在0~150 m时，井帮温度在0~-6 ℃；主井和风井井筒垂深在150~350 m时，井帮温度在-2~-4 ℃；副井井筒垂深在150~350 m时，井帮温度在-6~-8 ℃，可以按照预测开挖日期和开挖速度进行3个井筒的掘进。

（3）冻结壁平均温度、平均厚度预测分析。采用潘北矿冻结法凿井信息化监测系统对冻结壁温度和冻结壁平均厚度进行了预测，按照成井速度100~120 m/月来开挖，主井、风井冻结壁厚度为5.5~7.5 m，副井冻结壁厚度为7~9.5 m，主井、风井冻结壁平均温度为-13~-15.5 ℃，主井冻结壁平均温度为-15~-17 ℃，完全可以按照预测的开挖时间和开挖速度进行井筒掘进，完全符合设计要求和冻结法凿井技术规程。

7）结论

潘北矿主井和风井采用两圈孔冻结，内排孔插花布置，副井采用三圈孔冻结，有力地保证了冻结壁的强度和厚度，设计要求对于淮南矿区深厚黏土层（垂深350 m左右）井帮温度应控制在-5.5 ℃以下，每百米井筒深度的井帮温度下降梯度为1.5~3 ℃。冻结壁的井帮温度较低，冻结壁的强度高，方可控制冻结壁变形，确保外壁施工质量。施工过程中的实测表明，井帮位移没有或者很小，底鼓也很小。冻结壁平均温度、冻结壁平均厚度和井帮平均温度均达到或超过设计要求，实际冻结效果良好，为井筒掘进施工提供了有力的保证。

通过对主、副、风井的冻土入荒径距离、井帮温度、冻结壁平均温度和冻结壁平均厚度的预测，主井和副井开挖时间提前，提高了主、副、风井的开挖速度，节省了冻结时间和费用，为矿建部门提供了具体的冻结壁参数，保证了井筒的高效、安全、快速掘进。通过潘北矿冻结法凿井信息化监测系统的应用，为潘北矿的建设节省了宝贵的时间，并产生了巨大的经济、社会效益。

3.3.1.7 张集矿新副井冻结壁实例分析

1）工程概况

张集矿中央区第二副井位于淮南市凤台县境内。张集矿全井田采用一矿两井开发模式，即中央区和北区两对井开拓，现矿井核定生产能力为 12.4 Mt/a。根据张集矿矿井开采接替规划，为满足矿井通风和安全生产要求，急需实施安全改建及二水平延深工程。为此，张集矿确定在中央区开凿第二副井。第二副井井筒位于谢桥向斜北翼张集勘探区五线东侧。第二副井检查孔深度比较大，穿过新生界第四系地层后进入煤系地层，穿过上石盒子组、下石盒子组、山西组及太原群一组灰岩，终孔层位为 C34 灰底板。新副检孔和新地层取样孔揭示第四系地层厚度分别为 338.6 m 和 338.85 m；新地层取样孔第四系总厚 338.85 m。第二副井井筒参数见表 3-61。

表 3-61 第二副井井筒参数

序号	项　目		单位	参数
2	井口绝对标高		m	+26.5
3	方位角		(°)	15
4	井底水平绝对标高		m	−820.0
5	井筒深度	井底水平以上	m	846.5
		井底水平以下	m	30.0
6	井筒净直径		m	8.8
7	井筒净断面		m^2	60.82
8	表土层厚度		m	338.00
9	风化带厚度		m	32
10	冻结深度		m	406
11	井壁厚度	冻结段	mm	1200～1700
		基岩段	mm	550～600
12	掘进断面	冻结段	m^2	91.71～119.91
		基岩段	m^2	75.43～88.25
13	支护材料	冻结段		钢筋混凝土
		基岩段		混凝土
14	井筒装备形式			罐笼、箕斗两套提升容器
15	井筒总深度		m	876.50

冻结站于 2012 年 2 月 27 日开机运转，截至 4 月 20 日，运转 54 天。水文观测孔 1 和水文观测孔 2 水位均已溢水，水文观测孔 3 经判断也实际反映报道层位已交圈。4 个测温孔温度下降基本正常，其中测 1 位于外排孔外侧主面上；测 2、测 3 位于主排孔和辅排孔之间，开孔位置在主排孔主面和辅排孔界面的连线上；测 4 位于防片孔内侧，开孔位置在

防片孔的界面上。

2）冻结方案

第二副井井筒净直径 8.8 m，表土段井壁厚度为 1.2 m、1.7 m，最大掘进荒径为 11.306 m、12.306 m，其他基本参数如下：

(1) 冻结盐水温度：t_y = -32 ~ -34 ℃。

(2) 控制层位冻土平均温度：黏土层-15 ℃，钙质黏土层-17 ℃。

(3) 控制层位：黏土层，其深度为 284 m；钙质黏土层，其深度为 332.2 m。

(4) 冻土抗压强度：黏土层-15 ℃时为 3.46 MPa，安全系数 m = 1.5；钙质黏土层-17 ℃时为 5.27 MPa，安全系数 m = 1.5。

(5) 冻结井帮温度：控制层位黏土层不高于-8 ℃。

(6) 主排孔冲积层最大孔间距≤2.4 m，基岩段最大孔间距≤3.0 m。

冻结孔采用“主排孔+辅助孔+防片孔”方式，以满足冻结壁厚度及平均温度的要求。其中，主排孔对冻结壁的形成和维护起主要作用；辅助孔采用全深冻结方式，以穿过表土层深入风化带 5 m 为原则，其深度为 343 m；防片孔采用全深冻结方式，其深度为 200 m。具体布置见表 3-62。

表 3-62　冻结孔布置参数表

冻结孔名称		布置参数	备　注
主排孔	圈径/m	23.3	全深冻结
	孔数/个	61	
	开孔间距/m	1.199	
	深度/m	406	
辅助孔	圈径/m	16.5	全深冻结
	孔数/个	23	
	开孔间距/m	2.253	
	深度/m	343	
防片孔	圈径/m	14.2	全深冻结
	孔数/个	14	
	开孔间距/m	3.073	
	深度/m	200	

冻结施工过程中，确保冻结壁的稳定性和冻结管的安全性至关重要；冻结壁的稳定性取决于冻结壁厚度和温度分布规律，而冻结壁的厚度和温度又取决于冻结孔的偏斜、低温循环盐水温度、盐水流量、原始地温、冻结时间、土性、土层含水量、地下水流速等因素。

采用数值计算软件 ANSYS 对张集矿第二副井冻结温度场进行数值分析。以下计算结果基于张集矿第二副井冻结孔偏斜复测数据、冻土报告、低温循环盐水温度、原始地温等资料。

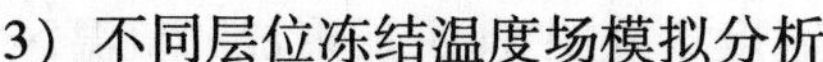

3）不同层位冻结温度场模拟分析

分别截取了累深 50 m、86 m、123 m、168 m、208 m、243 m、290 m、310 m、354 m 和 394 m 共 10 个层位对不同土层冻结壁的形成情况进行数值模拟分析，下面列出部分层位的分析结果。

（1）累深 86 m 层位（黏质粗砂）。86 m 层位冻结温度场发展 54 天所形成的负温区域和冻结温度场云图如图 3-51 和图 3-52 所示。

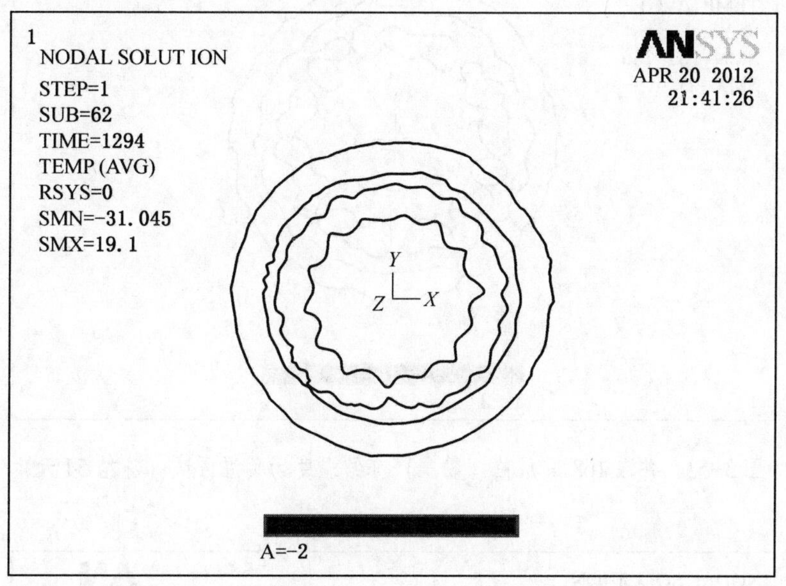

图 3-51 井深 86 m 层位（黏质粗砂）冻结温度场负温区域（冻结 54 天）

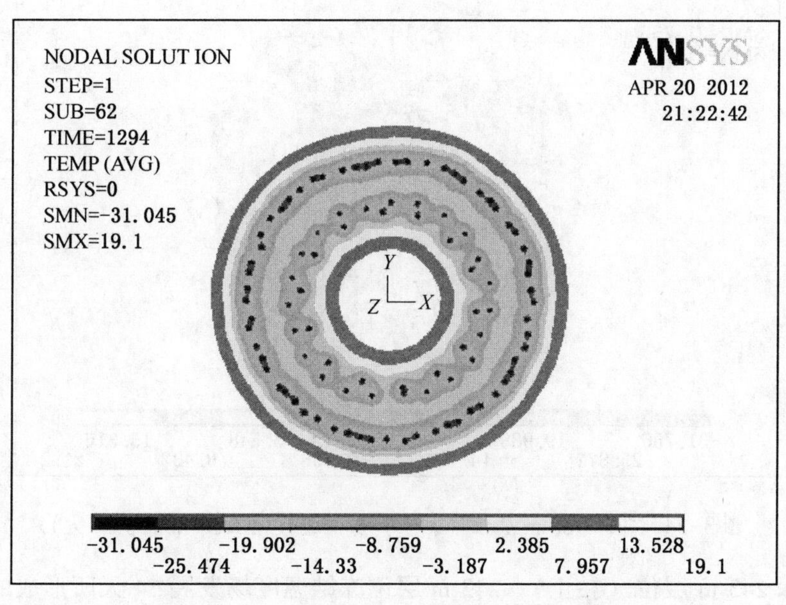

图 3-52 井深 86 m 层位（黏质粗砂）冻结温度场云图（冻结 54 天）

（2）累深 168 m 层位（黏土）。168 m 层位冻结温度场发展 54 天所形成的负温区域和冻结温度场云图如图 3-53 和图 3-54 所示。

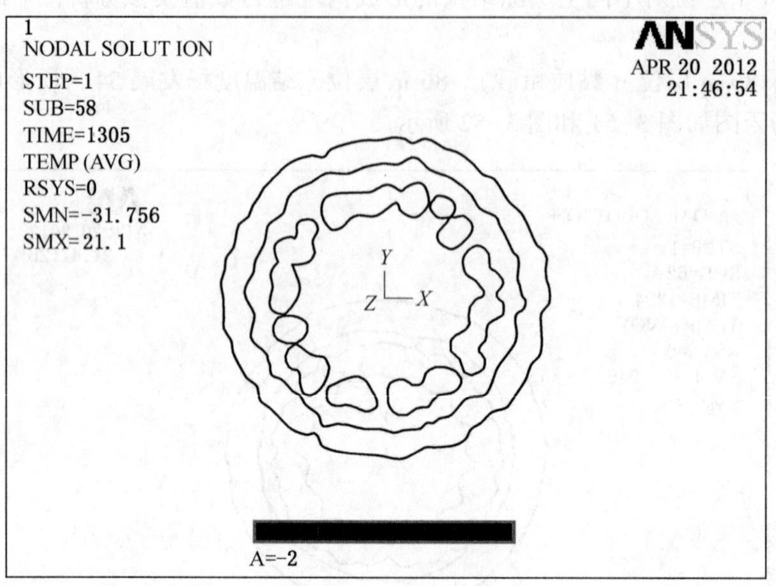

图 3-53　井深 168 m 层位（黏土）冻结温度场负温区域（冻结 54 天）

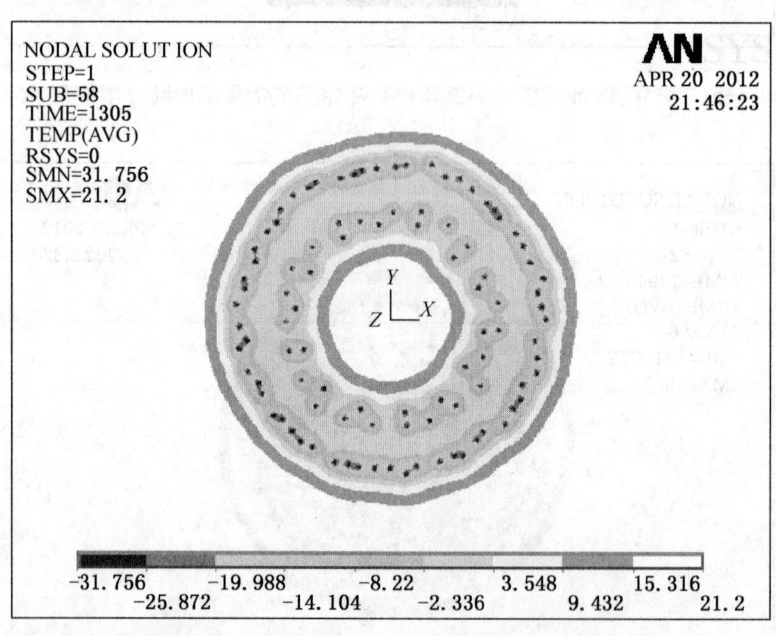

图 3-54　井深 168 m 层位（黏土）冻结温度场云图（冻结 54 天）

（3）累深 243 m 层位（黏土）。243 m 层位冻结温度场发展 54 天所形成的负温区域和冻结温度场云图如图 3-55 和图 3-56 所示。

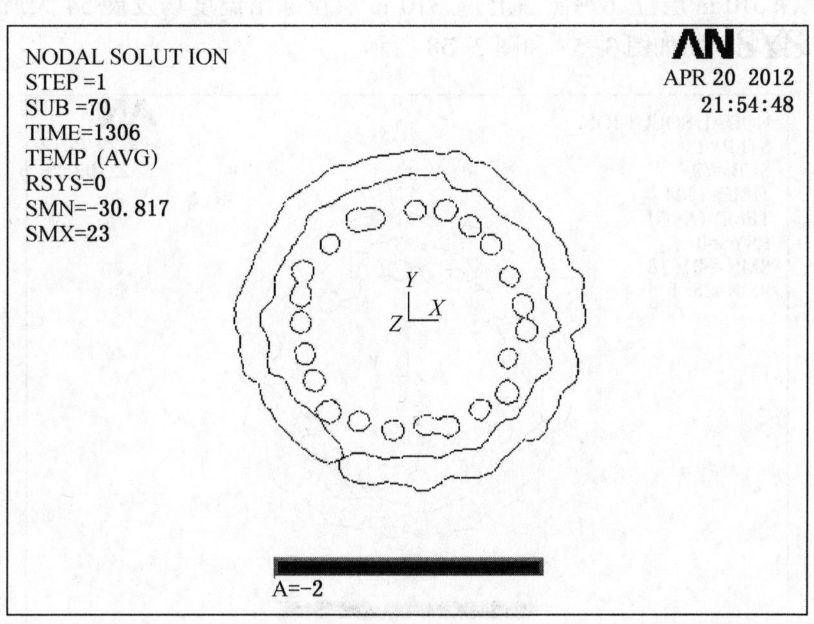

图 3-55　井深 243 m 层位（黏土）冻结温度场负温区域（冻结 54 天）

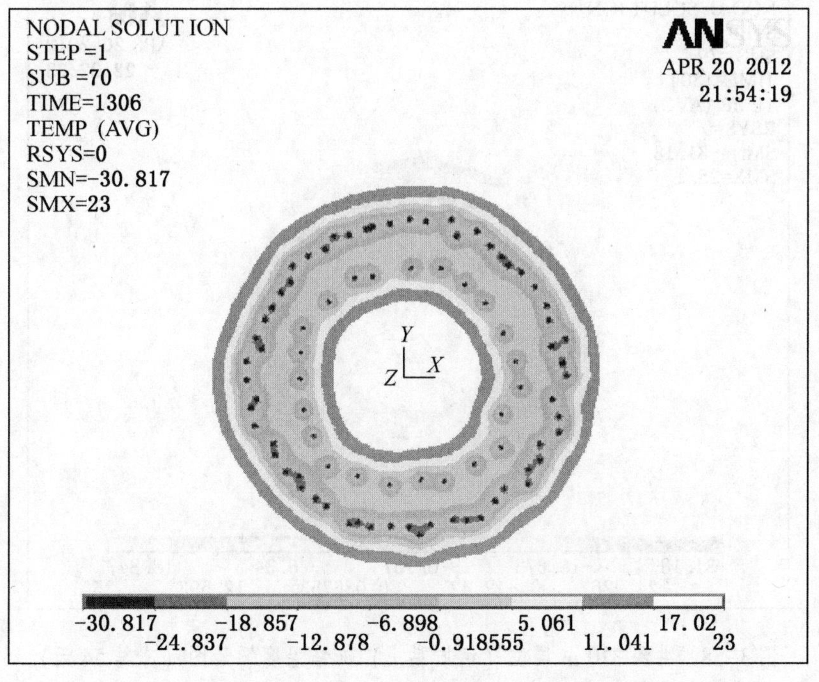

图 3-56　井深 243 m 层位（黏土）冻结温度场云图（冻结 54 天）

（4）累深 310 m 层位（钙质黏土）。310 m 层位冻结温度场发展 54 天所形成的负温区域和冻结温度场云图如图 3-57 和图 3-58 所示。

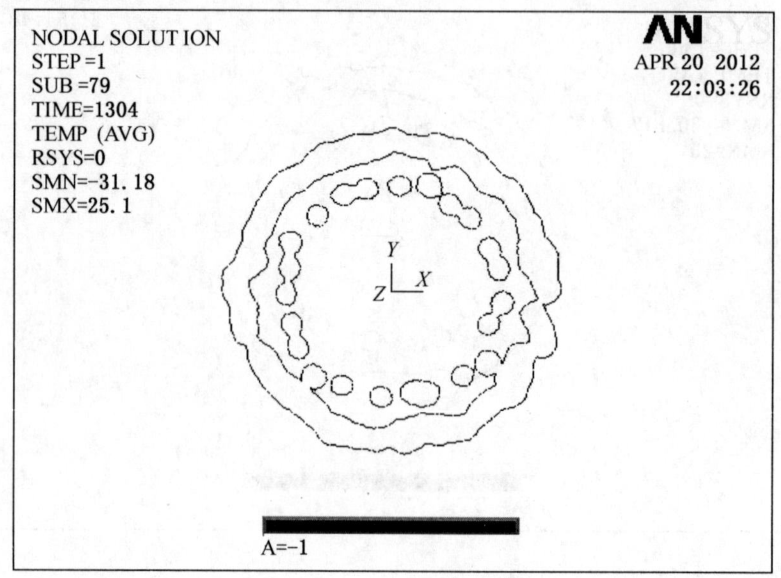

图 3-57 井深 310 m 层位（钙质黏土）冻结温度场负温区域（冻结 54 天）

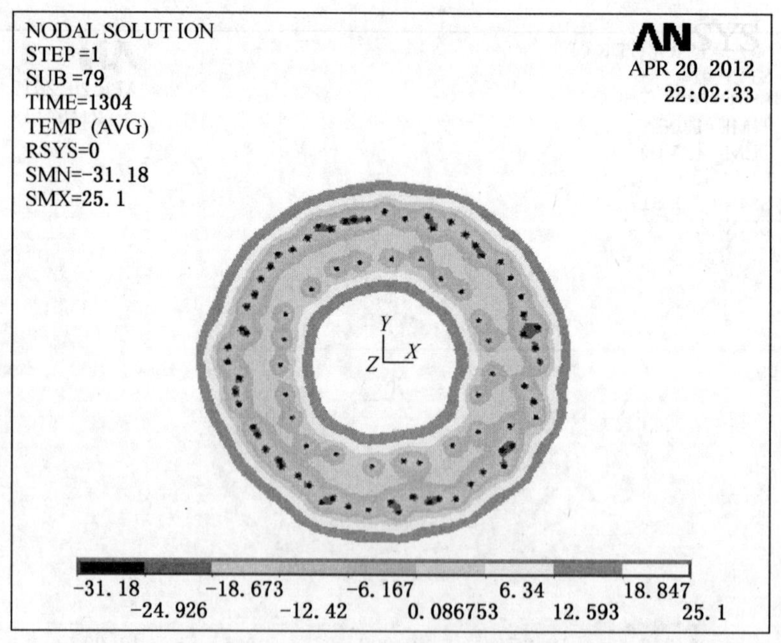

图 3-58 井深 310 m 层位（钙质黏土）冻结温度场云图（冻结 54 天）

（5）累深 354 m 层位（砂质泥岩）。354 m 层位冻结温度场发展 54 天所形成的负温区域和冻结温度场云图如图 3-59 和图 3-60 所示。

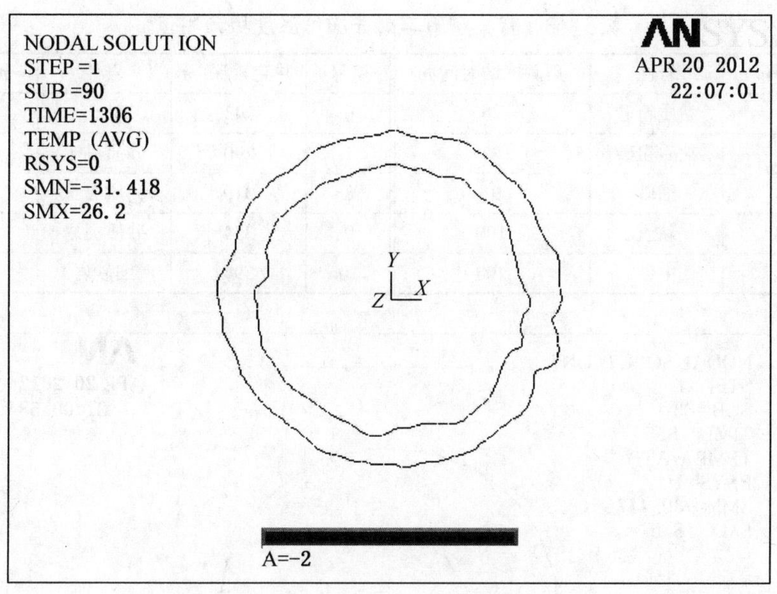

图 3-59 井深 354 m 层位（砂质泥岩）冻结温度场负温区域（冻结 54 天）

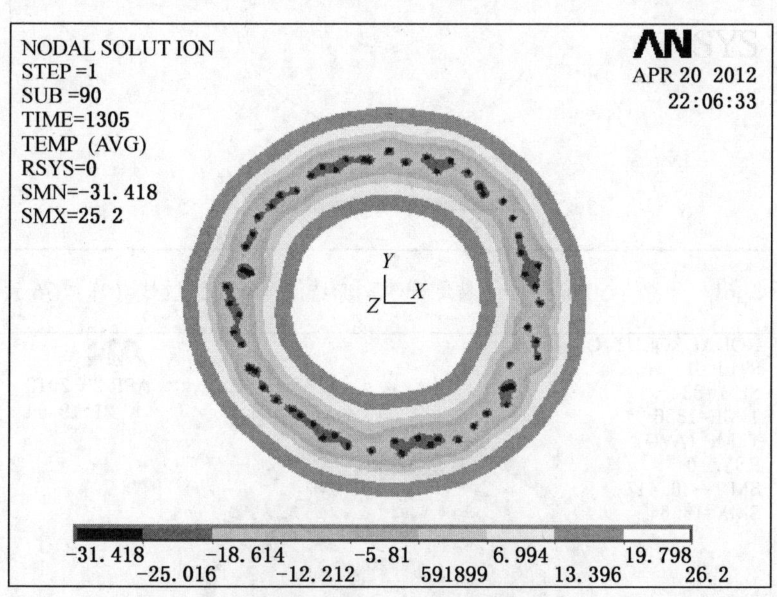

图 3-60 354 m 层位（砂质泥岩）冻结温度场云图（冻结 54 天）

由图 3-51～图 3-60 可以看出张集矿第二副井冻结 54 天后，表土段已经交圈并具有一定冻结壁厚度与强度；冻结基岩段交圈时间约为 65 天。

4）各个层位冻结温度场预测数值分析

按冻结 62 天试开挖、冻结 72 天开始正式开挖，以表土段月成井 150 m/月、基岩段 120 m/月的速度开挖，分别对井筒累深 50 m、86 m、123 m、168 m、208 m、243 m、290 m、310 m、354 m 和 394 m 共 10 个层位不同土层冻结壁的形成情况进行了数值模拟预测分析，预测结果见表 3-63。部分层位的负温区域及冻结温度场云图如图 3-61～图 3-72 所示。

表3-63 张集矿第二副井冻结温度场预测值

层号	井筒累深/m	岩性	预测冻结时间/d	层号	井筒累深/m	岩性	预测冻结时间/d
1	50	黏质粉砂	76	6	243	黏土	115
2	86	黏质粗砂	83	7	290	砂质黏土	124
3	123	细砂	91	8	310	钙质黏土	129
4	168	黏土	100	9	354	砂质泥岩	140
5	208	中砂	108	10	394	细砂岩	150

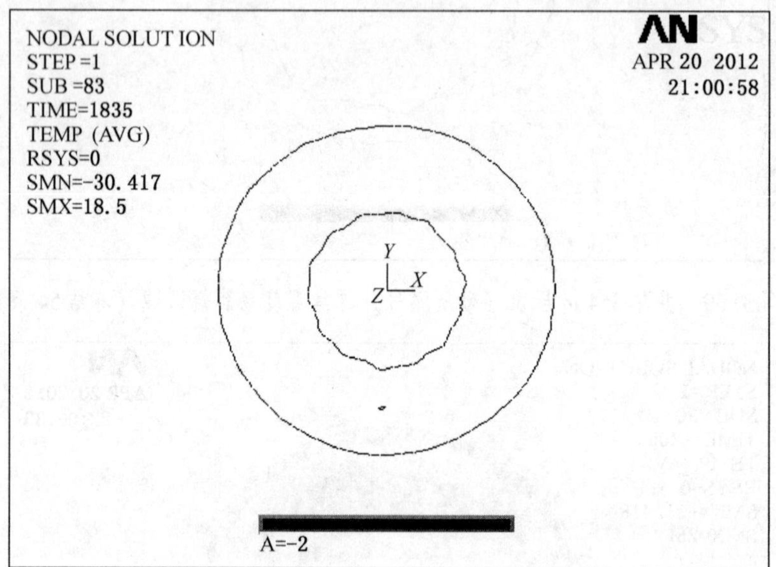

图3-61 开挖至50 m层位（黏质粉砂）冻结温度场负温区域（冻结76天）

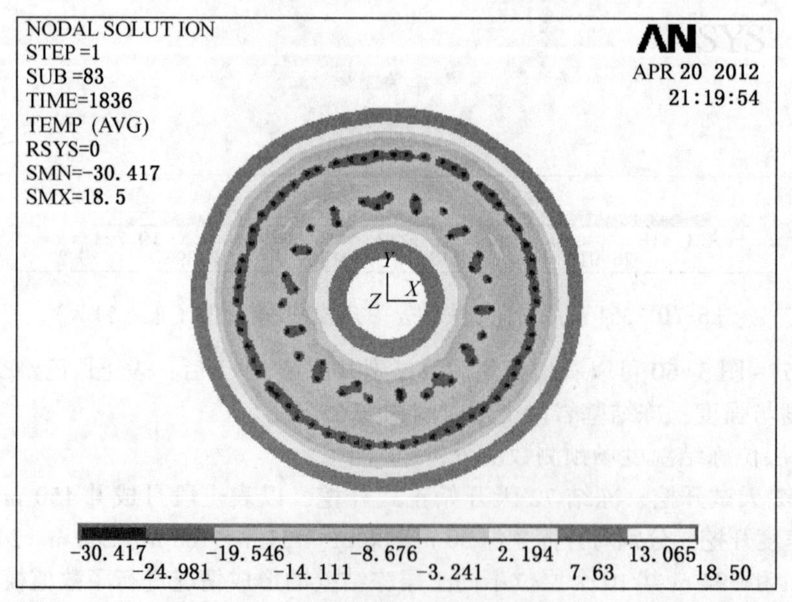

图3-62 开挖至50 m层位（黏质粉砂）冻结温度场云图（冻结76天）

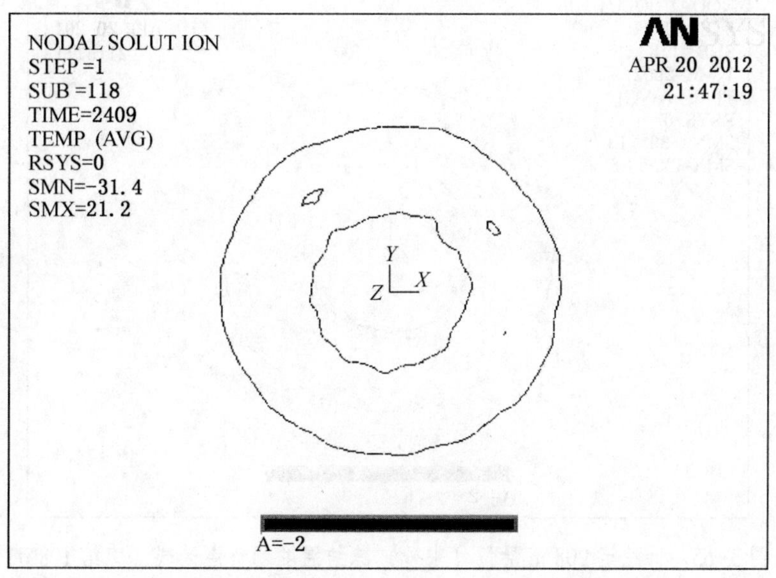

图 3-63 开挖至 168 m 层位（黏土）冻结温度场负温区域（冻结 100 天）

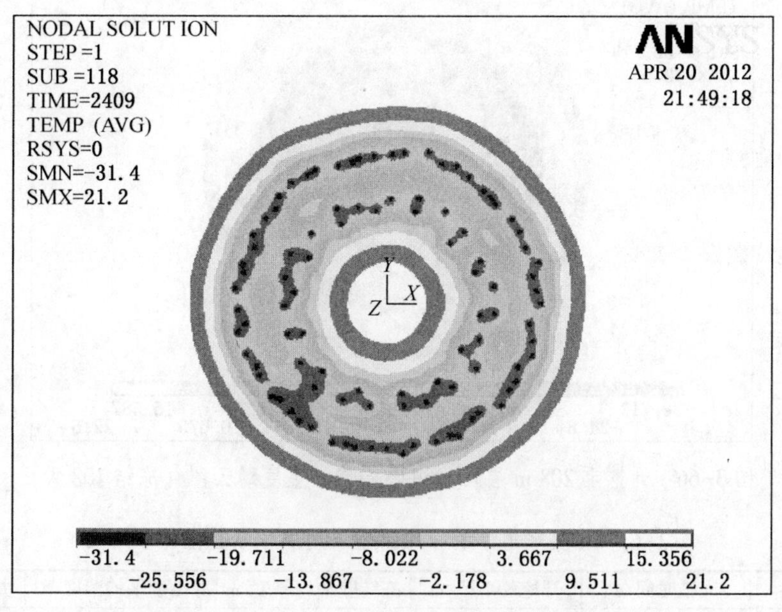

图 3-64 开挖至 168 m 层位（黏土）冻结温度场云图（冻结 100 天）

5）冻结壁平均厚度、冻结壁平均温度、井帮温度预测

张集矿第二副井按照冻结 72 天后开始正式开挖，以表土段月成井 150 m/月、基岩段 120 m/月的速度开挖井筒，经数值计算后得到井筒开挖至不同层位时冻结壁平均厚度、冻结壁平均温度、井帮温度，见表 3-64。

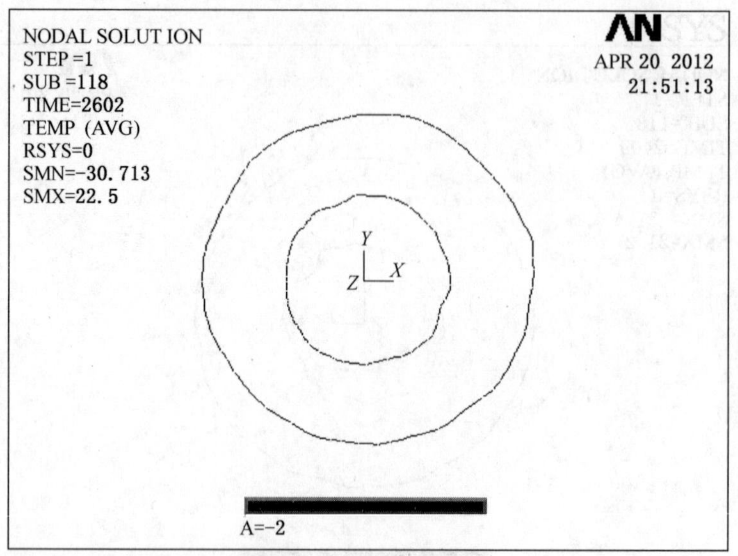

图 3-65 开挖至 208 m 层位（中砂）冻结温度场负温区域（冻结 108 d）

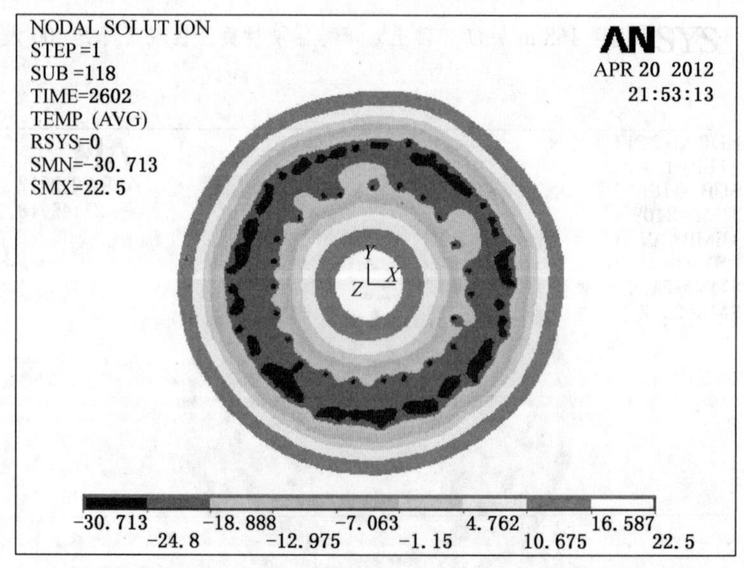

图 3-66 开挖至 208 m 层位（中砂）冻结温度场云图（冻结 108 天）

表 3-64 张集矿第二副井冻结壁温度场预测数值计算结果

累深/m	冻结时间/d	开挖荒半径/m	冻结壁平均厚度/m	冻结壁平均温度/℃	井帮平均温度/℃
	72	备注：正式开挖前冻结时间			
50（黏质粉砂）	76	5.7	6.8	-12.1	-1.8
86（黏质粗砂）	83	5.7	6.9	-13.1	-1.5
123（细砂）	91	5.7	7.3	-16.2	-1.8
168（黏土）	100	6.2	7.1	-15.7	-2.6
208（中砂）	108	6.2	6.7	-16.4	-0.2
243（黏土）	115	6.2	6.3	-15.1	-0.5

表 3-64（续）

累深/m	冻结时间/d	开挖荒半径/m	冻结壁平均厚度/m	冻结壁平均温度/℃	井帮平均温度/℃
290（砂质黏土）	124	6.2	7.2	−16.3	−0.4
310（钙质黏土）	129	6.2	6.9	−16.0	−1.6
354（砂质泥岩）	140	6.2	5.1	−14.5	5.2
394（细砂岩）	150	6.2	5.6	−14.5	4.1

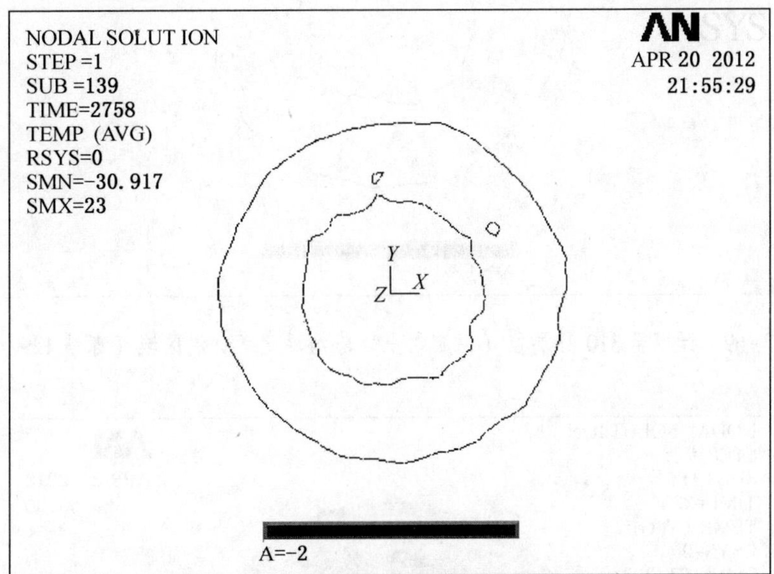

图 3-67 开挖至 243 m 层位（黏土）冻结温度场负温区域（冻结 115 天）

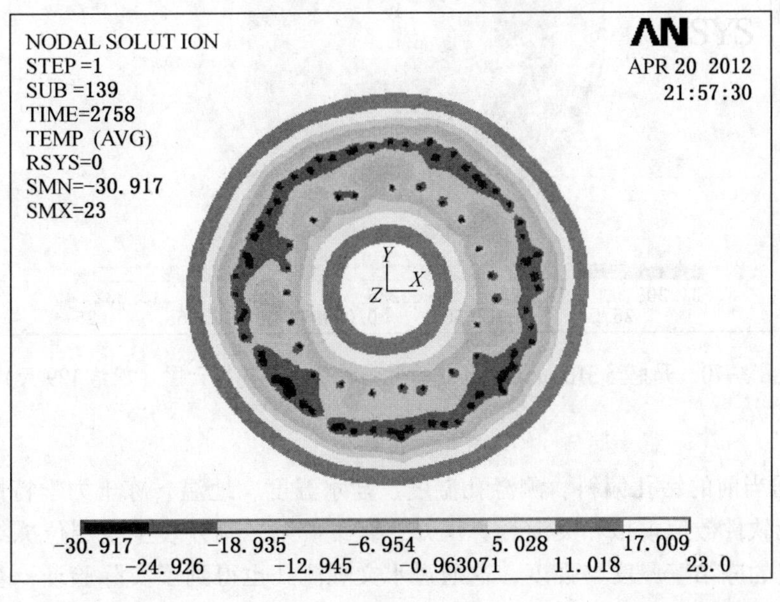

图 3-68 开挖至 243 m 层位（黏土）冻结温度场云图（冻结 115 天）

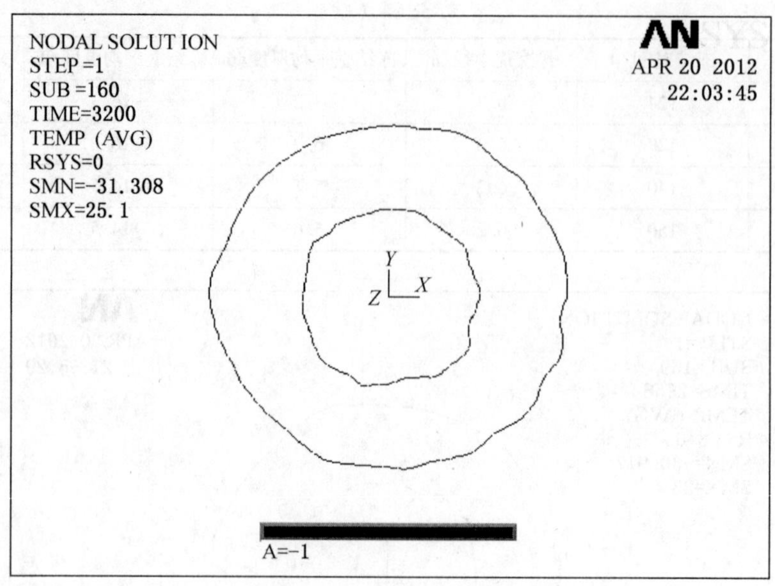

图 3-69　开挖至 310 m 层位（钙质黏土）冻结温度场负温区域（冻结 129 天）

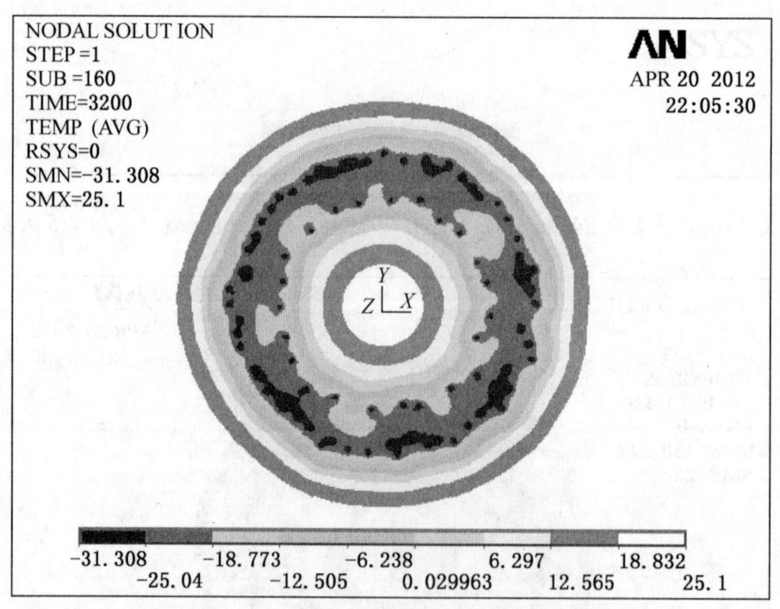

图 3-70　开挖至 310 m 层位（钙质黏土）冻结温度场云图（冻结 129 天）

6）结论

（1）根据当前的钻孔偏斜、测温孔温度、盐水温度、地温、冻土力学特性等资料，通过大型有限元软件数值模拟和反演计算可知，张集矿第二副井表土段层位冻结壁已经交圈并且具有一定的冻结壁厚度与强度，这通过水文观测孔也得到了实际验证，基岩段冻结壁交圈时间约为 60 天。

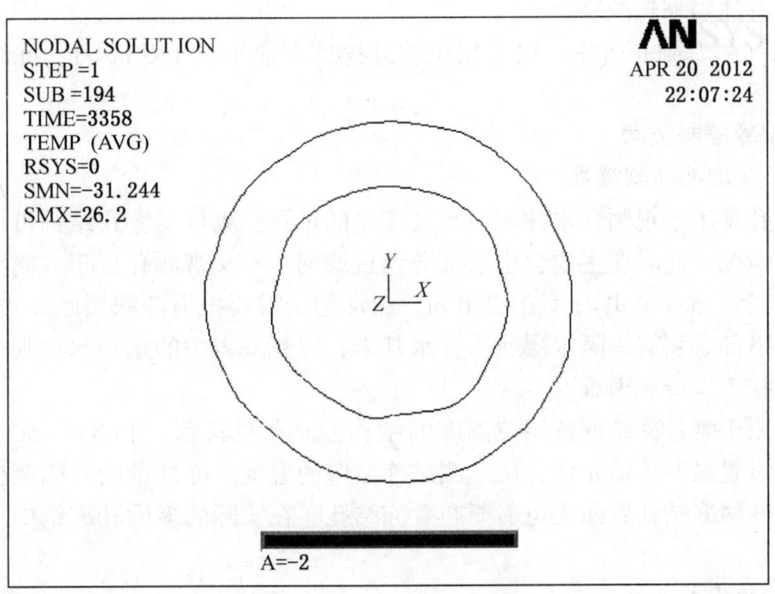

图 3-71 开挖至 354 m 层位（砂质泥岩）冻结温度场负温区域（冻结 140 天）

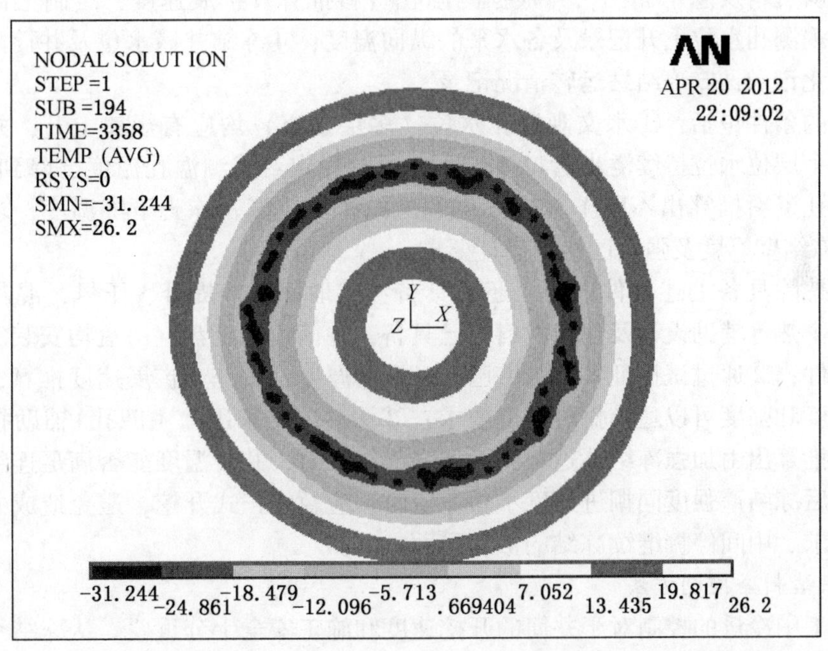

图 3-72 开挖至 354 m 层位（砂质泥岩）冻结温度场云图（冻结 140 天）

（2）按照 72 天正式开挖、月进尺 120 m 的预测条件。张集矿第二副井冻结壁厚度、冻结壁平均温度基本能满足开挖要求，但局部层位井帮温度稍高。

（3）由数值计算结果分析得到，如果冻结 65 天张集矿第二副井正式开挖，并且开挖速度大于 120 m/月，则井帮温度将高于-5 ℃，在钙质黏土层位和巨厚黏土层位要减少井帮暴露时间，并适当缩短段高。

(4) 张集矿第二副井 200 m 以下层位的开挖速度应小于 120 m/月，冻结盐水温度维持在-33 ℃以下。

3.3.2 冻结制冷控制技术

3.3.2.1 水文观测孔与测温孔

水文观测孔是用于观测含水冲积层水文变化的钻孔，隔板套管式结构可以一孔分层报道冻结壁形成情况，此时在主要含水层部分设过滤网。水文观测孔位于井筒净断面内，一般数量为 1~3 个，通常距井心 1.0~2.0 m。通常至少需要报道冲积层底部含水层的水位，但底部含水层下部必须有一隔水层或不含水基岩，以免基岩中的水与水文观测孔串通，给水位报道和开挖工作造成困难。

测温孔是用于测量冻结壁各层位温度的钻孔，成孔测斜后，下 ϕ38~50 mm 钢管。一般在对应层位设置温度传感元件，用于测试冻结壁的温度。冻结壁内外侧至少各布置一个孔，偏斜较大的两冻结孔界面上也需要布置冻结孔。在实际的多圈孔冻结中，测温孔的数量通常达到 6 个。

3.3.2.2 开挖的基本条件

确定冻结井筒试挖时应具备以下资料：①井筒检查钻孔资料；②冻结孔、测温孔、水文观测孔测斜资料及总平面图，并根据测温孔资料推算日扩展速度，绘制上部冻结交圈图；③水文观测孔水位上升记录及各水平的纵向温度；④冻结井筒水位及井筒附近其他水源井水位变化记录；⑤冻结站运转情况记录。

试开挖的条件包括：①水文观测孔水位（多层报道）均应有规律上升，并均溢出管口，最晚一个层位水位持续溢出管口 7 天，并保持稳定；②测温孔温度已降到设计要求；③根据测温孔资料推算出不同土（岩）层的冻结扩展速度及冻土下降温度，求出不同土（岩）层的冻结壁厚度及强度已达到设计要求。

正式开挖除具备上述条件以外，还需具备：①地面凿井提升、压风、混凝土搅拌系统、运输、供热等辅助设计及建筑材料等已具备，井筒内固定盘、吊盘均安装完毕，具备连续掘砌条件；②通过试挖证实冻结壁已有一定的厚度，按冻土扩展速度推算，不同深度的冻结壁厚度和强度可以适应掘进速度要求；③深井冻结采用“主圈孔+辅助孔”的冻结方式，需要推算出由加强冻结孔过渡到无加强冻结孔时，井帮温度能否满足连续施工的要求，当推算后冻结壁强度同掘进速度不相适应时，应暂缓正式开挖，避免造成井帮温度达不到设计要求、中间停掘继续冻结的被动局面。

3.3.2.3 冻结制冷控制方法

冻结施工中冷量的控制对于井筒的开挖速度和施工安全十分重要。从冻结系统运转一直到停止运转，都必须根据冻结方案、冻结时间、需要冻结的井段以及开挖的难易，时刻注意制冷量的控制和调节，以确保井筒按时破土开挖，既保证冻结壁的有效厚度和强度，又不能进入井筒掘进荒径内太多。

从制冷技术角度看，制冷控制的手段主要有：

(1) 单级制冷和两级制冷的控制。主要是提高制冷效率，降低盐水温度。通过安装在低高压机之间的氨循环管路及控制阀门，用改变阀门开闭组合的方式实现单双级的转换。

（2）盐水流量的控制。主要是加快冻结器与地层的热交换速度。可通过盐水泵及安装在盐水干管上的阀门予以调节控制。

（3）盐水正反循环的应用。主要是调节深部与浅部的冻结速度。通过开闭安装在冻结站内的阀门组合实现。采用反循环时，深部地层可先被冻结，如需上部先冻结时，应采用正循环。

淮南深井表土冻结多采用正循环方式，如张集矿北区风井、潘北矿风井等。

（4）改变制冷量。主要作用是改变制冷量的多少，其主要控制手段是增减同时运转的制冷机组数，调剂高低压机的开机配比。需要的制冷量少时，如在维护冻结期内，可停止部分制冷机的运转。

（5）采取不同的冻结方式，如局部冻结。

（6）间歇开机。根据某种需要，关机一段时间，需要时再重新开机。

（7）关闭某类孔。多圈管冻结时，为控制冻土进入荒径太多，可适当关闭内圈孔或防片孔，全部关闭或者间隔关闭。

3.3.2.4 冻结期制冷过程控制

为能控制冻土的冻结程度，需在不同时期对制冷量进行适当控制。总体而言，积极冻结期内，制冷能力是逐渐增加的，正式开挖以后便进入维护冻结期，则冻结所需的能量逐渐减少，此时就需逐步减少冻结机组的运转数量，一直到冻结段套内壁结束方可停机解冻。

除了正常情况下的施工过程控制外，穿过黏土、基岩风化带及基岩冻结段等不同地层段，冻土进入掘进荒径过大时，套内壁等施工工序期也需对制冷进行一定的控制。

不同时期、不同地层、不同冻结状态的温度控制要求、控制的手段和方法都不完全一样，需根据具体情况进行合理控制，才能保证施工安全。

1）积极冻结期

积极冻结期的主要标志是冻结壁交圈，即水文观测孔冒水。在此期间，需要的制冷量最大，从速度上说，越快越好。但冻结初期，地温较高，也并不需启动所有机组同时运转，而是逐步增加，逐步降低盐水温度。从传热学的角度来说，初期冻结并非是盐水的温度越低越好，在已有的条件下，适当放缓盐水的降温速度有利于冻结器与地层进行热交换，可加大冻结冷量的供给。

一般待水文观测孔冒水、冻结时间与设计大致符合时即可试挖。但有时水文观测孔冒水并不规律，或者试挖后发现井帮温度比较高时，就需进行强化冻结。当穿过厚黏土层时，也需要强化冻结，降低温度，增加冻结壁的强度和厚度，并辅以其他措施。

对于深井，冻结深度比较大，多采用多圈冻结的方案。为避免下部的冻结壁过厚，要根据冻结孔的布置情况，合理调节各圈孔的制冷量分配，保证内圈孔与防片孔及早发挥作用，这就需要加大内圈孔及防片孔的盐水流量和流速。

2）维护冻结期内的制冷控制

冻结壁交圈、井筒试挖证明可正常施工时，冻结进入维护冻结期。该期间的制冷量需降低，常规的控制手段是适当减少开机数量、控制盐水流量、变换盐水的循环方式等。

维护冻结期间，采用信息化管理手段为井筒冻结及掘砌施工提供科学的控制决策是非常必要的。施工过程中，通过温度监测结果，深入了解冻结壁的发展情况，合理调整盐水温度和盐水流量，为冻结站高效运转提供决策依据。

3）朱集矿回风井和矸石井施工控制

朱集矿回风井和矸石井冻结盐水循环均采用正循环。表土段所有冻结孔全部同时投入使用，防片孔视现场开挖情况及井帮温度情况决定是否关闭；基岩段掘进及套壁期主排孔投入使用，其他孔全部关闭。朱集矿回风井冻结开机时间是2007年4月11日，矸石井开机时间是同年4月29日。开机后，根据不同的时间进行了开机配比的调整，开机情况见表3-65。

表3-65　朱集矿回风井、矸石井冻结运转开机配比记录（2007年）

回风井				矸石井			
日期	累计运行天数/d	开机配比	施工状态	日期	累计运行天数/d	开机配比	施工状态
4月11日	0	4:4	开机	4月29日	0	2:4	开机
4月18日	7	8:8	试运行	5月7日	9	8:8	试运行
5月6日	25	9:9	积极冻结	6月7日	40	9:9	积极冻结
5月7日	26	10:10	积极冻结	7月9日	71	9:7	
5月10日	30	11:10		7月19日	81	8:6	井筒开挖
6月6日	57	10:9	掘深9.8 m	8月18日	111	6:4	
6月17日	68	10:7	掘深24.5 m 正式开挖	10月19日	172	5:4	
6月28日	79	9:7	掘深63.7 m	10月25日	178	4:3	
7月2日	83	7:5	掘深76.0 m	11月8日	192	3:3	
9月4日	147	5:4	掘深282.9 m	11月13日	197	3:2	
9月23日	166	4:4	掘深327.8 m	11月24日	208	2:2	
9月27日	170	3:2		12月1日	215	1:2	
9月28日	171	2:2	掘深332.6 m	12月17日	231	停机	冻结段掘砌结束
10月25日	199	1:1	套内壁				
11月12日	216	停机	冻结段掘砌结束				

4）潘北矿风井冻结过程控制

潘北矿风井井筒净直径7.0 m，穿过冲积层厚348 m，冻结深度为395 m。布置3圈冻结管，外圈是主冻孔，深度为380/395 m，圈径18.4 m；中圈冻结深度为350 m，圈径14.6 m；内圈为防片孔，深度为185 m，圈径为13.4 m。可见，中圈孔和防片孔相距很近。

冻结运转过程中为准确判断冻结壁是否交圈，冻土厚度和强度是否满足设计要求，采用了多路数字温度监测仪对冻结壁温度场进行实时监测，从井筒冻结开始时就进行温度监测，直到井筒冻结段施工完毕。井筒掘进时，每天都对工作面井帮温度进行现场实测，了解冻土发展情况，以便及时调整供冷量，有效控制冻土扩展速度，为井筒掘进创造了良好的施工条件。

井筒冻结采取冻结孔盐水正循环，以缩短主圈孔冻土交圈时间。在运转初期，加强了冻结沟槽的管理，及时掌握了冻结器的运行状况，对冻结器运行不畅采取了解决措施。通过半个月的努力，保证了冻结孔的盐水流量，及更多地冷量输送，30 天左右盐水温度降至-30 ℃。

井筒冻结表土段施工过程中，建设单位、施工单位和冻结单位密切配合，互通信息，共同分析井筒掘砌和冻结情况，及时对冻结系统进行调整和优化，有效控制了冻土进入荒径的厚度。由于井筒冻结段掘砌过程中冻土进入荒径范围始终被控制，从而实现了冻结段全深少挖冻土的预想，为井筒优质快速施工创造了条件。具体控制情况见表 3-66。

表 3-66 潘北矿风井冻结控制

<table>
<tr><th>时间</th><th colspan="2">控制状态</th></tr>
<tr><td>2004-10-08</td><td>开机送冷</td><td>双级压缩制冷，在较短时间内迅速开启全部压缩机，去、回路盐水温差为 4.8 ℃</td></tr>
<tr><td>2004-12-15</td><td>冻结 64 天试挖</td><td rowspan="2">在积极冻结期内，盐水温度去路保持在-33 ℃以下，回路在-30 ℃左右，温差为 3 ℃左右，主孔单孔平均盐水流量为 14.2 m³/h，辅孔单孔为 12.5 m³/h，盐水总流量为 990 m³/h，基本满足了风井冻结的需要</td></tr>
<tr><td>2004-12-26</td><td>正式开挖</td></tr>
<tr><td>—</td><td>掘至 203 m</td><td>井帮温度达到-4~-8 ℃，冻土进入荒径 400~500 mm，停止了防片孔盐水循环</td></tr>
<tr><td>2005-04-07</td><td>掘至 347 m</td><td>井帮温度达到-8~-11 ℃，冻土进入荒径 600~800 mm，停止了内圈孔盐水循环，冷冻机运转台数少量减少，对深部基岩段再进行强化冻结</td></tr>
<tr><td>2005-06-16</td><td>套壁 270 m</td><td>主圈冻结孔停止盐水循环</td></tr>
</table>

控制经验：

（1）加强冻结器的盐水流量与温度以及冻结壁的温度和位移监测，及时掌握冻结器的运转状况和冻结壁形成状况，有利于科学指导施工。

（2）设置一定深度和数量的辅助加强孔与防片孔，合理安排其盐水投入运行时间，既能保证按时冒水交圈，又能起到早开挖防片帮的目的，同时减少了深部冻土挖掘量，还可动态调整冷量。

5）顾北矿主井制冷控制

顾北矿主井表土深度 464 m，冻结深度 505 m，采用 4 圈孔冻结。开机 67 天水文观测孔冒水，75 天试挖、89 天正式开挖。一次性安全通过冻结段，未发生任何形式的冻结管断裂及井壁开裂事故。

开机初始采用单级压缩制冷，中圈孔为主孔，先投入运行，间隔 7 天后，内圈孔、外圈孔、防片孔投入运行。运行 10 天时改为双级压缩。

前期采取缓慢降低盐水温度的方法，让冻结管预冷充分自由收缩，防止冻结管因降温过快从而产生较大的温度应力。关于这一点，国内也发生过由于前期降温速度过快导致后期掘进工程中发生大量断管的事故。后期掘砌至-200 m 以下采取强化冻结，盐水最低温度降至-34.3 ℃。

井深 376.95~419.35 m 之间厚 42.40 m 的固结黏土由于其自身土层导热系数最小、冰点最低，冻土发展速度在整个冻结地层中是最慢的，冻结效果也是最差的。按照黏土层-3 ℃的结冰温度推算冻土发展速度，该层位中圈孔的交圈时间为 75 天。井筒掘砌至该层位时，平均去路盐水温度为-34.1 ℃，根据各圈孔的温度监测数据测算，冻结壁厚度为 8.53 m，冻结壁平均温度为-21 ℃。冻结壁厚度满足井筒施工需要，冻结壁平均温度远远超过设计冻结壁平均温度（-15 ℃）。该层位掘砌过程中最大井帮位移 23 mm，间隔时间为 6 小时 11 分钟。

410 m 以上井帮温度除个别点外均小于-8 ℃，410 m 以下为保证井筒安全井帮温度降至-10 ℃以下。在 410 m 以上井筒掘砌过程中除-70 m 以上和-170 m~-275 m 之间略有片帮外，其他层位冻土进入荒径不多，实现了少挖冻土的目的，为井筒快速掘砌创造了良好的条件。

从以上实际冻结情况看，可得到以下几点认识：

（1）合理的冻结孔布置方式、严格的冻结孔施工质量控制、大机房装机容量实现了很好的冻结效果。

（2）合理的盐水降温控制既保证了冻结管的安全，又在后期的强化冻结过程中降低了冻结壁平均温度，冻结壁平均温度达到-20~-22 ℃，远远超过设计的-15 ℃。合理的井帮温度控制避免了冻土大量进入荒径，为提高掘砌速度创造了条件。

（3）冻结机房采用大装机容量。当井筒热负荷大时要降低作为冷媒剂的氯化钙盐水的温度是非常困难的，机房采用大的装机容量可以有效控制盐水温度，在井筒强化冻结期间迅速降低盐水温度，实现井筒快速冻结。

（4）深井冻结过程中在下部深厚黏土层采取强化冻结。强化冻结可以在短时间内将冻结壁平均温度降至-20 ℃以下，提高冻结壁强度，有效抵抗深厚表土层冻结中遇到的大地压。

（5）根据实际地层状况控制井帮温度。根据地质柱状图、冻土试验资料，对于深厚黏土层、冻土强度低的土层，为了保证井筒掘砌安全可以降低井帮温度甚至将井筒冻实；而对于冻结壁强度、厚度满足施工要求的土层可以适当控制冻土进入荒径的距离，为井筒快速掘砌创造条件，缩短建井工期。

3.4 冻结井井壁结构

3.4.1 冻结井筒受力

在煤炭开采过程中，近年来的矿井建设逐渐向深井建设发展，在深厚冲积层中修筑煤矿立井井筒，冻结法最为有效的同时也是应用最为广泛的特殊施工方法。由于立井井筒为矿井的咽喉部位，因此根据冻结法凿井施工特点，确定冻结井壁的外荷载，选择适宜的井壁结构形式，合理设计井壁结构，对降低井筒建造成本，保证井筒在施工期间和运营期间的安全有着十分重要的意义。

在我国60多年来的冻结法凿井工程实践中，冻结井壁结构的研究和设计取得了长足的进展，同时，对冻结井壁外荷载的全面认识也相应经历了长期的过程，大致可以分为以下6个阶段：

第一阶段（20世纪50年代至60年代初），所建冻结井筒的冲积层一般都小于200 m。认为井壁仅承受水平地压（水土压力），引用松散体挡土墙理论来求算水平地压，同时认为井壁自重由地层承担，后期为了安全，将部分井壁自重（10%~40%）作为井壁的竖直荷载，冻结井壁多采用单层钢筋混凝土或素混凝土井壁，混凝土强度等级小于C20。

第二阶段（20世纪60年代初至70年代）所建冻结井筒穿越的冲积层大于200 m。发现单层井壁漏水严重已经不能满足工程要求，认识到冻结压力是一种不可忽视的井壁临时外荷载，冻结井壁结构由单层发展为双层钢筋混凝土井壁，利用外壁来抵抗冻结压力，内、外壁共同抵抗水平地压，混凝土强度等级也提高到C40，井壁的防水性能得到了改善。

第三阶段（1975—1979年），所建冻结井筒穿越的冲积层厚近400 m。在此期间，主要是认识到了井壁中的温度应力，两淮矿区几个在建的冻结井内壁由于温度应力出现大量的环向裂缝，井筒发生漏水现象；双层钢筋混凝土塑料夹层复合井壁结构被研制出来并赋予使用，取得了良好的效果；在井壁结构设计中，内、外壁外荷载分开计算，即外壁承担冻结压力、内壁承担静水压力；在内、外壁间铺设塑料薄板夹层以解除内、外壁间约束，防止内壁因温度应力而产生裂缝。

第四阶段（1979—1987年），随着冻结井筒穿越冲积层厚度的增大，特别是深厚黏土层中冻结压力及其非均匀性的显现，使得较多冻结井外壁因承受较大冻结压力被压裂，从而在冻土和外壁间铺设泡沫塑料板以缓减冻结压力，同时可起到隔热和削减井壁压力非均匀性的作用，进一步改进了深井冻结井壁的结构形式。

第五阶段（1987—2003年），我国安徽两淮、江苏徐州、河南永夏和山东兖州等矿区相继发生大量的立井井壁破裂事故，从而认识到地层疏水沉降、冻结壁解冻等产生作用于井筒之上的竖向附加力是造成立井井壁破裂的主要原因，竖向可缩性井壁结构得到相应研究和广泛应用。

第六阶段（2003年至今），新建冻结井筒多穿越400~600 m特厚表土层，因对冻结井壁外荷载的认识已较为全面，科研学者及工程技术人员主要从提高井下混凝土强度等级和改进井壁结构形式两方面来满足特厚表土层冻结井筒的支护要求。

冻结井壁外荷载可分为两类，即立井运营期间荷载和施工期间荷载。立井运营期间荷载包括井壁自重、水平地压、水压力、竖向附加力和水平附加力等；立井施工期间荷载包括冻结压力、温度应力和注浆压力等。

3.4.2 井壁结构形式与设计原则

3.4.2.1 井壁结构形式

我国冻结井筒应用的井壁结构形式主要有单层井壁、双层井壁、塑料夹层钢筋混凝土复合井壁、沥青板夹层钢筋混凝土复合井壁、砌块沥青钢板混凝土复合井壁（又称柔性滑动井壁）等，其主要特性如下。

1）单层井壁

在我国应用冻结法凿井的早期，冻结井筒采用的井壁结构形式多为钢筋混凝土单层井壁，也有少数冻结井筒采用了混凝土单层井壁，混凝土强度等级通常只有C13~C23。由于这种井壁是一次成井、分段施工，存在较多的施工接茬缝。在冻结壁解冻后，单层井壁漏水严重，应用受到限制。

2）双层井壁

双层井壁的主要形式有：外壁为砌块和内壁为现浇混凝土井壁、外壁为料石与混凝土和内壁为现浇混凝土井壁、双层混凝土或钢筋混凝土井壁等。我国20世纪六七十年代广泛使用的井壁结构形式是双层混凝土或钢筋混凝土井壁。

这种井壁结构形式是在施工时先浇筑外层井壁，然后自下而上连续浇筑内壁。由于后施工的内壁受到先浇筑外壁的约束作用，限制了其热胀冷缩，所以存在较大的温度约束应力作用。当该力大于混凝土的抗拉强度时，井壁将产生环向裂缝，在冻结壁解冻后，井筒会出现大量漏水现象。

3）塑料夹层钢筋混凝土复合井壁

由于双层井壁仍未能解决井筒漏水问题，经过长期的理论研究、工程实践和借鉴国外经验，提出了一种在内外层井壁间加设塑料夹层的钢筋混凝土复合井壁。其主要特性为：内外层井壁设计时分开计算井壁厚度，外层井壁主要承受冻结压力、内层井壁主要承受静水压力，内外层井壁共同承受水压；内外壁间铺设聚乙烯塑料板夹层，使内外壁间的约束条件大为改善，内层井壁在温度变化过程中沿轴向可以自由伸缩，防止了较大温度约束应力的产生，避免了井壁出现环向温度裂缝，从而提高了井壁的抗渗性和封水能力。

当冻结壁解冻时，进行壁间夹层注浆，注入的水泥浆可将井壁结构中可能存在的裂缝和接茬缝充填密实，水泥浆凝结硬化后可使内外壁结合成整体，确保了井壁的封水性能。

4）沥青板夹层钢筋混凝土复合井壁

沥青板夹层钢筋混凝土复合井壁又称为“外让内抗”型复合井壁，其外壁设置有竖向可压缩层使其具有竖向可缩性功能、内壁为连续浇筑的钢筋混凝土井壁，内外层井壁间铺设沥青板夹层，它可衰减竖直附加力和传递水平压力。在特殊沉降地层，该种井壁可防止因竖向附加力作用而发生的破坏。

5）砌块沥青钢板混凝土复合井壁（又称柔性滑动井壁）

砌块沥青钢板混凝土复合井壁是由外层预制砌体井壁、内层钢板混凝土复合井壁和内外层井壁间充填一层沥青混合物组成，其优点是同时具备能弯曲、能压缩和能滑动的特点，具有良好的防水性能，并且可以承受一定的动压力。在需要回采井筒煤柱和特殊沉降地层条件下，采用该种井壁结构具有一定的优势。

在以上几种冻结井壁结构中，塑料夹层钢筋混凝土复合井壁应用最为广泛。随着冻结井筒穿过的表土冲积层加深，井壁承受的外荷载将加大，提高井壁的承载能力成为迫切需要解决的技术难题。

根据井壁结构设计理论可知，提高冻结井壁承载能力方法主要有加厚井壁、采用内层钢板混凝土约束结构和采用高强混凝土，但其中最有效的措施就是提高井壁中的混凝土强度等级、采用高强混凝土。虽然高强混凝土具有较高的抗压强度，在井壁结构中应用可显著地提高井壁的承载能力，但高强混凝土的坍落度小、可浇筑性差，难以满足冻结井壁特殊性能要求。

对于深厚冲积层冻结井壁，要求其混凝土应具有早强、高强、抗冻、低水化热、防裂、抗渗和良好的工作性，为此，研究提出在深厚冲积层冻结井筒中使用高强高性能钢筋混凝土新型井壁结构。

3.4.2.2 井壁结构设计原则

在煤矿立井井筒及硐室设计规范没有实施之前，冻结井壁设计计算主要依据《采矿工程设计手册》相关公式，其中控制层位井壁厚度估算公式为

$$h = a\left(\sqrt{\frac{[R_z]}{[R_z] - 2p}} - 1\right) \tag{3-77}$$

$$[R_z] = \frac{R_a + \mu_{min} \times R_g}{K} \tag{3-78}$$

式中 a——井筒半径；

p——井壁外荷载；

R_a——混凝土单轴抗压设计强度；

R_g——钢筋抗压设计强度；

μ_{min}——钢筋最小配筋率；

K——安全性系数。

1）内层井壁厚度

内壁设计外载荷按一倍水压计算，其壁厚按式（3-77）估算。

2）外层井壁厚度

冻结压力是外层井壁设计的主要荷载，过去我国对穿过冲积层深度小于 400 m 的冻结井筒的冻结压力设计值，主要根据大量实测数据和工程实践按工程类比法取值。

通过分析研究冻结压力的变化规律，并结合试验结果，提出冻结压力（单位：MPa）取值范围为 $0.01H$~$0.0115H$，其中 H 为累深。

3）高强高性能钢筋混凝土井壁设计优化

在试验研究的基础上，确定在丁集矿冻结井筒内壁采用高强高性能钢筋混凝土结构，并根据试验和理论研究结果对冻结井壁结构进行了设计优化。

针对深厚冲积层的工程地质条件和井筒基本参数，大量的冻结井壁模型试验研究表明：对于深厚冲积层冻结井筒钢筋混凝土内壁，由于井壁结构中的混凝土处于多轴受压应力状态下，其变形受到约束，井壁结构中混凝土抗压强度大幅度提高。

根据井壁模型破坏试验的极限承载力，采用极限平衡法可求得井壁结构破坏时截面的平均最大环向应力，将最大环向应力值与混凝土轴心抗压强度之比，称为混凝土抗压强度

提高系数：$m=\frac{\sigma_{\theta\max}}{f_c}$，通过对井壁模型试验结果进行计算分析，得到高强高性能混凝土井壁结构中混凝土抗压强度提高系数 $m=1.615\sim1.949$。

从理论分析来看，冻结井筒内层井壁是一个深埋于地下的厚壁圆筒结构物，在壁间水压力作用下，内壁中混凝土由外缘的三轴受压状态逐渐过渡为内缘的二向受压状态，井壁结构中的混凝土处于多轴受压应力状态下，不同于一般地面结构的钢筋混凝土梁、柱受力状态，因此，在井壁结构设计强度验算时应该考虑混凝土的多轴受压强度特性。

由于工程结构中多轴受压应力状态下的混凝土强度验算在我国过去混凝土结构设计规范中没有明确规定，从而使得工程应用缺少法规。

但根据《混凝土结构设计规范》（GB 50010—2010）：非杆系的二维或三维结构可采用弹性理论分析、有限元分析或试验方法确定其弹性应力分布，根据主拉应力图形的面积确定所需的配筋量和布置，并按多轴应力状态验算混凝土的强度。即求得混凝土主应力值 σ_i 后，混凝土多轴强度验算应符合下列要求：

$$|\sigma_i| \leqslant |f_i| \quad (i=1, 2, 3) \tag{3-79}$$

式中　σ_i——混凝土主应力值；

　　　f_i——混凝土多轴强度。

关于混凝土的多轴强度，现行《混凝土结构设计规范》（GB 50010—2010）规定如下：

（1）在二轴应力状态下，混凝土的二轴强度由下列 4 条曲线连成的封闭曲线（图 3-73）确定；也可根据表 3-67 所列数值进行内插取值。

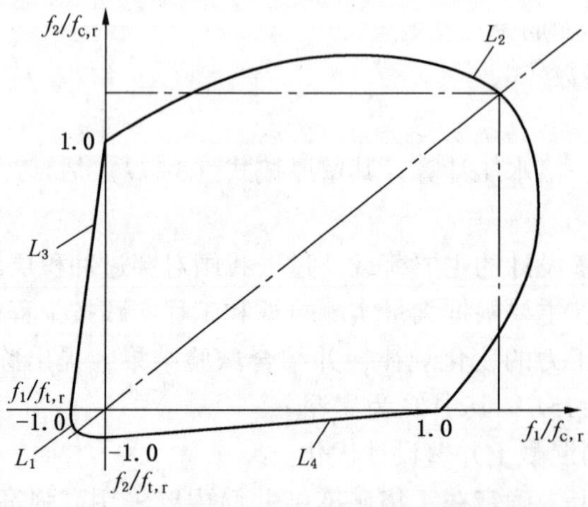

图 3-73　混凝土的二轴强度包络图

表 3-67　混凝土在二轴受压状态下的抗压强度

$f_1/f_{c,r}$	1.0	1.05	1.10	1.15	1.20	1.25	1.29	1.25	1.20	1.16
$f_2/f_{c,r}$	0	0.074	0.16	0.25	0.36	0.50	0.88	1.03	1.11	1.16

(2) 混凝土在三轴应力状态下的强度可按下列规定确定：三轴受压（压-压-压）应力状态下混凝土的三轴抗压强度 f_1 可根据应力比 σ_2/σ_1 和 σ_3/σ_1 按图 3-74 确定，或根据表 3-68 内插取值，其最高强度不宜超过单轴抗压强度的 3 倍。

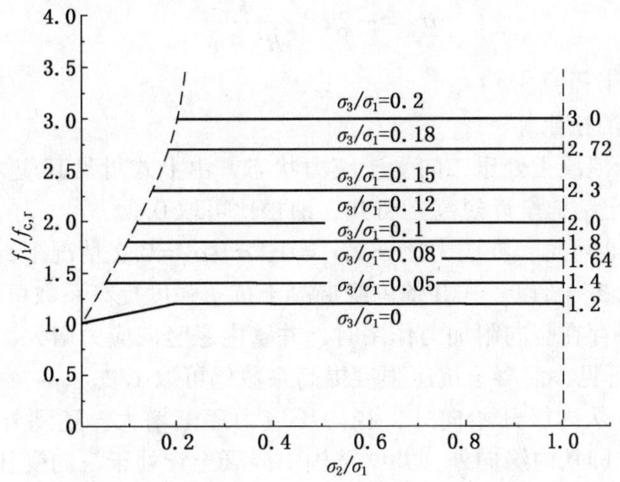

图 3-74 三轴受压状态下混凝土的三轴抗压强度

表 3-68 混凝土在三轴受压状态下抗压强度的提高系数 ($f_1/f_{c,r}$)

σ_3/σ_1 \ σ_2/σ_1	0	0.05	0.10	0.15	0.20	0.25	0.30	0.40	0.60	0.80	1.00
0	1.00	1.05	1.10	1.15	1.20	1.20	1.20	1.20	1.20	1.20	1.20
0.05	—	1.40	1.40	1.40	1.40	1.40	1.40	1.40	1.40	1.40	1.40
0.08	—	—	1.64	1.64	1.64	1.64	1.64	1.64	1.64	1.64	1.64
0.10	—	—	1.80	1.80	1.80	1.80	1.80	1.80	1.80	1.80	1.80
0.12	—	—	—	2.00	2.00	2.00	2.00	2.00	2.00	2.00	2.00
0.15	—	—	—	2.30	2.30	2.30	2.30	2.30	2.30	2.30	2.30
0.18	—	—	—	—	2.27	2.27	2.27	2.27	2.27	2.27	2.27
0.20	—	—	—	—	3.00	3.00	3.00	3.00	3.00	3.00	3.00

根据现行《混凝土结构设计规范》规定，在实际混凝土结构计算中当得到井壁结构中关键点的主应力值 σ_1、σ_2 和 σ_3 后，就可以根据 σ_2/σ_1、σ_3/σ_1 的比值查图 3-73、图 3-74 得到该点混凝土的多轴受力抗压强度提高系数（m），即图 3-73、图 3-74 中的纵坐标值。

为此，下面将根据现行《混凝土结构设计规范》中关于多轴强度的取值规定，对冻结井筒的内壁混凝土强度进行分析。

内层井壁在壁间水压力作用下，内缘环向压应力计算公式为

$$\sigma_\theta = -2P_w \frac{R^2}{R^2 - r^2} \tag{3-80}$$

在不考虑地层沉降条件下，内层井壁内缘竖向应力可按平面应变状态考虑：

$$\sigma_\theta = -2\mu P_w \frac{R^2}{R^2 - r^2} \tag{3-81}$$

式中　R——井壁外半径；

　　μ——混凝土泊松比。

在内层井壁内缘混凝土处于二向受压应力状态，由上式可见其应力比 $\sigma_3/\sigma_1=0$，$\sigma_2/\sigma_1=0.2$，由《混凝土结构设计规范》可知，泊松比可取 0.2。

因此，由表 3-68 可见，在应力比 $\sigma_3/\sigma_1=0$，$\sigma_2/\sigma_1=0.2$ 情况下，混凝土抗压强度提高系数（m）可取 1.2。所以，在井壁内缘混凝土抗压强度提高系数可取 1.2。

当考虑地层沉降存在竖向附加力作用时，井壁内缘竖向应力增大，则 σ_2/σ_1 比值将大于 0.2，由表 3-68 可见，混凝土抗压强度提高系数仍可取 1.2。

对于内层井壁，从内缘开始向外，径向压应力逐渐增大，达到外缘时，等于壁间水压，且皆为压应力，即从内缘向外，井壁结构中混凝土皆处于三向受压应力状态。由混凝土强度理论和《混凝土结构设计规范》可知，当混凝土处于三轴受压应力状态，混凝土抗压强度提高系数将更大。

以丁集矿为例，在副井井壁外缘：

$$\sigma_\theta = \frac{b^2 + a^2}{b^2 - a^2} p$$

平面应变状态下：

$$\sigma_z = \mu(\sigma_\theta + \sigma_r)$$

水压力：

$$\sigma_r = 5.44\ \text{MPa}$$

经计算得：

$$\sigma_2/\sigma_2 = 0.25467 \qquad \sigma_3/\sigma_1 = 0.273$$

查表 3-68 可得，井壁外缘混凝土抗压强度提高系数可取 3.0。

根据现行的《混凝土结构设计规范》，结合内壁的实际受力状态，查表 3-67、表 3-68 可得，井壁结构中混凝土抗压强度提高系数可取 1.2~3.0。

根据前面井壁模型试验结果和现行《混凝土结构设计规范》可知，为真实反映井壁结构的可靠度，在井壁结构强度验算时应考虑其抗压强度提高系数 m，即

$$[R_z] = \frac{mR_a + \mu_{\min} \times R_g}{K} \tag{3-82}$$

式中，m 为井壁结构中混凝土由于处于多轴受压应力状态下的抗压强度提高系数，根据《混凝土结构设计规范》可取 1.2~3.0，而根据井壁模型试验结果得到 $m=1.615$~1.949。考虑到该种方法在煤矿深厚冲积层冻结井壁结构设计中为首次采用，经综合分析，确定本次井壁结构设计优化取 $m=1.2$。

为此，对于丁集矿副井，采用 C70 高性能混凝土时，$[R_z]=27.058$，控制层位内壁厚

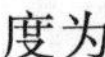

度为

$$h \geqslant a\left(\sqrt{\frac{[R_Z]}{[R_t] - 2P}} - 1\right) = 4.0\left(\sqrt{\frac{27.058}{27.058 - 2 \times 5.44}} - 1\right) = 1.173 \text{ m}$$

在采用冻结井壁设计优化方法后，控制层位副井内壁厚度可取 1.2 m。

由此可见，根据前面井壁结构模型试验结果和现行《混凝土结构设计规范》，丁集矿副井冻结段控制层位井壁设计优化结果见表 3-69。

表 3-69 丁集矿副井冻结段控制层位井壁设计优化结果

类别	内壁/m	外壁/m	总厚度/m	内壁减薄率/%
原厚度	1.6	1.1	2.7	33.3
优化后厚度	1.2	1.05	2.25	

由表 3-69 可见，采用上述深厚冲积层冻结井壁设计优化方法，可使内壁厚度由 1.6 m 减薄到 1.2 m，内壁减薄 33.3%，井壁总厚度由 2.7 m 减薄到 2.25 m。这不但可以降低工程造价、利于井壁防裂抗渗，最主要的是解决了冻结管的布置和冻结壁形成难题，提高了丁集矿冻结法凿井的可靠性。

3.5 丁集矿冻结施工

3.5.1 冻结施工简介

丁集矿是淮南矿业集团 2003 年开始投资建设的年生产能力 5 Mt 的又一现代化煤矿，在其工业广场内设有主、副、风 3 个井筒，主、副、风井井筒净直径分别为 7.5 m、8 m、7.5 m，第四系松散层厚度分别为 530.45 m、525.25 m、528.65 m，冻结深度均为 565 m。由于地质条件复杂，尤其是 330～440 m 段近 110 m 的含钙质黏土层，膨胀率高，结冰点低，所形成的冻结壁强度弱，给冻结施工增加了很大难度。为圆满完成施工任务，对整个冻结施工过程进行动态控制，充分利用现场测温数据、盐水温度、盐水流量、井帮温度等基础数据，适时对不同阶段的冷量进行调整，保证了 3 个井筒冻结施工始终在科学、经济、高效的状态下进行，取得了令人满意的效果，使我国在超深井冻结领域又有了一个质的飞跃。

3.5.2 冻结方案

由于第三系深部厚黏土层单层厚度大、埋藏深、单轴抗压强度低、蠕变特性显著，加上第三系黏土层的总厚度大、含水量低、地温高等特点，同时考虑确保井筒安全连续施工和上部快速施工，为保证冻结壁有足够的强度和厚度，经过反复方案对比和专家论证，丁集矿主、副、风井采用三圈孔冻结。其中，主、副井中圈主冻结孔深度为 565 m，穿过不透水完整基岩 10 m；内圈孔采用长短腿差异冻结，短腿穿过强膨胀黏土层终孔，长腿和外圈冻结孔均到达风化基岩带终孔（具体方案见表 3-70），设备采用目前国内最先进的螺杆压缩机组，并合理配备附属设备，主要设备见表 3-71、表 3-72。而风井采用外圈孔为全深冻结；中圈孔为主冻结孔采用差异冻结，深孔深度为 558 m，浅孔深度为 540 m；内圈为辅助（加强）冻结孔的综合冻结施工方案（具体方案见表 3-73）。风井井筒冻结采用了新型螺杆压缩机进行双级压缩制冷，主要设备见表 3-74。

表3-70　主、副井冻结方案及冻结设计技术参数

序号	项目名称		单位	井筒冻结设计技术参数		
				主井	副井	备注
1	井筒净直径		m	7.5	8	
2	表土层埋深		m	530.45	525.25	
3	冻结深度		m	565	565	
4	控制层位		m	514.96	502	
5	冻结壁厚度		m	10.8	11.4	
6	冻结壁平均温度		℃	-17	-16.5	
7	控制层井帮温度		℃	-12	-13	
8	冻结段最大孔间距控制	表土	m	2.2	3	
		岩石	m	3.2	5	
9	冻结孔靶域半径		m	1.0	1.0	
10	内圈防片加强孔	圈径	m	14.8	16	200 m 以上用 ϕ159 mm×7 mm 冻结管，200 m 以下用 ϕ140 mm×8 mm 冻结管，差异冻结，内径向偏值 340 m 以下控制不大于 0.5 m
		孔数	个	22	24	
		开孔间距	m	2.112	2.093	
		深度	m	441/530	443/530	
		内径向偏值	m	≤0.5	≤0.5	
11	中圈主冻结孔	圈径	m	21.2	23.3	200 m 以上用 ϕ159 mm×7 mm 冻结管，200 m 以下用 ϕ159 mm×8 mm 冻结管
		孔数	个	49	53	
		开孔间距	m	1.359	1.38	
		深度	m	565	565	
12	外圈主冻结孔	圈径	m	28.2	31	200 m 以上用 ϕ159 mm×7 mm 冻结管，200 m 以下用 ϕ159 mm×8 mm 冻结管，下双供液管
		孔数	个	54	58	
		开孔间距	m	1.64	1.678	
		深度	m	535	530	
13	水文观测孔布置（深度/个数）		m/个	123/1、322/1、516/1	122/1、329/1、492/1	ϕ127 mm×5 mm 无缝钢管
14	测温孔布置（深度/个数）		m/个	557/4、532/1、441/1	560/4、527/1、443/1	ϕ127 mm×5 mm 无缝钢管
15	钻孔工程量		m	71740		79779
16	冻结管规格		mm×mm	ϕ140×8，ϕ159×7，ϕ159×8		
17	供液管规格		mm×mm	ϕ75×6，ϕ88×6.5，ϕ55×5		
18	维护冻结期盐水温度		℃	-24		
19	积极冻结期最低盐水温度		℃	-34		
20	冻结工期		d	357		365
21	装机容量		10^4 kcal/h	2450		2757
22	冻结运转最大负荷		kW	9840		11180

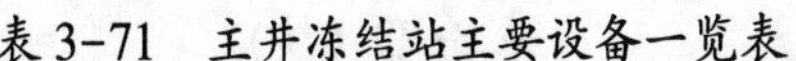

表3-71 主井冻结站主要设备一览表

序号	设备名称	型号	数量	性 能 指 标	备注
1	螺杆压缩机	LG31.5	8	标况制冷量 201×10^4 kcal/h	10 kV 电机
2	螺杆压缩机	LG25	6	标况制冷量 105×10^4 kcal/h	10 kV 电机
3	螺杆压缩机	LG20	4	标况制冷量 53×10^4 kcal/h	380 V
4	蒸发器	LZL-320	15	蒸发面积 320 m^2	
5	冷凝器	EXVⅡ-455	12	标准排量 $Q=1112$kW	
6	中间冷却器	ZL-10	14		
7	贮氨器	ZA-8	2		
8	油氨分离器	YF-125	2		
9	盐水泵	12sh-6	6	$Q=790$ m^3/h	10 kV 电机
10	清水泵	6BA-8	2		1用1备

表3-72 副井冻结站主要设备一览表

序号	设备名称	型号	数量	性 能 指 标	备注
1	螺杆压缩机	LG31.5	9	标况制冷量 201×10^4 kcal/h	10 kV 电机
2	螺杆压缩机	LG25	6	标况制冷量 105×10^4 kcal/h	10 kV 电机
3	螺杆压缩机	LG20	6	标况制冷量 53×10^4 kcal/h	380 V
4	蒸发器	LZL-320	18	蒸发面积 320 m^2	
5	冷凝器	EXVⅡ-455	14	标准排量 $Q=1112$ kW	
6	中间冷却器	ZL-10	16		
7	贮氨器	ZA-8	4		
8	油氨分离器	YF-125	2		
9	盐水泵	12sh-6	6	$Q=480$ m^3/h	10 kV 电机
10	清水泵	6BA-8	1		1用1备

表3-73 风井冻结方案及冻结设计技术参数

序号	参 数 名 称	单位	数 量	备 注
1	井筒净直径	m	7.5	
2	井壁最大厚度	m	2.1	
3	井筒最大荒径	m	11.7	
4	表土层深度	m	528.65	
5	冻结壁平均温度	℃	-16	
6	积极冻结期盐水温度	℃	-32~-34	
7	冻结深度	m	558	
8	需要冻结壁厚度	m	井深<310 m时7 m，井深>310 m时10.5 m	
9	冻结孔施工靶域半径	m	1.0	

表 3-73（续）

序号	参数名称		单位	数量	备注
10	外圈冻结孔	深度	m	534	外圈孔局部冻结改为全深冻结
11		布置圈径	m	28	
12		孔数	个	52	
13		开孔间距	m	1.692	
14		规格（0~300 m/300 m 以下）	mm×mm	ϕ168×6/ϕ140×7	
15	中圈冻结孔	深度（深孔/浅孔）	m	558/540	测温 6 号孔改为冻结孔，补打 500 m 的 53 号为冻结孔
16		布置圈径	m	21.0	
17		孔数	个	26/26	
18		开孔间距	m	1.269	
19		冻结管规格	mm×mm	ϕ140×7	
20	内圈冻结孔	深度	m	534/450	
21		布置圈径	m	14.1	
22		孔数	个	9/9	
23		开孔间距	m	2.46	
24		规格（0~300 m/300 m 以下）	mm×mm	ϕ168×6/ϕ140×7	
25	测温孔	孔数	个	1/4	
26		深度	m	498/540	
27		规格	mm×mm	ϕ108×5	
28	水文观测孔	孔数	个	1/1	
29		深度	m	302/498	
30		规格	mm×mm	ϕ108×5	
31	冻结需冷量		10^4 kcal/h	851.5	
32	冻结站需冷量		10^4 kcal/h	1021.8	
33	冻结站装机标准制冷量		10^4 kcal/h	3490	
34	冻结工期		d	335	

表 3-74　风井冷冻站主要设备一览表

序号	设备名称	型号	单位	数量	备注
1	冷冻机	JZ3KA25-D	台	8	低压机
2	冷冻机	JZ3KA31.5-D	台	9	低压机
3	冷冻机	KA2OC	台	1	低压机
4	冷冻机	JZ3KA25-G	台	6	高压机
5	冷冻机	8AS-17	台	4	低压机
6	冷冻机	8AS-17	台	2	高压机

3.5.3 冻结孔施工

3.5.3.1 施工设备

丁集矿主、副井冻结孔施工选用6台TSJ-2000型钻机，配备6台TBW-1200/7B型及TBW-850/5型泥浆泵施工，测斜采用JDT-5A型陀螺测斜仪，纠偏设备选用5LZ165×7.0BH型螺杆钻具。

丁集矿风井冻结孔施工选用6台TSJ-2000A型钻机，配备6台TBW-1200/7B型及TBW-850/5型泥浆泵施工，测斜采用JDT-3型陀螺测斜仪，定向选用陀螺定向仪和经纬仪。

3.5.3.2 钻孔质量要求

（1）钻孔偏斜率要求：孔深0~300 m不大于3‰，300~500 m不大于2‰，超过500 m按靶域控制，靶域半径为1 m。

（2）相邻孔间距要求：中圈主冻结孔孔间距表土段不大于2.2 m，基岩段不大于3.2 m；外圈、内圈孔孔间距表土段不大于2.8 m，基岩段不大于4.0 m。

（3）内圈孔向井中方向偏斜不得超过300 mm。

3.5.3.3 钻孔偏斜控制

在丁集矿深孔钻进过程中，一改传统的垫钻、扫孔、扩孔纠偏措施，广泛采用螺杆钻具纠偏，其纠偏速度快而且效果好。螺杆纠偏的主要特点是钻进时在保持钻杆不动的情况下，通过泥浆的动力带动钻头旋转，并在陀螺定向仪的配合下按预定轨迹进行纠斜。具体钻具组合形式为：钻头—螺杆钻具—斜向器—钻铤—扶正器—钻杆—立轴。其中，螺杆钻具采用5LZ165×7.0型钻具，定向仪为JDT-3A型陀螺测斜仪。

3.5.4 冻结孔成孔质量对温度场形成规律的影响

深表土立井冻结的技术难关是“两壁一孔”问题，“两壁”即冻结壁、井壁，“一孔”即冻结孔。完全可以这样说，确保冻结壁的质量和冻结管交圈时间，关键在于确保冻结孔的质量，冻结孔的偏斜会影响冻结壁的交圈时间、冻结壁发展几何形状的非对称性，以至冻结壁承载力降低等，更主要的是对防止冻结管发生断裂有很大影响。可见，冻结孔是保证冻结技术的基础，加强冻结孔质量的管理，进行丁集矿井筒冻结孔质量的综合评价，对预先估计冻结壁发展及其性状具有十分重要的意义，同时，也为进一步加强深厚表土立井冻结法施工管理做出了先例。

3.5.4.1 冻结孔工程概况

丁集矿主、副、风井冻结孔施工过程中，安徽煤田地质局第三勘探队和淄博翔宇勘探工程有限责任公司都进行了精心组织和认真实施，河南工程咨询监理有限公司进行了旁站监理。

安徽煤田地质局第三勘探队选用6台TSJ-2000型钻机，配备6台TBW-1200/7B型及TBW-850/5型泥浆泵施工，测斜采用JDT-5A型陀螺测斜仪，纠偏设备选用5LZ165×7.0BH型螺杆钻具。

淄博翔宇勘探工程有限责任公司选用6台TSJ-2000A型钻机，配备6台TBW-1200/7B型及TBW-850/5型泥浆泵施工，测斜采用JDT-3型陀螺测斜仪，定向选用陀螺定向仪和经纬仪。

施工过程都进行了测斜和纠偏工作。钻孔工程结束后，各施工单位都对各自施工的钻孔进行测斜，提出了钻孔偏斜图，冻结单位对钻孔和下放过的冻结管进行了部分抽查测斜。抽查钻孔的基本原则是：钻孔单位在施工和测斜过程中存在疑点的钻孔，尤其对两个单位测斜数据不一致的钻孔，进行了第三次测斜分析。

3.5.4.2 测斜情况及其对温度场形成规律的影响

根据丁集矿提供的测斜资料，抽查钻孔以在冻结管内的测斜为基准，对丁集矿主、副、风井的测斜资料进行了计算机汇总和分析。评价依据主要有两点：一是冻结管最大间距；二是计算机模拟冻结交圈时间不大于70天。

1）钻孔间距计算

为了对丁集矿主、副、风井冻结孔质量情况进行评价，并按丁集矿项目部标准中圈钻孔间距不大于2.2 m和原煤炭工业部规定孔间距不大于2.8 m的标准，按不同深度汇总列出超过这两项要求的钻孔编号及其间距，见表3-75~表3-78。

表3-75 主井复测数据

深度/m	孔间距/mm			
	中7—8孔	中18—19孔	中27—28孔	中30—31孔
320				2207.29
340				2273.29
360				2319.11
380				2345.51
400	2205.57		2236.06	2281.57
420	2290.47		2259.32	2233.19
440	2359.67		2240.39	
460	2419.07		2207.66	
480	2476.27			
500	2508.48			
520	2521.55	2215.86		

表3-76 副井冻结单位复测中排孔间距

深度/m	孔间距/mm			
	中3—4孔	中11—12孔	中14—15孔	中31—32孔
350		2211.08		
450	2215.95	2430.78		
500	2237.88	2240.84	2206.14	
520			2275.45	2223.36

表 3-77 副井打钻单位复测中排孔间距

深度/m	孔间距/mm			
	中 3—4 孔	中 11—12 孔	中 31—32 孔	中 52—53 孔
400		2279.37	2430.18	
450	2215.95	2430.78	2522.69	2353.44
500	2237.88	2240.84	2747.02	2509.00
520			2771.92	2522.07

表 3-78 风井复测数据

深度/m	孔间距/mm						
	中 3—4 孔	中 10—11 孔	中 13—14 孔	中 31—33 孔	中 38—39 孔	中 44—45 孔	中 52—1 孔
200	2424.11						
220	2626.93						
240	2749.28		2254.00				
260	2792.88		2359.21				
280	2782.20		2455.00				2479.77
300	2794.73		2573.51				2601.96
320	2553.45		2620.50				2662.32
340	2390.59		2562.22				2694.01
360	2269.67		2387.23	2777.37			2777.45
380		2213.57		2652.71			2427.27
400		2233.17		2769.30	2261.63		2742.27
420		2282.18		2722.74	2276.89		2764.05
440		2364.47		2605.84	2261.22		2757.82
460		2310.78		2751.36	2207.09		2785.75
480		2377.46		2669.87			2962.96
500		2395.12		2770.65		2224.71	3009.59
520		2371.91		2789.48			3016.82

注：31—33 孔为相邻钻孔；表土层厚 520 m。

2）主、副、风井冻结壁发展和冻结交圈时间模拟

根据丁集矿地质条件，开发出丁集矿冻结施工信息化管理软件，利用该软件进行了实际偏斜条件下丁集矿主、副、风井冻结壁的交圈等冻结参数的模拟分析，得出了不同深度下冻结壁的交圈时间，见表 3-79。

表 3-79 冻结壁发展和冻结交圈时间

井筒	垂深/m	岩性	冻土扩展速度/($mm \cdot d^{-1}$)	内圈/d	中圈/d	外圈/d	冻土扩展至井帮/d
主井	100	中砂	21	67	56	60	120
	150	中砂	21	68	55	65	120
	200	中砂	21	76	56	70	125
	250	细砂	20	80	60	75	138
	300	中砂	21	75	55	80	140
	350	黏土	17	95	70	94	160
	400	中砂	21	87	59	78	145
	450	中砂	21	115	61	79	155
	500	细砂	20	125	70	89	160
风井	100	粉砂	19	76	51	65	110
	150	细砂	20	76	52	70	110
	200	细砂	20	78	62	74	120
	250	粉砂	19	85	74	80	115
	300	细砂	20	85	67	73	130
	350	黏土	17	100	73	86	136
	400	黏土	17	110	88	99	160
	450	粉细砂	19	96	73	79	130
	500	粉砂	19	154	81	84	175
	520	黏质砂砾	18	158	84	90	170
副井	100	中细砂	21	56~57	41	50	119~120
	150	含砾粗砂	21	59	49	52	120
	200	中细砂	21	61	47	54~55	128~129
	250	黏土质砂	17	77	67	68	140
	300	粗中砂	21	66	55	55	134
	350	含钙黏土	16	88	75	77	170
	400	含钙黏土	16	100	78	83	197
	450	中砂	21	115	60	60	170
	500	砂质黏土	17	155	82	88	218
	520	泥质砂砾层	20	124	69	72	185

3.5.4.3 小结

（1）总体来讲丁集矿主、副、风 3 个井筒冻结孔质量基本符合要求，除风井在中排 31—33 号孔之间重新补打一个钻孔和将 6 号测温孔改作冻结孔外，虽然有部分钻孔偏斜超过矿井建设项目部终孔最大间距小于或等于 2.2 m 的要求，但基本不超过《煤矿冻结法开凿立井工程技术规范》2.8 m 的标准，且偏斜较大位置（深度）基本都超过 300 m，可以说对井筒冻结影响不大（因为是深部冻结，对交圈时间没有影响）。

（2）从相邻冻结孔最大间距（表 3-75～表 3-78）可见，相邻冻结孔间距大于 2.2 m 的风井稍多，主井最少。

（3）主井 320 m 以下中排 30—31 孔间距超过 2.2 m，但低于 2.4 m，中排 400 m 局部有相邻两孔间距超过 2.2 m。中排 7—8 孔间距相对较大，但都小于 2.6 m。主井中排孔交圈时间根据模拟结果，除垂深 350 m 外，都小于 70 天，满足矿井建设项目部交圈时间控制在 70 天以内的标准。

（4）副井有 4 个相邻钻孔间距从 350 m 起局部超过 2.2 m，但不超过 2.8 m。对副井中排孔垂深 350 m 和 400 m 地层交圈时间模拟可见，由于该地层为黏土层，较难冻结，冻结时间将达到 75 天和 78 天。因此，应采取措施积极加强冻结，使该地层交圈时间控制在 70 天以内。

（5）风井中排 31—33 孔由于偏斜较大，致使 31—33 孔间距小于 31—32 孔间距，实际冻结模拟过程以 31—33 孔间距为依据。风井中排孔在 200 m 以下孔间距超过 2.2 m 的居多。局部孔间距如：中排 3—4、31—33、52—1 孔的相邻孔间距均在 2.6～2.8 m 之间。中排 52—1 孔间距在 470 m 以下超过 2.8 m。综合考虑工程质量与施工进度要求，在中排 31—32 孔间补充了 B53 冻结孔（设计孔位参考冻结信息化施工系统水平剖面图），同时考虑 51—1 孔相邻孔间距较大，以原设计 6 号测温孔补作冻结孔。如此修改以后，风井中排孔的最长模拟交圈时间为 74 天，发生在垂深 250 m 粉砂地层的 3—4 孔，在冻结施工中应积极采取措施，加大制冷量，保证冻结壁的交圈时间。

（6）根据 3 个井筒测斜数据的计算机模拟分析，冻结壁厚度发展最大、最小处，井帮温度最高和最低方位见表 3-80，在井筒施工中应密切注意，冻结壁厚度最小和井帮温度最高处冻结壁的稳定性。

（7）通过对 3 个井筒钻孔偏斜数据的计算机模拟分析可得，钻孔向内偏斜值最大为风井中排 32—33 孔，副井内排 15 孔，主井中排 38—39 孔。当井筒施工到这些层位时，应尽量控制冻结壁的变形，防止冻结管断裂。

（8）由于丁集矿表土地层的复杂性，测斜数据（在深度上和复测数据采用抽查的方法等）的有限性和模拟参数选取的经验性，可能与实际情况有一定偏差。因此，在实际施工中还得时时监测温度数据，并进一步进行分析、判断，以真实掌握冻结壁的性状。

（9）综上分析，丁集矿 3 个井筒冻结孔造孔偏斜，总体上是符合要求的，不影响冻结壁的质量和冻结效果，但由于丁集矿表土地层厚，井筒直径大，因此，应加强冻结站制冷效果的管理，积极加大制冷量，保证冻结壁的厚度和平均温度符合设计要求。

3.5.5　盐水温度与流量控制

将整个冻结工期分为送冷、水文观测孔上水、正式开挖、掘过黏土层、掘到底、套壁 5 个过程，并根据每个施工阶段对冷量的不同需求，对冷冻盐水的温度和流量进行调节。

3.5.5.1　主、副井盐水温度与流量控制

1）盐水温度

丁集矿主、副井分别于 2004 年 3 月 10 日和 2 月 19 日开机送冷。冻结过程中盐水温度变化如图 3-75～图 3-78 所示。

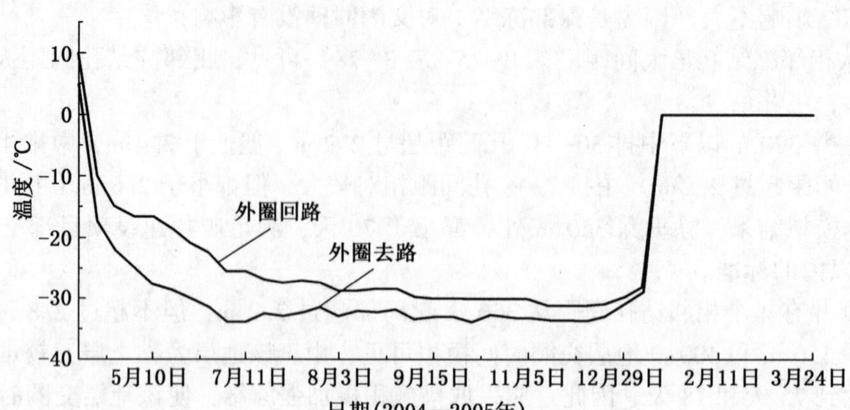

图 3-75 主井外圈盐水去、回路盐水温度变化

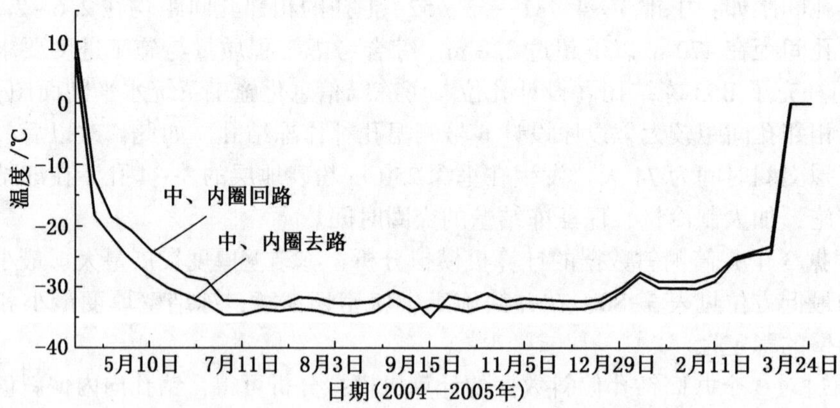

图 3-76 主井中、内圈盐水去、回路盐水温度变化

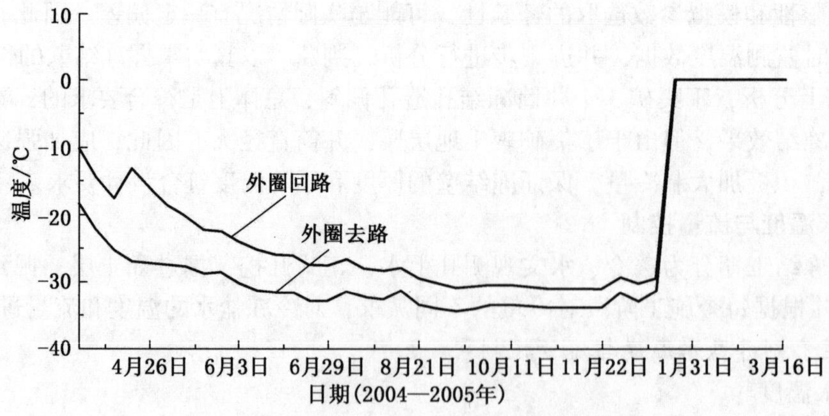

图 3-77 副井外圈盐水去、回路盐水温度变化

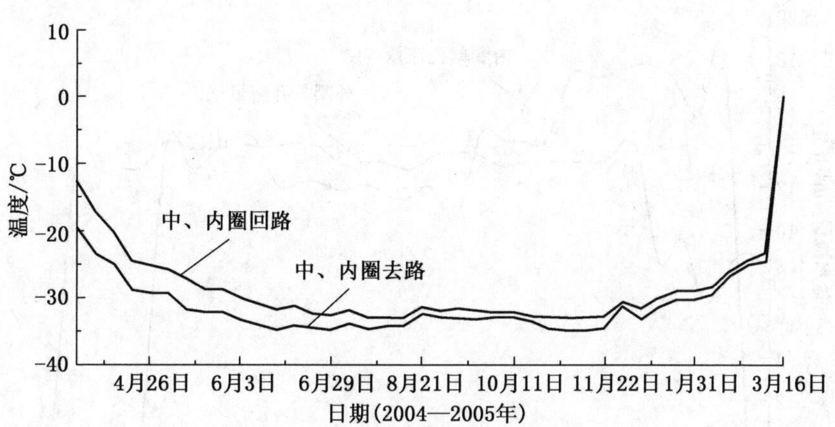

图 3-78 副井中、内圈盐水去、回路盐水温度变化

盐水温度控制主要分以下 5 个过程：

(1) 送冷至水文观测孔上水（主井 2004 年 3 月 10 日—7 月 10 日，副井 2004 年 2 月 19 日—5 月 26 日）。在此过程中盐水温度在前期会大幅下降，但在盐水温度达到-20 ℃时要适当控制盐水温度，不能使其下降得太快，以免因温度下降过快使冻结器周围土层中的自身潜热不能充分换走，造成所形成的冻结壁比较脆弱、热阻加大，并影响交圈时间。

(2) 水文观测孔上水至正式开挖（主井 2004 年 7 月 11 日—8 月 3 日，副井 2004 年 5 月 27 日—6 月 28 日）。这个过程是冻结壁初步形成阶段，其壁厚、强度需进一步加强，为井筒开挖创造有利条件。盐水温度应下降达到设计温度。

这个阶段中、外圈盐水温度明显比中、内圈盐水温度高，这是正常的，因为随着冻结壁不断发展，冻结壁外壁的面积越来越大，对应的换热面积也就增大，这样外圈孔的负荷增加；而冻结壁内壁面积则越来越小，负荷也不断减少，所以中、内圈的盐水温度要低于外圈。

(3) 正式开挖至掘过黏土层（主井 2004 年 8 月 4 日—11 月 28 日，副井 2004 年 6 月 29 日—11 月 21 日）。这个过程是冻结壁加强、稳定与巩固阶段，随着井筒掘进的不断加深，所需冻结壁厚度、强度相应加大，所以必须以较低的盐水温度（-32～-34 ℃）作保证。

(4) 掘过黏土层至掘到底（主井 2004 年 11 月 29 日—2005 年 2 月 2 日，副井 2004 年 11 月 22 日—2005 年 1 月 30 日）。至此强膨胀黏土层已经掘过，以下是砂土层和基岩风化带，由于冻结时间长，冻土已经扩入荒径，冻结壁厚度已达到或超过设计要求，井筒需冷量有所减少，所以盐水温度无须继续保持低温，应适当回升。

(5) 套壁（消极冻结期）（主井 2005 年 2 月 3 日—3 月 24 日，副井 2005 年 1 月 31 日—3 月 26 日）。井筒到底后，井筒需冷量进一步减少，外排孔已经关闭，所以无温度显示。

2) 盐水流量

在相同的盐水温度下，流量的大小直接反映了冷量输送的多少，因此应根据不同条件下冷量的需求不同对盐水流量进行调节。

冻结过程中盐水流量控制如图 3-79 和图 3-80 所示。

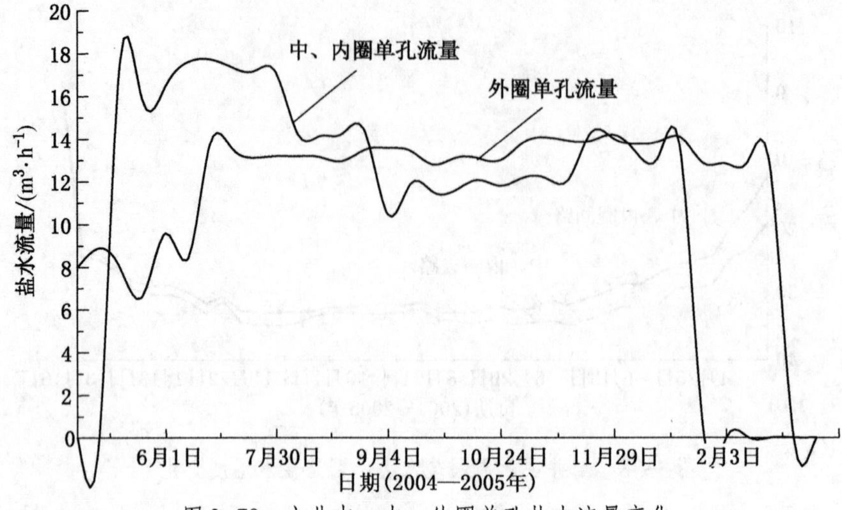

图 3-79 主井中、内、外圈单孔盐水流量变化

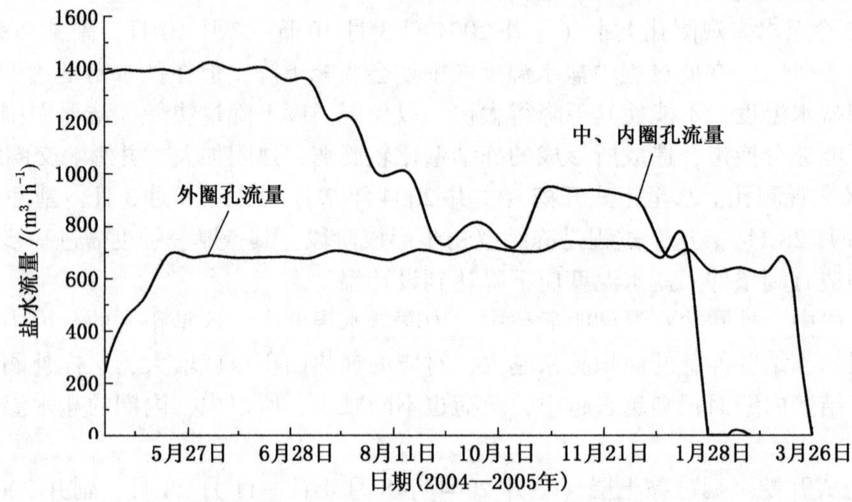

图 3-80 副井中、内、外圈孔盐水流量变化

盐水流量调节依然分以下 5 个过程：

(1) 送冷至水文观测孔上水（主井 2004 年 3 月 10 日—7 月 10 日，副井 2004 年 2 月 19 日—5 月 26 日）。这个阶段是冻结壁形成的关键时期，需要大量的冷量供给，尤其是中圈主冻结孔，因为在此阶段冻结壁形成主要依靠主冻结孔。因此加大中圈主冻结孔的流量，相应降低外圈和内圈孔的流量是非常必要的。这不但有利于冻结壁早日交圈，而且避免了在冻结壁中形成夹心（即未冻水）而影响冻结壁强度。（中、内圈使用同一配液圈，在这个过程内圈孔单孔流量只开启 1/3）

(2) 水文观测孔上水至正式开挖（主井 2004 年 7 月 11 日—8 月 3 日，副井 2004 年 5 月 27 日—6 月 28 日）。这个过程是冻结壁整体形成的重要时期，每个冻结器周围都有其自身的冻土并且逐渐相交，形成完整的冻结壁。这样每个冻结管都需要大量的冷量输送，因此这个过程加大各孔的流量，尤其是内圈孔，要加快冻土扩展速度，使冻土距荒径距离合理，防止开挖时片帮。

(3) 正式开挖至掘过黏土层（主井 2004 年 8 月 4 日—11 月 28 日，副井 2004 年 6 月 29 日—11 月 21 日)。这个时候冻结壁已经基本形成，但是冻结壁的强度和厚度还不能满足深部掘进需求，因此此时需要加强冻结壁的强度和增加冻结壁的厚度。在流量控制上要根据井帮温度、测温孔温度、冻土进荒径内距离、揭露土层性质等指标对流量加以调整。中、内圈孔以保证冻结壁平均温度达到设计要求，进荒径内冻土厚度达到最小为原则，而此时外圈孔要保持足够大的盐水流量，使盐水保持紊流状态，以加快冻结壁向外扩展的速度，增加冻结壁的厚度。

(4) 掘过黏土层至掘到底（主井 2004 年 11 月 29 日—2005 年 2 月 2 日，副井 2004 年 11 月 22 日—2005 年 1 月 30 日)。此时，冻结壁已具备足够的厚度、强度，井筒所需冷量逐渐减少，随之中圈孔流量也减少，外圈孔因扩展速度逐渐减小，仍需保持足够大的流量，以保证掘砌施工安全。

(5) 套壁（消极冻结期）(主井 2005 年 2 月 3 日—3 月 24 日，副井 2005 年 1 月 31 日—3 月 26 日)。套壁过程仅需供给少量冷量，以保证所形成的冻结壁保持应有的强度和厚度。

3.5.5.2 风井盐水温度与流量控制

风井三圈孔盐水温度和单孔盐水流量随时间的变化情况如图 3-81 和图 3-82 所示。

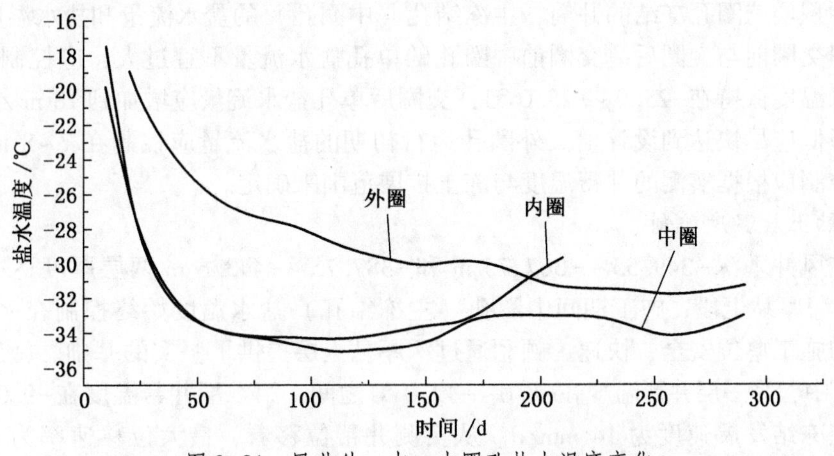

图 3-81 风井外、中、内圈孔盐水温度变化

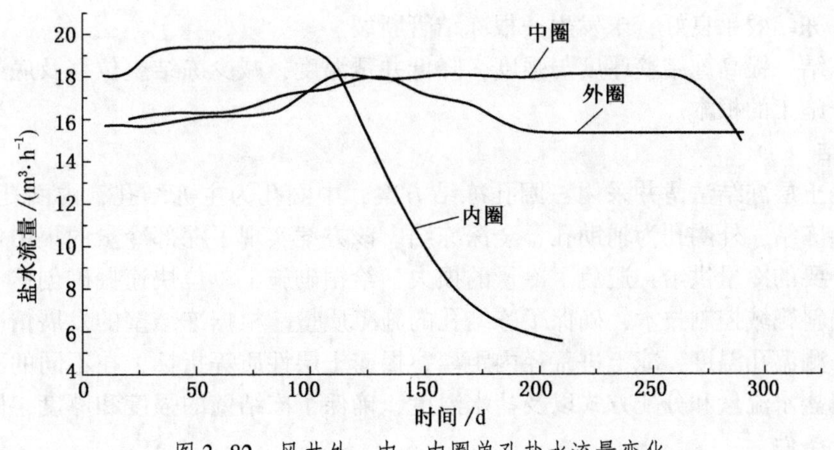

图 3-82 风井外、中、内圈单孔盐水流量变化

风井井筒于2004年6月9日（冻结112天）开始试挖，6月28日（冻结131天）正式开挖。在冻结施工过程中，根据测温孔温度、实测井帮温度及冻土形成情况，随时进行冻结壁温度场预测分析，为井筒施工创造有利条件；同时为制冷机合理配组、井筒制冷量控制提供科学的技术依据。6月27日对内圈孔短供液管（300 m以上）停止盐水循环，并对内圈孔盐水流量进行控制，单孔流量由18 m^3/h调整为10 m^3/h。8月1日内圈孔的运行方式改为局部冻结（300 m以下），单孔流量由10 m^3/h调整为6 m^3/h；8月15日至9月13日停止盐水循环；9月13日至9月27日恢复内圈孔运行，盐水单孔流量为5.5 m^3/h。风井内圈孔于9月28日起正式停止盐水循环。

适时控制内圈孔盐水循环：一是减缓冻土扩入井帮速度，为井筒快速施工创造有利条件；二是集中冷量冻结深部地层，确保深部地层冻结壁的厚度与强度。从井筒正式开挖到停止内圈孔运行，内圈孔盐水温度去路最低达到-34.8 ℃。垂深-349.55～-367.75 m和-387.75～-443.6 m两层厚度达18.20 m与55.85 m的深厚黏土段施工期间，中圈孔（主冻结孔）盐水温度始终控制在-34.0 ℃以下，为掘砌施工单位安全、快速、顺利通过深厚黏土层提供了先决条件。

3.5.5.3　不同阶段的流量控制

深厚冲积层三圈孔冻结的井筒，主冻结孔（中圈孔）的盐水流量和盐水温度可分为两个阶段，即交圈前与交圈后。交圈前中圈孔的单孔盐水流量不宜过大，应控制在14 m^3/h左右，盐水温度保持在-25.0～-28.0 ℃；交圈后单孔盐水流量应增加到18 m^3/h以上，盐水温度的降低应尽快达到设计值。外圈孔运行初期的盐水流量应控制在7～8 m^3/h。内圈孔的运行控制应根据实测的井帮温度与冻土扩展范围来确定。

3.5.5.4　黏土层温度控制

丁集矿风井垂深-349.55～-367.75 m和-387.75～-443.6 m两层厚度达18.20 m与55.85 m的深厚黏土段，施工期间中圈孔（主冻结孔）盐水温度始终控制在-34 ℃以下，为井筒掘砌施工单位安全、快速、顺利通过深厚黏土层提供了坚实的基础。施工两层深厚黏土层过程中，第一层井帮温度在-8.0～-12.0 ℃之间；第二层井帮温度在-9.0～-16.0 ℃之间，黏土冻结发展速度为14 mm/d。从实测井帮位移看，最大位移速率为4.6 mm/h，平均速率1～2 mm/h。一个段高的总位移量控制在20 mm以内，冻结壁位移变形也未超出设计要求，冻结效果良好，未发生一根冻结管断裂。

强化冻结，提高冻结壁厚度与强度，降低井帮温度，减少冻结壁位移及底鼓量是深厚冲积层安全施工的根本。

3.5.6　小结

特厚表土层冻结法凿井采用三圈孔冻结方案，中圈孔为主冻结孔，内圈孔为辅助孔、长短腿差异冻结，外圈孔为辅助孔、全深冻结。该方案实现了深部冷量的集中供给，减少了上部不必要的冷量供给，避免了冷量的损失，给掘砌施工单位快速掘砌创造了条件。采用冻结孔偏斜靶域控制技术，确保了冻结孔的施工质量。根据冻结壁的发展情况，即根据井帮温度、测温孔温度、冻土进荒径内距离、揭露土层性质等指标，在不同的冻结和施工阶段，控制盐水流量和分配方式以及盐水温度，确保了冻结壁的强度和厚度，同时为快速施工创造了条件。

4　钻井法凿井技术

4.1　概述

4.1.1　发展与应用概况

钻井法自1854年由德国首先应用成功以来，已有160余年的历史，逐步发展和完善了压气排渣、泥浆循环洗井和护壁的施工技术及钻井设备，在英国、法国、苏联、美国、比利时等国家得到了推广应用。1871年，德国工程师霍尔格曼研制了超前钻孔直径2 m、经11次扩孔达到7.65 m、钻深512 m的旋转式钻机，至20世纪中叶，在西欧钻了40多个井筒。苏联从20世纪30年代开始为矿山建设研制大直径钻机，先后研制了分级扩孔钻机、环形取芯钻机、涡轮钻机等，施工了100多个井筒。美国从20世纪初开始研究钻井法凿井，在小直径硬岩钻井设备和技术方面处于领先地位，1981年在澳大利亚的一座镍矿岩层中，钻成一个直径4.267 m、深663 m的风井。

我国自1969年在安徽淮北朔里煤矿南风井采用钻井法成功钻成直径4.3 m、深90 m的第一个井筒以来，已有近50年的历史。40多年来，我国的立井钻井技术经历了从无到有、从少到多、从小到大、从弱到强的发展历程，钻井装备能力和钻井技术均有了长足发展。据有关文献资料，1984年全国煤矿钻成井筒33个，累计深度6461 m。到2010年，全国钻井井筒有100多个，其中以穿过冲积层为主的井筒80余个，总深度超过22 km；以穿过岩层为主的井筒20多个，总钻深6.7 km。全国钻深300 m以上的井筒有29个，其中位于淮南矿区的板集矿主井最大深度660 m，是迄今为止国内最大的钻井深度。所钻的井筒类型由最初的风井逐步推广到了主、副井，钻井深度从开始的不足百米达到了目前的660 m。钻井直径由4.3 m达到了目前的10.8 m，成井直径由3.5 m达到了8.3 m，是目前世界上最大的成井直径和钻井直径。在钻机方面，最初主要使用由石油钻机改造而成的试验钻机，后来根据煤矿立井的特点及工艺要求，研制了煤矿专用钻机，如ZSS-1型、ND-1型、AS9/500型钻机等，再后来发展了全液压大能力动力头钻机，如AD120/900型、AD130/1000型钻机等，可满足直径12~13 m、深900~1000 m的大直径、深井钻进要求。“六五”期间，攻克了曾一度成为阻碍我国钻井法凿井发展的瓶颈技术——破岩刀具，研制成功并成批生产了国产系列滚刀，实现了全部设备国产化。“低密度钻井泥浆”和“高效处理剂”等成果大大提高了钻孔护壁机理和实施的水平。在井壁方面，研制了新型的钢板混凝土复合井壁结构，采用了高性能混凝土和新的制作工艺，在“七五”期间研究完成了散装水泥壁后充填机械化，使钻井法凿井的最后一道工序实现了全部机械化。进入21世纪，为开发华东地区深厚冲积层所覆盖的煤炭资源，“十五”期间结合龙固煤矿主井完成了“600 m深厚冲积层钻井法凿井技术开发研究”课题，在泥浆护壁、钻井参数、井壁结构、漂浮下沉等方面取得了丰硕成果，顺利完成了钻深581 m的主井井筒。这一系列的成果，标志着我国的钻井技术整体上已达到了世界先进水平。

淮南矿区是我国的重要煤炭基地之一，煤炭储量丰富，淮河北岸冲积层厚度大，地质条件复杂，建井难度大，是钻井、冻结等特殊凿井方法的主要应用矿区之一。潘三矿西风井于1982年开工、1984年建成，是我国较早采用钻井法施工的井筒之一，是淮南矿区第一个采用钻井法施工的井筒，钻井直径9.0 m，钻井深度508 m，不论钻井直径或钻井深度都为当时国内之最，故多项研究和应用成果处于国内领先水平。自潘三矿西风井之后，淮南矿区共钻凿井筒10个，其中淮南矿业集团所属6个，国投新集能源股份有限公司所属3个，皖北矿业集团所属1个。淮南矿业集团所属6个井筒的详细情况见表4-1。在谢桥矿西风井施工中，开展了“大直径、薄井壁结构设计研究”“包钢混凝土在井壁结构中的应用”课题，成功应用了内钢板混凝土复合井壁和内外双钢板混凝土复合井壁。

表4-1　淮南矿业集团钻井法施工井筒概况

技术参数	井筒名称					
	潘三矿西风井	谢桥矿东一风井	谢桥矿东二风井	谢桥矿西风井	张集矿西区进风井	张集矿西区回风井
成井内径/m	6.0	4.0	5.5	7.0	8.3	7.2
设计深度/m	508.2	474.3	478.2	464.5	537.5	517.5
成井深度*/m	508.2	474.5	478.2	469.2	458.0	438.58
钻井深度/m	509.1	474.29	475.0	462.38	440.0	
冲积层厚/m	442.21	421.95	419.90	405.33	402.6	401.0
岩层厚度/m	65.99	52.34	58.28	69.67	59.78	39.0
最大钻径/m	9.0	5.7	8.0	9.3	10.8	9.6
起止时间	1982年3月—1984年11月	1984年10月—1985年12月	1984年7月—1988年8月	1985年6月—1989年4月	2006年5月—2008年5月	2006年5月—2007年9月
平均月成井/m	15.7	33.64		13.3	19.5	27.5
钻机型号	AS9/500	AS9/500	L40/800	AS9/500	AS9/500G	ZS9/700G
成井偏值/mm		167		44		138
成井偏率/‰	0.23	0.32		0.11	0.252	0.314
支护结构形式	上部钢筋混凝土井壁，下部单层、双层钢板复合井壁	钢筋混凝土井壁	钢筋混凝土井壁	上部钢筋混凝土井壁，下部单层、双层钢板复合井壁	上部钢筋混凝土井壁，下部双层钢板复合井壁	上部钢筋混凝土井壁，下部钢板复合井壁
说明	国内首次钻深超500 m、冲积层厚超400 m；首次采用钢板复合井壁，首次试用楔齿滚刀钻黏土，首次采用偏心吸收方式	国内首次采用“眼镜井”形式，即用东一风井和东二风井代替1个大直径风井。首次采用机械化充填工艺	扶正装置由下部改在钻头上部	当时国内最大井筒直径，钻井采用井壁节间注浆，充填采用散装水泥，机械化作业；率先实行清水开钻	当前世界上最大的钻井直径和成井直径	

注：*根据井壁底形状尺寸及井筒规划设计，成井深度与钻井深度、设计深度均不相同。钻井深度指到达井壁底外圆最底部处，成井深度指到达井壁底之井壁直立部分的底缘，设计深度指规划设计的深度。

4.1.2 淮南矿区钻井法技术创新

钻井法在淮南矿区的采用虽然在国内不是最早，但其特殊的、深度超过 400 m 的深厚冲积层特征却为钻井法的工艺技术提高到了一个新台阶。为保证钻井法在深厚表土层中的成功应用，高校及设计、施工、科研等单位密切合作，取得了多项突破性成果，为在深厚表土层中钻井奠定了良好的技术基础，为我国钻井技术的发展做出了较大的贡献。根据统计，淮南矿业集团采用钻井法施工的井筒数量，约占全国钻深超过 300 m 井筒的 1/3。

1）首次钻井穿过 400 m 厚冲积层

潘三矿西风井是淮南地区的第一个钻井施工的井筒，设计深度 508.2 m，冲积层厚度达到 440 m，而且存在极不稳定的流砂、涌水、黏土等不良地层。在此之前，所有的钻井井筒，其表土层厚度均未超过 400 m，且全部小于 300 m。在 400 多米厚的极不稳定的地层中能否采用钻井法施工，受到了极大挑战。经过众多专家和工程技术人员的科学试验和反复论证，最终决定采用钻井法施工，并于 1982 年 3 月开钻。在各协作单位的共同努力下，经过 2 年多的时间，于 1984 年 11 月成功完成，成为国内第一个成功穿过冲积层厚度超过 400 m 的井筒，为其后的深厚表土层钻井提供了丰富的施工经验。

2）首次采用钢板混凝土复合井壁结构

针对我国的情况，采用钻井法凿井，成井深度小于 400 m 时，一般采用钢筋混凝土井壁，但当冲积层厚度超过 400 m 后，由于地压增大，常规的钢筋混凝土井壁已满足不了要求。因此，与有关高校及科研、设计单位合作，结合潘三矿西风井，国内首次对钢板钢筋混凝土复合井壁进行了应用研究。其后又结合谢桥矿西风井进行了大直径、薄井壁结构设计研究，设计采用了单层钢板、双层钢板复合井壁形式，井壁最大厚度 700 mm。其成果于 1990 年 12 月通过了中国统配煤矿总公司基建局组织的技术鉴定，鉴定认为，谢桥矿西风井薄井壁结构的设计施工，尤其是通过 400 m 厚的第四纪表土层的井壁结构和超设计能力扩孔钻进，在国内是首次，在国际上也是少有，研究成果具有国内领先水平，达到了国际先进水平。

在谢桥矿西风井钢板混凝土复合井壁设计中，首次采用了极限状态设计法，首次在双层钢板混凝土井壁上布置泄水孔，钢板井壁首次采用了 A_3 钢。

3）最大钻井直径和最大钻井深度

1984 年 11 月钻凿完成的潘三矿西风井，设计深度 508.2 m，钻井终径 9.0 m，采用一次钻全深方案，成为当时国内钻井最深、最大的井筒，标志我国煤矿钻井设备、钻井工艺和钻井设计等已达到 500 m 水平。

继潘三矿西风井之后，随着经验的不断积累，通过对钻机的改进和技术创新，钻井深度、钻井直径不断创出新高。

1989 年 4 月完成的谢桥矿西风井，钻井直径 9.3 m，创下了当时全国最大的钻井直径纪录。

2008 年 5 月，张集矿西区进风井采用经过改进的 AS9/500G 型钻机施工，钻井直径达 10.8 m、成井直径 8.3 m，成为当前世界上最大的钻井直径和成井直径。

4）首次“两小代一大”的井筒设置方式

早在1982年初，就有专家提出了“将一个大风井分为两个小风井开拓方式”的建议，认为小井可以发挥钻井法施工速度快的优势、改善通风条件、提前开拓采区。到了1984年，随着谢桥矿东风井建设的临近，这一建议正式提上了议事议程。谢桥矿东风井原设计净直径7.6 m，拟采用钻井法施工，由于直径较大，限于当时的钻井设备能力，专家提出了用两个小直径井筒代替一个大直径井筒的建议。后经多种设计方案的论证，决定用钻井法钻凿两个直径分别为5.5 m和4.0 m的“一大一小”的小直径井筒，俗称“眼镜井”形式。这是国内首次实行该种布置形式的井筒，并成功使用了钻井法。

5）率先进行钻井泥浆护壁技术的研究

针对以潘三矿西风井为代表的厚表土层、多黏土层、地质条件复杂、临时支护难等条件，在现场开展了泥浆护壁技术实验研究。确定了在关键井段严格控制加水及失水量、采用三聚磷酸钠降黏降切、终孔采用聚丙烯酰胺抑制水化和增韧泥皮等措施，保证了钻凿顺利进行。终孔结束后，对全井进行了测量，结果表明，井筒规则，无过分刷大现象。

6）充填采用散装水泥，机械化作业

以往壁后充填都是人工搬运水泥，劳动强度大，且水泥运输破包浪费严重并污染环境。对于深井筒的大量壁后充填，每个段高需在8~10 h内充入壁后600~800 t水泥，而且是连续作业，人工上料显然难于保证连续供料。在淮北童亭矿主井充填机械化一条线试验的基础上，首次在谢桥矿东一风井进行机械化充填全井工业性试验，采用了4条散装水泥机械化作业线，仅11天就充填完毕，创造了我国近年来采用钻井法钻井壁后充填的最高水平。

7）创造了从ϕ4 m超前钻直接越级扩孔至ϕ8 m、月钻进124 m的新纪录

2007年9月完成的张集矿西区回风井井筒，采用ZS9/700G型钻机施工。由于工期紧、任务重，研究提出了从4 m超前钻越一级扩孔（直径6.1 m或7.1 m）直接采取8 m级扩孔的方案，并对ϕ8 m钻头进行了改造，2006年10月回风井钻进124.14 m，创造了钻井史上从ϕ4 m超前钻直接越级扩孔至ϕ8 m且月钻进124 m的新纪录。

8）清水开钻

谢桥矿西风井率先采用了清水开钻技术，不仅节省了时间和资金，并减少了总造浆量，具有显著的经济效益和社会效应。该项技术获得安徽省科技进步三等奖。

4.1.3 钻井法的优越性

钻井法凿井是机械化的打井方法，各个工序均在地面上进行，施工人员少、机械化程度高、作业安全、质量高是其显著特点。

（1）钻井法不仅可用于冲积层，也可用于岩层。煤矿主要用于冲积层以及冲积层以下的部分岩层（大多不超过70 m）。我国通过冲积层的钻井已完成施工的井筒80多个，总深度超过22 km。通过冲积层的厚度由60多米到580多米（淮南矿区板集矿3个井筒）。全井岩石钻进主要用于金属矿山，直径较小，多为3.0~4.0 m，但也有少数立井直径较大，如某铁矿立井的钻井直径达到8.8 m；钻深多为200 m以内，个别达到500 m和700 m以上。

（2）钻井法不仅能钻风井，也能钻主井和副井，如童亭矿主井、许疃矿主副井、龙固矿主副井、板集矿主副井、袁店二矿主副井、信湖矿主井等。过去，由于钻井的偏斜率较

大，影响了井筒的有效断面，钻井法一般仅限用于风井。随着钻井技术水平的提高，尽管井筒越来越深，但钻井成井的偏斜率并不随着深度和直径的加大而增大，相反，却是逐步缩小。1978 年左右，钻井深度在 200 m 左右，偏斜率在 0.7‰~0.8‰；1984 年以后，虽然井筒越来越深，但成井偏斜率一般不超过 0.4‰，如淮南潘三矿西风井，井深 508 m，偏斜率只有 0.22‰；到 2000 年，钻井一般偏斜率为 0.2‰；近几年，最深的钻井偏斜率均不超过 0.4‰，如淮南矿区板集矿主井，钻深 660 m，偏斜率为 0.177‰。总之，成井的偏斜率不超过 0.4‰，完全能满足要求，质量合格。

（3）井壁均在地面预制，严格按规程要求和质量要求施工与验收，井壁浇筑质量能够得到保证。法兰盘加工、井壁对接质量可靠。混凝土强度等级从 C40 到 C70，经验收均合乎要求，并高于设计强度。成井后井内无淋水，实现了“打干井”的要求。

（4）与冻结法相比较，能源消耗低。根据部分井筒的装机容量比较，钻井法比冻结法低很多。通过对胡家河矿主副井、李唐矿主副井、口孜东矿主副井等数个冻结井筒的冻掘装机容量进行分析，平均单位井筒 1 m^3 有效体积的装机容量为 0.618 kW；根据近几年对淮南矿区施工的张集矿西区进风井、回风井及板集矿主井、风井等的装机容量（包括钻机、压风机和井壁制作等）进行统计，平均单位井筒 1 m^3 有效体积的装机容量为 0.21 kW，两者相差 1.9 倍。换言之，钻井法的装机容量只是冻结法的 34%。另外，用电量也比冻结法少，根据不完全统计，钻井法的平均耗电量为 409 kW·h/m^3，冻结法为 1156 kW·h/m^3，二者相差 1.8 倍。

（5）井壁厚度相差大，掘进工程量减小。从近年来施工的淮南、淮北、济西等 12 个井筒的统计资料来看，井壁厚度为 1.38~2.4 m，平均 1.97 m；而从近年来施工的钻井井筒，如淮南的谢桥矿西风井、潘三矿西风井、板集矿主井和风井、淮北的童亭和桃园等 12 个井筒的统计资料来看，井壁厚度（包括壁后充填）为 0.9~1.4 m，平均为 1.2 m，钻井井壁厚度约为冻结法井壁的 60%。若比较井壁体积，相差会更大。由于减小了井壁厚度，掘进工程量也随之降低。根据淮南丁集矿、徐州龙固矿等 10 个冻结井的统计资料，成井每 1 m^3 有效体积的掘进量平均为 2.62 m^3；根据淮南张集矿西区和板集矿、淮北许疃矿等 10 个钻井井筒的统计资料，成井每 1 m^3 有效体积的掘进量平均为 2.14 m^3，掘进量少 18%。可见，钻井法可节省大量的工程量并降低各种材料的消耗量。

4.1.4 钻井法的不足及发展方向

4.1.4.1 钻井法的不足

1）全井平均施工速度慢

尽管钻井的纯单位时间速度较高，但随着井筒直径的加大，扩孔次数的增加，月成井速度仅 20~30 m，再加上机器故障、地层变化等客观因素的影响，综合速度并不理想。尽管随着近年来钻井技术的发展，设备能力的加大，扩孔次数的减少，甚至可“一钻成井”“一扩成井”，使钻井速度的提高成为可能，但月成井速度仍难以达到 40 m。

2）存在施工工艺转换问题

施工工艺转换存在于两个环节：

一是表土段与基岩段的工艺转换。当井筒的基岩段厚度较大、钻井法未一次钻进到底时，存在基岩段施工的工艺转换问题。即在钻井结束后，需拆除钻井设备，重新安装普通法施工的装备，要更换施工队伍，还要破除井壁底，这需占用一定的工期（一般3~5个月）。

二是立井与平巷的工艺转换。当全井采用钻井法时，钻进到底后，除了施工设备和队伍的转换之外，还要破壁开马头门，正常转换需3~4个月；如果钻井壁后充填不密实，破壁后存在壁后出水的可能性。如果后续施工单位、施工队伍不及时到位的话，影响时间更长，如潘三矿西风井，转换时间拖了近600天。

3）存在掉钻、卡钻等事故

尽管随着钻井技术的提高，钻头掉落、钻头卡住等事故大大减少，但仍有发生，一旦发生则影响钻井工期。如淮南板集矿风井，在 ϕ8.0 m 扫孔至622.31 m 处发生掉钻事故；主井在二次扩孔至624 m 深度时发生卡钻事故，采用爆破法处理卡钻时，又造成了钻头脱落，处理事故时间2个多月。谢桥矿东二风井，分别在井深339.3~463.5 m 之间发生过3次钻头掉落事故，处理时间达388天。张集矿西区进、回风井先后在 ϕ9.0 m 扩孔和 ϕ9.6 m 扩孔中各发生一次断钻杆掉钻头事故，好在组织得当、方案准确，分别仅用了5.8 h 和80.5 h 便成功打捞。

4）废弃泥浆问题

泥浆是钻井施工的主要洗井液，在钻进过程中和钻井结束后将产生大量的废浆。随着井筒直径和深度的加大，一口井的废弃泥浆超过100000 m^3，如果处理不好，将会对环境造成一定的污染。

4.1.4.2 发展方向

（1）继续加强钻机及关键基础配套件的研制，实现快速钻井，如加大设备能力、减少钻孔级数、集中冲洗刮刀钻头、增加辅助冲洗、长寿命的深井耐磨刀具、高压水射流破岩技术等。

（2）泥浆高效机械净化系统的研制。在现有泥浆处理基础上，深化研究泥浆的化学处理剂，运用机械的方式旋流、振动除砂除泥，抑制造浆量，保证泥浆参数。

（3）废弃泥浆固化处理技术和设备的研制，以及废弃泥浆的再利用技术研究。在现有的泥浆造粒技术上进一步研制泥浆絮凝、脱水技术，减少泥浆污染，节约土地。在再利用方面，目前泥浆转化为水泥浆技术（MTC）是最经济实用的处理方法，但还没有大范围推广到工业应用中，因此，还需要投入大量的精力来发展固化处理与再利用技术。

（4）钻机采用变频调速。

（5）钻头结构参数的优化、高效钻头的开发。

（6）钻机设备的轻型化、集装化和移动化。现在钻井设备的总重都在数百吨乃至千吨以上，重量太大，需要大型的起吊设备。设备的集装化程度不够，难以实现快速安装和移除，以缩短工期。

（7）继续完善现有的导向稳定器，开发新品种。

（8）新一代钻井参数的自动检测、记录和控制系统的研制。包括钻压、钻速、转速、扭矩、偏斜、深度、泥浆性能指标、泥浆流量与流速、钻杆受力状态等参数，能进行同步自动检测和控制。

（9）不起钻测井技术的引进和研究。俄罗斯、乌克兰等国家都采用了不起钻测井技术

和仪器，应加强引进和应用研究。

(10) 壁后充填砂浆技术的引进消化吸收。目前第一段高采用的内管充填水泥浆技术，减少了二次注浆工程量，但在深井施工中并未省去二次注浆工序。

(11) 单层钢板井壁结构的研究。我国采用的是钢筋混凝土井壁和钢板钢筋混凝土复合井壁结构；国外多使用单层钢板井壁，用型钢作为钢筒的横向加强箍，这种井壁结构形式在中小型井筒的应用中有很大优势。

(12) 钻井与普掘工艺的快速转换研究，采用快速改绞技术。如绞车和稳车基础与钻井井壁下沉和壁后充填平行作业、凿井井架井外预装整移、钻井井架代替凿井井架、钻井绞车代替凿井绞车等。

4.2 钻井工艺技术

4.2.1 钻井方案

钻井方案设计的主要内容包括：确定钻井深度、直径、钻井级数与顺序。

1) 钻井深度

钻井深度方案主要有两种：一种是一次将井筒钻至设计深度；另一种是采用钻井法钻凿冲积层、风化基岩段及少部分稳定岩石，下部完整岩石改用普通钻眼爆破法施工。确定钻井深度的主要依据是：

(1) 井筒的设计直径和设计深度。

(2) 井筒通过地层的工程地质与水文地质条件。

(3) 钻井设备能力，尤其是提吊能力。

(4) 钻井偏斜率。冲积层段钻进对偏斜的影响小，较易控制，基岩段较难控制，故应尽可能少钻岩石。

(5) 技术经济指标。冲积层的钻井速度是岩石的 3~4 倍，岩石的钻井费用是冲积层的 4~7 倍，甚至更高。

根据以上依据，潘三矿西风井、谢桥矿 3 个风井，在保持技术先进、勇于创新的前提下，通过技术经济比较，采用了一次钻全深方案，其中潘三矿西风井是当时全国钻井深度和表土深度最大的钻井井筒。张集矿西区两个风井井筒均采用了钻表土方案，并穿过风化带，进入稳定基岩 5~10 m。

2) 钻井直径

钻井直径的选择依据主要有：井筒设计直径与深度，井壁的设计厚度与壁后间隙，地质条件，偏斜率及预期的技术经济指标等。

钻井直径方案，有等直径钻井和不等直径钻井两种。所谓等直径是指表土和基岩最大外直径相同，否则为不等直径。根据井壁厚度的不同，等直径钻井又分两种情况：

(1) 表土和基岩段井壁厚度相同，井壁的内外径上下一致。

(2) 表土和基岩段外径上下一致，内径上下不一致。

淮南矿区钻井均采用等直径钻井，潘三矿西风井、谢桥矿西风井和张集矿西区风井采用了变内径的井壁形式，其余井筒为等壁厚形式。

3) 钻井级数

钻井级数主要根据岩性及钻机能力确定。根据钻进在井筒内上下钻井的次数分，有全断面一次钻进和分次扩孔钻进两种方案。随着钻机能力的提高，中小型井筒已可实现全断面一次钻进，如朱集矿西矸石井、袁店二矿风井等。在大断面井筒中采用分级钻进时，在设备能力满足的情况下，也应尽量减少扩孔次数，以加快施工速度。

考虑到井筒较深、直径较大以及当时的设备能力，为了保证成井后偏斜率达到要求，淮南矿业集团所属井筒没有采用全断面一次钻进方案，均为超前钻孔、一次或多次扩孔方案。

在钻机设计时，往往根据钻机的设计能力对钻头进行分级，称为额定分级。但在不同的地质条件下，实际分级与额定分级并不相同，实际中常采用并级或调整钻头直径的措施实施钻井。实际级数有的小于设计级数，实际最大扩孔直径有的超出了设计值（如张集矿西区两个风井）。

潘三矿西风井，额定分级为 5 级，将 ϕ7. 1 m 和 ϕ8. 0 m 两级合并为一级，大大提高了钻进效率，取得了平均月钻进 17. 8 m、平均月成井 15. 7 m 的好成绩。

谢桥矿西风井，采用 AS9/500 型钻机，为加快钻井速度，把原设计的 5 级钻进改为 4 级钻进，将原 ϕ3 m 和 ϕ5. 5 m 两级合并为 ϕ4 m 一级，把 ϕ8. 0 m 级调整为 ϕ8. 5 m 级；最大钻井直径 9. 3 m，超过设计 0. 3 m；相应改制了 ϕ3 m 与 ϕ9. 0 m 的钻具与导向装置，使其满足了施工要求。钻进情况见表 4-2。

表 4-2　谢桥矿西风井钻机分级钻进情况

钻孔类别	直径/m	钻井深度/m	破岩面积/m^2	平均纯钻速/($m \cdot d^{-1}$)	总平均纯钻速/($m \cdot d^{-1}$)	纯钻进时间/d	总时间/d
超前孔	4. 0	475. 65	12. 57	4. 13	2. 50	115	190
一次扩孔	7. 1	463. 00	27. 02	2. 27	1. 44	204	322
二次扩孔	8. 5	462. 60	17. 16	3. 95	2. 16	117	214. 5
三次扩孔	9. 3	462. 48	11. 18	6. 04	2. 95	76. 6	156. 9

4）钻井顺序

采用多级扩孔钻井方式时，钻井顺序一般是首先自上而下全深超前钻进，其次进行扩孔钻进。扩孔顺序一般有 3 种方式：

（1）表土与基岩分别交叉进行扩孔钻进，即钻到某一深度后停下，再钻进前一级的剩余部分。

（2）先表土后基岩分段进行钻进。即先将冲积层各段分级钻完，再转入基岩段分级钻进。

（3）表土与基岩一次扩孔到底，即将表土段和基岩段连续扩孔钻进至井底。

选择钻井顺序的主要依据是地质条件、钻头更换情况、刀具供应情况等。但最后一级扩孔宜采用一次钻全深的方法，可缩短冲积层段井帮的维护时间，有利于井帮稳定。

淮南矿区各井筒采用的钻进方案见表 4-3。

表4-3　淮南矿业集团钻进井筒方案

<table>
<tr><td colspan="2" rowspan="2">项　目</td><td colspan="6">井　筒　名　称</td></tr>
<tr><td>潘三矿
西风井</td><td>谢桥矿东
一风井</td><td>谢桥矿
西风井</td><td>谢桥矿东
二风井</td><td>张集矿北
区进风井</td><td>张集矿北
区回风井</td></tr>
<tr><td colspan="2">井筒净直径/m</td><td>6.0</td><td>4.0</td><td>7.0</td><td>5.5</td><td>8.3</td><td>7.2</td></tr>
<tr><td colspan="2">井筒设计深度/m</td><td>508.04</td><td>474.3</td><td>464.5</td><td>478.2</td><td>509.5</td><td>537.5</td></tr>
<tr><td colspan="2">钻井深度/m</td><td>509.1</td><td>474.5</td><td>475.2</td><td>478.2</td><td>458.0</td><td>438.58</td></tr>
<tr><td colspan="2">表土层深度/m</td><td>442.21</td><td>421.10</td><td>405.33</td><td>421.9</td><td>401.2</td><td>401.0</td></tr>
<tr><td colspan="2">钻井深度方案</td><td>全深</td><td>全深</td><td>全深</td><td>全深</td><td>表土</td><td>表土</td></tr>
<tr><td rowspan="2">上下段井
壁直径</td><td>外直径</td><td>等直径</td><td>等直径</td><td>等直径</td><td>等直径</td><td>等直径</td><td>等直径</td></tr>
<tr><td>内直径</td><td>大-小-大</td><td>等直径</td><td>上大下小</td><td>等直径</td><td>上大下小</td><td>上大下小</td></tr>
<tr><td colspan="2">钻进方式</td><td>超前钻孔，
3次扩孔</td><td>超前钻孔，
1次扩孔</td><td>超前钻孔，
3次扩孔</td><td></td><td>超前钻孔，
3次扩孔</td><td>超前钻孔，
2次扩孔</td></tr>
<tr><td colspan="2">钻机型号</td><td colspan="3">AS9/500</td><td>L40/800</td><td>AS9/500G</td><td>ZS9/700G</td></tr>
<tr><td colspan="2">钻头额定分级</td><td colspan="3">3/5.5/7.1/8/9</td><td>4/8</td><td colspan="2">4/7.1/8/9</td></tr>
<tr><td rowspan="2">钻头实
际分级</td><td>表土</td><td>3.2/5.5/8/9</td><td>3/5.7</td><td>4/7.1/8.5/9.3</td><td>4/8</td><td>4/7.1/9/10.8</td><td>4/8/9.6</td></tr>
<tr><td>岩石</td><td>3.2/5.5/8/9</td><td>3/5.7</td><td></td><td>4/8</td><td>4/7.1/9/10.8</td><td>4/8/9.6</td></tr>
</table>

4.2.2　钻井设备选择

钻井设备分主要设备和附属设备。主要设备是指竖井钻机，包括钻具、旋转、提吊和洗井四大系统。钻具系统包括钻头和钻杆，旋转系统包括转盘和方转杆，提吊系统包括钻塔（又叫井架）、绞车、复滑轮组和抱钩，洗井系统包括水龙头、压气排液器、压风管、排浆管和排浆槽。附属设备主要有钻台车、封口平车、气动卡瓦、龙门吊车设备等。

4.2.2.1　钻机

选择钻机时考虑的主要因素是提升能力和旋转扭矩。提升能力即钻机的提吊重量，根据钻头在泥浆中的悬浮重量、钻杆系统的悬浮重量和水龙头系统的重量计算。扭矩的大小与岩石的性质和刀具的形状有关。由于钻具旋转需克服泥浆的阻力、钻头导向装置摩擦井帮的阻力、旋转时的机械阻力以及各种扭矩损失等，实际扭矩要比计算的破岩扭矩大20%~30%。

钻机类型有转盘式和动力头式。传统使用的钻机均为转盘式，动力头式是近10年来研制的新型钻机，主要型号有AD60/300型（2005年）、AD120/900型（2007年）和AD130/1000型（2007年），其中后两种可实现全断面一次钻进。淮南矿区使用的钻机型号及技术参数见表4-4。

表4-4　淮南矿区使用的钻机型号及技术参数

<table>
<tr><td rowspan="2">项　目</td><td colspan="4">钻　机　型　号</td></tr>
<tr><td>AS9/500</td><td>L40/800</td><td>ZS9/700G</td><td>AS9/500G</td></tr>
<tr><td>设计钻井深度/m</td><td>500</td><td>600</td><td>700</td><td>500</td></tr>
<tr><td>设计钻井直径/m</td><td>9</td><td>8</td><td>9</td><td>9</td></tr>
<tr><td>钻机类型</td><td>转盘式</td><td>转盘式</td><td>转盘式</td><td>转盘式</td></tr>
</table>

表 4-4（续）

项　　目	钻　机　型　号			
	AS9/500	L40/800	ZS9/700G	AS9/500G
钻进方式	分级扩孔	分级扩孔	分级扩孔	分级扩孔
洗井方式	压气反循环	压气反循环	压气反循环	压气反循环
底部跨度/m	16.5×25	A 型，10	16.5×22.6	16.5×25
绞车快绳拉力/kN	262	372	265	262
提升轮系	7×8	7×8	9×10	9×10
提升能力/kN	3000	4000	3000	3857
扭矩/（kN·m）	300	420	400	400
转盘功率/kW	400	200	400	400
可钻岩石抗压强度/MPa	＜80	8	＜120	＜120
分级钻头直径/m	3.0、5.5、7.1、8.0、8.5、9.0	4、8	4.0、7.1、8.0、9.0	4.0、7.1、8.0、9.0
设备总功率/kW	1400	1020	900	900
设备总质量/t	1155	507	1000	1550
井架高度/m	40	23	46	42.59
使用井筒	潘三矿西风井、谢桥矿东一风井、谢桥矿西风井	谢桥矿东二风井	张集矿回风井	张集矿进风井

图 4-1　潘三矿西风井用的 AS9/500 型钻机

从表 4-4 可见，使用最多的是 AS9/500 型钻机（图 4-1）。该钻机是 1978 年针对两淮煤田建井实际需要，由洛阳矿山机械研究所、洛阳矿山机械厂、煤炭科学院、安徽煤矿设计院、煤炭工业部第 34 工程处（中煤特殊凿井公司的前身）等单位组成的工作组所研制，并在潘三矿西风井进行了工业性试验，后又在谢桥矿东一风井、谢桥矿西风井以及淮北的芦岭风井等井筒推广使用。该机采用龙门吊穿越井架的总体布置方式；井架采用四柱钢架整体起升结构；井架上设有悬挂六方钻杆和递送钻杆的两套自动行车装置，钻杆直立存放在钻杆仓内，大大提高了起下钻杆的速度；扩孔钻头直径均可调整；转盘装置为直流电机驱动，坐落于可自行式钻台车上；绞车和转盘无级调速，钻具自动进给减压钻进；改进了钻头结构和连接方式；首次采用“进给与转盘相关控制”“掉钻检测与保护”等工艺性保护环节，提高了钻机的自动化水平。实践证明，该钻机的设计制造是成功的，工艺可行、结构合理、性能良好。潘三矿西风井钻井工期比原计划缩短了2个月，钻井期间未发生人身及重大机械事故和成井偏斜。

用于张集矿西区进、回风井施工的ZS9/700G型和AS9/500G型钻机，是在老钻机（ZS9/700和AS9/500）基础上经过多次、多个部件的改造而成的机型，主要改造了转盘、钻台车、封口平车、天车、游车、三通、绞车电控等。改造后，结构和性能有了较大变化，成功钻成了终径10.8 m的张集矿西区进风井。这两种型号钻机的主要结构特点是：

（1）转盘、绞车均为电力驱动。

（2）井架为四柱钢架式塔形结构，井架二层平台下装有钻杆行车和方钻杆行车，用于吊运钻杆和移开三通与方钻杆。

（3）龙门吊车可从井架内穿越，以便吊运钻头和井壁。

（4）钻台车、封口平车均为轨轮式，如图4-2所示。

（5）钻杆接头为六方牙嵌连接型和花键连接型。

图4-2 张集矿西区风井钻机移动式钻台车和封口平台

4.2.2.2 钻杆

钻井钻杆分主动钻杆和钻进钻杆。

1）主动钻杆

根据淮南矿区井筒采用的钻机不同，主动钻杆有两种：AS9/500型、AS9/500G型、ZS9/700G型3种钻机采用了六方型（图4-3），L40/800型钻机采用的是两侧导向键式（图4-4），其技术特征见表4-5。

表4-5 主动钻杆的技术特征

项目	钻机型号			
	AS9/500	AS9/500G	ZS9/700G	L40/800
截面形状	六方	六方	六方	钻杆两侧导向键
截面尺寸/mm	466	466	466	355.6+键尺寸
传递扭矩/(kN·m)	300	300	300	420

表 4-5（续）

项　目	钻　机　型　号			
	AS9/500	AS9/500G	ZS9/700G	L40/800
有效长度/m	11.352	11.352	11.1	4.54
全长/m	12.761	12.761	12.348	6.4
质量/t	7.68	7.68	7.68	1.285

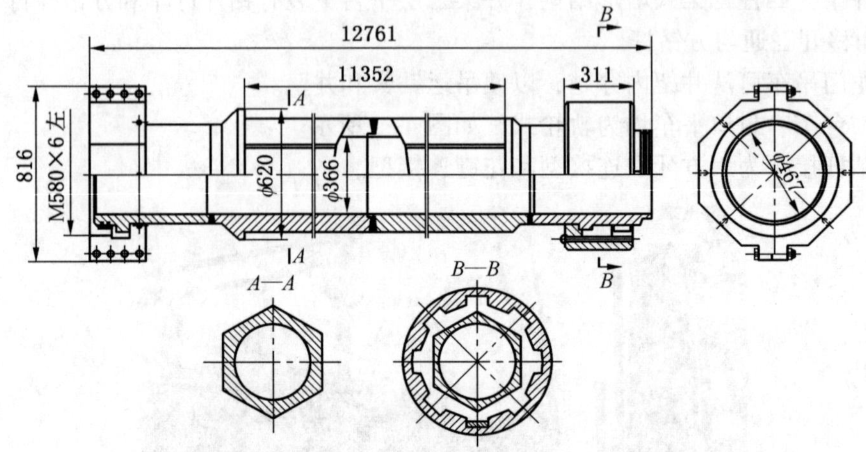

图 4-3　AS9/500 型、AS9/500G 型、ZS9/700G 型钻机用主动钻杆

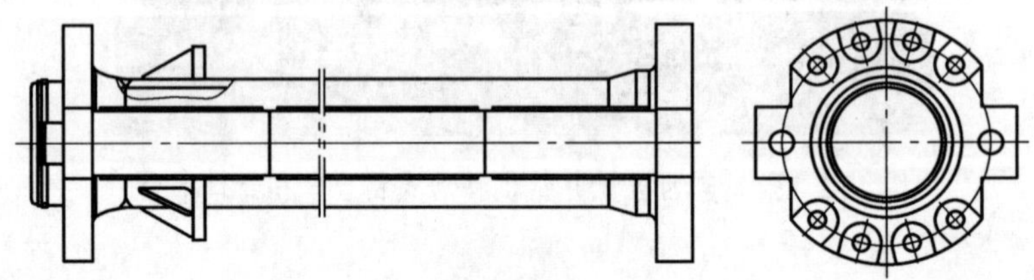

图 4-4　L40/800 型钻机用主动钻杆

2）钻进钻杆

钻进钻杆均为圆形，其主要技术特征见表 4-6。

表 4-6　钻进钻杆的技术特征

钻 机 型 号	外径/mm	壁厚/mm	材料	接头形式	有效长度/m	全长/m	质量/t
AS9/500、AS9/500G、ZS9/700G	406	20	35CrMo	六方牙嵌	10.2	10.5	2.82
L40/800	355.6	14.2	FT/70	法兰盘	4.5/9	4.5/9	1.285

4.2.2.3　钻头

钻头是钻机的最关键部件，包括刀盘、导向器、配重、中心管等。钻头形式因钻机的不同而异；同一井筒，钻孔直径不同，结构也不同。淮南矿区使用最多的 AS9/500 型及

AS9/500G 型钻机，其直径 7.1~9.0 m 时的钻头形式如图 4-5 所示。

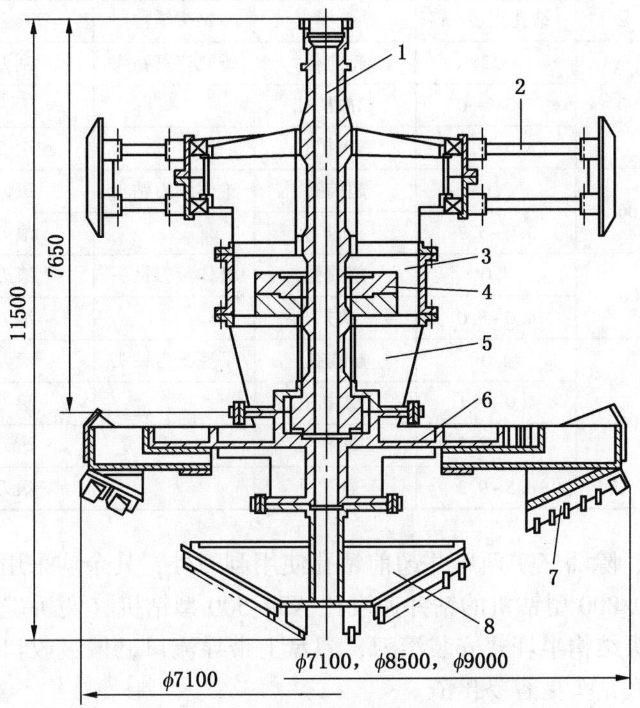

1—中心管；2—上稳定器；3—过渡盘；4—配重块；5—连接盘；6—基体刀盘；7—刀架；8—掏孔刀盘

图 4-5 AS9/500（AS9/500G）型钻机的钻头

4.2.2.4 刀具

刀具是镶嵌在钻头上直接用于破碎岩土的工具。煤矿钻井使用的刀具主要有刮刀、楔齿滚刀和球齿滚刀。一般情况下，土层钻进主要用刮刀，软岩和中硬岩用楔齿或球齿滚刀。但实践表明，刮刀存在诸多缺点，且泥包钻头现象突出，因此，多数情况下表土段也多用楔齿滚刀，如图 4-6 所示。淮南矿区部分井筒钻井刀具使用情况见表 4-7。

图 4-6 淮南矿区使用的楔齿滚刀

表4-7 淮南矿区部分井筒钻井刀具使用情况

井筒名称	钻机型号	钻孔直径/m	钻孔类型	钻头结构	刀具名称	钻速/(m·h^{-1})
潘三矿西风井	AS9/500	3.2	超前孔	锥式三翼钻头	刮刀	0.164
		5.5~8.0	二次扩孔		滚刀	0.185
		8.0~9.0	三次扩孔		滚刀	0.207
谢桥矿东一风井	AS9/500	3.0	超前孔	锥体滚刀钻头	滚刀	0.605
		3.0~5.7	一次扩孔		滚刀	0.275
谢桥矿东二风井	L40/800	4.0	超前孔	锥体滚刀钻头	滚刀	0.458
		4.0~8.0	一次扩孔		滚刀	0.196
谢桥矿西风井	AS9/500	4.0	超前孔	平底滚刀钻头	滚刀	0.193
		4.0~7.1	一次扩孔		滚刀	0.109
		7.1~8.5	二次扩孔		滚刀	0.204
		8.5~9.3	三次扩孔		滚刀	0.315

从表4-7可见，除潘三矿西风井超前钻孔使用刮刀外，其余均采用滚刀。超前钻孔同为4.0 m直径，L40/800型钻机的钻井速度比AS9/500型钻机（谢桥矿西风井）快一倍以上，主要原因是钻头结构半埋式安装滚刀，刀盘上带导流口，偏吸收口，冲洗效果好；锥体滚刀钻头也比平底钻头更容易出渣。

潘三矿西风井超前孔钻头直径为3.2 m，采用开放式锥体三翼嵌焊刮刀，刀刃离钻头底面太高（400 mm），且未设计导流结构，切屑被重复破碎，从边刀向中心凝聚，造成泥包钻头，出浆量减少甚至不出浆，在钻进黏土、砂砾时15次泥包钻头；表土钻进中共更换24盘刀具，耗损395把；钻进基岩时，采用休斯12系列短楔齿滚刀，月进53.3 m，耗损29把刀具。5.5 m扩孔钻进，表土层用镶钨钴合金刮刀，基岩用休斯15系列长楔齿滚刀。滚刀破岩量大，钻井速度快，因而在直径8.0 m扩孔时，表土层也使用了滚刀钻进，并将直径7.1 m和8.0 m两级合并为8.0 m级钻头，改用上海石油一厂生产的短楔齿滚刀、德国威尔特公司的SABW6型长楔齿和MABW6型短楔齿滚刀。直径9.0 m扩孔时，仍采用楔齿滚刀。

谢桥矿东一风井，除超前钻孔的前33.31 m采用刮刀钻进外，其余不论表土还是基岩，都采用了楔齿或球齿滚刀。超前钻孔在表土段采用CLX12型长楔齿滚刀，比刮刀钻井速度提高2.9倍；基岩段的砂岩中采用休斯12系列短楔齿滚刀、石英岩中采用休斯12系列短球齿滚刀。ϕ5.7 m扩孔中，表土采用休斯15系列楔齿滚刀，基岩采用休斯15系列楔齿和球齿滚刀。

谢桥矿西风井表土钻进中，吸取过去的施工经验，全部采用楔齿滚刀，以减小切削的扭矩。

张集矿进、回风井，表土和岩石均采用BSII系列的XZ型中长齿滚刀。

4.2.2.5 龙门吊

龙门吊是钻井法凿井的重要施工设备，主要用于钻头组装、检修吊运，井壁施工及吊运、下沉等。与淮南矿区使用最多的AS9/500G型钻机配套的龙门吊结构如图4-7所示，提吊能力为 200 t，提吊高度原机型为 12.5 m，改进型为 15 m，能穿过钻井井架，组装吊运钻头及井壁施工和下沉作业。

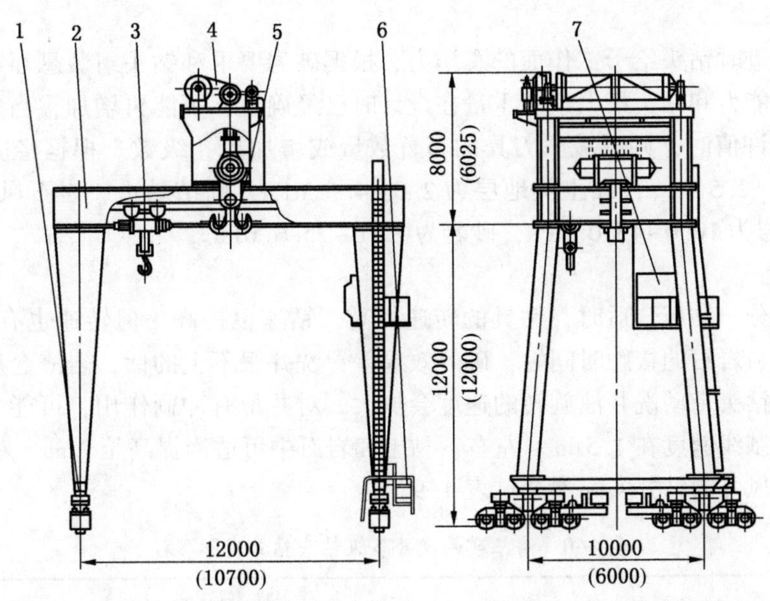

1—行走机构；2—门形架；3—5 t 电葫芦；4—起吊装置；5—吊钩；6—电缆滚筒；7—司机室

图 47 与 AS9/500G 型钻机配套的龙门吊结构（括号内为 ZS9/700G 型钻机尺寸）

每台钻机所配套使用的龙门吊是固定的。常用的有 80 t、200 t、300 t 和 400 t 等，跨度有 10.7 m、12 m、17 m 和 18 m 等。淮南矿区使用的 4 种钻机的配套龙门吊均为 200 t 龙门吊。跨度：AS9/500 型及 AS9/500G 型为 12 m，ZS9/700G 型为 10.7 m，L40/800 型为 17 m。

除了钻机专用龙门吊外，为了加快进度，每个井筒还另外配备了制作提吊和吊运井壁用的龙门吊，采用钢板混凝土复合井壁时，还配备有提吊能力 80 t 的小型龙门吊，专门用于制作钢板复合井壁和井壁法兰盘。张集矿西区风井采用的龙门吊主要技术参数见表 4-8。

表 4-8 张集矿西区风井用龙门吊主要技术参数

规格	轨距/m	起升高度/m	主钩额定起吊质量/t	副钩额定起吊质量/t	辅助电动葫芦起吊质量/t	额定总功率/kW
80 t	18		80	10		80
200 t	10.7	12	200		5(4 台)	100
	12	15	200	30	5(4 台)	120
300 t	18	17	300		10(2 台)	210

4.2.3 钻井参数

钻头的钻压、转速和井底洗井液冲洗量是钻井技术中的 3 项重要参数，施工中要根据工程条件合理选择。根据施工经验，较为合理的参数为：钻压为200~600 kN，转速为3~8 r/min（扩孔为1.5~5 r/min），冲洗量为800~1200 m^3/h。

4.2.3.1 钻压

钻压是钻进时钻头给予工作面的总压力，根据破岩要求和钻头组装悬浮重量估算。钻机的最大提升能力和钻头最大组装重量在设计时已经确定，不能再增加，当要求的钻压值超过钻机的容许值时，则要减少刀具的布置数量或增加扩孔级数。根据经验，砂土地层钻压值为1.0~2.5 MPa，黏土类地层为2.0~4.5 MPa，固结黏土、岩石风化带为4.0~6.5 MPa，泥岩为10.0~15.0 MPa，砂岩为15.0~25.0 MPa。

4.2.3.2 转速

在洗井充分、钻压合适时，钻具的转速提高，钻速也提高。但转速也有一定的范围，过快，则刀齿与岩石的接触时间短，破碎效果差；洗井跟不上的话，岩渣会反复研磨，施工效率降低；钻头带动洗井液旋转的速度会加大，对井帮有冲刷作用，可能引起塌帮。在砂层中一般控制线速度在1.5 m/s左右，黏土和岩石中可适当提高至2 m/s左右。

潘三矿西风井的钻井实际参数见表4-9。

表4-9 潘三矿西风井多级钻头钻井实际参数

项目		钻头直径/m			
		3.0	5.5	8.0	9.0
钻井深度/m		516.31	507.25	506.29	506.25
钻头重量/kN		1600	1600	1600	1600
破岩宽度/m		1.5	1.25	1.25	0.5
破岩面积/m^2		7.07	16.69	26.51	13.35
比压/N		400~2400	490~1470	700~1750	430~1710
转速/($r \cdot min^{-1}$)	表土	2~11	0.3~4	1~6	0.5~4
	基岩	8~11	2~6	1.5~3	0.5~6
钻压/kN	表土	20~40	4~40	10~50	2~20
	基岩	45~60	40~60	12~50	4~35
扭矩/(t·m)	表土	30.4~152.2	106.6~258.4	<258.4	<258.4
	基岩	30.4~213.1	121.6~258.4	<258.4	<258.4
转盘电流/A		100~700	150~850	150~850	400~850

4.2.3.3 泥浆冲洗量

煤矿钻井均采用压气反循环方式进行洗井和排渣。泥浆循环量大小是影响钻井速度的重要因素。目前，计算泥浆循环量主要根据以下两种方法确定，取其中较大者：

（1）根据钻速计算。钻速快，需要的流量就大。大直径钻井中，泥浆流速在井底的冲洗速度为0.3 m/s左右。

（2）根据泥浆在钻杆中上升的速度计算。泥浆在钻杆中的上升速度慢，不利于较大岩渣有效排出。

例如，张集矿回风井的泥浆循环量计算：

$$Q=\frac{S_zV_z}{a}=\frac{72.38\times1.2}{0.04}=2171.4\ \mathrm{m^3/h}$$

式中 S_z——钻井时最大破岩面积，72.38 m^2(ϕ9.6 m 扩孔全断面钻进时)；

V_z——钻井时最大钻井速度，1.2 m/h；

a——冲洗泥浆的允许含矸率，0.04。

钻井速度是钻压、转速和冲洗量相互配合的综合反映，只有在保证洗井效果的前提下加大钻压和转速才能提高钻速，从而提高钻井进度。

4.2.4 钻井洗井

4.2.4.1 洗井方式

钻井施工时，井底被破碎的岩屑需用流动的泥浆（土层中）或清水（岩层中）及时清除，该过程称为洗井。洗井方法普遍采用压气排渣法。根据泥浆在钻杆和井筒中的流动方向分，洗井方式有正循环法、反循环法、混合循环法和局部循环4种。淮南矿区普遍采用反循环法洗井。

反循环洗井是洗井泥浆由沟槽自动流入井筒，流经井底工作面，通过压气提升系统，由钻杆排出至地面。淮南矿区采用的 SZ 和 AS 系列钻机为钻杆内风管式，风管直径为108 mm，钻杆内布设有混合排液器。

4.2.4.2 地面泥浆循环系统

地面泥浆循环系统包括出浆槽（图4-8）、沉淀池、回浆沟槽（图4-9）等。泥浆从井筒由排浆管排出后，经溜槽泄入沉淀池，在沉淀池内沉淀后，通过回浆沟槽回到井筒，如图4-10所示。

图4-8 张集矿风井出浆槽

图4-9 张集矿风井回浆沟槽

沉淀池用于存储泥浆并使泥浆中的岩屑在池中沉淀，其形状为长方形，为降低流速、改变流态，池子中间多设有2道隔墙。沉淀池的大小需通过计算确定。沉淀池的深度一般为1.5~2.0 m，宽度主要根据挖掘机的工作臂长度确定，其长度根据泥浆颗粒的沉淀速度和平均流速确定。

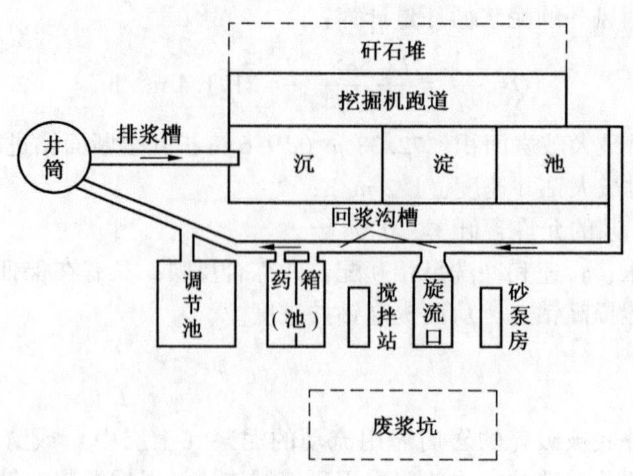

图 4-10　泥浆循环示意图

例如，张集矿风井的泥浆沉淀池深度取 1.2 m，宽度取 8.0 m，其长度计算如下：

（1）细粒岩屑在泥浆中的沉淀速度：

$$W = 0.75\frac{d^2(\gamma_1 - \gamma)g}{18\eta} = 0.75\frac{0.025^2 \times (2.6 - 1.25) \times 981}{18 \times 0.21} = 0.1642\ \text{cm/s}$$

式中　d——岩屑最小颗粒直径，0.025 cm；

γ_1——岩屑的密度，2.6 g/cm^3；

γ——泥浆的密度，1.25 g/cm^3；

η——泥浆黏度，0.21 P；

g——重力加速度，981 cm/s^2。

（2）泥浆在沉淀池中的流速：

$$V_1 = \frac{Q}{HB} = \frac{2171.4}{1.2\times 8} = 226\ \text{m/h} = 6.28\ \text{cm/s}$$

式中　Q——泥浆循环量，2171.4 m^3/h；

H——沉淀池平均深度，取 1.2 m；

B——沉淀池宽度，取 8.0 m。

（3）沉淀池长度：

$$L = \frac{KV_1H}{W} = \frac{1.5\times 6.28\times 1.2}{0.1642} = 68.8\ \text{m}$$

式中　K——工艺余量系数，取 1.5。

根据上述计算分析，可取沉淀池的长度为 70 m。进风井沉淀池尺寸与回风井相同。

4.2.4.3　泥浆净化

泥浆净化的主要目的是清除泥浆中的岩屑。净化方式有单级净化和双级净化两种。双级净化的优点是占地面积小，净化效果好，净化系统如图 4-11 所示。净化所需的设备主要有振动筛和旋流器。

4.2.5 防偏和测井

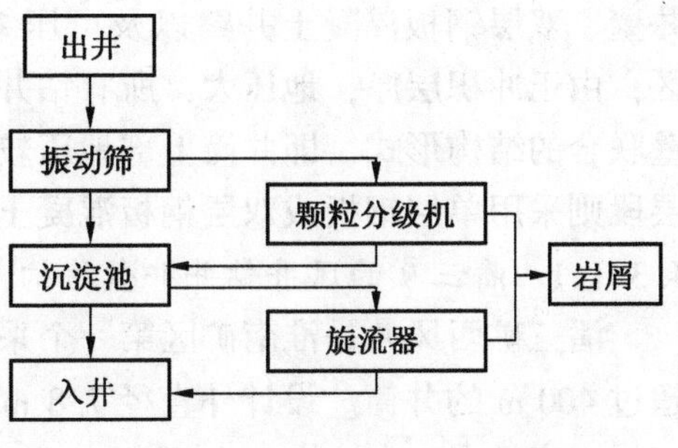

图 4-11 泥浆双级净化示意图

钻井施工中，井筒偏斜是不可避免的，偏斜的主要原因有设备因素、操作因素和地质因素。设备因素主要是井塔、转盘的水平度不够，造成钻杆不垂直；刀盘与钻杆安装得不垂直。操作因素主要是钻压过大，遇到地层变化时未及时调整压力；工作面有掉落的金属物件，没有及时打捞等。地质因素主要是地层倾斜、软硬不均、存在大型卵石等。

因此，施工中须经常测井，检查井筒的垂直度，发现偏斜及时采取措施纠偏。

4.2.5.1 测井

测井包括井径测量和井斜测量。我国自1978 年以来一直使用国产 CSX-731 型超声波测井仪，该仪器在深度不超过 300 m 的测井中取得了良好效果，但由于隔声元件的耐压性能等问题，不能满足 500 m 以上深井的测量。为此，1983 年又研制成功 SD-1 型测井仪，结构合理，性能稳定，在潘三矿西风井中得到应用。1989 年完成的谢桥矿西风井钻进和成井测量均采用了 G-501 型超声波测井仪，取得了较为满意的效果。

随着深、大直径井筒的出现，以往使用的测井仪已不能满足目前的需要，现在使用的多为 SKD-1 型测井仪，2008 前后完成的张集矿西区进、回风井均使用了该种仪器。该仪器基于超声测距原理，采用双钢丝绳定位与可调整角度的 4 个摆放互成 90°的换能器构成井下仪定位装置，导向钢丝绳由挂在底端的重锤张紧并保持垂直，井下仪经导向架以钢丝绳为导轨，在上下升降过程中一次对井帮的 4 个方向进行连续超声测距扫描，同时由地面计算机实时绘制出非常直观的井帮纵向偏斜曲线图和给出井径、有效断面、偏心率等技术参数。仪器由井下仪、井上仪、深度仪、传输电缆及绞车、定位绳及绞车、示波器、计算机等子系统构成。它可实现在泥浆比重为 1.21 的介质条件下、3~12 m 范围内的可靠测距，可测井深 1000 m。

4.2.5.2 钻孔纠偏

钻孔纠偏主要采用扫孔纠偏和扩孔纠偏两种方法。

1）扫孔纠偏

在发生偏斜的深度和方位，用原级钻头下放到开始偏斜的上方 0.5~1.5 m 处，用小钻压、低钻速扫孔钻进。接触偏斜地层时，应多次上下反复扫孔，直到达到要求为止。

2）扩孔纠偏

前一级钻孔发生偏斜时，在后一级扩孔钻至该偏斜区段时，采用小钻压、低钻速钻进，防止继续顺前孔发生偏斜。

最后一级发生偏斜时，采用加装边刀的方法纠偏，钻进时仍采用小钻压、低钻速。

4.3 钻井井壁

4.3.1 钻井井壁结构

目前，我国钻井采用的井壁结构有钢板井壁、钢筋混凝土井壁、单层钢板钢筋混凝土井壁、双层钢板混凝土井壁以及可压缩井壁，其中以钢筋混凝土井壁为主。但在淮南矿区，由于冲积层厚，地压大，所有钻井井壁均采用了钢筋混凝土井壁和钢板混凝土复合井壁联合的结构形式，即井筒上部地压较小地段采用钢筋混凝土井壁，在不稳定的膨胀黏土层段则采用单层钢板或双层钢板混凝土井壁。

4.3.1.1 潘三矿西风井钻井井壁结构

潘三矿西风井是淮南矿区第一个采用钻井法施工的井筒，是全国首次穿过冲积层厚度超过 400 m 的井筒。设计外直径 7.8 m，钻井深度 508.0 m。

内直径有 6.8 m、6.4 m 和 6.0 m 三种，相应壁厚分别为 500 mm、700 mm 和 900 mm；井筒设计总长度 507.5 m，由于井壁下沉接长 1.5 m，实际总长度 509 m。井壁除提高混凝土强度等级外，还采用了钢板混凝土复合井壁结构。井壁为变径结构，外径不变，为 7.8 m，内径分别为 6.8 m、6.4 m 和 6.0 m，具体参数见表 4-10。共计 109 节正常井壁和 1 节井壁底，其中 168 m 以下各段井壁下部预埋 4 根钢管，进行节间注浆，提高井壁连接处的强度。节间连接用法兰盘。

表 4-10 潘三矿西风井井壁参数

自上而下节段高度/m	内径/m	井壁厚度/m	井壁结构形式	混凝土强度	节高/m	节数/节	节重/t
0~168	6.8	500	双层钢筋混凝土	C50	6	28	181.3
168~267	6.4	700	双层钢筋混凝土	C55	4.5	22	184.3
267~365.8	6.0	900	双层钢筋混凝土	C55	3.8	26	196.7
365.8~438.0	6.0	900	外层钢板复合	C55	3.8	19	206.9
438.0~453.2	6.0	900	双层钢板复合	C55	3.8	4	208.2
453.2~502.7	6.4	700	双层钢筋混凝土	C55	4.5	11	188.3
502.7~507.5	6.4	700	井壁底	C55	4.8	1	194.2

4.3.1.2 谢桥矿东一风井井壁结构

采用高等级钢筋混凝土井壁和双层钢板混凝土复合井壁，全井井壁等截面，其结构如图 4-12 所示。井壁外径 4.9 m，内径 4.0 m，壁厚 450 mm。共 92 节（含井壁底），其中 6 m 高的 57 节，3.6 m 高的复合井壁 34 节。复合井壁中，内外钢板厚度 10 mm 的 17 节，内侧 10 mm、外侧 20 mm 的 17 节，钢材为 16Mn。第 1~46 节井壁采用壁间注浆。

4.3.1.3 谢桥矿西风井井壁结构

谢桥矿西风井净直径 7 m，井深 469.2 m，钻井直径 9.3 m，井筒内径上部 7.4 m、下部 7 m，井壁厚度浅部 500 mm、深部 700 mm。共 104 节井壁，根据结构、壁厚、混凝土强度等级不同共分为 12 种规格，采用单层钢板复合井壁、双层钢板复合井壁、钢筋混凝土井壁，混凝土强度等级最高达到 C60，其结构如图 4-13 所示。各种钢板复合井壁共有 46 节。井壁参数见表 4-11。

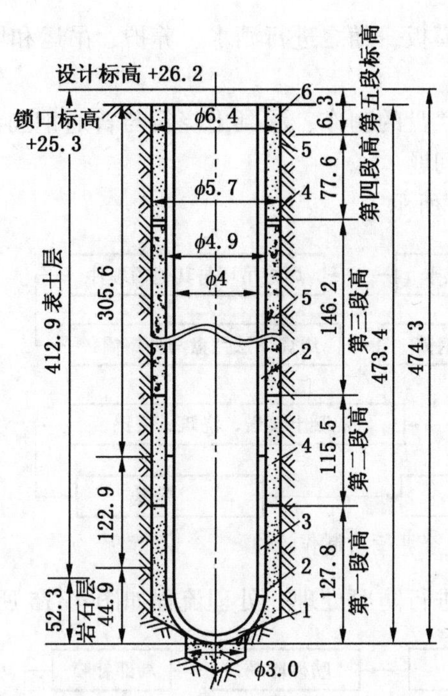

1—井壁底；2—混凝土井壁；3—双层钢板；
4—水泥充填层；5—石渣充填层；6—混凝土

图 4-12　谢桥矿东一风井井壁结构

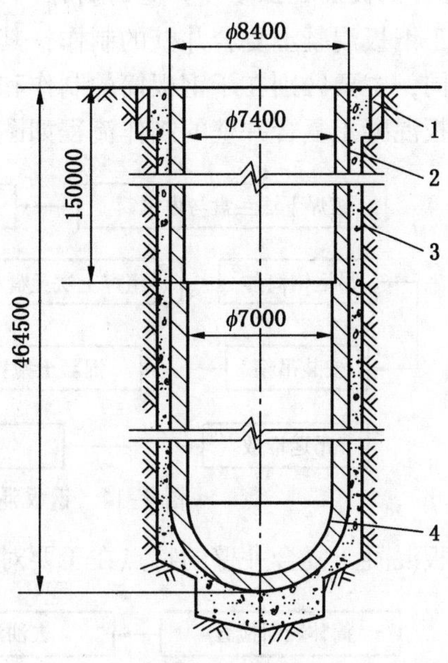

1—锁口；2—井壁；
3—壁后充填；4—井壁底

图 4-13　谢桥矿西风井井壁结构

表 4-11　谢桥矿西风井井壁参数

井壁节号	内径/m	井壁厚度/m	井壁结构形式	钢板厚度/mm	混凝土设计强度	节高/m	节数/节	节重/t
83~102	7.4	0.5	钢筋混凝土		C40	6	20	189.5
78~82	7.4	0.5	钢筋混凝土		C50	6	5	190.5
56~77	7.0	0.7	钢筋混凝土		C50	4.5	22	192.0
49~55	7.0	0.7	钢筋混凝土		C55	4.5	7	194.8
41~48	7.0	0.7	双层钢板复合	10	C55	3.6	8	158.8
30~40	7.0	0.7	双层钢板复合	内 25，外 10	C55	3.6	11	164.5
26~29	7.0	0.7	内层钢板复合	20	C55	3.6	4	170.2
17~25	7.0	0.7	双层钢板复合	内 25，外 10	C55	3.6	9	164.5~168.1
3~16	7.0	0.7	双层钢板复合	内 20，外 10	C55	3.6	14	164.5~175.6
2a~2b	7.0	0.7	钢筋混凝土		C60	3.6	2	159.0
1	7.0	0.7	钢筋混凝土		C60	4.5	1	196.1
0	7.0	0.7	井壁底		C60	4.4	1	189.4

4.3.2　井壁制作

4.3.2.1　钢筋混凝土井壁的制作

井壁制作在施工现场地面上进行。在施工前要根据井壁施工图进行混凝土配合比的备料，再进行钢筋、法兰盘、注浆管的下料，砂石料的清洗和外加剂的验收。与此同时还要进行下法兰盘、导向架、内模板和吊帽的安装，然后进行钢筋焊接绑扎，上法兰盘的安装，外模板和混凝土输送管道及布料杆的安装，之后进行混凝土的搅拌、泵送、浇灌和振捣。混凝土浇灌之后，拆除吊帽、导向架、钢模板，随之进行洒水、养护、吊运和堆放。

4.3.2.2 钢板混凝土复合井壁的制作

对于钢板混凝土复合井壁的制作，其中法兰盘的制作、混凝土浇筑与普通钢筋混凝土井壁相同，主要区别在于钢板筒的制作和防腐问题。

钢板混凝土复合井壁的制作流程如图 4-14 所示。

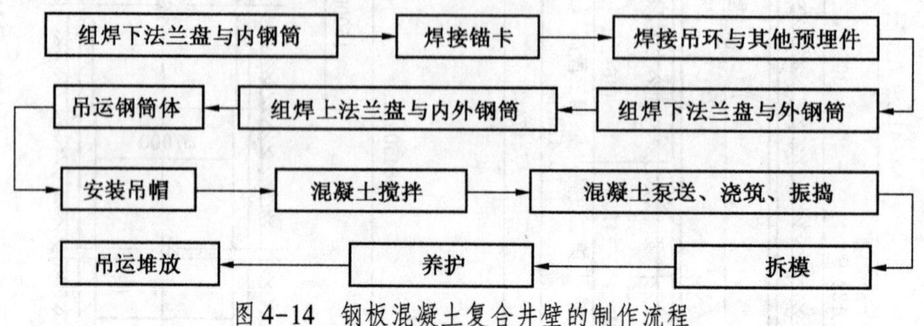

图 4-14 钢板混凝土复合井壁的制作流程

钢板混凝土复合井壁的特点在于要对钢板进行防腐处理，处理流程如图 4-15 所示。

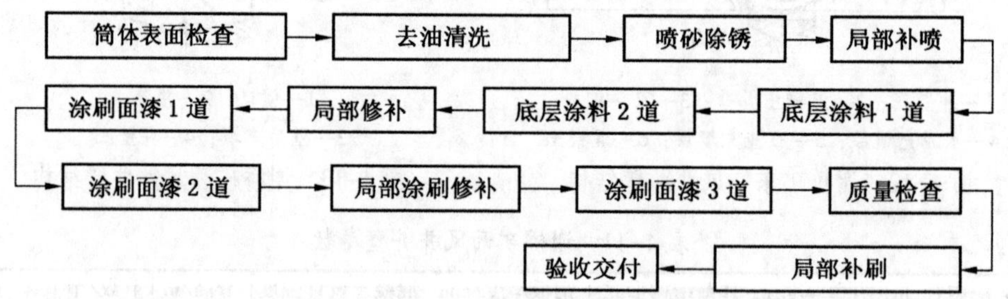

图 4-15 钢板混凝土复合井壁防腐处理流程

其他国家也有采用钢板内涂刷各种防腐漆或者内表面镀锌的办法防腐。

4.3.2.3 井壁底的制作

钻井井壁的井壁底一般均为钢筋混凝土结构，节高一般在 4 m 左右，下部大部分为削球体。其制作流程如图 4-16 所示。

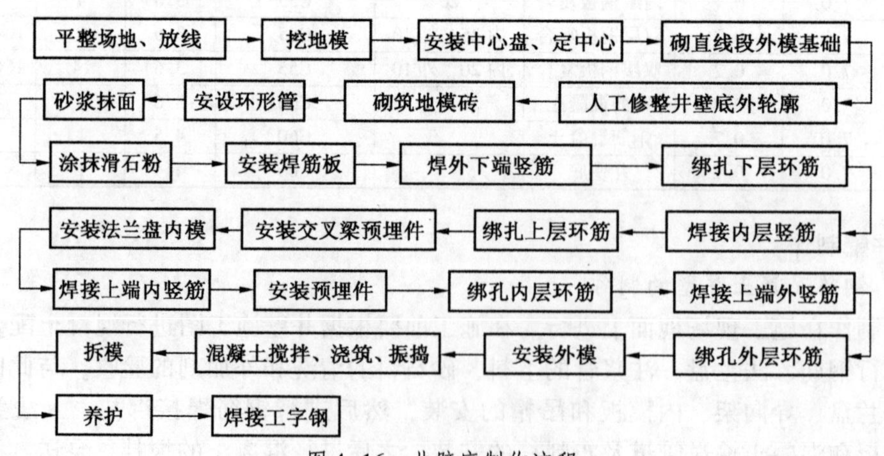

图 4-16 井壁底制作流程

4.3.3 井壁下沉

井壁下沉均采用漂浮下沉工艺，其一般流程如图 4-17 所示。

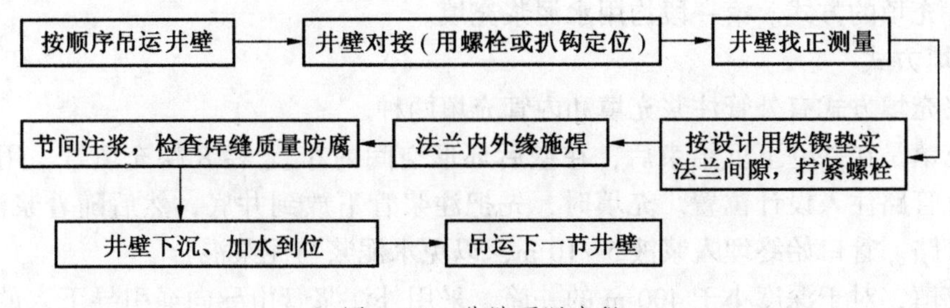

图 4-17 井壁下沉流程

谢桥矿西风井采取了以下措施，104 节井壁仅用 27 天便顺利完成：

(1) 通过提高锁口段泥浆比重、加固提吊环措施，解决了井壁底及首节井壁的超重问题，保证了安全无事故。

(2) 下部 77 节井壁采用了内外缘全部焊接并加焊钢带防水圈，节间及钢带内预注浆，增加井壁的连接强度。

(3) 改进了节间注浆材料和工艺，浆液结石率达到 98% 以上，保证了注浆的密实性。

(4) 单层钢板井壁，事先涂好沥青防水层。

(5) 壁后充填采用散装水泥仓、机械化作业。

4.3.4 井壁固定与充填

井壁漂浮下沉到底后，井壁后的环形空间需用水泥浆、碎石等材料进行充填，并自下而上将泥浆置换出来，将井筒固定。壁后充填固定是钻井法施工的最后一道工序，也是非常重要的关键环节，关系到最后的成井质量，包括井筒的垂直度、渗漏水、稳定性等。充填前必须编制专门的施工技术措施，周密组织，精心施工，确保质量。

4.3.4.1 充填工艺技术

1）充填间隙

充填间隙即井壁与岩帮之间的距离，一般为 0.35~0.65 m 不等，如潘三矿西风井为 0.6 m，谢桥矿西风井为 0.45 m，谢桥矿东二风井为 0.55 m，张集矿西区两个井筒均为 0.45 m。

2）充填段高

深井施工，需将井筒分为若干个充填段，自下而上分段充填。段高的大小与数量根据井筒深度、充填工艺、井壁形式、地层条件等确定，以保证充填质量为原则。

充填的第一个段高高度的确定和充填质量非常重要。由于充填材料的密度大于钻井泥浆，如段高过大，可能使井壁上浮，造成事故。第一个段高处需要破井壁开马头门开巷或破锅底向下掘进基岩，如质量不好，破井壁或锅底时容易发生突水、突砂事故，严重时会造成淹井事故。因此第一个段高既要起到固井作用，又要起到封水作用。

井口锁口段一般用普通混凝土充填，高度结合井颈设施设计，一般为 3~5 m。

3）充填材料

充填材料主要有水泥浆、碎石和混凝土。水泥浆用 P. O32. 5 和 P. O42. 5 级水泥拌制，水泥浆比重在1.6~1.8之间。碎石一般用粒径20~40 mm的石子。封口用混凝土强度等级一般为C30。材料的充填方式，淮南矿区由于井筒较深、黏土层较厚，基本采用了水泥浆和碎石交替充填的方式。第一段均用水泥浆充填。

4）充填方式

水泥浆充填方式有外管注浆充填和内管充填两种。

外管充填是在井壁下沉结束后，在壁后环形空间内布置4~8趟充填管，用注浆泵将水泥浆通过管路注入设计位置。充填时，先把注浆管下放到井底，然后随着浆液的注入，逐渐上提管路。管口始终埋入浆液5~10 m，以免水泥浆与泥浆混合。

壁后充填，对于深度小于400 m的井筒，采用外注浆管由导向绳引导下入的方法可保证充填均匀，但超过400 m时，这种方法的效果不理想。因为井筒太深，而注浆管较细，加之壁后下沉间隙不均匀，易使注浆管扭弯甚至折断，只要有一根注浆管发生问题，注浆区就不会均匀，效果就无法保证。如潘三矿西风井及谢桥矿东一、东二风井和西风井都发生过上述问题。为解决深井壁后第一段高外管质量问题，现已成功应用了内管充填技术。即在制作井壁底时，在井壁底外侧直线段下缘内预埋环形注浆管，并在壁内设置注浆孔，与井壁内侧的注浆管连接；随着井壁接长下沉，逐步将注浆管接长；井壁到底后，则沿井筒内壁敷设注浆管进行壁后注浆充填。目前，内管注浆充填仅用于壁后第一段高的充填施工。

4.3.4.2 工程应用

1）谢桥矿东一风井

早期完成的谢桥矿东一风井、谢桥矿西风井等井筒的壁后充填，采用了散装水泥机械化施工。谢桥矿东一风井，井深474.3 m，总充填体积3218 m^3，首次进行了壁后充填全井机械化工业性试验，采用了4条散装水泥机械化作业线，充填系统如图4-18所示。整个系统按8 h充填600 t水泥设计，散装水泥用6辆8 t散装水泥车运至井口并装入储存筒内。

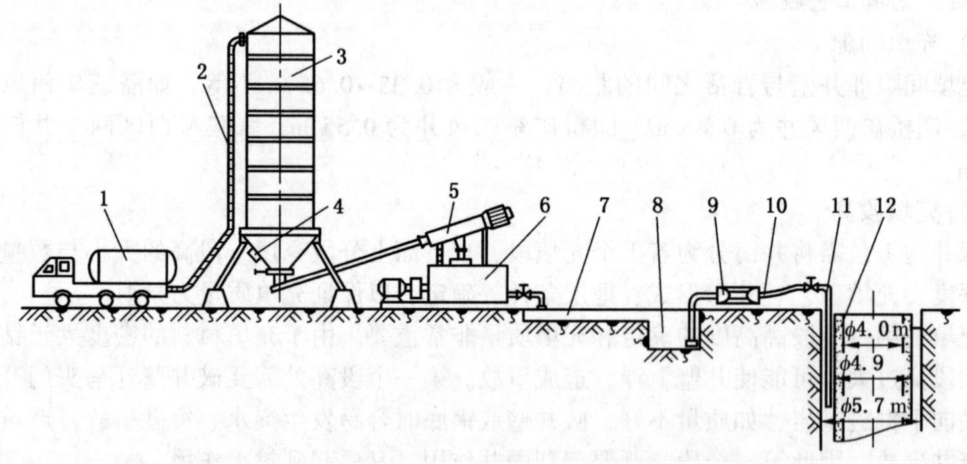

1—散装水泥车；2—进灰胶管；3—水泥仓；4—振动器；5—弹簧输送器；
6—5 m^3 双轴搅拌机；7—沟槽；8—储浆池；9—泥浆泵；10—高压胶管；
11—ϕ76 mm×5 mm 充填管；12—井壁

图4-18 谢桥矿东一风井机械化充填系统

共设 8 个 ϕ3 m 可装 75 t 水泥的圆形储存筒、8 台弹簧螺旋输送器、4 台 5 m^3 双轴卧式搅拌机搅拌，每 2 个储存筒和一台搅拌机组成一条充填机械化作业线。搅拌的浆液放入水泥浆池。全井设 5 台 NBH−850/50 型泥浆泵、5 趟 ϕ76 mm×5 mm 注浆管，采用一泵一管注浆方式。工艺流程为：散装水泥罐—弹簧输送器—搅拌机—储浆池—注浆泵—注浆钢管—壁后空间。全井共分 6 个充填段高，充填水泥 1675 t、石渣 1216 t，充填工期仅用 11 天，充填情况见表 4−12。

表 4−12　谢桥矿东一风井壁后充填分段情况

段高/m	充填参数名称				
	充填高度/m	材料	体积/m^3	水泥浆比重	充填时间/h
1	127.75	52.5 水泥	605	1.739	10
2	115.65	52.5 水泥	435	1.731	6.9
3	146.00	石渣	757		56.7
4	77.61	42.5 水泥	505	1.728	6.5
5	5.39	石渣	21.3		3.0
6（锁口）	1.0	C20 混凝土	7		3.5

2）谢桥矿西风井

谢桥矿西风井壁后间隙 0.45 m，充填分 9 个段高进行，充填材料有纯水泥浆、石渣和混凝土 3 种。共充填水泥 2560 t、石渣 1320 t、黄砂 40 t。其中第一段高用 8 根管同时充填，用 52.5 级水泥。泥浆比重为 1.7~1.75。

3）潘三矿西风井

潘三矿西风井壁后间隙 0.6 m，充填采用水泥浆和石渣，置换井壁和钻孔之间环状空间的泥浆。充填采用 6 辆自卸汽车，将粒径 40~60 mm 的石渣运到井口倒入壁后空间，用 8 台 5 m^3 双轴搅拌机搅拌水泥浆，12 台 TBW 型泥浆泵，通过 8 根均布在井筒周围的 ϕ76 mm×8 mm 的无缝钢管，把比重 1.68 的水泥浆注入壁后空间内。全井共分 5 段注浆，充填水泥 3775 t、石渣 3996 t。

4.4 钻井泥浆

泥浆是钻井中不可缺少的流体物质，其主要作用，一是稳定井帮，平衡地层压力，起临时支护作用；二是冲洗井底介质、悬浮岩渣，并将其携带输送到井外；三是冷却刀具及钻头体；四是漂浮下沉井壁。

1985 年，通过与科研单位合作，结合潘三矿西风井的钻井工程，进行了深大井筒临时支护、降低泥浆成本、提高泥浆效能、高聚物及衍生物改性研制、重大塌方治理、泥浆地面循环系统、井帮规整性、利用与抑制地层造浆等研究与应用，顺利穿过强膨胀性的黏土、铝质黏土层，钻成直径 9 m、深 508 m、不稳定地层厚达 360~440 m 的立井井筒，成功攻克了深厚 440.8 m 不稳定地层的钻井临时支护技术难关，使我国钻井泥浆护壁技术达到了国际先进水平。

4.4.1 泥浆类型

钻井所使用的泥浆类型主要是水基泥浆，即由水、黏土及处理剂按一定比例配制、搅拌而成的溶胶-悬浮体。其中，水为分散介质；黏土为分散相，颗粒粒径小于 2 μm；处理剂包括有机化学处理剂（丹宁、钠酸甲基纤维素、羧乙基纤维素、羧甲基淀粉等）、无机化学处理剂（碳酸钠、氢氧化钙、三聚磷酸钠、石灰氯化钙、氯化钠等）和天然合成的高分子化合物。

20 世纪 80 年代初完成的潘三矿西风井施工中，针对泥浆高黏、高切和大直径深厚不稳定地层，研究采用了三酯磷酸钠、三聚磷酸钠-中黏度聚丙烯酰胺、羟乙基纤维素-三聚磷酸钠-低黏度聚丙烯酰胺等体系。

泥浆的主材是黏土。为降低泥浆成本，黏土为就地取材，自然造浆。20 世纪 70 年代末，采用购置黏土与井场黏土拌制泥浆，1985 年起基本上全部利用井内地层黏土靠钻头旋转破碎形成护壁泥浆。采用清水开钻，在清水中加入适量的化学药剂（纤维素、纯碱等），边钻边补充水，逐渐形成满足要求的泥浆。然后，根据不同的地层、钻孔直径大小及深度随时调整泥浆参数。

4.4.2 泥浆性能参数与控制

为保证泥浆在钻井过程中的临时支护作用，钻井泥浆必须达到一定的技术要求。钻井过程中，由于钻头不断地切削泥土，井内的泥浆性能将发生变化。施工中应不断地对泥浆进行监测，定时对泥浆取样测试其相关参数，并根据参数值对井内泥浆进行调整。因此，每个钻井井筒附近都设置有泥浆参数测定室，设有专人负责取样、测试，并进行测试记录。

4.4.2.1 泥浆性能参数及测定

泥浆的性能参数有比重、黏度、失水量、泥皮厚度、含砂量、胶体率、沉降稳定性、切力和酸碱度等。

（1）比重，又叫相对密度。这是确保井筒安全、快速钻进的一个十分重要的参数。泥浆密度过高，易使泥浆变稠，黏度、切力增大，影响钻速；密度过小，易发生缩井、塌帮、井涌事故。

泥浆的比重一般要求为 1.08~1.2，具体数值要根据井筒内的泥浆柱压力大于第一层砂层的地下水压力的要求确定。

浆液的比重通常用比重秤测定。

（2）黏度。黏度是衡量泥浆流动及细微颗粒沉淀难易程度的指标。黏度大，流动慢，颗粒沉降慢，将影响悬浮和携带岩屑的能力、钻头破碎岩土速度、冲洗工作面的效果、沉淀池内的沉淀速度等。因此，泥浆要具有良好的流动性，黏度要求低一些。

现场一般采用漏斗黏度计测试钻井泥浆黏度，数值为 18~20 s。通过易漏失地层时，泥浆黏度可适当提高，可达到 25 s。

（3）失水量及泥皮厚度。失水量是衡量泥浆支护膨胀性地层能力的指标，失水量过大会引起黏土层、水敏性泥岩等缩径、坍塌。钻井泥浆要求失水量尽可能小，一般每 30 min 失水量要求不超过 15 mL，通过严重膨胀地层及最大级扩径钻进时，失水量宜小于 10 mL。

失水量和泥皮厚度均使用失水量计测定，一份浆样一次测出。在读出失水量后，打开失水量计泥浆盒盖，用游标卡尺测量挤压在过滤网上的泥皮厚度。泥浆的性能好，形成的泥皮薄而韧；性能不好（如失水量大、含砂量大），形成的泥皮则厚而松散。泥皮厚度一

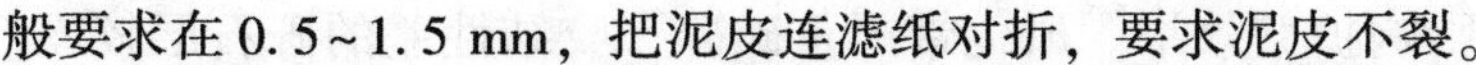

般要求在 0. 5~1. 5 mm，把泥皮连滤纸对折，要求泥皮不裂。

（4）含砂量。含砂量指在泥浆中直径大于 0. 074 mm 的不溶于水的固体颗粒所占泥浆体积的百分数。含砂量过高会造成泥浆相对密度增高，钻井速度降低，钻头及刀具磨损加快，失水量增大。含砂量大说明沉淀池的沉淀效果不好。钻井泥浆要求含砂量尽可能低，一般不超过 2%。含砂量使用含砂量计测量。

（5）胶体率和稳定性。钻井泥浆胶体率应在 98% 以上，胶体率高说明黏土在泥浆中的分散性好，粗颗粒少，沉析量小。稳定性是衡量泥浆中黏土分散程度的指标。稳定性差的话，分散颗粒下沉速度快，如停钻时间长会造成沉淀埋钻。

4. 4. 2. 2　泥浆的处理

定期对钻井排出的泥浆进行取样检测，如不合格则需及时对泥浆进行调配处理。

（1）比重增大。钻井过程中，由于泥沙及黏土的混入，常出现比重增大现象。发现比重增大时，应及时降低。降低的方法是：加稀释液（水或比重低的泥浆）和聚丙烯酰胺絮凝。

（2）含砂量高。加水稀释的同时，用旋流器除砂。

（3）黏度大。自然造浆使黏度增大，一般加水稀释。加水后若失水量增大，则适当加 CMC 或煤碱液等降低失水量。

（4）胶体率降低或稳定性不好。加入分散剂纯碱或胶体保护剂 CMC 等。

（5）停钻期间的泥浆处理。因事故等原因较长时间停钻时，为防止泥砂沉淀，每隔 3 天进行一次泥浆循环。

（6）特殊地层的泥浆处理。在钻进膨胀量大的地层之前，提前加入 CMC，降低失水量。钻进易漏失地层时，提前加入 PAM 交联剂、堵漏剂、纯碱等，提高泥浆黏度。

4. 4. 2. 3　泥浆管理

（1）钻进中，每 2 h 测试一次有关性能参数，掌握泥浆性能的变化情况，发现问题及时处理，保证泥浆符合钻井要求。

（2）泥浆性能测试有专人负责，并按规定详细记录检测结果。测试仪器定期检查校对，确保其完好、准确。

（3）井口设浆面自动检测器，并安排专人负责观察井口浆面变化情况。

（4）及时清除沉淀池内的沉砂、岩屑，避免其回流至井筒内。

（5）井壁下沉前半个月开始调制泥浆，除砂、除泥、加水、加稀释剂等，调制泥浆的密度和固相含量。加纯碱或 CMC 等，提高泥浆的分散度、胶体率和稳定性。

4. 4. 3　潘三矿西风井钻井泥浆护壁

潘三矿西风井位于淮南市潘集区，是当时我国钻井最深、世界上穿过不稳定地层最厚的大直径井筒，钻井直径 9. 0 m，钻深 508. 2 m，穿过不稳定地层厚 440. 8 m。该井于 1982 年开工，1985 年竣工，它的钻凿成功标志着我国钻井法凿井技术已迈入世界先进行列，其综合技术分别获得国家与部级科技进步一等奖。

4. 4. 3. 1　泥浆临时支护要求

潘三矿西风井地层地质比较复杂，黏土和砂层占井筒总深度的 91. 2%，砂层最大单层厚度为 81. 4 m。黏土类地层大部分含蒙脱石，造浆能力较强。中下部钙盐含量较高，侵入泥浆后会引起泥浆性能恶化，影响护壁效果。风化带严重破碎，胶结性差的砾石层较厚。潘三矿西风井不仅是我国当时最深、最大的钻井井筒，也是淮南地区钻井施工的第一个井筒，泥浆临时支护尚无可借鉴的经验。临时支护的重点要求是：

（1）具有足够的浆柱压力和较好的泥皮质量，阻止流砂层中地下水夹带砂子流入井筒内而引起坍塌。

（2）钻进膨胀性地层时，防止或抑制钻井泥浆中的自由水渗入地层中引起水化膨胀而缩径、塌帮及泥浆性能的急剧恶化。

（3）保证在钻进及井壁下沉过程中，泥浆处于长期运动或静止状态下性能的稳定，解决泥浆处理量过多、处理周期长及处理次数频繁等问题，选择和确定合适的处理剂及处理手段和时机，既经济又保证泥浆具有良好的护壁性能。

4.4.3.2　钻进中泥浆性能参数的变化

钻进过程中，随着深度的增加、地层岩性的变化、可溶盐及大量岩粉的混入，泥浆性能参数随之而变。为此，就要不断总结分析泥浆性能参数的变化原因，掌握其变化规律，为泥浆性能参数的选择提供依据。潘三矿西风井泥浆受侵污后性能参数的变化情况见表4-13。

表4-13　泥浆受侵污后性能参数的变化情况

侵污类型	井深/m	地层	参数					
			黏度/s	密度/(g·cm⁻³)	失水量/mL	泥皮厚/mm	切力/(mg·cm⁻²)	pH值
砂侵	347~351	细砂	21.8~22.2	1.121~1.127	10.3~11.3	1~1.3	初切34.8~52.1 终切43.8~11.3	7
钙侵	363~366	固结钙质黏土	21.1~21.9	1.11~1.118	11.4~11.7	1.0	初切37.6~39.1 终切39.1~44.1	7
黏土侵	392~398	固结黏土	23.6~25.3	1.125~1.129	11.7~12.7	1.4~1.6	初切51.1~75 终切57.6~84.8	7

从表4-13中可见，不同岩层对泥浆性能有显著影响，大致可认为：黏土侵是导致泥浆性能变化的主要原因，钙侵是次要原因，再其次是砂侵。

钻进黏土时，黏土屑混入泥浆，循环过程中吸水膨胀、分散得越来越细，使泥浆变得越来越稠。黏土水化分散能力越强，分散得越细，则泥浆密度、黏度和切力就越高。

另外，由于黏土层中含可溶盐 Ca 等阳离子，在泥浆中对黏土进行离子交换吸附，改变了黏土的水化性能，使黏土颗粒表面双电层的扩散层变薄，电动电位变低，泥浆失去聚结稳定性而使电解质对黏土中黏土颗粒絮凝，形成网状结构的钙侵现象，使泥浆流变性降低。

由于泥浆受黏土侵和钙侵的污染，以稠化的泥浆钻井遇砂层造成砂侵，进一步破坏了泥浆性能，使密度、黏度、切力、含砂量均升高，失水量增加，泥皮变厚而松软。黏土侵和钙侵越严重，砂粒越不易净化，不利于泥浆护壁。

4.4.3.3　泥浆临时支护的技术措施

（1）参数确定。借鉴以往的经验，结合该井具体条件确定超前孔临时支护参数，并参照超前孔实践的具体资料，调整确定其他孔径的泥浆临时支护参数。在全面权衡确定泥浆比重的前提下，严格控制井筒内泥浆浆位不低于锁口表面以下0.5 m，并安装浆位报警器。

（2）关键井段严格控制加水及失水量。对于黏土层，尤其是膨胀性地层，严格控制泥浆中自由水渗入地层，防止地层水化膨胀引起缩径和坍塌。特别是在后期扩孔及终孔时的钻进中，对所钻进的关键井段，严格控制泥浆中自由水含量，即杜绝加水处理，同时采用化学处理剂，如羧甲基纤维素等，以降低泥浆失水量。

（3）聚磷酸钠降黏、降切。钻进过程中泥浆经地层土入侵后，黏度急剧上升，切力上升更为突出，严重影响了泥浆中固相颗粒的沉淀净化，以致泥浆比重、黏度、切力进一步升高，最终造成泥浆性能的恶性循环，影响护壁泥皮质量，也不利于钻进。

泥浆稠化是因盐侵及黏土、黏土岩水化分散引起的，片状黏土颗粒间通过端-端、面-面及端-面黏结形成了空间网状结构。泥浆稠化可采用三聚磷酸钠进行处理，三聚磷酸钠结合泥浆中的钙、镁等离子可形成可溶性络合物，拆散或减弱泥浆中的空间网状结构，能有效改善泥浆的流变性能，达到降黏、降切目的。

（4）终孔采用聚丙烯酰胺抑制水化、增韧泥皮。终孔钻进是保证钻凿成功的泥浆护壁关键时刻，要充分考虑终孔钻进以及下沉井壁期间，因井径大、井筒深、井筒裸露时间长等给泥浆护壁带来的一切可能性危害。为加强对膨胀性地层的井帮护壁措施，以及防止砂层、砂砾层及基岩风化带出现井帮刷大、掉大块等现象，除了降低泥浆中自由水含量以外，还采用聚丙烯酰胺达到抑制水化、增韧泥皮的目的。

4.4.3.4 泥浆临时支护施工实践

（1）泥浆临时支护实施参数。各级钻进中及井壁下沉期间，泥浆临时支护实施参数见表4-14。

表4-14 泥浆临时支护实施参数

项目		参数						
		黏度/s	密度/(g·cm^{-3})	失水量/mL	泥皮厚/mm	切力/Pa		含砂量/‰
						1 min	10 min	
钻头直径/m	3.0	19~25	1.12~1.19	8~14	0.6~1.5	9~64	28~80	0.5~2.8
	5.5	20~24	1.13~1.18	12~17	0.9~1.5	25~100	27~112	<1
	8.0	23~27	1.17~1.20	13~17	1.5~2.0	23~101	53~112	<1.2
	9.0	24~28	1.17~1.21	8~12	1.2~1.5	20~60	29~63	<2
下沉井壁		27~29	1.20~1.21	11~12	1.5	50~60	54~63	<1

（2）三聚磷酸钠处理。根据泥浆受地层土及钙侵情况，结合井帮临时支护要求，在ϕ8.0 m扩钻进中开始添加三聚磷酸钠处理。使用时，先配制成1%~10%浓度的水溶液，而后随着泥浆循环加入回井泥浆中，三聚磷酸钠固体掺量为100~400 ppm，黏度降低15%~25%，切力降低50%~68%。

（3）双聚联合处理。在终孔钻进前，用三聚磷酸钠-聚丙烯酰胺联合对全井筒泥浆进行了彻底处理，聚丙烯酰胺分子量为（2~7）×10^6。先配好双聚水溶液，三聚磷酸钠溶液浓度为1%~10%，聚丙烯酰胺溶液浓度为0.1‰~1.0‰。两种水溶液均随泥浆循环加入回井泥浆中，三聚磷酸钠固体掺量为100~300 ppm，聚丙烯酰胺固体掺量为10~100 ppm。通过双聚彻底处理后，泥浆性能得到了较大改善，整个终孔钻进期间，泥浆性能稳定，失水量下降，泥皮薄而坚韧，同时大大减少了地层自然造浆量。

4.4.3.5 护壁效果

全井钻进过程中，在化学处理的同时，均采用机械处理配合，提高净化效果，尤其在钻进砂层时采用旋流器除砂，效果显著。

采取上述措施后，各级钻进虽有不同程度的掉大块现象，但未给凿井带来危害。终孔钻井结束后对全井进行了测量，井筒规则，无过分刷大现象。

虽然井壁下沉时间较长，但在井壁下沉期间未发现任何异常现象，永久井壁按规定计划及要求安全顺利下沉至设计深度。

4.4.4 废弃泥浆的处理

我国煤矿凿井采用钻井法，破岩体积大，钻凿黏土类地层时地层内黏土的自然造浆相当严重，废浆排弃量达到钻凿体积的2倍以上。成井后，井内及地面循环系统中的所有泥浆均成废浆，总量常达钻井破岩总体积的2.0~3.5倍，如潘三矿西风井，全井弃浆总量达1×10^5 m^3。就地排放这些废浆，占据大片土地，如谢桥矿西风井占地达4.65×10^4 m^2。潘三矿西风井和谢桥矿东风井的泥浆占地面积见表4-15。

表4-15　井筒钻井泥浆占地统计

井筒名称	指标名称						
	钻井深度/m	钻井直径/m	破岩体积/m^3	占地面积/m^2	泥浆池深/m	泥浆池面积/m^2	距离井口/m
潘三矿西风井	508.2	9.0	32500	43500	2.0	2650	<35
谢桥矿东一、东二风井	474/479	5.7/8.0	36154	46500	2.0	2950	<35

废弃泥浆的主要来源有：一是钻井过程中，由于黏土成分的增加，泥浆严重稠化时需要排除多余的泥浆，并对钻井泥浆进行稀释处理；二是钻井结束后，附近又没有其他工程可以重复利用时，全部予以废弃。由于废弃泥浆中含有化学药剂，长时间不能脱水固化，长期存放在废浆池中，既占用大量土地，又可能造成环境污染。因此，必须对废弃泥浆进行处理。

废浆的处理方式主要有直接填埋、重复利用和固化处理三种。在不具备填埋和重复利用的条件下，多采用固化处理方式。淮南矿区采用的处理方式主要是固化处理，即先对泥浆稀释，加入药剂进行絮凝处理，然后采用机械方法将泥浆中的固相土与水分离，分离出的泥饼进行干化回填，分离出的污水再进行污水处理后达标排放，处理流程如图4-19所示。

1985—1997年，淮南矿业集团较早地与煤炭科学研究总院北京建井研究所合作，在谢桥矿西风井进行了多项废浆处理技术研究与应用，取得了多项研究成果，如钻井法凿井清水开钻技术、钻井泥浆水土分离絮凝技术、钻井泥浆水土分离技术、钻井地层自然造浆抑制技术和钻井泥浆地面循环新工艺等。所进行的泥浆造粒机及其附属装置的工业性试验获得了成功，即把废弃泥浆和事先用速溶机溶解的化学药剂按一定比例进行调配和搅拌，使其发生化学絮凝反应后，再用脱水机脱水，使泥浆中的固相物质变成可以堆积的土团，而水分析出来，其水达到工业排放标准。

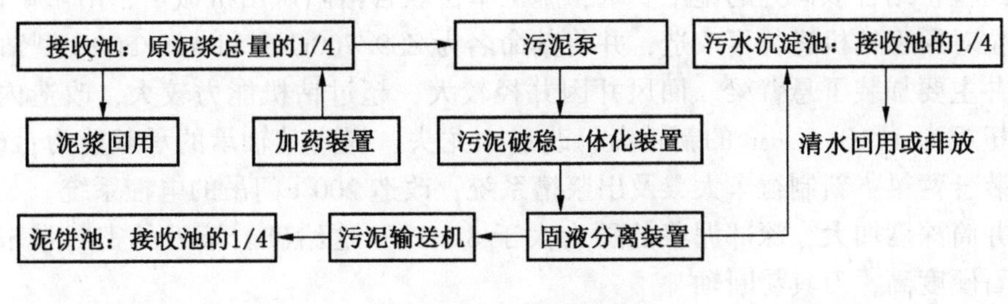

图 4-19 泥浆处理流程

4.5 张集矿西区风井钻井工程应用

4.5.1 工程概况

淮南矿区张集矿设计年产量 1000 多万吨，矿井分中央区、北区和西区 3 个区，其中西区为风井区，新增回风井、进风井两个井筒。进风井净直径 8.3 m，设计深度 537.5 m，井口设计标高+26.5 m；回风井净直径 7.2 m，设计深度 509.5 m，井口设计标高+26.5 m，井底标高实测 413.87 m。

根据井筒地质资料，表土段采用钻井法施工，基岩段采用普通钻爆法施工。进风井最大钻井直径 10.8 m，钻井深度 462 m；回风井最大钻井直径 9.6 m，最大钻井深度 440 m；钻井偏斜率设定为小于或等于 0.8‰。

进风井井筒穿过的表土层厚 401.22 m，主要由黏土、粉砂和黏土质砂组成，占钻井井深的 86.84%。基岩段为 59.78 m，主要由砂岩和泥岩组成。

回风井井筒穿过的表土层厚 396.4 m，主要由黏土和粉砂组成，占钻井井深的 91.39%。基岩段为 37.9 m，主要由砂岩和泥岩组成，占钻井井深的 8.61%。

两井于 2006 年 5 月相继开机钻进，钻井工地现场如图 4-20 所示。

图 4-20 张集矿西区风井工地

4.5.2 主要施工装备

1）钻机

根据井筒的地层赋存特征、井筒的设计参数及钻机的技术性能，以及施工的安全性高、成井质量好等优点，决定回风井选用 ZS9/700 型钻机，进风井选用 AS9/500 型钻机。根据工程经验，结合该矿井的施工要求，施工单位联合洛阳矿山机械厂、洛阳矿山机械研究院等单位对原型钻机进行了改造，并将其命名为 ZS9/700G 型和 AS9/500G 型钻机。

进风井主要加装了悬臂梁。回风井因井径较大，超过钻机能力较大，改造内容包括：加工一台扭矩为 4×10^5 N·m 的新转盘；改造水龙头，提高其轴承的承载能力；改造封口平车，加装悬臂梁；新制行车大梁及出浆槽系统；改造 200 t 门吊的电控系统。

由于井筒深度加大，深部泥浆的压力大于 8 MPa，这给破岩滚刀的密封带来了难题。此外，岩石硬度高，刀具易断轴。

对滚刀芯包的加工工艺、密封状态及滚刀的受力情况进行研究，研究结果表明密封失效的关键是端面密封失效。因此，将端面密封改为浮动式，使密封在磨损后有一定的补偿量；通过提高端面密封配合面的加工精度，保证了端面密封的可靠性。采用平衡活塞技术保证轴承的润滑，即通过系统的压力平衡自动供油对轴承进行润滑。经现场验证达到了预期目的，表土段每盘刀进尺不少于 60 m、岩石段每盘刀进尺不少于 10 m。

2）钻杆、钻头、刀具

钻杆直径 406 mm。进风井钻头直径分 4.0 m、7.1 m、9.0 m 和 10.8 m 四级；回风井钻头直径分 4.0 m、8.0 m 和 9.6 m 三级。新制作直径 8.0 m、9.6 m 钻头各 1 个。

根据该井的地质特征，进风井和回风井均选用 BSⅡ系列的 XC 型长齿滚刀及 XZ 型中长齿滚刀。

钻头的结构形式对钻屑的吸收有直接影响，传统的钻头结构有平底的、锥体的（锥角 25°）。这两种结构的钻头各有特长，平底钻头可保证钻孔的垂直度，一般用于超前钻；锥体钻头进尺快。

通过对钻头的结构形式进行改进，将其设计成一种组合式结构：底部为平底，起保证垂直度的作用，中间为 25°锥体，上部为 35°锥体。这种组合结构的钻头，垂直度有保证，进尺快。

3）压风机

进风井采用 3 台阿特拉斯科普柯 GR200 型固定式螺杆压缩机，其中 1 台备用。

回风井采用 5 台 L5.5-20/25 型固定式压风机，其中 1 台备用；二级扩孔时根据施工加 1 台阿特拉斯科普柯 GR200 型固定式螺杆压缩机，加大泥浆循环。

4）龙门吊

进风井安装 1 台与 AS9/500 型钻机配套的轨距 12 m、起吊重量 200 t 的门吊（图 4-21），满足钻具系统及井壁的吊运。

回风井安装 1 台与 SZ9/700 型钻机配套的轨距 10.7 m、起吊重量 200 t 的门吊；新加工 1 台轨距 18 m、起吊高度为 18 m、提升能力为 300 t 的门吊，用于预制井壁。

5）预制井壁机械

安装 HZS40 型自动搅拌系统 1 套，生产率为 40 m^3/h。3 个 100 t 散装水泥罐、6 台

图 4-21 张集矿西区进风井使用的门吊

500 mm 带式输送机，CDF-600 型洗砂机 1 台、洗渣机 1 台，装载机 1 台，两井共用搅拌站，井壁集中制作。标准微机控制室 1 座，计量系统 1 套。

6）泥浆系统设备

0.9 m^3 挖掘机 2 台，ZX-250 型泥浆净化器 4 台，5 t 泥浆翻斗车 4 辆。

7）壁后充填机械

充填用 5 m^3 双轴搅拌机 6 台，7~8 t 自卸汽车 3 辆，3.5 m^3 装载机 2 台，30 kV·A 交流电焊机 22 台。注浆用 TBW-850/50 型注浆泵 8 台，搅拌机 2 台，8BA-12 型清水泵 2 台。

8）排供水设备

扬程 50 m、水量 50 m^3/h 的深井电泵 2 台，单级清水泵 5 台，泥浆泵 6 台。

9）提升运输设备

6.5 t 自吊车 1 辆，ZL-50 铲车 2 台，JZ-10/600 型凿井绞车 5 台，5 t 慢速稳车 2 台，CD-18D 型、CD-24D 型电葫芦 6 台。

4.5.3 钻井施工准备

1）主要大临工程

钻井施工的主要大临工程见表 4-16。

表 4-16 张集矿西区钻井施工大临工程

序号	名称	跨度（m）×宽（m）×间	建筑面积/m^2	结构	备注
1	绞车房	8×3.3×8	211.2	砖混	
2	操作楼	3.3×2.4×2	15.84	砖混、彩板房	两层
3	变电所	10×20×2	400	砖混基础	集装箱
4	压风机房	8×2.7×8+8×3.2×3	249.6	砖混	
5	钻机队库房	6×3.3×2+8×3.3×2	92.4	砖混	
6	钢筋加工棚	6×3.3×5	99	大棚	
7	井壁队库房	6×3.3×6	118.8	砖混	

表4-16（续）

序号	名称	跨度（m）×宽（m）×间	建筑面积/m^2	结构	备注
8	实验室	6×3.3×2	39.6	砖混	
9	材料库	6×3.3×7	138.6	砖混	
10	值班室	6×3.3×4	79.2		
合计			1444.24		

2）临时锁口

西回风井临时锁口直径为10.0 m(9.6+0.4)，进风井临时锁口直径为11.2 m(10.8+0.4)。

锁口深度为3.50 m，采用机械挖掘，人工修整，混凝土自下而上分层浇筑而成。为了方便开孔钻进，在可能的情况下，开钻前尽量再往下开挖。

3）回风井钻井基础

因回风井井口周围回填土层较厚，为了安全施工，在钻井设备基础施工时，采用了回填至原始地坪和扩大混凝土基础的承载面积，保证施工设备在运行期间不发生沉降和位移，以确保钻井施工的安全和质量。

4）钻井设备安装

所有需要安装的设备在安装前，都要按规定的技术要求进行检修，不符合要求的要经检修合格后方能进行安装。井架采用地面组装、整体竖立的方法。

绞车安装后，应运行平稳、制动可靠，闸瓦间隙不大于1 mm，给进系统工作正常。龙门吊运行应平稳、制动可靠。

安装后天车轴的水平度偏差不大于轴长的0.1%，天车的几何中心与井筒中心线偏移不大于5 mm。绞车运转平稳。

六方行车、钻杆行车：要求跑到平直，运行顺畅平稳。钻头、导向器：刀具布置合理，结构牢靠；导向器转动灵活。

钻井设备及辅助设备经调试运转正常后，方可破土试钻。

4.5.4 钻井施工

4.5.4.1 钻井分级与钻井深度

进风井钻井直径：

$$D_Z = D + 2(E + e) + \alpha H = 8.3 + 2 \times (0.8 + 0.30) + 0.8‰ \times 460.0 \approx 10.8\ \text{m}$$

式中 D——井筒设计内直径，8.3 m；

E——井壁设计最大厚度，0.8 m；

e——壁后充填间隙，0.30 m；

α——钻井偏斜率，0.8‰。

回风井设计内直径7.2 m，井壁设计最大厚度0.75 m，壁后充填间隙0.30 m，偏斜率取0.8‰，按上式计算，钻井直径为9.6 m。

根据钻机分级情况，进风井采用ϕ4.0 m超前钻和ϕ7.1 m、ϕ9.0 m、ϕ10.8 m三级扩孔钻进的方案。回风井采用ϕ4.0 m超前钻和ϕ8.0 m、ϕ9.6 m二级扩孔钻进的方案。各级钻扩孔技术指标见表 4-17。

表 4-17 各级钻扩孔技术指标

序号	进风井					回风井				
	直径/m	钻井深度/m	切割带宽度/m	切割带面积/m²	破岩体积/m³	直径/m	钻井深度/m	切割带宽度/m	切割带面积/m²	破岩体积/m³
1	4.0	461.0	2.00	12.56	5790	4.0	443.0	2.00	12.56	5564
2	7.1	456.93	1.55	27.03	12351	8.0	438.43	2.00	37.70	16529
3	9.0	456.27	0.95	24.03	10964	9.6	437.87	0.80	22.12	9686
4	10.8	455.65	0.90	28.00	12758					

4.5.4.2 钻井参数及测斜

风井表土层厚度达 400 m，黏土层多且厚度大，可塑性和黏结性强，为提高钻井效率，确保钻井质量，防止泥包钻头、掉钻头事故发生，必须选择合理的钻井参数。具体参数见表 4-18 和表 4-19。

表 4-18 张集矿西区进风井钻井参数

地层	钻井参数	钻头直径（m）/重量（t）			
		4.0/160	7.1/140	9.0/150	10.8/160
砂土层	钻压/kN	150~350	150~300	150~300	150~300
	转速/(r·min⁻¹)	4~5	2~3	1~2	1~2
黏土层	钻压/kN	250~400	200~300	200~300	200~300
	转速/(r·min⁻¹)	8~10	6~8	4~6	2~3
砂岩盘	钻压/kN	250~600	200~400	200~400	200~400
	转速/(r·min⁻¹)	3~4	2~3	1~2	1~2
泥岩	钻压/kN	350~400	300~400	300~400	300~400
	转速/(r·min⁻¹)	4~5	2~3	1~2	1~2
砂岩	钻压/kN	400~700	300~400	300~500	300~500
	转速/(r·min⁻¹)	4~5	2~3	2~3	2~3

表 4-19 张集矿西区回风井钻井参数

地层	钻井参数	钻头直径（m）/重量（t）		
		4.0/160	8.0/150	9.6/160
砂土层	钻压/kN	100~300	150~350	150~300
	转速/(r·min⁻¹)	4~5	4~5	1~2
黏土层	钻压/kN	200~400	250~400	200~300
	转速/(r·min⁻¹)	7~9	5~6	2~3

表4-19（续）

地层	钻井参数	钻头直径（m）/重量（t）		
		4.0/160	8.0/150	9.6/160
砂岩盘	钻压/kN	200~500	250~600	200~400
	转速/$(r\cdot min^{-1})$	6~8	4~5	1~2
泥岩	钻压/kN	250~350	350~400	300~400
	转速/$(r\cdot min^{-1})$	8~9	4~5	1~2
砂岩	钻压/kN	350~600	400~700	300~500
	转速/$(r\cdot min^{-1})$	8~9	4~5	2~3

采用SKD-1型超声波测井仪对各级钻孔的垂直度和井径进行及时测量，超前钻孔进岩5~10 m后测井一次，终孔后测井一次。各级扩孔终孔后测井一次。

每次测孔后，绘制钻孔偏斜图和有效断面图，当偏斜值大于0.8‰时进行纠偏处理。

4.5.4.3 洗井工艺

1）钻井泥浆参数

根据《煤矿井巷工程质量验收规范》（GB 50213—2010）的有关规定和以往的施工以验，结合本井地层的实际情况，各级钻孔及下沉井壁时泥浆性能参数见表4-20和表4-21。

表4-20 进风井泥浆性能参数

钻孔直径/m	泥浆密度/$(g\cdot cm^{-3})$	黏度/s	失水量/mL	泥皮厚/mm	pH值	含砂量/%
4.0	1.18~1.25	18~24	≤30	≤1.8~2.0	7	≤2
7.1	1.18~1.25	18~24	≤30	≤1.8~2.0	7	≤2
9.0	1.18~1.25	18~24	≤30	≤1.8~2.0	7	≤2
10.8	1.18~1.23	18~22	≤30	≤1.5~1.8	7	≤1.5
井壁下沉	1.18~1.23	18~22	≤28	≤1.5	7	≤1.5

表4-21 回风井泥浆性能参数

钻孔直径/m	泥浆密度/$(g\cdot cm^{-3})$	黏度/s	失水量/mL	泥皮厚/mm	pH值	含砂量/%
4.0	1.18~1.25	18~24	≤24	≤1.8~2.0	7	≤2
8.0	1.18~1.25	20~24	≤24	≤1.8~2.0	7	≤2
9.6	1.18~1.25	20~24	≤24	≤1.8~2.0	7	≤2
井壁下沉	1.08~1.20	20~22	≤22	≤1.5	7	≤1.5

为确保该井安全快速施工，减少工业广场内的泥浆污染，在场外购置土地作为废浆排放池及废渣堆放地。钻井泥浆处理采取以下措施：

（1）开孔钻进时，清水开钻，配制高黏土和适量化学药剂，防止塌孔。

（2）正常钻进时，采用化学药剂处理泥浆，提高其性能，增强护壁效果。

(3) 严格控制井筒内浆面水平，确保浆面不低于封口平车钢轨平面以下 0.5 m。

(4) 严格控制泥浆含砂量，进风井采用4台、回风井采用2台旋流器清除泥浆中的砂粒，以增加泥皮韧性，减小泥皮厚度。

2) 沉淀池的尺寸

经沉淀净化系统优化后，两井的沉淀池规格均为长 55 m、深 1.2 m、宽 8.0 m。

3) 泥浆净化

施工中，在单级净化的基础上加用抑制自然造浆的新技术，确保钻井泥浆的质量，提高钻井速度及降低地层的自然造浆能力。其措施是：采用高分子聚合物化学药剂，利用其特殊结构优先占据岩屑表面的可吸附区域，在其表面形成保护层，有效阻止其与泥浆中自由水的接触，抑制泥浆水对钻屑的水化，使破碎的岩屑基本保持原样。同时，当使用线性高聚物时，一个高聚物的长链可将多个扩散双电层内的钻屑聚在一起形成较大颗粒，改善钻屑在地面的沉降效果，然后合理选择捞渣时机（防止捞渣期间，因机械扰动而引起沉淀岩屑再次造浆），尽可能在停钻时进行。另外针对本井砂层较多的特点，采用机械设备清除泥浆中的砂粒，达到净化泥浆，增加泥皮的韧性，有利护壁防止坍帮等。

4.5.4.4 防偏措施

(1) 每级钻头在钻进前均保证其自由状态下对准转盘中心，开钻前转盘必须找平，其偏差不大于 1 mm。

(2) 各级钻孔所使用的钻压均小于钻头在泥浆中重量的 60%。

(3) 在各地层交接带和风化带钻进时，钻压在原有的基础上再适当减小 5~10 t。

(4) 采用 SKD-1 型超声波测井仪对各级钻孔的垂直度和井径进行测量，以便及时采取纠偏措施，并绘制钻孔偏斜图和有效断面图。

4.5.4.5 施工中出现的问题及预防措施

1) 钻孔缩径

在通过膨胀性地层时，因这些地层遇水后体积要膨胀，极易使钻孔产生缩径，导致钻具无法起升。为防止此类事故发生，采取了以下措施：

(1) 钻进通过膨胀性地层时，应用性能良好的泥浆，控制其膨胀量。在总结以往成功经验的基础上，根据该井实际地质状况，配制更加适合该井的优质泥浆，严格控制地层膨胀、缩径，确保施工顺利进行，特别是在末级扩孔终孔后，应调制失水量（气压）小于或等于 22 mL/30 min、泥皮厚小于或等于 1.5~1.8 mm，含砂量小于或等于 1.5% 的泥浆进行护壁，以保证预制井壁顺利下沉。

(2) 根据地层膨胀状况定期起钻检查，以防因钻孔缩径卡住钻头。

(3) 钻井中间起钻后，在下钻具时从上到下在膨胀地层中进行扫孔。

2) 泥包钻头

在钻进黏性地层时，刀具刮削下来的土屑不能及时排出，黏糊在钻头的刀具上，堵塞吸收口及钻头体的内腔甚至包裹刀盘，使钻头无法继续正常钻进。此时必须提钻清理钻头，从而给钻进过程带来不必要的麻烦，所以要严格按照制定的钻井参数进行操作。

预防泥包钻头的措施有：

（1）根据地层情况对泥浆参数进行调整：黏度控制在 18 s 左右、失水量控制在 30 mL 以内。

（2）安装旋流器，降低泥浆含砂量，改善泥浆性能。

（3）改变钻头刀具布置数量，改进钻头结构，优化刀具布置方式。钻头由 6-4-2-2 改为 4-2-1-1，钻头刀具的布置形式如图 4-22 所示。

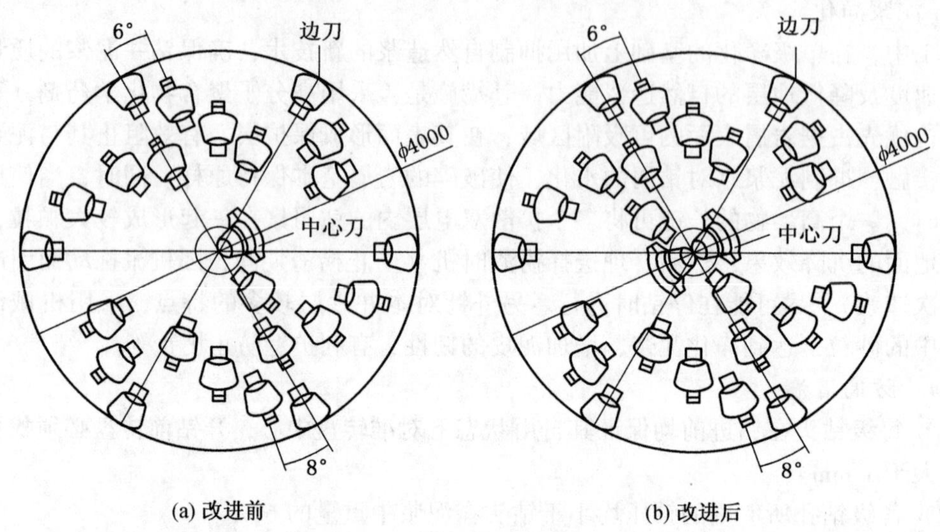

(a) 改进前　　(b) 改进后

图 4-22　钻头刀具的布置形式

（4）在黏土层钻进时，适当控制钻压，降低进给速度。

（5）提高转盘转速，进风井由原 6 r/min 提高到 8 r/min。

（6）每次下钻时钻头在距井底 1.0~1.5 m 时扫孔后缓慢进入工作面。

（7）尽量加大泥浆的冲洗量，进风井的压风机由两台增加到三台。

（8）增加风管，使风管长度控制在 120~130 m，提高泥浆的携渣能力。

3）掉刀具

根据工程实际分析，掉刀具产生的原因有：刀座焊接固定不牢固，强制钻进刀具受力过大，井底有异物，刀具质量差，磨损严重被压碎等。

事例分析：进风井在 2006 年 9 月 26 日夜班，发现六方别死，立即提起 400 mm 左右向下扫孔，当扫到距井底 200~250 mm 时，即有别钻现象，判断可能刀具掉或掉入石块等物件，决定起钻检查。吊出钻头检查发现边刀座断损，连刀掉入井下。当即组织打捞，耗时 7 h。由于施工刀具为新刀座，钻进中严格控制钻井参数，正常操作，因此综合分析刀具掉落原因主要有：一是因岩石坚硬或散块造成侧向力使刀座突然别断；二是刀座本身存在质量问题。

针对上述问题，采取的控制措施有：①组织专家现场检查刀座质量；②更换锥底钻头为 ϕ4 m 平底钻头；③严格控制钻井参数，钻压不超过 50 t，转速视钻进中晃动情况合理调整；④保持当前的泥浆参数，加强规范操作管理。

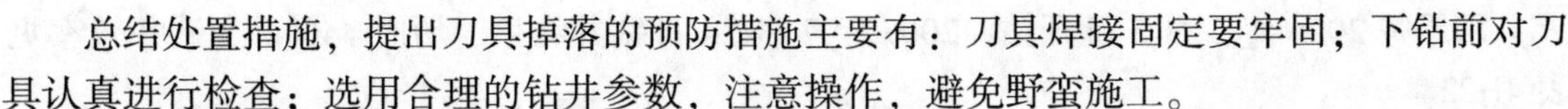

总结处置措施，提出刀具掉落的预防措施主要有：刀具焊接固定要牢固；下钻前对刀具认真进行检查；选用合理的钻井参数，注意操作，避免野蛮施工。

刀具掉落后的处理方法：先确定刀具掉落位置，然后下放钳式打捞器或电磁打捞器；在井径范围内逐象限逐圈进行搜索打捞，直至打捞成功。

4）掉钻头

掉钻头产生的原因有：钻杆或中心管的接头焊接质量差，或出现裂缝；强行钻进时钻头受力较大或井底有异物，跳钻、别钻严重；长期在震动条件下工作，钻头、钻杆连接螺栓松脱或被拉断、剪断。

事例分析一：2007 年 4 月 7 日，进风井 ϕ9.0 m 钻头在正常钻进至累深 130.925 m（粉砂层，钻压 20~30 t，电流 500~700 A，转速 2~3 r/min）时突然出现异响，提升力降到 52 t，钻压表升到最大，初步判断是钻头掉落，决定起钻。钻杆全部起出后发现，最后一根钻杆（10.3 m）下部断裂，井下断钻杆最高处 0.905 m。采用涨式打捞器进行打捞，耗时 6 h。

综合分析现场情况，事故原因主要归结为：①部分老钻杆使用时间较长，存在疲劳及腐蚀现象；②无损探伤检查时，只能检查上下接头焊缝，无法检查钻杆母材；③钻杆、钻头、导向体下钻前检查不够细致。

进而，提出防范措施为：①更换新的中心管，鉴于钻进扭矩增大，在有条件的情况下逐步全部更换成新钻杆；②加强对钻具的检查力度，特别是钻杆接头、钻头、导向连接处等关键部位，重点检查并认真做好记录；③建立健全钻具管理档案，加强监控；④重新贯彻钻井法施工技术措施，严格履行制定的各项钻井参数，根据地层适当调整钻井参数，严禁冒进、蛮干，发现异常情况及时汇报；⑤项目部加强管理，落实责任。

事例分析二：2007 年 5 月 31 日，回风井 ϕ9.6 m 钻头在正常钻进时（钻头处在风化带泥岩层，钻压 28 t 左右，电流 500~600 A，转速 3 r/min 左右），突然出现连续两次别钻后，提升力由当时的 290 t 降到 120 t，发生掉钻头事故，当时累深 403.42 m，活残尺 3.06 m。起钻后发现中心管上部插齿断裂，断裂位置为设计垂深 396.02 m 处。6 月 3 日将钻头起至锁口。

根据该事例的相关分析，提出防范控制措施：①将损坏的中心管更换新的，鉴于钻进扭矩增大，在有条件的情况下逐步全部更换成新钻杆；②加强对钻具的检查力度，特别是钻杆接头、钻头、导向连接处等关键部位，重点检查并认真做好记录；③建立健全钻具管理档案，加强监控；④重新贯彻钻井法施工技术措施，严格履行制定的各项钻井参数，根据地层适当调整钻井参数，严禁冒进、蛮干，发现异常情况及时汇报；⑤加强管理力度，落实责任。

4.5.4.6 钻井效率

2006 年 2 月进入现场，进行施工，经过前期基础施工、设备安装、调试及其他各项工作的积极筹备，进风井 2006 年 5 月 26 日正式开钻，2008 年 3 月 16 日钻井结束，历时 661

天。回风井 2006 年 5 月 5 日开钻，2007 年 7 月 14 日钻井结束，历时 446 天。钻井效率见表 4-22。

表 4-22 钻 井 效 率

井筒	参数						
	起止时间	钻孔直径/m	钻井深度/m	破岩体积/m^3	总钻进时间/h	纯钻进时间/h	纯钻进率/($m \cdot h^{-1}$)
进风井	2006-05-26 至 2006-10-26	4.0	461	5783.6	3608	2055	0.22
	2006-10-29 至 2007-03-14	7.1	456.93	12342.7	3272	2135	0.21
	2007-03-20 至 2007-08-08	9.0	456.273	10956.6	3408	2268	0.2
	2007-08-25 至 2008-03-16	10.8	455.653	12748	4904	3355	0.14
回风井	2006-05-05 至 2006-09-11	4.0	443.06	5566	3104	1960	0.225
	2006-09-15 至 2007-03-16	8.0	438.43	16520	4240	2754	0.16
	2007-03-24 至 2007-07-14	9.6	437.8	9678	2712	1451	0.3

4.5.5 井壁预制

4.5.5.1 井壁参数

（1）进风井。按照钻井井壁施工图，进风井设计外径 9.9 m，内径采用变断面，壁厚有 800 mm、650 mm、600 mm 三种。设计 138 节井壁，其中钢筋混凝土井壁 73 节，钢板井壁 64 节，井壁底 1 节，混凝土强度等级为 C30、C40、C50、C60、C65、C80。其中井壁底结构为半球体结构，井壁混凝土总量为 9399 m^3。井壁具体参数见表 4-23。

表 4-23 张集矿西区进风井井壁类型及参数

井壁类型	井壁结构	节数/节	节高/m	壁厚/mm	混凝土强度等级	钢板厚/mm	
						内	外
Ⅺ	钢筋混凝土	23	3.8	650	C30		
Ⅹ	钢筋混凝土	7	3.8	650	C40		
Ⅸ	钢筋混凝土	5	3.8	650	C50		
Ⅷ	钢筋混凝土	7	3.8	650	C60		
Ⅶ	钢筋混凝土	31	3.1	800	C60		
Ⅵ	双层钢板混凝土	26	3.0	800	C60	10	10
Ⅴ	双层钢板混凝土	8	3.0	800	C65	10	16
Ⅳ	双层钢板混凝土	5	3.0	800	C65	10	16
Ⅲ	双层钢板混凝土	19	3.0	800	C65	16	10
Ⅱ	双层钢板混凝土	6	4.0	600	C65	10	10
Ⅰ	钢筋混凝土	1	3.4	650	C80		

（2）回风井。回风井设计净直径 7.2 m，外径 8.7 m，内径采用变断面。设计 106 节

井壁，其中钢筋混凝土井壁 60 节，钢板井壁 46 节，井壁底 1 节，壁厚为 750 mm 和 550 mm 两种。混凝土强度等级为 C30、C40、C50、C60、C65、C80。其中井壁底结构为削球体结构，井壁混凝土总量为 7539 m³。井壁具体参数见表 4-24。

表 4-24 张集矿西区回风井井壁类型及参数

井壁类型	井壁结构	节数/节	节高/m	壁厚/mm	混凝土强度等级	钢板厚/mm	
						内	外
Ⅺ	双层钢板混凝土	3	3.3	550	C15	10	10
Ⅹ	钢筋混凝土	13	5.0	550	C30		
Ⅸ	钢筋混凝土	5	5.0	550	C40		
Ⅷ	钢筋混凝土	6	5.0	550	C50		
Ⅶ	钢筋混凝土	27	4.0	750	C50		
Ⅵ	钢筋混凝土	8	4.0	750	C60		
Ⅴ	双层钢板混凝土	18	3.8	750	C60	10	10
Ⅳ	双层钢板混凝土	23	3.8	750	C65	16	10
Ⅲ	双层钢板混凝土	1	4.0	550	C60	10	10
Ⅱ	双层钢板混凝土	1	3.7	550	C60	10	10
Ⅰ	钢筋混凝土	1	4.15	550	C60		

4.5.5.2 施工工艺控制

井壁施工工艺流程如图 4-23 所示。

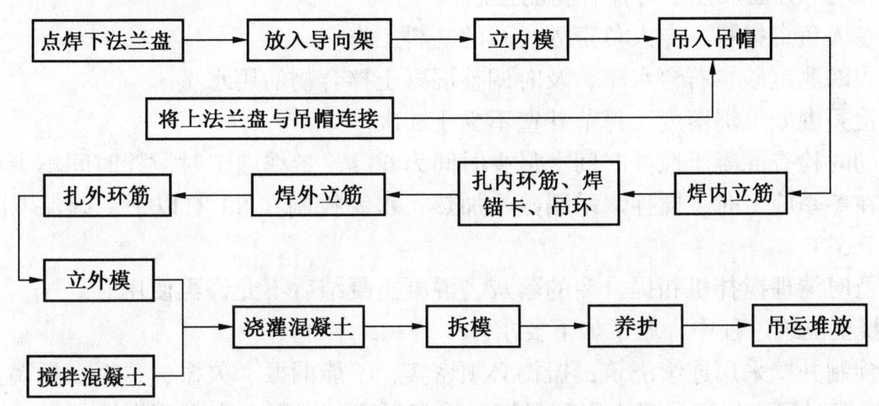

图 4-23 混凝土井壁施工工艺流程

根据施工现场实际情况和规范及设计要求，编制了井壁基础、法兰盘基础、井壁预制、法兰盘加工、双层钢板筒加工、防腐等技术措施，施工完全按照措施执行，确保了井壁的制作质量。

混凝土浇灌采用泵送混凝土作业。为确保高强高性能泵送混凝土强度可靠，井壁制作过程中精心选择原材料，严格控制原材料的质量，精确配制、精心施工，达到了预期要求。泵送混凝土的配合比见表 4-25。

表4-25　每1 m³泵送混凝土配合比

强度等级	水/kg	水泥		砂/kg	石子/kg	粉煤灰/kg	外加剂/kg	硅粉/kg	矿渣/kg
		型号	用量/kg						
C30	175	P. O42. 5	320	800	1060	60	3. 0(ZF-1)		
C40	170	P. O42. 5	370	730	1080	80	3. 0(ZF-1)		
C50	161	P. O42. 5	450	710	1096	70	3. 0(ZF-1)		
C60	160	P. O52. 5R	400	683	1120	100	5. 5(ZF-1B)		
C65	154	P. O52. 5R	400	653	1112	130	6. 5(ZF-1B)		
C70	157	P. O52. 5R	400	639	1088	100	10. 1(ZF-1B)		60
C80	132	P. O52. 5R	400	601	1116	80	18. 0(ZF-1B)	40	80

进场的原材料必须按批次、数量在监理工程师监督下取样检测，合格后方可施工。

井壁预制施工采用山东鑫路通建设机械集团公司生产的HZS40型混凝土搅拌站，可在人工和电脑自动化控制之间自由转换。配套主机为JS750型双卧轴强制式搅拌机，并配备PL1200型三斗配料机一台、SNC100水泥仓三座（两座用于盛放散装水泥，一座用于盛放粉煤灰）、LSJ20螺旋输送机三台、KR-H/B50B微机控制系统和水、水泥、外加剂计量装置各一套。混凝土自搅拌站搅拌完成后，通过混凝土输送泵泵送至工作面。施工中采用两台HBT60G型混凝土泵，另有一台备用。水泥、黄砂、石子、粉煤灰、泵送剂、水在经过计量后投入搅拌机，按规定时间搅拌出料。混凝土自搅拌站搅拌完成后，通过混凝土输送泵泵送至工作面。

在以下几个方面加强了对拌合物的控制：

（1）专人负责投料，专人负责砂、石的洗料工作。

（2）跟踪测定砂、石含水率，及时调整混凝土拌合物的用水量。

（3）检查混凝土坍落度，每节井壁不少于3次。

（4）随时检查混凝土搅拌时间，最少时间为60 s，冬季施工时搅拌时间不少于90 s。

（5）在冬季施工时，搅拌水采用蒸汽加热，水温控制在80 ℃以下，确保混凝土入模温度不低于5 ℃。

（6）及时清理搅拌机和提升斗的落灰，混凝土凝结后不允许再使用。

在混凝土浇筑过程中，做了如下要求：

（1）预制井壁采用连续浇筑，振捣必须密实，不能漏振、欠振、过振。振捣器在一个位置上的振捣时间应保证混凝土得到足够的捣实程度（混凝土表面不再冒气泡，表面泛水泥浆，混凝土不再下沉）。

（2）遇突发事件，混凝土接茬时间不得超过60 min。

（3）浇筑完成后，用抹子抹压浇筑口处的混凝土表面，防止出现裂缝。完毕后，立即覆盖所有的浇筑口。

（4）运输和浇筑过程中严禁加水，冬季施工时须用彩条布遮盖，防止混凝土热量散发。

（5）浇筑后，应避免阳光直射井壁引起混凝土升温过高产生温度裂缝。

（6）注意井壁根部和上部混凝土坍落度的控制以保证混凝土外观质量和起吊时的强度。

（7）混凝土在浇筑时经常观察井壁模板是否有松动或漏浆现象。在监理工程师的监督下进行随机抽样做抗压强度试验，井壁的 28 天强度均超过设计强度。

井壁制作完毕后，一般以法兰盘上口浇灰口表层混凝土变硬、拆模后不破坏混凝土表面和棱角为原则。施工初期做了几组同条件养护试块用以确定混凝土强度，以此掌握了拆模时间控制在 6~10 h。拆模后应将模板清理干净，刷好隔离剂，并堆放整齐。混凝土的养护是保证混凝土质量最重要的措施之一。高性能混凝土的强度发展受早期养护的影响很大，为保证混凝土有良好的养护条件，有专人负责养护工作。在其终凝后对井壁进行保水养护，在水泥水化热变化比较大时保持井壁内外温差变化不大，防止混凝土表面开裂。具体如下：

（1）由于高性能混凝土用水量小，切不可使混凝土失水影响质量，混凝土浇筑完毕立即在井壁上覆盖一层塑料薄膜保温，并要覆盖严密。

（2）拆模后 24 h 开始（表面温度约为 25 ℃时），在井壁上淋水进行保湿养护，养护时间不小于 7 天，养护次数以保持混凝土井壁表面湿润为好（混凝土表面不得见白）。日平均气温低于 5 ℃不得淋水养护。

（3）为确保工期不受井壁的影响，在这次井壁的冬季施工中采取了一系列措施，如提前准备冬季施工所用的骨料、制作养护井壁用的保温罩（直径 11 m、高 6 m 的保温罩，材料为 70 mm 厚的隔热双层彩钢板并通蒸汽养护，每隔 2 h 进行测温，随时观察井壁表面温度）、加热混凝土拌合水。而且参考有关资料编制了《预制井壁冬季施工措施》，在冬季成功地进行了高标号井壁制作，确保了整个钻井工期。这次冬季施工井壁的成功为以后冬季施工井壁积累了宝贵的经验。

预制井壁混凝土强度达到 70% 以上，按照设计要求和相应规范，经监理、业主、质监站统一验收合格后，进行吊运、排放。对每节井壁进行检查编号，填写施工人员名单，以增强责任感。

进风井从 2006 年 11 月 7 日始到 2007 年 11 月 21 日止，历时 12 个月，完成 138 节井壁的全部预制工作。回风井从 2006 年 10 月 1 日始到 2007 年 6 月 30 日止，历时 9 个月，完成 106 节井壁的全部预制工作。井壁浇筑施工中，始终严格按照规范和措施的要求进行施工，各道工序都有施工记录并经矿方、监理检验符合要求后进行下一道工序，分项工程完工，都有验收、评定记录。隐蔽工程验收合格，井壁制作质量和混凝土强度都符合规范及设计要求，资料齐全，无安全事故。

张集矿西区风井已浇筑完毕的井壁存放形式如图 4-24 所示。

4.5.6 井壁下沉

进风井下沉井壁从 2008 年 3 月 29 日至 4 月 22 日结束，历时 25 天，井筒排浆体积 42118.7 m^3，井壁下沉过程中总加水量为 23594.5 t，无水段高在 144 m 左右。井壁总接长 456.471 m。法兰盘连接间隙平均为 12.5 mm。

回风井下沉井壁从 2007 年 7 月 30 日至 2007 年 8 月 19 日结束，历时 21 天，井壁总重量 19817.6 t，井筒排浆体积 31832.07 m^3，井壁下沉过程中总加水量为 11617 t，无水段高

图 4-24　张集矿西区风井用预制井壁

为 152 m。井壁总接长 438.578 m。法兰盘连接间隙平均为 11.1 mm。

4.5.6.1　下沉前的准备工作

（1）井口泥浆经调制至符合要求，使其稳定性较好，满足下沉井壁的要求。

（2）做好全面测井，绘制有效断面图，符合要求后下沉井壁。

（3）根据井壁排放图，逐节将井壁调整到指定位置，防止下沉时吊错井壁。

（4）堵焊好井壁上法兰盘外圈螺栓孔，防止水通过此螺栓孔漏入井内。

（5）井壁底未吊运前，焊好找正用的中心线支座，后吊起，清理外壁。

（6）焊好内部 4 个逆止阀，并试压，调间隙，同时焊好外部 32 个喷浆管。

（7）清除龙门吊内高出地面 1.5 m 以上的障碍物。龙门吊找正填实。龙门吊全面整修，确认龙门吊的安全可靠度。

（8）备齐下沉井壁用的设备、工具和吊运索具。每个井筒准备内吊盘 2 个，进风井 $\phi8.0$ m，回风井 $\phi6.9$ m。

（9）准备好防腐材料，熟悉配方并做好小样试验。

（10）准备好 $\phi76$ mm×4 mm 内注浆管（进风井 6 趟、回风井 5 趟）和一趟备用管路。

（11）在井口附近挖一个容量为 200 m^3 的平衡池，并连接好排浆管路。

4.5.6.2　井壁下沉方法

（1）用龙门吊将井壁吊运到井口，大致对准设计中心和方位缓慢下放，预埋的托梁放在锁口上，找平垫实，使其均匀受力。

（2）井壁连接时，上下法兰盘的方向标记应对齐，使中心线与井壁上下法兰盘中心重合，法兰盘间空隙用铁锲垫实，每个点用两块厚度适宜刀口相向的铁锲对塞，直到塞不动为止。找正完成后，拧紧螺栓。

（3）每节井壁找正垫实后，在井壁内缘按 4 个方位丈量井壁高度、8 个方位测量焊缝，并做好记录。

为确保所有的井壁连接后形成一条直线，在每节井壁对接时要进行测量找正。测量的基本原理是：在井壁底的底部中心点处预埋一铁环，用尼龙绳拴好，作为找正用的中心线，每节井壁找正时，尽量使井壁底中心、最上部井壁的上法兰中心、第二节井壁的上法兰中心三点成一条直线，又确保每节井壁连接后中心点都在一条直线上（图 4-25）

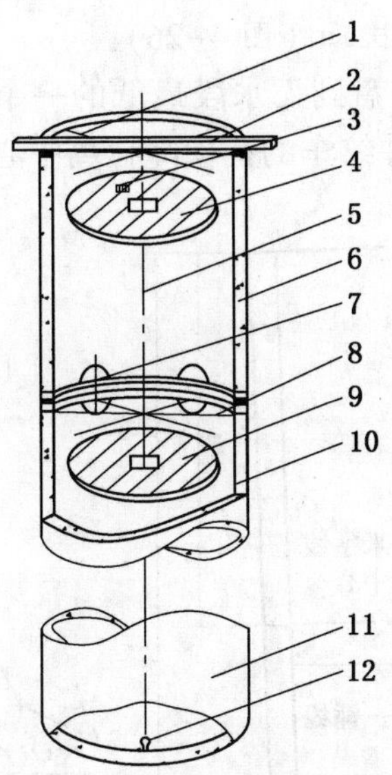

1—上吊盘米字线；2—小木梁；3—中心线滚筒；4—上吊盘；5—中心线；
6—上层井壁；7—连接螺栓；8—下吊盘米字线；9—下吊盘；
10—下层井壁；11—井壁底；12—固定栓

图 4-25 井壁下沉连接测量示意图

为保证测量精度，在每节井壁找正时，中心尼龙绳通过最上口的法兰中心点时，出绳方位每次都进行对调，用以消除尼龙绳径的误差。

（4）上下法兰盘内外接口处施焊，做到焊缝饱满，无砂眼，焊缝经检查合格后，涂抹防腐剂，内外各涂抹两遍。

（5）割开 4 个节间注浆口，用节间注浆泵对其中一孔注入水泥浆（比重≥1.8），另外 3 个孔观察。当 3 个观察孔有水泥浆外溢时立即停泵，将管口封焊，并做防腐处理。

（6）加水下沉，待焊缝处沉入泥浆面后应检查是否漏水，发现问题及时处理。下放井壁先靠自重下沉，然后加水下沉。加水时，注意保持均匀的下沉速度和观察是否有受阻现象，如发现下沉速度不均匀、有受阻现象，应立即停止加水，进行处理。在加水管路中安装水表计量，待井壁上法兰盘距工作平台 1.5 m 时停止加水。

（7）接内注浆管和备用管，并按设计位置固定在井壁法兰盘上，接管直，焊缝饱满，无砂眼、夹渣等缺陷。

（8）割去吊环，清理法兰盘盘面。

（9）井壁底上的中心线固定支座焊接牢固，在沉放过程中把中心线引到内吊盘上。进行井壁找正时，法兰盘的中心交点线不少于 3 根，每节井壁接长后中心线与交点中心最大误差不得超过 2 mm，中心线有专人看管，并盖上浇湿的麻袋防护，严禁断线、损伤、打结和拴东西。

（10）在井壁下沉过程中，泥浆面不低于井口 0.5 m，加水和排浆量要谨慎控制与计量，并经常观察核实，防止井壁受阻后仍继续加水、排浆。

（11）提前做好无水段高的测量、井筒扶正的准备工作。按常规作业对接好最后一节井壁，垫铁楔、施焊、节间注浆、节间防腐。

4.5.6.3 无水段高的测量和井筒扶正（图 4-26）

用 GJZ-10 型凿井绞车下放吊盘到无水段最低的一个井壁法兰盘处，挂好吊盘，摘掉钩头，井上、井下人员配合将凿井绞车的钢丝绳拉离中心并固定好。

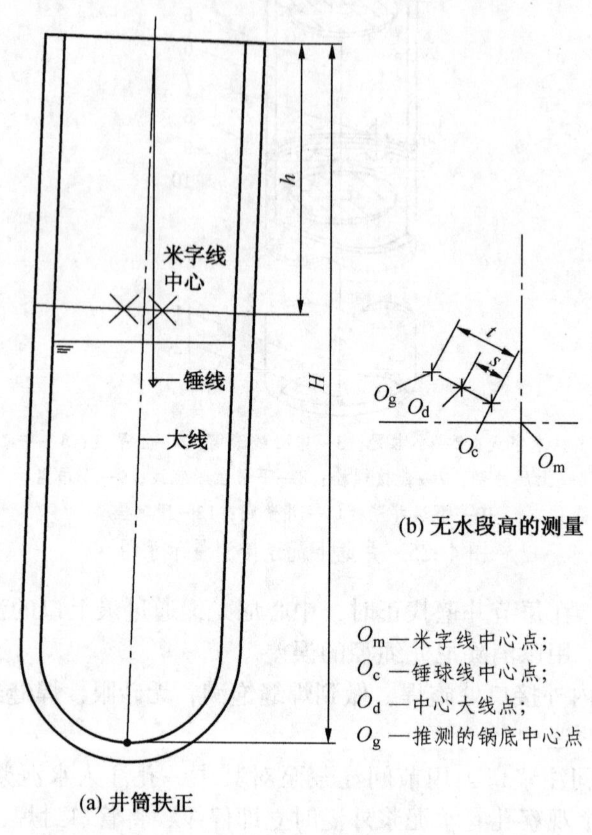

图 4-26 无水段高的测量和井筒扶正示意图

地面上吊盘人员拉紧中心绳轻靠上法兰盘中心点后，下吊盘人员拉好米字线，测好偏向和偏值（井壁法兰盘中心点为 O 点），通过电话报到井上，做好记录。地面人员将中心绳拉上 20 m 左右，而后下吊盘人员用中心大线挂好锤球，并将锤球埋入水中，再通知地面人员将中心线栓到上法兰盘中心点，井下人员测好锤线的坐标值。地面人员作图和计算找出中心绳与锤线的偏差，判断井筒的偏斜值，如果井筒偏率在 0.3‰可视为较理想，无须进行井筒扶正。否则需要进行扶正作业，即在井口用千斤顶扶正井筒，扶正方向为锤线往中心绳方向，尽量将中心绳扶为垂直线即可。扶正时第一次可将上口井壁一次顶到位，井下人员等待 20 min 后再进行测量，以利于井壁在泥浆中缓慢归位。测量后进行分析，达不到要求可进行第二、三次扶正。

井筒扶正的方法是：在井壁和锁口之间，按上述得出的方向的另一端架设两个 20~30 t 千斤顶（千斤顶用麻绳留住，预防掉入井下），两个千斤顶之间拉开 3 m 左右的距离。顶动千斤顶时，两个千斤顶用力要同步，顶千斤顶的同时量测井壁的移动情况。达到顶动距离 t 后，停止 20~30 min，井下再进行测锤球、大线。

4.5.7 壁后充填

4.5.7.1 充填概况

进风井和回风井的壁后充填厚度均为450 mm，采用水泥和碎石间隔的方法充填，双层钢板复合井壁壁后采用水泥浆充填。

充填水泥采用罐装水泥（进风井）和袋装水泥（回风井），除最底部的第一段高用P.O42.5级以外，其余均为P.O32.5级。两个井筒充填段高均分为7个，其中5个段高充填水泥浆，2个段高充填碎石。水泥浆使用5 m^3 搅拌机搅拌（进风井用5台，回风井用6台），用TWB850/50型泥浆泵进行注浆充填（进风井用5台，回风井用6台）；碎石充填使用装载机上料，自卸车运输碎石，均匀倒入壁后，进行碎石充填，碎石粒径为2~4 cm。

第一段高充填前，先泵入泥浆，打通管路，然后循环泥浆6 h左右，冲洗壁后环形空间底部的沉淀物，以保证井筒下部的充填质量。

井口2.5 m（+24.0~+26.5 m）段采用现浇混凝土施工。

整个充填期间，均用仪器观察井筒上口的动态，均未发现有明显上升及水平位移的现象。壁后充填施工中，使用的材料用量与设计基本吻合。

（1）进风井。壁后充填于2008年4月27日开始，历时13天。在注浆过程中，根据注浆量，发现第3、4、6段高钻孔缩径较大，导致充填率下降。充填参数见表4-26。

表4-26 进风井充填参数

段高编号	充填标高/m	高度/m	充填材料	水泥浆平均比重	充填率/%	充填量	备注
1	顶面-353.165	79.13	水泥	1.66	92.4	1119 t	5路内管充填
2	平均下管深度374.5	59.525	水泥	1.67	81.9	733 t	5路外注浆管
3	平均下管深度313.6	61.67	水泥	1.67	78	840 t	5路外注浆管
4		64.23	碎石		78.5	912 m^3	
5	平均下管深度187.7	36.34	水泥	1.67	78	430 t	5路外注浆管
6		121.5	碎石		77.9	1750 m^3	
7	平均下管深度为31	33.9	水泥	1.67	79	403.65 t	5路外注浆管

（2）回风井。回风井充填从8月25日开始，9月11日结束，计18天。在注浆过程中，根据注浆量，发现第2、3段高钻孔缩径较大，导致充填率下降；第6、7段高钻孔壁坍塌较大，致使实际充填量大大超过设计充填量。充填参数见表4-27。

表4-27 回风井充填参数

段高	起讫水平/m	高度/m	充填材料	水泥浆平均比重	充填率/%	充填量	备注
1	-411.4~-340	71.4	水泥	1.69	91.4	920 t	内管充填
2	-340~-266.83	73.17	水泥	1.67	78	600 t	5路外注浆管
3	-266.83~-172.7	94.13	水泥	1.70	76	766 t	5路外注浆管
4	-172.7~-112.57	60.13	碎石		78	552.5 m^3	
5	-112.57~-76.57	36.00	水泥	1.72	92.4	440 t	5路外注浆管
6	-76.57~-7.93	68.64	碎石		80	1641 m^3	
7	-7.93~+22.6	30.53	水泥	1.71	92.4	598 t	5路外注浆管

4.5.7.2 充填的准备工作

安装好水泥搅拌机、注浆泵。准备好注浆管。按设计量及时准备好水泥和碎石。安装清水管路至搅拌台，并用软管对各搅拌机加水。

挖砌存浆池、流浆沟，并接压风管至存浆池内进行搅拌，以防池内水泥浆沉淀。在流浆沟和搅拌机放浆口及注浆泵进浆口加设过滤网，过滤结块水泥浆中的其他杂物。

4.5.7.3 壁后充填施工工艺及要求

(1) 充填的水泥浆密度应控制 1.65 g/cm^3 左右，密度用波美度计测定。

注浆前，应先在管路中注入泥浆打通逆止阀，然后循环泥浆 3 h 左右，把水泥浆液出口处的沉淀物冲开，待一切正常后方可正式注浆。

第一段高水泥充填结束后，注浆管内压入一定量的清水后，迅速关闭注浆管口阀门，尽量减少水泥浆倒流。

(2) 抛石充填前做好各项准备工作。抛石由专人统一指挥，按四方位对称均匀抛石，充填时用经纬仪及水平仪等仪器观测井口位移情况，并做好记录，防止井筒偏移。定时测量抛石高度，核实与设计抛石量是否相符。

(3) 第一段高充填结束养护 3 天测深后，进行第二段高水泥浆充填。

(4) 水泥浆应搅拌均匀，不能忽稠忽稀，要防止杂物流入浆池内。按规定测量搅拌机和浆池内的水泥浆密度。

(5) 注浆压力超过 2 MPa 仍继续增大时，应及时找出原因，妥善处理后方可继续运行。

(6) 所有运转设备必须严格按照操作规程进行操作。

4.5.7.4 壁后充填质量检查

井壁共布检查孔 73 个，1 号井壁底部预埋一个泄压检查管，在距下法兰盘以上 1 m 的位置，每节井壁预埋 8 个检查管。从 2 号井壁开始往上施工，每次施工 2 节，井壁每个检查孔的深度以穿过井壁 150 mm 为准，最后施工 1 号井壁。注浆浆液用 P. O42.5 级水泥，比重控制在 1.65，注浆压力以静水压力为参数，为了保证井筒安全，最高注浆压力不超过静水压力的 1.5 倍。

进风井壁后检查工作于 2008 年 9 月 11 日开始，历时 11 天。1~10 号井壁在打完检查孔后，初检的深度全部合格。若干孔无水，出水孔的出水量全部小于 0.3 m^3/h，根据评定标准达到优良。

回风井壁后检查工作于 2007 年 11 月 26 日开始，历时 15 天。检查中最大出水量是 8 号井壁的 3 号孔为 0.74 m^3/h；最大出浆量是 8 号井壁 8 号孔为 1 m^3/h。壁后检查工作在最后的验收结果中显示，注浆效果达到了优良，共用水泥 56 t。

5 深井地面预注浆技术

5.1 概述

5.1.1 立井地面预注浆的概念

在煤矿立井井筒建设过程中，井筒常通过厚度较大或层数较多的裂隙含水层，在井筒开凿之前，从地面利用钻机在井筒周围钻进一圈注浆孔，进入裂隙含水岩层，然后利用注浆泵、输浆管路、注浆管等将配制好的浆液注入上述岩层的裂隙中，随着浆液的充塞和凝固，在井筒周围形成一定强度的、基本不透水的注浆帷幕，然后再进行井筒的掘砌施工，这种方法称为井筒地面预注浆，如图 5-1 所示。

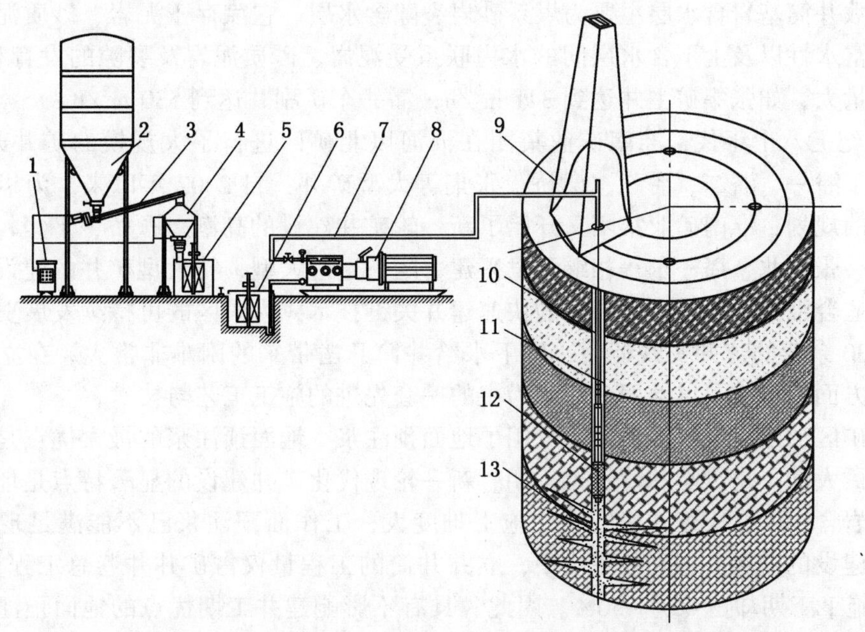

1—控制柜；2—水泥罐；3—螺旋输送器；4—料斗；5—一级搅拌池；6—二级搅拌池；7—输浆管；8—注浆泵；9—钻机；10—注浆孔；11—注浆管路；12—止浆塞；13—浆液

图 5-1 注浆法凿井原理

5.1.2 地面预注浆的特点及适用条件

立井地面预注浆的优点是：在地面制备和压注浆液，作业条件好；可采用大型钻机和注浆设备，可提高钻孔速度和注浆效率。从建设工期方面，其最大的优点是地面预注浆可在施工准备期内完成，不占用井筒施工工期，故当井筒在矿井建设工期关键线路上时，又可缩短建井工期。

地面预注浆的缺点是钻孔工作量比较大，尤其是分段下行注浆时更为突出。另外，施工时间长，注浆设备多，技术要求高。

立井井筒地面预注浆的适用条件为：一般认为，当裂隙含水岩层厚度较大，距地面的深度不超过 500 m，或层厚虽小但层数较多且间距较近、涌水量较大时，采用地面预注浆比较适宜。

立井井筒地面预注浆一般不适用于下述地层：

(1) 第四系松散地层，第三系软岩地层。

(2) 基岩风化带，尤其是强风化带和中等风化带。

(3) 上部采用冻结法施工时，靠近风化带的破碎带、软弱地层、孔隙性含水岩层等注浆效果不好的地层，宜纳入冻结段施工。

(4) 岩层强度低（$f≤3$）、遇水膨胀、崩解、泥（砂）化的地层，如西部地区中生代的白垩系、侏罗系地层等。

5.1.3 淮南矿区应用概况

淮南矿区地层埋藏深，基岩段地层跨度大，变化大，断层多，裂隙发育，含水量比较丰富。多数井筒基岩含水层主要为煤系砂岩裂隙含水层。它赋存于泥岩、砂质泥岩及煤层之间，其富水性以及上下含水层间的水力联系受泥岩、砂质泥岩及裂隙的发育程度控制，钻孔涌水量大，如张集矿主井达到 341 m^3/h，潘一东矿副井达到 530 m^3/h。

20 世纪七八十年代，淮南矿业集团在淮河以北矿区进行了大规模的矿井开发建设，相继建成了潘一、潘二、潘三、谢桥、张集等大型矿井；自 2002 年以来，为尽快实现亿吨煤基地的规划，淮南矿业集团又开始了新一轮矿井建设的高潮，顾桥、丁集、顾北、潘北、朱集、张集北、潘一东等相继开发兴建。随着这些大型、特大型矿井的建设，逐渐形成了一套适合淮南矿区复杂条件下的快速建井关键技术，为矿区的可持续发展奠定了良好的基础。30 余年的建井实践证明，地下水给井筒开凿带来的困难非常大。在立井井筒涌水的防治方面，形成了以地面预注浆为主的一套先进的施工工艺与技术。

潘谢矿区的建设中，很多井筒采用了地面预注浆。地面预注浆的最大优点是钻孔工作量小，其最大缺点是影响井筒施工工期。新一轮现代化矿井建设的显著特点是埋深大、工期紧、基岩含水丰富、建井速度快、施工难度大，工作面预注浆已不能满足现代矿井安全、高效建设的需要。在矿井建设中，立井井筒的工程量仅占矿井井巷总工程量的 5%~10%，但施工工期却占 40%~50%。因此，具有不影响建井工期优点的地面预注浆得到了广泛应用，先后 20 多个井筒成功采用和正在采用地面预注浆，已完成的部分井筒的地面预注浆情况见表 5-1。

表 5-1　淮南矿区部分立井地面预注浆情况

序号	井筒名称	净直径/m	井深/m	注浆起止时间	注浆起止深度/m	注浆孔布置方案
1	顾桥矿主井	7.5	810.5	2003 年 1 月—2004 年 3 月	310~826	内直孔+外 S 孔
2	顾桥矿副井	8.4	838.8	2003 年 1 月—2004 年 4 月	303~849	内直孔+外 S 孔
3	顾桥矿风井	7.5	810.6	2003 年 1 月—2004 年 3 月	355~821	内直孔+外 S 孔

表 5-1（续）

序号	井筒名称	净直径/m	井深/m	注浆起止时间	注浆起止深度/m	注浆孔布置方案
4	顾桥矿南区进风井	8.6	1034.6	2006 年 8 月—2008 年 1 月	328~1045	内直孔+外 S 孔
5	顾桥矿南区回风井	7.2	1010.6	2006 年 8 月—2007 年 11 月	346~1020	内直孔+外 Y 孔
6	张集矿主井	6.0	629.2	1997 年 6 月—1998 年 11 月	340~732	直孔
7	张集矿副井	8.0	663.5	1997 年 9 月—1998 年 11 月	340~674	直孔
8	张集矿风井	7.0	631.5	1997 年 6 月—1998 年 12 月	345~650	直孔
9	张集矿二副井	8.8	876.5	2011 年 8—12 月	370~942	内直孔+外 Y 孔
10	张集矿北区主井	5.5	518.5	2002 年 12 月—2003 年 3 月	341~530	单圈直孔
11	张集矿北区副井	6.7	552.5	2003 年 1—4 月	345~540	单圈直孔
12	潘一东矿风井	8.0	1033	2008 年 3 月—2009 年 5 月	230~1043	内直孔+外 Y 孔
13	潘一东矿主井	7.6	871.4	2008 年 1—12 月	233~883.5	内直孔+外 Y 孔
14	潘一东矿副井	8.6	904.2	2008 年 1 月—2009 年 3 月	239~914	单圈直孔+Y 孔
15	潘一矿二副井	7.0	855.5	2005 年 2—10 月	320~855	全 S 孔非等距非同心圆
16	朱集矿主井	7.6	1009.0	2006 年 1 月—2007 年 5 月	382~1028	内直孔+外 S 孔
17	朱集矿副井	8.2	1126.0	—	355~1048	内直孔+外 S 孔
18	丁集矿副井	8.0	851.0	—	534~891	内直孔+外 S 孔
19	丁集矿风井	7.5	871.3	2003 年 4—7 月	538~881	单圈直孔
20	潘北矿副井	8.0	733.2	2004 年 5—10 月	373~743	单圈全 S 孔
21	望峰岗矿主井	7.6	992.5	2004 年 5 月—2005 年 2 月	45~1000	单圈直孔
22	望峰岗矿二副井	8.1	1019.14	—	35~1032	单圈直孔
23	潘三矿新西风井	7.0	653.2	—	460~710	单圈直孔

潘谢矿区煤层埋藏深，井筒深度大，大多在 600 m 以上，少数超过了 1000 m。因此井筒施工时间长，建井工期相对延长。鉴于地面预注浆在工期方面的不足，为了缩短工期，实现打“干井”，近十多年来，采用了以地面预注浆为主的多工序同时施工新工艺，通过采用 S 孔造孔技术，成功实现了上冻下注的冻结、地面预注浆及井筒掘砌三大工序在一定时间内同时进行，简称“三同时”施工。大大节省了地面预注浆单独占用井口的时间，施工顺序安排如图 5-2 所示。

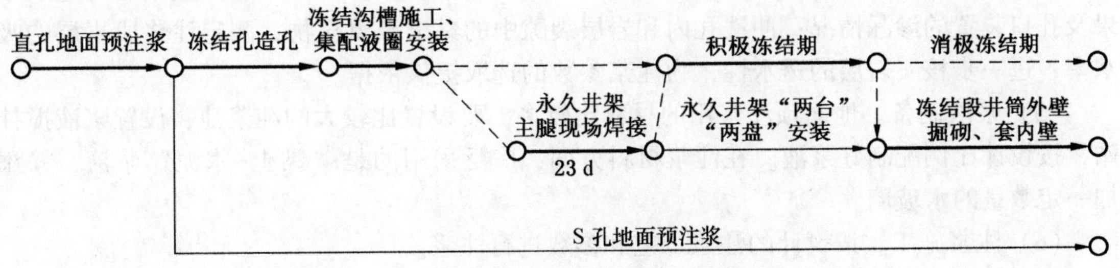

图 5-2 “三同时”施工中地面预注浆工序的安排

“三同时”与传统程序的最大区别就在于改变了地面预注浆的施工时间和方法，以及特殊的钻孔技术手段。它对冻结、注浆和凿井三大工艺在时间关系和空间关系上进行了合理安排，充分利用了有限的空间和时间。采用“三同时”方案，一般深500 m的井筒，工期可提前30~60天。顾桥矿采用了“三同时”工艺，采用上段直孔、下段“S”孔混合布孔工艺，使用戴纳钻头、陀螺测斜仪定向设备、黏土水泥浆注浆，取得了较好的注浆效果，争取了4个月的井筒施工期。经过近10年的实践，已熟练掌握了该项钻孔技术及相应的注浆工艺，基本实现了打“干井”，加快了建井速度，取得了良好的技术经济效果。

围绕“三同时”施工，为了达到同时施工的目的，做到既达到堵水的目的，又减少钻孔量，还能避免与其他工序相互干扰，采用了以“S”孔为主导的多种注浆孔施工方案，如直孔、S孔、Y孔的单独采用或不同组合等。

5.1.4 地面预注浆的基本工艺

地面预注浆的基本工艺流程如图5-3所示。

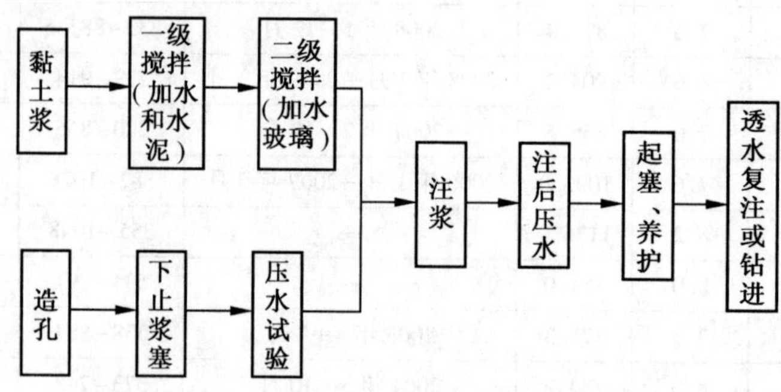

图5-3 地面预注浆的基本工艺流程

(1) 注浆孔施工。按设计的注浆孔位置，利用钻机进行钻孔。为保证钻孔的准确性和便于移动钻孔设备，井筒周围应预先构筑灰土垫层，铺设环形轨道。

(2) 安装注浆设备。在钻进注浆孔的同时，进行注浆设备的安装和接管工作，然后进行管路耐压设备的运转工作。一般要求管路能承受1.2倍注浆终压压力，如果注浆压力大于40.0 MPa，管路耐压应在50.0~55.0 MPa以上。

(3) 下注浆管和止浆塞。注浆孔钻好后，要安装并下放注浆管、止浆塞、混合器及其他孔口装置等。待止浆塞和注浆管下放到预定位置后，连接输浆管路，压缩胶塞，使止浆塞实现止浆。

(4) 压水试验。注浆作业前，要对钻孔进行压水试验，其目的是检查止浆塞的止浆效果及孔口装置的渗漏情况；冲洗孔内和岩层裂隙中的黏土等填充物；测定注浆段岩层的吸水率；进一步核实岩层的透水性，为注浆参数的选取提供依据。

(5) 浆液制备。地面预注浆用的材料比较多，要设置比较大的纯浆池，设置浆液搅拌站，按设计比例配制好浆液。在注浆材料方面，广泛采用的是“黏土-水泥”浆液，并添加一定数量的水玻璃。

(6) 注浆施工。按设计的注浆工艺和参数进行注浆。

(7) 效果检查。注浆结束后要进行注浆效果的检查和判定。注浆效果评价主要采用注

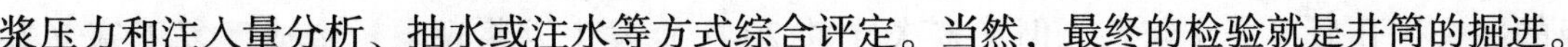

浆压力和注入量分析、抽水或注水等方式综合评定。当然，最终的检验就是井筒的掘进。

5.2 地面预注浆工艺方案

5.2.1 注浆方式

5.2.1.1 注浆方式分类

深井地面预注浆常用的注浆方式有以下 3 种：

(1) 分段下行式（自上而下)。注浆孔从地面钻至需注浆的地段开始，钻一段孔注一段浆，反复交替直至注浆全深，最后再自下而上分段复注。这种方式的优点是能有效地控制浆液上窜，确保下行分段有足够的注浆量，同时使上段获得复注，提高注浆效果。缺点是钻孔工作量大，交替作业工期长。在岩层破碎、裂隙发育、涌水量大的厚含水层（大于 40 m）及含水砂层的粒度和渗透系数大致相间时，宜采取这种方式。

张集矿二副井采用“内直孔+外 Y 孔”注浆布孔方案，设计均采用分段下行式注浆，段高 60~67 m，先注直孔后注 Y 孔。直孔（第一轮）注浆施工中发现，段高设计不合理，造成段高过多，工序转换繁多，工期长；浆液上下分布不均匀，注浆量大，造成浆液浪费。直孔（第二轮）和 Y 孔改用“上下行复合式注浆”，节省了大量的透孔与工序转换时间。

(2) 分段上行式（自下而上)。注浆孔一次钻到注浆终深，使用止浆塞进行自下而上的分段注浆。这种方式的优点是无重复钻孔，能加快注浆施工速度。缺点是易沿注浆管外壁及其附近向上跑浆，影响下层注浆效果。因此，对止浆垫的止浆效果要求较高，同时，对地层条件要求较严格。在岩层比较稳定，垂直裂隙不发育的条件下或含水砂层的渗透系数随深度明显增大时，可采用这种方式。如潘一矿二副井注浆，注浆深度 855 m，采用这种方式，段高 40~60 m。

(3) 全深一次注浆方式。注浆孔一次钻至终深，然后对全深一次注浆。这种方式的优点是不需多次安装和拔起止浆塞、工艺简单、施工期短。缺点是：由于段高大，在相同注浆条件下浆液扩散不均匀，要求供浆能力大。当含水层离地面较近，被注岩层裂隙比较均匀时，可采取这种方式。

5.2.1.2 丁集矿风井的注浆方式分析

丁集矿风井井筒净直径 7.5 m，井深 873.1 m，采用 6 个直孔注浆，单圈布置，圈径 14.5 m，注浆段为井深 538 ~ 881 m。根据地质及水文地质条件，注浆段共分为 5 个段高（不含 15 m 的岩帽段)。分两组施工，间隔进行，1 号、3 号、5 号为第 1 组，2 号、4 号和 6 号为第 2 组，如图 5-4 所示。

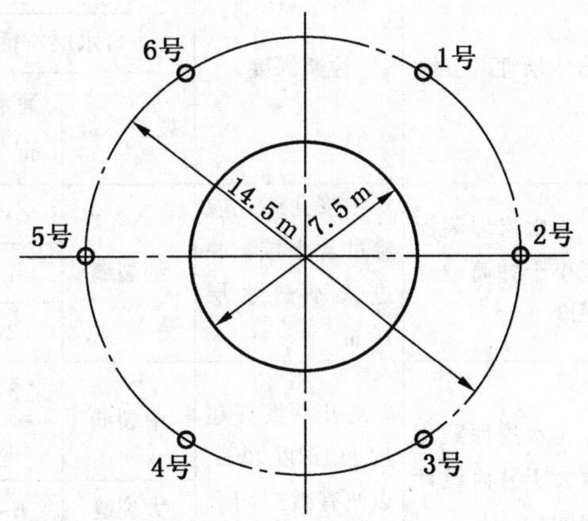

图 5-4 丁集矿风井地面预注浆钻孔布置

第 1 组孔采用上行式注浆，3 个孔一次性钻至全深，然后分段上行注浆。结果施工中多次出现了段高内无法拉住止浆塞的现象，最多一次 16 h 也没能拉住，被迫用比钻孔大 1 ~ 2

级的钻头扩孔后再下止浆塞，但又多次（共20次）发生返浆现象，造成反复下塞（共35次）、注浆。第1组用时45天，比预计时间推迟了10天，不仅影响了工期，而且浪费了大量浆液。在总结了第1组的经验后，第2组孔采用分段下行式，钻注顺利，下塞17次均一次成功，仅出现2次返浆现象。平均6天完成一个段高，第2组孔用时30天。

第1组孔上行注浆不成功的原因：

（1）井深及注浆段较大，造孔时速度慢，钻具晃动大，致使钻孔壁不规则，难以拉住止浆塞。同时注浆深度大，注浆压力相应增大，容易发生返浆现象。

（2）基岩段纵向裂隙发育，注浆时浆液沿纵向裂隙扩散，各含水层之间相互窜浆，发生返浆现象。

故认为，在深井、大注浆段中及岩石纵向裂隙发育的情况下不适合采用上行式注浆。

5.2.2 注浆深度与段高

地面预注浆主要是进行基岩段注浆，注浆深度应从冻结段下端向下进行，注浆的下限应在最下部的含水层之下10 m以上；当井底为含水层时，为防止井底涌水，注浆深度应大于井深10 m以上。

钻孔时应根据岩层条件采取有效措施防止注浆孔偏斜。当注浆深度较大时，由于各土层的裂隙发育不同及静水压力随深度增加而增大，所以在一定压力下浆液扩散距离不相同。上部扩散远，下部扩散较近；大裂隙扩散远，而小裂隙扩散近，因此应分段注浆。分段高度见表5-2。顾桥矿主副井注浆段高划分见表5-3，张集矿主副井注浆段高划分见表5-4，潘一矿二副井注浆段高划分见表5-5。

采用“上冻下注”方式施工时，确定注浆的上限要与冻结重叠10~20 m，如朱集矿主井重叠高度为10 m；顾桥矿主井直孔注浆自310 m开始，主冻结孔的浅孔冻深是325 m，重叠15 m；潘北矿副井冻结深度为393 m，注浆深度上限为373 m，重叠20 m。

表5-2 注浆深度及注浆段高

<table>
<tr><th rowspan="3">含水层埋藏条件</th><th rowspan="3">注浆深度</th><th colspan="4">注浆段高的划分</th><th rowspan="3">段高划分原则</th></tr>
<tr><th colspan="2">含水层特征</th><th colspan="2">常用段高/m</th></tr>
<tr><th>裂缝等级</th><th>涌水量/($m^3 \cdot h^{-1}$)</th><th>初注</th><th>复注</th></tr>
<tr><td rowspan="3">含水层埋藏深度小于井筒设计深度</td><td rowspan="3">注浆孔终孔应穿过含水层，并进入不透水层10 m</td><td rowspan="3">细裂缝</td><td>小于1</td><td>60~100</td><td>60~100</td><td rowspan="7">1. 将裂隙性相同的岩层划在同一段高度
2. 裂隙等级相差较大的含水层不宜划在同一段高度
3. 涌水量大，裂隙宽时段高要较小，反之较大
4. 段高大小要与泵量相应，泵量大，段高可以加大，反之要减小</td></tr>
<tr><td>1~2</td><td>50~60</td><td>50~60</td></tr>
<tr><td>2~3</td><td>40~50</td><td>50</td></tr>
<tr><td rowspan="4">含水层埋藏深度大于井筒设计深度</td><td rowspan="4">终孔深度应超过井底深度10 m，以便有效封闭含水层</td><td rowspan="2">中裂缝</td><td>3~4</td><td>40</td><td>50</td></tr>
<tr><td>4~6</td><td>30</td><td>40</td></tr>
<tr><td>大裂缝</td><td>6~18</td><td>20~30</td><td>30</td></tr>
<tr><td>破碎地层</td><td>大于13</td><td>10</td><td>20</td></tr>
</table>

表 5-3 顾桥矿主副井注浆段高划分

段序	顾桥矿副井				顾桥矿主井			
	直孔/m		S孔/m		直孔/m		S孔/m	
岩帽	303.2~311.5	8.3	484~560.0	74.8	310~320	10	349~466	117(导斜段)
1	311.5~377.5	66	560.0~643.9	83.9	320~366	46	466~528	62
2	377.5~406.5	28.9	643.9~695.8	51.9	366~415	49	528~621	93
3	406.5~495.2	88.8	695.8~848.8	153	415~486	71	621~692	71
4							692~826	134

表 5-4 张集矿主副井注浆段高划分

含水层编号	张集矿主井		张集矿副井	
	段起止/m	段长/m	段起止/m	段长/m
1	341~349	8	345~363	18
2	349~411	62	363~400	37
3	411~461	50	400~468	68
4	461~529.5	68.5	468~540	72

表 5-5 潘一矿二副井注浆段高划分

段序	起止深度/m	段高/m	段序	起止深度/m	段高/m
岩帽	320~335	15	6	590~620	30
1	335~380	45	7	620~660	40
2	380~440	60	8	660~700	40
3	440~480	40	9	700~760	60
4	480~530	50	10	760~800	40
5	530~590	60	11	800~855	55

5.2.3 注浆材料及配比

地面预注浆通常用水泥浆液、黏土浆液及水泥水玻璃浆液。在浅表土（厚度小于50 m）的流砂层中通常注化学浆液，但在注浆施工前，应通过地质检查孔和注浆试验准确掌握注浆部位的工程地质和水文地质资料，合理选择注浆材料的种类、配方和注浆参数，以保证顺利穿过含水砂层。

黏土水泥浆：主要由黏土、水泥、水玻璃组成的悬浊液，黏土为主要成分，其特点是材料价格便宜且可就地取材，与水泥浆相比可使水泥用量减少60%以上，而且该浆液悬浮稳定性高，不易沉淀、不易被水稀释而冲走；在输送过程中不凝固，停止流动后很快具有塑性强度，在爆破和岩石轻微移动时不开裂，具有很好的隔水性和耐久性。

在淮南矿区广泛采用了黏土-水泥浆液注浆，每1 m^3 浆液添加的水泥量根据浆液的比重不同而不同，一般为200~400 kg，水玻璃的添加量为10~40 L。单液水泥浆需添加一定的速凝剂，通常加水泥质量0.5%的食盐和0.05%的三乙醇胺。

潘一矿二副井所用的黏土浆液配比见表5-6。注浆过程中要根据地层条件灵活调节浆液配比，以使注浆效果最佳。

表 5-6　潘一矿二副井黏土浆液配比

黏土浆比重	黏土浆用量/L	水泥/kg	水玻璃/L	制浆量/m^3	浆液比重
1.13	1910	200	20	2.0	1.19
	1870	300	30	2.0	1.23
	1830	400	40	2.0	1.26
1.15	1910	200	20	2.0	1.21
	1870	300	30	2.0	1.25
	1830	400	40	2.0	1.28
1.18	1910	200	20	2.0	1.24
	1870	300	30	2.0	1.27
	1830	400	40	2.0	1.30
1.2	1910	200	20	2.0	1.26
	1870	300	30	2.0	1.29
	1830	400	40	2.0	1.32
1.22	1910	200	20	2.0	1.28
	1870	300	30	2.0	1.31
	1830	400	40	2.0	1.34

5.2.4　注浆钻孔布置

为不影响井筒冻结、凿井等工序的正常施工，注浆孔的位置均布置在井筒掘进荒径之外，且多采用同心圆布置。布置圈径（地面的开孔圈直径）主要根据井筒的掘进直径、冻结壁的厚度以及注浆帷幕的大小等确定。

5.2.4.1　布置形式

1）钻孔平面布置

注浆孔的平面布置形式因圈数、间距、距井筒中心的距离不同而有所区别。圈数根据注浆孔钻井方案可为单圈布置、双圈布置及三圈布置，一般以布置 1~2 圈最为普遍，三圈布置在刘庄矿风井应用过，如图 5-5 所示。钻孔间距的布置形式有与井筒同心圆等间距布置和非等间距布置，一般情况下采用等间距布置，有的井筒根据场地情况，钻孔在圆周上也采用非等间距布置。

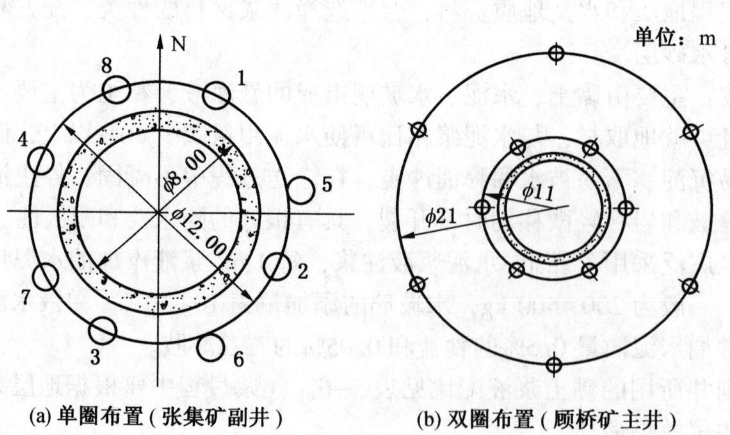

(a) 单圈布置（张集矿副井）　(b) 双圈布置（顾桥矿主井）

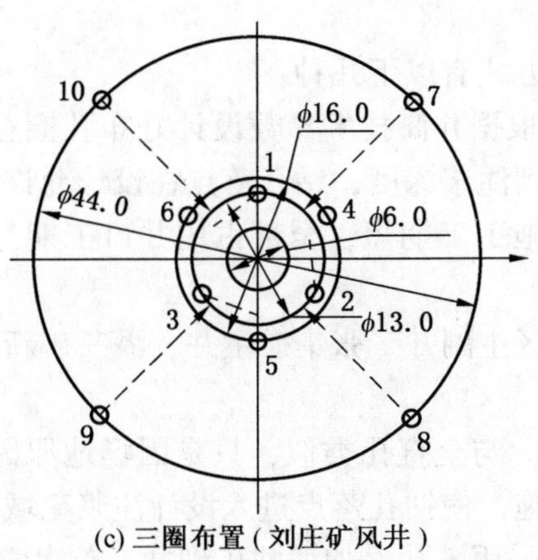

(c) 三圈布置（刘庄矿风井）

图 5-5　注浆孔地面开孔布置

2）钻孔的轨迹形式

根据淮南矿区的注浆实践，钻孔的立面轨迹基本形式主要有 3 种：直孔、S 孔和 Y 孔。

S 孔是采用“三同时”施工时地面有其他建筑物影响不能靠近井筒布置时采用的钻孔形式，即上部冻结段用垂直孔或斜孔，下部基岩段通过钻孔造斜形成 S 孔，如图 5-6 所示。Y 孔又叫分支孔，是在直孔或 S 孔基础上形成的，其目的是少钻上部直孔，当直孔或 S 孔钻到一定程度时，进行分孔，一孔变两孔。

直孔可单独采用，也可结合具体情况与 S 孔或 Y 孔同时采用。

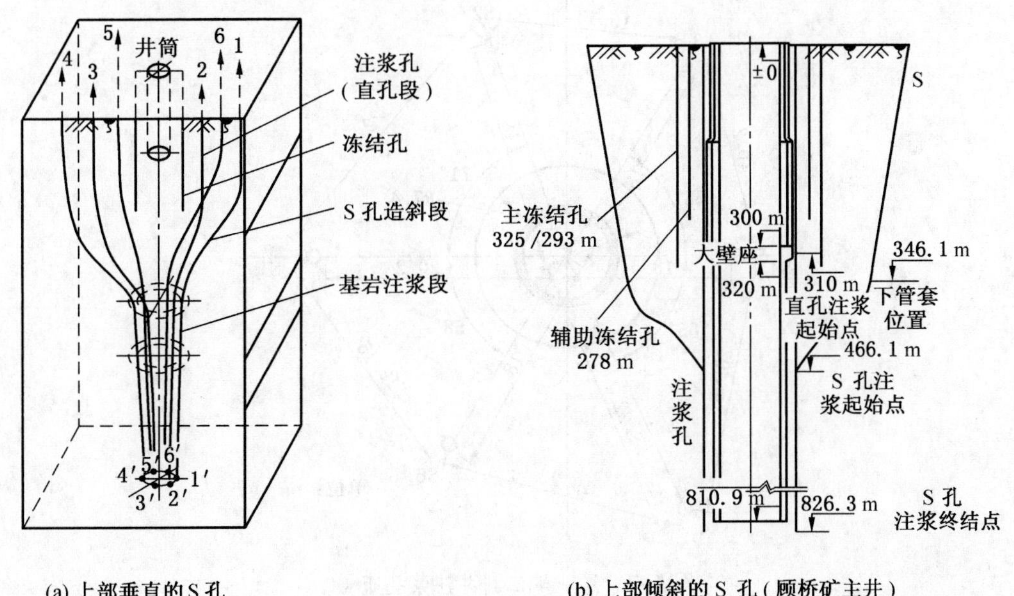

(a) 上部垂直的 S 孔

(b) 上部倾斜的 S 孔（顾桥矿主井）

图 5-6　钻孔立面形式

5.2.4.2　注浆孔布置方式

施工中采用的具体布置方式有以下几种：

（1）全直孔均匀布置。根据井筒技术参数设计好布孔圈径，钻孔均匀布置在圈径上，全部钻孔近似垂直钻孔钻进到注浆深度，钻孔落点在设计允许的靶域范围内，分段进行注浆。这种布置方式的特点是施工工期短，全部占用井口工期，造孔简单，孔斜易于控制，适用于非平行作业井筒施工。

丁集矿风井、张集矿北区主副井、张集矿主井、潘三矿新西风井等多个井筒采用了这种方式。

（2）全直孔非均匀布置。与全直孔类似，只是因场地原因，在布孔时不能均匀布置，造孔时必须采取定向钻进措施，使钻孔落点进入设计注浆靶域范围。

（3）全S孔。所有孔均采用S孔。如潘北矿副井，首次尝试全部利用S孔进行地面预注浆的施工模式，并获得了成功，实现了地面预注浆与冻结造孔的完全平行作业，省去了整个地面预注浆的施工时间。8个注浆孔布置在冻结圈之外，圈径48 m（外圈冻结孔布置圈径为21.8 m），在冻结下限深度以上20 m开始向下变为垂直孔，圈径变为14 m。

生产矿井改扩建井筒时，由于受地面场地限制严重，注浆孔可根据地面情况采用非均匀布置方式。例如，潘一矿二副井位于原副井西118 m处，净直径7.0 m，深度850 m，表土冻结深度330 m，下部基岩段进行地面预注浆，共布置6个孔（其中S1孔利用了井筒检查孔），各孔均为S孔，地面布孔不与井筒呈同心圆布置，孔距也不相等。钻孔落点于距井中心12.4~14.4 m的半径内基本均布，440 m进入设计靶域，靶心圈径12 m，靶域半径2 m。其注浆孔布置如图5-7所示。

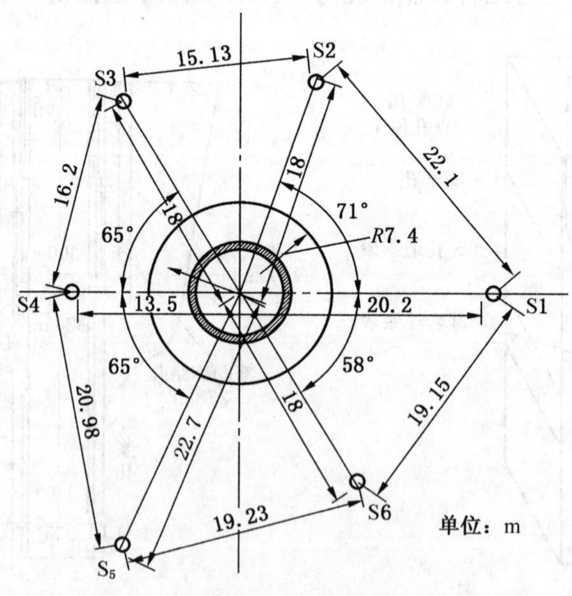

图5-7　潘一矿二副井注浆孔布置

（4）直孔+S孔（内直外S）。这是淮南矿区采用“三同时”“四同时”施工时采用的布孔方式。

准备注浆的井筒，上部部分注浆段采取全直孔布置，注浆结束后，把钻塔移到井筒外围施工S孔（直孔与S孔数量一样），已注浆段作为外围孔的造斜段，直孔注浆段和S孔注浆段重叠10~20 m。利用定向钻进，S孔注浆段钻孔落点进入设计靶域范围，通过注浆达到整个井筒堵水的目的。朱集矿副井地面预注浆钻孔布置如图5-8所示。

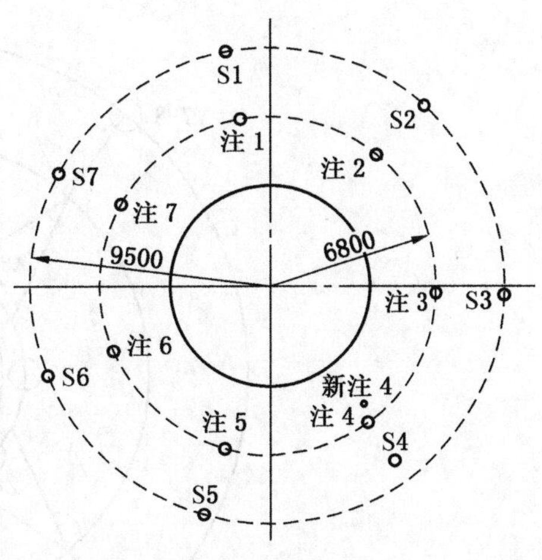

图5-8 朱集矿副井地面预注浆钻孔布置

这种布置适用于井筒深度较大，一次性注浆施工工期较长，场地条件受限制的工程。直孔结束后，井口可以进行冻结及掘砌施工，达到注浆与其他工程平行作业，减少井口占用工期，缩短整个建井工期。

关键在于直孔注浆段长的划分，需要考虑其他平行作业的节点工期，便于决定直孔段工期。根据井筒地质条件和队伍施工能力，确定在对应工期内能完成的工程量；直孔施工时，套管段钻孔落点不能进入井筒荒径，否则会影响井筒掘砌施工。在S孔施工时，钻孔落点要距冻结外圈孔3 m的安全距离；S孔结束前，掘砌进度只能达到套管段深度以内，避免注浆浆液渗透到井筒影响掘砌施工，必须确保平行作业安全。

直孔施工期间完成：井架基础、稳绞基础、冻结钻孔循环池及沟槽、冻结站相应基础及有关设备进场。

S孔施工期间完成：井架安装、冻结、临时井架安装、套管段井筒掘砌。

（5）直孔+Y孔（内直外Y）。施工特点与“直孔+S孔”相似，只是因受场地条件限制，外围孔在地面减少钻孔布置，固管段以下打分支孔，达到注浆目的。施工中增加了造孔难度，分支孔钻孔偏斜大，成孔难度高。这种方式全部占用井口工期，造孔简单，孔斜易于控制，适用于非平行作业井筒施工，故“三同时”施工中应用较少。

顾桥矿南区回风井、张集矿二副井、望峰岗矿主井等均采用了这种布置方式。望峰岗矿主井，净直径7.6 m，荒径9.2 m，深度960 m，地面共布置9个钻孔，分两圈布置，内圈6个直孔，圈径14.4 m，大体均匀布置；外圈3个Y孔，布置圈径52~56 m。全国首次采用“内直外Y”造孔施工工艺。

张集矿二副井的布置如图5-9所示。共布置8个注浆孔，注浆深度370~942 m，根据井筒技术参数设计好布孔圈径，钻孔均匀布置在圈径上，全部钻孔近似垂直钻孔钻进到注浆深度，钻孔落点在设计允许的靶域范围内，分段进行注浆。直孔布孔圈径15 m，Y孔在井架基础附近，距井中距离为20~22 m。Y孔在610 m进入设计靶域与直孔重叠10 m，靶心圈径13 m，靶域半径2 m，断面落点位于11.0~15.0 m的环状带内大体均布，610 m以下为直孔。

5.2.4.3 注浆孔数目

注浆孔的数目是根据岩层裂隙大小和分布条件、井筒直径、注浆泵的能力等因素确定的。注浆孔的单圈数目按下式计算：

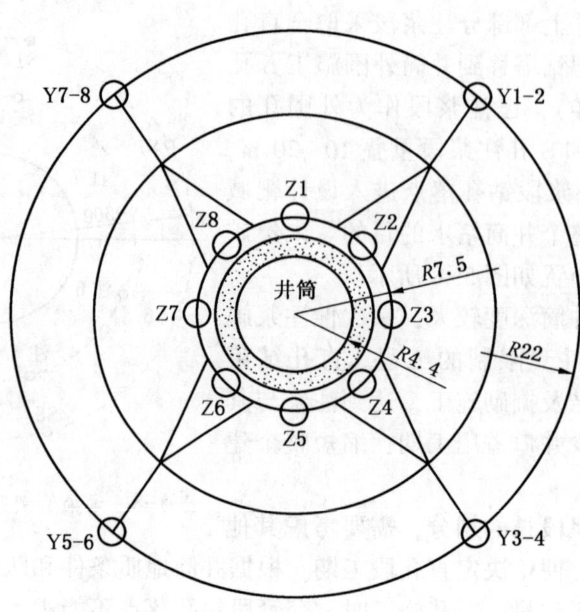

图 5-9　内直外 Y 布置（张集矿二副井）

$$N = \frac{\pi(D + A)}{L} \tag{5-1}$$

式中　D——井筒掘进直径，m；

A——井外布孔时，注浆孔到井筒荒径的距离，0~1.5 m；

L——孔距，相等或不等，可取（1.3~1.5）R；

R——浆液的扩散半径，m。

过去的井筒直径比较小，深度小，注浆孔数也相对较少，一般为 6~9 个，孔距为 3~5 m，并在井筒外 1.5 m 的周围上按同心圆等距离布置；只有在裂隙发育，地下水流速大的倾斜岩层，才不规则排列。现在，淮南矿区的井筒直径和深度都比较大，所需要的孔数也相对增多，根据表 5-7 的统计，孔数多为 10~15 个。采用多圈布置时，外圈的孔距要比内圈的大，尤其采用 S 孔时，地面的开孔位置要根据地面总体布置情况确定。

为减少注浆孔数，降低钻进费用，可采用高压注浆，或改变注浆孔的布置位置，如将注浆孔布置在井筒轮廓边线上靠内侧，或者改变钻孔的轨迹结构，如采用 Y 分支孔。

表 5-7　部分井筒的注浆孔地面布置参数

序号	井筒名称	井径/m	第 1 圈（内）			第 2 圈（外）			备　注
			圈径/m	孔数/个	孔距/m	圈径/m	孔数/个	孔距/m	
1	顾桥矿主井	7.5	11	6	5.23	36~42	6	10.47	落孔圈径 11 m，四同时
2	顾桥矿副井	8.4	12	8	4.28	21~44	6	10~22	内直外 S，三同时

表 5-7（续）

序号	井筒名称	井径/m	第 1 圈（内）			第 2 圈（外）			备 注
			圈径/m	孔数/个	孔距/m	圈径/m	孔数/个	孔距/m	
3	顾桥矿风井	7.5	11.5	6	5.5	32~36	6	18.32	
4	顾桥矿南区进风井	8.6	13.6	8	4.95	38	8	14.52	
5	顾桥矿南区回风井	7.2	11.8	6	1.77	42	5	8.16	
6	张集矿主井	6.0	9.0	6	4.5				直孔
7	张集矿副井	8.0	10.0	6	5.0				直孔
8	朱集矿主井	7.6	12.0	3	12.56	17.5	3	18.32	内直外 S
9	朱集矿副井	8.2	13.6	7	6.10	19	7	8.52	
10	张集矿北区主井	5.5	9	6	4.5				单圈直孔
11	张集矿北区副井	6.7	10	6	5				单圈直孔
12	潘三矿新西风井	7.0	13	6	6.80				单圈直孔
13	潘北矿副井	8.0	48	8	18.8				单圈全 S 孔

5.2.5 地面预注浆主要设备与布置

5.2.5.1 主要设备

注浆工程设备包括钻孔设备、制浆设备、注浆设备。

1）钻孔设备

钻孔设备包括钻机、泥浆泵、钻杆、钻具及测斜仪器等，其中钻机是最主要的设备。淮南矿区的注浆深度达 1000 m，需选用千米钻机才能满足要求，常用的有 TXB-1000A 型、TSJ-1000 型钻机等。泥浆泵主要有 TB-W850/50 型、NBB-250/60 型泥浆泵等。测斜仪器主要有 YST-25 型随钻测斜仪、螺杆钻具等。

2）制浆设备

制浆设备主要包括铲装机、带式输送机、粉碎制浆机、过滤机等。

黏土水泥浆制备系统包括：黏土浆制备设备、水泥自动计量添加系统、一次和二次搅拌系统等。

黏土浆制备有两种方法：一种是将选好的黏土经带式输送机输送至粉碎制浆机，加水粉碎搅拌制成；另一种是采用泥浆泵产生水力射流直接喷射黏土制浆。制成的黏土原浆经旋流及振动除砂后至黏土原浆储备池。

采用粉碎制浆机造浆时，使用携带式带式输送机输送黏土，机动灵活、运输方便。黏土制浆机主要有 FJ-50 型、NL-12 型等。FJ-50 型黏土制浆机是制备黏土浆的专用设备，每次搅拌量为 400 L，电动机功率为 55 kW，主要用于制备地面预注浆所需要的黏土浆液。

水泥浆液的搅拌，一般采用低速叶片式搅拌机。需要快速大量制浆时，可采用旋流式造浆机或水力喷射式搅拌机。

3）注浆设备

注浆设备主要有注浆泵（图5-10）、止浆塞、混合器等。注浆泵主要有HFV-C、BQ-350、BQ-500、YSB300/200、DSB-300等型号，注浆泵一般为2~3台。

图5-10　地面预注浆用注浆泵

止浆塞是地面预注浆的必需器具，用它实现分段注浆。常用止浆塞有：卡瓦式止浆塞、水力膨胀式止浆塞、异径式止浆塞、双管式止浆塞等。煤矿地面预注浆最常用的止浆塞是KWS提拉卡瓦式，其特点是止浆压力高、胶筒耐用、使用简便。卡瓦式止浆塞结构如图5-11所示，由胶筒、卡瓦、锥体、芯管、托盘、反向接头等组成；胶筒外径有110 mm、115 mm、120 mm、125 mm、130 mm、146 mm、168 mm、180 mm等，胶筒长700 mm，全长2.6~2.8 m；一般套管用KWS-130型，裸孔用KWS-110型。

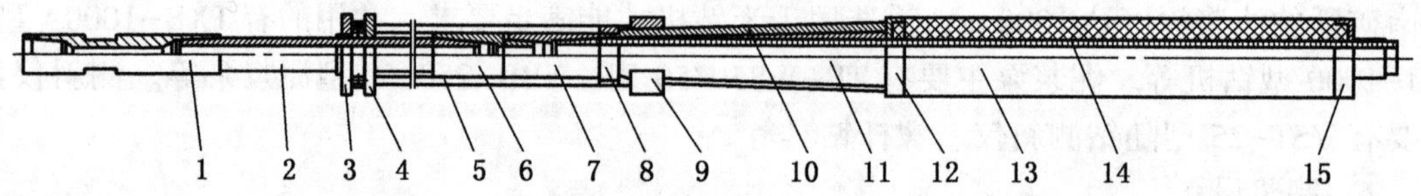

1—钻杆接头；2—上中心管；3—压盘；4—滑动法兰；5—拉杆；6—上反接头；7—下反接头；8—上档块；9—卡瓦；10—导向键；11—锥体；12—上托盘；13—胶筒；14—下中心管；15—下托盘

图5-11　卡瓦式止浆塞结构

注浆孔钻好后，要安装并下放注浆管、止浆塞、混合器及其他孔口装置等。待止浆塞和注浆管下放到预定位置后，连接输浆管路，压缩胶塞，使止浆塞实现止浆。下放止浆塞前，将孔冲洗干净。根据段高并结合孔壁情况选择适当的止浆位置。将止浆塞下到岩石坚硬完整、孔壁圆滑规则的岩层，钻具丝扣缠线拧紧，然后向上缓慢提拉钻具使止浆塞卡瓦与孔壁卡牢，胶筒膨胀挤实，进行注前压水试验，钻孔不返水即止浆成功；若失败，改变位置再次止浆，直至合格为止。止浆塞位置一般要高出上一段注浆段底界2~3 m，以保证注浆不出现空段。

5.2.5.2　注浆系统及设备布置

1）注浆系统

注浆系统包括制配浆系统和注浆站，布置有堆土场、浆液池、水池、水泥库、注浆站等，如图 5-12 所示。

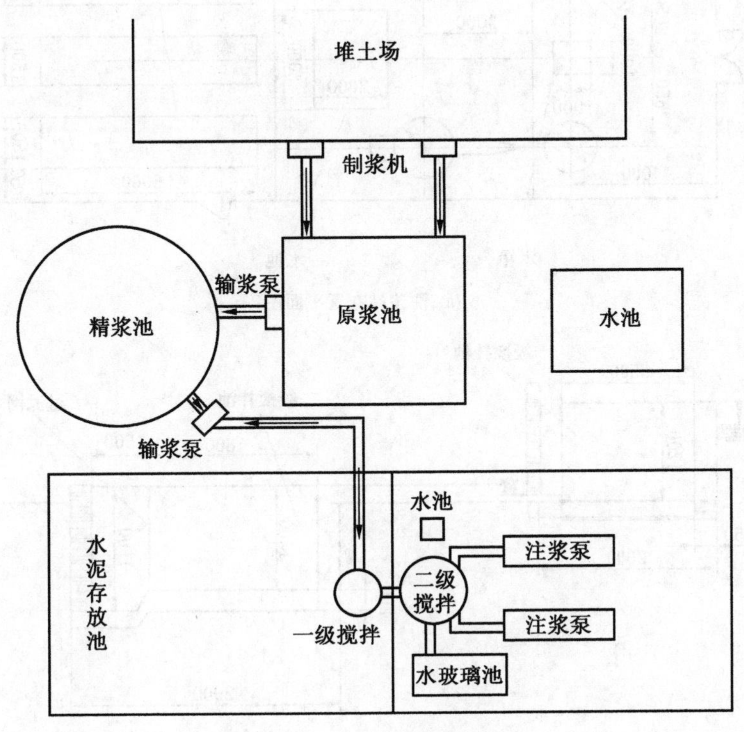

图 5-12　注浆系统布置

黏土制浆工艺流程：采集黏土并运至土场—将黏土用带式输送机送入黏土制浆机—加水经制浆机搅拌—过筛—经输浆槽流入原浆池—污水泵或泥浆泵排至精浆池—储存备用—定量输入一级搅拌池并定量加入水泥搅拌—过筛—二级搅拌池定量加入水玻璃搅拌—成浆。

注浆系统的有关技术指标（张集矿北区主井）：堆土场面积约 2000 m^2，原浆池容量约 150 m^3，精浆池约 200 m^3，一级搅拌池 1.5 m^3，二级搅拌池 4 m^3，水玻璃池约 20 m^3，注浆站内水池 1.0 m^3。布置两套制浆设备，制浆能力为 30 m^3/h。施工总装机容量为 1013 kW。

2）注浆站内的布置

注浆站是布置造浆及注浆设备的临时建筑物，其面积大小与设备的型号与数量、使用的材料有关。造浆系统的主要部分在室外，站内布置包括搅拌池、水池、注浆泵以及配电设备等，另外，还需配备浆液性能测试室。淮南矿区注浆站的典型布置如图 5-13 所示。黏土纯浆首先进入一级搅拌池，加入水泥和水进行搅拌；搅拌好的黏土-水泥浆进入二级搅拌池，加入水玻璃等添加剂，然后经注浆泵注入地层。

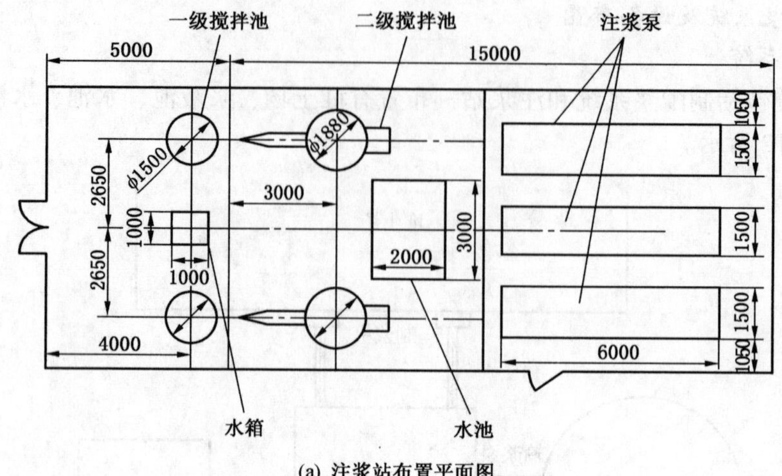

(a) 注浆站布置平面图

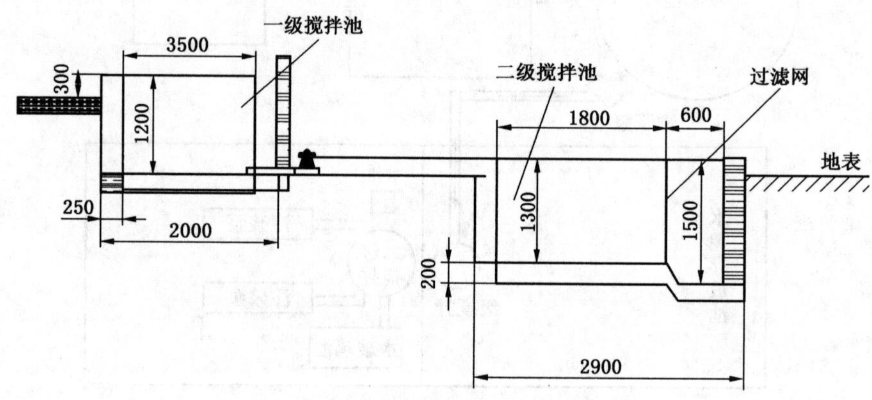

(b) 拌浆系统剖面图

图 5-13　注浆站布置图

5.3　地面预注浆技术参数

5.3.1　注浆压力

5.3.1.1　注浆压力的计算

注浆压力应随深度的增加而增大，可按下式计算：

$$P = KH \tag{5-2}$$

式中　P——注浆压力，MPa；

K——压力系数，0.02~0.03 MPa/m，浅层（< 200 m）取小值，深层（> 500 m）取大值；

H——注浆深度，m。

根据《煤矿井巷工程质量验收规范》（GB 50213—2010），注浆终压为静水压力的 2~4 倍。本矿区采用静水压力的倍数设计：岩帽 1.5~2.0 倍，基岩段 2.0~3.5 倍。

5.3.1.2　注浆压力实例

（1）张集矿北区主副井。张集矿北区主副井的注浆压力情况见表 5-8。

表 5-8 张集矿北区主副井的注浆压力情况

含水层编号	主井			副井		
	起止高度/m	静水压力/MPa	终压/MPa	起止高度/m	静水压力/MPa	终压/MPa
1	341~349	3.5	5.2~7.0	345~363	—	5.4~7.3
2	349~411	4.1	8.2~12.3	363~400	—	8.0~12.0
3	411~461	4.6	9.2~13.8	400~468	—	9.4~14.0
4	461~529.5	5.28	10.2~15.3	468~540	—	10.8~16.2
备注	岩帽段单液浆取 1.5~2.0 倍，黏土水泥浆液取 2~3 倍，其中第一序孔取 2.0~2.5 倍，第二序孔取 2.5~3.0 倍					

(2) 潘一矿二副井。潘一矿二副井原设计注浆终压为静水压力的 2.5 倍，在对 S2、S5 孔的施工中导致原副井跑浆、-530 m 井底车场等附近巷道变形、主井井壁破坏，严重威胁了矿井的安全生产。S1 孔注 430~505 m 段高，注浆压力达到 10.2 MPa 时，副井 447 m 处跑浆；S2 孔注 475~530 m 段高，注浆压力达到 12.2 MPa 时，副井 449 m、461 m 处跑浆；S2 孔注 478~530 m 段高，注浆压力达 13.5 MPa 时，-530 m 大巷跑浆，巷道压裂变形；S5 孔注 530~610 m 段高，注浆压力达 13.5 MPa 时，主井 510 m 处主井井壁垮落，影响矿井生产 6 天。

为确保地面预注浆不影响矿井安全生产，后调整为静水压力的 1.5~2.5 倍，调整后的压力见表 5-9。

表 5-9 潘一矿二副井的注浆压力情况

段序	起止深度/m	终压值/MPa	倍数	段序	起止深度/m	终压值/MPa	倍数
岩帽	320~335	5	1.5	6	590~620	12.4	2
1	335~380	9	2.36	7	620~660	13.2	2
2	380~440	9	2	8	660~700	14	2
3	440~480	9	1.88	9	700~760	15.2	2
4	480~530	9	1.7	10	760~800	16	2
5	530~590	9	1.53	11	800~855	17	2

(3) 朱集矿主井。朱集矿主井的注浆压力见表 5-10。

表 5-10 朱集矿主井的注浆压力

段高	本段深度/m	设计终压/MPa	1 号孔		2 号孔		3 号孔		4 号孔		5 号孔		6 号孔	
			实际终压/MPa	压力倍数	实际终压/MPa	压力倍数	实际终压/MPa	压力倍数	实际终压/MPa	压力倍数	实际终压/MPa	压力倍数	实际终压/MPa	压力倍数
1	442	13.3	14.0	3.2	14.5	3.3	13.5	3.1	13.4	3.0	13.4	3.0	15.8	3.6
2	490	14.7	15.0	3.1	15.7	3.2	15.3	3.1	17.8	3.6	16.9	3.4	15.2	3.1
3	530	15.9	16.7	3.2	19.5	3.7	16.8	3.2	17.5	3.3	16.7	3.2	18.8	3.5

表5-10（续）

段高	本段深度/m	设计终压/MPa	1号孔		2号孔		3号孔		4号孔		5号孔		6号孔	
			实际终压/MPa	压力倍数	实际终压/MPa	压力倍数	实际终压/MPa	压力倍数	实际终压/MPa	压力倍数	实际终压/MPa	压力倍数	实际终压/MPa	压力倍数
4	600	15.0	18.0	3.0	19.5	3.3	19.6	3.3	19.0	3.2	17.5	2.9	19.5	3.3
5	685	17.1	18.0	2.6	18.5	2.7	20.5	3.0	17.6	2.6	17.8	2.6	20.0	2.9
6	766	19.2	21.5	2.8	20.2	2.6	22.0	2.9	20.5	2.7	19.7	2.6	24.3	3.2
7	840	21.0	25.5	3.0	23.0	2.7	23.0	2.7	23.0	2.7	21.8	2.6	24.3	2.9
8	910	22.8	25.2	2.8	23.0	2.5	23.0	2.5	23.0	2.5	26.8	2.9		
9	985	24.6	25.2	2.6	27.0	2.7	28.0	2.8	26.5	2.7	26.8	2.7		
10	1028	25.7	27.0	2.6	27.0	2.6	28.0	2.7	26.5	2.6	26.8	2.6		

（4）张集矿二副井。张集矿二副井，直径8.8 m，深度876.5 m，采用“上冻下注”方法施工，冻结深度406 m，基岩段采用地面预注浆方法堵水，注浆起止深度为370~942 m。基岩段共有8个含水层，累计厚度135.27 m，总涌水量324.37 m^3/h，岩性以细砂岩和中砂岩为主。

采用“直孔+Y孔”的注浆方式，注浆设计参数见表5-11。

表5-11 注浆设计参数

孔别段序	直孔/m		Y孔/m		注浆量/m^3	设计终压值/MPa	备注
	起止深度	段高	起止深度	段高			
岩帽	370~380	10			510	5.7~6.8	单液浆
1	380~425	45	405~610（造斜段）	205	1124	8.5~10.6	黏土水泥浆
2	425~490	65			1624	9.8~12.0	
3	490~555	65			1624	11.1~13.7	
4	555~620	65			1624	12.4~15.5	
5			620~680	60	1500	13.6~15.0	
6			680~745	65	1624	14.9~16.4	
7			745~810	65	2622	16.2~17.8	
8			810~875	65	2620	17.5~19.3	
9			875~942	67	1674	18.8~20.7	
合计		250		527	16546		

通过第一轮注浆发现，段高设计不合理，造成段高过多，工序转换繁多。经过研究，将第二轮段高划分进行了优化，根据岩性和注浆泵能力分析，段高在90 m之内，平均段高为80 m是合理的，将直孔4个段高优化到3个，注浆量按每延米的设计值计算，终压为静水压力的2.5倍，具体见表5-12。

表 5-12 第二轮直孔注浆设计参数

段序	起止深度/m	段高/m	注入量/m^3	设计终压/MPa
岩帽段	370~380	10	260	5.7
第一段	380~460	80	1000	11.5
第二段	460~530	70	874	13.3
第三段	530~620	90	1124	7.4

5.3.2 注浆量

浆液注入量计算以浆液扩散范围为依据。地面预注浆主要是封堵基岩段的涌水，故按裂隙岩层的浆液注入量公式计算：

$$Q=\frac{\lambda\pi R^2 H\eta\alpha}{m} \tag{5-3}$$

式中 Q——浆液注入量，m^3；

λ——损失系数，1.2~1.5；

η——岩层裂隙率，0.5%~3%；

α——浆液在裂隙内的有效充填系数，0.8~0.9；

m——结石率，与浆液性质、水泥浆的水灰比等有关，一般在 0.56~0.99 之间变化；

R——浆液的有效扩散半径，m；

H——注浆段高度，m。

部分井筒的注浆量统计及分析结果见表 5-13。潘一矿二副井和朱集矿主井的分段注浆量见表 5-14 和表 5-15。

表 5-13 部分井筒的注浆量统计及分析结果 m^3

序号	井筒名称	设计注入量	实际注入量			实际平均每米注入量		
			直孔段	S 孔段	合计	直孔段	S 孔段	总平均
1	顾桥矿主井	16299	8398	15583	23981	19.7	29.12	46.48
2	顾桥矿副井	20778	12477	14961	27438	61.7	41.1	50.18
3	顾桥矿风井	14477	9208	19042	28250	17.4	23.2	20.9
4	顾桥矿南区进风井	19768	21201.5	26741.5	47943	64.83	76.84	66.77
5	顾桥矿南区回风井	16860	18522	20831	39353	86.17	38.53	62.35
6	张集矿主井	5729	8707		8707			22.18
7	张集矿副井	6059	8026		8026			24.03
8	张集矿风井		8235.63		8235.63			28.15
9	张集矿北区主井	4073	5336		5336			28.13
10	张集矿北区副井	6059	6145		6145			31.50
11	潘一东矿副井		14646	42884	57530	63.4	63.5	63.45
12	朱集矿主井				22116			34.24
13	望峰岗矿主井				30314			31.74
14	潘三矿新西风井	12195	14202		14202			
15	张集矿二副井	16546	7120					

表 5-14 潘一矿二副井注浆量统计

段序	起止深度/m	段高/m	终压值/MPa	单孔注入量/m^3
岩帽	320~335	15	5	102
1	335~380	45	9	244
2	380~440	60	9	326
3	440~480	40	9	122
4	480~530	50	9	152
5	530~590	60	9	182
6	590~620	30	12.4	64
7	620~660	40	13.2	86
8	660~700	40	14	86
9	700~760	60	15.2	128
10	760~800	40	16	86
11	800~855	55	17	117

表 5-15 朱集矿主井注浆量统计

工程名称	起止深度/m	段高/m	终压/MPa	注浆量/m^3	备注
固管				90	水泥浆
岩帽段注浆	382~392	10	9.2	297	水泥浆
断层破碎带加固	400~442	42	13.4	2673	水泥浆
基岩段注浆	392~442	55	13.4	2200	CL-C 浆
基岩段注浆	442~490	48	15	1920	CL-C 浆
基岩段注浆	490~530	40	16.7	1600	CL-C 浆
基岩段注浆	520~600	80	17.5	1739	CL-C 浆
基岩段注浆	600~685	85	17.6	1848	CL-C 浆
基岩段注浆	685~766	81	19.7	1761	CL-C 浆
基岩段注浆	766~840	74	21.8	1924	CL-C 浆
基岩段注浆	840~910	70	23	2258	CL-C 浆
基岩段注浆	910~985	75	25.2	2419	CL-C 浆
基岩段注浆	985~1028	43	26.5	1387	CL-C 浆
合计				22116	

5.3.3 扩散半径

浆液扩散半径是浆液的流散范围，又叫扩散范围。浆液的扩散范围会很大，但真正起到加固堵水作用所需的范围并不大，通常称其为有效扩散范围。它与浆液性质、裂隙宽度、岩层层位、注浆压力等有关，随着岩层渗透系数、裂隙宽度、注浆压力、注入时间的增加而增大，随着浆液浓度和黏度的增加而减小。它是一个描述注浆固结有效范围的参数。由于裂隙地层的不均匀性，浆液扩散往往是不规则的，即在各个方向上浆液扩散的远近不同，注浆扩散半径难以准确计算，国内外基本都根据经验确定。工程设计阶段，可通过试验或工程类比确定注浆扩散半径，经注浆试验或施工前期注浆效果验证、评估后确定。施工中可通过调整注浆压力、浆液的注入能力和极限注浆时间来调整注浆扩散半径。

注浆后浆液扩散半径按注浆量计算公式推算可得

$$R = \sqrt{\frac{mQ}{A\pi Hn\beta}} \tag{5-4}$$

由于地层性质沿井筒深度而变化，故不同深度地层的浆液扩散半径不一样。

顾桥矿南区进风井注浆的有效扩散距离（以井筒中心）为 14 m 左右。

潘一矿二副井注浆扩散半径为 9 m，注浆范围以井筒中心为圆心、以井筒半径加 9 m，即 12 m 为半径的大圆柱的帷幕。

潘一东矿风井：依凿井爆破影响带经验数据一般为 2 m 左右，防水帷幕有效厚度要求为 6 m，风井井筒最大荒半径为 4.6 m，所以注浆安全帷幕半径为 12.6 m，设计注浆范围应大于 12.6 m，风井实际注浆孔布置圈径为 13.4 m，有效径向扩散距离定为 14.7 m。

朱集矿主井：扩散距离 10.8 m。

望峰岗矿二副井：井筒直径 8.1 m，6 个注浆孔，布置圈径 15 m，注浆深度 1032 m，有效扩散半径 16.5 m。

顾桥矿副井：浆液扩散距离 16.8 m，基岩段钻孔落点圈径 12 m，注浆深度 474~849 m。

顾桥矿主井不同注浆段根据注浆量计算的扩散半径见表 5-16。

表 5-16　顾桥矿主井浆液扩散半径

注浆段/m	注浆量/m^3	段高/m	注浆有效半径/m	注浆段/m	注浆量/m^3	段高/m	注浆有效半径/m
310~320	1412	10	23.67	486~528	1482	42	15.79
320~349	1673	29	21.11	528~621	3266	93	14.98
349~366	1718	17	27.84	621~692	2583	70	15.43
366~415	3472	49	23.01	692~826	4269	134	13.88
415~486	4159	71	20.21	合计	24034	515	

注：浆液损失系数取 1.5，裂隙率取 3%，充填系数取 0.95，结石率取 0.95。

5.3.4 注浆结束标准

（1）注浆终压与终量。在正常条件下，每次注浆中，注浆压力由小逐渐增大，浆液流量由大到小，当注浆压力达到设计终压时，注浆终量是：单液注浆为 50~60 L/min，双液注浆为 100~120 L/min，稳定 20~30 min 即可结束注浆。当大裂隙岩层注浆，经过浆液浓度的变换仍达不到终压与终量的标准，但有接近设计的注浆量时，应暂停注浆，养护 24 h 后复注，直至符合上述结束标准为止。

（2）浆液注入量应符合设计注浆量的要求。

（3）岩层裂隙被浆液充填饱满且具有一定强度，达到设计的有效扩散半径。

（4）注浆后的岩层渗透系数应明显降低。

（5）注浆后井筒掘进段的最大涌水量一般小于 10 m^3/h。

5.4 深井地面预注浆定向钻进技术

在钻孔施工中，利用人工定向手段，使钻孔按照设计的轨迹钻达预定目标的钻进技术称为定向钻进技术。定向钻进技术在石油、天然气、地热、水资源勘探以及许多具有特殊要求的工程中得到了广泛应用。

在淮南矿区，为了缩短矿井施工准备的工期，许多矿井采用了冻结、注浆、井筒掘砌的“三同时”施工工艺。采用该工艺时，因注浆与冻结、凿井同时进行，不影响冻结孔钻孔施工及凿井时的运输工作，注浆孔必须设置在冻结孔之外。地面预注浆的主要目的是封堵基岩段的涌水，为了达到堵水效果，钻孔在基岩段不能离井筒太远。因此，需要钻孔在地层中进行转向，首先在冻结段垂直向下钻孔，然后拐弯进入基岩段的设计注浆范围，在施工中将这种拐弯的孔称为“S”孔。钻进“S”孔必须采用定向钻进技术。

5.4.1 定向钻进机具与仪器

（1）钻机。地面预注浆孔钻机与普通地质勘探钻机相同。

（2）定向钻具。定向手段有多种，主要有钻具组合、定向楔、井下动力钻具等。浅部或冲积层内可用定向楔进行增斜或降斜，深部或基岩多采用井下动力钻具进行增斜或降斜，在稳斜段多采用钻具组合。

目前最先进的手段是采用井下动力钻具，分为电动钻具、叶片钻具、涡轮钻具和螺杆钻具等，其中螺杆钻具应用最为普遍。如顾桥矿副井使用 PLZ-95 型螺杆钻具，潘北矿副井使用 5LZ120×7.0 型螺杆钻具等。

（3）定向仪。定向仪又称测斜仪。煤炭勘探行业应用最多的是陀螺定向仪，如图 5-14 所示。常用型号有 TCX-50、JDT-5、JDT-5A、JTD-6 等，其中 JTD-6 型陀螺定向仪的技术参数见表 5-17，该机在淮南顾桥矿、丁集矿和张集矿北区注浆中得到应用，证明精度比较高，使用计算机进行地面控制及显示，操作简便，井下情况反映及时直观。

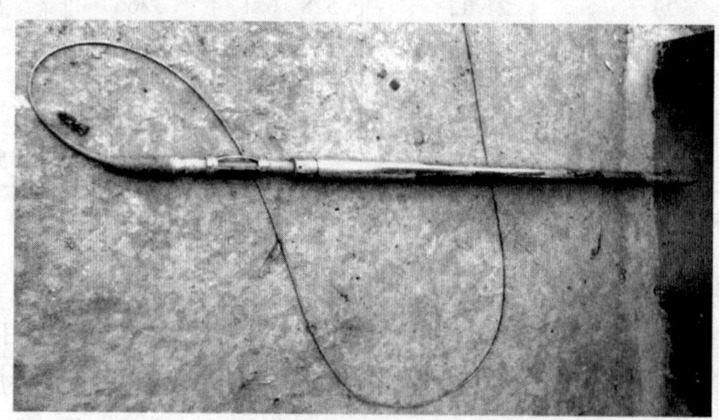

图 5-14 陀螺定向仪

表 5-17 JDT-6 型陀螺定向仪的技术参数

<table>
<tr><th colspan="2">项 目</th><th colspan="2">技术参数</th><th>项 目</th><th>技术参数</th></tr>
<tr><td rowspan="2">倾斜角</td><td>测量范围/(°)</td><td>0~10</td><td>0~30</td><td>陀螺静态漂移率/[(°)·h^{-1}]</td><td>≤15</td></tr>
<tr><td>精度/(')</td><td>≤±5</td><td>≤15</td><td rowspan="2">环境温度/℃</td><td>井下仪：-10~+70</td></tr>
<tr><td rowspan="2">方位角</td><td>测量范围/(°)</td><td colspan="2">0~360</td><td>地面仪：+5~+40</td></tr>
<tr><td>精度/(°)</td><td colspan="2">±4</td><td>井下仪最高速度/(m·h^{-1})</td><td><1000</td></tr>
<tr><td rowspan="2">定向方位角</td><td>测量范围/(°)</td><td colspan="2">0~360</td><td>井下仪外部尺寸/(mm×mm)</td><td>ϕ48×1400</td></tr>
<tr><td>精度/(°)</td><td colspan="2">±2.5</td><td></td><td></td></tr>
</table>

5.4.2 定向钻孔设计

5.4.2.1 钻孔设计

根据靶域及注浆工艺要求确定的落点设计图如图 5-15 所示。

以大井心为圆心作设计注浆半径为 R 的圆，注浆工艺允许偏差 6‰，但不许进入 R 圆内。注浆工艺对靶域（靶域为图中阴影部分）提出了新的要求，补充设计的靶域为图中阴影部分，如图 5-16 所示。

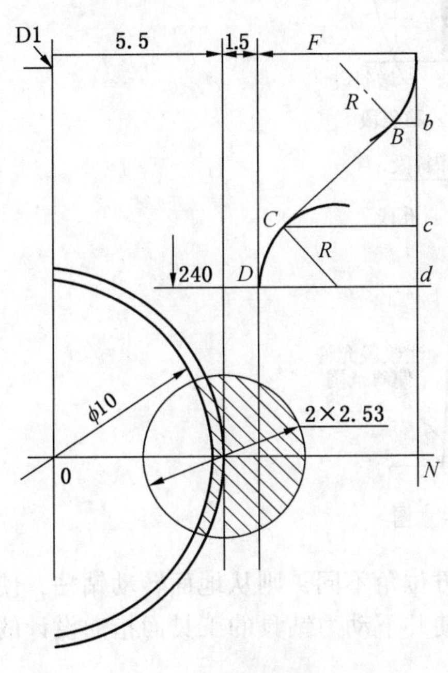

图 5-15 S 孔设计图

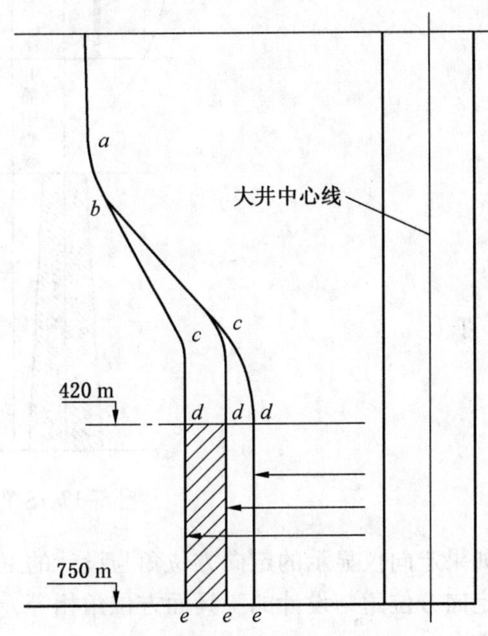

图 5-16 S 孔靶域分布图

5.4.2.2 S 孔轨迹

S 孔首先以垂直向下开孔，到一定深度后开始定向（增斜），增至一定角度后保持一定斜度钻进，至设计目标深度一定距离时开始斜降，并最终降为垂直孔。在“三同时”施工时，为避免影响冻结效果，S 孔在冻结段应离开冻结圈径 5~6 m 的安全距离，同时还要考虑钻孔施工、下套管、注浆施工的影响。因此，S 孔轨迹如图 5-17 所示，由“直孔段-增斜段-稳斜段-增斜段-稳斜段-降斜段-直孔段”构成，即需 2 次变斜后才能转为向下钻进。

5.4.2.3 定向作业

作业前要用钻头平整孔底，并充分冲孔，尽量减少孔底岩粉，使井下动力钻具能够下到孔底。

起钻后下井下动力钻具，井下动力钻具下放前要在孔口进行试运转。

动力钻具下放到底后，通过钻柱内孔下放定向仪，并通过地面操作面板及监视系统对定向仪的下放深度及导向靴子指向进行实时监测，直至导向靴卡住斜器的定向键，这一过程称为“入靴”。为保证入靴的真实性，入靴过程要反复 3 次以上，确保每次入靴定向仪所显示的定向方位角都相同。

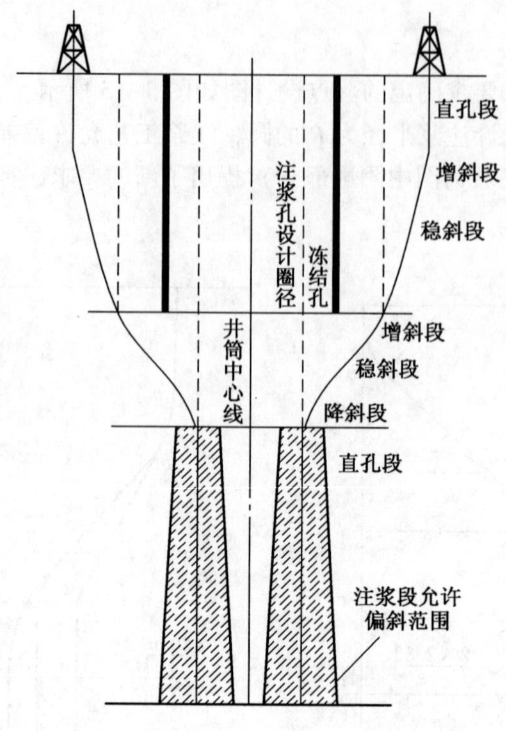

图 5-17 S 孔轨迹示意图

如果定向仪显示的定向方位角与设计的工具面方位角不同，则从地面转动钻柱，使显示的定向方位角与设计的工具面方位角相等，进而使井下动力钻具的工具面指向设计的工具面方向。

在钻机机身、转盘和孔口杆上做好标记，提上定向仪。

合钻机主动钻杆，在这一过程中要核对相关标记，确保主动钻杆合上后井下动力钻具面方位角不变动，然后将主动钻杆固定，确保在定向过程中钻柱不发生转动。

启动泥浆泵，开始定向钻进。开始要轻压钻进，进尺 1 m 后转入正常钻压钻进。在钻进过程中，要保持泥浆泵泵量及钻压的稳定。

定向钻进至设计长度后，停泵提钻，井下动力钻具提上来后，要用清水冲洗干净。

每次结束后要进行测斜，对定向段加密测点，根据测斜结果进行计算和绘图，验证定向效果，反算定向率和反扭转角，为以后定向设计提供参数修正的依据和经验。

5.4.2.4　跟踪设计

为保证钻孔质量，在定向钻进中每隔 5~10 m 测量一次，以检查钻孔顶角变化与方位走向。这些数据经过计算机处理后输入相应程序进行跟踪设计，包括判定、顶角计算、方位计算、钻孔走向趋势、轨迹绘图等，利用计算机从中获得数组跟踪设计方案和相应参数。定性分析可从计算机中看到轨迹图，定量判定可从计算机中读出数据。根据判定结果，很快把新优化钻进参数提供给钻机，开始下一段定向钻进作业。

当钻到预定深度后对上部钻孔进行全面测量，依据测量数据画出正视投影图、顶视投影图，并精确测出开始造斜点上部至钻孔的顶角、方位，据此进行下部深度的跟踪设计。

S 孔钻孔轨迹跟踪控制工艺流程如图 5-18 所示。

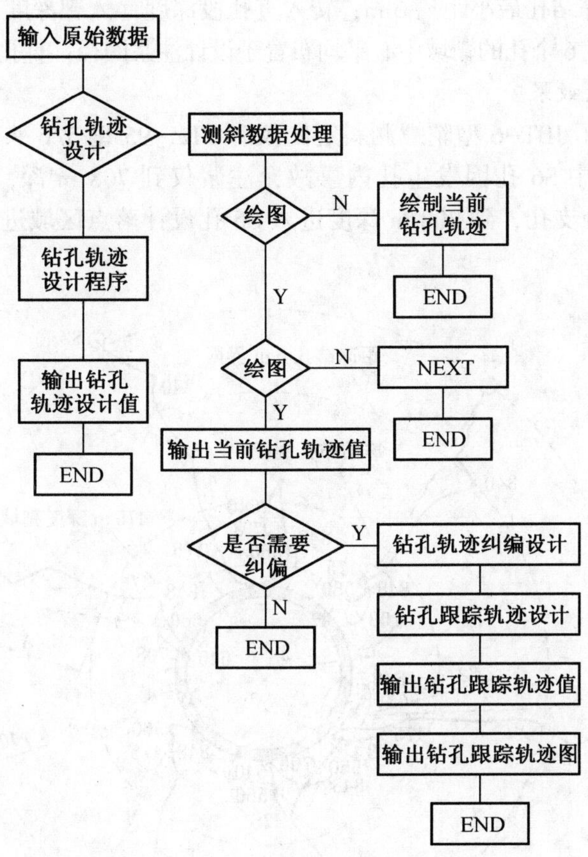

图 5-18 S 孔钻孔轨迹跟踪控制工艺流程

5.4.3 顾桥矿副井定向钻进

5.4.3.1 钻孔参数与要求

顾桥矿副井净直径 8.8 m，基岩段荒径 9.5 m，深 838.1 m，表土采用冻结法施工，冻结深度 319 m，布孔参数见表 5-18。

表 5-18 顾桥矿副井注浆孔与冻结孔的布置参数

参数名称	冻结孔			注浆孔	
	主冻孔	辅助孔	辅助孔	直孔	S 孔
深度/m	319/297	253	173	302.0~495.2	475.2~848.8
圈径/m	18.8	14.3	13.2	12	40
孔数/个	46	24		8	6

该井采用了“三同时”施工工艺，由于场地条件复杂，对 S 形注浆孔布孔及钻进轨迹要求严格，S 孔要布置在冻结圈径之外，为避免与冻结孔施工互相影响，要离开冻结圈径一定距离，一般在 10 m 以上。而且还要避开井架基础、绞车房、出矸方向等位置，因此

每一个孔都要认真计算和调整才能最终确定。

S 孔的要求：距冻结孔最小距离 6 m；转入直孔段深度（入靶深度）475 m；靶域范围是半径 2.375 m 的圆，且 6 个孔的靶域中心平均布置于设计注浆圈径；直孔段允许偏斜率为 5‰。

5.4.3.2 定向仪器及效果

S 孔施工中使用了 JDT-6 型陀螺测斜定向仪和 PLZ-95 型 5/6 头螺杆钻具。定向效果均符合设计要求。其中 S6 孔因发生孔内事故，注浆仅到 708 m 深，无法继续向下钻进，而从邻近的 S5 孔打分支孔，到 708 m 深度进入 S6 孔设计落点区域进行注浆。成孔效果如图 5-19 所示。

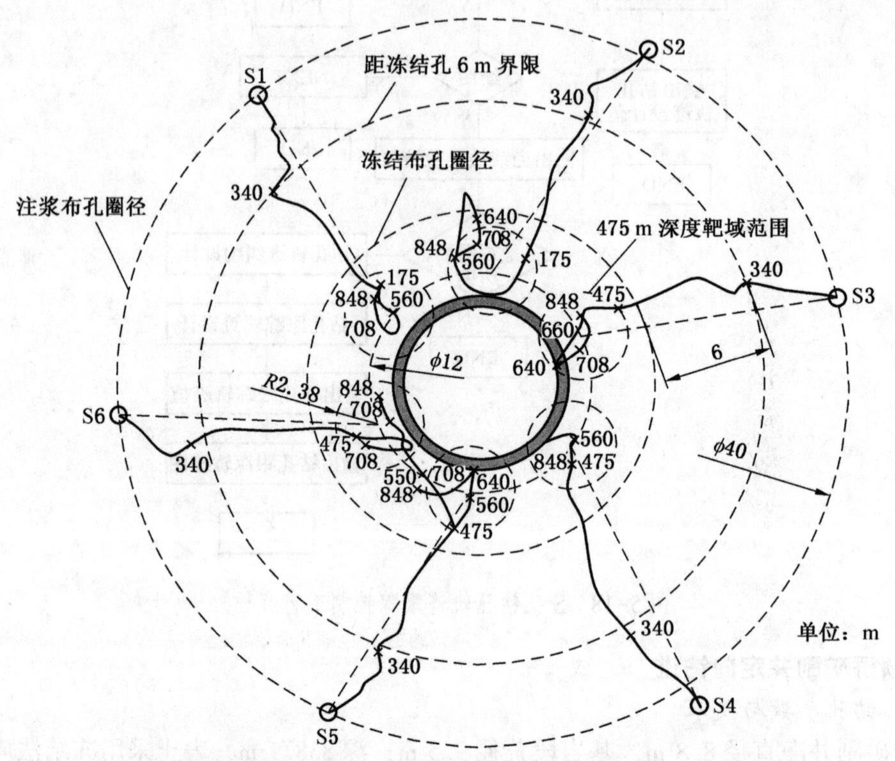

图 5-19 顾桥矿副井地面预注浆 S 孔定向成果平面图

施工过程中，资料处理、定向设计、定向操作及绘图等均通过计算机完成，实现了测斜定向自动化，大大提高了工作效率。

5.4.4 潘北矿副井定向钻进

潘北矿副井直径 8 m，表土段厚 344.80 m，采用冻结法，基岩段采用地面预注浆法。冻结深度为 393 m，布置 4 圈冻结钻孔，外圈 ϕ21.80 m，孔深 393/355 m。注浆深度上限为 373 m（与冻结重复 20 m），下限为 743.20 m（井底以下 10 m）。

注浆钻孔偏斜率：孔深 300 m 以上，不大于 3‰；300 m 以下不大于 2‰；基岩段按靶域控制，靶域半径为 1 m。

5.4.4.1 施工方案

在以往的部分平行作业模式中，注浆孔分两圈布置。内圈为垂直孔，布在冻结圈之内；外圈为S孔，布在冻结圈之外。内圈垂直孔主要用于实现注浆段与冻结段的衔接并承担上部注浆段的注浆任务；外圈S孔主要用于完成下部注浆段的注浆任务。

在本例中，为实现地面预注浆与冻结造孔施工的完全平行作业，注浆孔全部采用S孔，并布置在冻结圈外。所有S孔均在表土段穿过冻结圈进入注浆圈，并从冻结下限深度以上20 m开始向下变为垂直孔（以便注浆段与冻结段的重复），以此来代替以往部分平行作业模式中的垂直孔，实现注浆段与冻结段的衔接，完成对井筒基岩段的注浆任务。

该模式可以做到注浆与冻结造孔同时安装、同时施工，平行作业。

5.4.4.2 S孔的设计与施工

共布8个S孔，布孔圈径为48 m，注浆圈径为14 m，如图5-20所示。在实际施工中，S孔的钻进往往不是完全靠螺杆钻来实现的，因螺杆钻钻进费用很昂贵。一般情况下，螺杆钻只用于造斜、降斜和方向调整，而主要钻进任务由普通钻具来完成。因此，为切合实际，便于施工，采用曲线与直线组合进行钻孔轨迹设计。8个S孔的设计轨迹数据见表5-19。

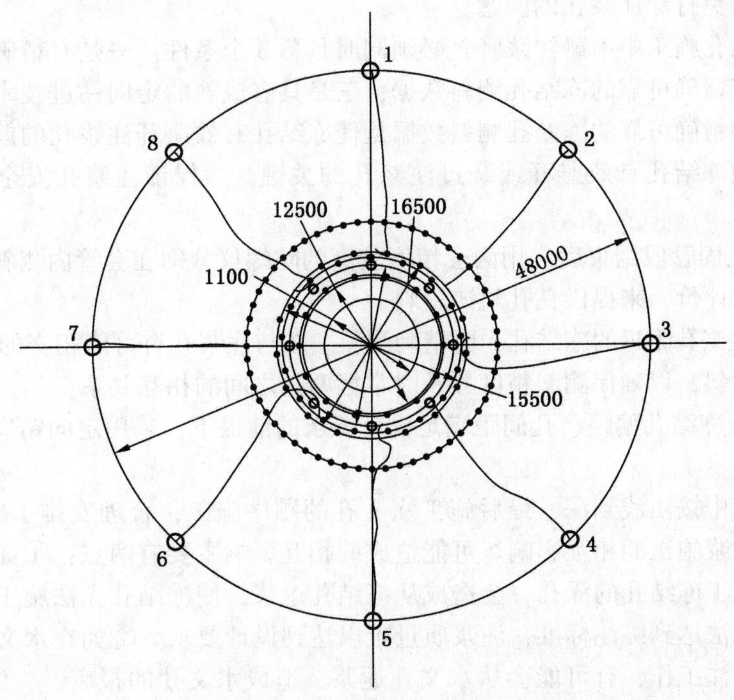

图5-20 潘北矿副井地面预注浆钻孔与冻结孔布置

表5-19 各S孔设计轨迹数据

孔深/m	顶角	累计偏距/m	距井筒中心距离/m	孔深/m	顶角	累计偏距/m	距井筒中心距离/m
0	0°	0	24	200	4°	10.03	13.97
50	1°30′	0.65	23.35	250	4°	13.52	10.48
100	4°	3.05	20.95	300	2°	16.13	7.87
150	4°	6.54	17.46	≥350	0°	17	7

在S孔段的造斜、降斜和垂直孔段的纠偏过程中，所使用的钻具组合为5LZ120×7.0型螺杆钻，配用2°、3°的弯接头及ϕ89 mm钻杆、ϕ138 mm牙轮钻头；采用的定向方法为陀螺定向仪定向和经纬仪定向；使用的仪器为JDT-5A型陀螺定向仪和010B型经纬仪。造斜和降斜一般2~3次定向钻进即可达到目的。

需要说明的是，在钻孔开孔时，尽量给钻具一个向井中方向偏斜的角度，以减少造斜次数，提高施工速度。

在正常钻进过程中，所使用的钻具组合为：ϕ89 mm钻杆、ϕ121 mm钻铤、ϕ138 mm牙轮钻头。S孔段施工完成后，ϕ245 mm钻具扩孔至孔深373 m，下ϕ180 mm×7 mm套管，单液水泥浆固管。

5.4.4.3　施工需要考虑的问题

在完全平行作业模式下，冻结孔与注浆孔立体交叉，同时施工，难度较大。尤其冻结孔的施工既要预防与冻结孔相遇，又要避开注浆孔。一旦控制不当，打穿注浆孔，将有可能造成注浆孔的报废。因此，这种模式一直被看作平行作业的禁区。要通过这一禁区，首先要解决的是避免打穿注浆孔的问题。

要保证冻结孔施工中不碰注浆管，必须同时具备3个条件：一是有精确可靠的注浆钻孔轨迹；二是有精确可靠的冻结孔测斜数据；三是具有成熟的定向钻进技术。精确可靠的注浆钻孔轨迹和精确可靠的冻结孔测斜数据是使冻结孔有效避开注浆孔的前提；成熟的定向钻进技术是使冻结孔有效避开或绕过注浆孔的关键。为保证注浆孔安全，采取了以下措施：

（1）注浆孔固管段结束后，用两套精度较高的陀螺仪分别在套管内测斜两次，取数据相近的3次进行评价，来提供钻孔轨迹资料。

（2）对于注浆孔附近的冻结孔，要精确测斜。在与注浆孔有可能相交的深度以上50 m的范围内加密测斜，以确保测斜精度并及时掌握两孔之间的相互关系。

（3）在保证冻结孔偏距、孔间距满足设计要求的前提下，采用定向钻进技术避开或绕过注浆孔。

另外，施工中按由浅到深、最后施工水文孔的顺序施工，合理安排了冻结孔的施工，有效避开了与注浆施工的相互影响。可能造成的相互影响主要有两点：①如果在第一注段注浆结束之前施工冻结孔的深孔，会造成从冻结孔返浆，使冻结孔无法施工；由于返浆泄压，注浆压力无法达到终注标准，注浆质量难以达到设计要求。②如在水文孔施工后再进行第一注段的复注工作，有可能会从水文孔返浆，造成水文孔的报废。为解决上述问题，采取了以下措施：

（1）所有注浆孔同时施工，以缩短固管段的施工时间。

（2）利用套管易于止浆的有利条件，对岩帽和第一注段采用多孔同时注浆的施工方法，缩短岩帽和第一注段的注浆时间。

（3）第一注段的复注工作放在深冻结孔施工之前去做，即第一注段注浆结束后，立即进行复注，以避免复注时从深孔、水文孔返浆。

（4）第一注段应采用单液水泥浆封孔，以避免黏土水泥浆压力封孔时堵塞水文孔（黏土水泥浆在无压下封孔效果极差）。

5.4.4.4 施工效果

施工过程中，一切均较顺利，没有出现冻结孔打穿注浆孔和二者之间相互影响的现象。注浆与冻结造孔两项工程均按期完成了施工任务，且各项指标均达到了设计要求。所施工的 8 个 S 孔的实际钻孔轨迹均满足设计要求，即孔深 373 m 处落点位置均分布在设计位置周围 2 m 的范围内，向下相邻孔间距均小于 8 m。

5.5 地面预注浆效果检查

5.5.1 抽水方法

注浆效果检查最常用的方法是压风抽水，即用每分钟 6 m^3 或 9 m^3、风压为 0.8 MPa 的空压机将风经进风管、花冠混合器喷入套管，钻孔内的地下水沿套管排至地面，流至堰箱测定水量。

抽水时，水位降落一般用电测法测定。当开始抽水时可能出现水混浊不清的现象，这时可抽抽停停，直至见清水方可算正式抽水的时间。为充分利用设备的能力，应争取最大降深，降低次数视单位涌水量而定。当小于 1 L/s 时，可 2~3 次。每次动水位上下跳动的高度不大于水位降低值的 0.5%，稳定 4 h 后可结束抽水试验。动水位每隔 15~30 min 测定一次。恢复水位时，停泵后每隔 5 min 测定一次，测定 6 次后，可拆除抽水工具并立即转入其他工序。

5.5.2 涌水量计算

根据抽水试验资料可进行钻孔及井筒涌水量计算。目前土质地层多采用稳定层流计算公式，裂隙岩层可按紊流计算。

如图 5-21 所示，潜水含水层用单一孔抽水时的流量计算为

$$K = 0.73Q\frac{\lg R - \lg r}{H^2 - h^2} \tag{5-5}$$

有一个观测孔时的流量计算为

$$K = 0.73Q\frac{\lg r_1 - \lg r}{y^2 - h^2} \tag{5-6}$$

如图 5-22 所示，承压水含水层用单一孔抽水时的流量计算为

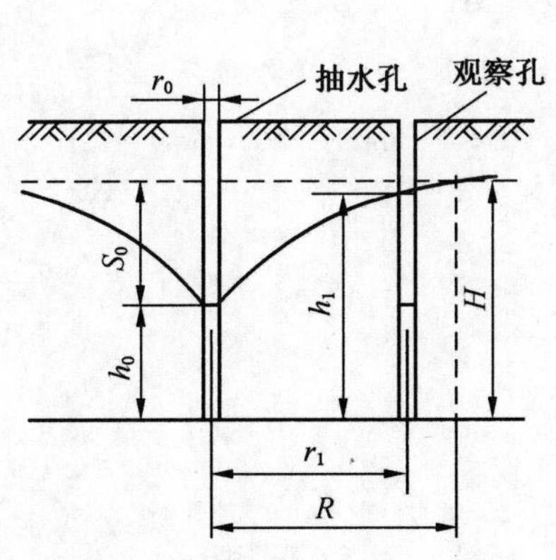

图 5-21 潜水条件下的完整孔

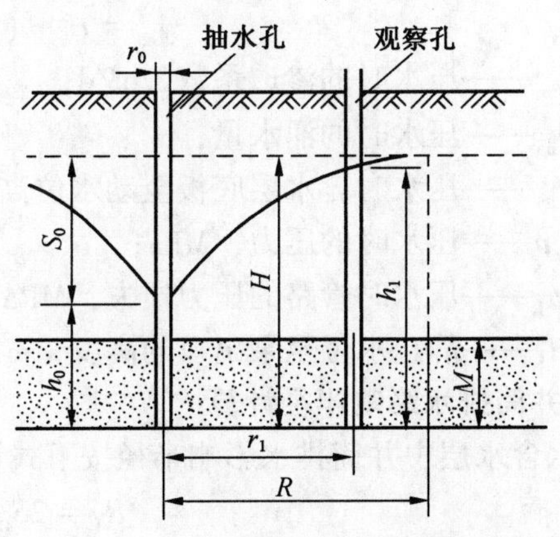

图 5-22 承压水条件下的完整孔

$$K = 0.366Q\frac{\lg R - \lg r}{SM} \tag{5-7}$$

有一个观测孔时的流量计算为

$$K = 0.366Q\frac{\lg r_1 - \lg r}{(S - S_1)M} \tag{5-8}$$

式中 K——渗透系数，m/d；

Q——涌水量，m^3；

R——影响半径，m；

r——抽水孔半径，m；

H——静水位高度，m；

r_1——抽水孔至观测孔中心距离，m；

h_1——观测孔的动水位至含水层底板高度，m；

S——抽水时的水位降深，m；

S_1——观测孔的水位降深，m；

M——含水层厚度，m。

5.5.3 注水方法

当井筒下掘不深，且在维持井筒排水条件下，为了检查注浆效果，可用注水方法代替抽水。计算方法同前。

若进行压水试验，与单位吸水量试验方法相同，压水的压力应减去压水时管路和压头损失。压水时的计算方法如下：

潜水含水层：

$$K_{np} = 0.73Q_{np}\frac{\lg R - \lg r}{H^2 - h^2} \tag{5-9}$$

泵压水含水层：

$$K_{np} = 0.366Q_{np}\frac{\lg R - \lg r}{y_{np}M} \tag{5-10}$$

$$y_{np} = H + (p - p_1) + H_1 \tag{5-11}$$

式中 K_{np}——压水时的渗透系数，m/d；

Q_{np}——压水时的涌水量，m^3；

y_{np}——压水时含水层底板至动水位高度，m；

p——压水时的压力，MPa；

p_1——压水时管路的压力损失，MPa；

H_1——静止水位至泵出口的高度，m。

5.5.4 井筒排水影响半径计算

潜水含水层中井筒排水影响半径按下式计算：

$$R_1 = 2S_0(K_{cp}H)^{1/2} \tag{5-12}$$

承压水含水层中井筒排水影响半径按下式计算：

$$R_1 = 10SK_{cp}^{1/2} \tag{5-13}$$

式中 R_1——井筒排水时的影响半径，m；

S_0——井筒排水最大时的水位降深，m；

K_{cp}——平均渗透系数，m/d。

5.5.5 井筒最大涌水量计算

潜水含水层中井筒最大涌水量按下式计算：

$$K = 1.366K_{cp}\frac{H}{\lg R_1 - \lg r_0} \tag{5-14}$$

承压水含水层中井筒最大涌水量按下式计算：

$$Q_{max} = 1.366K_{cp}\frac{(2H-M)M}{\lg R_1 - \lg r_0} \tag{5-15}$$

$$Q_{max} = 2.73K_{cp}\frac{MS_0}{\lg R_1 - \lg r_0} \tag{5-16}$$

式中 Q_{max}——井筒最大涌水量，m^3/d；

r_0——井筒掘进半径，m；

S_0——静水位高度，m，$S_0=H$。

5.5.6 堵水效果

淮南矿区注浆堵水效果显著，含水地层注浆前后平均涌水量见表 5-20。

表 5-20 含水地层注浆前后平均涌水量

序号	矿井名称	注浆前预测涌水量/($m^3\cdot h^{-1}$)	注浆后平均涌水量/($m^3\cdot h^{-1}$)	堵水率/%	备 注
1	张集矿北区主井	225.5	3.40	98.49	抽水检验
2	张集矿北区副井	121.2	2.18	98.0	抽水检验
3	顾桥矿南区回风井	134.2	2.26	98.3	压水检验
4	顾桥矿南区进风井	189.34	2.27	98.8	压水检验
5	望峰岗矿主井	84.37	5.12	93.93	压水检验
6	望峰岗矿二副井	79.6	4.83	93.9	压水检验
7	张集矿主井	225.5	4.67	99.24	最终成井
8	张集矿风井	121.2	3.16	92.73	
9	顾桥矿主井	943.46	3.05	99.68	抽水检验
10	顾桥矿副井	359.5	3.71	99.7	实际开挖涌水量 2.7 m^3/h
11	朱集矿主井	297.57	2.26	99.2	压水检验，掘进时<1 m^3/h
12	张集矿二副井	324.37	1.83	99.4	压水检验

实践证明，注浆堵水率在 92.73% 以上，很多达到 98%，堵水效果好，做到了施工打“干井”，加快了施工速度，取得了明显的经济效益和社会效益。

5.6 顾桥矿南区立井地面预注浆施工

5.6.1 工程概况

5.6.1.1 设计概况

顾桥矿南区位于淮南市凤台县桂集乡西约 2 km 处，距离省道凤利公路 2 km，交通便利，地势平坦，地面自然标高+24.3 m。

顾桥矿南区井筒设计净直径 8.6 m，井筒原设计深度 852.6 m，延深至 1034.6 m，井筒上部表土及部分基岩采用冻结法，下部基岩采用直孔加 S 孔地面预注浆特殊施工法凿井，原注浆段高 327~862.6 m，现延深至 1045 m，总厚度 718 m。

5.6.1.2 工程与水文地质

该井筒位于十五与十六勘探线之间，处于 F16、FD152 断层形成的断块内。该区煤层平缓，构造十分发育，井筒被断层切割，区块内地层平缓，倾角 3°左右，地层走向总体近北西向，呈波状起伏。岩芯不够完整，裂隙发育，破碎带层数多，破碎程度较强。

断层：有 F114、F16-1、FS165、FD152 等。FD152 断层：埋深 322~332 m，位于顾桥矿南区东北，为正断层，北西走向，倾向北东，倾角 50°~60°，断层带落差 10 m，上部落差增大，明显的破碎带和断层角砾岩影响岩帽注浆；F16-1 断层：根据井检孔可知，13-1 煤层与 11-2 煤层的间距 89 m 比正常间距大 11 m，说明 F16-1 属逆断层，走向 N70° W，倾向南北，倾角 58°，落差 11 m，埋深 780~790 m，把井筒分成南北两块段。有大于 0.5 m 厚的煤层 24 层，大于 4 m 的破碎带 8 层。

风化带：起止深度为 293.9~323.5 m，厚度为 29.6 m，多为花斑状泥岩、砂质泥岩和粉砂岩，上部风化较强烈，岩芯较破碎，下部岩芯较完整。

裂隙：在直孔钻进时，各孔进行了分段取芯工作，取芯深度为 292.8~500 m，证实此段地层裂隙发育、岩石破碎。

注浆孔达到深度 430 m、780 m 处岩粉极多、坍塌掉块严重，主要原因是断层带破碎所致。

井筒检查孔资料显示基岩共分 12 个含水层，井筒涌水量为 331.0 m^3/h，见表 5-21。

表 5-21 井筒检查孔提供的含水层有关数据

含水层	起止深度/m	厚度/m	涌水量/($m^3 \cdot h^{-1}$)
1	396.00~415.00	19.00	189.134
2	446.00~451.75	5.75	22.986
3	478.00~492.00	4.00	36.279
4	590.00~598.00	8.00	33.943
5	633.00~641.50	8.50	9.019
6	698.70~709.85	11.15	7.317
7	737.10~742.95	5.85	6.650
8	810.40~818.95	8.55	5.532
9	908.75~935.75	27.00	6.893
10	954.95~964.60	9.65	4.187
11	1016.75~1029.50	12.75	4.703
12	1052.80~1071.35	18.55	4.375

5.6.2 施工技术参数

根据井筒水文地质条件，治水方案采用上部冲积层及风化带冻结治水，下部基岩段采用注浆法，采用“直孔+S 孔”注浆，S 孔经定向钻进增斜、稳斜、降斜于 480 m 左右进入设计靶域后变为直孔。

1）注浆深度

注浆上限深度与冻结深度重叠 17 m，注浆的起止深度为：根据地质条件和实际施工情况，直孔 327～500 m，注浆段长 173 m，固管段深 328 m；S 孔 480～1045 m，注浆段长 565 m，固管段深 348 m，与直孔段重叠 20 m。S 孔 450～500 m 为重叠段，接续直孔 500 m 以下为注浆段。

2）注浆方式

注浆方式有分段下行、分段上行和上下行混合方式，主要决定于井壁条件和裂隙窜浆的干扰等因素。岩帽段注单液水泥浆，岩帽以下段注黏土水泥浆。

3）段高及注浆压力

注浆段高及注浆压力设计见表 5-22。

表 5-22　注浆段高及注浆压力设计

段序	直孔			S 孔		
	起止深度/m	段高/m	终压值/MPa	起止深度/m	段高/m	终压值/MPa
岩帽	327～337	10	5.1～6.8			
1	337～387	50	9.7～11.6			
2	387～446	59	11.2～13.4			
3	446～500	54	12.5～15.0			
4				500～571	71	11.4～14.3
5				571～619	48	12.4～15.5
6				619～689	70	13.8～17.2
7				689～753	64	15.1～18.8
8				753～819	66	16.4～20.5
9				819～862.6	43.6	17.3～21.6
10				862.6～900	37.4	18.0
11				900～952	52	19.0
12				952～1000	48	20.0
13				1000～1045	45	20.9

4）注浆孔布置

根据井筒水文地质资料及设计要求，注浆孔布置 8 个直孔、圈径 13.6 m，8 个 S 孔、地面圈径 38 m，直孔完成后施工冻结孔，实现冻结造孔与注浆平行作业。布孔圈径及布孔数量见表 5-23。

表 5-23 注浆孔布置参数

钻孔类型	孔数/个	孔深/m	注浆深度/m	布孔圈径/m	
直孔	8	500	327~500	13.6	
S 孔	8	1045	335~862.6	地面	500 m 以下
				38	13

5）注浆结束标准

单液水泥浆（岩帽段）的注浆结束标准：①达到或超过设计终压值；②泵量小于或等于 100 L/min；③稳定时间不小于 20 min。

黏土水泥浆（注浆段）的注浆结束标准：①达到或超过设计终压值；②泵量小于或等于 250 L/min；③稳定时间不小于 20 min。

6）注浆帷幕

该次注浆的有效扩散距离（以井筒为中心）：862.6 m 以上段 14 m 和 862.6 m 以下段 14.2 m。

7）孔斜要求

直孔终孔偏斜不大于 8‰。S 孔 480~500 m 定向进入靶域，下部直孔段偏斜率控制在 8‰，向井心方向偏斜不超过 3 m，且钻孔各水平落点大致均布。

8）注浆材料

注浆材料，岩帽段选用单液水泥浆，注浆段选用黏土水泥浆。

9）注浆段的划分

为了保证施工进度的需要将原设计中注浆段高进行了重新划分，段高的具体划分见表 5-24。

表 5-24 注浆段划分

m

段序	直孔		S 孔		备注
	起止深度	段高	起止深度	段高	
1	337~387	50	348~500	152	导斜段
2	387~446	59	500~571	71	
3	446~500	54	571~619	48	
4			619~689	70	
5			689~753	64	
6			753~819	66	
7			819~900	81	
8			900~970	70	
9			970~1045	75	

10）注浆压力

根据实际施工情况，同甲方、监理方商讨，决定岩帽段为静水压力的 3 倍，直孔段为静水压力的2.5~3.0倍，S孔段为静水压力的2.0~2.5倍，延深段为静水压力的2.0倍。施工中严格按设计压力值施工，严把注浆终压关。各注浆段终压值见表5-25。

表5-25 顾桥矿南区各注浆段终压统计

孔型	段序	起止深度/m	终压/MPa								平均值/MPa	倍数
			孔号									
			1	2	3	4	5	6	7	8		
直孔	岩帽	328~338	10.0	10.2	10.0	10.5	10.0	12.0	10.0	10.3	10.4	3.1
	1	338~387	11.0	10.0	11.5	10.0	12.5	10.0	11.0	10.0	10.8	2.8
	2	387~446	13.0	12.0	13.0	12.1	13.0	12.5	13.5	11.7	12.6	2.8
	3	446~500	14.0	13.3	15.3	12.8	14.3	12.5	15.0	12.5	13.7	2.7
S孔	4	500~571	14.8	15.0	14.5	18.3	14.7	15.9	14.5	15.4	15.4	2.7
	5	571~619	18.4	15.5	14.7	18.3	15.7	16.5	15.9	15.4	16.3	2.6
	6	619~689	18.4	17.4	15.3	18.3	14.3	17.5	18.2	15.4	16.9	2.4
	7	689~753	18.4	18.5	17.2	18.3	15.5	16.5	15.3	19.3	17.4	2.3
	8	753~819	18.3	17.9	18.5	20.8	19.4	18.5	15.5	18.4	18.4	2.2
	9	819~900	20.7	19.0	21.3	21.5	20.2	18.8	18.4	20.5	20.1	2.2
	10	900~970	22.7	20.0	20.5	21.5	21.0	24.0	18.5	22.1	21.3	2.2
	11	970~1045	23.3	20.5	23.0	22.5	22.5	24.0	22.3	23.8	22.7	2.2

从表5-24可以看出1~11段平均终压值分别达到静水压力的3.1、2.8、2.8、2.7、2.7、2.6、2.4、2.3、2.2、2.2、2.2、2.2倍，各段注浆终压值均达到或超过设计值，并且在重点含水层和煤层提高了注浆压力，说明浆液有足够的扩散动力。稳定时间均在20 mim以上，保证了注浆质量。

5.6.3 注浆孔钻进

注浆前期先施工8个直孔，分两组施工，第二组孔滞后的7号孔做338~500 m段压水试验；S孔分两组施工，第二组孔滞后的S4孔做500~753 m段压水试验，S2-1孔做753~1045 m段压水试验。

钻孔孔位布置如图5-23所示。

1）造孔、固管工程量

注浆工程累计完成钻探工程量13170 m，其中直孔固管段2624 m，S孔固管段2784 m。表土层段均采用牙轮钻头钻进，直孔钻至327 m，下入ϕ146 mm×6 mm护壁管，S孔钻至348 m，下入ϕ168 mm×6.5 mm护壁管，单液水泥浆固管，养护后，换ϕ118 mm牙轮钻头，无芯钻进至终孔。直孔深500 m，钻探工程量4000 m；S孔深1045 m，钻探工程量9170 m。

2）钻孔结构

直孔结构：0~327 m为固管段，孔径190 mm，注浆段孔径为118 mm。

S孔结构：0~348 m为固管段，孔径190 mm，注浆段孔径为118 mm。

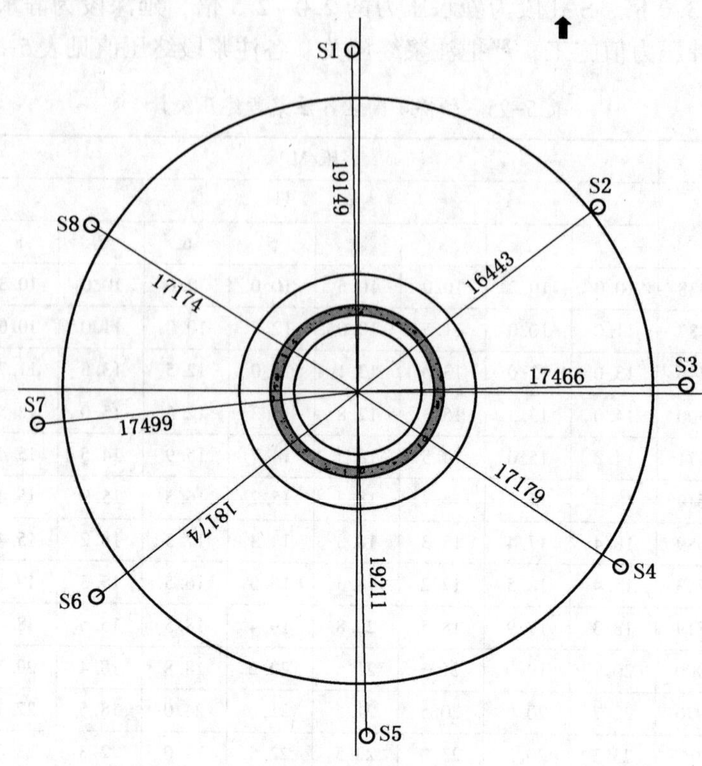

图 5-23 钻孔孔位布置

3）钻孔测斜

钻孔测斜均采用 TCX-50 型陀螺测斜仪。

本工程成立专门测斜工作组，按时标定仪器，保证测斜仪完好。严格按设计施工，每 30~50 m 测斜一次，必要时加密测点，数据及时填绘至钻孔偏斜投影平面图上，根据钻孔偏斜情况，采取有效措施控制轨迹。

定向钻进工作，利用陀螺测斜仪按设计轨迹施工，保证钻孔落点在井筒周围大体均匀分布。8 个直注浆孔，8 个 S 形注浆孔偏斜完全了达到设计要求。

钻孔的偏斜情况如图 5-24 和图 5-25 所示。

5.6.4 注浆施工

1）止浆

注浆孔钻到注浆段预定深度，将孔冲洗干净，根据段高并结合孔壁情况选择适当的止浆位置。将止浆塞下到岩石坚硬完整、孔壁圆滑规则的岩层，钻具丝扣缠线拧紧，然后向上缓慢提拉钻具使止浆塞卡瓦与孔壁卡牢，胶筒膨胀挤实，进行注前压水试验，钻孔不返水即止浆成功，若失败，改变位置再次止浆，直至合格为止。

本次注浆施工中，387~500 m 和 753~900 m 段一次性止浆成功率很低，不是拉不住，就是止浆塞卡住，达不到止浆效果。在此种情况下采取两种措施：一是加大卡瓦，二是镗孔后下直径大的止浆塞。

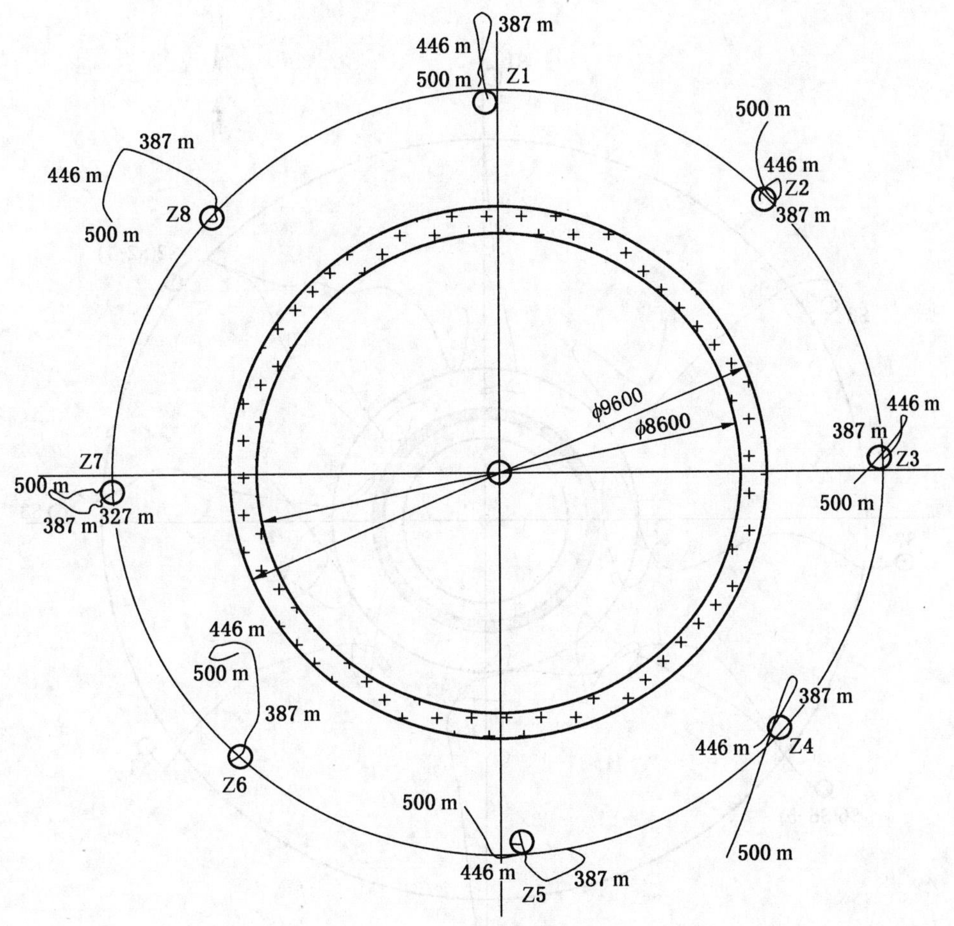

图 5-24 直孔钻孔偏斜图

2）注前压水试验

每次止浆塞下好后进行注前压水试验，其目的是检查止浆效果，疏通裂隙，测定预注浆段岩层吸水率，了解岩层透水性，选择浆液配比。压水试验持续 20 min，无异常情况正式注浆。

3）注浆

遵循先稀后浓的原则，采取间歇式注浆，复杂地层采取小段高，多注次，少注量，逐步增压，充填裂隙，达到预期注浆目的。

（1）注浆前测试黏土浆比重、黏度等性能指标，根据压水数据确定浆液配比。

（2）由注浆泵输送配制好的浆液，经过注浆管路注入孔内，使浆液在岩层中扩散、充填、结石。

（3）注浆过程中，具体测试浆液的比重、黏度等，及时观察泵压、泵量，每 5 min 记录一次，同时观察注入量、水泥和水玻璃的加量，发现异常立即采取相应措施。

（4）注浆期间，设专人观察孔口，一旦出现返浆、掉压、顶塞、窜浆等情况有效地采取应急办法。

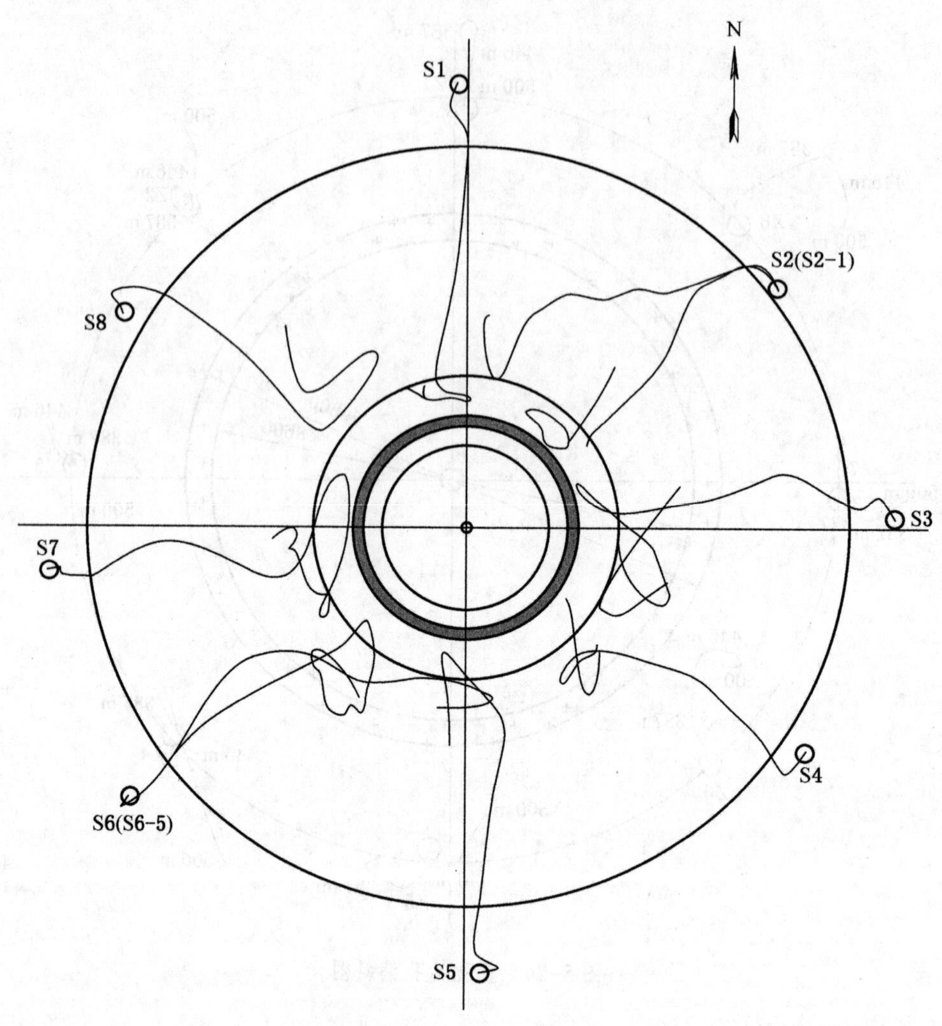

图 5-25　S 孔钻孔偏斜图

(5) 注浆压力、泵量、注入量及稳定时间等达到该段的注浆结束标准，即可结束该段注浆工作，一次不能结束，复注达到结束标准。

4) 注后压水

注浆结束时，按照管路内径计算容积，压入定量清水将注浆管路内的浆液压入孔内，然后解开高压胶管清洗注浆管路及注浆泵。

5) 起塞

黏土水泥浆注浆结束 3~6 h，待余压消除后将止浆塞从孔内起出，单液水泥浆 2~4 h 起塞。

6) 养护、扫孔及复注

注浆后养护时间，单液水泥浆为 4~8 h，复注间隔时间 20~24 h；黏土水泥浆一般养护 6~12 h 后扫孔复注。

钻孔注浆全部结束后，注浆段浓浆复注封孔。固管段采用 0.6：1 的单液水泥浆封孔，

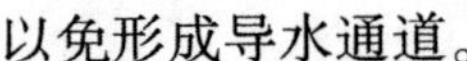
以免形成导水通道。

注入量是保证注浆质量的关键之一，总注浆量 47943.5 m^3，井筒平均每米注浆量 66.77 m^3。其中直孔注入量 21201.5 m^3，单液水泥浆 1836.5 m^3，黏土水泥浆 19365 m^3，井筒平均每米注浆量 122.71 m^3；S 孔注入量 26742 m^3，单液水泥浆 222 m^3，黏土水泥浆 26520 m^3，井筒平均每米注浆量 48.66 m^3。

5.6.5 注浆材料

注浆施工中，以黏土水泥浆为主。需要加固的层段如岩帽、破碎带仍注单液水泥浆。

5.6.5.1 原材料

1）水泥

采用淮南舜岳水泥有限责任公司生产的八公山牌普通硅酸盐水泥，其性能见表 5-26。

表 5-26 水泥检验结果

检验项目		标准	检验结果	判定
细度（负压筛法 80 μm）		≤10	5.9	合格
凝结时间 h/min	初凝	≥0.45	3.20	合格
	终凝	≤10.00	5.50	合格
抗折强度/MPa	3 d	2.5	4.1	合格
	28 d	≥5.5	7.6	合格
抗压强度/MPa	3 d	11.0	25.7	合格
	28 d	≥32.5	43.3	合格

2）黏土

整个工业广场被厚层黏土覆盖，取其地表下耕土深度 0.5~4.0 m 的黏土，经中煤三建（集团）有限责任公司中心实验室化验，属于弱膨胀性钙质黏土，含水率为 24.2%，容重为 2.58 g/cm^3、比重为 2.64，塑性指数为 21.4，液限为 43.2%，塑限为 21.8%，适宜制作黏土水泥浆，浆液性能良好。

3）水玻璃

黏土水泥浆需用水玻璃作添加剂与水泥、水解后的活性剂反应，生成一种胶体，使黏土水泥浆变稠，几乎不析水，在水中不离散，浆液不易沉淀。水玻璃用量小于或等于活性剂参与反应的需要量。采用淮南市第二泡花碱厂生产的水玻璃，模数为 3.29~3.3，浓度为 38.7~40°Bé，使用效果良好，满足注浆要求。

5.6.5.2 单液水泥浆

（1）水泥加水搅拌生成水泥浆，为了缩短水泥初、终凝时间，提高早期强度，在水泥浆中加入水泥量 5‰的盐和 0.5‰的三乙醇胺。

（2）浆液的配比根据现场情况确定。注浆过程中按照水和水泥的重量比调整浆液浓度，以适应于不同开度的岩石裂隙，达到好的封堵效果。

（3）浆液的质量监测：

①严格按配比要求投料，先加水后加水泥搅拌均匀，经 10 目纱网过滤，除去杂物和

水泥积块，方可用泵灌注。

②定时检测浆液比重、黏度，及时指导拌浆投料。

③严格控制盐和三乙醇胺等添加剂的加量。

5.6.5.3 黏土水泥浆

黏土水泥浆主要由黏土、水泥、添加剂和水构成。先将黏土搅拌成泥浆，再加水泥和添加剂，拌成均匀的黏土水泥浆。

1）黏土水泥浆的配制

（1）不同比重黏土浆，制 1 m^3 黏土浆的水和黏土配比见表 5-27。

表 5-27 制 1 m^3 黏土浆的水和黏土配比

黏土浆比重	1.15	1.18	1.20	1.24	备注
黏土/kg	236	283	314	346	黏土比重取 2.72
水/L	914	897	886	874	

（2）用不同比重黏土浆，制 1 m^3 黏土水泥浆的水泥加量表 5-28。

表 5-28 制 1 m^3 黏土水泥浆的水泥加量

水泥量/kg	黏土水泥浆比重				说明
	1.15	1.18	1.20	1.22	
50	1.18	1.21	1.23	1.25	水泥比重取 3
100	1.21	1.24	1.26	1.28	
150	1.24	1.27	1.29	1.31	
200	1.27	1.30	1.32	1.34	

2）黏土水泥浆的性能

好的黏土水泥浆，渗透性好，结石体隔水性强，耐腐蚀，且浆液不易沉淀，不会被水稀释流失，在输送过程中不凝固，停止流动后很快具有塑性强度，经压密脱水后浆液的结石体强度可达 3 MPa，放在水中长期浸泡不软化，在岩石爆破震动时不易开裂，大大提高了堵水的可靠性。

（1）相同比重的黏土水泥浆比水泥浆黏度大得多。在黏土浆中加入重量 10% 的水泥，其黏度将提高 0.5~1 倍，再加入水泥的 10% 水玻璃，黏度再提高 2~6 倍。黏度大有利于充填大裂隙，用较高的注浆压力使浆液到更远距离，堵住主要过水通道，同时切断了井筒细小裂隙的补给源，有利于提高堵水效果。

（2）颗粒细。黏土水泥浆中黏土占多数，塑性指数达到 18，土粒细、分散程度高、比表面积大、交换量大的黏土，粒径小于 0.005~0.075 mm 的占 70% 左右。黏土中主要矿物为蒙脱石、伊利石和高岭石，蒙脱石、伊利石亲水性强且具有强烈的膨胀性。黏土水泥浆颗粒比单液水泥浆要细小得多，这样有利于微细裂隙的充填和扩散。

（3）析水率低。黏土水泥浆在常压的析水率一般在 0~2%。施工现场取样观测几乎不析水，注入裂隙中的浆液结石体，一次性全断面充填，不会留过水通道，特别是在注浆压力作用下，使浆液压密、脱水，将裂隙充填得更密实，增强堵水效果。

（4）早期塑性强度。浆液充填岩石裂隙固结的同时抵抗地下水压而不破坏，主要是浆液的塑性强度，即剪切强度。它与浆液的密度和受力方向的充填长度相关。黏土水泥浆塑性强度变化规律为：0~4 h，塑性强度很小，变化不大；4~48 h，塑性强度呈直线上升，增幅很大；48~72 h，塑性强度增加缓慢；72 h~28 d，塑性强度增加不大，呈平缓线；28 d后，塑性强度稳定。

黏土水泥浆便于注浆作业，停 2~3 h 也可继续注浆。注入的浆液在裂隙中停留 4 h，其塑性强度增加，可为后注入的浆液开辟新路而充填次一级裂隙，扩大充填范围。二次注浆可使塑性强度达到高值，便于再次注浆。

（5）抗渗性强。黏土水泥浆结石体抵抗高水头地下水的渗透能力明显高于水泥浆。黏土水泥浆的抗渗性是评价浆液质量、注浆堵水质量，特别是评价井筒注后剩余水量的重要指标。通常黏土水泥结石体的渗透系数为 10^{-1} ~ 10^{-7} cm/s，而水泥结石体的渗透系数为 10^{-1}~10^{-3} cm/s。

（6）结石率高。结石率为浆液凝固硬化后的结石体体积与浆液体积之比。它直接反映了浆液充填裂隙结石体的饱满程度，关系到堵水效果。结石率与浆液密度相关，随浓度增加而增大，也与注浆压力、围岩的透水性有关。单液水泥浆的结石率（W：C=1：1）为 85%，而黏土水泥浆结石率在 95% 以上，所以说黏土水泥浆是优于水泥浆的一种理想堵水材料。

（7）耐久性强。耐久性是浆液结石体随时间的延长其结构、强度等发生物理变化的性能。黏土水泥浆是一种永久性注浆堵水材料。

5.6.5.4 浆液注入量

注浆量较大，超过设计注入量，各项注浆材料用量见表 5-29 和表 5-30。共用水泥 10718.7 t，其中固管用 198.1 t，岩帽段 1791.5 t，注浆段 8729.1 t；盐 12359.5 kg，其中固管用 767 kg，岩帽段 11592.5 kg；三乙醇胺 1235.95 kg，水玻璃 1096.59 m^3。

表 5-29 直孔注浆材料统计汇总

孔号	Z1	Z2	Z3	Z4	Z5	Z6	Z7	Z8	合计
水泥/t	605.5	933.2	468.3	668.0	583.0	1159.6	624.0	969.0	6010.6
水玻璃/m^3	37.31	87.69	37.84	58.92	50.21	93.77	57.10	82.67	505.41
盐/kg	1054.0	1711.5	726.0	1445.5	979.0	2835.5	1136.5	2268.5	12155.5
三乙醇胺/kg	105.40	171.15	72.6	144.55	97.90	283.55	113.65	226.85	1215.55

表 5-30 S 孔注浆材料统计汇总

孔号	Sl	S2	S3	S4	S5	S6	S7	S8	合计
水泥/t	577.3	582.6	700.4	481.9	678.8	503.7	611.2	572.2	4708.1
水玻璃/m^3	69.57	90.90	79.18	57.94	85.40	69.93	74.88	63.38	591.18
盐/kg	72.0		72.0		60.0				204
三乙醇胺/kg	7.20		7.20		6.00				20.4

5.6.6　注浆质量检查及分析

5.6.6.1　注浆钻孔偏斜

钻孔偏斜是评价注浆质量的主要内容，钻孔偏离井筒荒径，或相邻钻孔相向、背向偏斜，都会使钻孔同一水平落点不均匀，注浆帷幕体出现薄弱部位、影响注浆质量。8 个直孔偏斜很小，终孔偏斜率依次是 0.5‰、2.8‰、1.5‰、5.0‰、2.5‰、3.9‰、1.5‰、3.5‰。S 形钻孔由于采用陀螺测斜仪控制，钻孔轨迹按设计进入靶域，入靶后继续监测，直至钻孔落点达到大体均匀，轨迹基本理想。

5.6.6.2　各注浆段交圈图分析

注浆段各水平分别绘制交圈投影图。井筒净直径 8.6 m，井筒基岩段荒径 9.6 m，通过设计的扩散距离 13.8 m 减去井筒荒半径 4.8 m 得出有效扩散半径，819 m 以上 9.2 m、819 m 以下 9.4 m。以钻孔该水平断面落点为圆心，扩散半径划弧绘制注浆帷幕交圈图。在 387 m、446 m、500 m、571 m、619 m、753 m、819 m、900 m、970 m、1045 m 水平注浆帷幕交圈图上，量得注浆有效扩散半径和隔水帷幕最小厚度（表 5-31），其中最薄处为 8.14 m，超过注浆帷幕不小于 6 m 的要求，注浆帷幕厚度完全达到设计和施工的技术要求，各水平注浆帷幕交圈图如图 5-26、图 5-27 所示。

表 5-31　注浆交圈状况预测

井深/m		最小帷幕半径/m	井深/m		最小帷幕半径/m
直孔段	387	10.58	S 孔段	753	8.86
	446	9.23		819	8.20
	500	9.92		900	9.32
S 孔段	571	8.14		970	11.01
	619	8.25		1045	11.02

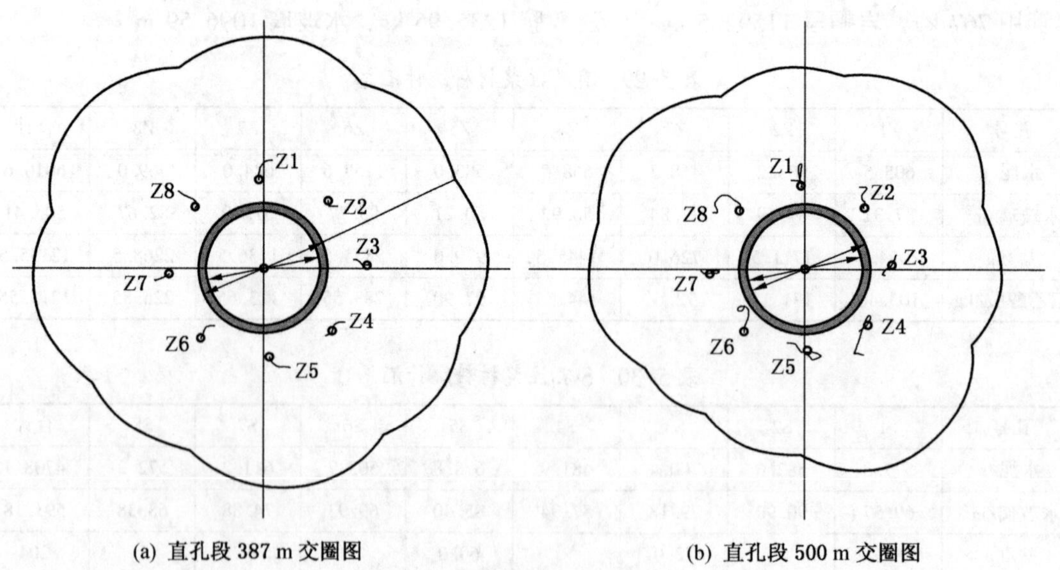

(a) 直孔段 387 m 交圈图　　(b) 直孔段 500 m 交圈图

图 5-26　直孔段交圈图

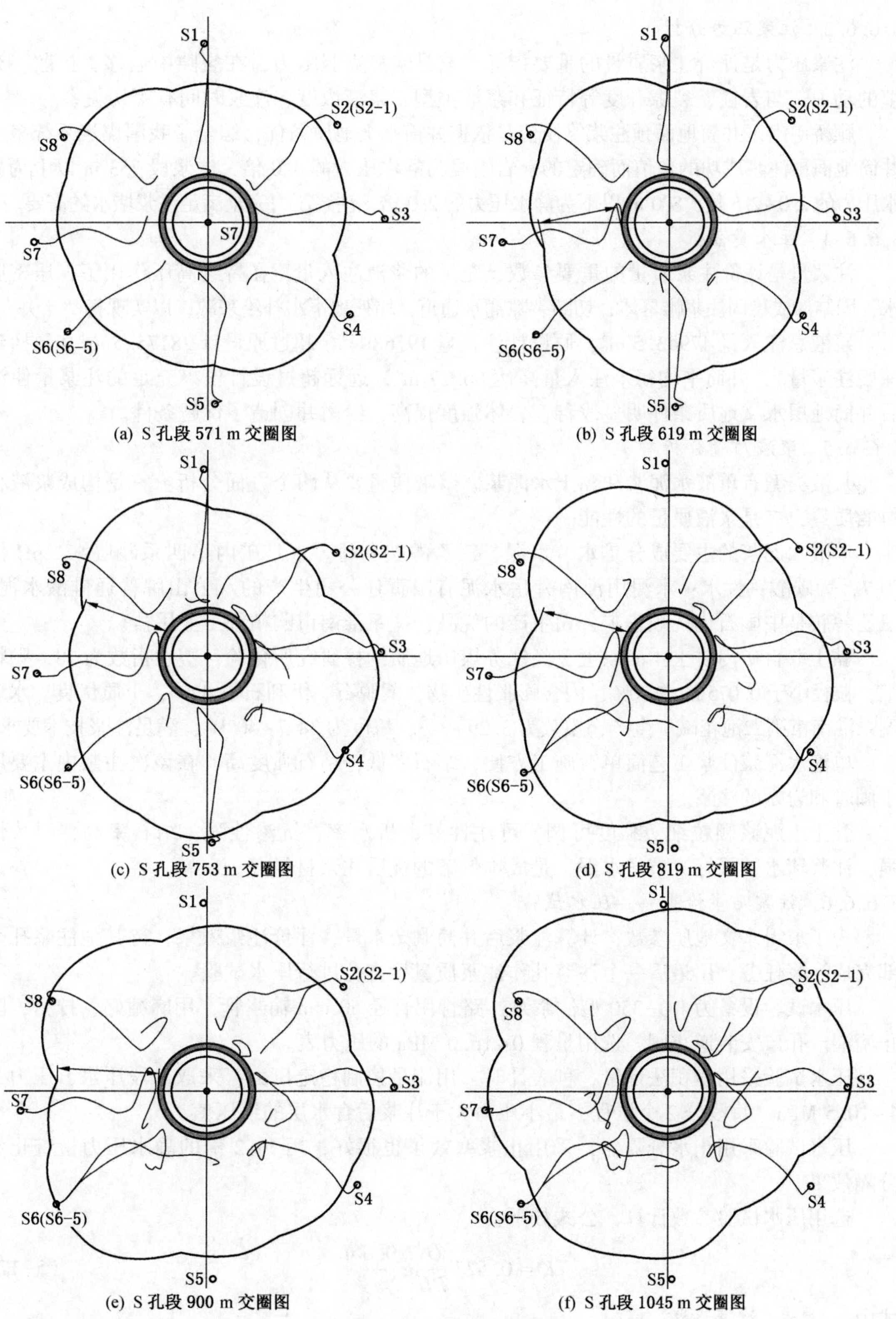

图 5-27 S 孔段交圈图

5.6.6.3 注浆压力分析

注浆压力是评价注浆质量的重要指标。它是浆液克服阻力，在裂隙中运移、扩散、充填的动力，与岩性、裂隙开度等特征和浆液类型、浆液浓度、注浆时间有密切关系。

顾桥矿南区井筒地面预注浆终压值是依据井筒水文地质条件，综合了我国煤炭系统多个井筒地面预注浆成功的数值而确定的。岩帽段为静水压力的3.0倍，注浆段753 m以上为静水压力的2.0~2.5倍，800 m以下为静水压力的2.0倍，注浆压力完全满足注浆堵水的需要。

5.6.6.4 注入量分析

注浆量是评价注浆质量的重要参数，充足的浆液注入量，在持续高压作用下，压密脱水，固结形成稳固注浆帷幕体，切断裂隙涌水通道，堵死地下水补给来源，以实现打“干井”。

浆液总注入量47943.5 m^3，原设计注入量19768 m^3，超过原设计28175.5 m^3（包括延深段注浆量），井筒平均每米注入量高达66.77 m^3，远远超过设计值。充足的注浆量使注后井筒地层水文地质条件明显改善，岩体强度提高，给凿井创造了优越条件。

5.6.6.5 浆液质量分析

浆液类型有单液水泥浆和黏土水泥浆。浆液质量要从两个方面分析：一是构成浆液材料的质量，二是浆液质量的性能。

单液水泥浆的主要成分是水、水泥、三乙醇胺和盐。水是矿内第四系砂层水，pH值为7，为碳酸钙性水；水泥用淮南舜岳水泥有限责任公司生产的八公山牌普通硅酸水泥；三乙醇胺是中国石化抚顺华丰公司生产的优品；盐系淮南市购精细工业用盐。

黏土取自矿内耕土4 m以上，经江苏煤田地质勘探研究所化验，塑性指数为18，颗粒细，粒径小于0.075的占70%，内含膨胀性矿物，蒙脱石、伊利石占47%，土质优良。水玻璃系淮南市第二泡花碱厂生产，模数为3.29~3.3，浓度为38.7~40°Bé，满足注浆技术要求。

单液水泥浆注浆工艺简单，施工方便，结石率低，结石强度高，在该次注浆中主要用于固管和岩帽的注浆。

黏土水泥浆颗粒细，黏度可调，可注性好，析水率、抗渗性强，结石率高，耐久性强，注浆堵水效果好，节省水泥，是成本低廉的优质注浆材料。

5.6.6.6 注浆质量检查——压水试验

为了求得水文地质参数，计算注浆后井筒剩余水量，评价注浆效果，待其他注浆孔全部完成注浆任务，用最后一个注浆孔作注浆质量检查孔进行压水试验。

压水试验设备为BQ-350型注浆泵，路管用直径50 mm输浆管，用麻缠好、拧紧，防止滴漏。孔口安装逆止阀，选用量程0~16.0 MPa的压力表。

压水试验采用容积法计量，秒表计时，用流量控制稳定压力；采取分段压水，压力为4~10.5 MPa。每段分2个压程，最小压力大于注浆后含水层的终压值。

压水试验采用止水分隔器，采用止浆塞效果也很好，用1~2倍的静水压力检查止水分隔效果。

选用压水试验参数计算，公式如下：

$$K = 0.527 \frac{Q}{PL} \lg \frac{0.66L}{r_{孔}} \tag{5-17}$$

式中　K——渗透系数，m/d；

表 5-32 注浆效果汇总

孔号	压水段	压程	压水水量 $Q/(L \cdot min^{-1})$	压力水头 P/m	段长 L/m	单位吸率/$(L \cdot min^{-1} \cdot m^{-2})$	钻孔半径 $r_{孔}/mm$	渗透系数 $K/(m \cdot d^{-1})$	平均渗透系数/$(m \cdot d^{-1})$	含水层深度/m	含水层厚度 M/m	影响半径 $R_{井}/m$	井筒荒半径 $r_{井}/m$	预计剩余水量 $Q/(m \cdot h^{-1})$
Z7	327~387	1	1.530	500	60	5.10×10^{-5}	0.059	8.36×10^{-5}	9.88×10^{-5}	387	60	35.000	4.8	0.269
		2	2.980	600	60	8.26×10^{-5}		1.14×10^{-4}		387	60	41.000	4.8	0337
	382~500	1	0.283	400	117.7	8.65×10^{-6}	0.059	1.78×10^{-5}	1.42×10^{-4}	500	117.7	21.080	4.8	0.164
		2	5.240	500	117.7	1.28×10^{-4}		2.11×10^{-4}		500	117.7	72.555	4.8	1.055
		3	7.122	600	117.7	1.28×10^{-4}		1.99×10^{-4}		500	117.7	70.519	4.8	1.007
S4	486~753	1	0.191	500	267	1.43×10^{-6}	0.059	3.94×10^{-6}	2.28×10^{-5}	753	267	14.954	4.8	0.150
	497~753	2	4.969	800	256	2.43×10^{-5}		4.16×10^{-5}		753	256	48.590	4.8	0.754
S1	747~1045	1	0.148	800	298	6.18×10^{-7}	0.059	1.50×10^{-6}	4.39×10^{-6}	1045	298	12.786	4.8	0.016
		2	1.233	1050	298	3.94×10^{-6}		7.28×10^{-6}		1045	298	28.200	4.8	0.142

表 5-33 各孔工期

类别	孔号	开工时间	竣工时间	固管段天数/d	注浆段天数/d	总天数/d
直孔	Z1	2006-08-17	2007-02-02	10	52	62
	Z2	2006-09-25	2006-12-23	14	103	117
	Z3	2006-08-17	2007-02-12	10	52	62
	Z4	2006-09-25	2006-12-23	14	103	117
	Z5	2006-08-17	2007-02-02	10	52	62
	Z6	2006-09-25	2006-12-23	14	103	117
	Z7	2006-08-17	2007-02-02	10	63	74
	Z8	2006-09-25	2006-12-24	14	104	118
S孔	S1	2007-02-04	2008-01-05	5	140	145
	S2	2007-06-06	2007-10-10	11	117	128
	S3	2007-02-05	2007-08-16	7	187	194
	S4	2007-08-18	2007-12-16	6	116	122
	S5	2007-02-06	2007-12-05	9	114	123
	S6	2007-06-08	2007-10-07	8	115	123
	S7	2007-02-17	2007-07-20	5	150	155
	S8	2007-07-25	2007-12-05	6	127	133

Q——压水水量，L/min；

P——压水水头，m；

L——段长，m；

$r_孔$——压水试验钻孔半径，m。

应用上述公式计算出渗透系数 K，再计算注浆后井筒剩余水量，经多个井筒证实采用承压转无压完整井大井法比其他方法更接近实际。

剩余水量计算公式如下：

$$Q = 1.366K\frac{(2H - M)M}{\lg R_{井}/r_{井}} \tag{5-18}$$

式中 Q——井筒剩余水量，m^3/d；

K——渗透系数，m/d；

H——水位降，m；

M——含水层厚度，m；

$R_井$——$10S\sqrt{K}$，与井筒水位降深对应影响半径，m；

$r_井$——井筒荒半径，m。

顾桥矿南区注浆质量检查采用压水试验，注浆孔压水深度与注浆段一致，即第一、二试验段在直孔 7 号孔 328~387 m、382~500 m，第三试验段在 S4 孔 497~753 m，第四试验段在 S2-1 孔 747~1045 m。4 段的渗透系数分别为 1.77×10^{-4} m/d、2.11×10^{-4} m/d、0.416×10^{-4} m/d、0.073×10^{-4} m/d，说明井筒注浆后，含水层的裂隙绝大部分被封堵，水流通道被切断，水文地质条件大大改善。通过压水试验计算注浆后累计井筒剩余水量仅 2.27 m^3/h，堵水效果明显，见表 5-32。

5.6.7 注浆施工工期

顾桥矿南区井筒地面预注浆工程分为直孔、S 孔两部分，先施工直孔 8 个孔后施工 S 孔。直孔完成岩帽及 1、2、3 段的注浆任务，由 S 孔完成重叠段、4~12 段的注浆任务。直孔于 2006 年 8 月 17 日开工，2007 年 2 月 12 日竣工，历时 179 天；S 孔于 2007 年 2 月 4 日开工，至 2008 年 1 月 5 日竣工，历时 308 天（此工期天数不包括由于施工井筒检查孔，注浆工程停止施工的 28 天）；由于直孔和 S 孔的施工工期有 8 天的交叉，所以总的施工工期为 479 天。共完成钻探进尺 13170 m，注浆总量 47943.5 m^3，4 次压水试验。

因为注浆量的增加，地层因素影响，相应增加了透孔、拉塞、注浆等若干时间，所以实际施工工期比预计工期延迟，详见表 5-33。

5.7 潘一东矿主井地面预注浆施工

5.7.1 工程概况

潘一东矿主井井口标高-23.2 m，设计井筒深度 871.2 m，井筒净直径 7.6 m，荒径 9.2 m。采用上冻下注的方式，即新生界松散层采用冻结法（冻结深度 272 m），基岩段采用地面预注浆法，采取内圈直孔+外圈 Y 孔的方案，注浆深度 233.0~883.5 m。本工程自 2008 年 1 月 24 日第一个内圈孔开工至 2008 年 12 月 21 日最后一个 Y 孔封孔结束历时 333 天，总钻孔量 7450.5 m，总注浆量 33634 m^3，井筒采用地面预注浆后剩余涌水量小于 6 m^3/h，注浆效果显著。

5.7.2 注浆深度及段高的划分

5.7.2.1 注浆深度

该井筒新生界地层厚度为205.8 m，岩性主要为黏土、砂质黏土和砂。强风化带位于205.8~225.75 m(19.95 m)，弱风化带位于225.75~232.70 m(6.95 m)。从检查孔简易水文观测来看，冲洗液最大消耗量小于1.6 m^3/h。直孔注浆段消耗量在0.8~1.0 m^3/h，外圈孔注浆段消耗量在0.4~0.6 m^3/h，水位在32~35 m。但附近同时施工的副井检查孔和风井检查孔均发生了冲洗液全漏，漏失量大于15 m^3/h。从检查孔取芯来看，裂隙绝大部分为开放式，没有充填。开放式裂隙发育和裂隙发育的不均衡为该区域的一个显著特征。故本工程注浆段设计起始位置选在第一含水层上部，并与后期冻结深度（272 m）有一定的重合距离，经综合分析，起始位置定在233.0 m处。

在工期允许的条件下尽量增加内圈孔段施工深度，因工期限制也可以提前结束部分内圈孔的注浆深度，这些变化可根据施工进度需要进行适当调节。考虑到本工程工期紧，直孔段注浆结束深度定为495.0 m。

综上所述，内圈直孔注浆起止深度为205.0~495.0 m。

Y形分支孔注浆起始深度为485.0 m，与内圈孔注浆段重合10 m。注浆孔的终孔深度应全部穿过含水层，并进入不透水层10 m，而第十含水层位于854.65~873.85 m，预计涌水量为2.89 m^3/h，故终孔深度位置为883.5 m。

综上所述，外圈孔（Y孔）注浆起止深度为485.0~883.5 m。

5.7.2.2 注浆段高

注浆段高的划分主要取决于含水层的位置、煤层及需要加固的硐室、注浆泵的性能等，并以保证注浆质量、降低材料消耗及加快施工进度为原则。一般将重点注浆层段设计到某一注浆段的顶部，另外还要考虑便于找塞位，以加快施工进度。本注浆共划分9个段高（岩帽段除外），内圈孔4个段高，外圈孔5个段高，最小段高58 m，最大段高88.5 m。具体注浆段高划分、注浆量、压力见表5-34。

表5-34 注浆段高划分、注浆量、压力

段序	起止深度/m	段高/m	压力/MPa	注浆量/m^3	备 注
岩帽	233.0~243.0	10	3.65~4.86	554	水泥浆
1	243.0~304.0	61	6.69~7.60	2926	黏土水泥浆
2	304.0~362.0	58	7.96~9.05	2448	
3	362.0~430.0	68	9.46~10.75	2609	
4	430.0~495.0	65	10.89~12.38	2494	
5	485.0~565.0	80	11.3~12.43	2081	
6	565.0~640.0	75	12.8~14.08	2230	
7	640.0~720.0	80	14.4~15.84	2379	
8	720.0~795.0	75	15.9	2230	
9	795.0~883.5	88.5	17.4	2640	
合计		660.5		22591	

实际施工中对段高进行了调整。主要含水层一般是砂岩，也是塞位的首选。在段高的设计上，把主要含水层放在注浆段顶或段底，注浆时位于段顶的含水层相应地提高了注浆压力，位于段底的含水层，经本段注浆结束后又成为下段注浆止浆塞位置，又相应提高了注浆压力和增加了复注次数。另外主要含水层所处段高一般控制在 60~80 m，段高不宜过大。注浆段高调整将含水层与塞位统一起来，既保证了注浆效果，又大大提高了找塞位成功率。

5.7.3 注浆参数

5.7.3.1 注浆孔布孔圈径及布孔数量

根据井筒建设“三同时”的原则，主井井筒地面预注浆先行施工，本工程地面共布置 9 个钻孔，内圈 6 个直孔，分别为注 1、注 2、注 3、注 4、注 5、注 6 孔，内圈孔布孔圈径 13.0 m，注浆深度为 233.00~495.00 m，分两轮施工。外圈 3 个 Y 形分支孔，分别为 Y1(Y2)、Y3(Y4)、Y5(Y6)，其布孔圈径为 30~40 m，二轮施工分叉成 6 个。第一轮施工 Y1、Y3、Y5 三孔，待该三孔钻探注浆到孔底（883.5 m）后封到孔深 300 m 左右后进行定向造斜，分叉为 Y2、Y4、Y6 三孔，再钻探注浆到孔底（883.5 m）。Y 孔造孔与内圈直孔在孔深 485.0 m 处对接，与直孔重合 10 m。各钻孔相对位置如图 5-28 所示。

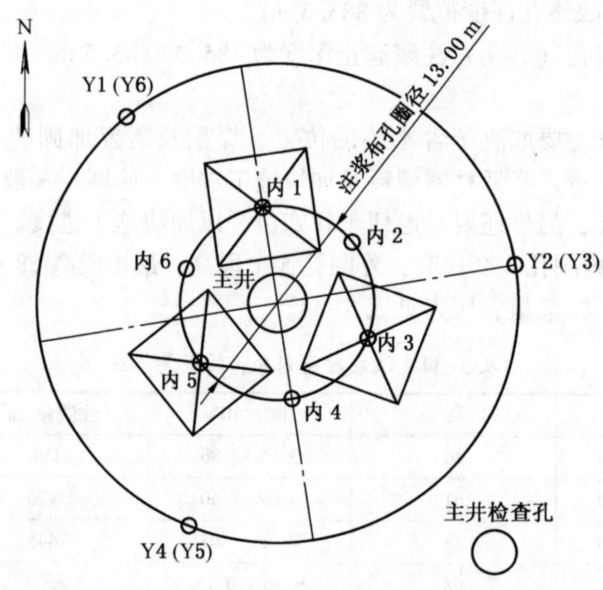

图 5-28 潘一东矿主井注浆钻孔布置

5.7.3.2 注浆压力

注浆压力是注浆时克服静水阻力，将浆液压入地层的动力，合理的注浆压力既可将浆液推置井筒有效帷幕以外，保证掘井时浆液交圈厚度，又不至于使浆液扩散太远。注浆压力经研究后确定为孔深 495.0 m 以上为静水压力的 2.5~3.0 倍，外圈孔 485.0~720.0 m 为静水压力的 2.5~3.0 倍，720~883.5 m 为静水压力的 2.0~2.5 倍。注浆压力可根据实际情况有所调整。各段压力具体见表 5-34。

5.7.3.3 注浆量

浆液注入量根据浆液有效径向扩散距离和注浆段平均裂隙率等参数，应用下列公式进行计算：

$$Q=\frac{A\pi R^{2}Hn\beta}{M} \tag{5-19}$$

式中 Q——浆液注入量，m^3；

A——浆液超扩散消耗系数，A一般取1.3，岩帽段取1.5；

R——距井筒中心的浆液有效扩散半径，取14.5 m；

H——注浆总段高，m；

M——浆液结石率，取0.85；

β——浆液充填系数，取0.95；

n——岩层平均裂隙率，岩帽段取5.0%，直孔段取4.0%~5.0%，其他段取3.6%。

各段设计注入量与实际注入量对比具体见表5-35。

表5-35 各段注浆量明细

起止深度/m	每1 m注入量/m^3		段高注入量/m^3		百分比/%	备 注
	设计	实际	设计	实际		
岩帽段	55.4	67.4	554	674	121.66	
243~304	47.97	52.2	2926	3184	108.82	第一、二含水层
304~362	42.21	53.48	2448	3102	126.72	
362~430	38.37	46.94	2609	3192	122.35	第三含水层
430~495	38.37	42.77	2494	2780	111.47	第四、五含水层
小计			11031	12932	117.23	
285~485			4735	1928		导斜段
485~565	26.01	40.0	2081	3220	154.73	第六含水层
565~640	29.73	41.68	2230	3126	140.18	第七含水层
640~720	29.74	47.33	2379	3786	159.14	
720~795	29.73	42.11	2230	3158	141.61	煤仓上口进、装载硐室
795~883.5	29.83	62.0	2640	5484	207.73	13-1煤层、F32断层、马头门
小计			11560	20702	179.08	
合计			27326	33634	123.08	

实际分孔分段注入量均大于设计注入量：井筒总注入量33634 m^3，是原施工组织设计注入量27326 m^3的123.08%。其中直孔段6个孔实际总注入量12932 m^3，是原设计的117.23%；Y孔段6个孔实际总注入量20702 m^3，是原设计的179.08%。超出设计的注浆量主要用于对煤层、断层破碎带及硐室的加固注浆，其中对13-1煤层、F32断层、马头门的注浆超设计量2844 m^3，为设计的207.73%，这样巩固了注浆质量同时，也利于后期凿井的施工安全。

5.7.3.4　注浆有效扩散半径

依凿井爆破影响带经验数据一般为 2 m 左右，防水帷幕有效厚度要求为 6 m，主井井筒最大荒半径为 4.4 m，所以注浆安全帷幕半径为 12.4 m，设计注浆范围应大于 12.4 m，本次主井注浆圈径设计为 13.0 m，有效径向扩散距离定为 14.5 m。

5.7.4　注浆浆液

1）浆液性能

浆液性能是影响注浆质量的重要因素之一，首先对组成浆液的原材料如水泥、水玻璃、黏土等进行严格控制，黏土送淮南地研工程勘察院检验，检验结果黏土液限为 48.2%，塑限为 24.2%，塑性指数为 22，pH 值为 7.4，含砂量小于 5%，属较好的注浆原材料；水泥每批出厂有“水泥质量检验报告单”，按规定送淮南矿区工程质量监督站检测中心复检。

2）浆液配比

岩帽段注入单液水泥浆，单液水泥浆材料包括水泥、食盐、三乙醇胺、水。水灰比为 1.25：1~0.5：1，食盐加量为水泥重量的 5‰，三乙醇胺加量为水泥重量的 0.5‰。

基岩段注入 CL-C 型黏土水泥浆。黏土水泥浆的原浆比重为 1.18~1.28，水泥加量为 100~250 kg/m^3，水玻璃加量为 10~30 L/m^3，塑性指数为 10~20，含砂量小于 5%，水玻璃模数为 2.8~3.4，浓度为 38~40°Bé。

3）造浆工艺

造浆工艺流程：采集黏土—制备黏土浆—原浆池—除砂—储浆池—一次搅拌（加水泥）—二次搅拌（加水玻璃）—注浆泵输送—注浆管路—止浆塞—受注岩层段，如图 5-29 所示。

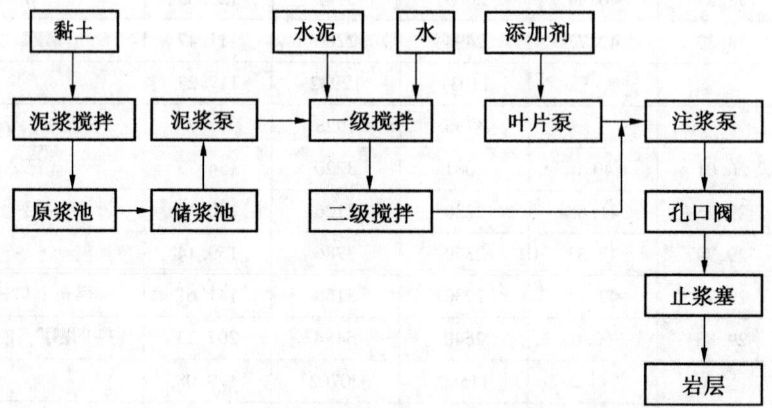

图 5-29　造浆工艺流程示意图

5.7.5　注浆钻孔

1）钻孔结构

内圈直孔：0~233.0 m，孔径为 216 mm，下入 ϕ168 mm×8 mm+219 mm×8 mm 套管；233.0~495.0 m，孔径为 114~118 mm，裸孔。

外圈 Y 孔：0~260 m，孔径为 216 mm，下入 ϕ168 mm×8 mm+219 mm×8 mm 套管；260 m~孔底（1043.0 m），孔径为 114~118 mm，裸孔。

2）钻具组合

钻进钻具：ϕ114～118 mm 钻头+ϕ105 mm 加重钻铤 1～2 立根+ϕ73 mm 钻杆+主动钻杆。

扩孔钻具：ϕ273 mm 或 ϕ216 mm 钻头+ϕ146 mm 加重钻铤 1 立根+ϕ105 mm 加重钻铤 1～2 立根+ϕ73 mm 钻杆+主动钻杆。

导斜钻具：ϕ114～118 mm 钻头+ϕ95 mm 螺杆钻具 1 根+ϕ96 mm 无磁钻铤 1 根+ϕ105 mm 加重钻铤 1～2 立根+ϕ73 mm 钻杆+主动钻杆。

钻头选择：采用自制的复合片钻头或牙轮钻头等无芯钻进。

钻进参数：正常钻进中采用轻压、中等泵量、低转速的钻进参数；扩孔及导斜时采用较大压力、大泵量钻进参数。

3）钻孔设备选型

根据注浆深度，打钻设备选用 TXB-1000A 型钻机、TSJ-1000 型钻机、TBW-850/50 型泥浆泵、NBB-250/60 型泥浆泵、YST-25 型随钻测斜仪、螺杆钻具等。

4）冲洗液

正常钻进及扩孔时采用泥浆作为冲洗液，导斜钻进时使用含砂量少的优质泥浆作为冲洗液。原来的注浆工艺要求清水钻进、清水透孔，以防止泥浆堵塞通道，实际上这种理论不成立，同时在实际施工中也无法达到要求，不然极有可能事故频繁，故我们在钻进与透孔时均使用正常泥浆护壁，这样取得了良好的效果。

5）施工顺序

先施工内圈孔，后施工外圈孔。内圈直孔分两组施工，先期施工第一组孔：注 1、注 3、注 5 孔；后期施工第二组孔：注 2、注 4、注 6 孔。

外圈 Y 孔也分两组施工，先期施工主 Y2、主 Y4、主 Y6 孔，后期施工主 Y1、主 Y3、主 Y5 孔。其中外圈孔的最后一个孔主 Y5 孔作为注浆质量检查孔。

6）钻孔偏斜要求

内圈孔段终孔偏斜率为 10‰，Y 形分支孔段进入内圈重叠注浆段后偏斜率不大于 8‰～10‰；且钻孔分段段底落点在井筒周围大体均匀分布，以确保在井筒任意深度注浆帷幕有足够的厚度。Y 形分支孔与冻结孔最小距离不小于 3.0 m。

7）测斜、防斜与导斜

一般每隔 50～80 m 且每个段高结束时均用 JDT-3 型陀螺测斜仪测斜，测斜要求重复性要好。每段造孔必须提供陀螺测斜资料报验。由于本地区是极易斜地层，用钻具防斜效果不好，故大多采用纠偏的方法。外圈 Y 形分支孔要从 ϕ30～40 m 布孔圈径导斜钻进到 ϕ13.0 m 圈径，同时沿圆周方位亦有相当位移，加之地层易斜，故造斜工作量大。造孔过程中及时测斜、计算、投图、分析孔斜资料，预测孔斜可能超偏或估计不能达到预定位置，及时进行纠偏或导斜。直孔段和 Y 孔段钻孔施工的歪斜情况平面投影如图 5-30 所示。

8）对异常层段施工采用的特殊措施

注浆孔在施工期间，对钻孔漏水段详细记录起止深度，测定漏失量，结合注前压水试验，对钻进中冲洗液漏失量较大层段采取加大注浆量，加大水泥用量，缩小注浆段高，注停结合，多次重复注浆等措施；对钻进中垮孔段采用优质泥浆护壁，确保孔内安全。

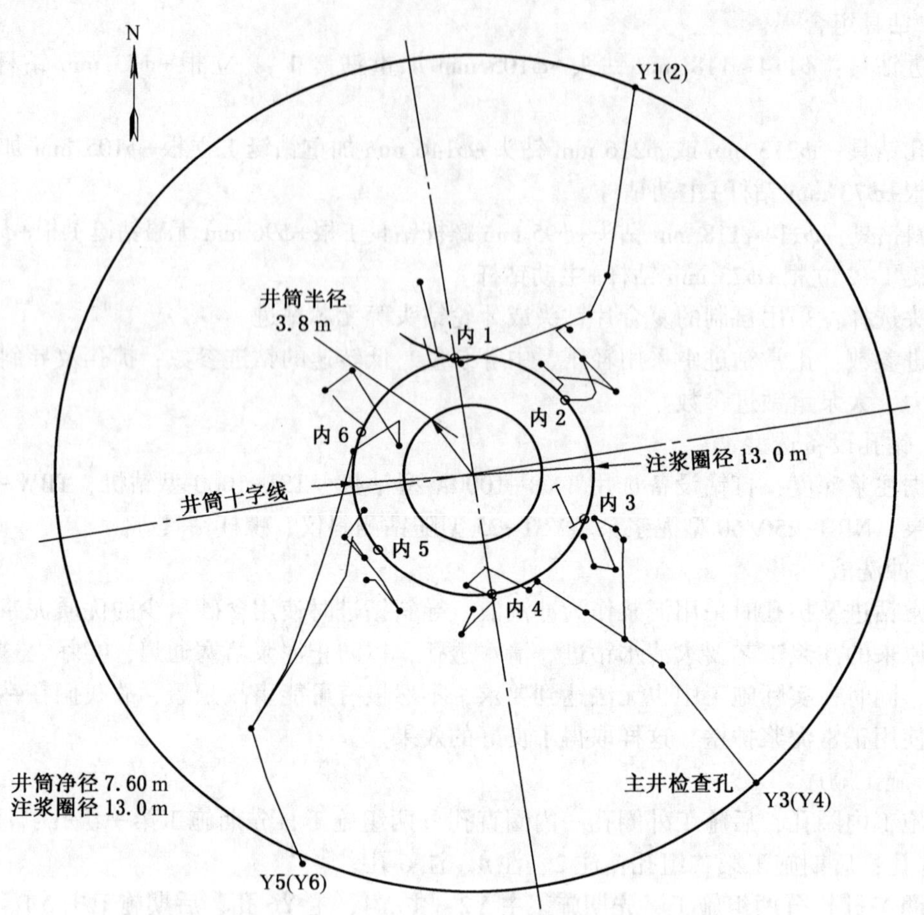

图 5-30　直孔段和 Y 孔段钻孔施工的歪斜情况平面投影

5.7.6　注浆工艺

1）注浆设备

BQ-350 型泥浆泵 4 台，NBB-250/60 型泥浆泵 3 台，黏土浆制浆机 2 台，搅拌机 5 台，移动式带式输送机 3 台，KWS 型止浆塞。

2）注浆

注浆一般要遵循先稀后稠的原则。由于注浆极易破坏孔壁，本工程每孔段第一次注浆基本采用下行式，其余次数采用上、下结合式。

每次注浆前进行压水试验，一是检查注浆系统是否正常，止浆塞是否封闭止水；二是判断岩层的透水性及裂隙的沟通情况，以确定初注浆液的配比。注浆不合格时进行复注，理论上候凝时间越长复注效果越好，但考虑工期与影响不大两种原因，本次单液水泥浆一般 4 h，黏土水泥浆 8~12 h 即进行复注。

3）解塞

基岩段黏土水泥浆注浆结束后一般 4 h 解塞，如遇注浆孔口返浆一般 2~3 h 解塞；本段复注时间一般不小于 8 h；解塞起钻即可透孔或非本段钻进、注浆。该工序通过有效的

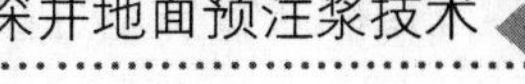

优化施工，可节省一些平行作业的辅助时间。

4）提高注浆质量的手段

增加每段高的复注次数，注浆次数的增加是提高注浆质量的重要手段之一。仅以直孔段为例，各孔各段注浆复注次数见表 5-36。

表 5-36 直孔段各段高复注情况

起止深度/m	注 1	注 2	注 3	注 4	注 5	注 6	合计
岩帽	3 次	2 次	4 次	2 次	4 次	2 次	17 次
233~243	1 次，复 1	3 次	2 次，复 1	2 次，复 1	1 次，复 1	2 次，复 1	注 11 复 5
243~304	1 次	1 次	5 次	5 次，复 1	4 次	1 次	注 17 复 1
304~362	2 次	1 次	1 次	1 次	1 次	2 次	注 8
362~430	2 次	1 次	3 次	1 次	4 次	1 次	注 12

统计可以看出，第一段注浆 11 次，复注 5 次；第二段注浆 17 次复注 1 次；第三段注浆 8 次；第四段注浆 12 次，平均每孔每段 1.5~3.5 次；直孔段 1~4 段共注浆 48 次，复注 6 次，平均每段注浆 12 次，每孔每段注浆 2 次。

5）注浆帷幕

根据各注浆段有效扩散半径绘制注浆形成的帷幕效果图，如图 5-31~图 5-35 所示。

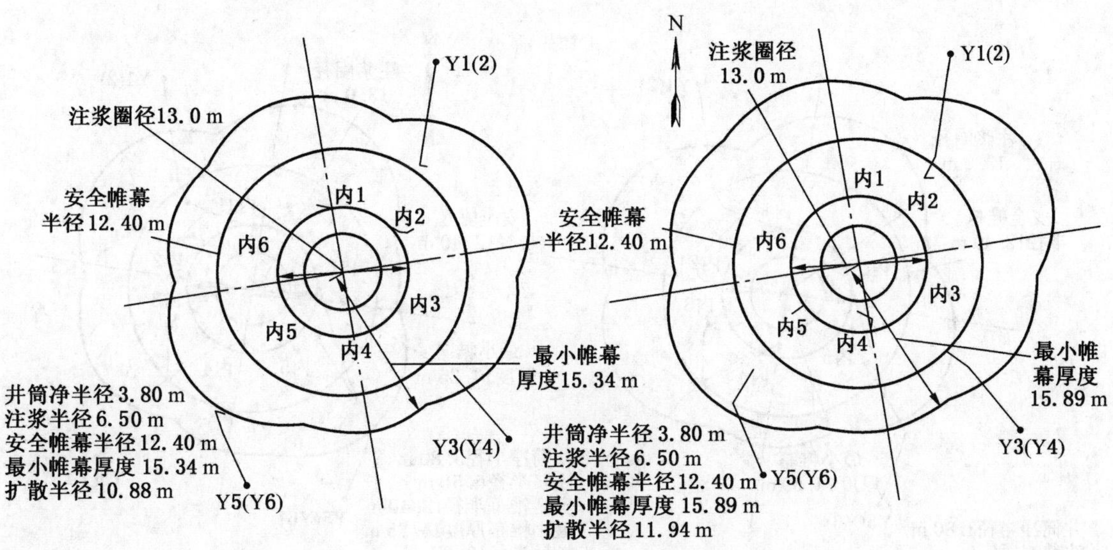

图 5-31 304.0 m 和 362.0 m 注浆帷幕效果

5.7.7 注浆结束标准及效果检查

5.7.7.1 注浆结束标准

注浆压力与每 1 m 注入量达到设计要求，单液水泥浆注浆终量小于 100 L/min，黏土水泥浆小于或等于 250 L/min，且稳定时间大于 20 min。

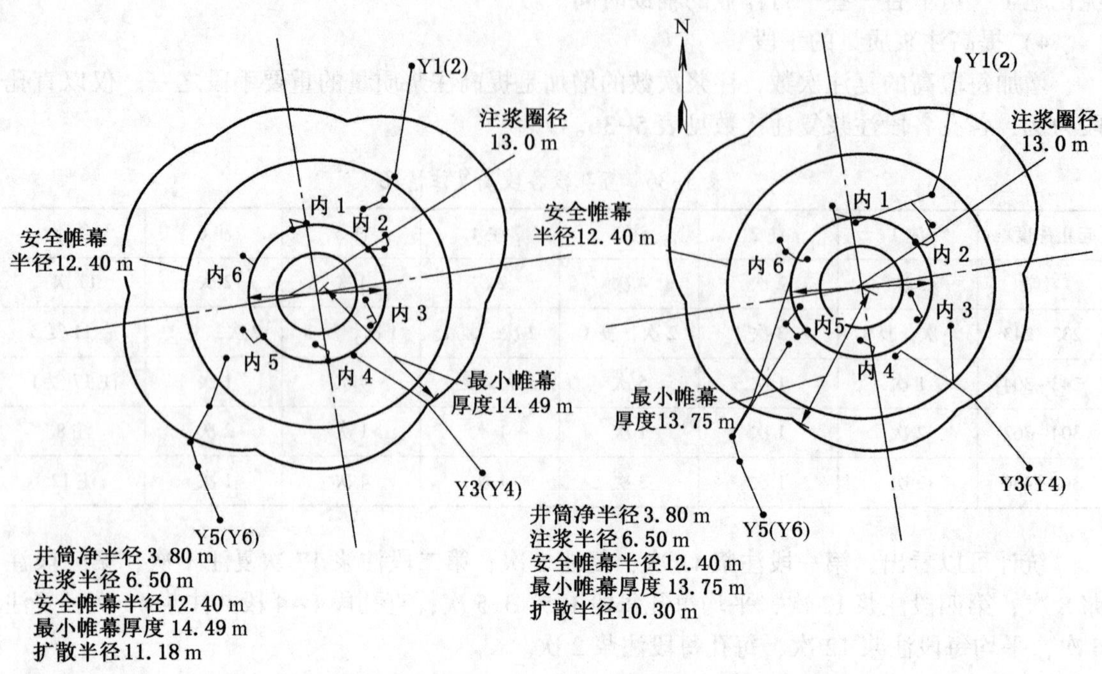

图5-32 420.0 m和495.0 m注浆帷幕效果

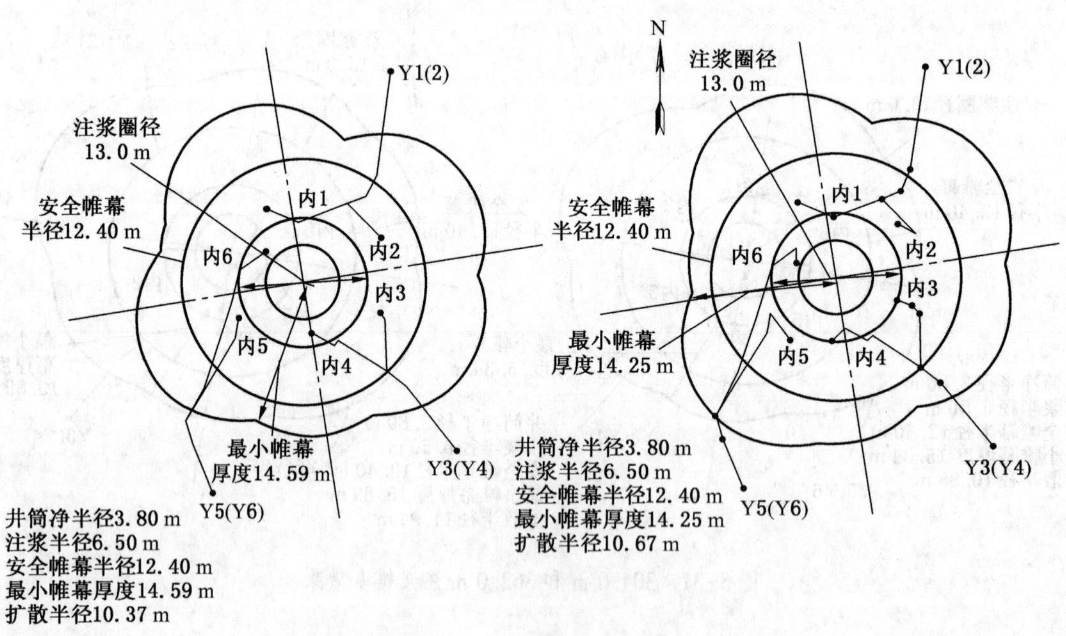

图5-33 565.0 m和640.0 m注浆帷幕效果

5.7.7.2 注浆效果检验

1）压水试验

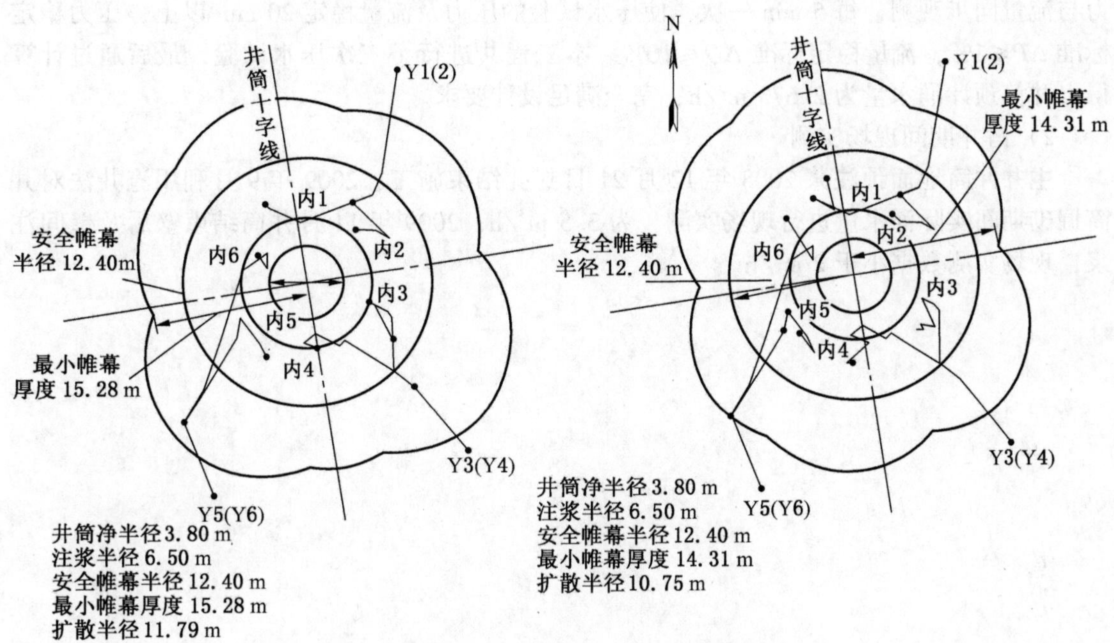

图 5-34　720.0 m 和 795.0 m 注浆帷幕效果

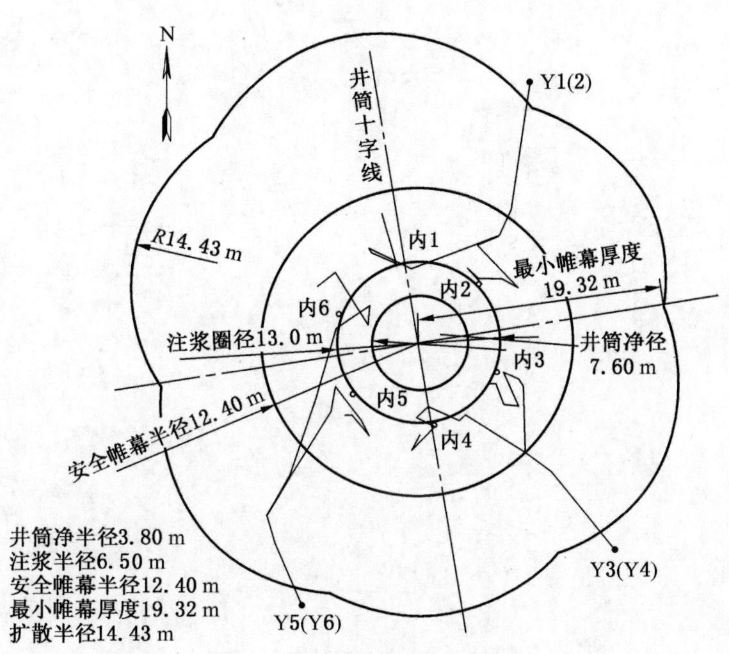

图 5-35　853.0 m 注浆帷幕效果

通过压水试验来检查注浆效果，内圈孔待选取注 2 号孔在第四段注浆之前，外圈孔选取 Y5 号孔分别在第九段和第七段注浆之前，透开钻孔将 $\phi168$ mm 或 $\phi110$ mm 止浆塞下在孔深 233.0 m、485.0 m 或 720 m 左右，进行压水试验。调节 BQ-350 型泥浆泵的流量，压力与流量同步观测，每 5 min 一次，使压水试验的压力及流量稳定 20 min 以上；压力稳定标准 $\Delta P \leqslant 1\%$，流量稳定标准 $\Delta Q \leqslant 10\%$。本工程共进行了三次压水试验，最后通过计算得出井筒预计涌水量为 2.673 m^3/h，完全满足设计要求。

2）凿井期间现场实测

主井井筒地面预注浆 2008 年 12 月 21 日封孔结束施工，2009 年 9 月利用淹井法对井筒掘砌期间实际涌水量进行现场实测，为 3.5 m^3/h，2009 年 11 月井筒结束壁后及壁间注浆，现场实测数据小于 2 m^3/h。

6 立井井筒快速掘砌技术

6.1 概述

立井井筒工程是新建矿井的关键工程。立井井筒施工技术复杂，作业场所狭窄，工作环境恶劣，且受地质条件变化（地层涌水、煤层瓦斯突出等）的影响大，涌水、瓦斯等有时甚至威胁安全生产。虽然井筒施工工程量只占全矿井井巷工程量的3.5%~5.0%，但其施工工期往往占到矿井建设总工期的35%~40%，甚至更多。立井井筒施工除受上述特殊地质因素影响外，还受以下因素影响：

（1）井筒施工机械化程度不高或机械配套不合理，无法充分发挥机械化的综合效能，影响了井筒施工速度。

（2）作业方式不合理。过去淮南矿区立井井筒施工主要采用长段单行作业方式，不仅有临时支护工序，增加了辅助作业时间，而且浇筑混凝土井壁采用活动金属模板，机械化程度低，严重制约了井筒施工速度。

（3）爆破技术较落后。过去由于钻眼设备落后，主要采用手抱钻打眼，浅孔爆破，不仅打眼速度慢，工人劳动强度大，而且工序转换频繁，辅助作业时间长，尤其是清底时间所占作业循环时间比例较大，导致井筒施工速度难以提高。引进伞形钻架后，虽然可以实现中深孔爆破，但由于爆破参数选择主要凭经验，导致炮眼利用率低，爆破效果差，超欠挖现象严重。

（4）施工组织管理落后。传统上按“四六”工作制，实行综合工作队按时上下班，工人的技术不全面，奖惩不明确，工人积极性不高。因此，在以张集矿井为首的新一轮建井实践中，淮南矿区通过产、学、研联合攻关，首创和引进新技术，选用科学合理的立井井筒施工机械化配套方案，完善和优化立井井筒中深孔爆破参数，建立科学合理的施工组织和管理体系，实行专业工作队和滚班制，大大加快了井筒施工速度，缩短了建井工期，为矿井早日投产创造了条件。

20世纪50年代淮南矿区煤炭工业处于恢复、发展初期，新建矿井井筒较浅，建井技术水平不高，机械化程度很低，主要采用单行作业方式，掘进采用浅孔爆破，钢井圈、木背板作临时支护，永久支护为料石砌筑。20世纪70年代中后期，我国立井施工技术不断发展，立井大型凿井设备被研制和应用，如混合作业方式的应用，大型提升机、抓岩机、伞形钻架等新型机械问世，使月成井速度大大提高。

随着锚喷支护技术的应用，井筒掘进施工的临时支护改井圈背板为锚网喷，段高一般可加大到30~60 m，最大段高可达100 m，从而简化了施工工艺、减少了掘砌转换次数，提高了立井掘进速度。

20世纪60年代到80年代，立井施工采用了平行作业方式，掘进与砌壁在两个相邻段内反向同时作业，砌壁占用掘砌循环工时由35%~40%降低到15%~20%，其月成井速度较其他作业方式有所提高。

单行作业方式的段高增大，虽然可以缩短工序的转换时间，但是并没有取消临时支护工序，而且施工安全性差。采用平行作业方式时，掘进与砌壁需要分别设置作业盘和独立的悬吊系统，相互之间影响大，安全管理工作要求高。另外，这两种作业方式砌壁的机械化程度不高，严重制约了掘进机械化能力的发挥，影响了立井施工速度。

立井施工混合作业方式于20世纪60年代在我国开始应用，至20世纪80年代施工井筒工程量达全部井筒工程量的1/3左右。其短段掘砌以模板砌壁高度为掘砌段高，掘一段砌一段，取消了临时支护，作为永久支护的混凝土井壁紧跟掘进工作面，掘砌作业依次进行。掘砌段高开始为1.0~1.5 m，后期增加到2.0~2.5 m。当时的工艺和设备不完善，施工速度一直比长段单行作业和平行作业低，为此，多单位联合攻关，取得了一系列研究成果。工程应用结果表明，混合作业方式工艺组织合理、技术配套科学、机械化程度高、工艺简单、安全性好，能达到快速施工的目的。尤其是整体下滑金属模板的研制成功，丰富了机械化配套内容。

随后，我国对凿井设备、机械化配套进行了科研攻关，开发了MJY型系列多用途金属模板、混凝土集中搅拌系统、井下分灰器、振捣器等配套设施，改进了伞形钻架，为其配备了YGZ-50型或YGZ-70型重型凿岩机，开发了与整体下滑金属模板配套的小型钻架，研制了大型通用抓斗，使立井施工机械化配套更加完善。

同时，在淮南矿区对立井深孔光面爆破新技术进行了科研攻关，重点对掏槽爆破机理、掏槽方式、掏槽爆破参数、光面爆破机理及其爆破参数、光爆孔装药结构以及起爆器材等进行了研究，取得了多项科研成果，为提高立井施工爆破效果提供了技术保证，使机械化配套技术更趋合理。

随着立井凿井机械化的推广应用，与之相适应的施工组织与管理也显得更加重要。过去由于管理落后，虽然机械化配套水平从“六五”期间的59%上升到“八五”期间的75%，但平均月成井速度只从25 m提高到30 m，建井速度提高缓慢。为此，各相关单位对施工组织管理进行多方面的探索和研究，提出了许多科学、有效的管理和组织方法，使立井施工速度得到了很大提高。淮南矿业集团在淮河以北新矿区开发的矿井有12座，施工的井筒有56个，其中除6个井筒采用钻井法外，其余50个井筒全部采用了冻结法施工，施工速度见表6-1。从表中可见，30年前井筒月成井速度大多在25 m之内，2000年后大多在50 m以上，表土段外壁掘砌月进超百米屡见不鲜，最高速度达到180 m；2007年施工的朱集矿和2008年施工的潘一东矿，月平均速度60~80 m之间，尤其是潘一东矿，速度达到淮南矿区历史最高水平，其副井基岩段施工，2009年2—5月连续4个月月成井超过120 m。

表6-1 淮南矿业集团淮河以北地区用冻结法施工的井筒

序号	井筒名称	净直径/m	井筒深度/m	开工时间	工期/月	月成井速度/m		
						表土段	基岩段	全井
1	潘一矿主井	7.5	645.06	1973年				
2	潘一矿副井	8.0	588.10	1973年				
3	潘一矿中央风井	6.5	420.70	1974年				

表6-1（续）

序号	井筒名称	净直径/m	井筒深度/m	开工时间	工期/月	月成井速度/m		
						表土段	基岩段	全井
4	潘一矿东风井	5.4	382.95					
5	潘一矿南风井	7.0	361.4					
6	潘一矿二副井	7.0	851.5	2005年6月				
7	潘二矿主井	6.6	642.2	1977年4月		25	30	
8	潘二矿副井	8.0	586.4			25	30	
9	潘二矿西进风井	6.0	416.0			25	30	
10	潘三矿主井	7.0	758.8	1979年6月	41.5	17.9		18.3
11	潘三矿副井	8.0	712.2	1979年12月	36.0	20.3		19.8
12	潘三矿矸石井	6.6	683.2	1980年8月	29.5	24.6		23.2
13	潘三矿东风井	6.5	428.13	1981年9月	24.0	34	18.8	17.8
14	潘三矿新西风井	7.0	647.48	2011年5月	9	119.3	34	71.9
15	潘三矿深部进风井	8.6	847.0	2011年9月	15	137	80.6	56.5
16	谢桥矿主井	7.2	724.6	1985年3月	54	22.5	21	13.4
17	谢桥矿副井	8.0	770.0	1984年8月	103	28.5		7.5
18	谢桥矿矸石井	6.6	675.0	1983年12月	26	23	23.6	26.0
19	谢桥矿箕斗井	7.6	986.2	2008年			最高185.2	
20	谢桥矿中央风井	7.5	986.2	2008年				
21	谢桥矿二副井	8.2	1011.2	2008年9月	14			72.2
22	张集矿主井	6.0	629.2	1996年8月	14.6	41.1	56.7	52.4
23	张集矿副井	8.0	663.5	1996年12月	12.3	43.5	73	55.3
24	张集矿中央风井	7.0	631.6	1996年7月	15.5	41.8	40.3	50.4
25	张集矿二副井	8.8	876.5	2012年				
26	张集矿北区主井	5.5	518.5	2003年8月	11.7	64.6(最高116.6)	31.1	44.3
27	张集矿北区副井	7.0	552.5	2003年10月	14.8	65.8	32.9	37.3
28	张集矿北区风井	6.0	525.0	2003年6月	19.0	64.6(最高116.6)	15.4	27.6
29	顾桥矿主井	7.5	807.0	2003年12月	11.0	90(最高150.8)	65	73.4
30	顾桥矿副井	8.4	835.5	2003年12月	10.6	103.6	92.33	90.2
31	顾桥矿中央风井	7.5	812.6	2003年11月	13.0	80	55	62.5
32	顾桥矿南区进风井	8.6	924.2	2007年10月	12.0	89	80	77.0
33	顾桥矿南区回风井	7.2	837.1	2007年7月	8.0	88(最高119)	110	104.6
34	丁集矿主井	7.5	852.3	2004年8月	20.8	92.8(最高120)	113	50.0
35	丁集矿副井	8.0	881.0	2004年6月	15.3	80(最高106.9)	130	57.6
36	丁集矿风井	7.5	861	2004年6月	16.3	100(最高111)	110	52.8
37	潘北矿主井	6.0	703.2	2005年1月		68.6		

表 6-1（续）

序号	井筒名称	净直径/m	井筒深度/m	开工时间	工期/月	月成井速度/m		
						表土段	基岩段	全井
38	潘北矿副井	8.1	700.2	2004 年 12 月	18.0			38.9
39	潘北矿中央风井	7.0	684.2	2004 年 12 月	14.0	64.1		48.9
40	顾北矿主井	7.6	680.6	2005 年 1 月	27.3			24.9
41	顾北矿副井	8.1	705.6	2005 年 3 月	11.0	最高 151.2		64.1
42	顾北矿中央风井	7.0	681.3	2005 年 2 月	10.7			63.7
43	朱集矿主井	7.6	1009.0	2007 年 6 月	16.0	57.2	97.8	63.0
44	朱集矿副井	8.2	958.0	2007 年 7 月	12.0	80.6	79.9（最高 175）	79.8
45	朱集矿矸石井	8.3	1045.0	2007 年 7 月	12.1	80.6	102.3	86.4
46	朱集矿风井	7.5	948.0	2007 年 6 月	12.9	68.7	77.2	73.4
47	潘一东矿主井	7.6	871.4	2008 年 10 月	13.0	110	130	67.0
48	潘一东矿一副井	8.6	899.3	2008 年 10 月	11.0	125	130	81.8
49	潘一东矿二副井	8.6	1097.9	2009 年 4 月		190	160	
50	潘一东矿风井	8.0	872.2	2008 年 7 月	11.0	110	110	79.3

其他月进尺超过百米的井筒还有：朱集矿副井于 2008 年 2—4 月份基岩段连续 3 个月成井均超过 105 m，其中 3 月份掘砌成井 175 m，创淮南矿区立井大直径井筒施工新纪录。丁集矿副井表土段，2004 年 7—9 月，月掘进速度分别为 106.9 m、97.5 m、100.6 m。望峰岗矿第二副井井筒自 2006 年 8 月进入基岩段施工以后，连续 8 个月成井超百米，平均月成井 104.5 m，最高月成井 113.2 m，创下了同类工程快速施工的全国纪录，且工程质量全优，安全无事故。顾桥矿副井表土段，共 300.5 m（含壁座 16 m），2.9 个月完成，平均月进 103.6 m。

经过几十年的发展，淮南矿区建井速度提高显著、建井技术特色明显，主要表现在以下几个方面：

（1）广泛采用冻结法施工技术。由于表土层厚、含水量大、极不稳定，潘谢新矿区所有井筒表土段均采用了特殊施工方法。自潘一矿建设以来，建成了 50 多个井筒，其中有 6 个井筒采用了钻井法，其余均为冻结法。冻结法在淮南矿区的广泛应用，大大促进了冻结施工水平的提高，有力推动了冻结技术的科学发展。

（2）冻结表土段快速施工。冻结段外壁井段施工实现了大型机械化作业。根据井筒断面大小，选用 1~2 台中心回转抓岩机、3~4 m^3 吊桶、整体下移式金属大模板、底卸式吊桶，加上合理的按工序循环的“滚班制”作业方式，在冻结控制较好的情况下，充分发挥了机械化配套的能力，大大加快了井筒掘砌施工速度。如在顾桥、张北矿等取得了较好效果，张北风井冻结段外壁掘砌月进尺达到 116 m，张北主井月进尺达 136 m，顾桥主井月进尺达到 150 m，连续 3 次刷新了淮南矿区深厚冻结表土段施工的纪录。

（3）采用地面预注浆技术，实现打“干井”。立井注浆堵水有工作面预注浆和地面预注浆两种方案。工作面预注浆虽然注浆钻孔工程量小，但需占用井筒施工工期，故淮南矿区广泛采用地面预注浆方法对井筒基岩段含水层进行注浆封水，形成注浆帷幕。只有在地面预注浆效果不佳时才采用工作面预注浆。经地面预注浆的井筒，绝大多数不漏水，基本实现了打干井，为实现快速建井奠定了基础。

(4) 多工序立体交叉平行作业，实现了“三同时”“四同时”。采用定向钻进技术，多个井筒实现了冻结、地面预注浆和掘砌工程“三同时”作业或冻结、地面预注浆、井架竖立和掘砌工程“四同时”作业。“三同时”或“四同时”多工序、多时空交叉平行作业，大大缩短了立井的准备工作时间和井筒的掘砌时间。

(5) 冻结段信息化管理。冻结井筒安全快速施工离不开信息化科学管理手段。淮南矿区采用信息化施工技术，在井筒开挖前和开挖后对冻结壁的发展情况进行不间断的预测预报和监测监视，很好地处理和协调了冻结与掘砌的关系，做到少挖冻土。采用计算机模拟，对冻结壁的厚度、平均温度、强度等进行预测，并利用实测数据进行修正，经过反复修正和不间断的预测，确保冻结壁的发展状况基本处于受控状态，保证了井筒施工的安全。

(6) 大型机械化配套。基岩段实现了大型机械化配套作业，大绞车、大吊桶、大抓岩机、大钻机、大模板相互配套，发挥了各工序设备的生产能力。伞形钻架打眼配合深孔光面爆破技术，提高了爆破效果，减少了辅助作业时间，使井筒的施工工期大大缩短。

(7) 实行科学化管理，充分发挥机械化作业优势。经过多年来的发展，淮南矿区建井技术水平有了很大提高，机械化设备配套趋于合理，中深孔爆破技术得到发展和提高，施工组织管理得到加强。其技术水平达到了国内领先、国际先进水平，并已形成以信息化施工技术为基础，采用混合作业方式，实现大型提升机、大型抓岩机、伞形钻架和整体下滑金属模板配套的先进凿井技术。

6.2 冻结段快速掘砌施工

淮南潘谢矿区位于淮河北岸，冲积层厚度大，含水丰富，地层极不稳定，绝大多数井筒采用了冻结法施工技术。冻结段的施工质量和速度对整个井筒的施工速度影响很大。

6.2.1 施工方案

根据井筒的技术特征及工程水文地质条件，优选最佳施工方案，实现安全、快速、质优的目的。井筒表土段施工采用短段掘砌，四班制“滚班”作业。采用“四大四新”工艺进行施工，即“大绞车”“大吊桶”“大抓岩机”“大模板”和新技术、新工艺、新材料、新设备。严格按照 ISO 9001：2000 质量体系程序运行，确保工程施工的每一个阶段、每一个环节、每一道工序都处于受控状态，保证工程质量全优。

冻结段采用在井筒中布置一台 CX55B 凯斯无尾挖掘机和一台 HZ-6 中心回转抓岩机挖土装罐，配以人工用铁锹、高效风铲、B87 型气动破碎机掘进刷帮，两套单钩提升，2.5~3.7 m 高 MJY 液压金属整体模板配以 0.3 m 高环形斜面接茬模板砌筑外壁的施工方案，如图 6-1 所示。地面采用自动挂钩翻矸，装载机、自卸汽车排土。砌壁混凝土由地面设置的矿方集中混凝土搅拌站制作，混凝土输送车送到井口，底卸式吊桶经自制的分灰器进行浇筑。

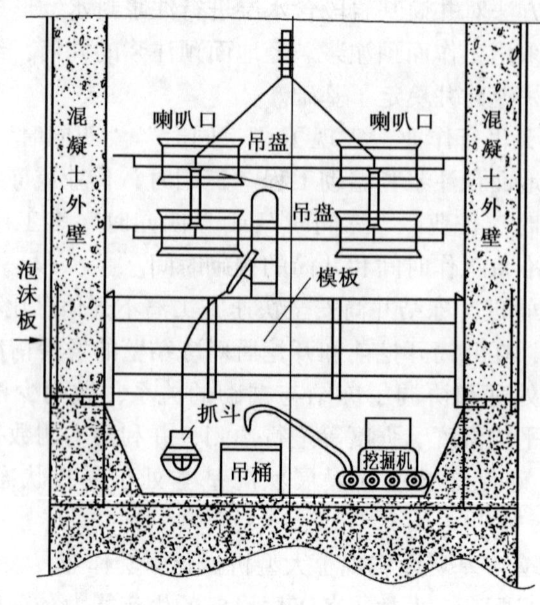

图 6-1　冻结段施工方案

6.2.2　施工准备

（1）技术准备。首先，组织技术与管理人员认真审阅图纸，学习技术规范，进行图纸会审，并在此基础上编制施工组织设计、施工技术措施、项目质量计划、项目开工报告，准备好各种技术资料和表格，开工前对技术人员、管理人员及施工人员做好技术交底。然后，组织测量人员做好十字轴线复测工作，对矿方提供的十字中线点、水准点进行全面复核校验，同时试验人员尽早做好各种强度等级的混凝土配合比试验和相关送检工作。

（2）施工队伍准备。为确保井筒工程的施工速度和工程质量，根据施工进度情况，按总体施工计划，陆续组织各作业队和各岗位、各工种人员在上岗前 10 天到岗，了解现场情况，按 ISO 9001 标准及相关作业要求进行学习培训。

（3）施工现场准备。试挖前，场内实现“四通一平”，各种凿井设施必须安装调试完毕。冻结壁交圈时，要保证施工所用材料按质按量采购完毕，以满足施工需要。

6.2.3　井筒试挖

6.2.3.1　试挖准备工作

井筒施工所必需的临时工程和凿井设备设施安装等工作全部完成后，再根据冻结实际情况，选择井筒开挖时机。

根据相关规范要求，应在水文观测孔的水位有规律地上升并冒水，测温孔温度达到设计要求值，证实冻结壁已全部交圈，且浅部的冻结壁厚度和强度足以抵抗预挖深度的载荷以及能保证施工的连续性，即可进行试挖。考虑到试挖时冻结壁尚未扩展到荒径位置，井帮稳定性较差、易片帮，为防止片帮引起井壁不均匀下沉，施工时应根据冻结壁形成情况、冻结管偏斜情况、冻土性质等综合因素，合理确定掘砌段高。井筒试挖阶段，掘砌段高不宜大于 2.5 m。如果井帮稳定性较差，可选择临时支护防片帮，缩小段高和缩短循环

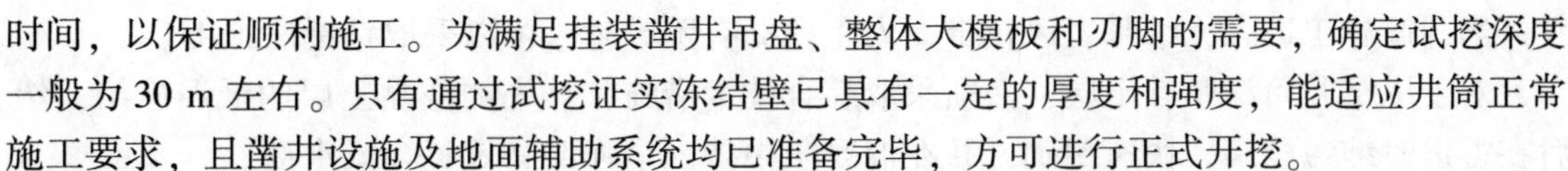

时间，以保证顺利施工。为满足挂装凿井吊盘、整体大模板和刃脚的需要，确定试挖深度一般为 30 m 左右。只有通过试挖证实冻结壁已具有一定的厚度和强度，能适应井筒正常施工要求，且凿井设施及地面辅助系统均已准备完毕，方可进行正式开挖。

6.2.3.2 试挖段掘砌施工

井筒试挖段通常采用小型挖掘机和 HZ-6 型中心回转抓岩机进行挖土装罐，配以人工用铁锹、高效风铲、B87 型气动破碎机，由井中向周边逐步开挖，并在井中挖超前小井来集中控水，之后采用台阶式挖掘以防片帮。初期掘进时先挖刃脚以内的土层，段高掘够 2.0 m 左右后，刷帮至荒径，然后全断面开掘至一个段高，再按设计要求绑扎钢筋。经甲方及监理验收合格后，地面的 3 台稳车将整体式模板松下，模板的液压系统油缸将其张开，根据中线调正后即可准备浇筑混凝土。初期混凝土由搅拌站制作，用混凝土输送车送至井口，用铲车或溜槽通过溜灰管下放至吊盘，人工二次搅拌入模；后期通过底卸式吊桶下放至工作面自制分灰器经溜槽进入模板。

混凝土应对称、均匀、分层入模，每层厚度应控制在 400~500 mm 之间，采用 4 台插入式振动器对称振捣，振捣时间以 20~30 s 为宜。如果时间过短则混凝土振捣不密实，振捣时间过长则易出现混凝土离析现象。混凝土振捣时要快插慢拔，不碰钢筋，间隔均匀，时间适度。试挖结束前应将吊盘、模板、刃脚、中心回转抓岩机、压风管等悬吊设备吊挂整齐，试挖 30 m 结束后即可准备正式开挖。

6.2.4 表土段掘进施工

6.2.4.1 表土段掘进施工一般经验

根据井筒穿过的地层地质条件和井筒技术特征，施工时与冻结单位互相协作、紧密配合，在保证施工安全和质量的前提下，把握有利时机，组织快速施工。

冻结段外壁掘砌要以加快施工速度和提高工程质量为主，因此要与冻结部门密切配合，合理控制冷量分配，适时改变循环方法，做到冻土发展速度与井筒掘砌速度相适应，以便不挖冻土。掘进常采用 1 台 CX55B 凯斯无尾挖掘机挖土和 1 台 HZ-6 中心回转抓岩机挖土装罐，配以人工用铁锹、风镐和高效风铲。2JKZ-4.0/15 和 JKZ-2.8/15.5 绞车配 5.0 m^3 吊桶提升，迎头留坐底罐，井下摘挂钩。掘进过程中，采用挖超前小井控水、短段台阶式挖掘，先挖井心部分 2.0 m 后刷帮至设计荒径，然后全断面下掘。要注意井帮管理，提高井帮稳定性。根据地层性质及冻结壁发展情况，合理选择施工段高，严格控制井帮暴露时间，力争加快施工进度，冻土未进入荒径前施工段高可在 2.5 m 左右，冻土进入荒径后施工段高可适当加大。

在吊盘副圈内布设一圈直径 54 mm 的钢管，均匀布设 20 对闸阀，形成环状供风系统，可同时连接 18~20 台风镐或风铲在相应的区位进行作业，避免吊盘下鱼刺分风器的风管在工作面相互交叉影响，以扩大施工空间，改善施工环境。

整体壁座段掘进时，根据井壁围岩情况，随井筒下掘进行锚网喷等临时支护。冻结段设备及施工机械可采取以下防冻措施：①在井口安装风水分离器，以干燥压风；②使用防冻机油；③采用酒精防冻。

当出现下列情况之一者，必须停止掘进：①工作面浸水，且水量渐大；②冻结壁急剧变形；③冻结壁出现退霜或跑漏盐水及其他征兆；④冻结站出现故障。

当井筒施工进入冻结基岩风化带、人工挖掘有困难时，可以采取钻爆法施工。

对于冻结井筒深厚黏土层，必须采取综合技术措施，首先加强黏土层的低温冻结，然后在掘进时缩短段高，快速掘砌，并在混凝土中掺入早强型高效复合减水剂。

在厚黏土层中施工时，先挖超前小井，释放压力，然后向周围均匀对称开帮。要加大泡沫板的铺设厚度，以释放冻胀压力；加快速度施工，缩短井帮暴露时间，减少黏土膨胀量，确保井壁和冻结管的安全。

为防止冻结管断裂，在深厚黏土层中，空帮时间不得超过 18 h；加强井筒掘砌后的监测工作，防止井帮变形过大，冻结壁径向位移控制在 50 mm 之内。

淮南矿区第四纪冲积层很厚，井筒需要穿过的膨胀黏土层厚度比较大，这给冻结和掘砌施工带来了很大困难。通过采取有效的技术措施，井筒均安全通过膨胀黏土层。所采取的措施主要有：

（1）加强冻结。降低盐水温度，加大盐水流量等，确保冻结壁的强度和厚度，加强冻结运行系统管理，预防或减少冻结管断裂事故发生。

（2）控制或降低掘砌段高。施工段高不大于 2.5 m。

（3）缩短暴露时间。段高循环施工时间不大于 14 h，减少冻结壁的变形量。

（4）提高混凝土强度。将混凝土强度提高一个等级，添加外加剂，使混凝土的 14 h 强度达到设计强度的 10%以上，3 天强度不低于 60%。

（5）铺设泡沫板。利用泡沫板的可压缩性形成一定的减压作用，减小因黏土膨胀产生的对井壁的压力。淮南矿区泡沫板的敷设厚度通常为 25~50 mm，膨胀黏土层取 50 mm。为减小冻土的回冻力，隔断混凝土水化过程中水分的迁移，在泡沫板外再敷设一层塑料薄膜。

6.2.4.2　张集矿北区风井黏土层施工

张集矿北区风井固结黏土层位于表土层底部（垂深 323 m），厚度 38.8 m，具有强膨胀性。冻结段外壁掘砌根据实际进度分析，冻结壁和井壁温度预测和实测结果见表 6-2。

表 6-2　张集矿北区风井深厚膨胀黏土层冻结壁形成情况

状态	冻结天数/d	掘进荒径/m	冻结壁距井帮距离/mm	冻结壁有效厚度/mm	冻结壁平均温度/℃	井帮温度/℃
预测	152	8.8	350~680	6090	−10.4	−2.5~−5.0
实测	154	8.8	420~780	5940	−11.3	−3.2~−6.0

根据井筒揭露的黏土层性质，结合井筒施工工艺、速度、冻结壁形成厚度与强度等综合工况，召开了施工方案专题研究会，研究并实施了以下专项措施：

（1）缩小施工段高，快速通过，将原施工有效段高由 1.8 m 减小到 1.3 m，全段高由 2.5 m 减小到 2.0 m。共施工 29 个小段高，段高最长用时 19 h，最短 9 h，平均 11.7 h。

（2）井壁混凝土强度等级由 C45 提高到 C50，并按规定加入符合要求的外加剂，提高混凝土的早期强度。另外添加了 6%的硅粉，混凝土 3 天强度达到设计强度的 64%。

（3）在每一个段高内增加一道[18 槽钢井圈，以提高混凝土井壁早期抵抗地压的能力。

井圈铺设在外壁钢筋内侧，井圈与钢筋间用8号铁丝绑扎牢固。

(4) 强化冻结，加大盐水流量，确保通过深厚固结黏土地段的井帮温度不高于-5 ℃、冻土进入荒径600 mm以上。揭开黏土层前70天盐水总流量从平时的830 m^3/d增加到980 m^3/d，平均流量从11.83 m^3/h增加到16 m^3/h，去路盐水温度始终保持在-32 ℃以下，底部黏土温度最低达到-11 ℃，保证了冻结壁强度，这为井筒安全通过黏土层创造了条件。

(5) 冻结应急预案。冻结站安装两套声光报警系统，可及时发现盐水泄漏事故，并设专人24 h观察盐水箱水位，每2 h记录一次水位。另外提前对冻结沟槽内辅助冻结管的去、回路胶管加以控制，一旦跑漏盐水，立即停止盐水循环，同时将辅助孔胶管全部卡上，检查并确定冻结断裂的孔号后进行处理。

(6) 先探后掘。在到达黏土层前3.4 m时，开始采取前探措施，钻凿3个探孔（1个立孔2个斜孔），深度分别为5.8 m、5.4 m和6.2 m。斜孔孔底落在荒径内，孔内下套管，进行孔底温度测试。

通过采取上述措施，精心组织快速施工，14天便顺利通过了强膨胀性黏土层，折合平均月进77.4 m。整个风井没发生一次冻结管断裂事故，为后续其他冻结井筒施工积累了宝贵的经验。

6.2.4.3 顾桥主井黏土层施工

顾桥主井固结黏土层位于250~276.8 m，单层厚度达21.2 m，具有强膨胀性。该段井筒掘进荒径10.7 m，冻结壁平均温度预测为-13 ℃，井帮温度预测为-2~-4.5 ℃。施工时采取了与张北风井类似的措施：

(1) 根据上段实际揭露的黏土层冻结情况分析，如下部黏土层井帮温度在-3 ℃以下，变形量较小，则加快井筒掘砌施工速度，减少围岩暴露时间，以快速通过膨胀性黏土层。

(2) 井帮混凝土强度等级由C50提高到C55，并按规定加入符合要求的外加剂，提高混凝土的早期强度。

(3) 外层井壁加厚100 mm。

(4) 强化冻结，加大盐水流量，确保在通过深厚固结黏土地段的井帮温度不高于-5 ℃，冻土进入荒径600 mm以上。

(5) 维持2.8 m的掘砌有效段高不变，若出现特殊情况，立即改变模板高度。

通过采取上述措施，仅用8天便顺利通过了该段黏土层，没发生一次冻结管断裂事故。

6.2.5 外壁砌筑

6.2.5.1 泡沫塑料板铺设

找平工作面后，由当班跟班技术员进行荒断面自检验收，合格后通知甲方及监理进行复验，验收合格后方可进行下一道工序，即泡沫塑料板铺设。当井帮温度降至0 ℃时开始铺设泡沫塑料板，具体操作为采用梯子从一个方向向两边钉泡沫塑料板。泡沫塑料板铺设时要紧贴井帮，四周接缝严密，并用100 mm铁钉将其固定在井帮上，严防浇筑混凝土时泡沫塑料板掉落至模板内打入混凝土中而影响混凝土施工质量。

6.2.5.2 钢筋工程

为加快施工进度，泡沫塑料板铺设可与钢筋绑扎同步进行，竖筋采用直螺纹接头连接牢固，环筋采用18号铁丝绑扎连接。环筋绑扎前应在竖筋上自下而上按200 mm间距作出标记，做到横平竖直。绑扎时按圈进行，上下环筋相邻两个接头应错开搭接，每平方米内搭接接头应小于25%。环筋搭接长度应不少于33*D*（*D*为钢筋直径），每个接头不少于3道扎丝，并确保搭接长度不小于设计值，外排钢筋保护层厚度为100 mm。

6.2.5.3 模板工程

冻结段外壁采用2.5~3.7 m高MJY液压金属整体模板配以0.3 m高环形斜面接茬模板进行砌筑。模板进场后必须在地面组装，经监理和甲方验收合格后方可下井使用，模板下井前应涂油并在井下使用前校验尺寸，合格后方可正式投入使用。模板分为直模和刃脚两部分，直模和刃脚采用螺栓连接成整体。模板有效高度多为2.5 m和3.7 m，由地面3台稳车悬吊。起落模板时3台稳车应尽量同步，严禁生拉硬拽，以防模板变形。当模板下落到工作面时，当班技术人员按设计尺寸，利用井筒中心线进行对中、找正。

6.2.5.4 混凝土浇筑

混凝土浇筑工作以下层吊盘为操作平台进行。工作面掘够段高后，按设计要求和质量标准做好落模找线工作，混凝土采用底卸式吊桶送至工作面经分灰器和溜槽进入模板，然后进行混凝土浇筑、振捣。为保证混凝土施工质量，每个段高井壁混凝土浇筑之后，严格按规定时间要求脱模，然后进行井壁养护工作。

具体施工工序为：钢筋绑扎、连接完毕后，用黄砂回填竖筋底部的直螺纹接头部分，通知甲方、监理现场验收合格后，用地面3台稳车同步下放整体模板至工作面即可准备浇筑混凝土。混凝土用底卸式吊桶送至工作面自制分灰器，必要时经人工二次搅拌后入模，以防混凝土离析，采用插入式电动振动器振捣。

为保证井壁混凝土质量，可采取以下技术措施：

（1）严把材料进料关和混凝土制作关，每次进料均需专人负责。

（2）混凝土送至井口后尽快下井，以防止混凝土凝固。

（3）混凝土下至工作面经分灰器后均匀对称入模。

（4）入模和振捣实行定人、定岗、定位挂牌留名制度，责任到人。浇筑高度超过300 mm时，浇一层振捣一层，振捣以形成一个水平面为准。

（5）必须及时清理模板内杂物以及片帮土块。

（6）严格控制脱模时间，一般情况下脱模时间应根据混凝土初凝时间确定，通常不少于8 h，不宜过多地提前或推迟，拆模后不得出现蜂窝、麻面、露筋等现象。

（7）做好井壁混凝土的养护工作。为提高井壁混凝土施工质量，务必做到以下几点：①为确保快速施工，混凝土的入模温度不得低于20 ℃，冬季采用60~70 ℃热水进行拌制；②可向井下通入热风，提高井内温度；③混凝土中加入一定量的早强型高效减水剂。

6.2.5.5 高性能混凝土技术

高性能混凝土是新型的混凝土，具有高强度、高抗渗性、高抗冻性、高流动性等性能。淮南潘谢矿区，表土深达200~500 m，流砂层多，含水量大，黏土层厚，极不稳定，绝大多数井筒采用冻结法施工，井壁除了承受常规的地压以外，还要承受极大的冻结压力。因此，对井壁结构与材料提出了很高的要求，仍采用过去的低强度等级的混凝土已不能满足深厚表土层井壁的施工需要。

过去，冻结井壁一般采用 C40 左右的混凝土，现在淮南潘谢新矿区井筒深部井壁普遍采用 C50~C70 高性能混凝土。通过精选骨料、高性能水泥，添加硅粉及减水剂等材料，设计出了不同强度等级的混凝土，满足了高强混凝土井壁的设计需求。

1）深厚表土层冻结井对混凝土性能的要求

冻结井要求混凝土具有抗冻、早强、高强、抗渗、大流动性、水化热低等性能。

（1）抗冻性。冻结井壁在低温条件下浇筑和养护，由于混凝土的水化热量大，浇筑初期混凝土内部的温度较高，可以抵御井帮的低温。

某一井筒外壁混凝土取芯实测强度显示，龄期 3 天的井壁混凝土强度就达到了 16 MPa，超过抗冻临界强度 3 倍多。根据壁厚和入模温度等因素不同，一般冻结井外壁混凝土要在 7~14 天以后才会进入负温养护条件，井筒外壁外侧混凝土要在混凝土浇筑后 18 天才进入负温养护条件，有时甚至需要更长的时间。因此，可以肯定地说，在冻结井低温养护条件下，即使井帮温度达到-15 ℃以下，井壁混凝土的抗冻临界强度也可得到保证，不会因冷冻而将井壁冻裂。冻土壁与外壁间加入的泡沫塑料板的作用之一是延长外壁混凝土的正温养护时间。

虽然冻结井筒井壁的养护温度较低，养护条件恶劣，但是井壁在进入负温养护时，井壁混凝土强度已经远远超过了抗冻临界强度，并不会影响混凝土后期强度的增长，因此没有必要考虑井壁混凝土的抗冻性。

（2）早强性。井壁混凝土 3 天强度应达到设计强度的 75% 左右，7 天强度应达到设计强度的 87% 。

（3）高强性。在井壁设计中外壁采用了 C50、C60 高性能混凝土，内壁采用了 C50、C60、C70 高性能混凝土。

2）高性能混凝土的材料

（1）骨料：细骨料一般选用河砂，细度模数为 2. 9，级配合格。粗骨料：C60 混凝土选用粒径为 5~25 mm 连续级配的碎石，C70 混凝土选用粒径为 5~25 mm 的玄武岩。

（2）水泥：选用 P. O52. 5R 早强型普通硅酸盐水泥。

（3）掺合料：除采用优质水泥、集料和水外，必须采用低水灰比和掺加适量的超塑化剂和超细活性掺合料。

（4）硅粉：掺入硅粉能改善混凝土的和易性，减少泌水和离析，提高混凝土的早期强度，同时还能提高混凝土的耐久性。

3）冻结井壁混凝土配制原则

针对冻结深井井壁的特殊养护环境和施工条件，冻结井壁混凝土的配制原则为：

（1）外层井壁混凝土应具有早强、高强性能，以防止早期强度偏低而遭受破坏；3 天强度应达到设计强度的 75% 左右，7 天强度应达到设计强度的 87%；外层井壁混凝土浇筑后，8~10 h 即可拆模；混凝土的工作性要好，在 30 min 内坍落度较小；低水化热，高耐久性。

（2）内层井壁应具有高强、较早强、高密实、防渗性能，以防止因混凝土脱模时间短而引起流淌、坍塌和冻结壁解冻后出现井壁较大漏水；混凝土浇筑后，8~10 h 即可拆模；混凝土的工作性要好，在 30 min 内坍落度较小；低水化热，高耐久性。

4）施工实例

顾北矿井筒表土层深度 460 m，主、副、风三个井筒直径分别为 7.6 m、8.1 m、7.0 m，三个井筒表土段均采用冻结法施工。由于该矿三个井筒穿过的表土层深厚、井筒直径大、井壁受力复杂，因此，在井壁设计中外壁采用了 C50、C60 高性能混凝土，内壁采用了 C50、C60、C70 高性能混凝土。

（1）原材料。

水泥：混凝土强度设计等级 C60、C70，选用宁国海螺水泥厂生产的海螺牌 P. O52. 5R 早强型普通硅酸盐水泥。

细骨料：淮滨河砂，细度模数为 2. 9，级配合格。

粗骨料：C60 混凝土选用上窑石料厂的粒径为 5~25 mm 连续级配的碎石，C70 混凝土选用粒径为 5~25 mm 的玄武岩。

掺合料：掺入磨细矿渣能够有效地抑制混凝土的碱–骨料反应，提高混凝土的耐酸性、耐热性和防止氯离子的渗透。试验选用天津豹鸣股份有限公司生产的比表面积为 4500 cm^2/g 的矿渣。

硅粉：选用山西东义铁合金厂生产的硅粉，其颗粒极其微细，是一种超微固体物质，具有超微特性。平均粒径 0. 1~0. 15 μm，最小粒径 0. 01 μm，小于 1 μm 的占 80% 以上；比表面积 250000~350000 cm^2/g，是水泥的 70~90 倍；密度为 2. 1~3. 0 g/cm^3，堆密度为 200~250 kg/m^3；SiO_2 含量≥91%，Al_2O_3 含量≤0. 8%，Fe_2O_3 含量≤0. 7%，CaO 含量≤1%，烧失量≤4%。

高效减水剂：采用淮南矿业集团合成材料有限责任公司生产的 NF 高效能减水剂。

（2）C60~C70 混凝土的配合比与抗压强度。

混凝土的配合比见表 6-3，工作性和强度试验结果见表 6-4。

表 6-3　顾北矿主、副、风井冻结段井壁混凝土配合比

混凝土强度等级	混凝土原材料用量/($kg\cdot m^{-3}$)							减水剂种类及其掺量
	水泥	硅粉	磨细矿渣	碎石	砂子	水	减水剂	
C60	450	22. 5	54	1193. 5	587. 8	142. 2	8. 4	NF(1. 6%)
C70	410	20. 5	114. 8	1104. 3	621. 1	152. 7	16. 4	NF-Ⅲ(3. 0%)

表 6-4　混凝土的工作性和强度试验结果

混凝土强度等级	坍落度/mm			抗压强度/MPa		
	初始	10 min	20 min	3 d	7 d	28 d
C60	210	190	170	53. 5	63. 4	72. 3
C70	200	180	160	61. 4	70. 6	80. 3

C60~C70 高强高性能混凝土在顾北矿井筒内、外井壁中成功应用，混凝土浇筑后井

壁表面光滑，强度完全符合验收标准。

6.2.6 冻结基岩段施工

1）基岩掘进

上部强风化岩层掘进同表土段施工，当岩层较硬、掘进困难时，采用钻爆法施工。钻眼使用 FJD-6 伞钻、中空六角钢钎杆和直径 55 mm 十字型钻头，采用直眼分段挤压式掏槽，炮眼深为 2.5 m 左右。炸药选用煤矿许用抗冻乳化炸药，其规格为直径 45 mm、长 400 mm，使用毫秒延期电磁雷管、并联连线和地面发爆器起爆。

弱风化岩层采用普通钻爆法掘进。为防止冻结管断裂，采用打浅眼、放小炮、减小周边眼间距等方法施工。

爆破前 30 min 通知冻结单位，关闭盐水循环系统；爆破后冻结单位应及时检测冻结管路盐水流量变化，如有异常及时汇报。

根据冻结钻孔的实测偏斜图调整炮眼位置，在遇到向内偏斜的冻结孔时，缩小打眼圈径，并相应减少装药量，以免因爆破震裂冻结管而影响盐水循环。

装药前，必须切断井筒内所有的电源，吊桶距工作面 500 mm 以上；装药时，除负责装药的爆破人员、信号工、看盘工外，其他人员都必须撤离工作面。严格执行“一炮三检”“一炮三泥”和“三人连锁爆破”制度。

爆破前，脚线的连接工作可由受过专门训练的班组长协助爆破员进行，爆破母线连接、检查线路和通电工作只准爆破员一人操作。

装药前用专用压风扫眼器将炮眼中的岩粉吹净，并用木质炮棍将药卷轻轻推入，不得冲撞或捣实。炮眼内的各药卷必须彼此密接。装药的炮眼必须当班爆破完毕。

钻眼与装药不得平行作业，封泥长度不得小于 0.5 m。

采用发爆器起爆时，在爆破母线同发爆器接通之前，井筒内所有电气设备必须断电，只有在爆破人员完成装药和连线工作，井盖门打开，井筒、井口房内的人员全部撤到井口 20 m 以外的安全地点，吊盘提升到距工作面 30 m 以上时，方可接线爆破。爆破工作必须在地面进行。

2）临时支护

当围岩破碎易产生片帮时，为保证施工安全，可采用锚网临时支护。锚杆采用 $\phi18$ mm×1800 mm 的树脂锚杆，间排距 800 mm×800 mm，菱形布置。金属网规格为 2000 mm×1000 mm，网格尺寸为 100 mm×100 mm，采用 $\phi6$ mm 盘条焊制而成。井下铺设时，网片与网片之间压茬 100 mm，且锚网必须密贴岩面。

3）外壁支护

以外排竖筋为固定点，一次性绑扎完整个段高的竖筋与环筋，竖筋连接方式为等强直螺纹连接。环筋连接方式为绑扎，搭接长度不少于 33*D*（*D* 为钢筋直径），每段高环筋绑扎搭接率不小于 25%，接茬不在同一方位。钢筋间排距为 200 mm×250 mm，钢筋保护层厚度为 100 mm。

每段高钢筋绑扎完毕后，用底卸式吊桶下一罐黄砂，埋住竖筋丝头，找平工作面，以便下一段高钢筋连接。然后脱模、稳模，进行浇筑混凝土施工。

混凝土由地面搅拌站搅拌，用底卸式吊桶下至分灰器，混凝土经溜灰管对称送至大模内，采用风动振动器分层振捣。

混凝土入模应均匀对称，加强振捣，工作面的振捣器不少于6台。振捣过程中坚持“快插、慢拔，不顶钢筋、模板，间隔均匀，分层振捣”的原则，每层厚度不大于300 mm。入模振捣时必须定岗定人。

拆模后混凝土表面不得出现蜂窝、麻面、漏筋、错台等现象，模板接茬处形成的灰流应及时铲平，保证井壁的表面平整度。

4）瓦斯管理

冻结基岩段施工期间每班必须由专职瓦检员对井筒内的瓦斯进行检查，每班检查次数不少于3次，检查的重点部位是大模板刃脚下面及模板里面、吊盘周围、封口盘下面。

距离井底20 m以内风流中瓦斯浓度达到0.8%时，严禁爆破。

掘进工作面回风流中瓦斯浓度超过1.0%或二氧化碳浓度超过1.5%时，必须停止工作，撤出人员，采取措施，进行处理。

5）安全监控

冻结基岩段施工，必须安设监测系统，瓦斯传感器探头T1设在吊盘下层盘，且在风筒的另一侧，距井壁不小于200 mm；T2探头设在封口盘以下10 m处，距井壁不小于200 mm。探头不得悬挂于有淋水的地方，并要保护好。特别是在爆破前，必须妥善保护好监控设备。

6）内层井壁施工

当冻结基岩段施工到底、壁座掘进结束后，准备开始套内壁工作。套内壁采用液压滑动模板施工。滑动模板高度多为1.4 m，滑模爬杆采用ϕ25 mm圆钢加工而成。滑模爬升油缸设计为18组，每组2个油缸，共36个油缸。

6.2.7 套内壁施工

目前套壁主要采用两种方法，分别是倒模法和液压滑模法。淮南矿区近十年来应用最多的是滑模法。

6.2.7.1 倒模法

倒模法曾在张集矿主井、丁集矿主井等井筒使用。该法使用若干套1.0 m左右高金属装配式模板，将吊盘作为工作盘，其中上层盘铺设塑料板，中层盘绑扎外排钢筋，下层盘绑扎内层钢筋及立模浇筑混凝土。下层盘的大抓岩机机身位置设活动盖板，作为提吊模板用，辅助盘拆模并进行混凝土养护。模板循环使用，保证套壁自下而上连续不间断施工。

1）吊盘改装

将下层吊盘主提喇叭口用20 mm槽钢作铺板封闭，铺板间采用焊接使其成一整体，副提喇叭口用20 mm槽钢作折页式推拉盖板，便于提升人员和物料。

将中层吊盘主提喇叭口用20 mm槽钢作铺板封闭，铺板间采用焊接使其成一整体。

为方便施工，需要增设一个拆模辅助盘系统，在内壁套砌一个循环后，暂停套壁工作进行辅助盘安装，辅助盘安装前要拆除最下部的一套模板，然后进行辅助盘安装工作。

丁集矿主井外壁采用三层吊盘配一台中心回转抓岩机装岩、底卸式吊桶下混凝土砌壁。套内壁时对吊盘进行了改装，在原三层吊盘下增设一辅助拆模盘，变成四层吊盘，中间用6根ϕ24 mm的钢丝绳相连。原悬吊抓岩机的凿井绞车改用提升吊篮，用于模板在三、四层吊盘之间的循环使用。三、四层吊盘之间设计距离为10 m，以保证10套高度为

1.0 m的组装模板同时投入使用。施工初期采用的是传统施工方法，即第一层吊盘铺设双层PVC塑料板，第三层作为操作盘，进行内外排钢筋绑扎、模板组装、溜槽下灰、浇筑等工序的施工，最下层吊盘作为拆模及井壁洒水养护用盘，如图6-2所示。这种施工工艺虽然简单，但存在诸多问题和不足：

（1）下灰方式不合理。底卸式吊桶在第三层吊盘卸灰，通过溜槽入模。受人工开启吊桶下料口的限制，溜槽接料口的高度不宜太大，否则溜灰速度太慢，无法保证快速施工。在第三层吊盘摆放溜槽，直接影响下放、绑扎钢筋以及立模操作。

（2）外排钢筋施工不便。在第三层吊盘绑扎外排钢筋严重影响施工进度和质量。外排钢筋数量大，绑扎时间长，扎钢筋时无法打灰，严重制约套壁速度；人员在三层吊盘上距外排钢筋较远，再加上内排钢筋的影响，操作不便，易出现竖筋东倒西歪的现象，影响钢筋布置质量。

（3）工序、人员过于集中，无法平行作业。稳模、绑扎钢筋、下放和浇筑混凝土等工序均在第三层吊盘上进行，人员比较集中，而一、二层吊盘上工作量不大，体现不出四层吊盘的优越性，制约了套壁工作的快速进行。

鉴于以上不足，重新对施工方案进行了分析研究，并进行了优化，优化后的施工工艺如图6-3所示。

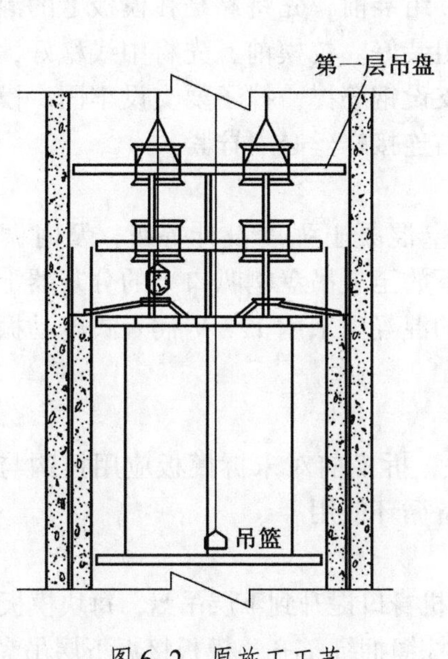

图6-2 原施工工艺

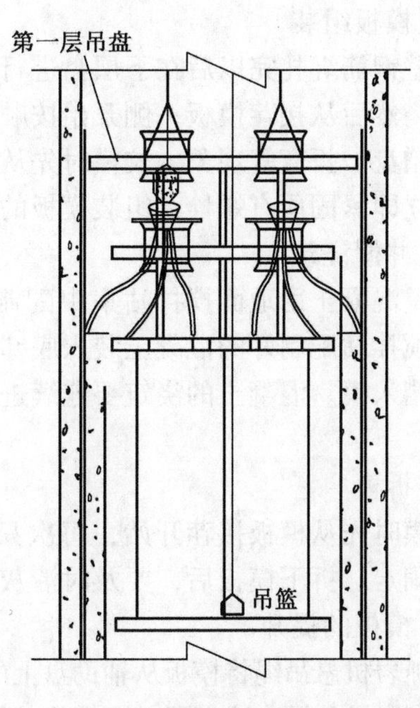

图6-3 优化后的工艺

优化后的工艺是：

（1）外排钢筋绑扎改在第一层吊盘上进行。该盘距离外壁近，绑扎钢筋方便，下放钢筋也较容易，绑扎工作可与下面几层盘上的作业平行进行。用此方案，仅用一个小班的时间就可将外排钢筋从第三层吊盘绑扎到第一层，而且绑扎质量符合要求。为保证竖筋垂直，在井壁上打了6个固定钢桩对钢筋进行定位，收到了良好效果。

(2) 吊桶卸灰改在第二层吊盘。原来第二层吊盘没有被充分利用，造成闲置。在第二层吊盘卸灰，卸灰高度大，混凝土流淌非常通畅，大大提高了下灰速度。

(3) 内排钢筋的下放。虽然第二层吊盘上的两个喇叭口均放置了溜灰器，但溜灰器的口径仅 0.6 m，喇叭口内仍有 0.6 m 的间隙，可供钢筋桶上下。在通过孔口时需有人进行引导，以保安全。另外，第二层吊盘也可兼作内排钢筋的暂放地，需要时再下传至第三层吊盘。

施工工艺优化前，套壁速度很慢，日进尺最多不超过 7 m，而且钢筋绑扎质量不能保证，经常出现返工现象。优化后速度大大加快，平均每天进尺达 12 m 以上，钢筋绑扎质量均达到优良标准，安全方面也得到了保证，未发生一起安全事故。

2）聚氯乙烯塑料板铺设

在外层井壁内表面用射钉枪配合 M6×210 射钉铺设塑料板，固定点间距 1.0 m，每排眼距应根据塑料板的宽度确定。塑料板的连接方法采用搭接法，搭接长度不小于设计值。

3）钢筋绑扎

利用中层吊盘绑扎外排钢筋，下层吊盘绑扎内排钢筋。为确保钢筋绑扎质量，必要时在井壁上相隔一定距离安设管缝式锚杆，将竖筋按设计尺寸固定在短锚杆上，而后环筋再与其相连，搭接长度及钢筋保护层厚度必须符合设计要求。

4）模板组装

内壁钢筋绑扎完以后在下层盘进行模板组装。组装前，先将黏结在模板上的混凝土清理干净，然后从接茬模板一侧开始按顺序将模板组装好。校模前，先将中线稳好，检查中线有无蹭盘、折弯等现象。校模时先从大点开始支设钢筋撑，撑子要支设牢固。模板校验合格后立即紧固所有螺栓，组装模板的上下、左右连接螺丝必须拧紧。

5）井壁浇筑

井壁混凝土由地面搅拌站集中配制，根据井壁混凝土强度设计等级，及时调整配合比。将搅拌站配制好的混凝土装入底卸式吊桶，下放至上吊盘喇叭口上的分灰器上方，直接经溜槽入模。混凝土的浇筑要连续进行。入模的混凝土采用 127 V 插入式电动振动棒振捣密实。

6）拆模

拆模时先从模板接茬开始，每次只拆 1~2 块，拆模前对未拆模板应用挂钩与上部模板连接固定。拆下模板后，要及时清灰刷油，以备循环使用。

7）模板的提升

用抓岩机悬吊绳将模板从辅助盘上的抓岩机的机身口提升到下层吊盘，每块模板均用 1 t 马镫与专用提升绳连接牢固，提升前必须将模板用棕绳捆绑整齐，模板接近下层吊盘时由专人目接并调整位置，确保安全通过不碰吊盘。提升完模板应及时封严抓岩机的机身口。

8）井壁养护

采用洒水养护，地面生活用水经压风管下至辅助盘水箱，每次洒水养护间隔时间不超过 30 min。

6.2.7.2 *滑模法*

1）在淮南的应用情况

淮南矿区新区凿井绝大多数采用了液压滑模施工。内壁采用滑模工艺进行浇筑混凝土施工，与倒模法相比，滑模法没有拆模、提升模板、组装模板工序，工人劳动强度小，安全性好，且能保证混凝土浇筑的连续性，无施工缝，井壁封水性和抗渗性较好。

部分冻结深井滑模设计情况见表6-5。

表6-5 部分冻结深井滑模设计情况一览表

序号	工程名称	井深/m	井径/m	冻结段深度/mm	冻结段最大壁厚/mm	千斤顶数量/只	工作盘钢梁型号
1	顾桥矿风井	810.6	7.5	370	1800	40	[16
2	潘北矿风井	698.2	8.1	395	1700	36	[14
3	潘北矿副井	728.2	7.0	393	1950	40	[14
4	潘一矿二副井	848.5	7.0	330	950	36	[14
5	朱集矿回风井	1019	7.5	375	1600	40	[16
6	顾南矿进风井	1038.6	8.6	339	1750	44	[18
7	顾南矿回风井	1010.6	7.2	350		36	[14b、[16
8	谢桥矿箕斗井	986.2	7.6	388	1650	40	[18
9	潘一东矿副井	904.2	8.6	282	1150	44	[18

2）结构与设计加工

（1）结构。

滑模主要由模板、F形提升架、滑模爬杆、滑模爬升油缸、滑模工作盘（双层）、滑模辅助盘及液压动力系统等部分组成。顾桥矿主井滑模结构如图6-4所示。

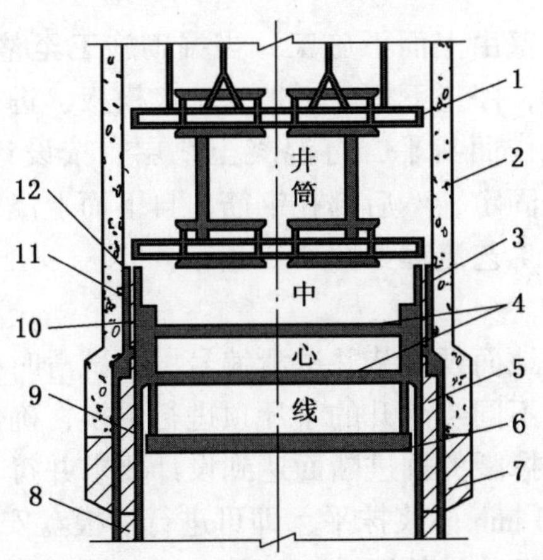

1—吊盘；2—外壁；3—内壁钢筋；4—滑模操作盘；5—内壁；6—辅助盘；7—壁座；8—壁基；9—养护水管；10—提升架；11—千斤顶；12—爬杆

图6-4 顾桥矿主井液压滑模套内壁工艺示意图

滑模是可以连续向上滑升、浇筑混凝土的模具。模板根据设计的井筒净断面采用5 mm厚的钢板加工而成，高度1.4 m，锥度0.8%。

滑模盘为混凝土振捣和绑扎内层环筋的工作盘，每滑升 300 mm 后，在混凝土浇筑前立即绑扎好环筋。滑模盘上层盘是滑模套砌内层井壁的主要操作盘，钢筋绑扎、混凝土浇筑、测量和调整模板中心线等主要工作均在该盘上进行；滑模盘的下层盘为液压操作、洒水养护盘，用 6′塑料软管沿下盘上口周圈布置并与水箱连接，每隔 70 mm 开 ϕ1 mm 小孔，对着井壁每半小时洒水养护一次。

辅助盘，是修整井壁表面、洒水养护、操作油泵的工作盘。

滑升动力装置——油泵通过管路、借助固定在 F 形架上的液压千斤顶，通过均匀布置在井壁中的爬杆（圆钢）传递滑升动力，以此带动整个滑模向上滑升。

（2）设计加工。

根据所施工井筒净直径大小、钢筋布置圈径及数量、内层井壁长度来设计液压滑升模板。滑模在井筒中自下而上通过井壁钢筋爬行，其结构的安全性是工程的关键，为此，采用伞形辐射式结构，增加千斤顶及提升架数量，对围圈、模板及工作盘结构进行了加强。

滑模模板采用固定式钢模板，外钢板选用 5 mm 厚的钢板加工而成，高度 1.4 m，倒锥度 0.8%；围圈采用 4 层 16 号槽钢圈梁支撑模板，同时竖向每隔 300 mm 左右加焊 50 mm×50 mm×5 mm 角铁加强筋以增加强度。

为了保证有足够的提升力，一般按 1000~1200 mm 的间距布置一个 F 形提升架，每个提升架上安装两个 HQ-35 型千斤顶，架体采用两根[12.6 槽钢做主体并焊接钢板增加强度；为了保证钢筋保护层厚度达到设计值，放大了钢筋圈径，并增加了一根钢筋。

滑模工作盘采用[18 槽钢做主梁，[16 槽钢以辐射式布置作为辅梁，辅助盘均采用[16 槽钢做主、副梁，既减少钢材使用量，又增加整体强度。在下层设计有一圈洒水管，以方便混凝土养护。

3）施工工艺

立井井筒冻结段外层井壁由上而下施工，当掘砌施工至整体浇筑段和井壁支撑圈时，采用锚网喷联合临时支护后，停止下掘，拆掉外壁大模板，进行壁座的掘进和临时支护施工，达到设计位置后，将工作面找平，打混凝土垫层，按设计爬杆的位置和数量预埋钢板，进行滑模组装，焊爬杆固定，然后绑扎钢筋，自下而上浇筑混凝土套壁。

液压滑模套砌内壁施工工艺流程如图 6-5 所示。

（1）滑模盘安装。

滑模盘下井前，首先在地面预组装并试滑编号，在试滑时检查各构件的加工质量和液压滑升系统的工作状况，对不同步滑升的千斤顶进行更换，确保施工时同步滑升。

当整体浇筑段和井壁支撑圈的掘进断面达到设计要求并符合浇筑混凝土条件时，首先将井下工作面整平，并铺 30 mm 砂浆抹平，即可进行滑模盘安装。安装时先装下盘，待下盘组装后再装上盘及模板，组装好的滑模盘，其盘面高差不得超过 10 mm，中心线偏差不得超过 5 mm。支承杆丝头朝上对称交错排列，保证支承杆的接头不在同一平面上。

（2）模板滑升。

模板滑升分为试滑、正常滑升和停滑。

试滑：当内外层井壁整体浇筑段和支承圈的钢筋网绑扎好并验收合格且滑模盘已组装好，其中心偏差及水平误差均符合要求后，即可进行混凝土浇筑。试滑时第一次浇筑混凝

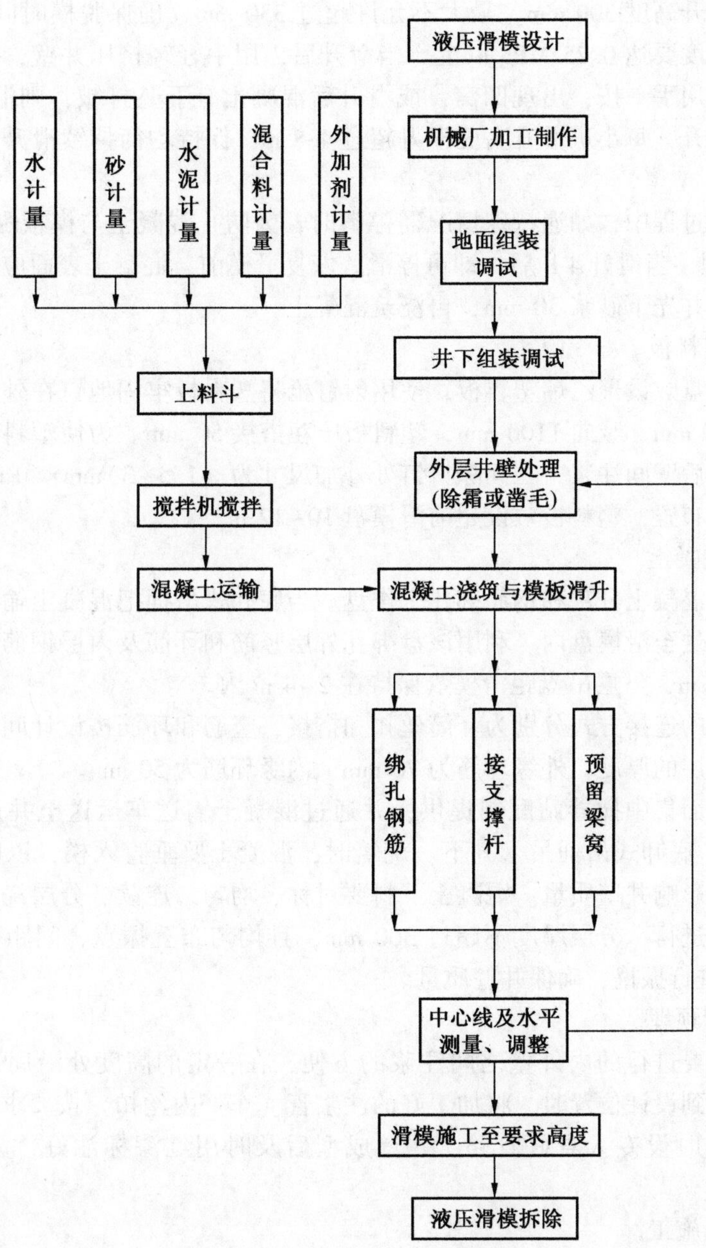

图6-5　内壁滑模施工工艺流程

土高度为900 mm，且时间已达2.5 h，可滑升1~2个行程（30~60 mm）；再继续浇筑混凝土到1.2 m高时，进行第二次滑升3~5个行程（90~150 mm）；然后浇筑混凝土到1.5 m高时，再滑升5~7个行程（150~210 mm）；而后浇筑混凝土至模板上口，滑升300 mm，依次上滑，直至滑升高度达到2.8 m。把上下盘连接起来后，即完成了试滑工作。

正常滑升：当上下盘连接好后，即开始滑模套内壁进行正常滑升，施工时每半小时滑升一次，每次滑升高度 300 mm，最大不允许超过 330 mm，确保脱模时间达到 2.5 h。脱模时混凝土的强度要达 0.25 MPa 以上。当滑升后，用手轻轻挤压井壁，如略有印痕，则可继续滑升，如用手一按，出现凹窝，或滑升后混凝土有下坠打皱，则混凝土强度不够，此时必须停止滑升，每小班滑升高度不得超过 4.8 m，保持均衡持续滑升，以确保井壁混凝土质量。

停滑：滑模过程中，如遇特殊情况需停滑时，为防止混凝土与模板黏结，应每隔 1 h 滑升 1~2 个行程，当滑升 4 h 后，即可停滑。恢复滑模前，混凝土表面应凿毛，并用水将碎渣冲洗干净，并先下砂浆 30 mm，再浇筑混凝土。

（3）铺设塑料板。

利用上层吊盘敷设聚乙烯塑料板，使用射钉枪将塑料板牢固地钉在外壁内表面上，钉距水平方向 1000 mm、竖向 1100 mm，塑料板压茬搭接 50 mm。为使塑料板与外壁间留有间隙，有利于以后壁间注浆，在间隙钉钉处外加尺寸为（1.5~3）mm×40 mm 的塑料垫层，上下垫层应错开布置，塑料板敷设超前滑模盘 10~12 m。

（4）浇筑混凝土。

下层吊盘为混凝土分灰和钢筋绑扎工作盘。当底卸式吊桶把混凝土输送至该盘后，用溜灰管将混凝土送至滑模盘内。利用该盘绑扎外层竖筋和环筋及内层钢筋的竖筋，外层钢筋绑扎超前 4~6 m，下层吊盘距滑模盘保持在 2~4 m 内。

竖筋、环筋的连接方式分别为套筒丝扣和搭接，竖筋和环筋按设计间距进行绑扎。内层井壁钢筋保护层的厚度：外缘环筋为 70 mm，内缘环筋为 50 mm。

混凝土由地面集中搅拌站配制提供，并通过混凝土输送车运送至井口混凝土上料台上，再用 3.0 m^3 底卸式吊桶吊入井下。浇筑时，混凝土要垂直入模，以防聚乙烯塑料板进入混凝土中而影响井壁质量。混凝土下料要对称、均匀，连续、分层浇筑，振捣工作要定人、分区分层进行，分层厚度不超过 300 mm，且均匀布置振点，间距一般为 300~400 mm。用振动棒进行振捣，确保井壁质量。

（5）注浆管预埋。

考虑到以后要进行的内外壁之间注浆的方便，在一定的高度处沿周边设置数根注浆管。在内壁施工到设计位置时，将加工好的注浆管（车好内丝扣）按要求固定在内壁钢筋上埋设好。滑升时设专人看好管路，井壁成型后及时用红漆标注好，为后期注浆做好准备。

（6）锁口段施工。

当施工至井筒上口时，拆除滑模并组装高 1.2 m 组合式钢模板，自下而上把冻结段内壁砌筑到永久锁口底面水平。

（7）劳动组织。

采用“三八”制作业方式。为保证正规循环作业，必须合理安排工序，各工序之间尽量做到交叉平行作业，以提高工时利用率。

内壁套壁施工时，采用“滚班”作业制，实行井下“0”接班制度，这样有助于提高劳动效率，加快施工速度。项目部建立健全安全管理机构，制定安全生产的各项管理制度，牢固树立安全第一的思想，坚决做到不安全不施工，并加强对工人的安全教育工作，

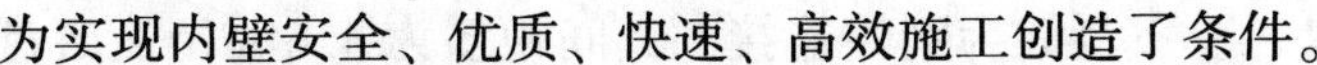
为实现内壁安全、优质、快速、高效施工创造了条件。

（8）施工速度。

部分井筒滑模施工速度见表6-6。

表6-6 部分井筒滑模施工速度

井筒名称	滑模深度/m	混凝土体积/m^3	总工期/d	平均日进度/m	最大日进度/m
张集矿主井	367	4858	41	8.16	12.08
张集矿副井	367	8677	36	10.19	14.90
张集矿中央风井	369	6622	41	8.02	11.41
顾桥矿副井	300		26	11.56	
顾南矿进风井	339		23	14.7	
顾南矿回风井	340	5960	30	11.3	

（9）质量保证措施。

①塑料板敷设必须按要求进行，且固定要牢固。

②钢筋绑扎应按要求进行，搭接长度应用红漆做好标记，竖筋和环筋的每个交点都应用钢筋钩绑扎牢固，其纵向间距不大于±20 mm，环向间距不大于±10 mm。由于外层钢筋超前4~6 m，为防止竖筋歪斜，应及时绑扎好环筋，一旦发生偏斜，应及时纠正。

③应准确测量滑模中心线及水平高差，每滑升一次，应认真校对中线及水平高差，当水平高差超过30 mm，即应进行调差，此时可关闭高面的千斤顶（1~2个），滑升1~2个行程后再打开校核。保持水平滑升是确保中线不发生偏差的关键。

④千斤顶的支承杆（俗称爬杆）为直径25 mm圆钢，使用螺纹连接，母丝长度应大于公丝1~2丝，连接时必须紧密，接头处应圆滑，不得留有间隙，否则影响千斤顶正常滑升。

⑤搅拌站应按不同强度等级的混凝土要求，严格控制好混凝土配合比和水灰比，混凝土不能过稀，按照滑模施工的特点，保证两个半小时的混凝土强度达到0.25 MPa以上，并要确保混凝土强度符合设计要求。

⑥混凝土应分层、对称循环浇灌，每层高度300 mm，固定专人用插入式振动棒认真振捣，振捣应密实，且要振捣出浆，振动棒不得插入下层已初凝的混凝土内，即插入混凝土的深度不得超过300 mm，且振动棒不得碰撞顶杆、钢筋和模板。

⑦冻结段内层井壁混凝土中掺入适量高效防渗密实剂，以提高混凝土抗渗性。

⑧吊桶严禁停落在滑模盘上，人员上下及下钢筋均在下层吊盘上，如必须下至滑模盘，也要在吊桶距滑模盘500 mm时打悬罐停下，严禁滑模盘受到冲击。

6.2.8 主要施工系统设备

（1）为满足快速施工的需要，根据井筒断面特征，井筒施工期间，主、副井均布置两套单钩提升，提升选用凿井专用绞车，配以大容积吊桶。主提布置一台JKZ-2.8/15.5型绞车，副提布置一台ASEA-2.75/30.88型绞车，主提挂3 m^3的底卸式吊桶，副提的3 m^3吊桶用于提升人员和物料。

（2）井筒施工采用双层凿井吊盘，上下盘间为刚性连接，其间距多为 4.6 m。上层盘既作稳绳盘又是保护盘；下层盘为施工操作盘，用作冻结段施工、挂设副圈。

（3）通风。采用压入式通风方式。初期采用两台（一台备用）FBD-No.9.6/30×2 型对旋式通风机，布置两路 ϕ1000 mm 的 KSF-800 型带钢衬箍可伸缩胶质风筒加强通风、降温。风筒沿井壁固定。通风机安设在井筒一侧，风筒经封口盘盘面预留风筒口，用两根钢丝绳悬吊在封口盘钢梁上。

（4）压风。井筒施工期间，压风由矿方永久压风机房接入副井井口再经 ϕ160 mm 压风管接到吊盘上，压风管由地面稳车悬吊。

（5）供电系统。根据施工需要，在井筒周围设立临时变电站，站内安装移动式开闭所、变电站各一台，变压器多台。自矿方变电所布设一路 MY3×95+1×35 电缆作为稳车主电源、一路 $MYJV_{22}$3×150 电缆作为 2.8 m 绞车及 4.0 m 绞车双回路电源，另设有 KS9-315/6/0.4 型、KBSG-400/6 型矿用干式变压器各一台，供井下排水及工作动力、信号、爆破、照明等的用电。

（6）混凝土搅拌及输送。为确保井壁混凝土施工质量，由矿方指定商品混凝土制作单位在工业广场内建立地面混凝土集中搅拌站，提供井壁用高性能混凝土。混凝土经混凝土输送车运至井口，由底卸式吊桶运送到井下工作面。

（7）井筒测量工作。以矿方提供的井筒十字中线基点及水准基点为测量依据，认真做好井筒中心线的标定工作。井筒中心线经甲方测量部门验收合格后方可使用。将 V 形铁板固定在井筒中心线上，便于下放铅垂线。要保证井筒中心线误差不大于 5 mm，并在施工期间定期检测。

井筒掘砌测量时，在封口盘上设置一台手摇小绞车，用直径 1.5 mm 钢丝经过井筒中心 V 形铁板下放至井底，配悬吊进行测量找线，并要注意检查大线自由铅垂，坠陀应按测量规程要求随井筒不断延伸而加重。井筒的高程控制，以设计永久锁口标高为基础，每个段高砌壁用长钢尺丈量，并做好原始记录。高程至少用长钢尺独立丈量 2 次，符合要求后取平均值作为最终值。井筒中心线应由边垂线加大垂球和摆动观测的方法，将线移设在上方，然后用瞄直法给向。

（8）运输系统。采用座钩式翻矸台自动翻矸，矸石用地面自卸汽车排至指定地点。

（9）通信、信号系统。井下吊盘设置抗噪声电话，工作面通过井口可以方便地同压风机房、绞车房、调度室进行联系。井口设 2 个信号室，采用成套信号系统。井口及绞车房均有声光及电视监测系统，系统具有信号显示记忆功能。分别在井口、吊盘、二平台、绞车房安装电视监控系统，使其可对吊桶提升、人员状态进行监控。

（10）供电系统。变电所内安装 S9-800/6/0.4 型电力变压器 1 台、KSJ-320/6/0.66 型矿用变压器 2 台、GG-1A 型高压开关柜 13 台、BSL 型低压开关板 4 台。采用双回路供电，保证供电安全。

（11）照明系统。井筒内设一路 U-3×16+1×6 照明电缆附于吊盘绳上，电压为 127 V。每层吊盘的上方设 2 盏 KBT-125 型矿用防爆投光灯。下层吊盘盘面以下设 2 盏 DS-2J250-1 型竖井矿用照明灯，线路全部沿吊盘钢梁布置，垂直向下的线路穿入钢管内，盘面上活动的导线加胶质套管以防漏电。

6.3 基岩段深孔爆破技术

为了加快立井掘进速度，提高掘进质量和效益，目前在立井基岩段施工都采用深孔光面爆破与大型机械化装备配套的施工方法。特别是在光面爆破成缝机理、不耦合装药的缓冲作用、掏槽爆破机理等方面取得了重要成果，有力地促进了深孔光面爆破技术的不断发展。

目前国内外立井深孔爆破的掏槽方式分为单阶或多单阶锥形掏槽和直眼单阶或双阶筒形掏槽方式，其中直眼掏槽方式得到广泛应用。

6.3.1 圈径与炮眼间距

要保证整个槽腔内的岩石完全破碎，就必须使各个炮眼装药爆破后形成的裂隙能达到槽腔中心，槽孔的布置应满足以下两式：

$$\phi \leqslant 2\frac{k_{IC}^2}{\pi P_m^2} \tag{6-1}$$

$$E = \frac{k_{IC}^2}{\pi P_m^2} \tag{6-2}$$

式中 ϕ——槽孔圈径；

k_{IC}——断裂韧度；

P_m——炮眼半径；

E——槽孔间距。

6.3.2 槽孔单孔装药量计算

目前，在对爆破理论和爆破工艺研究还不太成熟的状况下，还很难用精确的数学力学方法计算出只有单个自由面的掏槽炮眼的合理装药量，但可根据球状装药的爆破漏斗理论，将柱状装药视为一系列等效球状装药串联成的球链，利用现有已知或较易取得的参数计算出掏槽孔内的装药量。

已知球状装药爆破漏斗的装药量计算公式：

$$Q = qw^3 \tag{6-3}$$

式中 Q——装药量；

w——药包到自由面的距离；

q——单位体积原岩耗药量。

一般认为 q 是一个常数。但事实上，q 是随着炮眼深度的增加而增加，爆破漏斗的形式也随之变化。随着炮眼深度的加深，在单位体积原岩耗药量 q 不变的情况下，爆破漏斗可以由加强抛掷爆破变为标准抛掷爆破，乃至松动爆破。因此可视 q 为球状药包对自由面的作用程度，它与药包质量大小成正比，与药包中心到自由面的距离的立方成反比，即

$$q = q(Q,\ w) = \frac{Q}{w^3} \tag{6-4}$$

柱状装药视作一系列等效球状装药串联成的球链，其爆破漏斗即为这一系列球状装药所形成爆破漏斗的叠加。柱状装药对自由面的最小抵抗线方向的作用程度可用积分方法求出，如图 6-6 所示。

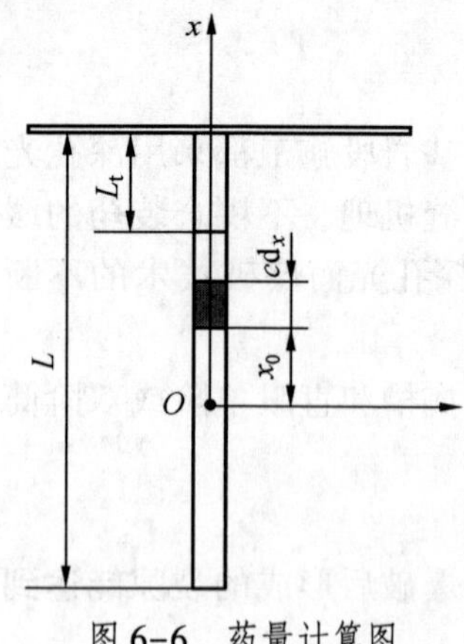

图 6-6 药量计算图

因此，掏槽孔单孔装药量可按下式计算：

$$\begin{cases} Q = (L - L_t)c \\ L_t = \left(\dfrac{cL^2}{2qL^2 + c}\right)^{1/2} \end{cases} \tag{6-5}$$

式中 L——炮眼深度；

L_t——炮眼堵塞长度；

c——炮眼线装药密度；

q——单位体积原岩耗药量。

6.3.3 周边眼光爆参数

周边眼单眼装药量是影响光面爆破效果的主要因素。装药量过大，将导致围岩破坏严重，出现较大的超挖量，装药量过小，则难以在炮眼间形成贯穿的裂隙，导致出现欠挖现象。为了防止孔壁形成粉碎区而影响围岩的稳定性，周边眼一般采用不耦合装药和空气柱间隔装药。在上述装药条件下，炮眼壁上的冲击压力为：

$$P_2 = \frac{\rho_0 D^2}{8}\left(\frac{d_c}{d_b}\right)^6\left(\frac{l_c}{l_c + l_a}\right)n \tag{6-6}$$

式中 l_c——炮眼装药长度，mm；

l_a——空气柱长度，mm；

ρ_0——炸药密度，kg/m^3；

D——炸药爆炸速度，m/s；

d_c——装药直径，mm；

d_b——炮孔直径，mm；

n——考虑爆轰产物撞击孔壁的压力增大系数，$n=8\sim11$。

令 $P_2=K_b\sigma_c$（K_b 为在体积应力状态下岩石抗压强度增大系数，一般取 $K_b=10$；σ_c 为岩石单轴抗压强度）并忽略炮泥长度，即 $l_c+l_a=l_b$，l_b 为炮眼长度，炮眼的装药长度为

$$l_c \leqslant \frac{8K_b\sigma_c l_b}{n\rho_0 D^2}\left(\frac{d_b}{d_c}\right)^6 \tag{6-7}$$

则炮眼单孔装药量为

$$q_1 = \frac{1}{4}\pi d_c^2\rho_0 l_c \tag{6-8}$$

6.3.4 周边眼间距和光爆层厚度

根据应力波干涉理论，当两炮眼同时起爆时，各自产生的应力波沿装药连续相向传播，经一定时间后，孔壁处应力达峰值，其后应力波相互干涉，装药中点处的应力增大，孔壁产生贯穿裂缝，在相邻装药连续中点上产生的拉应力等于岩石的抗拉强度，即

$$\sigma_\theta = \frac{\alpha\lambda P_2}{\bar{r}^\alpha} \tag{6-9}$$

$$\bar{r} = S/d_0$$

$$\alpha=2-\lambda$$

$$\lambda=\mu/(1-\mu)$$

式中　$\bar{r}$——对比距离；

S——周边眼间距；

α——应力波衰减指数；

λ——侧应力系数；

μ——岩石的泊松比。

将 $\bar{r}=S/d_0$、$\sigma_\theta=\sigma_T$、式（6-6）代入式（6-9）中，可求得眼间距

$$S=\left[\frac{\lambda\rho_0 D^2}{8\sigma_T}\left(\frac{d_c}{d_b}\right)^6\left(\frac{l_c}{l_c+l_a}\right)n\right]^{1/\alpha}d_b \tag{6-10}$$

光面爆破时，必须使光爆层的岩石脱离原岩，并防止反射作用下产生超挖。因此必须合理确定周边眼的最小抵抗线，即光爆层厚度。光爆层厚度过大，光爆层岩石将得不到适当的破碎，甚至不能将其沿着炮眼底部最小抵抗线切割下来；最小抵抗线过小，在反射作用下围岩将产生较多、较长的裂隙，影响围岩的稳定性，甚至造成片落、超挖和巷道壁的凹凸不平。周边眼的光爆层厚度是用光爆装药邻近系数 m 来控制的。根据经验，$m=0.8\sim1.0$ 时，可获得良好的光爆效果。

6.3.5　崩落眼爆破参数

崩落眼是破碎岩石的主要炮眼，它直接影响爆破块度的均匀性。如果炮眼参数过大或装药量过小，爆破块度偏大，大块岩石增多，有可能还要进行二次破碎，影响抓岩机的生产率，导致抓岩时间增长，降低井筒施工速度。如果炮眼参数过小或装药量过大，则爆破块度过小，易砸坏井筒内的施工设施。因此崩落眼的布置应以炸药分布均匀、最小抵抗线大致相等为原则来确定崩落眼的眼位。临近周边眼的崩落眼应保证周边眼的抵抗线 W 符合光爆要求。对于坚硬岩石，崩落眼的圈距可按下式估算：

$$W=\left[\frac{2}{\left(\frac{m}{2}\right)^2+1}\right]^{1/2}W_0 \tag{6-11}$$

式中　m——装药邻近系数；

W_0——最优抵抗线。

$$W_0=\left[\frac{(R+b)P_2}{S_T}\right]^{1/\alpha}\frac{r_b}{\sqrt{2}} \tag{6-12}$$

$$b=\frac{\mu}{1-\mu}$$

$$\alpha=2-\frac{\mu}{1-\mu}$$

式中　R——反射系数；

b——切向应力与径向应力的比值；

α——应力波衰减系数；

P_2——作用在炮眼壁上的冲击压力；

S_T——岩石抗拉强度；

r_b——炮眼半径。

一般情况下崩落眼的圈距可按下式估算或按表 6-7 确定。

$$W = r_c \sqrt{\frac{\pi \varphi \rho_0}{mq\eta}} \tag{6-13}$$

式中 φ——装药系数；

ρ_0——炸药密度；

m——装药邻近系数；

q——单位体积原岩耗药量；

r_c——装药半径；

η——炮眼利用率。

表 6-7 崩落眼的圈距

m

岩石坚固性系数 f	炸药爆力/mL		
	300~345	350~395	≥400
1~1.5	0.88~0.96	1.00~1.10	1.15~1.20
1.6~2	0.82~0.90	0.92~0.96	1.00~1.10
3~4	0.72~0.80	0.82~0.90	0.92~1.00
5~6	0.66~0.70	0.72~0.80	0.82~0.90
7~8	0.60~0.65	0.66~0.70	0.72~0.80
9~11	0.52~0.58	0.60~0.64	0.66~0.70
12~14	0.45~0.50	0.52~0.55	0.60~0.64
15~18	0.42~0.44	0.45~0.50	0.52~0.60

6.3.6 淮南矿区深孔爆破的主要参数

在潘谢煤田施工的数十个井筒中，多数实现了深孔爆破，采用光面、光底、弱震、弱冲爆破技术，取得了良好的爆破效果。部分井筒深孔爆破情况见表 6-8。

表 6-8 淮南矿区部分井筒深孔爆破情况

序号	井筒名称	掘进直径/m	孔深/m	掏槽方式	炮眼数量/个	循环炸药用量/kg
1	顾桥矿主井	8.9	4.0			
2	朱集矿副井	9.5	5.5			
3	顾南矿回风井	8.8				
4	张集矿主井		4.0	直眼掏槽		
5	谢桥矿箕斗井	8.8	5.0	2 阶不等深直眼		
6	望峰岗矿二副井	8.1	4.5			
7	潘一东矿副井	10.0	5.0	直眼分阶	154	600.0

深孔爆破采用伞钻打眼，炮眼直径均为 55 mm，采用抗杂散电流的毫秒延期电雷管、直径 40 mm 的二级煤矿许用水胶炸药。

6.4　立井施工机械化配套

要提高建井速度，必须要实现机械化配套。立井施工机械化配套，就是根据立井工程条件、施工队伍素质和技术装备情况对各主要工序使用的施工设备进行优化，使之匹配，前后衔接成一条工艺系统完整的机械化作业线，并与各辅助工序相互协调，充分发挥各种施工机械设备的效能，快速、高效、优质、低耗、安全地完成作业循环。主要应保证钻眼深度与掘进段高、一次爆破矸石量与装岩能力、提升能力与装岩能力、吊桶容积与抓斗容积、地面排矸与提升能力、井筒砌壁与掘进速度的匹配。

6.4.1　主要施工设备配套要求

6.4.1.1　凿眼设备的选择

目前用于立井施工的钻眼机械主要有手持凿岩机、环形钻架和伞形钻架。手持凿岩机一般只适用于浅孔爆破，当立井采用深孔爆破时，需要多次换钎杆，钻眼效率低，工人劳动强度大。环形钻架在金属矿山应用较多，但在煤矿立井中一般很少采用。淮南矿区使用的伞形钻架一般配置 6~9 台 YGZ-70 型凿岩机，适用于 4.0 m 以上的炮眼。伞型钻架具有机械化程度高、操作灵活、打眼眼位和角度好控制、打眼质量高、有利于推行光面爆破、安全可靠、劳动强度低的优点，较人工抱钻大大缩短了凿岩时间，而且钻眼速度快，劳动强度低，因此立井深孔爆破目前都首选伞形钻架打眼。

6.4.1.2　抓岩机的选择

抓岩机的选择应根据施工速度要求计算出必需的抓岩能力，并结合配套要求选择抓岩机的类型与数量，然后结合施工组织情况计算出抓岩机的实际生产率。

（1）抓岩能力。抓岩能力 P_0 是由一次预计爆破岩石量及装岩时间确定。根据一次爆破矸石量与抓岩能力的匹配关系，抓岩能力为

$$P_0 \leqslant \left(\frac{1}{4} \sim \frac{1}{5}\right) Q \tag{6-14}$$

$$Q = l_b \eta S K_0 \tag{6-15}$$

式中　Q——一次爆破矸石量，m^3；

l_b——炮眼深度，m；

η——炮眼利用率，0.85~0.95；

S——井筒掘进断面积，m^2；

K_0——岩石松散系数，取 1.8~2.0。

在整个装岩过程中，不论是工作量还是装岩时间，都以第一阶段装岩为主。因此，P_0 应按第一阶段的装岩量及所需装岩时间确定，即 P_0 应满足：

$$P_0 \geqslant \frac{Q - Q_d}{K_1 T_1} \tag{6-16}$$

式中　Q_d——清底矸石量，一般 $Q_d = 10 \sim 20\ m^3$；

T_1——掘进循环中装岩时间，一般占循环时间的 40%~60%；

K_1——第一阶段装岩时间系数，取 0.65~0.8。

（2）抓岩机类型及抓斗容积确定。立井施工的抓岩机类型主要有环形轨道式（HH型）、中心回转式（HZ 型）、长绳悬吊式（HS 型）、靠壁式（HK 型）等。HH 型抓岩机机械化程度高，生产能力大，但是该抓岩机升降频繁，吊盘晃动大，操作高度大，视线欠佳；HZ 型抓岩机适用于各种作业方式，占用井筒面积小，装岩无死角，生产能力大，操作高度低，工作时吊盘较平稳；HS 型抓岩机结构简单，易于布置，吊盘悬吊负荷较小；HK 型抓岩机生产能力大，视野清晰，但固定工作频繁。

抓斗容积按下式计算：

$$q_0 = \frac{P_0 t_1}{3600 K_g K_m} \tag{6-17}$$

式中　t_1——第一阶段装岩时抓岩机抓取一次循环时间，取 25~35 s；

K_g——抓岩机时间利用率，一般取 0.6~0.9；

K_m——抓斗抓满系数，第一阶段抓岩时取 1.0~1.1。

根据计算值 q_0 选取标准的抓斗容积 q_B，并满足 $q_B \geqslant q_0$。

（3）抓岩机实际生产率的计算。由于影响抓岩机的实际生产能力的因素很多，因此目前还很难精确计算。根据部分井筒实测的数据分析，实际抓岩能力一般为理论抓岩能力的 50%~70%，设备配套合理、抓岩机操作技术高的井筒可达 80%及以上。

6.4.1.3　*矸石吊桶的选择*

选择矸石吊桶时，要考虑井筒施工设备布置、井筒直径、提升方式、抓岩机型号及其生产率。当井筒施工设备布置较多或井筒直径较小时，选择大直径吊桶，无法满足安全要求。在满足安全要求的条件下，要尽量选择大容积吊桶，并与抓岩机的抓斗直径配套。吊桶容积可用下式计算：

$$V_T \geqslant \frac{K P_z T_1}{3600 K_d} \tag{6-18}$$

单钩提升

$$T_1 = 54 + 8\sqrt{H - h_{ws}} + \theta_d \tag{6-19}$$

双钩提升

$$T_1 + 5\sqrt{H - 2h_{ws}} + \theta_s \tag{6-20}$$

式中　K——提升不均系数，取 1.15~1.25；

K_d——吊桶装满系数，一般为 0.9；

T_1——提升一次循环时间；

H——提升高度，即井筒设计深度、井架卸矸台高度和吊桶超过卸矸台高度（1~1.5 m）之和；

θ_d——单钩提升时，吊桶摘挂钩及卸矸时间，取 60~90 s；

θ_s——双钩提升时，吊桶摘挂钩及卸矸时间，取 90~140 s；

P_z——井筒工作面抓岩机的总生产率，一般取 $P_z = P_0$；

根据求出的 V_T 值选择标准的吊桶容积 V_{TB}，并使 $V_{TB} \geqslant V_T$。

吊桶的选择要与抓岩机配套合理，吊桶容积应为抓岩机抓斗容积的 4~5 倍较为合理。吊桶直径和抓斗张开直径的比值一般为 0.7~0.8。通常的配套关系为：2 m³ 吊桶配 0.4 m³

或0.6 m³ 抓斗，3 m³ 吊桶配0.6 m³ 抓斗，4~5 m³ 吊桶配0.6 m³ 或1.0 m³ 抓斗。

6.4.1.4 提升机的选择

根据井筒技术特征和施工方案选择提升设备，在条件许可的情况下，尽量采用提升速度较快和能力较大的提升机。选择原则是：

（1）要有足够的提升能力，保证井筒出矸需要。如提升机需继续服务于巷道开拓施工时，还要满足二期工程掘进施工的需要。

（2）与抓岩机的生产率相匹配，满足快速施工要求。一般要求提升能力大于抓岩能力。

（3）要有较好的经济效益，不造成大的浪费，设备安装时间要短，保证安全生产。

（4）主提升机要满足伞钻、材料等大型重物上下时的安全要求。施工中主要采用JK系列的提升机和井筒专用提升机。

6.4.2 淮南矿区立井施工设备配套及优选

近十几年来，随着科学技术水平的发展，新型、大型建井设备不断涌现并在淮南矿区得到了广泛应用，大大提高了凿井技术水平和施工进度。近20年来共施工了40多个井筒，部分典型井筒的配套情况见表6-9。

表6-9 淮南矿区部分典型井筒的机械化配套方案

配套设备		井筒名称、净直径及深度/m					
		顾桥矿主井 7.5/810.6	张北矿风井 6/523.5	张集矿副井 8/663.5	丁集矿风井 7.5/861.9	朱集矿副井 8.2/958	顾南矿回风井 7.2/975.6
井架		新Ⅳ型	新Ⅳ型		Ⅴ型	永久井架	
主提升机		2JK-3.5/15.5单钩	2JK-3.5/15.5		2JK-3.6/13.2	2JK-3.6/13.2	4.0 m
副提升机		2JK-3.5/15.5单钩	2JK-2.5/20		JKZ-2.8/15.5	JKZ-2.8/15.5	3.5 m
吊桶/m³		3.0（主提）	3.0		5.0	5.0	5.0
		3.0（副提）	3.0		5.0	4.0	4.0
钻眼设备		FJD-6A	FJD-6A	FJD-6	FJD-6A	FJD-9G	FJD-6.7
抓岩机		2台HZ-4	HZ-6	HZ-6	2台HZ-6	2台HZ-6	HZ-6
排矸		汽车	汽车	汽车	汽车	汽车	
模板	外壁	MJY2.8/8.6	MJY1.8/7.1(7.5)		MJY2.6/8.6	ϕ9.4/10.1整体金属模板	
	内壁	1.6 m滑模	1.4 m滑模	滑模		ϕ9.4液压滑模	液压滑模
	基岩	MJY3.6/7.5下滑金属模板	下滑金属模板	下滑金属模板		MJY3.6/8.2，段高3.6 m	下滑金属模板，段高3.7
混凝土搅拌机		甲方集中搅拌站	JS-1500		甲方集中搅拌站	甲方集中搅拌站	甲方集中搅拌站
混凝土输送		DX-2型吊桶	DX-2型吊桶		DX-3型吊桶	DX-3型吊桶，6路胶管入模	

表6-9（续）

配套设备		井筒名称、净直径及深度/m					
		顾桥矿主井	张北矿风井	张集矿副井	丁集矿风井	朱集矿副井	顾南矿回风井
		7.5/810.6	6/523.5	8/663.5	7.5/861.9	8.2/958	7.2/975.6
通风	通风机	4-58-№11.25D2	4-58-№11		FD-1№6	对旋式 FBD-N9.6、FBD-N80	
	风筒	KSF-900	KSF-800			2趟，井壁吊挂	
排水设备				250 kW 吊泵		DC50-80/13 型卧泵，井壁吊挂	
压风		利用永久	利用永久			甲方提供，井壁吊挂	
吊盘		双层，间距4.5 m	双层，间距4.5 m		三层，间距4.5 m	ϕ7.9 m双层，间距4.5 m	
稳车/台						17	
可视化							

配套设备		井筒名称、净直径及深度/m				
		顾北矿风井	望峰岗矿二副井	顾南矿进风井	朱集矿矸石井	潘一东矿副井
		7.0/680.6	8.1/1015.7	8.6/1038.6	8.3/1094	8.6/904.2
井架		V型	V型	永久井架	V型	永久井架
主提升机		JKZ-2.8/15.5	2JKZ-4/15	2JKZ-3.6/12.96	2JKZ-3.6/12.96	2JKZ-3.6/12.96
副提升机		2JK-3.5/11.5	JKZ-2.8/15.5	JKZ-4.0/20.1	JKZ-3.2/18	JKZ-4.0/20.1
吊桶/m^3		4.0（主提）	5（≤700 m） 4（>700 m）	4	4	3～5（井深500 m以下用4 m^3，800 m以下用3 m^3）
		3.0（副提）		4	4/3	
钻眼设备		FJD-6A伞钻	SJZ-6伞钻	SJZ-6.1伞钻		SJZ-6.1伞钻
抓岩机		2台HZ-6	HZ-0.6/HZ-0.4	2台HZ-6	2台HZ-6	2台HZ-6
排矸		铲车、汽车	铲车、汽车	铲车、汽车	铲车、汽车	铲车、汽车
模板	外壁	MJY2.4/8		MJY2.4/8		MJY-8.6/4
	内壁			液压滑模		液压滑模
	基岩	下滑金属模板	MJY-3.7/8.1		MJY-3.6	MJY
混凝土搅拌机		商品混凝土	JS-750/JS-500，4台	商品混凝土		2台JS-1000
		DX-2.4型	2趟ϕ159×8	DX-2.4型		DX-3型
通风	通风机	DKJ№9630×2	JBDS45×2		2台FBD-2×55（对旋式）	FBD-2×45（对旋式）
	风筒		胶质ϕ1.0 m		玻璃钢ϕ1.0 m	2趟玻璃钢ϕ1.0 m
排水设备			风泵配吊桶		DG100-100×2	DG100×10卧泵
压风			2趟ϕ219 mm		ϕ159×4.5	
吊盘		双层，直径7 m	ϕ7.7 m，双层	ϕ10.3 m，双层		ϕ8.3 m，双层
稳车/台			15		18	16
可视化			视频监控	视频监控		

根据淮南矿区的施工设备配套情况，可看出以下特点：

(1) 多个井筒采用了永久井架施工井筒。利用永久井架可节省凿井井架的费用，并能缩短工期。由于永久井架太高，底部跨距较大，难以利用，有的矿井只好在永久井架内再安装凿井井架，如顾北矿主井。

(2) 采用了大绞车、大吊桶提升。多数采用直径 3.5~4.0 m 的大直径提升绞车、4~5 m^3 的大容积矸石吊桶。大绞车、大吊桶与大抓岩机的有效组合，大大缩短了装岩排矸时间。

(3) 普遍采用了混合作业方式和整体下移带刃脚的金属模板。混合作业可省去临时支护，加快施工速度，故被广泛采用。掘进段高根据循环组织不同，3~5 m 不等。模板采用单缝式液压模板，模板自带操作脚手架和翻转挤压式受灰合茬窗口，能保证合茬平整密实，有利于提高井壁的隔水性和整体质量。

作业方式是关系立井施工质量、速度、成本和安全的重要方面，是发挥施工技术优势的关键所在。目前，淮南矿区主要采用掘砌混合作业方式，它具有以下特点：①省去单行作业方式中占循环作业 15%~20% 的临时支护时间；②辅助作业时间相对减少，部分工序可以平行交叉作业，省去长段单行作业中的掘、砌转换时间；③永久支护紧跟工作面，围岩暴露时间短，作业安全，适应各种地质条件；④随着中深孔爆破技术的完善和大段高整体移动金属模板的采用，机械化施工优势更加突出；⑤工序简单，组织专业化的班组施工，工人操作水平熟练，有利于实现正规循环作业。

由此可见，掘砌混合作业方式部分作业可以平行交叉作业，省去了临时支护，节约了辅助作业时间，增加了有效作业时间，凿井设备、伞形钻架、抓岩机、提升机、混凝土搅拌系统设备能力充分发挥，能充分发挥机械化配套的优势，从而使淮南矿区新井建设速度得到大大提高。

(4) 基岩装岩均采用中心回转抓岩机，根据井筒直径的大小不同，布置 1 台或 2 台，抓斗容积 0.4 m^3 或 0.6 m^3。为了加快清底速度，有的井筒配用挖掘机清底，挖掘机可将松动破碎的岩石清净，有效提高炮眼利用率，最高可达 100%，实现“两炮三模”，大大提高了施工速度。

(5) 普遍采用了深孔爆破，炮眼深度可达 5.5 m。深孔爆破与大型伞钻配合相得益彰，大大提高了循环进尺。

(6) 新建矿井较多采用了由建设方统一设置搅拌站和提供商品混凝土的模式。混凝土集中供应不仅缓解了工业广场的利用紧张状况，改变了各施工单位作坊式的布置，有利于文明施工管理，更重要的是大大减少了施工准备的工程量，保证了混凝土的质量。集中搅拌站供应量大，供应满足需求，能加快砌壁速度，有利于快速施工。

(7) 冻结段内壁砌筑混凝土，多采用内爬杆式液压滑动模板。在冻结段底部大壁座掘砌完成后，自下而上一次套壁到井口，保证了内壁的整体性，增强了防水性。

6.5 立井信息化施工与组织管理

6.5.1 立井信息化施工

6.5.1.1 立井信息化施工的概念

立井信息化施工是将通信与自动控制技术应用于矿井建设中，实现施工关键参数的动态自动化量测。根据监控到的大量信息及时比较设计所期望的性状与监测结果之间的差别，并对原有的设计进行科学评价，判断施工方案的合理性；通过反分析方法计算和修正冻结施工参数，预测下一阶段工程实践可能出现的新情况、新问题，为施工期间进行优化和合理组织提供可靠的信息，对后继的开挖方案与开挖步骤提出建议，对施工过程中可能出现的险情进行及时预报；当有异常情况时提醒施工人员及时采取有效措施，将危险控制在萌芽阶段，清除隐患，确保工程安全；通过灵活应用各种信息提高施工效率与施工质量，力求实现施工合理化。

立井信息化管理目前主要应用于表土冻结段施工。冻结法施工是一个随时间变化的动态过程，是集温度场、应力场、位移场和湿度场为一体的特殊工程施工方法。冻结壁的性状受到制冷系统运行情况、地质条件、边界散热、施工工况等诸多因素的影响。同时深厚冲积层冻结法施工技术还不够成熟，理论指导相对较少，存在许多未知的困难和问题。淮南矿区是一个具有深厚冲积层的大型矿区，但在深厚冲积层冻结施工时没有进行全面、准确、实时的监测，因此冻结工程的安全将无法得到保障。为保证冻结壁的安全和有效，必须实时掌握相关的技术参数，掌握冻土的温度特征、强度特征和变形特征以及外壁压力特性。因此，有必要也必须采用信息化施工技术。

冻结井筒信息化施工主要包括两大方面：一是冻结壁温度场的监测和预测，二是井帮和井壁的应力和变形监测。在内容上主要有：温度监测，包括冻结壁内温度、井帮温度、井口盐水温度、井壁混凝土温度等；应力应变监测，包括冻结壁（井帮）位移、井壁内的钢筋受力、冻结压力、井壁混凝土的应变等；冻结站内监测，包括冷冻机运行参数、盐水箱内水位、盐水箱外进回路盐水管路中盐水温度、盐水流量等。

工程监测与数据分析的要求：

（1）建立冻结系统的计算机监测系统，掌握不同地层冻结特性、进回盐水状况、井帮温度等情况，以方便进行冻结壁温度场的分析。张集矿副井所用的监测系统数据采集界面如图 6-7 所示。

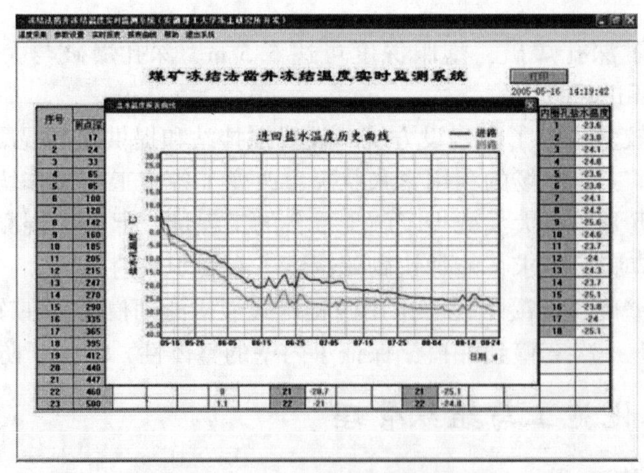

图 6-7　张集矿副井冻结实时监控系统数据采集界面

（2）进行外壁冻结压力监测，掌握外壁的冻胀力特性、井壁内环向和竖向钢筋应力状

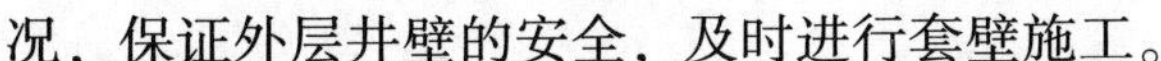

况，保证外层井壁的安全，及时进行套壁施工。

(3) 建立冻结站设备运行状况分析和记录系统、盐水报警和盐水流量监测与控制系统，根据冻结壁温度场的发展特性，灵活地分配和调节盐水流量。

要做到有效监测，就必须建立可靠的、多方位的、多层次的、方便实用的监测信息系统，开发相应的计算机软件。为此，淮南矿业集团在冻结井筒中广泛采用冻结自动监测系统，通过一套测温孔温度自动采集系统对冻结壁温度进行实时监控和分析。淮南矿业集团与安徽理工大学合作开发了冻结法凿井信息化软件，在顾桥矿主井等多个井筒得到成功应用。该软件可准确地预测冻结壁厚度、温度、冻土距荒径的距离以及井帮位移等，主要功能包括：

(1) 能够考虑冻结管的实际造孔偏斜，较为真实地模拟出冻结壁温度场的性状；

(2) 利用测温孔实际测温数据，分析计算冻结壁温度场的特性，计算冻结壁的特征参数；

(3) 实现冻结壁温度场及盐水温度曲线、测温点温度曲线等的可视化，便于分析掌握冻结壁的发展性状；

(4) 校核冻结壁的安全性，确定井筒施工段高；

(5) 预测冻结壁温度场的发展，指导工程施工；

(6) 显示任意水平高度冻结壁温度场的特性和竖向冻结壁温度场的性状；

(7) 根据经验模拟不同土层性质冻结壁温度场的发展特性；

(8) 模拟冻结壁温度场发展性状，进行冻结方案设计，并优化冻结管布置；

(9) 模拟分析冻结孔实际偏斜，进行冻结孔造孔质量的评价；

(10) 给出不同地层土的结冰温度特征；

(11) 了解深部和浅部地温的变化。

6.5.1.2 张集矿副井冻结信息化施工

张集矿副井穿越表土层厚度大，在 350 m 左右有近 70 m 厚的连续黏土层，450 m 附近有 90 m 的砂质黏土层，地层条件极为复杂，冻结管断裂和外壁破坏的可能性很大。为此，进行了信息化施工，对井帮的温度、冻结壁位移进行了现场监测。

1) 井帮温度监测

井帮温度采用单点温度计量测。沿井帮周边均布 8 个测点，测点深度 20~30 mm。一段高一测量，掘进过程中温度测点一暴露便立即测量。根据测量结果，-253 m 以上地层温度场发展较慢，井帮平均温度基本在-2~-6 ℃之间。由于地层浅，上部地压较小，井帮温度基本满足要求，掘进采用小段高快速掘进通过。-253~-326 m 段，井帮平均温度达到-6~-10 ℃，-450 m 达到-10~-18 ℃，温度达到了各阶段的设计要求，井筒安全通过了黏土层。

2) 冻结壁位移监测

选择典型层位，沿井筒呈十字形布置两条测线（南北 SN 和东西 EW）、4 个基准测点。刷帮后立即设置基准测点并测初读数，在进行下一工序之前再次测量测线的长度，计算收敛位移。位移采用收敛计测量。典型测试曲线如图 6-8 所示。

根据测试结果分析，可知：

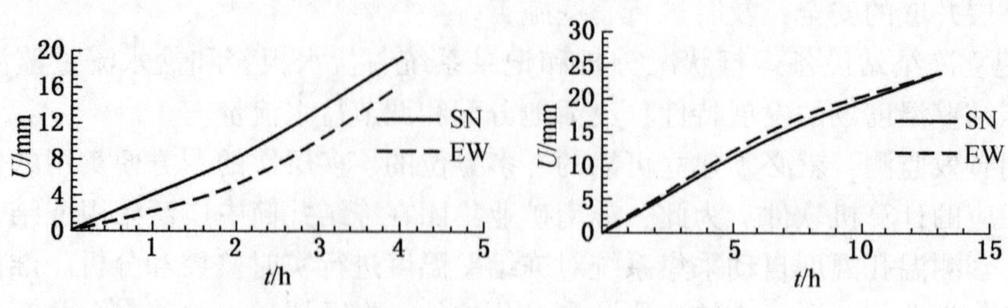

图 6-8　冻结壁位移测试曲线

（1）-289～-342 m，井帮变形速率都超过了 3.6 mm/h，最大值达到 4.75 mm/h，其余（深部）层位的黏土收敛速率均小于 2.5 mm/h。可见，张集矿副井超厚黏土层中，冻结壁变形最大的地方不一定在最深的地方，而是在最薄弱的地方，即冻土温度低、冻土强度不够的地方。

（2）冻结壁径向位移与井帮暴露时间、井帮温度都成正比关系。井深 400 mm 之上，井帮暴露时间基本控制在 8 h 以内；400 m 和 442 m 两个测试水平，暴露时间均在 13 h 左右。422 m 深度处的冻结壁最大位移为 38 mm，说明冻结壁强度和有效厚度控制得较好。在保证安全的情况下，实现了井筒的快速掘进。

3）测温孔测温

副井冻结布置 4 个测温孔，设测温点 99 个、冻结器回水测温点 123 个、盐水进回水测温各 2 个、清水箱测温点 1 个、冷凝器测温点 15 个、电缆沟测温点 1 个，共计 243 个测温点。

6.5.2　科学化管理

6.5.2.1　项目法管理

项目法管理就是以合同为依据，以成本管理为中心，对各生产要素进行优化配置实现质量、进度、成本、安全四大控制目标。项目部一是要组建强有力的领导班子，选配会管理、懂技术、能经营、善外交的人员担任项目经理；二是抓好施工过程的目标控制，搞好施工合同管理；三是对施工过程中各生产要素进行合理优化配置和动态管理，重点抓好人的技术素质提高。

要控制质量、进度、成本、安全，项目部就必须建立相应的控制体系和机构，各控制体系要贯穿于施工的各阶段、各环节、各工序。为控制目标实现，应建立质量目标控制、进度目标控制、成本目标控制和安全目标控制。

1）质量目标控制

根据质量目标，应建立和完善质量保证体系，设置统一协调的组织机构，成立以项目经理为首的质量管理工作领导小组，把项目部内各部门的质量管理职能和活动合理组织起来，形成一个有明确任务、职责而又相互协调的有机整体，按规定标准进行质量控制。

项目部要成立 QC 小组，通过解决班组工序、工种的质量问题，把过去的事后检验转变为预防为主，从而提高工程质量。

要在抓好质量控制的基础上，严格按规范、标准施工。项目部要设专职质量检查员，实行“三检制”，对关键工序和部位设质量点，制定具体的控制措施。

采用新技术、新工艺、新成果。要根据合同条款、设计图纸等，对拟建施工项目进行组织和规划，确定合理的施工方案，编制施工组织设计。

2）进度目标控制

在编制施工进度计划时，为达到施工合同规定的要求，尽早发挥投资效益，满足施工的均衡性和连续性，节约费用，降低成本，要按照工程项目总的进度计划，编制年度、月度施工计划，以月度计划保年度计划，以年度计划保项目计划的完成。

根据进度计划，项目部每月要制定当月的施工作业计划，明确规定当月应完成的任务、需要的资金平衡、劳动生产率和资金节约目标。施工作业计划下达到项目部所属各部门后，要进行层层分解承包，落实到班组甚至个人，确保施工任务的完成。

3）成本目标控制

成本控制是项目施工过程中的一个重要内容。为了搞好成本控制，重点抓了以下几方面工作：

(1) 项目部内部应实行经济承包，人工工资、直接材料和机械费等按定额拨给综合队，节约归己，超支不补，施工队再分解到班组和每道工序，按进尺单价计算，多劳多得，有利于成本控制。

(2) 辅助部门要按月度计划限额领料，核定费用，节约有奖，超支受罚。对维修等直接占用井巷施工时间等做了限制，使每个员工的责任心都得到了加强。

(3) 每月由经营主管部门根据实际成本做出经济分析报告，通过成本分析，找出计划成本与实际成本的偏差、产生的原因及变化趋势，进而采取有效的改进措施，减少或消除不利偏差，保证成本控制目标的实现。

4）安全目标控制

(1) 建立安全保障体系和机构，配备专职安全检查员，形成从上到下的安全网络系统。

(2) 建立健全安全管理制度，用制度保证安全措施的落实，坚持“安全第一，预防为主”的安全生产方针，明确规定项目部内部各级领导、职能部门、工程技术人员和施工人员在施工中的责任。

(3) 开展技术革新，改进操作方法，改善劳动条件，消除安全隐患，保证安全生产。

(4) 强化安全教育，工人须经培训后上岗，安全管理与经济效益挂钩，促进每个员工安全意识的提高。

6.5.2.2 组建综合队

立井施工需要多工种密切配合作业，除矿建工人外，还需要机电工、绞车工、信号工、把钩工、调度员等。过去习惯的做法是一线、二线分别成立队伍管理。实践证明，采用综合队的组织形式，可以做到集中统一指挥生产，生产指令能迅速下达实施，可避免相互推诿扯皮，方便协调各工种关系，使大家同心协力围绕井筒进尺、质量、安全来工作，是立井机械化配套施工较好的劳动组织形式。

采用混合作业时，掘砌工按工种、工序分为：

(1) 打眼班：负责凿岩爆破；

(2) 出渣班：负责出矸；

(3) 砌壁班：地面负责混凝土的搅拌、运输；井下负责立模、找正，混凝土浇筑；

(4) 出渣清底班：负责出渣清底。

对伞钻、凿岩机、绞车、稳车、搅拌机、水泵等主要机械实行“包机制”，闲时检查维修。伞钻、抓岩机做到班班维修，保证用时不出故障。加强维修人员责任心，提高机械利用率和使用率。“包机制”有利于建立预知性设备检修制度，预知性设备检修制度的基础是设备状态检测和故障诊断。

6.5.2.3 生产组织与正规循环作业

正规循环作业是立井快速施工的基础和保证。“包机制”将设备故障影响时间降低到最少，四个专业班组能自如地操作凿井设备，完成各工序交接班，以工种定人、定位、定任务、定时间、定质量，保证正规循环任务能按时按质完成，甚至提前完成。

改革辅助工按百分比的分配办法，实行岗位定员，切块承包，即以项目标价为依据，按照预算定额进行分解，各工种岗位切块承包，控制工资总额。岗位切块就是将整个项目部人员分为直接工、机电运输工、排矸工和管理服务人员等几大块。切块承包可以提高全员经济意识，形成人人关心进尺、关心生产的良好氛围。

对项目部班组成员要制定考核奖励办法，将责、权、利结合，把其工资收入与经济效益指标紧密挂钩，达不到考核要求的不获得效益收入。

6.5.2.4 平行交叉作业，安排合理辅助工序

为了在有限的时间内尽可能多地完成工作量，就必须最大限度地利用时间和空间。特别是立井凿井，工作场所狭窄，技术复杂，多工种配合作业，工作相互干扰，要在保证安全的条件下，搞好平行交叉作业。如砌壁浇筑混凝土时，可延长风筒和电缆，进行抓岩机的维修、换绳、注油、检修吊盘等辅助作业。如浇筑混凝土时，利用吊盘处理上部井壁接茬等工作。如浇筑井壁时暂时停止提升，抓紧进行提升系统、绞车、稳车、钩头、钢丝绳、天轮平台的维修、检修等辅助作业。要把辅助作业时间减少到最少，为主要工序创造条件，缩短循环时间。

6.6 井筒快速掘砌新技术

6.6.1 利用永久井架凿井

利用永久井架凿井有利于缩短主副井交替装备的工期，节省凿井井架的相关费用，故在建井工程中得到积极倡导和较多应用，取得了较好的技术经济效益。

淮南矿区在20世纪七八十年代建设的矿井，主副井大多采用钢筋混凝土井塔提升，如潘一矿、潘二矿、谢桥矿等。到21世纪后，为了加快施工速度，节约投资，转而广泛采用了钢结构井架，如望峰岗、顾桥、丁集、潘一东等矿。淮南矿区利用永久井架凿井的井筒见表6-10。

表6-10 淮南矿区利用永久井架凿井的井筒

井筒名称	净直径/m	深度/m	永久井架的利用方式
望峰岗矿主井	7.6	992.5	顶部平台作天轮平台，利用斜腿安装翻矸台
顾桥矿主井	7.5	810.6	先组立永久井架，内套凿井井架

表 6-10（续）

井筒名称	净直径/m	深度/m	永久井架的利用方式
顾桥矿副井	8.4	838.1	利用永久井架作天轮平台
潘一东矿副井	8.6	904.2	对永久井架改造后用于凿井
丁集矿主井	7.5	885.0	在Ⅳ凿井井架使用的情况下组立永久井架

井架是立井施工的重要构筑物。开凿提升井筒时，可利用标准的专用凿井井架，也可利用永久井架。利用永久井架凿井可节省一座专用凿井井架的安装时间及相关费用，条件允许时一般应尽量利用。一般井筒施工准备期较长、准备期占用井口设备少时，具有充分空间和时间组立井架，井架组立不单独占用施工工期，利用永久井架凿井能有效缩短工期。采用冻结法施工时，井筒在积极冻结期具备上述条件，适合利用永久井架凿井。淮南矿区广泛采用冻结法凿井，故对利用永久井架比较有利。

6.6.1.1 利用永久井架的方式

永久井架跨度大、高度大，天轮平台具有边梁宽、无中梁、有效使用面积小等特点，不完全符合凿井设备布置的要求，施工中很难完全利用永久井架。根据永久井架的结构特点，利用井架凿井的方式有以下几种：

1）利用永久井架的天轮平台，自设翻矸平台

如果永久井架在设计中已考虑了凿井的要求，天轮平台一般能满足施工要求，但翻矸平台需另行搭建。搭建的方式有两种：

一是用 U 形卡或其他方式将翻矸台的主梁固定在永久井架的斜腿上，再根据翻矸台的设计在两根边梁上搭设其他钢梁。但不论如何连接，都不得对井架造成损伤。这种方式搭设翻矸台，施工方法简便快捷，不需大型起吊设备，占用井口时间较少，拆除也简单易行。但由于井架的跨度较大，所用的主梁的型号较大。

图 6-9 将翻矸台固定在永久井架腿上（顾桥矿副井）

淮南望峰岗矿副井和顾桥矿副井使用了这种方式，如图 6-9 所示。

二是利用独立的翻矸平台。不利用永久井架的架腿，另设计一个独立的翻矸平台，平台的面积和高度大小可根据凿井、排矸所选设备的使用要求确定，翻矸平台不受永久井架结构的限制。淮南朱集矿副井采用了这种方式，如图 6-10 所示。

朱集矿副井净直径 8.2 m，深 1036 m，采用冻结法施工。永久井架高 59.0 m，由主斜架和副斜架两组箱形截面的斜架组成，井架底跨 29.71 m×22.0 m。按建设单位要求，布置凿井设施时不得对井架构件施焊和钻孔。

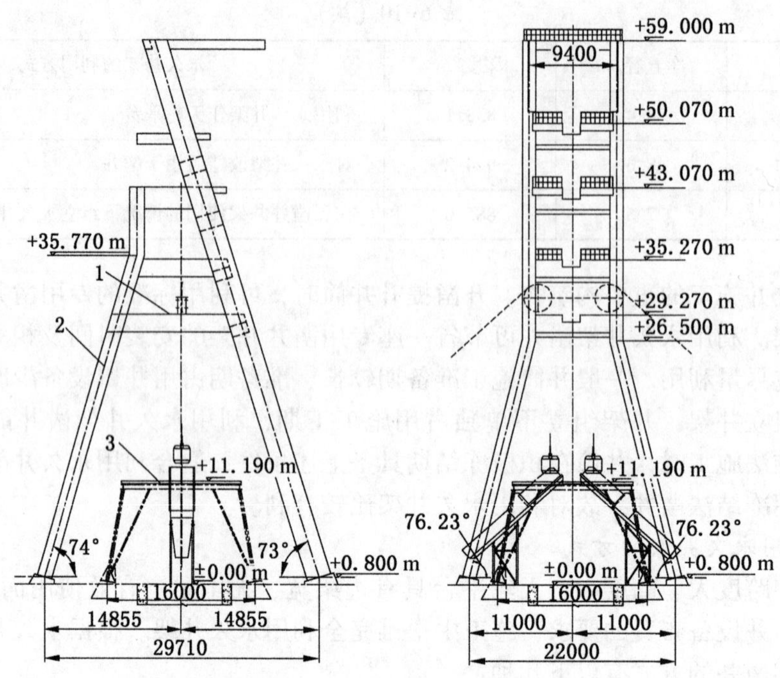

1—天轮平台；2—井架主体；3—翻矸平台

图6-10 单独设置的翻矸台（朱集矿副井）

临时凿井天轮平台设置在永久井架+29.270 m平台上，平台结构为“口”字形，南北钢梁中心距12843 mm，东西钢梁中心距16000 mm。永久出绳方向布置在平台北侧。根据井筒巷道及硐室的布置及地面永久工程绞车及绞车房的建筑和安装，将所有天轮布置于平台东西两侧，共布置2个直径3.0 m提天轮和29个悬吊天轮。天轮平台钢梁采用63a工字钢和窄翼缘H型钢。

在永久井架结构设计中，没有考虑凿井施工需要的翻矸平台，为满足施工需要，必须新增设1个翻矸平台。由于副井井架跨距大，如果利用永久井架主、副斜腿布置整体平台，则平台的平面尺寸为23.55 m×16.90 m，这样大跨距要求平台钢梁的截面也大，整个平台重量将增加。根据翻矸、吊挂及伞钻检修的要求确定在标高+11.190 m处增设1个尺寸为12.6 m×12.6 m的独立支撑翻矸平台。支撑平台的设计加工根据Ⅴ型凿井井架二平台以下的结构进行。在使用时翻矸井架四角与永久井架用钢丝绳加固，以增加其稳定性。

采取上述技术措施，实现了大直径千米井筒采用高大永久井架凿井平台的合理布置。施工实践证明，高大永久井架不必内套临时凿井井架完全可以满足井筒开凿。

2）永久井架内套凿井井架

由于永久井架太高，底间距较大，不能利用其进行凿井，因此需要在永久井架内套立凿井井架用于凿井。为了进行多工序交叉平行作业，顾桥矿主井即采用了这种方式，即先组立永久井架，又在永久井架内竖立一座Ⅳg型凿井井架凿井。

这种凿井设备布置与安装与常规使用凿井井架施工完全一样，故从严格意义上说，算不上利用永久井架凿井。但也并非完全不能利用，比如在凿井井架的安装时，可充分利用永久井架作为起吊架，节省大型吊车的使用。另外，永久井架占用了井口施工场地，在施工准备期内即完成了永久井架的安装，也可节省工期。

丁集矿主井则是已组立好凿井井架，并已在进行井筒掘砌施工，为了抢工期，在凿井井架提升的过程中，组立了永久井架，如图 6-11 所示。这种方法实现了永久井架的安装与井筒掘砌完全平行，使永久井架的安装不单独占用工期。

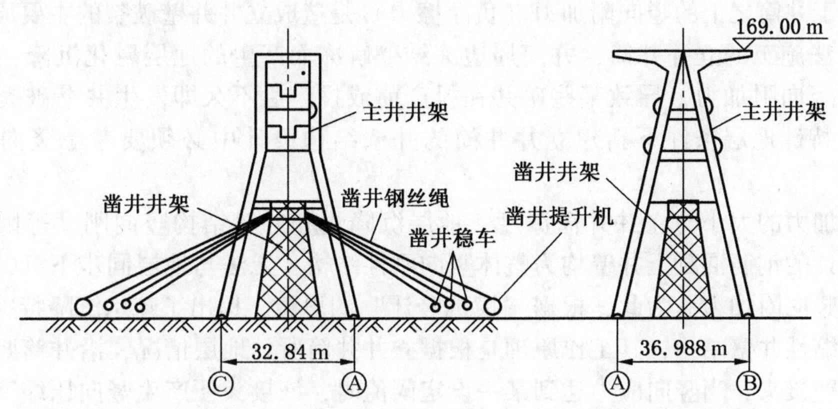

图 6-11　丁集矿主井永久井架与凿井井架的位置

6.6.1.2　利用永久井架需要考虑的问题

利用永久井架凿井虽然具有很多优势，但由于其用途和结构的不同，在利用时也存在诸多需要考虑和解决的问题。

（1）永久井架的结构和强度需满足凿井设备的需要。凿井时需要较大的井架高度和悬吊能力，布置各种施工设备需要的尺寸有时永久井架也满足不了要求，故有时需对永久井架进行改造和加固。利用时，要进行主要构件的强度验算，最好能在井架设计时就考虑凿井的需要，但这需要提前做好井筒的施工组织设计。

（2）要从总体出发，从经济成本、工期、凿井工艺等方面综合论证利用永久井架的可行性。当主副井交替装备不是矿井建设的关键线路时，利用临时凿井井架会比较合理。

（3）利用永久井架要具备一定的条件，即井口及附近要有足够的时间和空间提前安装永久井架。

（4）当井筒到底需要进行改绞承担巷道施工提升任务时，还应考虑提升临时罐笼的要求及临时改绞的方便。从目前看，一般情况下副井不进行临时改绞，多采用主井临时改绞的方案，故主井利用永久井架时需考虑矿井二期工程的使用问题。

（5）当井巷工程为矿井建设的关键线路时，虽然利用永久井架缩短了主副井的交替装备工期，但并不能缩短矿井的建设工期，而且会增加井架投资和利息的支出，此时不一定要利用永久井架。

6.6.2　可缩性井壁接头施工技术

6.6.2.1　问题的提出

自 20 世纪 80 年代以来，我国安徽两淮、江苏徐州、河南永夏、山东兖州和黑龙江东荣等矿区相继发生大量的立井井壁破裂事故（据统计已达 150 多起），轻者产生井壁混凝土开裂剥落、钢筋弯曲外露、立井井筒变形、涌水和卡罐等现象，重者造成井壁破裂、突水溃砂、淹井、工业广场地表沉降、地面建筑物开裂和矿井停产等重大安全事故。

现场观察表明，上述立井井壁破裂带均发生在表土层与风化基岩段的交界面附近，大多数在表土层底部含水层中，少数在风化基岩段中。矿井生产中进行的疏排水，引起底部含水层水位下降，造成底部含水层固结压缩沉降，导致上覆地层随之沉降。地层疏水沉降产生的作用于井筒之上的竖向附加力（负摩擦力）是造成立井井壁破裂的主要原因。特别是采用冻结法施工的立井井筒，井筒周边冻结壁解冻而产生的地层融化沉降，在一定程度上会加大竖向附加力，导致某些矿井在投产前或投产后不久即发生井壁破裂事故。因此，在类似特殊地层条件下新建立井井筒的井壁结构设计中必须要考虑竖向附加力的作用。

竖向附加力的大小与立井井筒深度、地层沉降量和井壁结构竖向刚度等因素密切相关。传统设计的钢筋混凝土井壁均为整体竖向刚性结构，无法与地层同步下沉，导致井壁承受巨大的竖向附加力。为此，根据“横抗竖让”的思想，提出了疏水沉降特殊地层条件下的竖向可缩性井壁结构，其工作原理是根据立井井筒所处地层情况，沿井筒竖向设置若干可缩性井壁接头，当竖向应力达到某一设定阈值时，该接头便产生竖向压缩变形，使井壁和地层同步下沉，从而达到衰减竖向附加力和预防立井井壁破裂的目的。

6.6.2.2 可缩性井壁接头设计

1）可缩性井壁接头设计原则

（1）接头可根据需要设置 1 个或多个，其数量及位置分别取决于地层预测沉降量和地层性状。

（2）所有接头累积的竖向总可压缩量和井壁的竖向可缩量之和应大于地层预测沉降量。

（3）可缩性接头发生压缩变形的临界载荷应大于上覆井壁和井筒装备自重之和，并小于该处井壁结构的竖向破坏载荷。

（4）接头应在产生竖向可缩变形前后，均不发生漏水现象。另外，接头还应满足防腐及易加工等要求。

2）可缩性井壁接头结构形式

可缩性井壁接头的结构特征是：设置断面呈“工”字形的圆环形筒状体，顶部为上法兰盘、底部为下法兰盘，上法兰盘和下法兰盘之间是用于承载竖向载荷的 2～3 圈环状立板。在圆环形筒状体的外周，跨接在上法兰盘和下法兰盘之间的是承载水平载荷的弧形板。接头设置上下防水钢板圈。可缩性井壁接头与井壁连接示意图（1/4 井壁模型）如图 6-12 所示。

在接头下法兰盘的底部固连钢垫板，钢垫板的外缘为齿状，相邻齿之间预留的空间可用来浇筑、振捣混凝土，内缘上也开设有圆形混凝土振捣孔。在钢垫板的底部和上法兰盘的顶部，分别设防水钢圈，防止地下水渗入。接头在其整圈沿圆周方向上可分设为若干节，具体节数由井筒净直径和提吊能力而定。每节各外立板上按设计位置开一个沥青注入孔，内立板上焊接有与沥青注入孔连通的沥青注入管，钢板之间采用焊接。冻结井可缩性井壁接头断面图如图 6-13 所示，下部钢垫板平面图如图 6-14 所示。

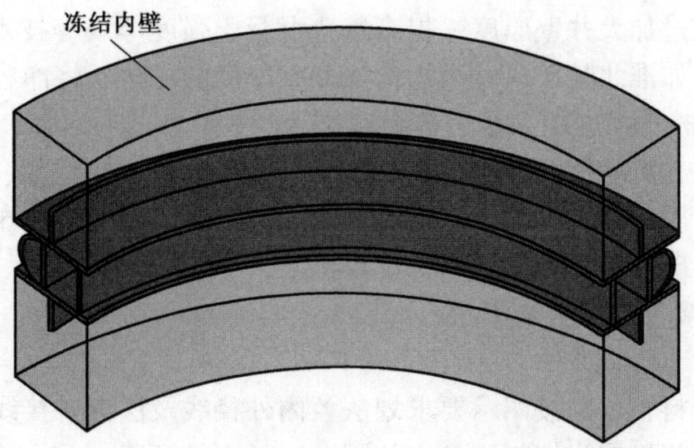

图 6-12　可缩性井壁接头与井壁连接示意图

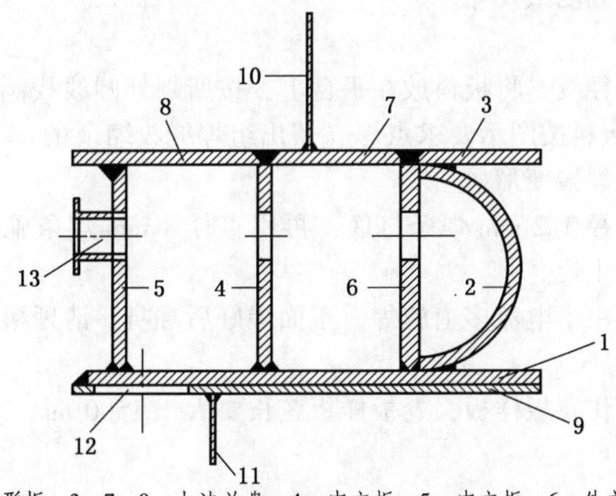

1—下法兰盘；2—弧形板；3、7、8—上法兰盘；4—中立板；5—内立板；6—外立板；9—下部钢垫板；10—上部防水钢板；11—下部防水钢板；12—混凝土浇筑孔；13—沥青注入管

图 6-13　冻结井可缩性井壁接头断面图

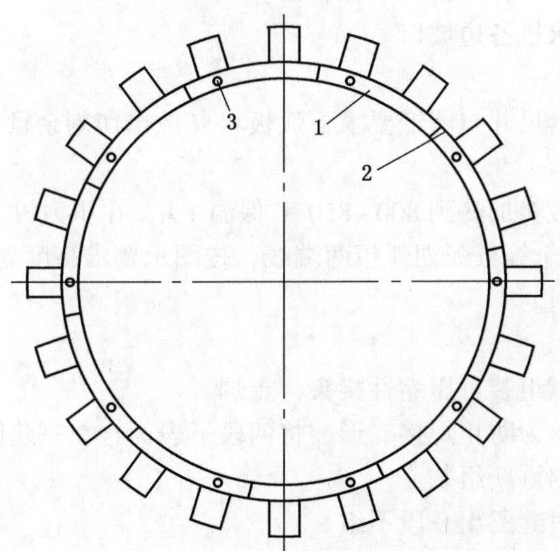

1—下部钢垫板；2—下部防水钢板；3—混凝土浇筑孔

图 6-14　下部钢垫板平面图

我国现今主要通过加大井壁厚度、提高筑壁混凝土强度等级等技术途径，防止竖向附加力引起井壁破坏。如淮北某矿风井采用增加井壁厚度的方法，将净径 5.0 m 井筒的井壁厚度增加 0.3 m，混凝土强度提高 2 个等级。

与上述技术相比，可缩性井壁接头具有施工工艺简单、成本低廉、推广应用容易等优点。工程应用表明，冻结井可缩性井壁接头可有效减小竖向附加力达 50% 以上，实现了新建立井井筒预防井壁破裂的目标。

3）可缩性井壁接头的加工制作

（1）垫板制作。

根据板宽分块下料，分别按图示要求划法兰内外径线及法兰拼接线。

下料用半自动切割机按线切割法兰内外圆。法兰内径预留 10 mm 余量，待整盘组圆后用自动切割机二次切割到图纸尺寸。

（2）组盘。

在平台上划法兰外径线。将板料放在平台上，按所划外圆线找圆，弧板对接外弧面错边不得超过 2 mm。将板料按图示要求点焊（留出组焊缝收缩余量），经验证合格后，用卡板固定于平台上，防止焊接变形。

先对上面焊缝用直径 3.2 mm 焊条打底，再用直径 4 mm 焊条施焊，按图示要求均分成九段，留出对接焊缝不焊。

为防止焊接变形采用小电流多道施焊。正面焊好后翻身，清理熔渣后施焊。

（3）立板卷制。

①根据钢板内径制作卷板样板，卷板样板弦长要大于 1500 mm，样板弦度必须用样板检查修正。

②钢板卷制。

③立板划线：按图示要求将立板按圆周方向分成九段划线。

④下料：校验划线尺寸，合格后下各立板。

⑤坡口：按图示要求打各边坡口。

（4）弧板制作。

①弧板下料：按模具尺寸与图纸要求下弧板料（放出切割余量）。

②模具安装。

③弧板压制：将弧板料加热到 800~850 ℃保温 1 h，在压力机上压制成形。

④划线：按圆周 27 个等分弧划弧板两端线，按图示要求高度划上下端线。

⑤下料：按划线下料。

（5）整体试组装。

①按图示要求整体试组装可压缩性接头，点焊。

②按图示要求施焊。为防止焊接变形，将两段下表面合在一起固定，对称焊接。

③每段焊好后在厂内重新组装。

④组上法兰盘，在对缝留出一段不组。

⑤焊缝 8 与序 2 的上部焊缝。法兰之间焊缝。

⑥合格后吊离平台。

注：试组装后做好标记。

4）施工流程

（1）进料：按图纸及规范的要求进料，材料要有质量保证书，不符合要求、无出厂标记的材料不得进入施工现场。

（2）检查：划线前钢板要进行几何尺寸检查，钢板直线度及局部波状平面度大于1 mm的及钢板表面有严重划痕的不得使用。

（3）号料：按照图纸的设计要求号料，划线时要考虑结构在焊接时所产生的收缩量，同时要考虑组合间隙，间隙允差1.5~2 mm。划线时应先划中心线，再划两边及端线，所有件划线必须经过两人以上检查校对无误后方可转入下料工序。

（4）下料：下料前清除钢板表面切割区内的铁锈油污，检查下料尺寸是否符合图纸要求，下料尺寸无误后方可下料。切割后要保留号料线。切割线与号料线的偏差：手工切割时不得超过±1.5 mm。切割端面应当光滑干净，波纹一致，并应清除边缘上的熔瘤和飞溅物。切割截面与钢板表面不垂直度应不大于钢板厚度的10%，且不得大于2.0 mm。每个序号板的下料，要先下一段预料，按图纸校对无误后，才能进行正式下料。

（5）坡口加工：按图示要求切割坡口，气割后仔细清除边缘的毛刺、溶渣及不平处。

（6）组装：组装前检查各部件是否符合图纸要求，连接表面及沿焊缝每边30~50 mm范围内的铁锈、毛刺、油污等必须清除干净，组装的允许偏差应符合有关规定。定位点焊所用的焊条型号应与正式焊接焊条相同，点焊高度不宜超过设计焊缝高度的2/3，组装后按图纸要求检查各部分尺寸是否符合要求，验收后方可施焊。

（7）焊接：焊条用J422焊条，施焊前焊工应复查组装质量和焊缝的处理情况，如不符合要求应修整合格后方能施焊。焊接完毕后应清除熔渣及金属飞溅物。多层焊接应连续施焊，其中每一层焊道焊完后应及时清理，如发现有影响焊接质量的缺陷，必须清除后再焊。焊缝出现裂纹时，焊工不得擅自处理，应报告技术负责人查清原因，制定修补措施后，方可处理。

严禁在焊缝区以外的母材上打火引弧。在坡口内起弧的局部面积应熔焊一次，不得留下弧坑。严禁在焊缝内填充金属熔焊等不符合规范要求的焊接。

（8）检查与验收：施工过程中，严把质量关，做到后道工序检查前道工序，确保无误后，下道工序方可施工。完工构件焊缝质量应完全符合图纸要求，对不合格部位必须进行返修。

5）可缩性井壁接头的应用

冻结井可缩性井壁接头于2005年首次在淮南矿业集团丁集煤矿主、副、风3个冻结井筒中得到成功应用，其后又在淮北、淮南的20余个冻结井筒中得到大范围推广应用。

（1）设置数量。

结合丁集矿的地质条件，采用数值模拟方法对可缩性井壁接头设置数量和位置对竖向附加力分布的影响规律进行了研究。结果表明，单一接头分别布置在第三隔水层、底部含水层、风化基岩段时，竖向附加力衰减率分别为17%、42%、51%，可见接头可有效地减小附加力，且将单一接头放置在风化基岩段效果最好，底部含水层处次之，第三隔水层最差；两个接头分别布置在风化基岩段和第三隔水层两处时，竖向附加力衰减率为55%；两个接头分别布置在风化基岩段和底部含水层两处时，竖向附加力衰减率为62.5%。可见设置两个接头对竖向附加力的衰减效果更好。

（2）施工前准备。

①准备好电源（电缆50 mm^2、25 mm^2 并联）和井底工作面照明装置。

②准备好铲车1辆、信号工2名、井下通风工1名、下料人员若干名。

③将各段可缩性接头及附件运到井口附近。

④将施工设备、氧气瓶、乙炔气瓶及其他施工必备用品运到井口。

（3）下部钢垫板安设。

①将第一段法兰放在井筒内的钢筋上，分别在距法兰盘外80 mm、内60 mm的圆周上，均匀找出8根钢筋（内外各4根），在这8根钢筋位置的法兰盘下表面焊J型 ϕ28 mm钢筋。

②用透明塑料管操平法兰上表面，将J型钢筋与井壁钢筋组焊在一起固定法兰平面。

③以第一块法兰上表面为基准依次向两边组装其他法兰。

④焊法兰对接缝，焊封水板对接缝。

⑤钢垫板焊好后由甲方检查验收。

将预留井壁段浇筑完成后清理表面混凝土，使混凝土高度不得超过钢垫板上表面，然后在钢垫板上表面找施工定位线，做好标记。经甲方批准后进行可缩性接头的施工。

（4）可缩性接头焊接。

丁集矿冻结井所用接头如图6-15所示。

图6-15　丁集矿冻结井可缩性接头

①将第一段可缩性接头就位找正。以第一段接头上表面为基准分别向两边对接。

②施焊下法兰盘对接缝、下法兰盘与下部钢垫板焊缝。

③焊弧板对接缝。

④组序6对接缝处300 mm立板并施焊。

⑤序7序8对接缝处上法兰就位点焊。

⑥焊上法兰盘所有对接缝。

⑦在可缩性接头上法兰盘内均布焊28块50 mm×50 mm×20 mm钢板。

⑧可缩性接头组焊完成后由甲方检查验收。

6.6.3 “四同时”施工工艺技术

在淮南矿区实现冻结、地面预注浆和井筒掘砌三大工序部分时间平行施工以来，顾桥矿主井又实现了冻结、地面预注浆、永久井架竖立、凿井“四同时”施工，达到了投产省、工期短、效率高、经济效益好的目的。

6.6.3.1 顾桥矿主井“四同时”施工

顾桥矿主井净直径 7.5 m，设计井深 810.9 m。采用的“四同时”施工、各专业平行作业方式及工期如图 6-16 所示。

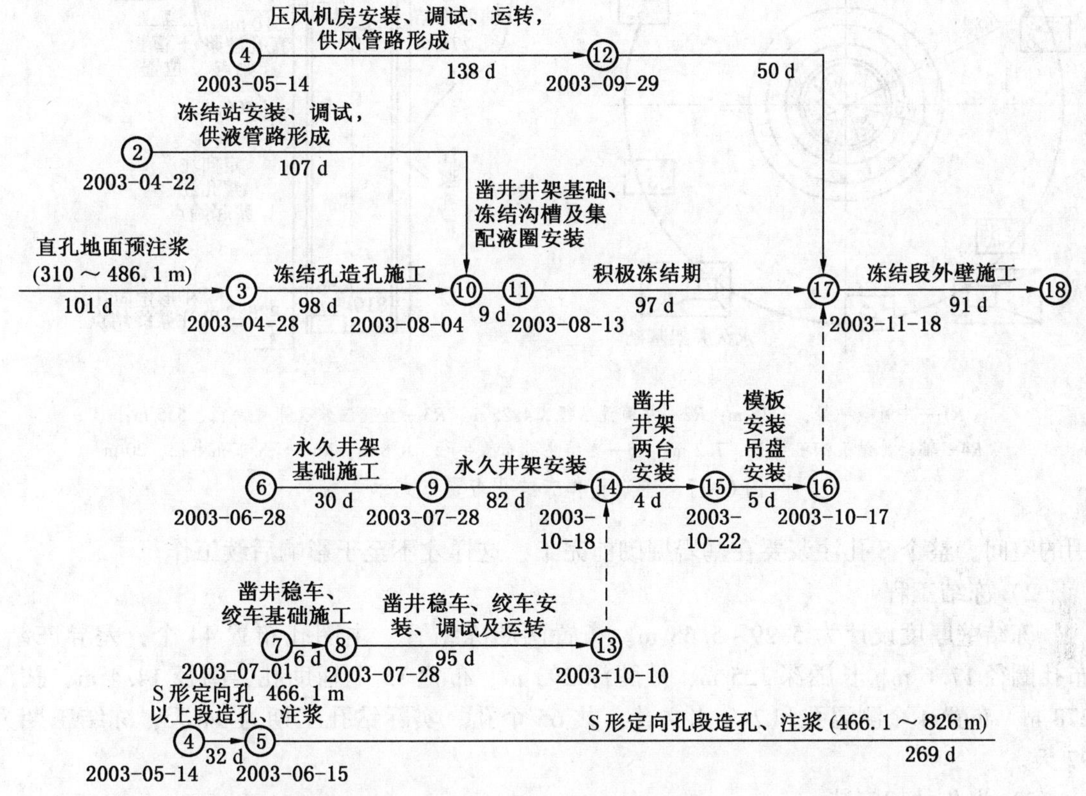

图 6-16 顾桥矿主井施工准备期及冻结段施工工期网络图

1）注浆工程

地面预注浆分为直孔注浆和“S”形定向孔注浆。垂深 310~486.1 m，布孔直径 11 m，布 6 个注浆孔；466.1~826 m 为 S 孔注浆，布孔圈径 36~42 m，布 6 个注浆孔，布孔方式如图 6-17 所示。钻孔分两轮施工，第一轮孔均匀布置，第二轮孔根据第一轮孔的偏斜情况做适当调整，使各个孔在各个层位大致均匀。

注浆采用分段下行式、CL-C 型黏土水泥浆。S 孔的钻机定位很重要。因其要与竖立永久井架、冻结、凿井平行作业，所以既要考虑抱杆的位置和高度，又要考虑井架的组对和起吊，还要考虑冻结盐水干管的位置，更要考虑凿井设备布置。不仅要考虑时间问题，还要考虑空间问题。哪台钻机先上、哪台钻机后上、钻机的位置等都要全盘考虑，综合平衡，做到立体交叉，穿插平行作业。6 个 S 孔没有对称布置，就是为避开其他工程所要占

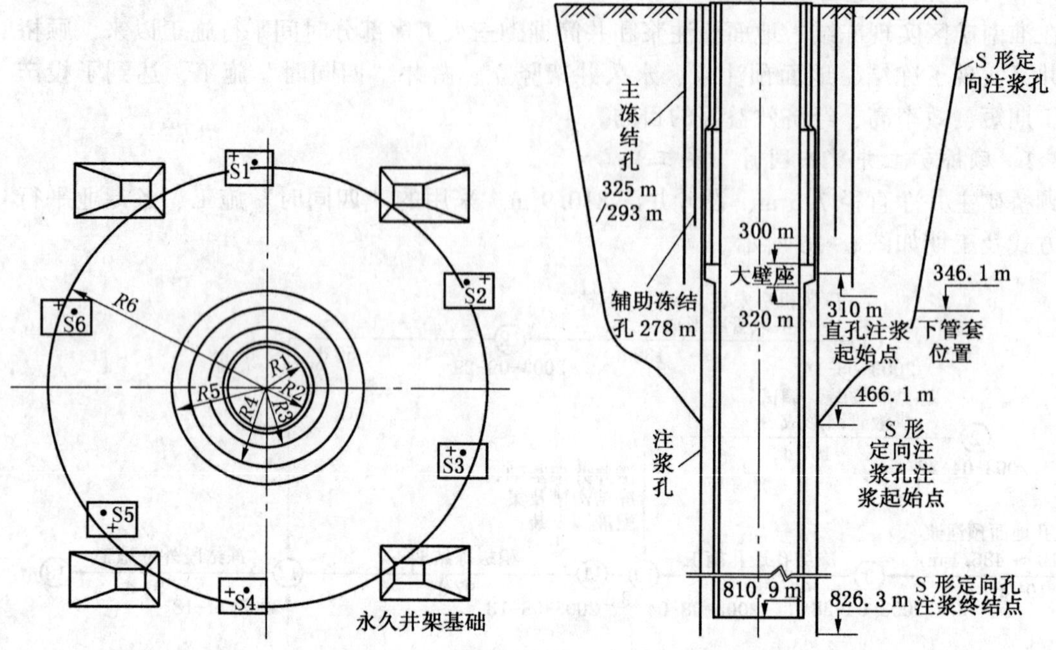

$R1$—井筒净半径，3.75 m；$R2$—井筒荒半径，4.25 m；$R3$—直孔注浆孔布置半径，5.5 m；$R4$—辅助冻结孔布孔半径，7.2 m；$R5$—冻结主孔布置半径，8.8 m；$R6$—S 孔布孔半径，20 m

图 6-17　注浆孔和冻结孔布置方式示意图

用的空间。整个 S 孔注浆要在基岩掘砌前完工，这样才不至于影响后续工作。

2）冻结工程

冻结壁厚度设计为 5.29～5.68 m。布置两圈冻结管。主圈孔布置 44 个，差异冻结，布孔圈径 17.6 m，长腿深 325 m，短腿深 293 m。布置 15 个辅助孔，圈径 14.4 m，孔深 278 m。布置 4 个测温孔和 2 个水文孔，共 65 个孔。实际钻孔工期为 94 天，冻结工期为 97 天。

3）永久井架安装

在井筒冻结供冷后，井口盘上除 S 孔钻机和凿井准备工作外，开始做永久井架起吊工作。永久井架为四斜柱式钢结构，主要构件采用箱型结构，井架总高度 78.3 m，总质量 832 t。井架部分单元构件在现场组合，两斜腿在井口同步组装。起吊用两台 40 t 汽车吊、4 台凿井绞车牵引。井架组装与起吊工作用时 82 天。

井架起立工程有相当部分的施工是在高空进行的。施工现场的情况是掘砌施工所使用的凿井井架位于井架的正下方，高空作业的工程量越大，高空作业的时间越长，对掘砌施工的安全威胁就越大。因此必须尽量减少井架组装的高空作业工程量，提高地面组装的质量与精度，为高空的组装做好充足准备。

井口的南北两侧布置有凿井所使用的提升设备，凿井井架安装在井口中央，在这些位置不允许进行井架的地面组装和起吊设备的设置。因此，钢结构井架的地面组装位置限制在井口的东西两侧，起吊用的桅杆在让开凿井井架后设置在井架的一侧并且不具备在施工中间移塔的条件。

井架安排在加工厂分段制造，运抵施工现场后在地面组装成 A、B 侧两个扇面结构，两个侧扇面的构件分别吊装后再连接相互间的+54 m、+60.5 m 天轮平台梁和+28.5 m 连接构件，最后完成整体结构。

A 扇面构件用 H=65 m 桅杆大翻转起吊，A 扇面起吊后放倒起吊桅杆，然后用 A 扇面作起吊桅杆起吊 B 扇结构，其他构件利用设置在高处位置的固定吊点安装滑车组起吊或吊车起吊。井架组装起吊设备布置如图 6-18 所示。

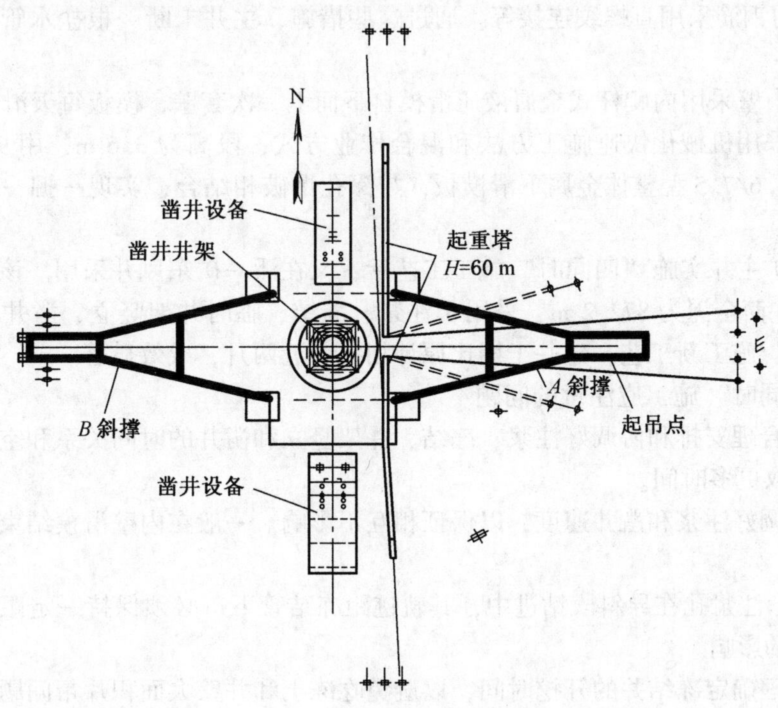

图 6-18　井架组装起吊设备布置

为了保证井架起立的最后阶段安装+28.5 m、+54 m、+60.5 m 结构梁时掘砌施工的安全，除在组装阶段把两层天轮平台的平台、栏杆全部与 A、B 斜撑组装牢固外，还在凿井井架起重架小房的顶部设置了防护遮盖，防止施工作业时小型工件、零件的坠落威胁作业人员的安全。

4）凿井工程

由于永久井架太高，底间距较大，不能利用其进行凿井，故又在永久井架内竖立一Ⅳg 型凿井井架。凿井天轮平台在地面整体组装好后，利用起吊永久井架天轮平台的凿井绞车等整套系统一次性将凿井天轮平台吊至设计位置。整个凿井井架 2 天便安装完毕。

提升吊挂系统形成后，井筒尚不能试挖，利用这段时间将模板和吊盘在井口正上方组装好并悬吊起来。与此同时，在井口附近进行封口盘的初步组装。井筒试挖后，随着井筒的下掘，在地面组装好的模板和吊盘随之下放。掘进 15 m 后，安装固定盘和封口盘。由于模板和吊盘在井口上方预先组装好，没有占用井筒开挖时间，且封口盘已经过初步组装，使建井工期缩短了7天。

井筒冻结表土段挖掘采用全断面一次开挖，风镐配合中心回转抓岩机施工，冻结基岩段采用爆破法施工，用9臂伞钻打眼。表土外壁采用2.8 m高的整体金属下滑钢模板（带刃脚）砌筑，地面集中搅拌站供应混凝土，底卸式吊桶下放混凝土、溜灰管入模。

在通过33.85 m的膨胀黏土层时，采取的措施是：强化冻结，加快施工速度，段高暴露时间不超过14 h，混凝土强度等级由C45提高到C50，环向钢筋直径由22 mm更改为25 mm，竖向钢筋采用直螺纹连接等。通过这些措施，主井未断一根盐水管，未发生任何井壁事故。

冻结段内壁采用内爬杆式金属液压滑模自下而上一次套壁，模板每天滑升12~14 m。

基岩段采用机械化快速施工方法和混合作业方式，段高为3.6 m，用9臂伞钻打眼，模板为MJY3.6/7.5型整体金属下滑模板，与深孔爆破相结合，实现一掘一砌正规专业滚班循环作业。

在顾桥矿主井实施“四同时”施工工艺后，又在潘一矿东风井采用。该井筒设计净直径为8 m，井筒全深为872.2 m，采用了注浆、冻结、临时井架竖立、凿井四项工程交叉的“四同时”施工新工艺，建井工期比原计划提前近两月，成效显著。

5）“四同时”施工应注意的问题

（1）要合理安排和协调好注浆、冻结、井架竖立和凿井的时间关系和空间关系，利用有限空间换取更多时间。

（2）协调好注浆和凿井速度，以保证相互不影响。一般在内壁滑模结束前注浆必须全部结束。

（3）S形注浆孔在导斜段钻进中，其轨迹距冻结管下口必须保持一定距离，以减少注浆对冻结壁的影响。

（4）合理确定冻结井的开挖时间，以避免吃冻土和井壁大面积片帮问题。

（5）多工程、多单位、多工种交叉平行作业时，必须协调一致，服从统一指挥。

6.6.3.2　潘一东矿副井“四同时”施工

潘一东矿副井井筒设计直径8.6 m，井深904.2 m，表土段采用冻结法施工，基岩段采用地面预注浆法施工，井筒掘砌利用永久井架。为缩短工期，实施基岩地面预注浆、表土段冻结、永久井架安装、井筒掘砌施工准备工作四项工作同时进行的工艺。

1）井口布置与进度安排

“四同时”施工，四项工序都集中在井筒周围100 m范围内，特别是要在50 m范围内进行冻结孔施工、安装井架、注浆、稳车群基础施工等若干工作，必须合理安排各项工程进场施工时间和先后顺序，合理规划各项工作的实施位置。副井井口的场地布置如图6-19所示。

对于不受场地制约的相关辅助工作，时间上给予各单位充足的时间，以确保在主体工程施工前能在规定的时间内完成。例如，地面预注浆工程的泥浆池、冻结工程的冻结站、井架安装工程的混凝土基础与抱杆、井筒掘砌的稳车群、绞车安装布置等要提前完工。

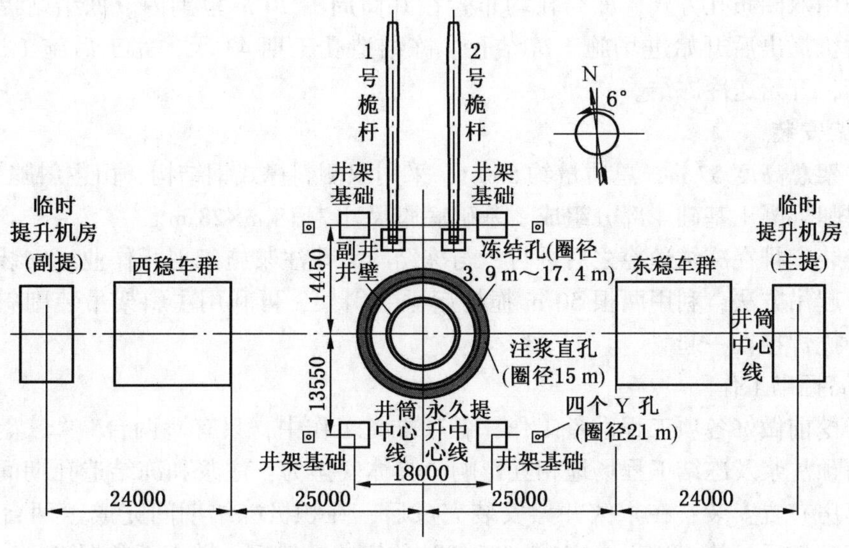

图 6-19　潘一东矿副井"四同时"施工井口布置

对于受场地制约的主体工程，要利用时间上的先后差，首先进行地面预注浆直孔段注浆，完成后，钻机移到外围进行"Y"孔段注浆施工；钻机移开后，冻结单位进行冻结造孔、冻结管安装等；送冷后，安装单位进行永久井架安装；井架安装好后，掘砌单位进行凿井配套设施的施工，主要是"两台""三盘"安装，最后进行井筒掘砌施工。施工进度计划见表 6-11。

表 6-11　潘一东矿副井"四同时"施工计划安排表

工 程 名 称	2008年												2009年					
	1	2	3	4	5	6	7	8	9	10	11	12	1	2	3	4	5	6
直孔地面预注浆																		
外圈Y孔注浆																		
冻结施工准备																		
冻结造孔																		
冻结沟槽及集配液圈安装																		
积极冻结期																		
永久井架安装																		
井筒掘进																		

2）地面预注浆施工

注浆孔布置采用"内直孔+外 Y 孔"形式，设计 8 个直孔、4 个 Y 孔。直孔距井筒中心 15 m，Y 孔距井筒中心 36~40 m。直孔段注浆完成后，钻机撤至外圈 40 m 处（永久井架外侧）进行 Y 孔段注浆施工。内圈直孔 4 个月完工，让出井口冻结施工位置；Y 孔注浆工期 9.3 个月，与冻结、凿井平行作业。

3）冻结工程

冻结采用双圈布孔方式，冻结孔均布置在井筒周围 20 m 范围内。冻结站提前施工完成，直孔钻机撤出后开始进场施工冻结孔。冻结造孔工期 43 天，完工后施工冻结沟槽、安装冻结管，开始送冷冻结。

4）井架安装

副井井架总高度 57 m，总质量约 550 t，采用双侧斜撑式钢结构，由主斜腿、副斜腿、钢平台和斜腿混凝土基础 4 部分组成。基础底脚尺寸为 18 m×28 m。

井架安装安排在冻结送冷之后进行，与冻结、Y 孔注浆施工平行作业。安装采用场外组装、分片起吊方法，利用两根 50 m 桅杆起立主斜架，再利用主斜架吊装副斜架，然后主副斜架合拢焊接在一起。

5）井筒掘砌工作

井筒开挖前做好各项工程准备工作，各项准备工作中，只有“两台”“三盘”的安装布置与地面预注浆及冻结工程场地相互影响，具体安排为：注浆和冻结造孔期间，完成稳车群、绞车房布置安装；在永久井架安装完成后，在积极冻结期间完成“两台”布置安装；在井筒开挖后，施工过程中完成“三盘”的安装。然后，转入正常掘进。

6）劳动组织

“四同时”施工涉及的专业比较多，需各专业单位相互配合协调。为此，建设单位成立了以副总工程师为组长的领导小组，统一安排各专业单位的进场时间和各项工作，每天一次会议，对安排任务情况进行通报，并详细安排第二天的工作。对各单位交叉影响的工程进行严格考核，对无故拖延计划的单位进行重罚，确保各项工作按计划表实施。在关键工序衔接时，建设方安排专人在现场进行协调、落实，确保现场各单位工序衔接有序、工作有条不紊，按期完成任务。

6.7 丁集矿井筒表土冻结段施工

6.7.1 工程概况

丁集矿设计有主、副、风三个井筒，井筒均位于同一工业广场内。矿区内地势平坦，其表土段及基岩风化带均采用冻结法施工。根据丁集矿检查孔综合地质报告，穿过地层由上、中、下三个含水层，中部隔水层和底部砾石层组成，三个井筒的主要技术特征见表6-12。井筒穿过的表土层深厚，黏土层埋藏深且厚度大，是影响井筒安全施工的困难地层。

表6-12 主、副、风井井筒主要技术特征表

序号	项　目	主井	副井	风井
1	井筒净直径/m	7.5	8	7.5
2	井筒净断面积/m^2	44.16	50.26	44.16
3	表土层厚度/m	530.45	525.25	528.65
4	基岩风化带厚度/m	12.05	16.75	6.35
5	冻结段井壁厚度/mm	1000~2100	1000~2200	1000~2100
6	注浆岩帽段起止深度/m	542.1~557.1	534.0~549.0	538.0~553.0
7	井筒全深/m	885	855	833

6.7.2 冻结段掘砌施工情况

丁集矿主井井筒在 2004 年 7 月试挖完成 26.6 m，8 月成井 112.4 m，9 月成井 128.1 m，10 月成井 101.2 m，11 月成井 80.6 m（全部是深厚钙质黏土，段高 2.4 m），到 2004 年 12 月 31 日冻结段外壁全部施工完毕，共计 165 天。2005 年 1 月 30 日施工至 557 m（大壁座下 1 m）开始一次套壁，至 2005 年 3 月 25 日内壁套壁施工结束。

丁集矿副井井筒于 2004 年 6 月 28 日正式开工，2005 年 1 月 24 日冻结段外壁施工结束，外壁施工共计用时 210 天，平均月成井 76.86 m。12 m 壁座掘砌施工用时 11 天（包括工序转换 2 天），冻结段内壁施工从 2005 年 2 月 4 日至 3 月 27 日，共计用时 54 天，套壁施工月成井 299 m。冻结段外壁施工情况见表 6-13，冻结段内壁施工情况见表 6-14。

表 6-13 冻结段外壁施工情况表

壁厚/mm	钢筋	设计位置/m	段高/m	开始时间	终止时间	用时	成井速度/($m\cdot d^{-1}$)	备注
500	单层	-6~-160	154	6 月 28 日 8：18	8 月 8 日 1：20	40 d 17 h	3.78	
800	单层	-160~-320	160	8 月 8 日 1：20	9 月 26 日 17：30	49 d 16 h	3.22	砂质
1000	双层	-320~-420	100	9 月 26 日 17：30	11 月 11 日 21：30	46 d 4 h	2.16	高膨胀性黏土
1050	双层	-420~-544	124	11 月 11 日 21：30	1 月 24 日 12：20	73 d 15 h	1.64	砾岩为主

表 6-14 冻结段内壁施工情况表

壁厚/mm	钢筋	设计位置/m	段高/m	开始时间	终止时间	用时	成井速度/($m\cdot d^{-1}$)
500	单层	-6~-160	154	3 月 18 日 0：00	3 月 27 日 3：00	9 d 3 h	16.9
800	单层	-160~-320	160	3 月 5 日 21：30	3 月 17 日 24：00	12 d 2.5 h	13.2
1000	双层	-320~-420	100	2 月 22 日 11：30	3 月 5 日 21：30	11 d 10 h	8.77
1200	双层	-420~-544	124	2 月 4 日 20：00	2 月 22 日 11：30	21 d 15.5 h	5.73
2250	四层	-544~-556	12	1 月 24 日 12：20	2 月 4 日 20：00	11 d 7.7 h	1.06
			壁座掘砌包括工序转换 2 天				

丁集矿风井井筒于 2004 年 6 月 9 日试挖，试挖段采用 2.4 m 段高，正式开挖后至 320 m 水平采用 3.6 m 段高，垂深 320 m 以下采用 2.6 m 段高。由于采用合理的掘砌段高，自井筒开挖至垂深 504 m 水平，平均掘进施工速度 91 m/月，最高月进尺 111 m。2005 年 1 月 18 日冻结段外壁掘砌落底，1 月 20 日正式开始套壁，4 月 1 日套壁结束。两层深厚黏土层埋深于 349.55~367.75 m 与 387.75~443.60 m，第一层施工起始时间为 2004 年 10 月 13 日，结束时间为 10 月 19 日。第二层施工起始时间为 2004 年 10 月 25 日，结束时间为 11 月 16 日。从施工过的井壁情况来看，深厚黏土层外层井壁未发生挤垮压坏现象，施工工

作面也未发现冻结管破裂。整个风井安全顺利地通过了深厚黏土层。

6.7.3 冻结段深厚黏土层施工方法

1）掘进

采用人工风铲掘进，大抓岩机装罐，三班掘进，一班砌壁，段高 2.4 m。在多层 10 m 左右厚度含钙黏土层施工中，针对其具有膨胀性强、冻结壁强度低、蠕变值较大、冻胀性较强的工程地质特征，为确保安全快速施工，在外壁掘砌中采取如下措施：

（1）在深厚黏土层中掘砌时，由建设、监理、冻结和施工四方对各个层段冻结壁强度和井帮温度、位移速度等基础数据进行测算，严格将径向位移量控制在 50 mm 以内；组织精干力量快速施工，减少井帮裸露时间，将掘砌段高由 3.6 m 减小到 2.6 m；将循环掘进时间一般控制在 22 h 内，最短为 17 h 20 min。

（2）针对在深厚黏土层中掘砌易发生的意外情况，制定好应急预案。

（3）加强冻结。深井冻结施工时要结合建井施工速度和工艺，选择合理的冻结参数加强冻结，降低井帮温度，以满足建井要求。

2）支护

（1）加大井壁与围岩之间的释压空间。加厚铺设泡沫塑料板，以此释放井帮初期冻结压力，同时使圆形井壁均匀受压，以增强井壁的抗压能力。

（2）提高外层井壁的早期强度和整体强度，阻止冻结壁位移进一步发展。在主要强膨胀性黏土层中，混凝土试配时在混凝土中添加防冻早强减水剂等外加剂，以提高井壁早期强度和整体支护强度，防止外层井壁被压坏。

（3）继续坚持甲方、监理和施工三方混凝土浇筑旁站制度，保证混凝土质量和混凝土浇筑快速顺利进行。

6.7.4 冻结段快速掘砌施工技术

1）外、内壁掘砌施工工艺

主井冻结段外壁掘砌混合作业方式，使用整体下行式金属活动模板配铁刃角架砌壁，固定段高 3.5 m（砂层）或 2.4 m（黏土层），井帮暴露时间短，施工快速安全，操作简单，井壁质量易保证，可以实现部分工序平行交叉作业。

主井施工设备，根据工程设计技术特征和建设单位对工期、质量的要求，以及不同阶段和不同井深施工方案和施工进度对设备能力、型号的要求，选择成熟、配套的机械设备，组成立井施工机械化作业线，配套能力应有一定的富余系数（一般不少于 40%）。

在主井冻结表土段施工过程中，冻结段外壁采用短段掘砌混合作业方式，使用自制冻土挖掘机配合风镐或高效风铲挖土，中心回转抓岩机装罐，使用带刃角架整体下行式金属活动模板砌壁，固定段高 3.5 m(2.0 m)，混凝土输送使用 2.0 m^3 底卸式吊桶。

井筒表土段的开挖，应具备下列条件：水文观测孔内的水位，应有规律上升并溢出孔口；测温孔的温度已符合设计规定，并确认在井筒掘砌过程中不同深度的冻结壁的强度达到设计要求；经冻结施工单位主管部门分析，确认冻结壁已全部交圈并发出试挖通知书；地面提升、搅拌系统，材料运输、供热等辅助设施已具备。

掘砌段高根据井筒所处深度的岩层性质、冻结壁的强度以及掘进速度等因素综合考虑，同时符合下列定：试挖阶段，不应超过 1.5 m；易膨胀性黏土层，不应超过 2.5 m。

丁集矿主井表土段深 530.05 m，其中砂质黏土、黏土厚 222.2 m，占表土层厚度的 41.9%；砂层厚 293.41 m，占表土层的 55.4%；砾石层厚 14.44 m，占表土层的 2.7%。厚度在 10 m 以上的黏土层共有 7 层，最厚为 30.85 m。风化带深度在 535.0~545.0 m。表土中的黏土、钙质黏土膨胀性较强。施工中充分重视采取综合技术安全措施，通过深厚黏土层：强化冻结，黏土层井帮温度必须达到−8 ℃以下；严格控制掘砌段高，不得大于 2.5 m，组织足够的人力、机械强行挖掘，使冻结壁暴露时间在 18 h 之内；与设计、监理单位紧密配合，加强冻结段井帮温度、井帮位移和冻胀压力的观测，用可靠的数据指导施工；在厚黏土层和钙质黏土层施工时，当井壁位移过快或膨胀过大时，在井帮四周每 2 m 挖一道宽 200 mm、深 100 mm 竖向卸压槽卸压，外壁与井帮之间架设 18 号槽钢井圈混凝土背板作为永久支护的一部分；提高混凝土质量，购置的混凝土必须质量合格，符合设计要求，保证混凝土入模温度不低于 20 ℃，使混凝土的强度在 24 h 达到设计值的 30%，72 h 强度达到设计值的 70%。

当冻结段井壁外壁施工至垂深 545 m 位置时，拆除整体活动金属模板升井，按设计要求掘 12 m 内外壁整体浇筑段，增设锚网临时支护；当掘至垂深 557 m 时，转入内外壁整体现浇段砌筑施工。

副井冻结段外壁采用综合机械化配套方案和短段掘砌混合作业方式。施工时以人工多台风镐、铁锹掘进为主，以中心回转抓岩机直接破土装罐为辅，采用两套单钩 4 m^3 吊桶提升。井筒进入风化基岩段后，采用钻爆法施工。外壁砌筑采用 2.4~3.4 m 高液压伸缩整体移动式金属模板，掘至模板高度后再进行砌筑。内壁采用 1.0 m 高组合式金属模板，自下而上连续砌筑，3.0 m^3 底卸式吊桶下混凝土。

2）施工组织

副井井筒掘砌工程采用项目法施工管理，项目经理部设经理 1 人、副经理 3 人，另设工程技术部、经营后勤部、物资供应部、安检调度室负责日常管理工作。

劳动组织采用综合施工队形式，实行 6 h 工作制和滚班制相结合，即三个掘进工作实行 6 h 工作制，支护班不规定时间，以砌筑完一模混凝土为止。劳动力配备见表 6-15。

表 6-15 劳动力配备表

工种岗位	冻结段 0~330 m 施工	冻结段 330~556 m 施工	套壁施工
直接工	掘进班 3×40	掘进班 3×55	砌壁班 3×50
	砌壁班 1×30	砌壁班 1×40	
机电工	16		
排矸司机	4		
绞车司机	13		
钢筋加工工	5		
管服人员	21		

注：掘进队直接工包括井上下信号把钩工。

6.7.5 工程质量与控制措施

（1）确定质量控制目标，实行全过程的项目工程质量控制，推行全面质量管理。

（2）搞好施工图纸会审、技术交底及图纸资料的档案管理工作，把好设计图纸管理关。

（3）建立质量责任制，制定明确的质量奖罚制度。

（4）定期开展质量大检查，查措施、查记录、查隐患，总结经验教训、堵塞漏洞。

（5）严格按《煤矿井巷工程质量检验评定标准》进行施工，设置专职质量检查人员，关键工序跟班检查。

（6）严格工程材料的检查、试验工作，确保采购质量符合要求。

（7）采取适当措施保证建设单位供应的混凝土到井口时的温度、搅拌质量等。

（8）严格控制开挖断面。做到不欠挖，超挖不大于技术规范的规定。

（9）砌壁施工：断面尺寸必须符合设计要求；施工用机具、模板等必须经过检查，确认完好方可使用；分层对称灌筑，每层灌筑高度不大于 300 mm，混凝土应连续灌筑；铺设泡沫塑料板时，用圆钉将泡沫塑料板钉在冻结壁上，相邻两块对头放置，做到接缝密合，并在接缝处内衬塑料薄板或薄膜，施工中泡沫塑料板严禁掉入混凝土中。

6.7.6 施工设备的选择与配备

副井施工设备的选择与配备见表 6-16。

表 6-16 副井施工设备的选择与配备

序号	设备名称	型号规格	数量	单台额定功率/kW	备注
1	矿用提升机	2JK-3.5/20	1	1000	
2	矿用提升机	2JK-3.5/20	1	800	
3	凿井绞车	2JZ-16/1000	1	55	
4	凿井绞车	2JZ-10/800	1	40	
5	凿井绞车	JZ-16/1000	6	36	
6	凿井绞车	JZ-10/800	1	18.5	
7	凿井绞车	G25T	4	32	
8	凿井绞车	JZA-5/1000	1	22	
9	吊桶	4 m^3	4		
10	吊桶	3 m^3	2		
11	底卸式吊桶	3 m^3	4		
12	钩头	11 t	2		
13	天轮	ϕ3.0 m	2		
14	天轮	MZS2.1-0-1×0.8	12		
15	天轮	MZS2.2-0-2×0.8	4		
16	天轮	MZS2.2-0-2×1.05	8		
17	天轮	MZS2.1-0-1×0.65	4		
18	抓岩机	HZ-6	2		
19	抓头	0.6 m^3	3		备用1个
20	自卸式汽车	JN162—10 t	2		

表 6-16（续）

序号	设备名称	型号规格	数量	单台额定功率/kW	备注
21	装载机	ZL-50A	1		
22	风钻	YT27	20		
23	伞钻	FJD-6.10 型	1		
24	通风机	对旋式	2	2×30	
25	卧泵	D46-50×12	2	132	
26	混凝土喷射机	转子Ⅵ型	1	7.5	
27	混凝土振捣器	ZN-70 型行星式高频	20		
28	潜孔钻机	SGZ-28150	1		注浆
29	注浆泵	2TGZ-60/120	1	37	注浆
30	水泥浆搅拌机	TL-200	1	2.2	注浆
31	锚杆机	MQC-50L	1		

6.8 丁集矿副井基岩段施工

6.8.1 地质水文情况

1）地质特征

基岩总体上呈大段泥岩、砂质泥岩与中、细砂岩交替出现的状况。在砂岩段中出现夹有厚度不大的泥岩、砂质泥岩、炭质泥岩及煤层等软弱岩层，在泥质岩段中亦常夹有薄层粉砂岩、细砂岩、中砂岩以及煤层等。检查孔所见的泥岩、砂质泥岩、滑面普通发育，常见水平层理，有半数的 *RQD* 值小于 50%，水浸实验几乎均为崩解，且大多数沿滑面或层理面崩解，局部层段尚有裂隙发育。细砂岩、中砂岩以及粗砂岩，多为泥质胶结或钙质胶结，水平层理发育，水浸实验稳定，*RQD* 值均大于 50%，但出现垂直裂隙和斜裂隙，且多呈张性。此外局部砂岩中所夹的泥质条带水浸实验时常沿泥质条带崩裂。

丁集矿副井井筒基岩段含水层共划分为 7 个含水层，见表 6-17。

表 6-17　丁集矿副井井筒基岩段含水层划分

含水层号	起止深度/m	层厚/m	特　征
1	577.6~580.0	2.4	岩性为细砂岩，钙质胶结，裂隙发育，多达 20 条，并为张性
2	595.4~608.7	13.3	岩性为中砂岩、粗砂岩，泥质胶结，垂直裂隙发育，钻进过程中冲洗液有一定的消耗，盐化测井有明显的反应
3	642.8~651.8	9.0	岩性为中砂岩、中粗砂岩，泥质钙质胶结，垂直与斜交裂隙发育
4	761.6~765.8	4.2	岩性为中砂岩，钙质胶结，垂直裂隙较发育
5	791.4~802.9	11.5	岩性为中砂岩，钙质胶结，垂直裂隙较发育
6	825.3~827.2	1.9	岩性为细砂岩，钙质胶结，岩芯破碎，裂隙发育，简易水文观测中冲洗液有一定的消耗，盐化测井有显示
7	845.1~858.8	13.7	岩性为中砂岩夹细砂岩，裂隙发育，冲洗液消耗量大，盐化测井有显示

副井检查孔深度 880.88 m，终孔层位 11-2 煤层顶板，基岩段揭露厚度 356.28 m，岩性主要为砂岩、粉质岩及泥岩等，由于没有做抽水试验，在静态条件下进行流量测井，全孔无水流动现象，没有取得有效成果。

2）井筒预计涌水量

由于煤系砂岩富水的不均一性及钻孔揭露裂隙的随机性，因此不管是稳定流公式还是非稳定流公式都是理想状态下通过一些设定条件情况下推导出来的，它们很难确切反映地下水的实际涌水量。在检查孔施工中，加强了基础水文地质工作，同时采用目前国内先进的流量测井技术获得了很多参数，为井筒涌水量的预测提供了较为可靠的依据。丁集矿副井井筒基岩段预计涌水量见表 6-18。

表 6-18　丁集矿副井井筒基岩段预计涌水量

含水层号	层　位	含水层厚度/m	预计井筒涌水量/($m^3 \cdot h^{-1}$)
1	20 煤层以上	2.40~4.40	149.4
2	20 煤层直接顶	11.15~13.30	71.0
3	18 煤层底板	5.30~9.00	48.3
4	15 煤层以上	3.70~7.45	20.7
5	13-1 煤层直接顶	11.35~23.35	15.9
6	13-1 煤层底板	1.95~2.10	63.6
7	13-1 与 11-2 煤层间	13.70~14.80	10.2

必须指出，上表选取的预计涌水量是指揭露含水层时的瞬时最大涌水量，因含水层位为静储量消耗型，井筒涌水量衰减较快，因此稳定水量必然小于选用水量。

另外，由于建设单位进行了地面预注浆，且注浆效果较好，因此实际涌水量会小于以上所提供的预计涌水量。

6.8.2　基岩段井壁特征及支护

基岩段井壁净径为 8 m。-556~-576 m 为 1400 mm 厚钢筋混凝土井壁，-576~-881 m 为 600 mm 厚素混凝土井壁。

混凝土强度等级为 C40（-556~-576 m 为 C70），除管子道、马头门、泄水巷与井筒连接处采用钢筋混凝土支护外，其他部位均为素混凝土支护。

6.8.3　基岩段井壁施工工艺

6.8.3.1　施工方法

根据井筒净径、深度、支护结构、地质水文条件及立井井筒施工装备情况，采用综合机械化配套、短段掘砌混合作业方式。采用伞钻打眼，4.3 m 深孔光面光底爆破，中心回转抓岩机装岩，主提升单钩 4 m^3 吊桶提升，副提升单钩 3 m^3 吊桶提升，座钩式自动翻矸，10 t 自卸式汽车排矸。采用底卸式吊桶下混凝土，4.0 m 高液压伸缩整体下移式金属模板砌壁，一掘一砌。

悬吊设备采用 JZ10~25 t 系列凿井绞车，井口集中控制。

6.8.3.2　凿岩方式

1）钻眼机具和爆破器材

采用 FJD-6.10 型伞型钻架，B25 mm 中空六角钢成品钎杆，直径 52 mm “十”字形钻头。

炸药：为满足深孔大直径爆破的要求，选用 T330 型水胶炸药，药卷规格为 ϕ45 mm×500 mm，周边眼选用 ϕ35 mm×500 mm。如穿煤层，改用 T320 型安全型水胶炸药。

雷管：为满足深孔爆破的起爆需要，选用 1-10 段 5 m 长度脚线毫秒延期电磁雷管。

爆破电缆：爆破选用一趟 U3×25+1×10 电缆，附在大抓绳上，吊盘以下至工作面选用 4 mm^2 铜芯母线电缆。爆破母线选用 12 号铁线。

起爆电源：使用专用高频电磁雷管发爆器。

2）爆破参数

井筒基岩段所穿过岩性以泥岩、砂岩为主，因此按中硬岩 $f=4\sim6$ 考虑编制了一套爆破图表，施工中岩石硬度发生变化时，现场根据实际情况进行调整，以达到最优爆破效果。

(1) 炮眼深度。根据伞钻的技术特征，考虑尽量减少井壁接茬数量，模板高度定为 4.0 m，确定炮眼深度 4.3 m。

(2) 炮眼布置。根据以往施工经验，计算炮眼布置数量。采用双阶直眼掏槽法；掏槽眼 15 个，辅助眼 63 个，周边眼 48 个，共计 126 个。

爆破参数设计见表 6-19 和表 6-20。

(3) 装药结构及起爆顺序。采用反向连续装药结构。起爆顺序：从掏槽眼到辅助眼依次起爆，周边眼最后起爆，雷管从内向外逐次为 1、2、3、4、5 段起爆。

(4) 爆破母线。为降低爆破网络电阻，将爆破母线四芯电缆并成两芯用。

表 6-19 副井基岩爆破参数表

序号	眼别	眼数/个	眼深/m	角度/(°)	装药量/(卷·眼$^{-1}$)	装药量/(kg·眼$^{-1}$)	雷管段号	起爆顺序
1	掏槽眼	6	3.0	90	3	3	1	Ⅰ
2	掏槽眼	9	4.5	90	6	6	2	Ⅱ
3	辅助眼	15	4.3	90	4	4	3	Ⅲ
4	辅助眼	18	4.3	90	4	4	3	Ⅲ
5	辅助眼	30	4.3	90	4	4	4	Ⅳ
6	周边眼	48	4.3	88	4	1.8	5	Ⅴ
合计		126	535.8					

表 6-20 预期爆破效果

序号	名称	单位	数量	序号	名称	单位	数量
1	炮眼利用率	%	92	6	每立方米炸药消耗量	kg/m^3	1.5
2	循环进尺	m	4.0	7	每米炸药消耗量	kg/m	102.6
3	循环爆破岩石	m	265.8	8	每立方米炸药消耗量	个/m^3	0.47
4	循环用炸药	kg	410.4	9	每米炸药消耗量	个/m	31.5
5	循环炮眼个数	个	126	10	每立方米炸药消耗量	m/m^3	2.02

3）凿岩爆破作业

在钻爆作业中，爆破效果的好坏，不但直接影响掘进速度和井筒成型，而且决定了破碎岩块的块度及均匀程度，并且影响抓岩效率。欠挖或超挖都直接影响着支护工作的速度、材料消耗等指标。因此要严格按爆破设计要求施工，保证钻眼、装药、连线、爆破工作的质量，并根据岩层的实际情况，不断改善爆破图表，以提高爆破效果，确保光爆成型。

（1）钻眼。

伞钻下井前的准备工作：检查钻具各注油口是否灌满、油管各接头是否漏油，并开动马达试机，同时把各手柄放在中位，检查各部位螺丝是否松动，当检查确认钻机正常工作时，才能下钻工作。

移钻下井：将伞钻移位到井口上，用主提升钩头在调度绞车配合下，将挂在井架伞钻梁上的伞钻吊起，然后下至井底。

固定伞钻：伞钻下井后，接好风水管路，调整伞钻立柱，支起支撑臂，然后将提升钢丝绳放松。

打眼：打眼前必须按设计要求划出井筒轮廓线，点出炮眼位置，采取定人、定位、定眼、定机分区作业。

（2）装药连线爆破。

装药：首先将炮眼内残渣用压风吹净，并检查炮孔深度是否符合设计要求，然后按爆破设计要求装填药卷。

装药结构及起爆顺序：采用反向连续装药结构，自掏槽眼向外逐圈起爆。

连线爆破：经检查装药无误后，即可进行连线工作。爆破电缆四芯并两芯用，电缆上头悬吊在吊盘位置，再由两根铜芯电缆下至井底，导线穿入电磁环内，形成回路，将吊盘及其他设备提至安全高度，人员升到地面安全撤离后，开启井盖门，进行爆破。

（3）钻眼爆破时的注意事项。

①钻眼前应检查井壁，处理掉危岩、活石后方可打眼。

②打眼前应根据中心垂线划出井筒轮廓线，点出炮眼位置，使每个打眼工心中有数。

③伞钻打眼时，炮眼要直，眼位要准，各炮眼的孔向和孔位要严格按设计要求施工。

④打眼工要严格按规程操作，以保证伞钻正常运转。

⑤装药时要严格按爆破图表设计要求施工，装药前必须扫孔，把孔内岩粉清除干净，并逐圈装填，填够炮泥。

⑥爆破前工作面所有设备应提到安全高度，并开启井盖门。

6.8.3.3 *装岩方式*

1）装岩

按照预想爆破效果，每次爆破后井筒松散矸石量约 425.2 m^3，中心回转装岩机装岩能力为 100~200 m^3/h，可满足快速施工要求。为保证抓岩机装岩的连续性，充分发挥其装岩能力，井底设坐底罐，以减少提升休止时间，充分发挥提升能力。

抓岩机抓岩的顺序为：抓取水窝—抓取罐窝—抓取边缘矸石—抓井筒中间岩石。

抓岩机抓取岩石可分为两个阶段。

第一阶段（集中阶段）：此阶段要充分发挥抓岩机抓岩能力和提升能力，尽快把堆积在井底的大量爆落矸石装运到地面，此阶段应做如下工作：

（1）抓岩机司机要集中精力，听从指挥，并与其他辅助工种密切配合。

（2）加强排水工作，为抓矸创造条件。

（3）抓岩的同时，要指定专人检查井筒质量，处理危岩，注意瞎炮，为下阶段作业创造条件。

第二阶段（清底阶段）：岩石受爆破震动破裂，但与原岩还未完全分开，因此抓岩能力受到影响。清底工作组织的好坏，不但直接影响装岩时间，而且直接影响钻爆工作的速度和效果。清底工作是凿井循环作业中必须高度重视的一个重要环节，此阶段应做如下工作：

（1）以人力为主，抓岩机配合，加快清底速度。

（2）集中力量，采用多台风镐等工具清除井底活矸。

（3）在清底工作的同时，应做好工序转换工作。

2）装岩时的注意事项

（1）根据抓岩机工作的特点及伞钻凿岩和爆破的要求，抓岩机距井底 15~20 m 为宜。

（2）井底要有足够照明，保证抓岩机司机视野清楚，抓矸装罐准确。

（3）装岩前对抓岩机易损部件，如抓片拉杆、万向接头、钢丝绳各连接销等要全面检查，以保证抓岩工作的连续进行。

（4）抓岩机司机要集中精力，慎重操作，注意井底工作人员，避免抓头与井底一切设施相碰撞。吊桶下放到吊盘时，信号工要及时通知抓岩机司机，注意避让吊桶。

（5）抓岩工作结束后，动臂停放位置应避开提升和测量中心，司机离开操作室时，必须将操作阀的搭钩挂在手柄上，并将总阀门关闭。

（6）要加强司机的技术训练，不断提高技术水平。司机严格按操作规程作业。

6.8.3.4 *支护方式*

1）支护形式

基岩段永久支护形式设计为浇筑单层 C40 素混凝土，井壁厚度为 600 mm。若遇破碎带或断层等岩性较差地层，可增加锚喷联合支护。

2）支护作业方式

基岩段采用短段掘砌混合作业，一掘一砌。

3）模板的拆卸与组合

液压伸缩整体下移式金属模板仅有一条伸缩缝，脱模是靠安装在伸缩缝两侧的四个液压缸同时向内收缩，带动模板进行收模工作，从而达到脱模的目的。脱模下移到预定位置时，靠液压缸同时外伸，将模板撑大至设计尺寸，操平找正并固定牢固后，便可进行浇筑混凝土作业。为了确保井壁接茬质量，模板下部设计 45°斜面刃脚，模板上部设浇筑口。

拆模：从井上将风动液压泵下到井底，接上风带，并给油缸接上高压油管，接头要绝对干净，开动风动液压泵，开启高压阀门，使油缸工作带动活塞内收，使模板脱开井壁。

组立：模板拆下后，由信号工与井上稳车房联系，下方模板到预定位置开始组立，将高压阀门打开到减压位置，使模板恢复到设计尺寸，锁死，将模板找正稳固牢靠，刃脚没有落到矸石上的地方，用矸石填实，并撒上一层砂以防跑浆，打开模板上的脚手架杆，将脚手架杆支好，模板即组立完成。

4）浇筑混凝土施工

模板立好经检查符合设计要求后，即可浇筑混凝土。混凝土应分层对称浇筑，使用ZN-70型行星式高频振捣器随浇筑随振捣。

5）接茬处理

对于短段掘砌作业方式，每个段高均留有0.2~0.3 m高的三角形接茬，在落模后用风镐支平。

6）混凝土施工注意事项

（1）在浇筑混凝土前，必须把接茬处理干净，模板刃脚处用矸石铺平塞严，最后撒上一层砂以防跑浆。

（2）浇筑混凝土时要垂直入模，下料要均匀，对称连续分层浇筑，振捣工作要求定人、定点分层振捣，分层厚度不超过500 mm，且均匀分布振点，间距一般为300~400 mm，不得出现漏振现象。随浇筑随振捣，确保混凝土饱满密实。

（3）浇筑过程中，工作人员从模板观察门进行浇筑效果检查和处理，用振捣器将混凝土捣实，消灭狗洞、蜂窝、麻面。

6.8.3.5 设备及工具配备

设备及工具配备情况见表6-21。

表6-21 丁集矿副井主要施工设备及工具配备情况

序号	设备名称	型号规格	数量	单台额定功率/kW	备注
一	提升及悬吊设备				
1	矿用提升机	2JK-3.5/20	1	1000	
2	矿用提升机	2JK-3.5/20	1	800	
3	凿井绞车	2JZ-16/1000	1	55	
4	凿井绞车	2JZ-10/800	1	40	
5	凿井绞车	2JZ-16/1000	6	36	
6	凿井绞车	2JZ-10/800	1	18.5	
7	凿井绞车	G25T	4	32	
8	凿井绞车	JZA-5/1000	1	22	
9	吊桶	4.0 m^3	4		
10	吊桶	3.0 m^3	2		
11	底卸式吊桶	3.0 m^3	4		
12	钩头	11 t	2		
13	天轮	ϕ3.0 m	2		
14	天轮	MZS2.1-0-1×0.8	12		

表6-21（续）

序号	设备名称	型号规格	数量	单台额定功率/kW	备注
15	天轮	MZS2.2-0-2×0.8	4		
16	天轮	MZS2.2-0-2×1.05	8		
17	天轮	MZS2.1-0-1×0.65	4		
二	排矸、装矸设备				
1	抓岩机	HZ-6	2		
2	抓头	0.6 m^3	3		备用1个
3	调度绞车	JD-11.4	1	11.4	
4	调度绞车	JD-5.5	4	5.5	
5	自卸汽车	JN162—10 t	2		
6	装载机	ZL-50A	1		
三	凿井设备				
1	风钻	YT27	20		
2	伞钻	FJD-6.10型	1		
四	通风、排水系统				
1	通风机	对旋式	1	2×30	
2	卧泵	D45-50×12	2	132	
五	供电设备				
1	高压开关柜	GG-1A	15		
2	低压开关柜	PGL-1	7		
3	电力变压器	S9-5000/10-6 10/6.3	2		
4	电力变压器	SJL3-750/6/0.4	2		
5	矿用变压器	KSJ-315/6/0.69	1		
6	高爆开关	PB3-6GA	2		
7	防爆开关	DW80-350	6		
六	其他设备				
1	圆盘锯	MJ-109	1	4	
2	通信信号设备	KJX-K-1	2		
3	混凝土喷射机	转自Ⅳ型	1	7.5	
4	混凝土振捣机	ZN-70型行星式高频振捣机	20		注浆
5	潜孔钻机	SGZ-28150	1		注浆

表6-21（续）

序号	设备名称	型号规格	数量	单台额定功率/kW	备注
6	注浆机	2TGZ-60/120	1	37	注浆
7	水泥浆搅拌机	TL-200	1	2.2	
8	普通车床	C620B	1	7.5	
9	钻床	Z32K	1	3	
10	砂轮机	S3-400	1	3	
11	电焊机	BX3-550	2	30.5	
12	锚杆机	MQC-50L	1		
13	生活车	五十铃客货	1		
14	电脑	联想	1		

6.8.4 劳动组织及工程排队

1）劳动组织

工程采用项目法施工管理，项目经理部设经理1人、副经理3人，另设工程技术部、经营后勤部、物资供应部、安检调度室负责日常管理工作。

劳动组织采用综合施工队形式，按专业化班组配备，实行滚班制作业。劳动力配备见表6-22。

设立大抓、伞钻、吊泵、运转包机组，进行设备的动态检修，确保设备完好运行。

表6-22 劳动力配备

工种岗位	基岩段施工	备注
井下直接工	打眼爆破班12人	含吊盘信号、泵工
	出矸班12人	含吊盘信号、泵工
	立模浇筑班20人	含吊盘信号、泵工
	清底班28人	含吊盘信号、泵工
机电工	16人	含包机组
排矸司机	4人	
绞车司机	13人	
信号把钩工	15人	
管服人员	21人	
合计	145人	

2）循环作业图表

根据短段掘砌机械化配套作业施工特点，采用四个专业化班组滚班作业方式，20~22 h完成段高4.0 m循环作业。基岩段4.0 m施工正规循环作业表见表6-23。

表6-23 副井基岩段施工正规循环作业表

序号	工程名称	工程量	持续时间/min	打眼班					出渣班					支护班					清底班				
				1	2	3	4	5	6	7	8	9	10	11	12	13	14	15	16	17	18	19	20
1	交接班		10																				
2	下钻、定钻		20																				
3	打眼	87个	180																				
4	伞钻升井		20																				
5	装药连线		70																				
6	爆破、通风		20																				
7	交接班		10																				
8	出渣	180 m³	290																				
9	交接班		10																				
10	平渣		20																				
11	脱模、立模、找正		45																				
12	浇筑混凝土	40 m³	180																				
13	清理		45																				
14	交接班		10																				
15	出渣清理	75 m³	240																				
16	收尾		50																				
	合计		1200																				

3）工程排队

（1）进度指标：井筒基岩段掘砌130 m/月。

（2）工程排队：丁集矿井副井基岩段施工排队见表6-24。

表 6-24 丁集矿副井基岩段施工排队

序号	工 程 名 称	工程量/m	工期/d
1	-556~-816 m 掘砌	260	60
2	管子道、马头门与井筒连接处-816~-831 m 掘	15	15
3	管子道（3 m）、马头门（20 m）与井筒连接处-811~-831 m 砌	20	8
4	-831~-851 m 掘砌（工序转换）	20	7
5	-851~-856 m 掘砌（包括泄水巷 3 m）	5	5

6.8.5 辅助系统

1）通风系统

施工过程中，采用压入式通风，局部通风机风筒安设在翻矸台上，最长供风距离 881 m。根据计算的风量及风压，选用 2×30 kW 对旋式风机一台能满足要求。

2）压风系统

压风由甲方提供，从甲方永久压风机房至副井井口铺设一条 8 英寸压风管，管路铺至井口后进入离心式压风脱水器，利用离心原理将压风里的水分脱出，净化压风，然后将压风输至井下。

3）供电系统

建设单位提供 10 kV 电源至井口，自建 10 kV/6 kV、6 kV/380 V 临时变电所供给各高低压电气设备。

4）动力、照明及通信

井筒悬吊一趟 U3×25+1×10 动照电缆，附在一趟模板绳上。为保证工作面有足够的照明度，采用新型煤矿立井专用照明灯，吊盘下层盘两盏，中层盘一盏，上层盘一盏，工作面两盏。井口用防爆灯照明，工作面及吊盘上每班配备 5~10 盏矿灯供突然停电时用。

凿井施工期间，主、副提分别设独立信号系统，井筒悬吊两趟 U3×10+1×6 橡套电缆作为井上下信号联系，两趟信号电缆通过一台 JZ-10/800 型稳车悬吊。

井上下联系方式为：井口信号房、井底和吊盘在每趟信号电缆上都单独设打点器，用来互相传送信号，主、副提各设一套 KJTX-SX-1 型煤矿专用通信信号装置，并在各绞车房配备井口电视监视系统，另设一趟直通电话。

5）测量工作

根据井筒施工图，永久锁口标高为+25.0 m，封口盘面标高定为+25.0 m。做好井中标定和十字基点测设，保存好测设成果。

井筒中心点投设：使用经纬仪，将井筒十字基点坐标投放到封口盘上，使其与地面十字基线重合，其交点在封口盘面上。在封口盘上固定一个 $\phi1.5$ mm 小孔，作为立井中心测量钢丝的定位孔。做好悬挂垂线中心点的检查工作，每 7 天检查 1 次，如果悬挂垂线点位置偏差达 5 mm 时要立即更正。

6.8.6 技术质量要求

（1）井筒掘进半径偏差：-50~+150 mm 为合格，0~+150 mm 为优良。

（2）模板的材质、结构、强度必须符合设计要求。

（3）模板组装和架设必须牢固可靠，其支柱必须支设在硬底或垫板上。

（4）模板组装规格偏差：+10~+40 mm 为合格，+10~+30 mm 为优良。

（5）模板到岩面的距离：大于或等于设计 50 mm 为合格，大于或等于设计 30 mm 为优良。

（6）模板接缝宽度不大于 3 mm，相邻两模板表面高低差不大于 5 mm，模板接茬不平整度不大于 10 mm。

（7）混凝土所用的水泥、骨料、水、外加剂的质量必须符合设计要求。

（8）混凝土配比、原材料计量、搅拌和混凝土养护必须符合设计要求。

（9）井筒混凝土支护工程的规格偏差：0~+50 mm 为合格，0~+30 mm 为优良。

（10）混凝土支护的表面质量应符合以下规定：无明显裂痕，1 m^2 范围内蜂窝、孔洞等不超过 2 处为合格，无裂缝、蜂窝、孔洞、露筋为优良。

（11）井筒混凝土支护工程允许偏差：接茬不大于 30 mm，表面平整度不大于 10 mm，预留巷道标高±50 mm。

（12）现浇混凝土试块：立井 30 m 一组三块，其强度值不低于设计，任一试块的强度值不低于设计值的 85%。

7 深部立井井筒揭煤技术

7.1 概述

煤与瓦斯突出是煤矿生产和掘进过程中的一种复杂的自然灾害，是一种伴有声响和猛烈力能效应的动力现象，它能摧毁井巷设施，破坏矿井通风系统，使井巷充满瓦斯和煤岩抛出物，能造成人员窒息，甚至可以引起瓦斯爆炸，是煤矿最严重的自然灾害之一，严重威胁着煤矿的安全生产。

井巷揭煤发生的瓦斯动力现象以突出为主，其特点是突出强度大。在我国发生的70多次特大型突出中，约80%发生在井巷揭穿煤层中，井巷揭穿突出煤层包括石门、竖井和斜巷揭煤。因此，研究、制定和实施安全有效的防治技术措施，对防止井巷揭穿突出煤层时发生动力现象是非常必要的。

石门和立井、斜井工作面从距突出煤层底（顶）板的最小法向距离5 m开始到穿过煤层进入顶（底）板2 m（最小法向距离）的过程均属于揭煤作业。揭煤作业应当由具有相应技术能力的专业队伍施工，并按照下列作业程序进行：

（1）探明揭煤工作面和煤层的相对位置。

（2）在与煤层保持适当距离的位置进行工作面预测（区域验证）。

（3）工作面预测（区域验证）有突出危险时，采取工作面防突措施。

（4）实施工作面措施效果检验。

（5）掘进至远距离爆破揭穿煤层前的工作面位置，采用工作面预测或措施效果检验的方法进行最后验证。

（6）采取安全防护措施并用远距离爆破揭开或穿过煤层。

（7）在岩石巷道与煤层连接处加强支护。

突出煤层平均揭煤时间需3~6个月，如按照这样的速度进行揭煤施工将严重影响立井井筒的工期，制约矿井的投产使用。

7.1.1 淮南矿区井筒揭煤简况

淮南矿区属于多煤层群开采，11对生产矿井基本都为煤与瓦斯突出矿井，主采煤层大多具有煤与瓦斯突出危险，在这些煤层的掘进与回采过程中多次发生突出。

进入21世纪以来，淮南矿区新建和改扩建多对矿井，井筒揭煤数量大幅增加。多数井筒需要穿过煤层掘进，有的井筒过煤层数量达到6~7层，而且其厚度不一，瓦斯含量不等。主要揭煤层数量为2~3层，如13煤层、17煤层、24煤层等，煤层厚度4~7 m。随着矿区采深的不断增大，煤层更加松软，煤的普氏系数在0.2~0.6，主采煤层瓦斯含量一般在12~36 m^3/t，煤层渗透率低，仅为0.9869×10^{-12} m^2，属难以抽采煤层，煤层瓦斯压力为2~6 MPa。由此可见，该矿区煤层瓦斯含量大，突出危险性严重，煤层赋存的地质条

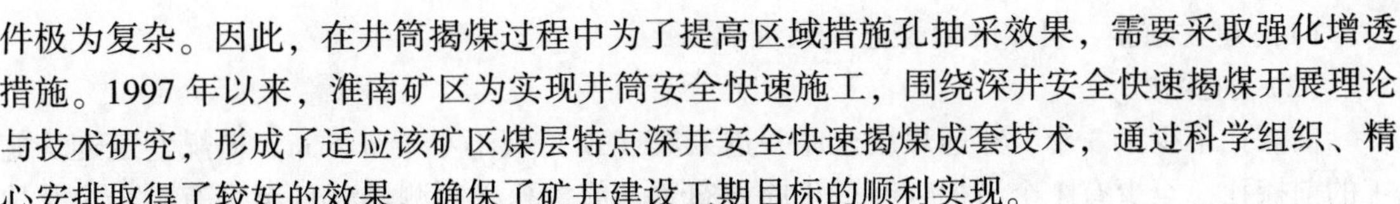

件极为复杂。因此，在井筒揭煤过程中为了提高区域措施孔抽采效果，需要采取强化增透措施。1997 年以来，淮南矿区为实现井筒安全快速施工，围绕深井安全快速揭煤开展理论与技术研究，形成了适应该矿区煤层特点深井安全快速揭煤成套技术，通过科学组织、精心安排取得了较好的效果，确保了矿井建设工期目标的顺利实现。

7.1.2 井筒揭煤基本程序

根据《防治煤与瓦斯突出规定》和《煤矿安全规程》，淮南矿业集团公司制定了《井巷揭煤管理规定》，规定了井巷揭煤流程，具体揭煤工序流程如图 7-1 所示，并制定了一套揭煤程序及技术要求。

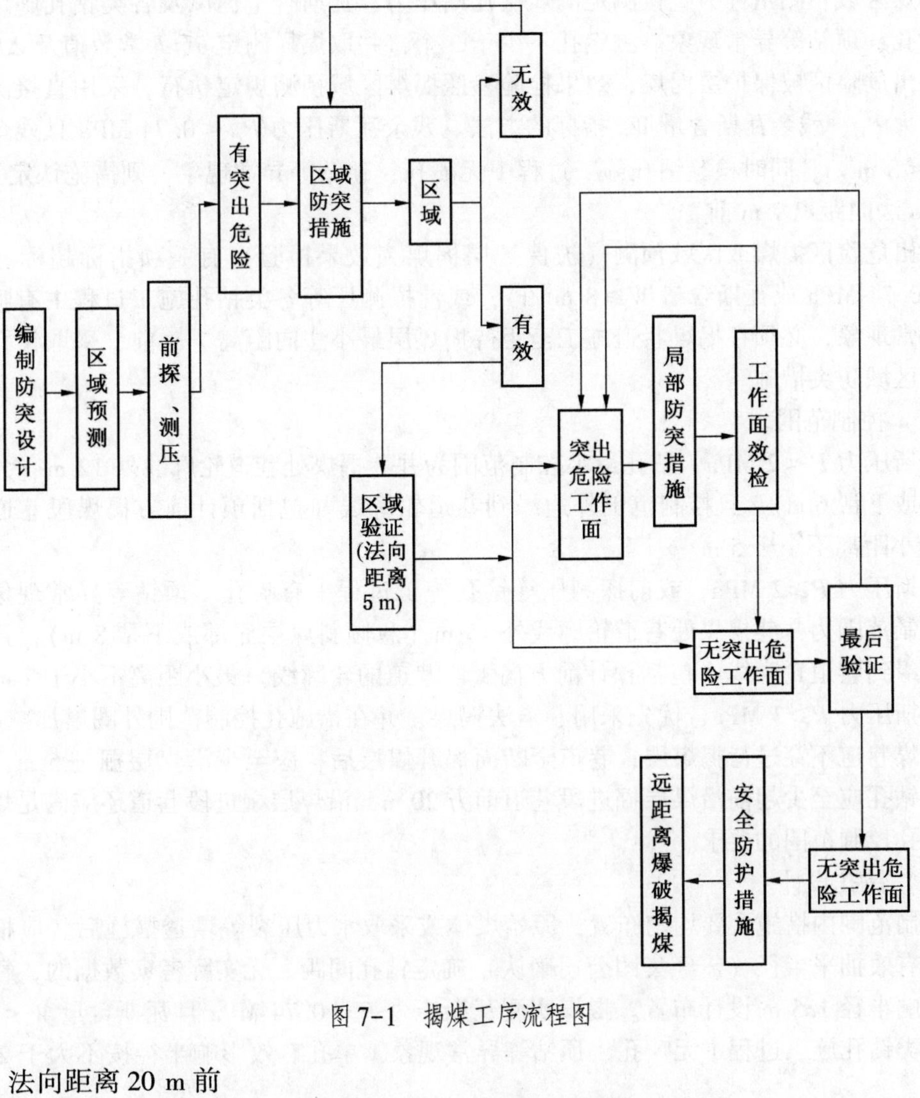

图 7-1 揭煤工序流程图

1）法向距离 20 m 前

地质构造复杂、岩石破碎区域揭煤，距待揭煤层最小法向距离 20 m 前，施工不少于 2 个前探控制钻孔，掌握揭煤区域煤层赋存、地质构造等情况。

2）法向距离 10 m 前

（1）建立独立、可靠的揭煤通风系统。

（2）前探测压。

前探孔不少于3个，穿透煤层全厚并进入底（顶）板不小于0.5 m。揭煤巷道迎头施工的前探孔，至少有1个沿揭煤巷道正前方布置。前探孔必须测斜，且至少有2个全孔取芯，并详细记录煤岩芯资料，准确掌握煤层厚度、倾角变化、地质构造和瓦斯情况等。

测压孔不少于3个，可布置在同一地质构造单元相近标高（±10 m）100 m揭煤范围内。近距离煤层群，层间距小于5 m或层间岩石破碎时，优先测定煤层综合瓦斯压力。

（3）揭煤区域预测。

揭煤区域预测指标为直接测定的煤层瓦斯压力、瓦斯含量，以及各类钻孔施工过程中有无喷孔、顶钻等异常现象。测定孔不少于3个，并取煤样测定 a、b 常数值及 ΔP、f 值。

突出危险区被保护层揭煤，效果检验参照揭煤区域预测规定执行，采用直接测定残余瓦斯压力 P_C、残余瓦斯含量 W_C 指标的方法。残余瓦斯压力 $P_C < 0.74$ MPa且残余瓦斯含量 $W_C < 8$ m^3/t，同时检验钻孔施工过程中无喷孔、顶钻等异常现象，则措施认定为有效。

3）法向距离7 m前

突出危险区揭煤或区域预测（被保护层揭煤为效果检验）有一项指标超标（瓦斯压力 $P \geqslant 0.74$ MPa或瓦斯含量 $W \geqslant 8$ m^3/t），或前探测压等各类钻孔施工过程中有喷孔、顶钻等异常现象，必须在揭煤巷道施工至距待揭煤层最小法向距离7 m前，采取钻孔预抽煤层瓦斯区域防突措施。

（1）控制范围。

瓦斯压力 $P < 2$ MPa，钻孔最小控制范围为井巷揭煤处巷道轮廓线外12 m（急倾斜煤层底部或下帮6 m），且控制范围外边缘到巷道轮廓线（包括预计前方揭煤段巷道的轮廓线）最小距离不小于5 m。

瓦斯压力 $P \geqslant 2$ MPa，或前探测压等钻孔施工过程中有喷孔、顶钻等异常现象，钻孔最小控制范围为井巷揭煤处巷道轮廓线外15 m（急倾斜煤层底部或下帮8 m），且控制范围外边缘到巷道轮廓线（包括预计前方揭煤段巷道的轮廓线）最小距离不小于7 m。

瓦斯压力 $P \geqslant 3$ MPa，优先采用巷道法揭煤，并在措施孔控制范围外圈增加减压孔。

揭煤巷道不穿过待揭煤层，巷道全断面揭开煤层后，应至少沿煤层掘进5 m；区域防突措施钻孔应至少超前沿煤层掘进段巷道前方20 m，沿煤层掘进段巷道还应满足煤巷条带预抽钻孔控制范围的要求。

（2）钻孔设计。

控制范围内措施孔要均匀布置，原始煤体或采取水力压裂等增透措施后，应根据实际考察的有效抽采半径（需经集团公司确认）确定钻孔间距。无实际考察数据的，暂按单孔有效影响半径1.5 m设计布置。揭煤实测瓦斯压力 $P < 0.74$ MPa且瓦斯含量 $W < 8$ m^3/t，同时各类钻孔施工过程中无喷孔、顶钻等异常现象，单孔有效影响半径按不大于2.5 m设计布置。

穿层钻孔必须一次穿透待揭煤层全厚，并进入底（顶）板0.5 m以上。钻孔全程下护孔套管，煤层段下花管。区域防突措施钻孔要及时反演上图，措施完工后绘制措施竣工图。

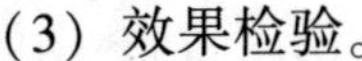

(3) 效果检验。

预抽合格后（瓦斯含量 $P=<4$ m^3/t，预抽率 $\eta\geqslant 20\%$；瓦斯含量 $P=4\sim6$ m^3/t，预抽率 $\eta\geqslant 25\%$；瓦斯含量 $P>6$ m^3/t，预抽率 $\eta\geqslant 45\%$；瓦斯含量 $P>14$ m^3/t，预抽率 η 按残余瓦斯含量 $P<8$ m^3/t 计算确定），进行区域防突措施效果检验。至少布置 5 个检验测试点，分别位于预抽区域内上、中、下部和两侧，其中至少有 1 个位于预抽区域内距边缘不大于 2 m 的位置。

采用直接测定残余瓦斯压力 P_C、残余瓦斯含量 W_C 的方法进行效果检验。残余瓦斯压力 $P_C<0.74$ MPa 且残余瓦斯含量 $W_C<8$ m^3/t，同时检验钻孔施工过程中无喷孔、顶钻等异常现象，则措施认定为有效。否则，必须补充措施或延长抽采时间，直至检验有效。

揭煤实测瓦斯压力 $P<0.74$ MPa 且瓦斯含量 $W<8$ m^3/t，同时各类钻孔施工过程中无喷孔、顶钻等异常现象，区域防突措施预抽率达标后，可仅采用残余瓦斯含量 W_C 作为效检指标。

(4) 揭煤工作面应采取水力压裂、深孔松动爆破或钻孔掏穴等增透措施，提高抽采效果。具体增透措施由矿总工程师确定并在揭煤防突设计中明确。

(5) 区域防突措施钻孔施工前，建立完善揭煤安全防护设施。

4) 法向距离 5 m 前

(1) 区域防突措施效果检验合格后，或区域预测无突出危险进尺到距待揭煤层最小法向距离 5 m 前，采用钻屑瓦斯解吸指标法进行区域验证（工作面预测）。

(2) 区域验证（工作面预测）至少施工 3 个钻孔，其中 1 个控制到井巷揭煤处轮廓线外 5 m。钻屑瓦斯解吸指标 $K_1(\Delta h_2)$ 值在该煤层突出危险临界值以下［若 $K_1(\Delta h_2)$ 指标未考察出临界值，则满足 $K_1<0.5$ mL/g · min$^{\frac{1}{2}}$（湿煤 $K_1<0.4$ mL/g · min$^{\frac{1}{2}}$），$\Delta h_2<200$ Pa（湿煤 $\Delta h_2<160$ Pa）］，同时验证（预测）钻孔施工过程中无喷孔、顶钻等异常现象，则认定为无突出危险工作面。否则，认定为突出危险工作面，必须采取局部防突措施。

(3) 采取局部防突措施时，钻孔控制范围为揭煤处井巷轮廓线外不少于 5 m，并合茬抽采。钻孔设计应符合相关规定。局部防突措施实施后，必须绘制措施竣工图。

(4) 局部防突措施瓦斯抽采率 $\eta\geqslant 45\%$（瓦斯含量 $P<4$ m^3/t，预抽率 $\eta\geqslant 20\%$；瓦斯含量 $P=4\sim6$ m^3/t，预抽率 $\eta\geqslant 25\%$）后，采用钻屑瓦斯解吸指标 $K_1(\Delta h_2)$ 值进行效果检验。检验孔不少于 5 个，分别位于石门上、中、下部和两侧，或井筒中央及四周，所有检验孔均布置在措施孔控制范围内且距边缘不大于 2 m 的位置（中部检验孔除外）。若检验指标 $K_1(\Delta h_2)$ 值均在临界值以下，同时检验孔施工过程中无喷孔、顶钻等异常现象，则措施认定为有效，否则，必须补充措施或延长抽采时间，直至效果检验有效。

(5) 经区域验证（工作面预测）为无突出危险，或局部防突措施效果检验合格后，由矿总工程师负责制定揭煤防突安全技术措施。经集团公司审批的揭煤防突设计，其揭煤防突安全技术措施报集团公司安全生产技术部门备案。

5) 法向距离 2 m 前

(1) 从井巷距待揭煤层最小法向距离 5 m 开始，执行边探边掘，保证最小安全岩柱满足要求。

（2）揭煤工作面施工至远距离爆破揭煤起始位置，采用钻屑指标法［S_{max}、$K_1(\Delta h_2)$值］和直接测定煤层（残余）瓦斯含量进行最后验证，验证测试点不少于3个，指标超标应立即采取局部防突措施，直至检验有效。检验无效时须采取补充措施，补充措施钻孔应控制到揭煤处井巷轮廓线外5 m，如果没有实际考察的钻孔有效抽采（排放）半径数据，钻孔间距暂按有效影响半径抽采孔1.5 m（排放孔1 m）设计布置。

6）远距离爆破揭煤

（1）井巷距待揭煤层顶（底）板最小法向距离2 m起（构造或岩石松软破碎带不小于3 m），至进入底（顶）板最小法向距离2 m止，必须实施以远距离爆破为主的安全防护措施。

（2）远距离爆破揭煤施工段必须采用钻屑指标法或复合指标法进行工作面循环预测（效检）。指标超标，立即采取局部防突措施或补充措施，直至检验有效。

（3）立井井筒揭煤远距离爆破地点必须在地面距井口边缘线20 m以外。

（4）远距离爆破必须使用安全等级不低于三级的煤矿许用含水炸药。严禁使用风镐、耙矸机。井筒揭煤严禁使用抓岩机直接抓实体煤（矸）。

（5）揭煤工作面甲烷传感器T1、T2必须为高低浓度甲烷传感器。井筒远距离爆破揭煤，提升打点信号必须设置本质安全型通信信号装置。

（6）远距离爆破揭煤期间，具备抽采条件的措施孔、减压孔要实现连续抽采。

7.2 深孔预裂爆破增透技术

7.2.1 井筒含煤简况

顾桥矿深部进风井由煤炭工业合肥设计研究院设计。深部进风井井筒设计净直径为8.6 m，井筒全深1065.6 m，设计表土及风化基岩段为冻结法凿井，基岩段采用地面预注浆法施工。冻结深度360 m，设计冻结支护深度352 m，实际冻结支护深度351.20 m；基岩段设计深度为713.6 mm，变更后深度为714.4 m。井筒已揭露13-1煤层、8煤层、7煤层，前方将揭露6-2煤层。8煤层赋存情况见表7-1。

表7-1 8煤层赋存情况

井筒概况	井筒名称	深部进风井井筒	井筒位置	—
	井筒净径/m	8.6	井筒设计深度/m	1065.6
	井筒荒径/m	10.0	车场水平/m	-1000
	穿过主要煤层	24煤层至4-1煤层（本次揭露为8煤层）		
	井筒掘砌层位	自地层表土至1煤层顶板（本次说明书仅提供被揭6-3煤层、6-2煤层顶板50 m至底板20 m有关资料）		
	相邻采掘情况	本井筒截至11月28日已施工至井深973.30 m，西距143 m的-780~-930 m北翼二水平回风斜巷已掘进完毕；西距170 m的-780~-930 m北翼二水平回风斜巷6-2煤层顶板巷已掘进完毕，目前正在施工措施孔；西距135 m的北翼二水平6煤层顶板回风大巷已掘进施工60 m，目前正在向北施工；西距138 m的-943~-1000 m北翼二水平回风斜巷已掘进施工17 m，目前停头；与其相邻的再无其他采掘生产活动		

表 7-1（续）

<table>
<tr><td>本次揭煤掘进区段地层特征</td><td colspan="7">本次揭 8 煤层，地层特征如下：
8 煤层顶板岩性：顶板 52.50~48.30 m 为厚 4.20 m 的泥岩；顶板 48.30~43.10 m 为厚 5.20 m 的泥质粉砂岩；顶板 43.10~36.65 m 为厚 6.45 m 的细砂岩与砂质泥岩互层；顶板 36.65~32.20 m 为厚 4.45 m 的细砂岩；顶板 32.20~31.25 m 为厚 0.95 m 的砂质泥岩；顶板 31.25~27.30 m 为厚 3.95 m 的石英砂岩；顶板 27.30~26.30 m 为厚 1.00 m 的泥质粉砂岩；顶板 26.30~22.40 m 为厚 3.90 m 的细砂岩与含泥粉砂岩互层；顶板 22.40~3.45 m 为厚 18.95 m 的中砂岩；顶板 3.45~0 m 为厚 3.45 m 的砂质泥岩。
8 煤层底板岩性：底板 0~6.45 m 为厚 6.45 m 的泥岩；底板 6.45~6.70 m 为厚 0.25 m 的 7-2 煤层；底板 6.70~9.10 m 为厚 2.40 m 的砂质泥岩；底板 9.10~11.30 m 为厚 2.20 m 的细砂岩与砂质泥岩互层；底板 11.30~22.25 m 为厚 10.95 m 的细砂岩</td></tr>
<tr><td rowspan="2">煤层情况</td><td>煤层名称</td><td>煤层埋深/m</td><td>煤厚/m</td><td>倾角/(°)</td><td>结构</td><td>厚度稳定性</td><td>是否为突出煤层</td></tr>
<tr><td>8 煤层</td><td>955.49~958.34
(基岩面下 697.19)</td><td>2.85</td><td>1~5</td><td>简单</td><td>稳定</td><td>待定</td></tr>
</table>

7.2.2　煤层突出危险性预测

根据《防治煤与瓦斯突出规定》及淮南矿业集团公司相关文件的规定，井筒掘进至累深 945.1 m 位置时（距 8 煤层顶板法向距离 10 m 位置），在井筒迎头施工 6 个前探钻孔（2 号、4 号取芯）。其中 2 号前探钻孔沿井筒揭煤正前方布置，1 号前探孔布置在井筒荒径外 15.2 m 处且处于注浆帷幕外，3 号前探孔布置在井筒荒径外 4.5 m 处，4 号前探孔布置在井筒荒径外 3.8 m 处，5 号前探孔布置在井筒荒径外 4.9 m 处，6 号前探孔布置在井筒荒径外 15.5 m 处。1 号、3 号、5 号前探钻孔均穿过 8 煤层并进入 8 煤层底板不小于 1.0 m，2 号、4 号、6 号前探钻孔均穿过 8 煤层、7-2 煤层并进入 7-2 煤层底板不小于 1.0 m。

1）单项指标法

符合以下条件之一，即判定为有突出危险：

（1）瓦斯压力 $P \geqslant 0.74$ MPa。

（2）瓦斯含量 $W \geqslant 8\ m^3/t$。

经过现场实测，原始煤层瓦斯压力为 2 MPa，瓦斯含量为 6.45 m^3/t。根据单项指标法，可判定为有突出危险。

2）综合指标法

综合指标法综合考虑了影响突出的地应力、瓦斯、煤的物理力学性质三大自然因素，是我国预测揭煤工作面突出危险性应用较多的一种方法。

该方法包括 D、K 两个预测指标，表 7-2 为《防治煤与瓦斯突出规定》提供的综合指标法预测井筒揭煤地点突出危险性的临界值，当测定的综合指标 D、K 都小于临界值，或者指标 K 小于临界值且式（7-1）中两括号内的计算值都为负值时，若未发现其他异常情况，则该工作面即为无突出危险工作面，否则判定为有突出危险工作面。

D、K 值的计算公式：

$$D = (0.0075H/f - 3)(P - 0.74) \tag{7-1}$$

$$K = \Delta P/f \tag{7-2}$$

式中 D——煤层突出危险性综合指标；

K——煤层突出危险性综合指标；

H——揭煤地点煤层埋藏深度，m；

P——揭煤地点实测煤层瓦斯压力最大值，MPa；

ΔP——揭煤地点实测煤层瓦斯放散初速度；

f——揭煤地点实测煤层坚固性系数。

表 7-2 揭煤工作面突出危险性预测综合指标 D、K 参考临界值

综合指标 D	综合指标 K	
	无烟煤	其他煤种
0.25	20	15

根据实测数据，代入式（7-1）和式（7-2）计算，可得到

$$D=(0.0075\times 932.8/0.46-3)\times(2-0.74)=15.38$$

$$K=8/0.46=17.39$$

《防治煤与瓦斯突出规定》中规定，对于立井井筒揭煤，使用综合指标预测突出危险性。从上述计算中，可以看出 D、K 指标均超出临界值，表明有突出危险性。

7.2.3 区域防突措施

根据《淮南矿业集团公司揭煤管理规定》，区域措施钻孔设计 9 圈 259 个抽采钻孔，钻孔量 5430 m，钻孔控制到揭煤处井筒帮轮廓线外不小于 15 m，且钻孔控制范围的外边缘到井筒轮廓线的最小距离不小于 7.0 m。所有钻孔必须穿过 8 煤层进入 8 煤层底板不小于 1.0 m，详见图 7-2 和图 7-3。

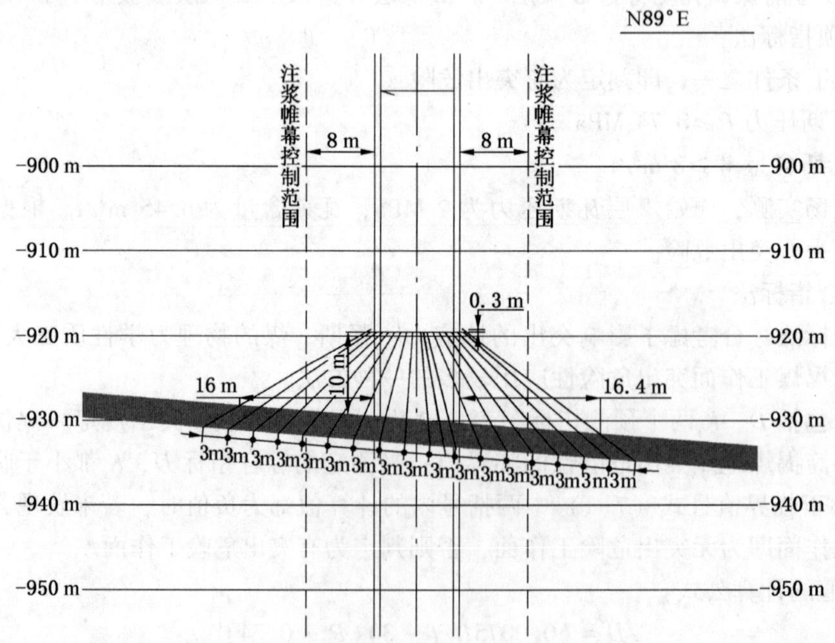

图 7-2 区域措施孔布置剖面图（1∶200）

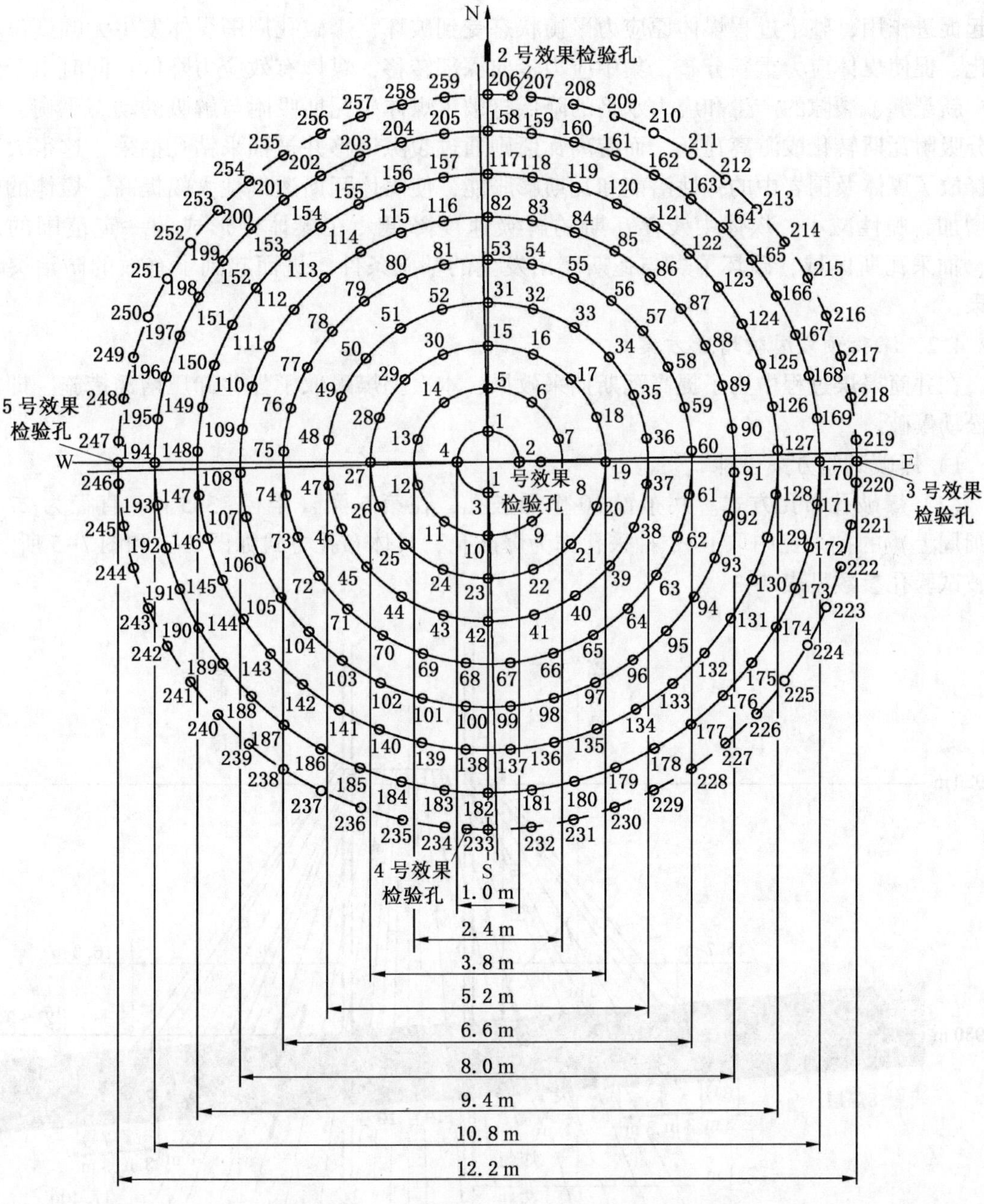

图 7-3　区域措施孔布置开孔平面布置图

7.2.4　区域防突措施孔增透方案

7.2.4.1　深孔预裂爆破增透消突机理

低透气性突出煤层透气性增加，主要是依靠专用煤层药柱在煤层中爆破，使煤体产生大量裂隙，在爆破孔周边形成一个 5~10 倍爆破孔直径的破碎圈；爆生气体传播到与爆破孔相邻的控制孔时，由于控制孔的存在使应力波反向拉伸，促进裂隙的进一步发展；当爆破应力波全部衰减后，爆破远区的煤体受到爆破扰动，煤体中的瓦斯压力对煤体裂隙的产生起促进作用，整个过程煤体原应力平衡状态受到破坏，爆破孔周围煤体发生大幅度位移变化，促使煤体应力重新分布，集中应力带向深部转移，煤体有效应力降低；同时由于煤体中新裂缝、裂隙的产生和应力水平的降低打破了煤体中瓦斯吸附与解吸的动态平衡，使部分吸附瓦斯转化成游离瓦斯，而游离瓦斯则通过裂隙运移并被抽采钻孔抽采，这很大程度释放了煤体及围岩中的弹性潜能和瓦斯膨胀能，使煤体瓦斯透气性大幅提高，煤体的塑性增加，脆性减小，煤体中残存瓦斯的解吸速度降低。在煤体中形成的一定范围的卸压、抽采瓦斯区域，破坏了煤与瓦斯突出发生的基础条件，进而起到了有效的防治突出效果。

7.2.4.2　深孔预裂爆破增透方案

在井筒揭煤过程中为了提高瓦斯抽采效果，本次揭煤采取了强化卸压增透措施，即深孔松动爆破。

1）爆破试验方案设计

（1）爆破孔布孔方式。共布置 10 个爆破孔，在第 5 圈（半径 13.5 m，直径为 27 m 的圆周上）的抽采孔中取 10 个抽采孔作为爆破孔，具体布孔方式如图 7-4 和图 7-5 所示，爆破试验孔参数见表 7-3。

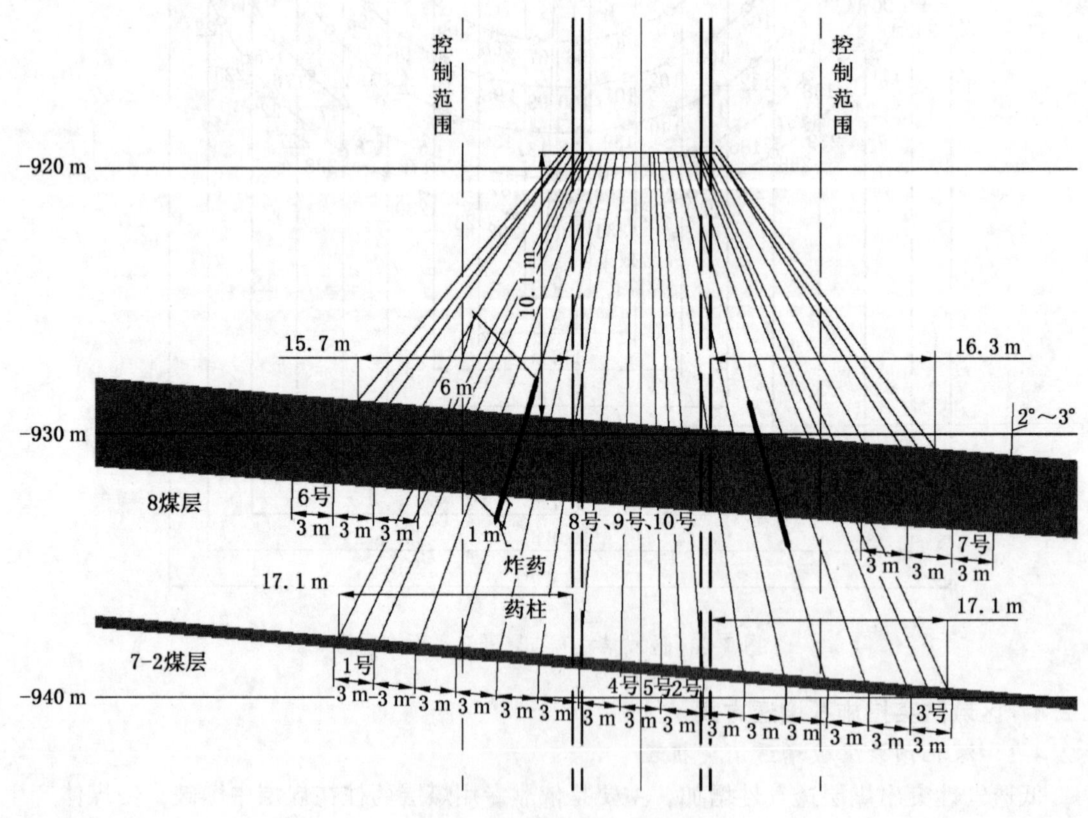

图 7-4　爆破孔布置主视图

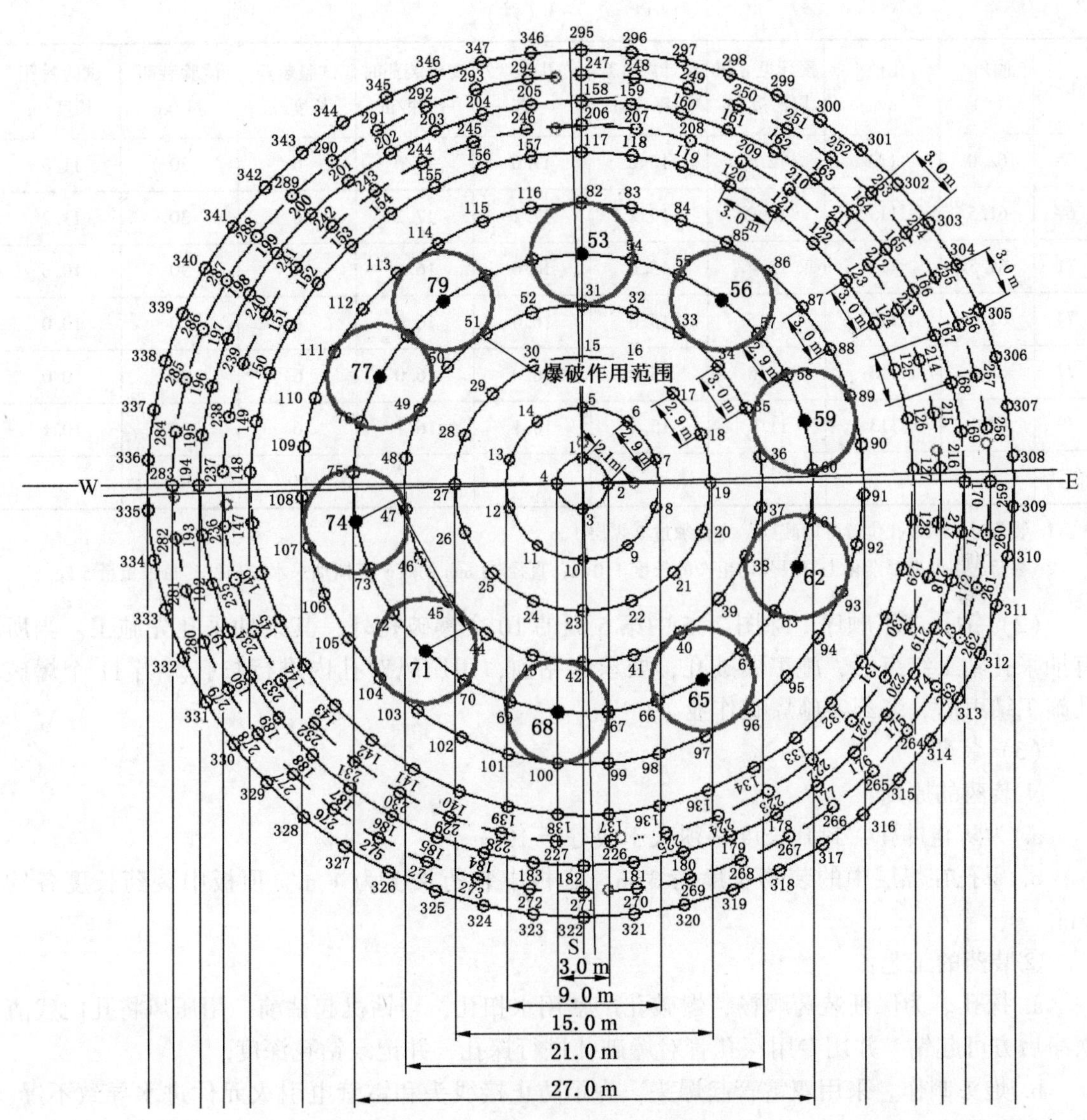

图 7-5 爆破孔布置俯视图

表 7-3 深孔预裂爆破试验孔参数表

孔号	倾角/(°)	孔径/mm	预计见 8 煤层深度/m	预计终 8 煤层深度/m	终孔深度/m	要求装药时孔深/m	试验装药长度/m	试验装药量/kg	试验封孔长度/m
53	60.0	113	12.1	15.3	16.3	16.3	6	30	10.3
56	61.0	113	12.1	15.4	16.4	16.4	6	30	10.4
59	62.5	113	12.0	15.5	16.5	16.5	6	30	10.5
62	62.5	113	12.2	15.7	16.7	16.7	6	30	10.7

表 7-3（续）

孔号	倾角/（°）	孔径/mm	预计见 8 煤层深度/m	预计终 8 煤层深度/m	终孔深度/m	要求装药时孔深/m	试验装药长度/m	试验装药量/kg	试验封孔长度/m
65	62.0	113	12.5	16.0	17.0	17.0	6	30	11.0
68	61.5	113	12.9	16.2	17.2	17.2	6	30	11.2
71	61.5	113	12.4	15.6	16.6	16.6	6	30	10.6
74	61.0	113	11.5	15.0	16.0	16.0	6	30	10.0
77	61.0	113	11.5	15.0	16.0	16.0	6	30	10.0
79	60.5	113	11.7	15.1	16.1	16.1	6	30	10.1
合计							60	300	

注：1. 装药时，从终孔位置开始装药，终孔须过 8 煤层 1 m。

2. 装药选用淮南舜泰化工有限公司生产的长度 1.0 m、直径 75 mm 的煤矿瓦斯抽采水胶药柱，每根重量 5 kg。

（2）钻孔施工顺序。除图 7-5 中第 5 圈的 10 个爆破孔外，其余抽采孔先施工。当所有抽采孔施工结束后，施工爆破孔，要求起钻前，用压风对孔内进行扫孔。当 11 个爆破孔施工结束后，装药实施爆破作业。

（3）装药。

①装药的原则：

a. 为防止冲孔，封孔长度必须大于或等于 10 m。

b. 每孔在煤层中的装药长度为 3 m，底板中装药长度为 1 m。顶板中装药长度各约 2 m。

②装药的工艺：

a. 探孔。为保证装药顺畅，爆破孔严禁用水扫孔，当钻机起钻前，用压风将孔内残渣吹净后方可起钻，并用专用探孔管对爆破孔进行探孔，并记录钻孔深度。

b. 炮头制作。采用双雷管起爆头。为了防止接线头和雷管电引火元件进水导致不爆，需对每发雷管接线处和雷管端部进行严格的防水处理。

c. 装药的步骤。装药采用正向装药方式。先将一根药柱的前端（外丝盖子端）钻一孔径为 6 mm 的孔，取下外丝盖子，将一根直径为 5 mm 的细钢丝绳插入药柱中打结，再盖上盖子后，将药柱的前端放入炮孔中，再依次连接第二根和第三根药柱，最后连接炮头，慢慢放入炮孔中，同时记录钢丝绳的长度，直至放入炮孔底部。

（4）封孔。由于炮孔深，若孔中有水，应先将孔中的水吹完，再用水泥浆封孔。其中水泥与水的配合比为 7∶5，混合后倒入孔中，5 h 后即可起爆。水泥消耗量约为 8 kg/m。具体封孔方法如图 7-6 所示。

（5）爆破网路连接方式。孔外所有雷管串联起爆。如果孔中有一发雷管短路、断路或电阻与原实测值不符时，则这发雷管母线不得接入主爆网路。

（6）起爆。按揭煤远距离爆破要求进行警戒，井下所有设备防护到位后方可起爆。

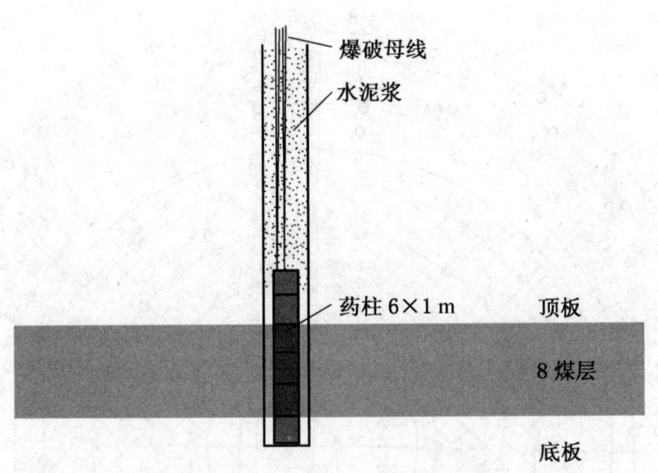

图 7-6 第 5 圈爆破孔封孔示意图

2）井筒外围注浆挡墙（围堰）设计

为了防止煤层因揭煤后形成泄压空间引起井筒外围煤层位移造成突出，需在井筒外围构筑挡墙，如图 7-7 和图 7-8 所示，要求第 3 圈、第 4 圈、第 5 圈和第 6 圈抽采孔下拉丝铁管，其拉丝铁管的长度为穿 8 煤层长度加顶板 1 m 和底板 1 m 的总和，其余段仍用阻燃抗静电塑料管，以便在揭煤前将第 3 圈、第 4 圈、第 5 圈和第 6 圈抽采孔全部注浆。注浆时要求记录每个孔的注浆量和注浆压力。

同时，在揭煤前，第 7 圈以外的孔保持抽采状态，直到全部过煤层后再注浆。

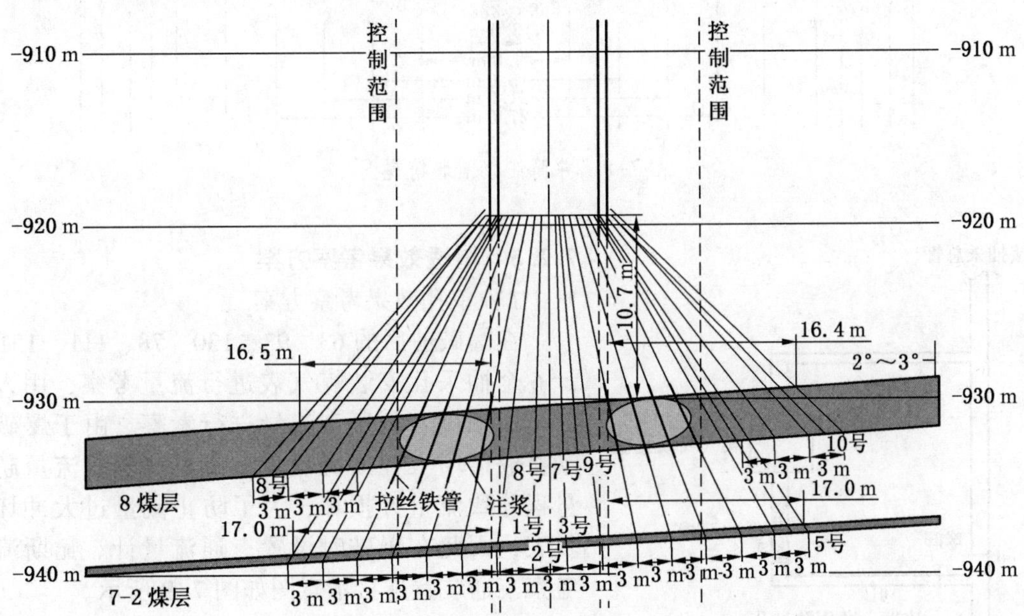

图 7-7 井筒注浆围堰剖面图

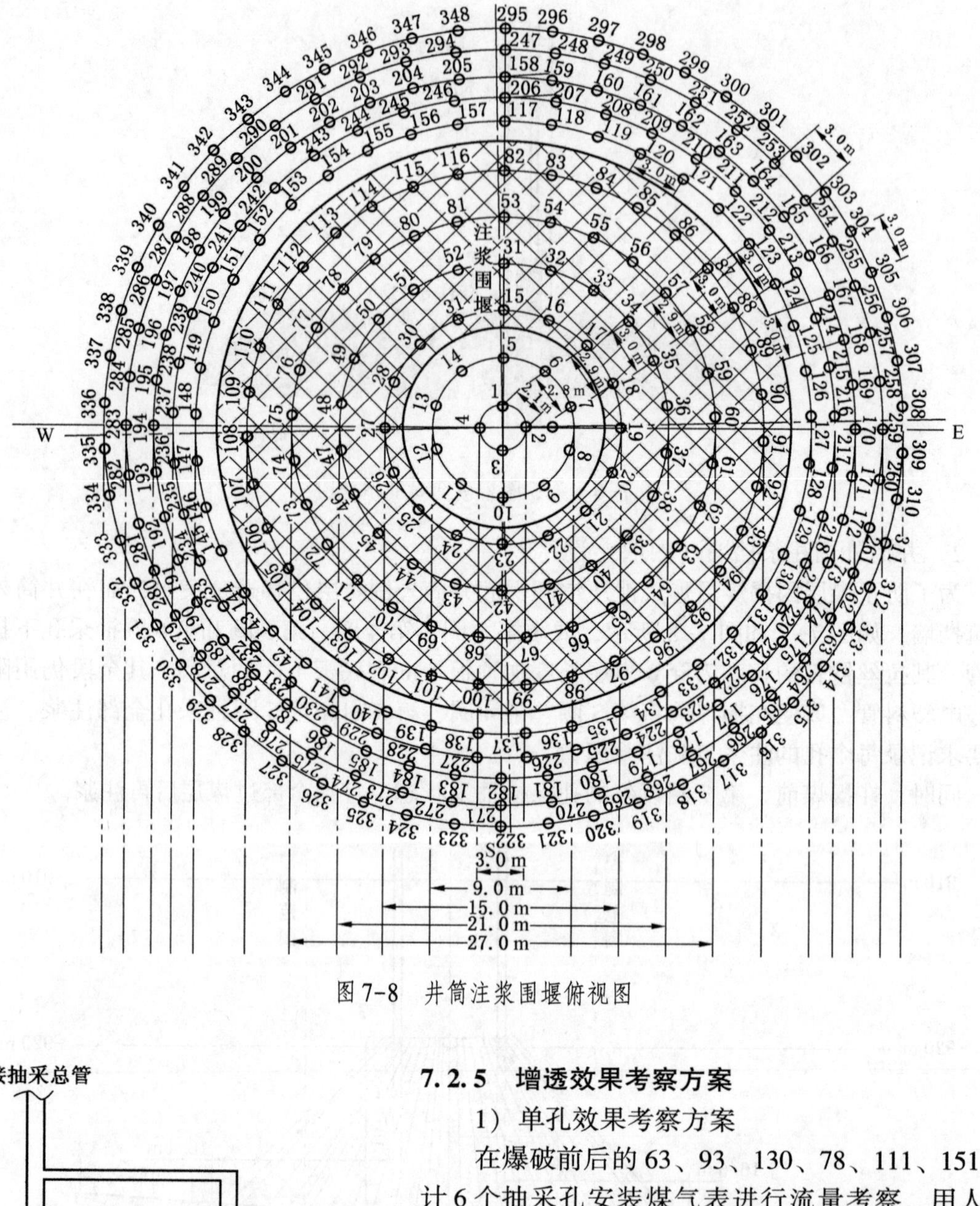

图 7-8　井筒注浆围堰俯视图

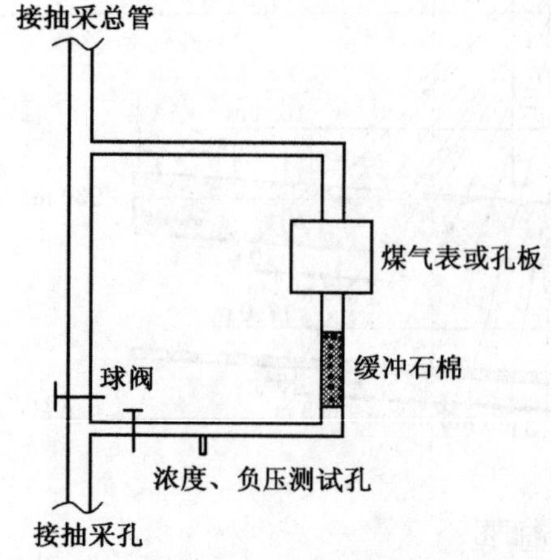

图 7-9　瓦斯流量考察三通装置连接示意图

7.2.5　增透效果考察方案

1）单孔效果考察方案

在爆破前后的 63、93、130、78、111、151 共计 6 个抽采孔安装煤气表进行流量考察，用人工对瓦斯浓度、负压和流量进行考察。由于爆破扰动将成倍增大瓦斯的流量，使煤气表的流量超过量程导致流量计损坏，为了防止流量过大冲坏煤气表，因此在爆破时设置三通流量计。瓦斯流量考察三通装置连接示意图如图 7-9 所示。

2）效果检验孔效果考察方案

工作面防突措施孔全部达到设计要求，且控制范围内煤体瓦斯预抽率大于或等于 45% 后，用残余瓦斯含量和残余瓦斯压力进行工作面防突措施效果检验。效果检验位置必须在采取措施位置，共布置效果检验孔 10 个，分别均匀分布在井筒中央及四周，其中 6 号、7 号、8 号、10 号四个孔布置在第 10 圈抽采孔轮廓线上，以检验控制范围外边缘是否有突出危险。其布置参数见表 7-4，布置图如图 7-10、图 7-11 所示。

表 7-4 深孔预裂爆破效果检验孔参数表

孔号	方位角/(°)	倾角/(°)	孔径/mm	见 8 煤层深度/m	终 8 煤层深度/m	见 7-2 煤层深度/m	终 7-2 煤层深度/m	终孔深度/m
1	0	87.0	113	10.9	13.7	18.5	19	20
2	90	87.5	113	10.3	13.4	19.4	19.8	20.8
3	180	87.0	113	11.0	13.8	18.7	19.1	20.1
4	270	87.0	113	10.2	13.3	18.7	19.1	20.1
5	0	80.0	113	10.9	13.8	18.7	19.2	20.5
6	36	80.0	113	10.8	13.8	19.1	19.5	20.5
7	72	80.5	113	10.6	13.7	19.4	19.8	20.8
8	108	80.5	113	10.7	13.8	19.6	20.0	21.0
9	144	80.0	113	10.9	14.0	19.4	19.8	20.8
10	180	80.0	113	11.2	14.1	19.0	19.5	20.5

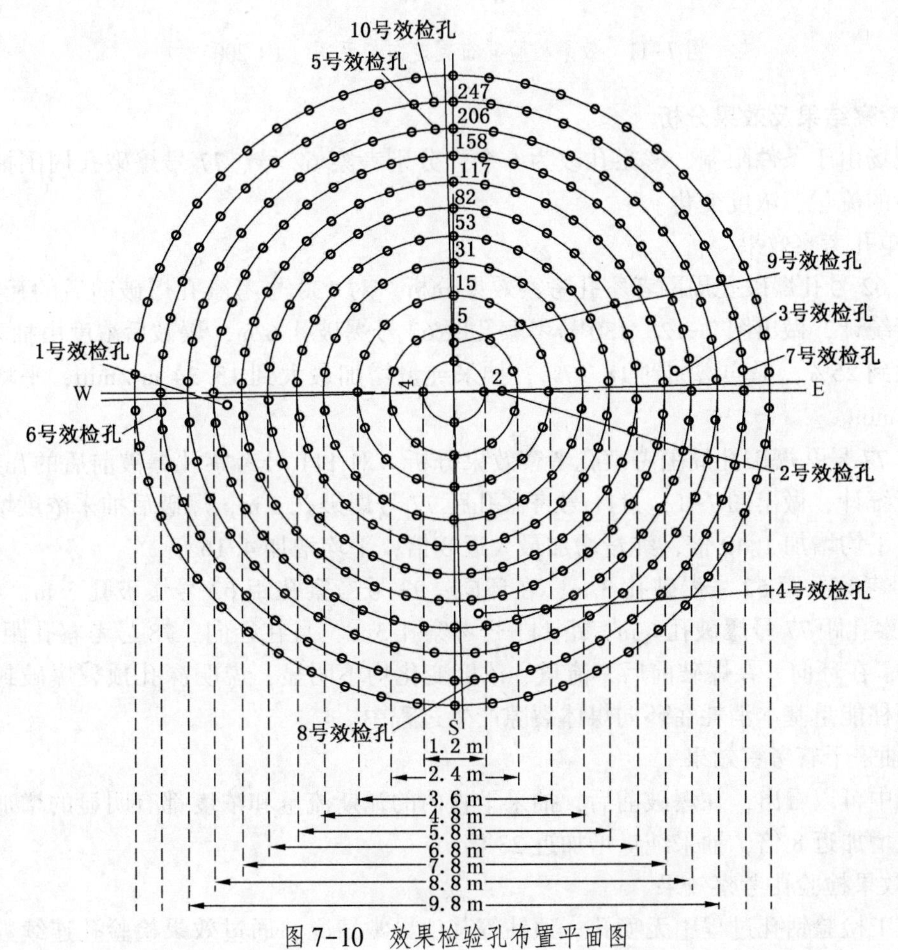

图 7-10 效果检验孔布置平面图

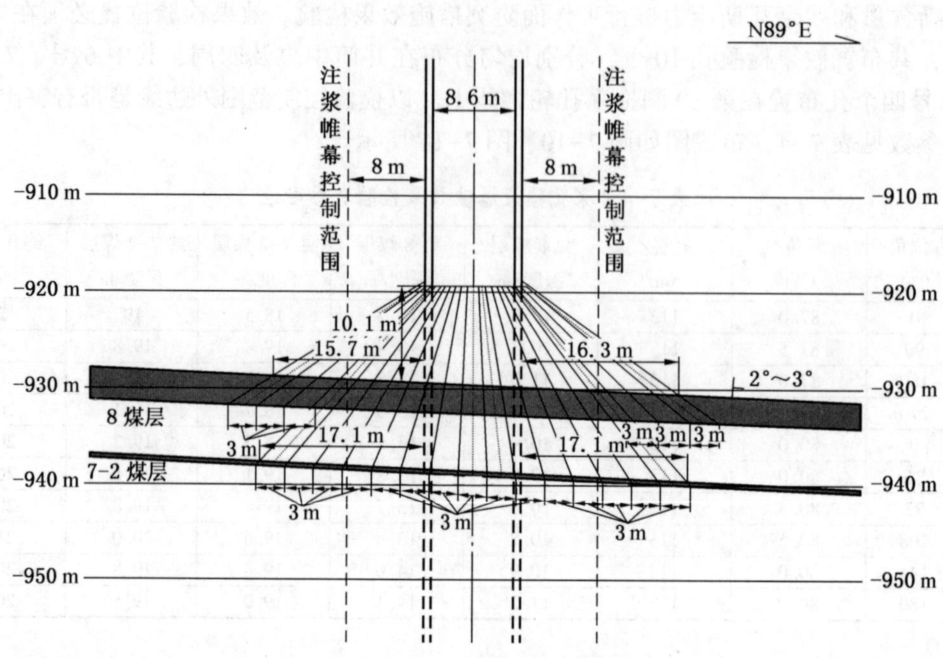

图 7-11　效果检验孔布置走向剖面图（1∶200）

7.2.6　考察结果及效果分析

在现场由于条件限制，考察孔改为 6 个，分别考察 62 号、77 号爆破孔周围抽采孔在爆破前后的流量、浓度变化。

1）单孔考察效果

（1）62 号孔爆破孔周围考察孔考察效果分析。对 130 号考察孔爆破前后的瓦斯浓度、纯量进行统计，做出图 7-12。130 号考察孔距 62 号爆破孔 6 m，爆破后浓度由抽采前的 0 增加最大到 25%，平均增加到 18.17%，抽采纯量增加最大到 13.34 m^3/min，平均增加到 4.63 m^3/min。

（2）77 号孔爆破孔周围考察孔考察效果分析。对 111 号考察孔爆破前后的瓦斯浓度、纯量进行统计，做出图 7-13。111 号考察孔距 77 号爆破孔 3 m，爆破后抽采浓度增加最大近 2 倍，平均增加 1.49 倍，纯量增加最大近 8 倍，平均增加 4.16 倍。

63 号考察孔距 62 号爆破孔 3 m，在环向；93 号考察孔距 62 号爆破孔 3 m，在径向。151 号考察孔距 77 号爆破孔 6 m，距 111 号考察孔 3 m，且在径向；78 号考察孔距 77 号爆破孔 3 m，在环向。在爆破前后，流量、浓度变化均不明显，说明深孔预裂爆破封孔质量良好，药柱能量基本消耗在环向煤体裂隙产生过程中。

2）抽采干管考察效果

从图中可以看出，在爆破前后，抽采干管内的瓦斯流量和浓度都有明显的增加，其中瓦斯浓度增加近 8 倍，抽采纯量增加近 23 倍。

3）效果检验孔考察效果

在施工检验钻孔过程中无喷孔、顶钻等其他异常情况。通过效果检验孔连续数天的观

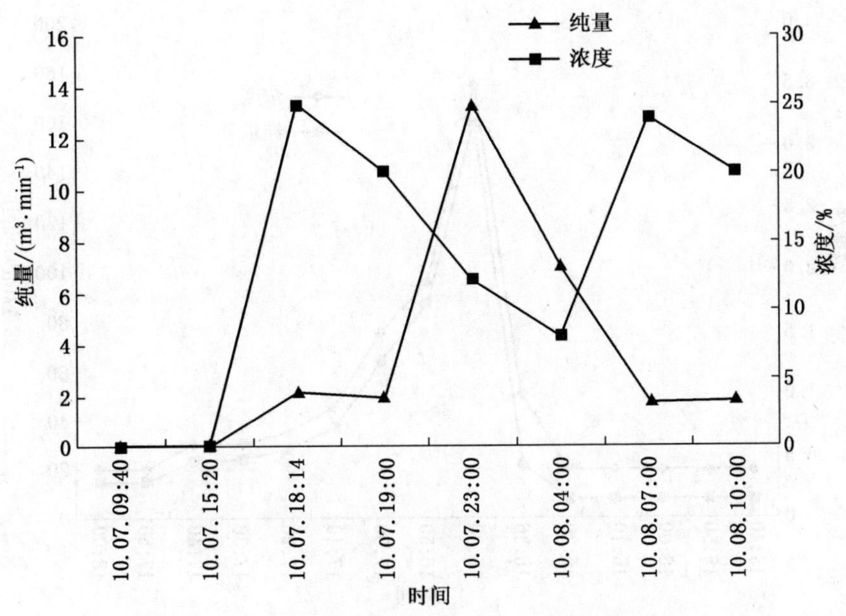

图 7-12 130 号考察孔爆破前后参数对比

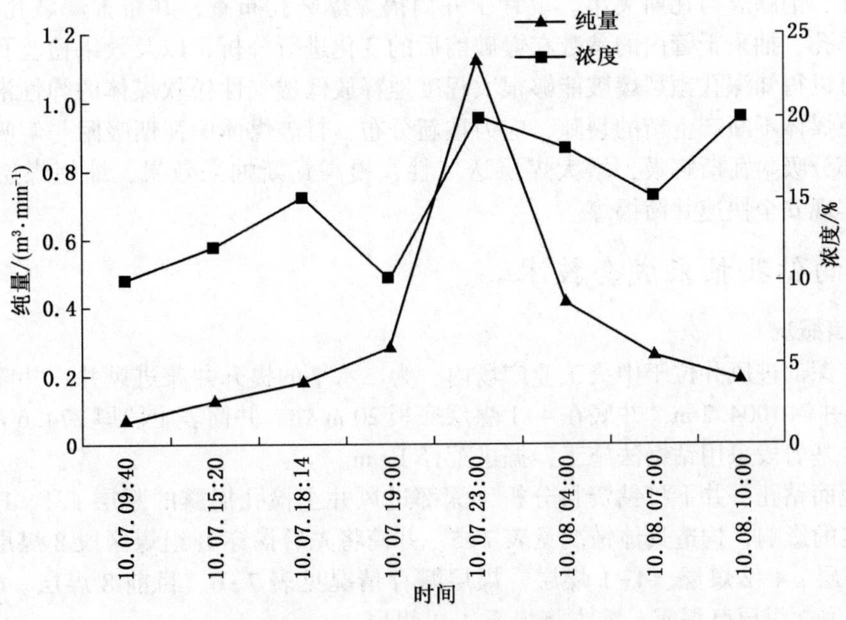

图 7-13 111 号考察孔爆破前后参数对比

测，最终测得的残余瓦斯压力为 0.23 MPa，残余瓦斯含量为 3.4679 m^3/t。根据《防治煤与瓦斯突出规定》，指标数据均低于临界值，确定为无突出危险。

4）结论

通过分析深孔预裂爆破煤层增透防突机理，确定使用深孔预裂爆破的方法可增加 8 煤

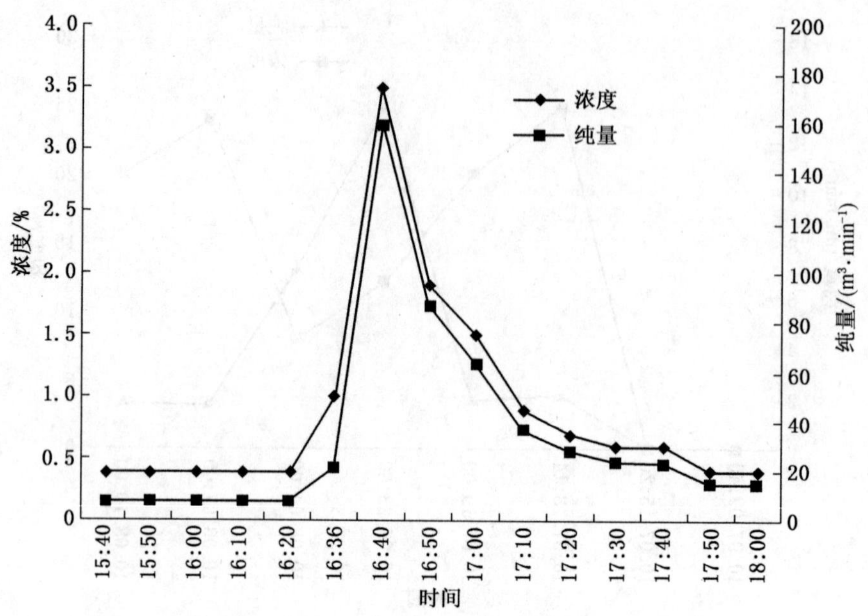

图 7-14　抽采干管爆破前后参数对比

层的透气性，消除煤与瓦斯突出。设计了井筒揭煤爆破孔布置，共布置爆破孔 10 个。通过对抽采单孔、抽采干管内的参数在爆破前后的变化进行分析，以及效果检验孔的效果检验结果，可以得知深孔预裂爆破能够很大程度地释放低透气性松软煤体的弹性潜能和瓦斯膨胀能，使煤体不断产生新的裂隙、应力重新分布，打破煤体中瓦斯吸附与解吸的动态平衡，促使部分吸附瓦斯解吸，增大煤层透气性，提高瓦斯抽采效果，缩短煤层的预抽时间，从而实现安全快速井筒揭煤。

7.3　下向钻孔抽采成套技术

7.3.1　井筒概况

潘三矿深部进风井位于中央工业广场内，为二水平的提升井兼进风井。井筒设计净直径 8.6 m，井深 1004.2 m，井底在 4-1 煤层底板 20 m 处。井筒表土段厚 274.6 m，采用冻结法施工；基岩段采用钻爆法施工，掘进荒径 10 m。

根据地面钻孔、井下打钻资料分析，深部进风井主检孔揭露的断层 Fa1、Fa2 对井筒施工有一定的影响，构造具体情况见表 7-5。井筒将先后揭穿 B 组煤区段 8 煤层、6-1 煤层、5-2 煤层、4-2 煤层、4-1 煤层，煤层赋存情况见表 7-6。目前 8 煤层、6-1 煤层、5-2 煤层、4-2 煤层已揭露，前方将揭露 4-1 煤层。

表 7-5　深部进风井揭 B 组煤区段构造一览表

构造名称	走向/(°)	倾向/(°)	倾角/(°)	落差/m	性质	控制程度	对施工的影响情况
断层 Fa1	69	339	28	3	逆	较低	有影响
断层 Fa2	49	319	38	3	正	较低	有影响

表 7-6 深部进风井揭 B 组煤区段煤层赋存情况一览表

煤层名称	标高/m	煤厚/m	倾角/(°)	结构	层间距/m
8 煤层	-864.2	1.3	1~5	单一	
					8.8
6-1 煤层	-873.9	1.5	1~5	单一	
					21.45
5-2 煤层	-896.8	1.30+(0.5)+0.55	1~5	含 0.5 m 夹矸	
					10.5
4-2 煤层	-908.7	1.1	1~5	单一	
					10.65
4-1 煤层	-920.8	4.7	1~5	单一	

井筒附近煤层总体呈单斜状，向西南倾斜，煤层赋存稳定。

4-1 煤层：黑色，黑褐色条痕，似金属光泽，煤芯呈粉末状和块状，以亮煤为主，含少量暗煤，属半亮型煤，根据勘探资料该煤层可能受构造影响，煤厚异常，邻近的构造孔探查煤厚 4.7 m。4-1 煤层与煤线 2 间距约 4.2 m。4-1 煤层顶板为断层破碎带：灰色，由砂质泥岩和细砂岩碎块构成，局部呈互层状；受构造挤压，破碎；厚 1.75 m。底板为断层破碎带：灰色，由砂质泥岩和细砂岩碎块构成，局部呈互层状；受构造挤压，破碎；厚 0.5 m。

7.3.2 突出危险性预测

1）前探、测压钻孔

工作面在距 4-1 煤层顶板最小法向距离 10.6 m 处布置了 4 个测压钻孔，其中一个钻孔布置在井筒中心，另外 3 个钻孔布置在井筒周边 15 m 外，测定 4-1 煤层瓦斯压力、瓦斯含量。钻孔参数见表 7-7。钻孔采用“两堵一注”的方式进行封孔，封至 4-1 煤层见煤点，封孔方式见图 7-15。测压钻孔施工过程中 1 号钻孔有喷孔现象，未出现夹钻、顶钻等异常现象。

表 7-7 前探、测压钻孔设计参数表

孔号	孔径/mm	方位角/(°)	倾角/(°)	见 4-1 煤层孔深/m	终 4-1 煤层孔深/m	见煤线孔深/m	终煤线孔深/m	孔深/m	用途	备注
1	94		-90	10.0	14.7	18.9	19.2	20.0	前探孔兼测压孔	测斜
2	94	166	-28	19.5	29.5			35.0		测斜、取芯
3	94	166	-45	15.2	18.5	24.6	24.9	27.0		测斜、取芯
4	94	76	-32	18.4	27.0	34.0	34.5	37.0		测斜

2）数据处理

（1）封孔装置安装结束后，要主动测压，通过三通向孔内补充压力气体。

（2）瓦斯压力曲线趋向稳定、压力值变化小于 0.005 MPa/d 时测压结束，并按照 AQ 1047—2007 标准进行修正。

（3）在测压钻孔施工过程中，采用 DGC 瓦斯含量直接测定法测定各煤层的原始瓦斯含量，并取各煤层干煤样，送集团公司实验室化验，测定各煤层瓦斯放散初速度 ΔP、煤

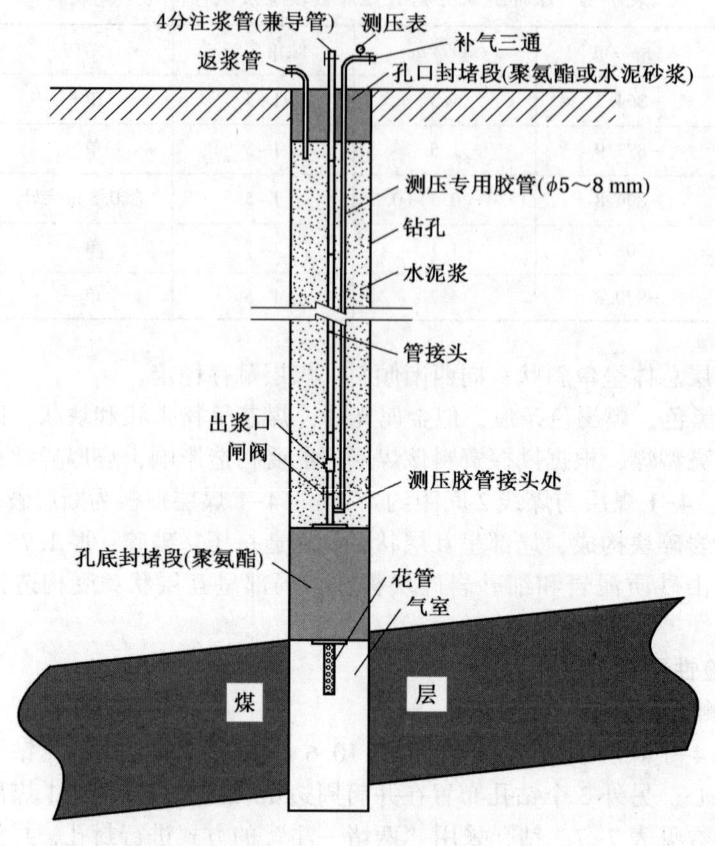

图 7-15 “两堵一注”封孔方式

的坚固性系数 f 及 a、b 吸附常数等值，计算煤层瓦斯含量 W。比较直接测定和间接计算的原始瓦斯含量，取最大值作为揭煤区域各煤层的原始瓦斯含量。深部进风井 8 煤层突出危险性指标详见表 7-8。

表 7-8 深部进风井 8 煤层突出危险性指标表

煤的坚固性系数 f	瓦斯放散初速度 Δp	突出危险性综合指标 K	突出危险性综合指标 D	瓦斯含量/($m^3 \cdot t^{-1}$)	瓦斯压力/MPa
0.56	12.5	14.5	21.09	9.0	3.1

7.3.3 区域防突措施

根据《淮南矿业集团公司揭煤管理规定》及 4-1 煤层瓦斯压力情况，工作面在距 4-1 煤层顶板最小法向距离 8.9 m 处，设计布置区域消突钻孔 337 个，钻孔控制到揭煤处井筒荒径轮廓线外 15 m 范围内的 4-1 煤层。钻孔按照有效半径不大于 1.5 m 设计，开孔间距不小于 0.4 m，钻孔布置剖面图如图 7-16 所示。同时对 4-1 煤层共设计减压钻孔 86 个。

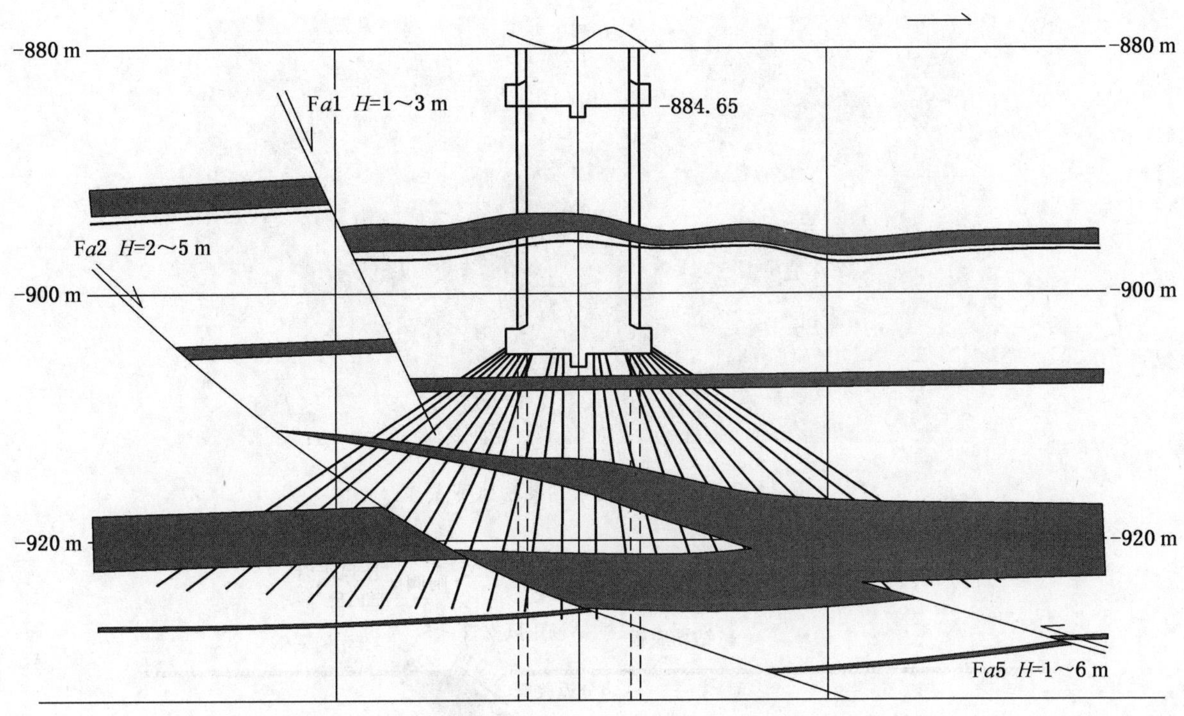

图 7-16 4-1 煤层区域防突措施孔布置剖面图

7.3.4 下向钻孔抽采成套技术

1）钻孔封孔

（1）采用 FKJW-50/2.0 矿用封孔器配合久米纳矿用无机封孔材料封孔，水泥浆液按水：水泥=0.7：1 配制（质量比）。

（2）钻孔封孔长度不小于 20 m 或封至 4-1 煤层见煤点。

（3）将封孔器内囊袋堵头捆扎在 1.5 寸双抗管上，下入孔里。待设置好外囊袋堵头后，通过封孔器自带注浆管注浆，待返浆管返浆后停止注浆，将注浆管扎牢堵实，憋压，直至压力大于 2 MPa。

（4）安设 1 寸花眼套管。封孔结束后，立即向孔内下 1 寸花眼套管，下至孔底。

2）下向钻孔自动排水排渣装置

（1）安设下向钻孔压风排水管：孔口使用专用吹水变头，孔内 1 寸套管内安设煤矿乙烯束管（PE-ZKW-12×1）作为吹水管，如图 7-17 所示。

（2）用 2 寸管连接抽采管，4 分管连接孔内吹水管，ϕ10 mm 快速接头连接系统压风管。封孔及排水工艺如图 7-18 所示。由监控系统控制排水时间与周期，下向钻孔在压风系统的正压和抽采系统的负压共同作用下，实现自动排水。自动排水示意图如图 7-19 所示。

7.3.5 预抽效果及效检

1）预抽效果考察

抽采一个月内，单孔抽采浓度均大于 40%，干管抽采浓度始终保持在 40% 以上，干管

图 7-17　下向抽采钻孔吹水变头

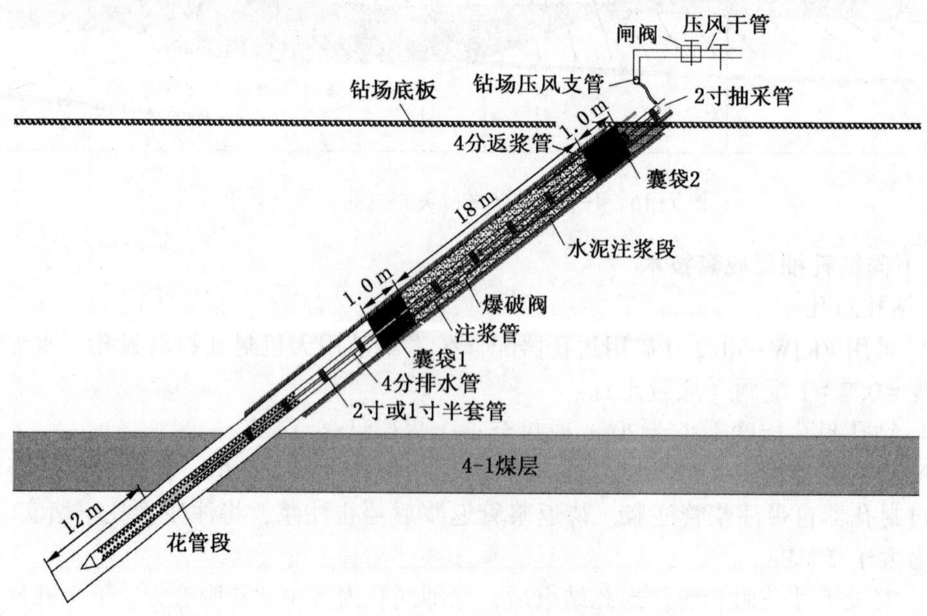

图 7-18　封孔及排水工艺图

抽采纯量 2 m^3/min 左右。抽采一个月后，抽采浓度降至 10% 左右，抽采纯量逐渐下降，抽采纯量下降至 0.18 m^3/min，预抽率 66.8%。干管抽采浓度和纯量变化详见图 7-20、图 7-21。

2）预抽效果考察

井筒揭煤前共布置 9 个效果检验钻孔测点，进行区域防突措施效果检验，其中井筒中心一个，东、南、西、北各一个，东南、西南、东北、西北各一个。实测 4-1 煤层最大残余瓦斯压力为 0.12 MPa、残余瓦斯含量为 3.22 m^3/t，均小于临界值，施工中无喷孔、顶钻等异常现象。

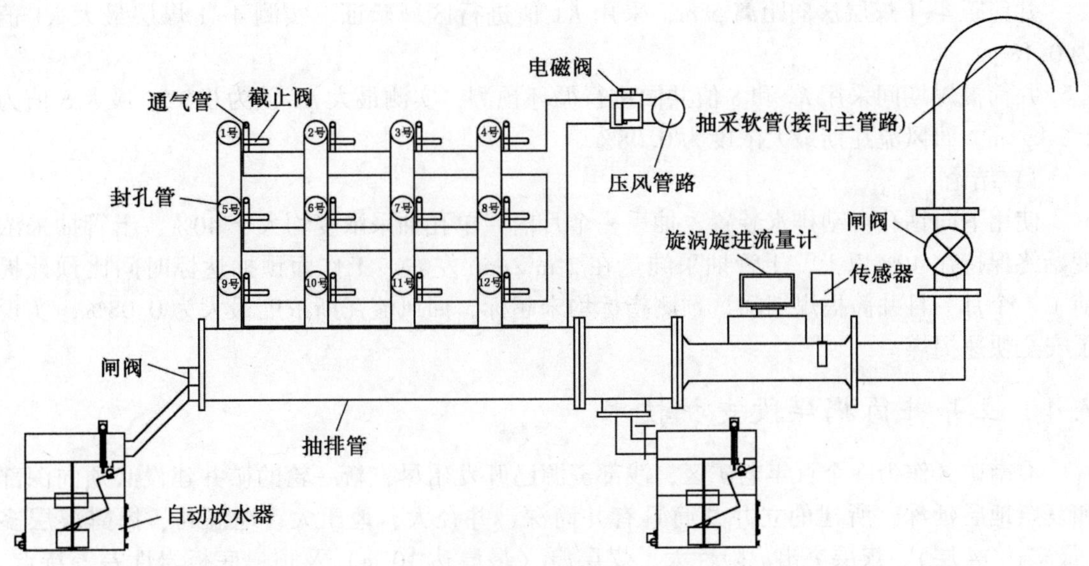

图 7-19 自动排水示意图

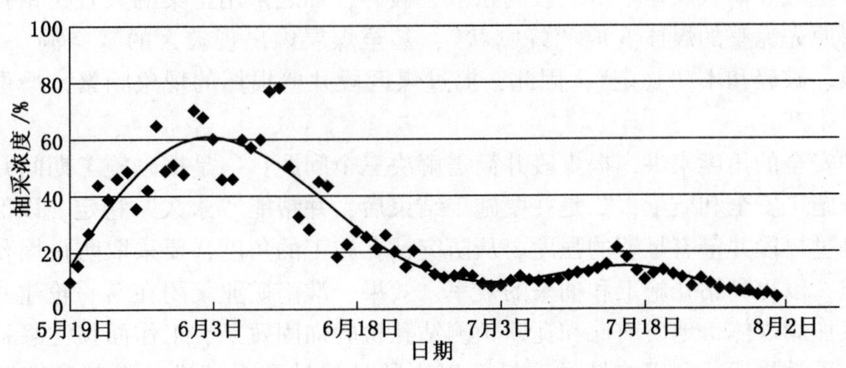

图 7-20 干管抽采浓度变化情况

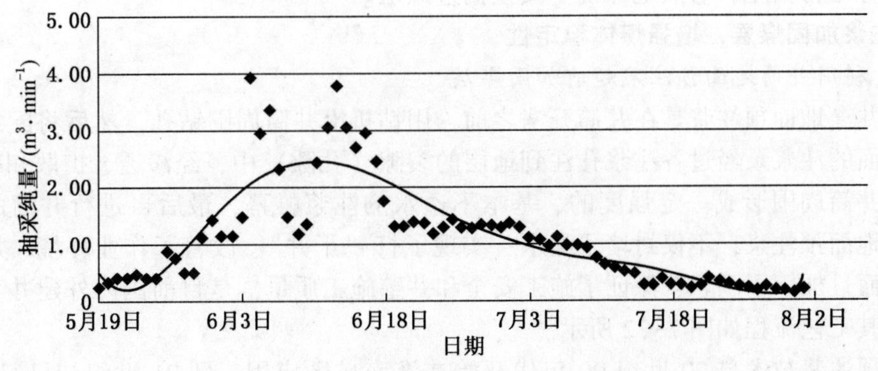

图 7-21 干管抽采纯量变化情况

井筒距4-1煤层法向距离5 m，采用$K1$值进行区域验证，实测4-1煤层最大$K1$值为0.18。

井筒揭煤期间采用K_1和S值共同进行循环预测，实测最大$K1$值为0.22，最大S值为2.3 kg/m。回风流瓦斯最大浓度为0.08%。

3）结论

使用下向钻孔自动排水装置，抽采一个月内，单孔抽采浓度均大于40%，干管抽采浓度始终保持在40%以上，干管抽采纯量在2 m^3/min左右。工作面预抽达标时间比预计提前了1个月，且井筒揭煤期间，预测指标均未超标，回风流瓦斯浓度最大为0.08%，实现了安全快速揭煤。

7.4 立井井筒揭煤段支护技术

淮南矿区作为一个百年老矿区，浅部资源已开发殆尽，新一轮的矿井建设必须向深部和复杂地层延深，所建的立井井筒具有井筒深、井径大、地压大、地温高、揭露煤层多（最多达14层）、煤层突出危险性大、煤层厚（最厚达10 m）及顶、底板岩性差等特点，不仅给井筒施工带来了许多困难，而且给建成后的井筒质量，特别是过煤段井壁质量的可靠性提出了挑战。矿区煤体本身就较为松散、破碎，加之采用密集的大直径钻孔抽采瓦斯时，也使得原先完整的煤体变成“蜂窝状”，甚至煤层内出现较大的“空洞”，煤层将变得更加松散、破碎和不“稳定”。因此，揭过煤区段井壁损坏的现象频繁，严重影响井筒安全及矿井生产。

从支护安全的角度来讲，揭煤段井筒需解决三个问题：一是掘砌施工期间井帮安全可靠，以保证施工安全和质量；二是井壁施工结束后，井帮能“永久”稳定，以保证井筒不失稳；三是过煤段井壁有足够的强度。从防突钻孔施工的角度，要采取防止塌孔和钻孔内涌水的措施，以提高钻孔施工和抽采的效率、效果。淮南矿业集团在新一轮建井中，采取地面预注浆加固煤体、地质前探和瓦斯预测钻孔检验加固效果、工作面预注浆补充加固煤体、达到抽采效果后，利用连续抽采钻孔以内的抽采钻孔对掘进井帮部分进行预注浆充填、加固，加强掘进临时支护及永久混凝土井壁的施工强度和质量，适时对揭过煤段进行壁后注浆等综合措施，有效地保证了安全揭过煤层。

7.4.1 注浆加固煤层，增强煤体稳定性

7.4.1.1 利用井筒地面预注浆超前加固煤层

立井井筒地面预注浆是在井筒开凿之前，用钻机沿井筒周围钻孔，然后将配好的浆液靠设在地面的注浆泵经过各注浆孔注到地层的裂隙（孔隙）中，经渗透、扩散和凝固，在未开挖的井筒周围形成一定强度的、基本不透水的注浆帷幕，最后再进行井筒的开凿工作。井筒地面预注浆，不仅封堵了涌水、实现了打“干井”、改善了作业环境、加快了施工速度，而且加固了围岩、保证了施工安全和井壁施工质量，是目前国内外建井普遍采用的技术。其工艺流程如图7-22所示。

地面预注浆技术自20世纪90年代开始在淮南矿区应用，到21世纪初已日臻成熟。淮南矿区在新一轮矿井建设中，不仅每个井筒都成功应用了该项技术，而且还有效地利用地面预注浆提前对井筒要揭过的煤层进行有针对性的加固。具体实施方法是：

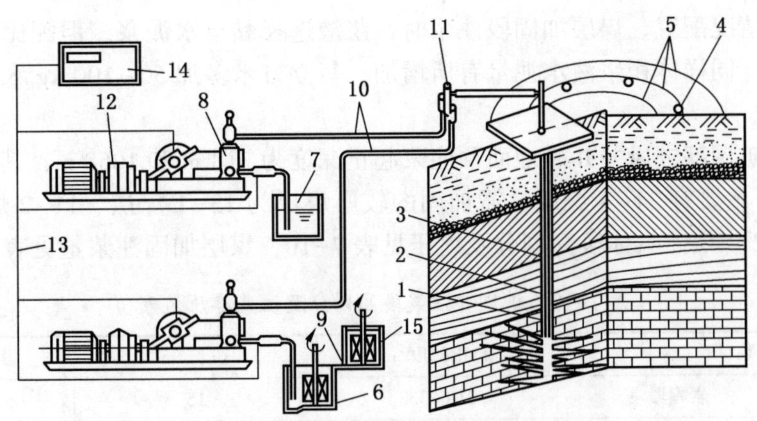

1—止浆塞；2—注浆孔；3—注浆管；4—注浆孔位；5—环形道；6—水泥吸浆池；7—水玻璃吸浆池；8—注浆泵；9—放浆阀；10—输浆管；11—混合器；12—液力变矩器；13—信号线；14—流量计；15—搅拌机

图 7-22 地面预注浆工艺流程图

1）合理划分注浆段高

根据立井井筒地面预注浆的深度范围及具体水文地质情况，先进行注浆段高划分，起始段 10~20 m，称之为岩帽段，正常基岩段通常 40~100 m（见表 7-9）。当注浆段内含有较厚煤层、断层等特殊地层时，相应段高适当缩小。

表 7-9 淮南矿区井筒地面预注浆段高划分标准

含水层特征		常用段高/m		段高划分原则
裂缝等级	涌水量/($m^3 \cdot h^{-1}$)	初注段高	复注段高	
细裂缝	<1	60~100	60~100	1. 将裂隙性相同的岩层划在同一段高度 2. 裂隙等级相差较大的含水层不宜划在同一段高度 3. 涌水量大、裂隙宽时段高要较小，反之较大 4. 段高大小要与泵量相应，泵量大，段高可以加大，反之要减小
	1~2	50~60	50~60	
	2~3	40~50	50	
中裂缝	3~4	40	50	
	4~6	30	40	
大裂缝	6~18	20~30	30	
破碎地层	>13	10	20	

2）提高注浆终压

根据《矿山井巷工程施工及验收规范》，井筒地面预注浆终压为静水压力的 2~4 倍。淮南矿区采用静水压力的倍数设计：岩帽 1.5~2 倍，基岩段 2.0~3.5 倍，对需要加固的较厚煤层，注浆终压需再增大 0.5~1 MPa。

3）优化煤层加固浆液配合比

对于井筒地面预注浆，主要使用单液水泥浆、黏土-水泥浆液。在注浆层顶部岩帽段，注单液水泥浆，其下方注黏土-水泥浆。单液水泥浆由水泥、食盐、三乙醇胺和水组成。水灰比为 1∶1、0.8∶1、0.7∶1，食盐用量为水泥的 5‰，三乙醇胺用量是水泥的 0.5‰。基岩段裂隙含水层注浆材料是黏土水泥浆，黏土水泥浆由黏土、水泥、水玻璃和水组成，配比根据施工情况配置。煤层加固段注浆时，浆液选择黏土水泥浆，但配比相对于常规基岩进行了优化，同样体积浆液水泥量有所增加，每立方米多加 50~100 kg 水泥，提升煤层加固后的强度。

例如顾桥矿深部进风井井筒地面预注浆起止深度为 318 m 和 1068 m，其中含 0. 5 m 以上煤层 14 层，主要有 24~4 煤层，需加固的较厚煤层为 13-1 煤层、11-2 煤层、8 煤层、7-2 煤层、6-2 煤层。具体段高划分及终压见表 7-10，煤层加固注浆量见表 7-11。

表 7-10　进风井注浆段高划分及注浆终压值表

注 浆 段		起止深度/m	段长/m	设计终压/MPa
直孔	岩帽段	318~333	15	5. 0~6. 7
	1	333~390	57	7. 8~9. 8
	2	390~445	55	8. 9~11. 1
	3	445~505	60	10. 1~12. 6
	4	505~565	60	11. 3~14. 1
Y 形孔	5	555~615	60	12. 3~15. 4
	6	615~682	67	13. 7~17. 1
	7	682~747	65	14. 9~18. 7
	8	747~800	53	16. 0~20. 0
	9	800~858	58	17. 2~21. 5
	10	858~915	57	18. 3~22. 9
	11	915~966	51	19. 3~24. 2
	12	966~1016	50	20. 3~25. 4
	13	1016~1068	52	21. 4~26. 7

对于含有煤层的注浆段，根据煤层的厚度、埋深等情况，设计需加固注浆煤层及加固注浆标准，按加固标准进行注浆。例如，顾桥矿深部进风井 11-2 煤层埋深 871. 7 m，煤厚 2. 1 m，划分在累深 858~915 m 的注浆段，段高 57 m，该段一序 Y 形孔设计终压 18. 9 MPa，比正常一序孔注浆压力 18. 3 MPa 高 0. 6 MPa，二序 Y 形孔设计终压 23. 5 MPa，比正常二序孔注浆压力 22. 9 MPa 高 0. 6 MPa。

表 7-11　顾桥矿深部进风井主要煤层加固注浆量汇总表

煤层	煤层位置/m	段高	增加注浆量/m^3							
			Y1	Y2	Y3	Y4	Y5	Y6	Y7	Y8
13-1 煤层	790. 65~795. 42	第八段	55	55	55	55	55	55	55	55
13-1 下煤层	796. 61~798. 01									
11-3 煤层	868. 43~869. 16									
11-2 煤层	870. 24~872. 76	第十段	30	30	30	30	30	30	30	30
8 煤层	956. 60~959. 29									

表7-11（续）

煤层	煤层位置/m	段高	增加注浆量/m³							
			Y1	Y2	Y3	Y4	Y5	Y6	Y7	Y8
7-2 煤层	991.18~993.05	第十一段	45	45	45	45	45	45	45	45
6-2 煤层	996.28~1000.64									

7.4.1.2　工作面预注浆加固特厚煤层

除进行井筒地面预注浆加固煤层外，对于厚度大于或接近两个掘砌段高的煤层，或岩层竖向裂隙发育，经揭煤前探控层钻孔和掘进实际揭露检验，地面预注浆没有达到预期效果时，还应采取工作面预注浆的方法，对掘进荒径外厚煤层及岩体进行加固，以形成水泥桩及帷幕，既加固煤体、封堵渗水，又增加揭煤的安全度。

具体实施方法是：当井筒掘砌至距厚煤层顶板 10~15 m 时，施工工作面预注浆止浆垫，止浆垫采用 C30 以上混凝土浇筑而成，待止浆垫凝固后，使用潜孔钻机施工注浆孔，下注浆孔口管；将电动或风动注浆泵及相关设备运至迎头，在迎头拌制单液水泥浆，水泥选用 P. O32.5 级硅酸盐水泥，水灰比为 0.8：1~0.6：1，先稀后稠。也可采取深浅孔两轮注浆的方式，以浅孔注浆作为深孔注浆的止浆垫。

例如，潘三矿深部进风井 4-2、4-1 煤层厚将近 10 m，当井筒掘砌至距 4-2 煤层顶板法向距离 10 m 时，将迎头矸石清至实底，浇筑 500 mm 厚强度等级 C30 的素混凝土止浆垫，并添加一定量的早强减水剂，缩短其凝结时间。待止浆垫凝固后，运一台 Z120-Ⅱ型潜孔钻机、ϕ60 mm 钻杆、DHD3.5 冲击器、ϕ90 mm 钻头至迎头，均匀布置 12 个注浆孔，并按顺时针方向依次编号，孔穿过 4-1 煤层底板 2 m，孔口管采用 ϕ108 mm×5 mm、长度 5.4 m 的无缝钢管，上部焊接法兰连接注浆阀，并安设 ϕ100 mm 高压球阀，孔口管高出止浆垫 0.5 m。钻孔施工完毕后，运造孔设备上井，运拌浆、注浆等设备下井，准备注浆。注浆采用全段高一次注浆方式，注浆以单液水泥浆为主，采用 P. O32.5R 普通硅酸盐水泥，另掺入水泥重量 0.5% 的食盐和 0.05% 的三乙醇胺作为外加剂，外加剂起速凝早强作用，注浆先稀后稠，水灰比为 0.8：1~0.6：1。注浆终压 15 MPa。

7.4.1.3　利用煤层消突钻孔定点加固煤帮

密集大直径钻孔施工及较长时间的抽采瓦斯，对煤层及其顶底板造成了一定程度的破坏，因此必须利用消突钻孔对煤层灌注单液浆，重新加固松散煤体。根据实测的瓦斯压力，突出煤层钻孔消突范围一般为井筒荒径以外 12 m 或 15 m 内的煤层，如瓦斯压力大于 3 MPa，还需施工两圈减压钻孔，而且，最外两圈措施孔必须预埋入井壁，以实现揭煤期间平行连续抽采的要求。注浆加固所选择的消突钻孔，要根据钻孔的落点位置，既保证最外两圈措施孔平行连续抽采，又要使荒径外井帮注浆有一定的厚度，达到有选择性地对井筒荒径以外的煤层进行区域性加固的目的。注浆压力必须严格控制，以确保最外两圈措施孔实现平行连续抽采，因此，需选择外第 3 圈或第 4 圈措施孔为观测孔，观测孔出浆即停。

以顾桥矿深部进风井井筒揭 13-1 煤层为例，设计 10 圈消突钻孔，共 319 个，如图 7-23 所示。消突达标以后，选择井筒荒径以外的两圈钻孔进行灌注浆，如图 7-24 所示。这样既能保证最外几圈钻孔连续抽采，又能加固荒径以外 3~5 m 的煤壁。灌注的单液水泥浆水灰比为 0.8∶1~0.6∶1。灌注浆能在井筒煤层段周围形成一个“围堰”，可增强井帮煤层的稳定性，如图 7-25 所示。

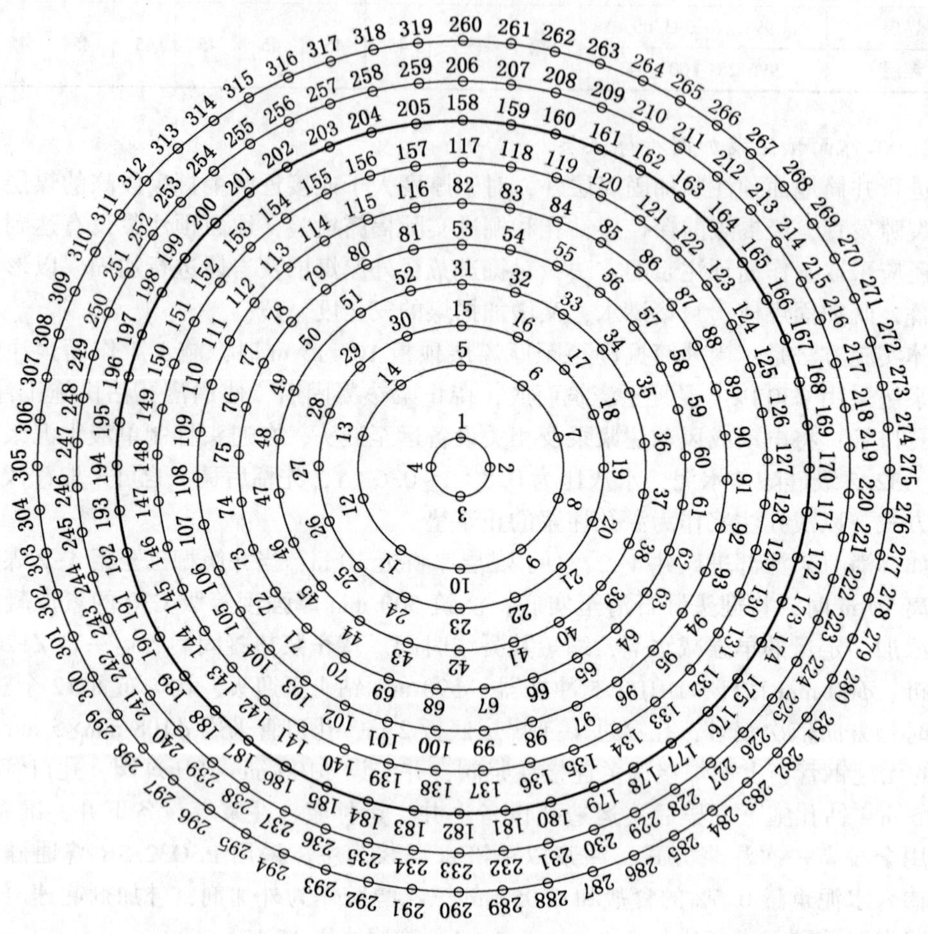

说明：黑色加粗线条为设计井筒荒径轮廓线，轮廓线外两圈为井帮开孔

图 7-23　深部进风井 13-1 煤层消突钻孔（开孔）布置图

7.4.1.4　揭煤后壁后注浆加固煤帮

当井筒掘砌过煤层后，为了尽可能地消除煤层段井壁受力不均衡的因素，在井壁混凝土强度大于设计值的 70% 时，必须及时对煤层上下一定区段内（一般选择 5 m）采取壁后注浆加固煤（岩）体的措施，进一步加固井筒过煤段井壁和增大煤体共同抗压的强度，同时封堵煤层内的瓦斯，防止其冒出渗入井筒内。如设计有平行连续抽采要求，还必须对平行抽采钻孔进行灌注浆。

顾桥矿东回风井井筒掘砌过煤后，及时将吊盘起至煤层位置，在过煤段井壁接茬下 1 m 位置均匀布置 4 个壁后注浆孔，采用套孔的方式进行埋管，即先用 ϕ42 mm 钻头钻进 450 mm，安装注浆管和高压球阀，再用 ϕ28 mm 钻头穿过高压球阀钻至设计位置。球阀与注浆泵高压混合器接好后，开动注浆泵用清水冲孔，并做耐压试验，耐压试验符合要求后，

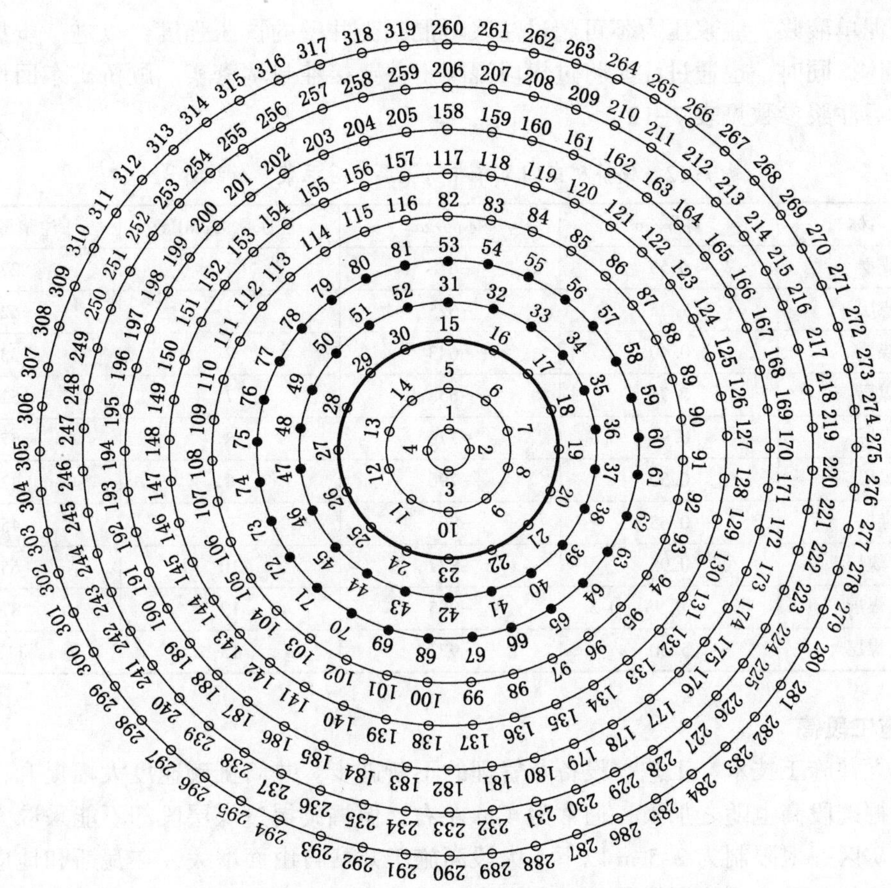

说明：黑色加粗线条为井筒荒径，加粗钻孔为灌注浆孔

图 7-24　深部进风井 13-1 煤层消突钻孔（落点）图

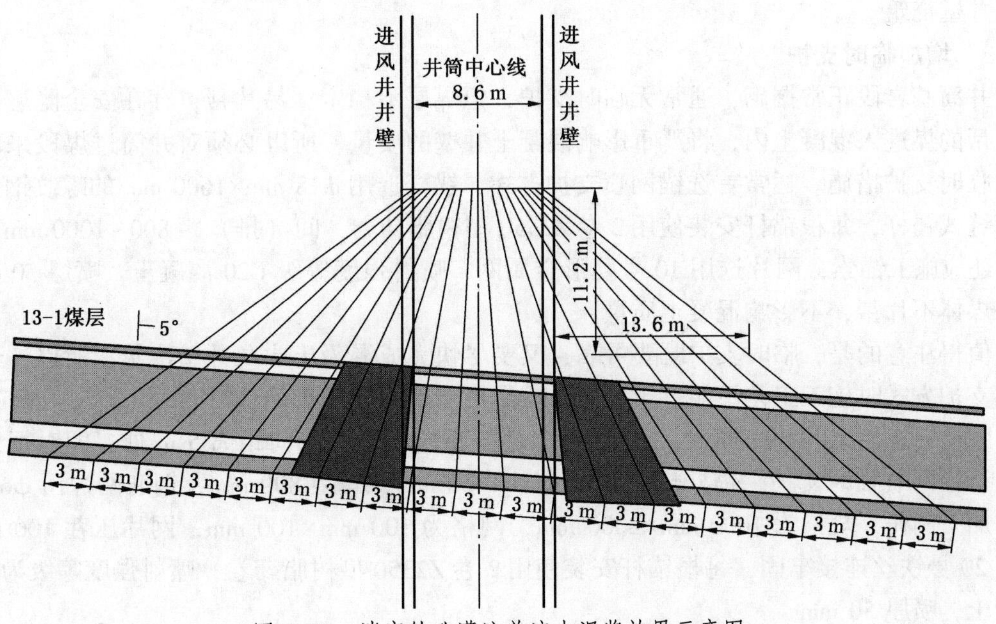

图 7-25　消突钻孔灌注单液水泥浆效果示意图

开始注水泥单液浆，注浆压力不可超过注浆时混凝土井壁的抗压强度，以进一步加固井壁周围的煤体。同时，也通过注浆将过煤段混凝土井壁接茬封堵密实。顾桥矿东回风井井筒各煤层壁后注浆参数见表7-12。

表7-12　顾桥矿东回风井井筒煤层壁后注浆参数统计表

煤层名称	煤厚/m	标高/m	注浆压力/MPa	注浆量/m³
25 煤层	0.55	-618	7	27
24 煤层	1.25	-625	7	62
23 煤层	0.40	-643	7	33
22 煤层	0.95	-658	7	52
20 煤层	0.90	-779	8	57
19 煤层	0.50	-796	8	42
18 煤层	0.65	-805	9	45
17-2 煤层	0.95	-877	10	65
13-2 煤层	0.5、(0.9)、0.3	-965	12	87
13-1 煤层	5.30	-977	15	113

7.4.2　施工段高

随着立井施工技术、工艺、设备及管理的不断进步，井筒掘砌速度大幅提升，正常基岩段井筒掘砌段高也随之加大，通常为4 m左右，但掘砌揭过煤层段却不能采取大段高施工，淮南矿区一般限制为2.5 m以下。大段高施工井帮自由面增大，在瓦斯和地应力的作用下，易片帮，易造成瓦斯超限甚至突出事故。井筒掘砌揭过煤层，在消突措施达到设计要求进入正常揭煤施工时，应尽可能减少井帮自由面的面积和暴露时间，尽快完成永久混凝土井壁浇筑。

7.4.3　增加临时支护

井筒基岩段正常掘砌，通常无临时支护，但煤层不稳定、易片帮，存在安全隐患；同时片帮的煤进入混凝土内，将严重影响混凝土井壁的质量，所以必须对井筒过煤段采取可靠的临时支护措施。通常首选锚网喷支护方式，锚杆选用ϕ18 mm×1600 mm的螺纹钢锚杆或管缝式锚杆，每根锚杆安装使用2卷Z2350型树脂药卷，间（排）距800~1000 mm，必要时还应施工锚索，网片选用10号菱形金属网，喷射强度等级C20混凝土，喷厚50 mm，确保煤体不片帮，不影响混凝土质量。

值得注意的是，临时支护既要可靠，又要尽快完成混凝土永久井壁浇筑。所以，选择临时支护方式时施工工艺不能过于复杂，应尽可能地减少掘砌循环时间。

顾桥矿东回风井井筒揭13-1煤层，掘进至距煤层顶板法向距离5 m处，即对掘进井帮进行锚网喷临时支护，锚杆规格ϕ18 mm×1600 mm，间距800 mm，钢筋网片由ϕ6 mm盘圆加工制作，规格为1000 mm×2000 mm，网格为100 mm×100 mm，网片压茬100 mm，并用20号铁丝连接牢固，每根锚杆安装使用2卷Z2350型树脂药卷，喷射强度等级为C20混凝土，喷厚50 mm。

潘三矿深部进风井揭 4-2、4-1 煤层施工，出矸时采取分段出矸，即第一次出至 1 m 开始进行临时支护，第一次临时支护结束后，第二次出矸 1.2 m 后进行临时支护。临时支护采用 ϕ43 mm×1600 mm 管缝式锚杆，间排距 1000 mm×1000 mm，每根锚杆安装使用 1 卷 Z2350 型树脂药卷，配合 10 号铁丝网，喷射强度等级为 C20 混凝土，喷厚 50 mm。

7.4.4 提高井筒过煤段永久井壁强度

1）扩大井壁厚度

为了防止井筒过煤段井壁受煤层位移及应力等不利因素影响，井筒揭过煤段时，依据煤层厚度及其顶底板的稳定性，对煤层顶底板上下 5 m 范围内的掘进断面应适度加大，使该段井筒的掘进荒径比正常段设计值大 0.3～0.6 m，以增加混凝土井壁的厚度，必要时还应施工钢筋混凝土井壁。对于用于满足煤层消突钻孔施工布置和预埋瓦斯连续抽采管所扩大的空间，必须按井壁混凝土的质量标准一次浇筑。

顾桥矿东回风井井筒过 13-1 煤层采取了增大井壁厚度的措施，当井壁掘砌至距 13-1 煤层顶板法向距离 5 m 左右时，开始逐步扩大井筒掘进荒径，并同步按上述措施进行锚网喷临时支护，以保证过煤段井壁的厚度，示意图如图 7-26 所示。

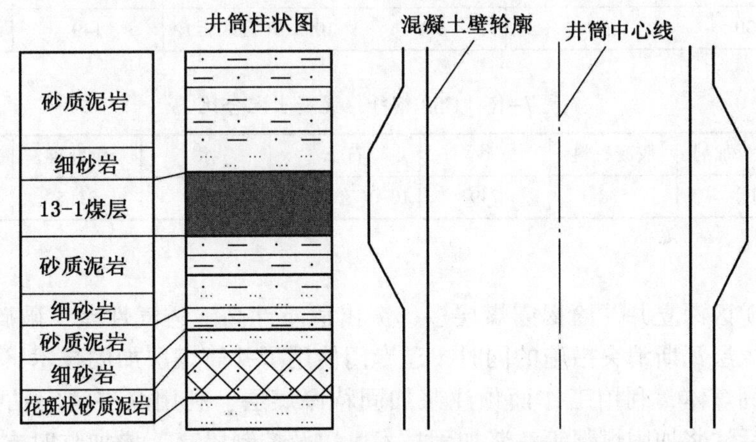

图 7-26 顾桥矿东回风井扩大井壁示意图

2）提高过煤段混凝土强度等级

由于井筒过煤段地质因素复杂，特别是厚煤层和煤体不稳定时，地应力较大，为确保万无一失，通常采用改变混凝土配合比的方法提高其强度等级。在特殊地质条件下，还可在提高混凝土强度等级的同时，采用添加钢纤维等加强措施。

顾桥矿东回风井井筒基岩段设计为单层素混凝土井壁，-428.4～-674.4 m 段井壁厚度为 500 mm，混凝土强度等级为 C40；-674.4～-1010.0 m 段井壁厚度为 600 mm，混凝土强度等级为 C45。对于有较厚煤层段的井壁，混凝土强度等级 C40 的提高至 C45，C45 的提高至 C50。例如，该井筒揭 13-1 煤层，掘进至距煤层顶板法向距离 5 m 处，按上述措施进行逐步扩大荒径和锚网喷临时支护后，调整井壁混凝土配合比，将强度等级由 C45 调整为 C50，以提高浇筑井壁混凝土的强度。其配比见表 7-13、表 7-14。

表 7-13 C45 混凝土配合比 kg

水泥	NF-F 型外加剂	胶凝材料	砂	石子	水	备注
405	87	492	660.3	1112.2(石灰岩)	156	P.O42.5 水泥

表 7-14 C50 混凝土配合比 kg

水泥	NF-F 型外加剂	胶凝材料	砂	石子	水	备注
410	100	510	672.1	1096.7(石灰岩)	161	P.O42.5 水泥

潘三矿深部进风井揭 8 煤层和 4-2、4-1 煤层，地质条件极其复杂，井筒距 F47 大断层近，其次生断层直接影响井筒揭过的煤层，过煤长度达 10 m。原设计为强度等级 C60 的素混凝土井壁，在采取相应的扩大井壁厚度和锚网喷临时支护措施后，井壁改用钢纤维混凝土浇筑，有效地保证了极复杂条件下的井筒安全。普通 C60 混凝土和 C60 钢纤维混凝土配比见表 7-15、表 7-16。

表 7-15 C60 混凝土配合比 kg

水泥	NF-F 型外加剂	胶凝材料	砂	石子	水	备注
410	130	540	669	1092.3(玄武岩)	149	P.Ⅱ52.5R 水泥

表 7-16 C60 钢纤维混凝土配合比 kg

水泥	NF-F 型外加剂	胶凝材料	砂	石子	水	钢纤维	备注
452	136	588	749	1090(玄武岩)	176	31.5	P.Ⅱ52.5R 水泥

7.4.5 结语

针对淮南矿区深立井井筒揭露煤层多、突出危险性高、透气性差、破碎等突出问题，在采取一系列煤层瓦斯消突措施的同时，还专门使用了井筒煤层加固技术，包括利用地面预注浆超前加固煤体、利用工作面预注浆加固特厚煤层、利用煤层消突钻孔定点加固煤帮、揭煤后壁后注浆加固煤帮等注浆加固技术，以及控制段高、增加临时支护、扩大井壁厚度、提高井壁混凝土强度等措施。这些技术和措施在淮南矿区的张集矿、顾桥矿、潘三矿等深部矿井井筒揭煤施工中得到了广泛应用，并取得了理想的效果。